Springer-Lehrbuch

Springer
Berlin
Heidelberg
New York
Hongkong
London
Mailand
Paris
Tokio

Kai Michels   Frank Klawonn
Rudolf Kruse   Andreas Nürnberger

Fuzzy-Regelung

Grundlagen, Entwurf, Analyse

Mit 174 Abbildungen und 9 Tabellen

Springer

Dr. Kai Michels
Fichtner GmbH & Co. KG
Sarweystr. 3
70191 Stuttgart
michelsk@fichtner.de

Prof. Dr. Frank Klawonn
FH Braunschweig/Wolfenbüttel
Fachbereich Informatik
Salzdahlumer Str. 46/48
38302 Wolfenbüttel
f.klawonn@fh-wolfenbuettel.de

Prof. Dr. Rudolf Kruse
Otto-von-Guericke-Universität
Fakultät Informatik
Universitätsplatz 2
39106 Magdeburg
kruse@iws.cs.uni-magdeburg.de

Dr. Andreas Nürnberger
University of California, Berkeley
Dept. of Electrical Engineering
and Computer Sciences
Computer Science Division
94720 Berkeley, California, USA
anuernb@eecs.berkeley.edu

ACM Computing Classification (1998): I, I.2, I.2.8

ISBN 3-540-43548-4 Springer-Verlag Berlin Heidelberg New York

Die Deutsche Bibliothek – CIP-Einheitsaufnahme
Michels, Kai: Fuzzy-Regelung: Grundlagen, Entwurf, Analyse /
Kai Michels; Frank Klawonn; Rudolf Kruse; Andreas Nürnberger. – Berlin;
Heidelberg; New York; Hongkong; London; Mailand; Paris; Tokio: Springer, 2002
(Springer-Lehrbuch)
ISBN 3-540-43548-4

Springer-Verlag Berlin Heidelberg New York
ein Unternehmen der BertelsmannSpringer Science+Business Media GmbH
http://www.springer.de

Umschlaggestaltung: design & production GmbH, Heidelberg
Satz: Reproduktionsfertige Vorlagen von den Autoren
Gedruckt auf säurefreiem Papier SPIN: 10869016 33/3142 ud 543210

Vorwort

„Fuzzy Control revolutioniert die Regelungstechnik“. „Mit Fuzzy Control wird alles einfacher“. So oder ähnlich lauteten zu Beginn der neunziger Jahre die Schlagzeilen, als Erfolgsberichte aus Japan über Fuzzy-Regler durch die deutsche Presse gingen. Dort hatte man eine Idee in die industrielle Praxis umgesetzt, die 1965 von Prof. Lotfi A. Zadeh in Berkeley vorgeschlagen und anschließend vor allem in Europa weiterentwickelt und in einigen praktischen Anwendungen erprobt worden war. Fuzzy-Regelung wurde in Japan als Technologie gefeiert, die mit ihrer Unschärfe und impliziten Überlagerung verschiedener Aussagen die japanische Denkweise besonders gut widerspiegele. Ein neuer Technologie-Boom in Japan wurde vorhergesagt, durch den die Europäer ins Hintertreffen geraten würden.

Verständlicherweise lösten diese Meldungen in Deutschland große Unruhe aus. Forschungsprojekte wurden initiiert, Entwicklungsabteilungen damit beauftragt, Fuzzy-Regelungen in Produkte umzusetzen. Schnell formierten sich Gegner und Befürworter, und heftig wurde diskutiert, ob denn die „konventionelle“ oder die Fuzzy-Regelung die bessere sei.

Mittlerweile hat sich die Aufregung gelegt, insbesondere da die Fuzzy-Regelung in den letzten Jahren aus Sicht der klassischen Regelungstechnik analysiert wurde und somit eine objektivere Evaluierung ihrer Stärken und Schwächen erfolgt ist. Desweiteren wurden verschiedene Einsatzmöglichkeiten von Fuzzy-Systemen in der dem Regelkreis überlagerten Steuer- und Automatisierungsebene, insbesondere im Zusammenspiel mit anderen Methoden des Soft Computing und der künstlichen Intelligenz, aufgezeigt.

Das Ziel des vorliegenden Buches ist es, auf diesen Grundlagen den - sinnvollen - Einsatz von Fuzzy-Reglern und Fuzzy-Systemen in der Regelungs- und Automatisierungstechnik zu unterstützen. Es wendet sich daher sowohl an Regelungstechniker, die Fuzzy-Regler als zusätzliche Option zum Lösen regelungstechnischer Probleme betrachten sollten, als auch an Informatiker, um ihnen die Welt der Regelungstechnik zu erschließen und einige Anwendungsmöglichkeiten der Methoden aus dem Soft Computing und der künstlichen Intelligenz aufzuzeigen.

Dabei soll dieses Buch einerseits als Lehrbuch die zur Beschäftigung mit Fuzzy-Reglern erforderlichen Grundlagen vermitteln, und zwar sowohl für Ingenieur- als auch Informatikstudenten nach dem Vordiplom. Andererseits soll das Buch aber auch dem Anwender als umfassendes Nachschlagewerk zu den verschiedenen Aspekten der Fuzzy-Regler und dem aktuellen Stand der Forschung dienen. Der Aufbau des Buches trägt diesen Zielen Rechnung.

Im ersten Kapitel enthält das Buch eine fundierte Einführung in die Theorie der Fuzzy-Systeme, in der nicht nur die Vorgehensweise z.B. zur Verknüpfung von Fuzzy-Mengen beschrieben wird, sondern auch die semantischen Hintergründe. Erst diese Kenntnis versetzt den Anwender in die Lage, die Einsatzmöglichkeiten eines Fuzzy-Systems richtig einzuschätzen.

Im zweiten Kapitel folgt eine breite Darstellung der regelungstechnischen Grundlagen, die für die Beschäftigung mit Fuzzy-Reglern erforderlich sind. Obwohl das zweite Kapitel damit in erster Linie für Nicht-Regelungstechniker geschrieben wurde, können einzelne Teilkapitel wie z.B. über die Hyperstabilitätstheorie oder Sliding-Mode-Regler auch für Regelungstechniker interessant sein, da diese Themen im Allgemeinen nicht zum regelungstechnischen Grundlagenwissen gehören.

Die Fuzzy-Regler selbst werden im dritten Kapitel eingeführt, wobei dieses Kapitel nach der fundierten Einführung der Fuzzy-Systeme im ersten Kapitel relativ kurz ausfallen konnte. Sein Schwerpunkt liegt auf einer Darstellung der heute gängigen Typen von Fuzzy-Reglern, enthält darüber hinaus aber auch eine Interpretation des Mamdani-Reglers mit Hilfe von Ähnlichkeitsrelationen, mit deren Hilfe die dem Fuzzy-Regler zugrunde liegenden Ideen näher erläutert werden. Der letzte Abschnitt dieses Kapitels widmet sich der anfangs erwähnten Frage nach den Vor- und Nachteilen von Fuzzy-Reglern gegenüber klassischen Reglern.

Das vierte Kapitel behandelt die Stabilitätsanalyse von Fuzzy-Reglern. Da die Frage nach der Stabilität grundsätzlich die entscheidende Frage bei jeder Regelung ist und gerade auf diesem Gebiet in den letzten Jahren besonders interessante Entwicklungen zu verzeichnen waren, wurde diesem Thema ein eigenes Kapitel gewidmet. Zielsetzung des Kapitels ist, zunächst einen Überblick über die diversen Ansätze zur Stabilitätsanalyse zu geben und am Schluss des Kapitels über die Vor- und Nachteile der Verfahren zu diskutieren, um auch eine Entscheidungshilfe im praktischen Anwendungsfall zu bieten.

Im letzten Kapitel werden Ansätze zur Evaluierung und Optimierung von Fuzzy-Reglern beschrieben, d.h. Methoden, die den Entwurf von Fuzzy-Reglern unterstützen oder sogar automatisieren, insbesondere auch durch den Einsatz von Neuronalen Netzen und evolutionären Algorithmen. Zusätzlich zur grundlegenden Erläuterung der Themen werden jeweils auch aktuelle Forschungsergebnisse berücksichtigt.

Abschließend möchten wir uns bei all jenen bedanken, deren Arbeit im Rahmen von Forschungsprojekten oder studentischen Arbeiten und deren wertvolle Beiträge in interessanten Diskussionen uns erst in die Lage versetzt haben, dieses Buch zu schreiben. Unser besonderer Dank gilt Prof. Werner Leonhard für die Initiierung des Forschungsprojektes „Stabilitätsanalyse und

Selbsteinstellung von Fuzzy-Reglern", Prof. Kai Müller für die hervorragende Unterstützung in Fragen der Regelungstheorie, Prof. Lotfi A. Zadeh für viele Anregungen und Diskussionen, Herrn Dr. Engesser vom Springer-Verlag für die gute Zusammenarbeit, sowie einer Vielzahl von Kollegen und Freunden, die uns – direkt oder indirekt – bei der Arbeit unterstützt haben.

Stuttgart, Magdeburg, Braunschweig, Berkeley im Mai 2002

Die Autoren

Inhaltsverzeichnis

1. Grundlagen der Fuzzy-Systeme

Die klassische Mathematik basiert auf der Grundannahme, dass allen formallogischen Aussagen immer einer der beiden Wahrheitswerte *wahr* oder *falsch* zugeordnet werden kann. Sofern sich ein formales Modell für eine zu bearbeitende Aufgabe angeben lässt, stellt die gewöhnliche Mathematik mächtige Werkzeuge zur Problemlösung bereit. Die Beschreibung eines formalen Modells geschieht in einer Terminologie, die sehr viel strikteren Regeln folgt als die natürliche Umgangssprache. Auch wenn die formale Spezifikation häufig mit großem Aufwand verbunden ist, so lassen sich durch sie Missinterpretationen vermeiden. Außerdem können im Rahmen eines formalen Modells Vermutungen bewiesen oder bisher unbekannte Zusammenhänge abgeleitet werden.

Trotzdem spielen im alltäglichen Leben formale Modelle bei der Kommunikation zwischen Menschen im Prinzip keine Rolle. Der Mensch ist in der Lage, natürlich-sprachliche Informationen hervorragend zu verarbeiten, ohne überhaupt an eine Formalisierung der Gegebenheiten zu denken. Beispielsweise kann ein Mensch den Rat, beim langsamen Anfahren nur wenig Gas zu geben, direkt in die Praxis umsetzen. Soll das langsame Anfahren automatisiert werden, so ist zunächst nicht klar, wie dieser Hinweis konkret umgesetzt werden kann. Eine konkrete Angabe in Form eines eindeutigen Wertes – etwa: drücke das Gaspedal mit einer Geschwindigkeit von einem Zentimeter pro Sekunde herunter – wird bei einer Automatisierung benötigt. Umgekehrt kann der Mensch mit dieser Information wenig anfangen.

Üblicherweise wird daher die Automatisierung eines Vorgangs nicht auf „gute Ratschläge“ aus heuristischem oder Erfahrungswissen gestützt, sondern auf der Grundlage eines formalen Modells des technischen oder physikalischen Systems vorgenommen. Diese Vorgehensweise ist sicherlich sinnvoll, insbesondere dann, wenn sich ein gutes Modell angeben lässt.

Ein völlig anderer Ansatz besteht darin, das umgangssprachlich formulierte Wissen direkt für den Entwurf der Automatisierung zu nutzen. Ein Hauptproblem dabei ist die Umsetzung verbaler Beschreibungen in konkrete Werte, z.B. die oben erwähnte Zuordnung von „ein wenig Gas geben“ und dem Herunterdrücken des Gaspedals mit einer Geschwindigkeit von einem Zentimeter pro Sekunde.

Der Mensch verwendet in seinen Beschreibungen überwiegend unscharfe oder vage Konzepte. Nur selten treten fest definierte Begriffe wie beispielsweise Überschallgeschwindigkeit als Angabe für die Geschwindigkeit eines beobachteten Flugzeugs auf. Überschallgeschwindigkeit charakterisiert eine eindeutige Menge von Geschwindigkeiten, da die Schallgeschwindigkeit eine feste Größe ist und somit eindeutig klar ist, ob ein Flugzeug schneller als der Schall ist oder nicht. Bei den häufiger verwendeten unscharfen Konzepten wie *schnell, sehr groß, kurz* usw. ist eine eindeutige Entscheidung, ob ein gegebener Wert das entsprechende Attribut verdient, nicht mehr möglich. Dies hängt zum einen damit zusammen, dass die Attribute eine kontextabhängige Bedeutung haben. Wenn wir *schnell* auf Flugzeuge beziehen, verstehen wir sicherlich andere Geschwindigkeiten darunter, als wenn wir an Autos denken. Aber selbst in dem Fall, dass der Kontext – z.B. Autos – klar ist, fällt es schwer, eine scharfe Trennung zwischen schnellen und nicht-schnellen Autos zu ziehen. Die Schwierigkeit besteht nicht darin, den richtigen Wert zu finden, ab der ein Auto (bzw. dessen Höchstgeschwindigkeit) als schnell bezeichnet werden kann. Dies würde voraussetzen, dass es einen solchen Wert überhaupt gibt. Es widerstrebt einem eher, sich überhaupt auf einen einzelnen Wert festzulegen. Es gibt sicherlich Geschwindigkeiten, die man eindeutig als schnell für ein Auto einstufen würde, genauso wie einige Geschwindigkeiten als nichtschnell gelten. Dazwischen gibt es jedoch einen Bereich der mehr oder weniger schnellen Autos.

1.1 Fuzzy-Mengen

Die Idee der Fuzzy-Mengen besteht nun darin, dieses Problem zu lösen, indem man die scharfe, zweiwertige Unterscheidung gewöhnlicher Mengen, bei denen ein Element entweder vollständig oder gar nicht dazugehört, aufgibt. Statt dessen lässt man bei Fuzzy-Mengen graduelle Zugehörigkeitsgrade zu. Bei einer Fuzzy-Menge muss daher für jedes Element angegeben werden, zu welchem Grad es zur Fuzzy-Menge gehört. Wir definieren daher:

Definition 1.1 *Eine Fuzzy-Menge oder Fuzzy-Teilmenge* μ *der Grundmenge* X *ist eine Abbildung* $\mu : X \to [0,1]$, *die jedem Element* $x \in X$ *seinen Zugehörigkeitsgrad* $\mu(x)$ *zu* μ *zuordnet. Die Menge aller Fuzzy-Mengen von* X *bezeichnen wir mit* $\mathcal{F}(X)$.

Eine gewöhnliche Mengen $M \subseteq X$ kann man als spezielle Fuzzy-Menge ansehen, indem man sie mit ihrer *charakteristischen Funktion* oder *Indikatorfunktion*

$$I_M : X \to \{0,1\}, \qquad x \mapsto \begin{cases} 1 & \text{falls } x \in M \\ 0 & \text{sonst} \end{cases}$$

identifiziert. In diesem Sinne können Fuzzy-Mengen auch als verallgemeinerte charakteristische Funktionen aufgefasst werden.

Beispiel 1.2 Abb. 1.1 zeigt die charakteristische Funktion der Menge der Geschwindigkeiten, die größer als 170 km/h sind. Diese Menge stellt keine adäquate Modellierung der Menge aller hohen Geschwindigkeiten dar. Aufgrund des Sprunges bei dem Wert 170 wäre 169.9 km/h keine hohe Geschwindigkeit, während 170.1 km/h bereits vollständig als hohe Geschwindigkeit gelten würde. Eine Fuzzy-Menge wie in Abb. 1.2 dargestellt scheint daher das Konzept *hohe Geschwindigkeit* besser wiederzugeben. □

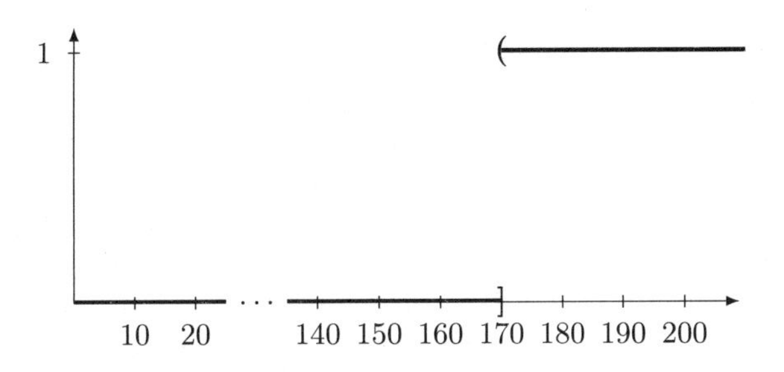

Abb. 1.1. Die charakteristische Funktion der Menge der Geschwindigkeiten größer als 170 km/h

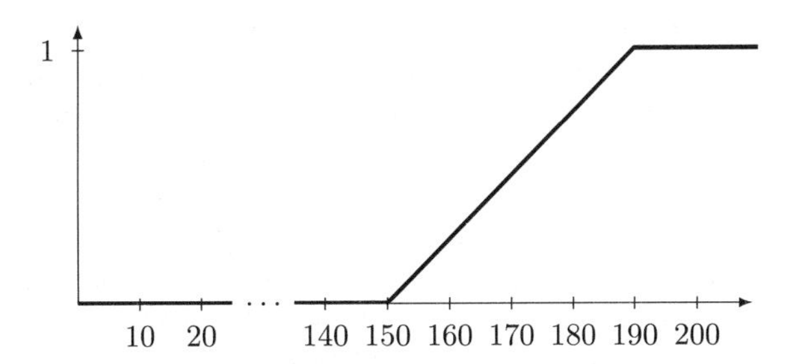

Abb. 1.2. Die Fuzzy-Menge μ_{hG} der hohen Geschwindigkeiten

Einige Autoren verstehen unter einer Fuzzy-Menge explizit nur ein vages Konzept $\mathcal{A}$ wie *hohe Geschwindigkeit* und bezeichnen die Funktion $\mu_{\mathcal{A}}$, die jedem Element seinen Zugehörigkeitsgrad zu dem vagen Konzept zuordnet, als Zugehörigkeits- oder charakterisierende Funktion der Fuzzy-Menge bzw. des vagen Konzepts $\mathcal{A}$. Vom formalen Standpunkt aus betrachtet bringt diese Unterscheidung keinen Vorteil, da für Berechnungen immer die Zugehörigkeitsfunktion – also das, was wir hier unter einer Fuzzy-Menge verstehen – benötigt wird.

Neben der Notation einer Fuzzy-Menge als Abbildung in das Einheitsintervall sind zum Teil auch andere Schreibweisen üblich, die wir in diesem Buch aber nicht weiter verwenden werden. In manchen Veröffentlichungen wird eine Fuzzy-Menge als Menge von Paaren der Elemente der Grundmenge und den entsprechenden Zugehörigkeitsgraden in der Form $\{(x, \mu(x)) \mid x \in X\}$ geschrieben in Anlehnung daran, dass in der Mathematik eine Funktion üblicherweise als Menge von Urbild-Bild-Paaren formal definiert wird. Eher irreführend ist die manchmal verwendete Notation einer Fuzzy-Menge als formale Summe $\sum_{x \in X} x/\mu(x)$ bei höchstens abzählbarer Grundmenge X bzw. als „Integral" $\int_{x \in X} x/\mu(x)$ bei überabzählbarer Grundmenge X.

Es sollte betont werden, dass Fuzzy-Mengen innerhalb der „herkömmlichen" Mathematik formalisiert werden, genauso wie die Wahrscheinlichkeitstheorie im Rahmen der „herkömmlichen" Mathematik formuliert wird. In diesem Sinne eröffnen Fuzzy-Mengen nicht eine „neue" Mathematik, sondern lediglich einen neuen Zweig der Mathematik.

Aus der Erkenntnis, dass sich bei der streng zweiwertigen Sicht vage Konzepte, mit denen der Mensch sehr gut umgehen kann, nicht adäquat modellieren lassen, haben wir den Begriff der Fuzzy-Menge auf einer rein intuitiven Basis eingeführt. Wir haben nicht näher spezifiziert, wie Zugehörigkeitsgrade zu interpretieren sind. Die Bedeutungen von 1 als volle Zugehörigkeit und 0 als keine Zugehörigkeit sind zwar offensichtlich. Wie ein Zugehörigkeitsgrad von 0.7 zu deuten ist oder warum man lieber 0.7 anstatt 0.8 als Zugehörigkeitsgrad eines bestimmten Elementes wählen sollte, haben wir offen gelassen. Diese Fragen der Semantik werden oft vernachlässigt, was dazu führt, dass keine konsequente Interpretation der Fuzzy-Mengen durchgehalten wird und so Inkonsistenzen entstehen können. Versteht man Fuzzy-Mengen als verallgemeinerte charakteristische Funktionen, ist es zunächst einmal nicht zwingend, das Einheitsintervall als kanonische Erweiterung der Menge $\{0, 1\}$ anzusehen. Prinzipiell wäre auch eine andere linear geordnete Menge oder allgemeiner ein Verband L anstelle des Einheitsintervalls denkbar. Man spricht dann von L-Fuzzy-Mengen. Diese spielen jedoch in den Anwendungen im allgemeinen fast keine Rolle. Aber selbst wenn man sich auf das Einheitsintervall als die Menge der möglichen Zugehörigkeitsgrade festlegt, sollte geklärt werden, in welchem Sinne bzw. als welche Art von Struktur es verstanden wird.

Das Einheitsintervall kann als eine ordinale Skala aufgefasst werden, d.h., es wird allein die lineare Ordnung der Zahlen verwendet, beispielsweise um Präferenzen auszudrücken. In diesem Fall ist die Interpretation einer Zahl zwischen 0 und 1 als Zugehörigkeitsgrad nur im Vergleich mit einem anderen Zugehörigkeitsgrad sinnvoll. Auf diese Weise kann ausgedrückt werden, dass ein Element eher zu einer Fuzzy-Menge gehört als ein anderes. Ein Problem, das sich aus dieser rein ordinalen Auffasung des Einheitsintervalls ergibt, ist die Unvergleichbarkeit von Zugehörigkeitsgraden, die von verschiedenen Personen angegeben wurden. Die gleiche Schwierigkeit besteht beim Vergleich von Benotungen. Zwei Prüfungskandidaten, die dieselbe Note bei verschiedenen Prüfern erhalten haben, können in ihren Leistungen durchaus sehr unterschiedlich sein. Die Notenskala wird jedoch i.a. nicht als reine ordinale Skala verwendet. Durch die Festlegung, bei welchen Leistungen oder bei welcher Fehlerquote eine entsprechende Note zu vergeben ist, wird versucht, eine Vergleichbarkeit der von verschiedenen Prüfern stammenden Noten zu erreichen.

Das Einheitsintervall besitzt mit der kanonischen Metrik, die den Abstand zweier Zahlen quantifiziert, und Operationen wie der Addition und der Multiplikation wesentlich reichere Strukturen als die lineare Ordnung der Zahlen. In vielen Fällen ist es daher günstiger, das Einheitsintervall als metrische Skala aufzufassen, um so eine konkretere Interpretation der Zugehörigkeitsgrade zu erhalten. Wir stellen diese Fragen nach der Semantik von Zugehörigkeitsgraden und Fuzzy-Mengen bis zum Abschnitt 1.7 zurück und beschränken uns zunächst auf eine naive Interpretation von Zugehörigkeitsgraden in dem Sinne, dass die Eigenschaft, Element einer Menge zu sein, graduell erfüllt sein kann.

Es sollte betont werden, dass Gradualität etwas völlig anderes als das Konzept der Wahrscheinlichkeit ist. Es ist klar, dass eine Fuzzy-Menge μ nicht als Wahrscheinlichkeitsverteilung bzw. -dichte aufgefasst werden darf, da μ i.a. der wahrscheinlichkeitstheoretischen Bedingung

$$\sum_{x \in X} \mu(x) = 1 \qquad \text{bzw.} \qquad \int_X \mu(x)dx = 1$$

nicht genügt. Der Zugehörigkeitsgrad $\mu(x)$ eines Elementes x zur Fuzzy-Menge μ sollte auch nicht als Wahrscheinlichkeit dafür interpretiert werden, dass x zu μ gehört.

Um den Unterschied zwischen gradueller Erfülltheit und Wahrscheinlichkeit zu veranschaulichen, betrachten wir folgendes Beispiel in Anlehnung an [16].

U bezeichne die „Menge" der ungiftigen Flüssigkeiten. Ein Verdurstender erhält zwei Flaschen A und B und die Information, dass die Flasche A mit Wahrscheinlichkeit 0.9 zu U gehört, während B einen Zugehörigkeitsgrad von 0.9 zu U besitzt. Aus welcher der beiden Flaschen sollte der Verdurstende trinken? Die Wahrscheinlichkeit von 0.9 für A könnte etwa daher stammen, dass die Flasche einem Raum mit zehn Flaschen, von denen neun mit Mineralwasser gefüllt sind und eine eine Zyankalilösung enthält, zufällig entnommen wurde. Der Zugehörigkeitsgrad von 0.9 dagegen bedeutet, dass die Flüssigkeit „einigermaßen" trinkbar ist. Beispielsweise könnte sich in B ein Fruchtsaft befinden, dessen Haltbarkeitsdatum gerade überschritten wurde. Es ist daher ratsam, die Flasche B zu wählen.

Die Flüssigkeit in der Flasche A besitzt die Eigenschaft ungiftig zu sein entweder ganz (mit Wahrscheinlichkeit 0.9) oder gar nicht (mit Wahrscheinlichkeit 0.1). Dagegen erfüllt die Flüssigkeit in B die Eigenschaft ungiftig zu sein nur graduell.

Wahrscheinlichkeitstheorie und Fuzzy-Mengen dienen also zur Modellierung völlig unterschiedlicher Phänomene – nämlich der Quantifizierung der Unsicherheit, ob ein Ereignis eintritt oder ob eine Eigenschaft erfüllt ist, bzw. der Angabe inwieweit eine Eigenschaft vorhanden ist.

1.2 Repräsentation von Fuzzy-Mengen

Nachdem wir im ersten Abschnitt Fuzzy-Mengen formal als Funktionen von einer Grundmenge in das Einheitsintervall eingeführt haben, beschäftigen wir uns nun mit verschiedenen Möglichkeiten, Fuzzy-Mengen anzugeben, und mit geeigneten Methoden zur Darstellung und Speicherung von Fuzzy-Mengen.

1.2.1 Definition mittels Funktionen

Ist die Grundmenge $X = \{x_1, \ldots, x_n\}$, über der wir Fuzzy-Mengen betrachten, eine endliche, diskrete Menge von einzelnen Objekten, kann eine Fuzzy-Menge μ i.a. nur durch die direkte Angabe der Zugehörigkeitsgrade $\mu(x)$ für jedes Element $x \in X$ spezifiziert werden – etwa in der Form $\mu \,\widehat{=}\, \big\{\big(x_1, \mu(x_1)\big), \ldots, \big(x_n, \mu(x_n)\big)\big\}$.

In den meisten Fällen, die wir hier betrachten werden, besteht die Grundmenge X aus Werten, die eine reellwertige Variable annehmen kann, so dass X fast immer ein reelles Intervall ist. Eine Fuzzy-Menge μ ist dann eine reelle Funktion mit Werten im Einheitsintervall, die beispielsweise durch die Zeichnung ihres Graphen festgelegt und veranschaulicht werden kann. Bei einer rein grafischen Definition von Fuzzy-Mengen lassen sich die Zugehörigkeitsgrade einzelner Elemente nur ungenau bestimmen, was zu Schwierigkeiten bei weiteren Berechnungen führt, so dass sich die grafische Darstellung nur zur Veranschaulichung eignet.

Üblicherweise werden Fuzzy-Mengen zur Modellierung von Ausdrücken – die häufig auch als *linguistische* Ausdrücke bezeichnet werden, um den Sprachbezug zu betonen – wie „ungefähr 3", „mittelgroß" oder „sehr groß" verwendet, die einen unscharfen Wert oder ein unscharfes Intervall beschreiben. Solchen Ausdrücken zugeordnete Fuzzy-Mengen sollten bis zu einem bestimmten Wert monoton steigend und ab diesem Wert monoton fallend sein. Fuzzy-Mengen dieser Art werden als *konvex* bezeichnet.

Abb. 1.3 zeigt drei konvexe Fuzzy-Mengen, die zur Modellierung der Ausdrücke „ungefähr 3", „mittelgroß" und „sehr groß" verwendet werden könnten. In Abb. 1.4 ist eine nichtkonvexe Fuzzy-Menge dargestellt. Aus der Konvexität einer Fuzzy-Menge μ folgt nicht, dass μ auch als reelle Funktion konvex ist.

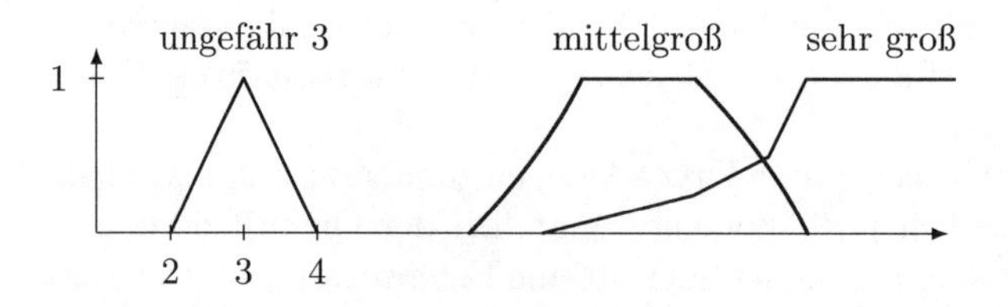

Abb. 1.3. Drei konvexe Fuzzy-Mengen

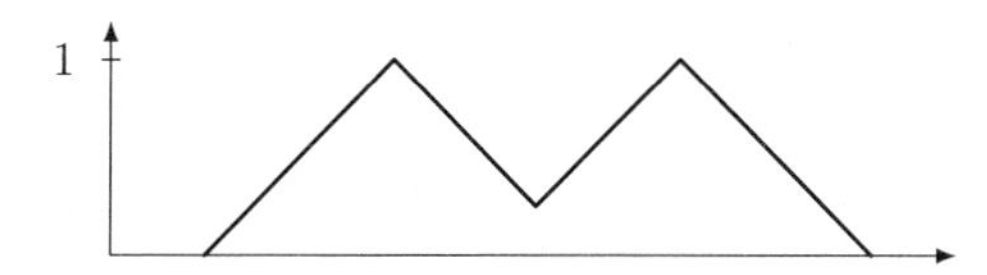

Abb. 1.4. Eine nichtkonvexe Fuzzy-Mengen

Es ist oft sinnvoll, sich auf einige wenige Grundformen konvexer Fuzzy-Mengen zu beschränken, so dass eine Fuzzy-Menge durch die Angabe von wenigen Parametern eindeutig festgelegt wird. Typische Beispiele für solche parametrischen Fuzzy-Mengen sind die *Dreiecksfunktionen* (vgl. Abb. 1.5)

$$\Lambda_{a,b,c} : \mathbb{R} \to [0,1], \qquad x \mapsto \begin{cases} \frac{x-a}{b-a} & \text{falls } a \leq x \leq b \\ \frac{c-x}{c-b} & \text{falls } b \leq x \leq c \\ 0 & \text{sonst,} \end{cases}$$

wobei $a < b < c$ gelten muss.

Dreiecksfunktionen sind Spezialfälle von *Trapezfunktionen* (vgl. Abb. 1.5)

$$\Pi_{a',b',c',d'} : \mathbb{R} \to [0,1], \qquad x \mapsto \begin{cases} \frac{x-a'}{b'-a'} & \text{falls } a' \leq x \leq b' \\ 1 & \text{falls } b' \leq x \leq c' \\ \frac{d'-x}{d'-c'} & \text{falls } c' \leq x \leq d' \\ 0 & \text{sonst,} \end{cases}$$

wobei $a' < b' \leq c' < d'$ gelten muss. Wir lassen außerdem die Parameterkombinationen $a' = b' = -\infty$ bzw. $c' = d' = \infty$ zu. Die sich ergebenden Trapezfunktionen sind in Abb. 1.6 dargestellt. Für $b' = c'$ folgt $\Pi_{a',b',c',d'} = \Lambda_{a',b',d'}$.

Sollen anstelle stückweiser linearer Funktionen wie den Dreiecks- oder Trapezfunktionen glatte Funktionen verwendet werden, bieten sich beispielsweise *Glockenkurven* der Form

$$\Omega_{m,s} : \mathbb{R} \to [0,1], \qquad x \mapsto \exp\left(\frac{-(x-m)^2}{s^2}\right)$$

an. Es gilt $\Omega_{m,s}(m) = 1$. Der Parameter s legt fest, wie breit die Glockenkurve ist.

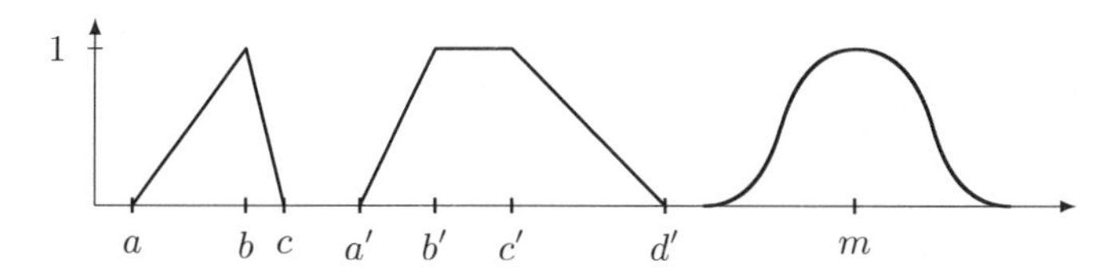

Abb. 1.5. Die Dreiecksfunktion $\Lambda_{a,b,c}$, die Trapezfunktion $\Pi_{a',b',c',d'}$ und die Glockenkurve $\Omega_{m,s}$

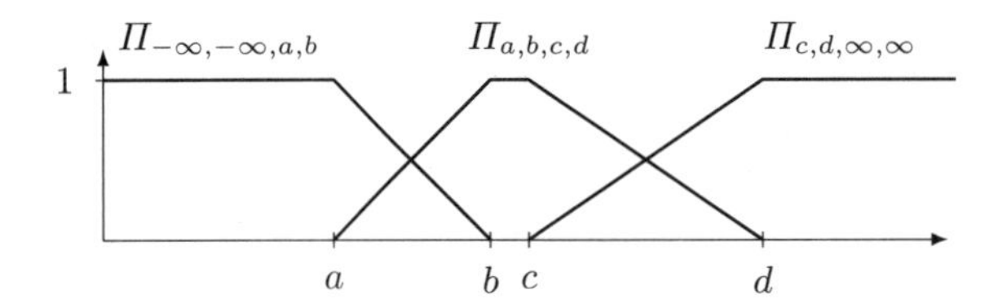

Abb. 1.6. Die Trapezfunktionen $\Pi_{-\infty,-\infty,a,b}$, $\Pi_{a,b,c,d}$ und $\Pi_{c,d,\infty,\infty}$

1.2.2 Niveaumengen

Die Angabe oder Darstellung einer Fuzzy-Menge als Funktion von der Grundmenge in das Einheitsintervall, die jedem Element einen Zugehörigkeitsgrad zuordnet, bezeichnet man als *vertikale Sicht*. Eine andere Möglichkeit, Fuzzy-Mengen zu beschreiben, bietet die *horizontale Sicht*, bei der man für jeden Wert α aus dem Einheitsintervall die Menge der Elemente betrachtet, die einen Zugehörigkeitsgrad von mindestens α zur Fuzzy-Menge besitzen.

Definition 1.3 *Es sei $\mu \in \mathcal{F}(X)$ eine Fuzzy-Menge der Grundmenge X und es sei $0 \leq \alpha \leq 1$. Die (gewöhnliche) Menge*

$$[\mu]_\alpha \;=\; \{x \in X \mid \mu(x) \geq \alpha\}$$

heißt α-Niveaumenge oder α-Schnitt der Fuzzy-Menge μ.

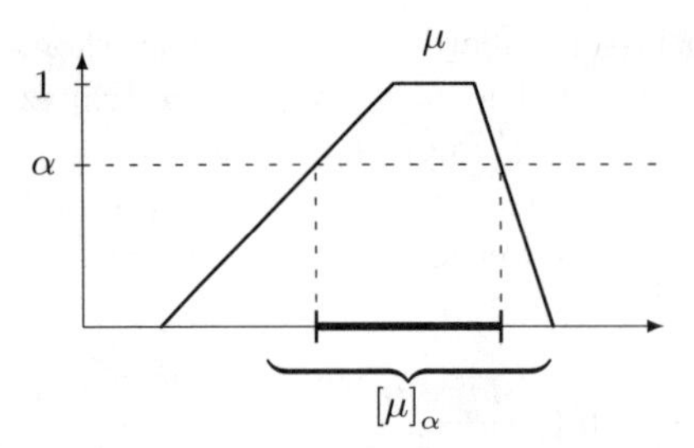

Abb. 1.7. Die α-Niveaumenge oder der α-Schnitt $[\mu]_\alpha$ der Fuzzy-Menge μ

Abb. 1.7 zeigt den α-Schnitt $[\mu]_\alpha$ der Fuzzy-Menge μ für den Fall, dass μ eine Trapezfunktion ist. Der α-Schnitt ist dann ein abgeschlossenes Intervall. Für beliebige Fuzzy-Mengen gilt weiterhin, dass eine Fuzzy-Menge über den reellen Zahlen genau dann konvex ist, wenn alle ihre Niveaumengen Intervalle sind. In Abb. 1.8 ist der aus zwei disjunkten Intervallen bestehende α-Schnitt einer nicht-konvexen Fuzzy-Menge dargestellt.

Eine wichtige Eigenschaft der Niveaumengen einer Fuzzy-Menge ist, dass sie die Fuzzy-Menge eindeutig charakterisieren. Kennt man die Niveaumengen $[\mu]_\alpha$ einer Fuzzy-Menge μ für alle $\alpha \in [0,1]$, so lässt sich der Zugehörigkeitsgrad $\mu(x)$ eines beliebigen Elementes x zu μ durch die Formel

$$\mu(x) \;=\; \sup\left\{\alpha \in [0,1] \mid x \in [\mu]_\alpha\right\} \tag{1.1}$$

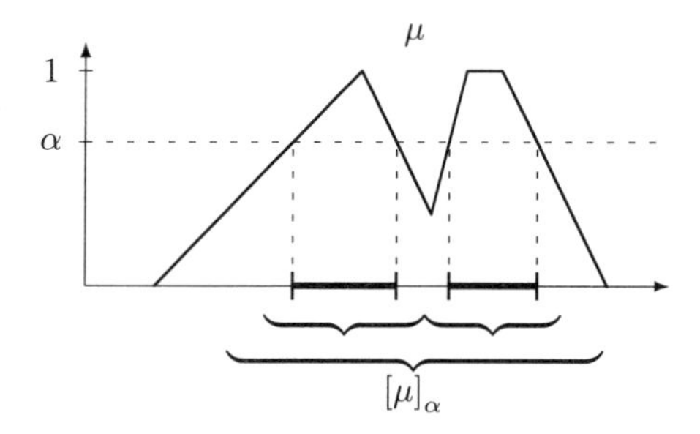

Abb. 1.8. Der aus zwei disjunkten Intervallen bestehende α-Schnitt $[\mu]_\alpha$ der Fuzzy-Menge μ

bestimmen. Geometrisch bedeutet dies, dass eine Fuzzy-Menge die obere Einhüllende ihrer Niveaumengen ist.

Die Charakterisierung einer Fuzzy-Menge durch ihre Niveaumengen erlaubt es uns später in den Abschnitten 1.4 und 1.5, Operationen auf Fuzzy-Mengen niveauweise auf der Ebene gewöhnlicher Mengen durchzuführen.

Der Zusammenhang zwischen einer Fuzzy-Menge und ihren Niveaumengen wird häufig auch zur internen Darstellung von Fuzzy-Mengen in Rechnern verwendet. Man beschränkt sich auf die α-Schnitte für endlich viele ausgewählte Werte α, beispielsweise $\alpha = 0.25, 0.5, 0.75, 1$, und speichert die zugehörigen Niveaumengen einer Fuzzy-Menge. Um den Zugehörigkeitsgrad eines Elementes x zur Fuzzy-Menge μ zu bestimmen, kann dann die Formel (1.1) herangezogen werden, wobei das Supremum nur noch über die endlich vielen Werte von α gebildet wird. Auf diese Weise werden die Zugehörigkeitsgrade diskretisiert, und man erhält eine Approximation der ursprünglichen Fuzzy-Menge. Abb. 1.10 zeigt die Niveaumengen $[\mu]_{0.25}$, $[\mu]_{0.5}$, $[\mu]_{0.75}$ und $[\mu]_1$ der in Abb. 1.9 dargestellten Fuzzy-Menge μ. Verwendet man nur diese vier Niveaumengen zur Speicherung von μ, ergibt sich die Fuzzy-Menge

$$\tilde{\mu}(x) \;=\; \max\left\{\alpha \in \{0.25, 0.5, 0.75, 1\} \mid x \in [\mu]_\alpha\right\}$$

in Abb. 1.11 als Approximation für μ.

Die Beschränkung auf endlich viele Niveaumengen bei der Betrachtung oder Speicherung einer Fuzzy-Menge entspricht einer Diskretisierung der Zugehörigkeitsgrade. Neben dieser vertikalen Diskretisierung kann auch eine horizontale Diskretisierung, d.h., der Domänen, vorgenommen werden. Wie fein oder grob die Diskretisierungen der beiden Richtungen zu wählen sind, ist problemabhängig, so dass es hierzu keine generellen Aussagen gibt. Allgemein bringt eine große Genauigkeit für die Zugehörigkeitsgrade selten signifikante Verbesserungen, da die Zugehörigkeitsgrade meist lediglich heuristisch ermittelt oder ungefähr angegeben werden können und ein menschlicher Experte bei einer Beurteilung ebenfalls nur auf eine begrenzte Anzahl von Unterscheidungsstufen bzw. Akzeptanz- oder Zugehörigkeitsgraden zurückgreift.

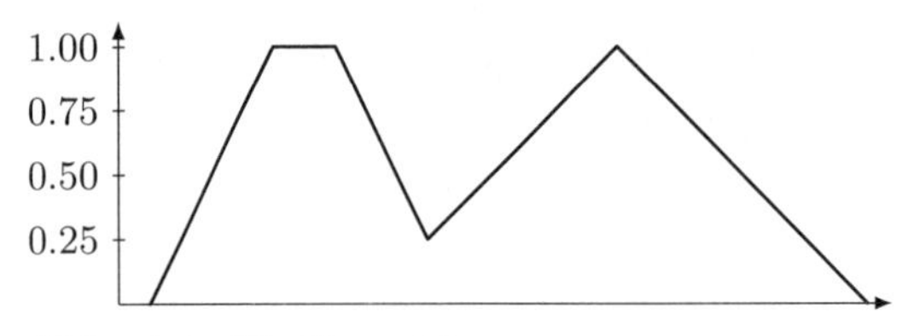

Abb. 1.9. Die Fuzzy-Menge μ

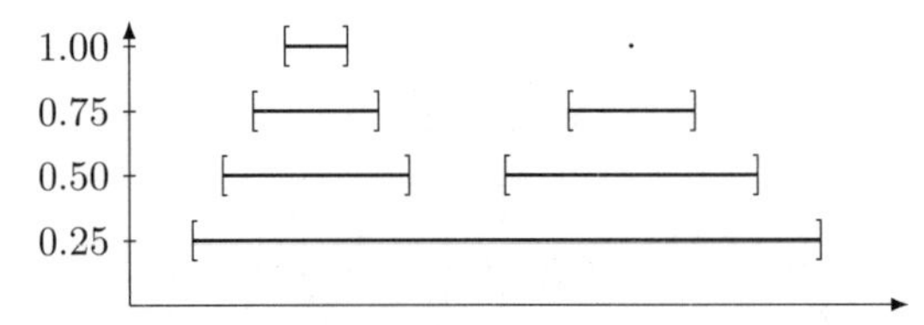

Abb. 1.10. Die α-Niveaumengen der Fuzzy-Menge μ für $\alpha = 0.25, 0.5, 0.75, 1$

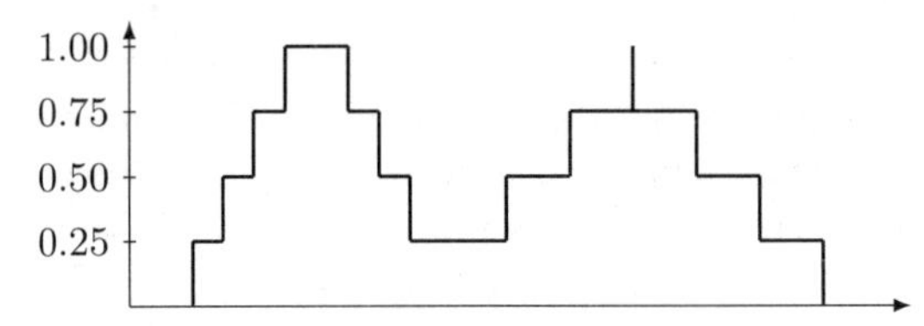

Abb. 1.11. Die aus den α-Niveaumengen erhaltene Approximation der Fuzzy-Menge μ

1.3 Fuzzy-Logik

Der Begriff *Fuzzy-Logik* hat drei unterschiedliche Bedeutungen. Am häufigsten versteht man unter Fuzzy-Logik die Fuzzy-Logik im weiteren Sinne, zu der alle Applikationen und Theorien zählen, in denen Fuzzy-Mengen auftreten. Hierzu zählen insbesondere auch die Fuzzy-Regler, mit denen sich dieses Buch auseinandersetzt.

Im Gegensatz zur Fuzzy-Logik im weiteren Sinne umfasst die zweite, etwas enger gefasste Bedeutung des Begriffs Fuzzy-Logik die Ansätze des approximativen Schließens, bei denen Fuzzy-Mengen innerhalb eines Inferenzmechanismus – wie er etwa in Expertensystemen auftritt – gehandhabt und propagiert werden.

Die Fuzzy-Logik im engeren Sinne, um die es in diesem Abschnitt geht, betrachtet die Fuzzy-Systeme aus der Sicht der mehrwertigen Logik und befasst sich mit Fragestellungen, die eng mit logischen Kalkülen und den damit verbundenen Deduktionsmechanismen zusammenhängen.

Wir beschränken uns in diesem Abschnitt auf die für das Verständnis der Fuzzy-Regler notwendigen Begriffe der Fuzzy-Logik. Einige etwas weiterführende Aspekte der Fuzzy-Logik im engeren Sinne werden im Abschnitt 3.3 über logikbasierte Fuzzy-Regler besprochen. Wir benötigen die Fuzzy-

Logik vor allem für die Einführung der mengentheoretischen Operationen für Fuzzy-Mengen. Die Grundlage dieser Operationen wie Vereinigung, Durchschnitt oder Komplement bilden die logischen Verknüpfungen wie Disjunktion, Konjunktion bzw. Negation. Wir wiederholen daher kurz die für die Fuzzy-Logik zu verallgemeinernden Konzepte aus der klassischen Logik.

1.3.1 Aussagen und Wahrheitswerte

Die klassische Aussagenlogik beschäftigt sich mit dem formalen Umgang von Aussagen, denen einer der beiden Wahrheitswerte 1 (für wahr) oder 0 (für falsch) zugeordnet werden kann. Die Aussagen repräsentieren wir durch griechische Buchstaben φ, ψ usw. Typische Aussagen, für die die formalen Symbole φ_1 und φ_2 stehen könnten, sind

$$\varphi_1 : \text{Vier ist eine gerade Zahl.}$$
$$\varphi_2 : 2 + 5 = 9.$$

Den Wahrheitswert, der einer Aussage φ zugeordnet wird, bezeichnen wir mit $[\![\varphi]\!]$. Für die beiden obigen Aussagen ergibt sich $[\![\varphi_1]\!] = 1$ und $[\![\varphi_2]\!] = 0$. Wenn die Wahrheitswerte einzelner Aussagen bekannt sind, lassen sich anhand von Wahrheitswerttabellen, durch die logische Verknüpfungen definiert werden, die Wahrheitswerte von zusammengesetzen Aussagen bestimmen. Die für uns wichtigsten logischen Verknüpfungen sind das logische `UND` $\wedge$ (die Konjunktion), das logische `ODER` $\vee$ (die Disjunktion) und die Verneinung `NICHT` $\neg$ (die Negation) sowie die Implikation `IMPLIZIERT` $\rightarrow$.

Die Konjunktion $\varphi \wedge \psi$ zweier Aussagen φ und ψ ist genau dann wahr, wenn sowohl φ als auch ψ wahr ist. Die Disjunktion $\varphi \vee \psi$ von φ und ψ erhält den Wahrheitswert 1 (wahr), wenn mindestens einer der beiden Aussagen wahr ist. Die Implikation $\varphi \rightarrow \psi$ ist nur dann falsch, wenn die Prämisse φ wahr und die Konklusion ψ falsch ist. Die Negation $\neg\varphi$ der Aussage φ ist immer dann falsch, wenn φ wahr ist. Diese Sachverhalte sind in den Wahrheitswerttabellen für die Konjunktion, die Disjunktion, die Implikation und die Negation in Tabelle 1.1 dargestellt.

$[\![\varphi]\!]$	$[\![\psi]\!]$	$[\![\varphi \wedge \psi]\!]$
1	1	1
1	0	0
0	1	0
0	0	0

$[\![\varphi]\!]$	$[\![\psi]\!]$	$[\![\varphi \vee \psi]\!]$
1	1	1
1	0	1
0	1	1
0	0	0

$[\![\varphi]\!]$	$[\![\psi]\!]$	$[\![\varphi \rightarrow \psi]\!]$
1	1	1
1	0	0
0	1	1
0	0	1

$[\![\varphi]\!]$	$[\![\neg\varphi]\!]$
1	0
0	1

Tabelle 1.1. Die Wahrheitswerttabellen für die Konjunktion, die Disjunktion, die Implikation und die Negation

Aus diesen Definitionen ergibt sich, dass die Aussagen

Vier ist eine gerade Zahl `UND` $2 + 5 = 9$.

und

Vier ist eine gerade Zahl `IMPLIZIERT` $2 + 5 = 9$.

falsch sind, während die Aussagen

Vier ist eine gerade Zahl `ODER` $2 + 5 = 9$.

und

`NICHT` $2 + 5 = 9$.

beide wahr sind. Formal ausgedrückt bedeutet dies $[\![\varphi_1 \wedge \varphi_2]\!] = 0$, $[\![\varphi_1 \rightarrow \varphi_2]\!] = 0$, $[\![\varphi_1 \vee \varphi_2]\!] = 1$ und $[\![\neg\varphi_2]\!] = 1$.

Die Annahme, dass eine Aussage nur entweder wahr oder falsch sein kann, erscheint bei der Betrachtung mathematischer Sachverhalte durchaus sinnvoll. Für viele der natürlich-sprachlichen Aussagen, mit denen wir täglich umgehen, wäre eine strenge Trennung in wahre und falsche Aussagen unrealistisch und würde ungewollte Konsequenzen haben. Wenn jemand verspricht, zu einer Verabredung um 17.00 Uhr zu kommen, so war seine Aussage falsch, wenn er um 17.01 Uhr erscheint. Niemand würde ihn als Lügner bezeichnen, auch wenn in einer sehr strengen Auslegung seine Behauptung nicht korrekt war. Noch komplizierter verhält es sich, wenn jemand zusagt, um ca. 17.00 zu einem Treffen zu erscheinen. Je größer die Differenz zwischen Abweichung seines Eintreffzeitpunktes zu 17.00 Uhr, desto „weniger wahr“ war seine Aussage. Eine scharfe Abgrenzung eines festen Zeitraums, der ca. 17.00 Uhr entspricht, lässt sich nicht angeben.

Der Mensch ist in der Lage, unscharfe Aussagen zu formulieren, zu verstehen, aus ihnen Schlussfolgerungen zu ziehen und mit ihnen zu planen. Wenn jemand um 11.00 eine Autofahrt beginnt, die ca. vier Stunden dauert und die Fahrt voraussichtlich für eine etwa halbstündige Mittagspause unterbrechen wird, kann ein Mensch diese unscharfen Informationen problemlos verarbeiten und schlussfolgern, wann der Reisende sein Ziel ungefähr erreichen wird. Eine Formalisierung dieses einfachen Sachverhalts in einem logischen Kalkül, in dem Aussagen nur wahr oder falsch sein können, ist nicht adäquat.

Die Verwendung unscharfer Aussagen oder Angaben in der natürlichen Sprache ist nicht die Ausnahme, sondern eher die Regel. In einem Kochrezept würde niemand die Angabe „Man nehme eine Prise Salz“ durch „Man nehme 80 Salzkörner“ ersetzen wollen. Die Verlängerung des Bremsweges beim Autofahren auf nasser Fahrbahn berechnet der Fahrer nicht, indem er in einer physikalischen Formel die kleinere Reibungskonstante der nassen Fahrbahn berücksichtigt, sondern er beachtet die Regel, dass der Bremsweg umso länger wird, je rutschiger die Straße ist.

Um diese Art der menschlichen Informationsverarbeitung besser modellieren zu können, lassen wir daher graduelle Wahrheitswerte für Aussagen zu, d.h., eine Aussage kann nicht nur wahr (Wahrheitswert 1) oder falsch (Wahrheitswert 0) sein, sondern auch mehr oder weniger wahr, was durch einen Wert zwischen 0 und 1 ausgedrückt wird.

Der Zusammenhang zwischen Fuzzy-Mengen und unscharfen Aussagen lässt sich folgendermaßen beschreiben. Eine Fuzzy-Menge modelliert i.a. eine Eigenschaft, die die Elemente der Grundmenge mehr oder weniger ausgeprägt besitzen können. Betrachten wir beispielsweise noch einmal die Fuzzy-Menge μ_{hG} der hohen Geschwindigkeiten aus Abb. 1.2 auf Seite 3. Die Fuzzy-Menge repräsentiert die Eigenschaft oder das Prädikat *hohe Geschwindigkeit*, d.h. der Zugehörigkeitsgrad einer konkreten Geschwindigkeit v zur Fuzzy-Menge der hohen Geschwindigkeiten gibt den „Wahrheitswert" an, der der Aussage „v ist eine hohe Geschwindigkeit" zugeordnet wird. In diesem Sinne legt eine Fuzzy-Menge für eine Menge von Aussagen die jeweiligen Wahrheitswerte fest – in unserem Beispiel für alle Aussagen, die man erhält, wenn man für v einen konkreten Geschwindigkeitswert einsetzt. Um zu verstehen, wie man mit Fuzzy-Mengen operiert, ist es daher nützlich, zunächst einmal unscharfe Aussagen zu betrachten.

Der Umgang mit zusammengesetzten unscharfen Aussagen wie „160 km/h ist eine hohe Geschwindigkeit `UND` die Länge des Bremsweges beträgt ca. 110m", erfordert die Erweiterung der Wahrheitswerttabellen für die logischen Verknüpfungen wie Konjunktion, Disjunktion, Implikation oder Negation. Die in Tabelle 1.1 dargestellten Wahrheitswerttabellen legen für jede logische Verknüpfung eine Wahrheitswertfunktion fest. Für die Konjunktion, die Disjunktion und die Implikation ordnet diese Wahrheitswertfunktion jeder Kombination von zwei Wahrheitswerten (den φ und ψ zugeordneten Wahrheitswerten) einen Wahrheitswert zu (den Wahrheitswert der Konjunktion, Disjunktion von φ und ψ bzw. der Implikation $\varphi \to \psi$). Die der Negation zugeordnete Wahrheitswertfunktion besitzt als Argument nur einen Wahrheitswert. Bezeichen wir mit w_* die Wahrheitswertfunktion, die mit der logischen Verknüpfung $* \in \{\wedge, \vee, \to, \neg\}$ assoziiert wird, so ist w_* eine zwei- bzw. einstellige Funktion, d.h.

$$w_\wedge, w_\vee, w_\to : \{0,1\}^2 \to \{0,1\}, \quad w_\neg : \{0,1\} \to \{0,1\}.$$

Für unscharfe Aussagen, bei denen das Einheitsintervall $[0,1]$ an die Stelle der zweielementigen Menge $\{0,1\}$ als Menge der zulässigen Wahrheitswerte tritt, müssen den logischen Verknüpfungen Wahrheitswertfunktionen

$$w_\wedge, w_\vee, w_\to : [0,1]^2 \to [0,1], \quad w_\neg : [0,1] \to [0,1]$$

zugeordnet werden, die auf dem Einheitsquadrat bzw. dem Einheitsintervall definiert sind.

Eine Mindestanforderung, die wir an diese Funktionen stellen, ist, dass sie eingeschränkt auf die Werte 0 und 1 dasselbe liefern, wie die entsprechenden Wahrheitswertfunktion, die mit den klassischen logischen Verknüpfungen assoziiert werden. Diese Forderung besagt, dass die Verknüpfung unscharfer

Aussagen, die eigentlich scharf sind, da ihnen einer der beiden Wahrheitswerte 0 oder 1 zugeordnet ist, mit der üblichen Verknüpfung scharfer Aussagen übereinstimmt.

Die am häufigsten verwendeten Wahrheitswertfunktionen in der Fuzzy-Logik für die Konjunktion und die Disjunktion sind das Minimum bzw. das Maximum, d.h. $w_\wedge(\alpha, \beta) = \min\{\alpha, \beta\}$, $w_\vee(\alpha, \beta) = \max\{\alpha, \beta\}$. Üblicherweise wird die Negation durch $w_\neg(\alpha) = 1 - \alpha$ definiert. In dem 1965 erschienenen Aufsatz [202], in dem L. Zadeh den Begriff der Fuzzy-Menge einführte, wurden diese Funktionen zugrundegelegt. Die Implikation wird oft im Sinne der *Łukasiewicz-Implikation*

$$w_\rightarrow(\alpha, \beta) = \min\{1 - \alpha + \beta, 1\}$$

oder der *Gödel-Implikation*

$$w_\rightarrow(\alpha, \beta) = \begin{cases} 1 & \text{falls } \alpha \leq \beta \\ \beta & \text{sonst} \end{cases}$$

verstanden.

1.3.2 t-Normen und t-Conormen

Da wir die Wahrheitswerte aus dem Einheitsintervall bisher nur rein intuitiv als graduelle Wahrheiten interpretiert haben, erscheint die Wahl der oben genannten Wahrheitswertfunktionen für die logischen Verknüpfungen zwar plausibel, aber nicht zwingend. Anstatt willkürlich Funktionen festzulegen, kann man auch einen axiomatischen Weg beschreiten, indem man gewisse sinnvolle Eigenschaften von den Wahrheitswertfunktion verlangt und so die Klasse der möglichen Wahrheitswertfunktionen einschränkt. Wir erklären diesen axiomatischen Ansatz exemplarisch am Beispiel der Konjunktion.

Wir betrachten als potentiellen Kandidaten für die Wahrheitswertfunktion der Konjunktion die Funktion $t : [0,1]^2 \rightarrow [0,1]$. Der Wahrheitswert einer Konjunktion mehrerer Aussagen hängt nicht von der Reihenfolge ab, in der man die Aussagen konjunktiv verknüpft. Um diese Eigenschaft zu garantieren, muss t kommutativ und assoziativ sein, d.h., es muss gelten:

$$(T1) \quad t(\alpha, \beta) = t(\beta, \alpha)$$
$$(T2) \quad t(t(\alpha, \beta), \gamma) = t(\alpha, t(\beta, \gamma)).$$

Der Wahrheitswert der Konjunktion $\varphi \wedge \psi$ sollte nicht kleiner als der Wahrheitswert der Konjunktion $\varphi \wedge \chi$ sein, wenn χ einen geringeren Wahrheitswert besitzt als ψ. Dies erreichen wir durch die Monotonie von t:

$$\text{(T3) Aus } \beta \leq \gamma \text{ folgt } t(\alpha, \beta) = t(\alpha, \gamma).$$

Aufgrund der Kommutativität (T1) ist t mit (T3) in beiden Argumenten monoton nicht-fallend.

Schließlich verlangen wir noch, dass sich durch konjunktives Hinzufügen einer wahren Aussage ψ zu einer anderen Aussage φ der Wahrheitswert nicht ändert, dass also der Wahrheitswert von φ mit dem von $\varphi \wedge \psi$ übereinstimmt. Für t ist diese Forderung gleichbedeutend mit

$$\text{(T4)}\ t(\alpha, 1) = \alpha.$$

Definition 1.4 *Eine Funktion* $t : [0,1]^2 \to [0,1]$ *heißt t-Norm (trianguläre Norm) , wenn sie die Axiome* (T1) – (T4) *erfüllt.*

Als Wahrheitswertfunktion für die Konjunktion sollte im Rahmen der Fuzzy-Logik immer eine t-Norm gewählt werden. Aus der Eigenschaft (T4) folgt, dass für jede t-Norm t gilt: $t(1,1) = 1$ und $t(0,1) = 0$. Aus $t(0,1) = 0$ erhalten wir mit der Kommutativität (T1) $t(1,0) = 0$. Außerdem muss wegen der Monotonieeigenschaft (T3) und $t(0,1) = 0$ auch $t(0,0) = 0$ gelten. Somit stimmt jede t-Norm eingeschränkt auf die Werte 0 und 1 mit der durch die Wahrheitswerttabelle der gewöhnlichen Konjunktion gegebenen Wahrheitswertfunktion überein.

Man verifiziert leicht, dass die bereits erwähnte Wahrheitswertfunktion $t(\alpha, \beta) = \min\{\alpha, \beta\}$ für die Konjunktion eine t-Norm ist. Andere Beispiele für t-Normen sind

Łukasiewicz-t-Norm: $\quad t(\alpha,\beta) = \max\{\alpha + \beta - 1, 0\}$

algebraisches Produkt: $\quad t(\alpha,\beta) = \alpha \cdot \beta$

drastisches Produkt: $\quad t(\alpha,\beta) = \begin{cases} 0 & \text{falls } 1 \notin \{\alpha,\beta\} \\ \min\{\alpha,\beta\} & \text{sonst} \end{cases}$

Diese wenigen Beispiele zeigen schon, dass das Spektrum der t-Normen sehr breit ist. Die Grenzen werden durch das drastische Produkt, das die kleinste t-Norm darstellt und außerdem unstetig ist, und das Minimum, das die größte t-Norm ist, vorgegeben. Das Minimum hebt sich noch durch eine weitere wichtige Eigenschaft von den anderen t-Normen ab. Das Minimum ist die einzige idempotente t-Norm, d.h., dass allein für das Minimum die Eigenschaft $t(\alpha,\alpha) = \alpha$ für alle $\alpha \in [0,1]$ erfüllt ist.

Nur die Idempotenz einer t-Normen garantiert, dass die Wahrheitswerte der Aussagen φ und $\varphi \wedge \varphi$ übereinstimmen, was zunächst wie eine selbstverständliche Forderung aussieht und somit das Minimum als einzige sinnvolle Wahrheitswertfunktion für die Konjunktion auszeichnen würde. Dass die Idempotenz jedoch nicht immer wünschenswert ist, zeigt das folgende Beispiel, bei dem sich ein Käufer für eines von zwei Häuser A und B entscheiden muss. Da sich die Häuser in fast allen Punkten stark ähneln, trifft er die Wahl aufgrund der beiden Kriterien günstiger Preis und gute Lage. Nach reiflichen Überlegungen ordnet er die folgenden „Wahrheitswerte" den den Kauf bestimmenden Aussagen zu:

	Aussage	Wahrheitswert $[\![\varphi_i]\!]$
φ_1	Der Preis für Haus A ist günstig.	0.9
φ_2	Die Lage von Haus A ist gut.	0.6
φ_3	Der Preis für Haus B ist günstig.	0.6
φ_4	Die Lage von Haus B ist gut.	0.6

Die Wahl fällt auf das Haus $x \in \{A, B\}$, für das die Aussage „Der Preis für Haus x ist günstig `UND` die Lage von Haus x ist gut“ den größeren Wahrheitswert ergibt, d.h., der Käufer entscheidet sich für Haus A, falls $[\![\varphi_1 \wedge \varphi_2]\!] > [\![\varphi_3 \wedge \varphi_4]\!]$ gilt, im umgekehrten Fall für das Haus B. Wird der Wahrheitswert der Konjunktion mit Hilfe des Minimums bestimmt, erhalten wir in beiden Fällen den Wert 0.6, so dass die beiden Häuser als gleichwertig anzusehen wären. Dies widerspricht aber der Tatsache, dass zwar die Lage der beiden Häuser gleich bewertet wurde, Haus A jedoch für einen günstigeren Preis zu erwerben ist. Wählt man als Wahrheitswertfunktion für die Konjunktion eine nicht-idempotente t-Norm wie beispielsweise das algebraische Produkt oder die Łukasiewicz t-Norm, so wird in jedem Fall das Haus A vorgezogen.

Neben den hier erwähnten Beispielen für t-Normen gibt es zahlreiche weitere. Insbesondere lassen sich mit Hilfe eines frei wählbaren Parameters ganze Familien von t-Normen definieren, etwa die Weber-Familie

$$t_\lambda(\alpha, \beta) = \max\left\{\frac{\alpha + \beta - 1 + \lambda\alpha\beta}{1 + \lambda}, 0\right\}$$

die für jedes $\lambda \in (-1, \infty)$ eine t-Norm festlegt. Für $\lambda = 0$ ergibt sich die Łukasiewicz-t-Norm.

Da in praktischen Anwendungen neben dem Minimum meist nur noch das algebraische Produkt und die Łukasiewicz-t-Norm auftreten, verzichten wir an dieser Stelle auf die Vorstellung weiterer Beispiele für t-Normen. Eine ausführlichere Behandlung der t-Normen findet man beispielsweise in [26, 97].

Analog zu den t-Normen, die mögliche Wahrheitswertfunktionen für die Konjunktion repräsentieren, werden die Kandidaten für Wahrheitsfunktionen der Disjunktion definiert. Wie die t-Normen sollten sie die Eigenschaften (T1) – (T3) erfüllen. Anstelle von (T4) fordert man allerdings

$$\text{(T4')}\ t(\alpha, 0) = \alpha,$$

d.h., dass sich durch disjunktives Hinzufügen einer falschen Aussage ψ zu einer anderen Aussage φ der Wahrheitswert nicht ändert, dass also der Wahrheitswert von φ mit dem von $\varphi \vee \psi$ übereinstimmt.

Definition 1.5 *Eine Funktion $s : [0, 1]^2 \to [0, 1]$ heißt t-Conorm (trianguläre Conorm), wenn sie die Axiome* (T1) – (T3) *und* (T4') *erfüllt.*

Zwischen t-Normen und t-Conormen besteht ein dualer Zusammenhang: Jede t-Norm t induziert eine t-Conorm s mittels

$$s(\alpha, \beta) \;=\; 1 - t(1 - \alpha, 1 - \beta), \tag{1.2}$$

genau wie man umgekehrt aus einer t-Conorm s durch

$$t(\alpha, \beta) \;=\; 1 - s(1 - \alpha, 1 - \beta), \tag{1.3}$$

die entsprechende t-Norm zurückerhält. Die Gleichungen (1.2) und (1.3) korrespondieren mit den DeMorganschen Gesetzen

$$[\![\varphi \vee \psi]\!] \;=\; [\![\neg(\neg\varphi \wedge \neg\psi)]\!] \quad \text{und} \quad [\![\varphi \wedge \psi]\!] \;=\; [\![\neg(\neg\varphi \vee \neg\psi)]\!],$$

wenn man die Negation durch die Wahrheitswertfunktion $[\![\neg\varphi]\!] \;=\; 1 - [\![\varphi]\!]$ berechnet.

Die t-Conormen, die man aufgrund der Formel (1.2) aus den t-Normen Minimum, Łukasiewicz-t-Norm, algebraisches und drastisches Produkt erhält, sind

Maximum: $s(\alpha, \beta) = \max\{\alpha, \beta\}$

Łukasiewicz-t-Conorm: $s(\alpha, \beta) = \min\{\alpha + \beta, 1\}$

algebraische Summe: $s(\alpha, \beta) = \alpha + \beta - \alpha\beta$

drastische Summe: $s(\alpha, \beta) = \begin{cases} 1 & \text{falls } 0 \not\in \{\alpha, \beta\} \\ \max\{\alpha, \beta\} & \text{sonst.} \end{cases}$

Dual zu den t-Normen ist die drastische Summe die größte, das Maximum die kleinste t-Conorm. Außerdem ist das Maximum die einzige idempotente t-Conorm. Wie bei den t-Normen lassen sich parametrische Familien von t-Conormen definieren.

$$s_\lambda(\alpha, \beta) \;=\; \min\left\{\alpha + \beta - \frac{\lambda\alpha\beta}{1 + \lambda}, 1\right\}$$

bilden beispielsweise die Weber-Familie der t-Conormen.

Beim Rechnen mit t-Normen und t-Conormen sollte man sich bewusst sein, dass nicht unbedingt alle Gesetze, die man für die Konjunktion und die Disjunktion kennt, auch für t-Normen und t-Conormen gelten. So sind Minimum und Maximum nicht nur die einzigen idempotenten t-Normen bzw. t-Conormen, sondern auch das einzige über die Dualität (1.2) definierte Paar, das die Distributivgesetze erfüllt.

Wir hatten im Beispiel des Hauskaufs gesehen, dass die Idempotenz einer t-Norm nicht immer wünschenswert ist. Das gleiche gilt für t-Conormen. Betrachten wir die Aussagen $\varphi_1, \ldots, \varphi_n$, die konjunktiv oder disjunktiv verknüpft werden sollen. Der entscheidende Nachteil der Idempotenz ist, dass bei der Konjunktion mittels des Minimums der sich ergebende Wahrheitswert der Verknüpfung der Aussagen allein vom Wahrheitswert der Aussage abhängt, der der kleinste Wahrheitswert zugeordnet ist. Entsprechend bestimmt bei der Disjunktion im Sinne des Maximums nur die Aussage mit dem größten

Wahrheitswert den Wahrheitswert der verknüpften Aussage. Durch den Verzicht auf die Idempotenz wird dieser Nachteil vermieden. Ein anderer Ansatz besteht in der Verwendung *kompensatorischer Operatoren* , die einen Kompromiss zwischen Konjunktion und Disjunktion darstellen. Ein Beispiel für einen kompensatorischen Operator ist der *Gamma-Operator* [214]

$$\Gamma_\gamma(\alpha_1,\ldots,\alpha_n) \;=\; \left(\prod_{i=1}^{n}\alpha_i\right)\cdot\left(1-\prod_{i=1}^{n}(1-\alpha_i)\right)^{\gamma}.$$

Dabei ist $\gamma \in [0,1]$ ein frei wählbarer Parameter. Für $\gamma = 0$ ergibt der Gamma-Operator das algebraische Produkt, für $\gamma = 1$ die algebraische Summe. Ein anderer kompensatorischer Operator ist das arithmetische Mittel. Weitere Vorschläge für derartige Operatoren findet man z.B. in [117]. Ein großer Nachteil dieser Operatoren besteht in der Verletzung der Assoziativität. Wir werden diese Operatoren daher nicht weiter verwenden.

Ähnlich wie zwischen t-Normen und t-Conormen ein Zusammenhang besteht, lassen sich auch Verbindungen zwischen t-Normen und Implikationen herstellen. Eine stetige t-Norm t induziert die *residuierte Implikation* $\vec{t}$ durch die Formel

$$\vec{t}\,(\alpha,\beta) \;=\; \sup\{\gamma\in[0,1] \mid t(\alpha,\gamma)\le\beta\}.$$

Auf diese Weise erhält man durch Residuierung die Łukasiewicz-Implikation aus der Łukasiewicz-t-Norm und die Gödel-Implikation aus dem Minimum.

Später werden wir noch die zugehörige *Biimplikation* $\overleftrightarrow{t}$ benötigen, die durch die Formel

$$\begin{aligned}\overleftrightarrow{t}\,(\alpha,\beta) &= \vec{t}\,\big(\max\{\alpha,\beta\},\min\{\alpha,\beta\}\big) \qquad (1.4)\\ &= t\big(\,\vec{t}\,(\alpha,\beta),\ \vec{t}\,(\beta,\alpha)\big)\\ &= \min\{\,\vec{t}\,(\alpha,\beta),\ \vec{t}\,(\beta,\alpha)\}\end{aligned}$$

festgelegt ist. Motiviert ist diese Formel durch die Definition der Biimplikation oder Äquivalenz in der klassischen Logik mittels

$$[\![\varphi\leftrightarrow\psi]\!] \;=\; [\![(\varphi\to\psi)\wedge(\psi\to\varphi)]\!].$$

Neben den logischen Verknüpfungen wie der Konjunktion, der Disjunktion, der Implikation oder der Negation spielen in der (Fuzzy-)Logik noch die Quantoren $\forall$ (für alle) und $\exists$ (es existiert ein) eine wichtige Rolle.

Es ist naheliegend, den Quantoren Wahrheitswertfunktionen zuzuordnen, die an die Wahrheitswertfunktion der Konjunktion bzw. der Disjunktion angelehnt sind. Wir betrachten die Grundmenge X und das Prädikat $P(x)$. X könnte beispielsweise die Menge $\{2,4,6,8,10\}$ sein und $P(x)$ das Prädikat „x ist eine gerade Zahl.“ Ist die Menge X endlich, etwa $X = \{x_1,\ldots,x_n\}$, so ist offenbar die Aussage $(\forall x \in X)(P(x))$ äquivalent zu der Aussage $P(x_1)\wedge\ldots\wedge P(x_n)$. Es ist daher in diesem Fall möglich, den Wahrheitswert der Aussage $(\forall x\in X)(P(x))$ über die Konjunktion zu definieren, d.h.

$$[\![(\forall x \in X)(P(x))]\!] = [\![P(x_1) \wedge \ldots \wedge P(x_n)]\!].$$

Ordnet man der Konjunktion das Minimum als Wahrheitswertfunktion zu, ergibt sich

$$[\![(\forall x \in X)(P(x))]\!] = \min\{[\![P(x)]\!] \mid x \in X\},$$

was problemlos mittels

$$[\![(\forall x \in X)(P(x))]\!] = \inf\{[\![P(x)]\!] \mid x \in X\},$$

auch auf unendliche Grundmengen X erweiterbar ist. Andere t-Normen als das Minimum werden i.a. nicht für den Allquantor herangezogen, da sich bei einer nicht-idempotenten t-Norm bei unendlicher Grundmenge sehr leicht der Wahrheitswert 0 für eine Aussage mit einem Allquantor ergeben kann.

Analoge Überlegungen für den Existenzquantor, für den bei einer endlichen Grundmenge die Aussagen $(\exists x \in X)(P(x))$ und $P(x_1) \vee \ldots \vee P(x_n)$ äquivalent sind, führen zu der Definition

$$[\![(\exists x \in X)(P(x))]\!] = \sup\{[\![P(x)]\!] \mid x \in X\}.$$

Als Beispiel betrachten wir das Prädikat $P(x)$, mit der Interpretation „x ist eine hohe Geschwindigkeit“. Der Wahrheitswert $[\![P(x)]\!]$ sei durch die Fuzzy-Menge der hohen Geschwindigkeiten aus Abb. 1.2 auf Seite 3 gegeben, d.h. $[\![P(x)]\!] = \mu_{hG}(x)$. Somit gilt beispielsweise $[\![P(150)]\!] = 0$, $[\![P(170)]\!] = 0.5$ und $[\![P(190)]\!] = 1$. Die Aussage $(\forall x \in [170, 200])(P(x))$ („Alle Geschwindigkeiten zwischen 170 km/h und 200 km/h sind hohe Geschwindigkeiten“) besitzt somit den Wahrheitswert

$$\begin{aligned} [\![(\forall x \in [170,200])(P(x))]\!] &= \inf\{[\![P(x)]\!] \mid x \in [170,200]\} \\ &= \inf\{\mu_{hG}(x) \mid x \in [170,200]\} \\ &= 0.5. \end{aligned}$$

Analog erhält man $[\![(\exists x \in [100, 180])(P(x))]\!] = 0.75$.

1.3.3 Voraussetzungen und Probleme

Wir haben in diesem Abschnitt über Fuzzy-Logik verschiedene Möglichkeiten untersucht, wie unscharfe Aussagen verknüpft werden können. Eine wesentliche Grundannahme, die wir dabei getroffen haben, ist, dass wir *Wahrheitsfunktionalität* voraussetzen dürfen. Das bedeutet, dass der Wahrheitswert der Verknüpfung mehrerer Aussagen allein von den Wahrheitswerten der einzelnen Aussagen, aber nicht von den Aussagen selbst abhängt. In der klassischen Logik gilt diese Annahme. Ein Beispiel, wo sie nicht gilt, ist die Wahrscheinlichkeitstheorie bzw. die probabilistische Logik. In der Wahrscheinlichkeitstheorie reicht es nicht aus, die Wahrscheinlichkeit zweier Ereignisse zu kennen, um die Wahrscheinlichkeiten dafür zu bestimmen, ob beide Ereignisse gleichzeitig eintreten oder mindestens eines der beiden Ereignisse eintritt. Hierzu benötigt man zusätzlich die Information, inwieweit die beiden Ereignisse abhängig sind. Im Falle der Unabhängigkeit etwa ist die Wahrscheinlichkeit für das Eintreten beider Ereignisse das Produkt der Einzelwahrscheinlichkeiten und die Wahrscheinlichkeit dafür, dass mindestens eines der beiden Ereignisse eintritt, die Summe der Einzelwahrscheinlichkeiten. Ohne zu wissen, ob die Ereignisse unabhängig sind, lassen sich diese Wahrscheinlichkeiten nicht angeben.

Man sollte sich der Voraussetzung der Wahrheitsfunktionalität im Rahmen der Fuzzy-Logik bewusst sein. Sie ist durchaus nicht immer erfüllt. Mit dem Beispiel des Hauskaufs haben wir die Verwendung nicht-idempotenter t-Normen motiviert. Werden diese t-Normen wie z.B. das algebraische Produkt dann auch auf solche Aussagen wie „Der Preis für Haus A ist günstig `UND` ... `UND` der Preis für Haus A ist günstig“ angewandt, so kann diese Aussage einen beliebig kleinen Wahrheitswert erhalten, wenn nur genügend viele Konjunktionen auftreten. Je nachdem, wie man die Konjunktion interpretiert, kann dieser Effekt widersprüchlich oder wünschenswert sein. Versteht man die Konjunktion eher im klassischen Sinne, so sollte die konjunktive Verknüpfung einer Aussage mit sich selbst zu sich selbst äquivalent sein, was bei nicht-idempotenten t-Normen nicht gegeben ist. Eine andere Interpretation sieht die Konjunktion eher als Auflistung von Argumenten für oder gegen eine These oder in einem Beweis. Die mehrfache Verwendung desselben (unscharfen) Arguments innerhalb eines Beweises führt dazu, dass der Beweis weniger glaubwürdig wird und so Idempotenz selbst bei der Konjunktion einer Aussage mit sich selbst nicht erwünscht ist.

Für die Fuzzy-Regelung haben diese Überlegungen glücklicherweise nur eine geringe Bedeutung, da dort die Fuzzy-Logik in einem sehr begrenzten Kontext verwendet wird: Schwierigkeiten ergeben sich eher bei dem Einsatz der Fuzzy-Logik in komplexeren Expertensystemen.

1.4 Operationen auf Fuzzy-Mengen

In den Abschnitten 1.1 und 1.2 haben wir Fuzzy-Mengen zur Modellierung vager Konzepte und Repräsentationsformen für Fuzzy-Mengen kennengelernt. Um mit Hilfe vager Konzepte operieren oder schlussfolgern zu können, benötigen wir geeignete Verknüpfungen für Fuzzy-Mengen. Wir werden daher in diesem Abschnitt aus der gewöhnlichen Mengenlehre bekannte Operationen wie Vereinigung, Durchschnitt oder Komplementbildung auf Fuzzy-Mengen erweitern.

1.4.1 Durchschnitt

Die Vorgehensweise, wie die Mengenoperationen für Fuzzy-Mengen definiert werden, erläutern wir ausführlich am Beispiel des Durchschnitts. Für zwei gewöhnliche Mengen M_1 und M_2 gilt, dass ein Element x genau dann zum Durchschnitt der beiden Mengen gehört, wenn es sowohl zu M_1 als auch zu M_2 gehört. Ob x zum Durchschnitt gehört, hängt also allein von der Zugehörigkeit von x zu M_1 und M_2 ab, aber nicht von der Zugehörigkeit eines anderen Elementes $y \neq x$ zu M_1 und M_2. Formal ausgedrückt bedeutet dies

$$x \in M_1 \cap M_2 \quad \iff \quad x \in M_1 \ \wedge \ x \in M_2. \tag{1.5}$$

Für zwei Fuzzy-Mengen μ_1 und μ_2 gehen wir ebenfalls davon aus, dass der Zugehörigkeitsgrad eines Elementes x zum Durchschnitt der beiden Fuzzy-Mengen allein von den Zugehörigkeitsgraden von x zu μ_1 und μ_2 abhängt. Den Zugehörigkeitsgrad $\mu(x)$ eines Elementes x zur Fuzzy-Menge μ interpretieren wir als Wahrheitswert $[\![x \in \mu]\!]$ der unscharfen Aussage „$x \in \mu$", dass x ein Element von μ ist. Um den Zugehörigkeitsgrad eines Elementes x zum Durchschnitt der Fuzzy-Mengen μ_1 und μ_2 zu bestimmen, müssen wir daher in Anlehnung an die Äquivalenz (1.5) den Wahrheitswert der Konjunktion „x ist Element von μ_1 `UND` x ist Element von μ_2" berechnen. Wie man den Wahrheitswert der Konjunktion zweier unscharfer Aussagen definiert, haben wir im vorhergehenden Abschnitt über Fuzzy-Logik kennengelernt. Dazu ist es notwendig, eine t-Norm t als Wahrheitswertfunktion für die Konjunktion zu wählen. Wir definieren daher den Durchschnitt zweier Fuzzy-Mengen μ_1 und μ_2 (bzgl. der t-Norm t) als die Fuzzy-Menge $\mu_1 \cap_t \mu_2$ mit

$$(\mu_1 \cap_t \mu_2)(x) \;=\; t\,(\mu_1(x), \mu_2(x))\,.$$

Interpretieren wir den Zugehörigkeitsgrad $\mu(x)$ eines Elementes x zur Fuzzy-Menge μ als Wahrheitswert $[\![x \in \mu]\!]$ der unscharfen Aussage „$x \in \mu$", dass x ein Element von μ ist, lässt sich die Definition für den Durchschnitt zweier Fuzzy-Mengen auch in der Form

$$[\![x \in (\mu_1 \cap_t \mu_2)]\!] \;=\; [\![x \in \mu_1 \wedge x \in \mu_2]\!]$$

schreiben, wobei der Konjunktion als Wahrheitswertfunktion die t-Norm t zugeordnet wird.

Durch die Definition des Durchschnitts von Fuzzy-Mengen mit Hilfe einer t-Norm übertragen sich die Eigenschaften der t-Norm auf den Durchschnittsoperator: die Axiome (T1) und (T2) sorgen dafür, dass die Durchschnittsbildung für Fuzzy-Mengen kommutativ and assoziativ ist. Die Monotonieeigenschaft (T3) garantiert, dass durch Austauschen einer Fuzzy-Menge μ_1 durch eine Fuzzy-Obermenge μ_2, d.h., $\mu_1(x) \leq \mu_2(x)$ für alle x, bei der Durchschnittsbildung mit einer Fuzzy-Menge μ sich der Durchschnitt nicht verkleinern kann:

$$\text{Aus } \mu_1 \leq \mu_2 \text{ folgt } \mu \cap_t \mu_1 \leq \mu \cap_t \mu_2.$$

Aus der Forderung (T4) für t-Normen erhalten wir, dass der Durchschnitt einer Fuzzy-Menge mit einer scharfen Menge bzw. der charakteristischen Funktion der scharfen Menge wieder die ursprüngliche Fuzzy-Menge eingeschränkt auf die Menge, mit der geschnitten wird, ergibt. Ist $M \subseteq X$ eine gewöhnliche Teilmenge von X und $\mu \in \mathcal{F}(X)$ eine Fuzzy-Menge von X, so folgt

$$(\mu \cap_t I_M)(x) = \begin{cases} \mu(x) & \text{falls } x \in M \\ 0 & \text{sonst.} \end{cases}$$

Üblicherweise wird bei der Durchschnittsbildung von Fuzzy-Mengen das Minimum als t-Norm zugrundegelegt, sofern nicht explizit darauf hingewiesen wird, dass eine andere t-Norm verwendet wird. Wir schreiben daher $\mu_1 \cap \mu_2$ statt $\mu_1 \cap_t \mu_2$ im Fall $t = \min$.

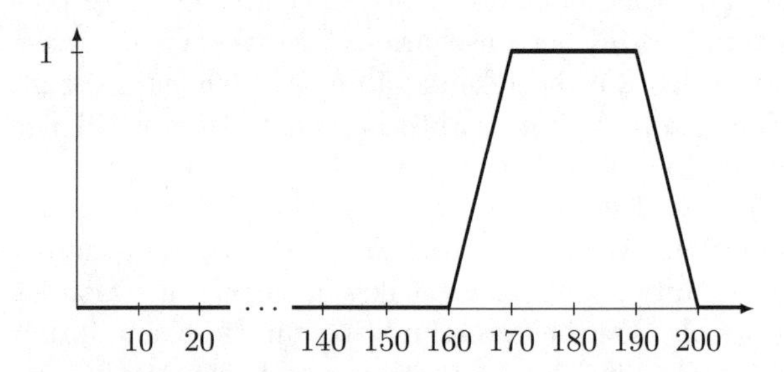

Abb. 1.12. Die Fuzzy-Menge $\mu_{170-190}$ der Geschwindigkeiten, die nicht wesentlich kleiner als 170 km/h und nicht viel größer als 190 km/h sind

Wir betrachten den Durchschnitt der Fuzzy-Menge μ_{hG} der hohen Geschwindigkeiten aus Abb. 1.2 auf Seite 3 mit der in Abb. 1.12 dargestellten Fuzzy-Menge $\mu_{170-190}$ der Geschwindigkeiten, die nicht wesentlich kleiner als 170 km/h und nicht viel größer als 190 km/h sind. Beide Fuzzy-Mengen sind Trapezfunktionen:

$$\mu_{hG} = \Pi_{150,180,\infty,\infty}, \quad \mu_{170-190} = \Pi_{160,170,190,200}.$$

Abb. 1.13 zeigt den Durchschnitt der beiden Fuzzy-Mengen auf der Basis des Minimums (durchgezogene Linie) und der Łukasiewicz-t-Norm (gestrichelte Linie).

1.4.2 Vereinigung

Ganz analog wie wir aus der Repräsentation (1.5) die Definition des Durchschnitts zweier Fuzzy-Menge abgeleitet haben, lässt sich auf der Basis von

$$x \in M_1 \cup M_2 \iff x \in M_1 \lor x \in M_2.$$

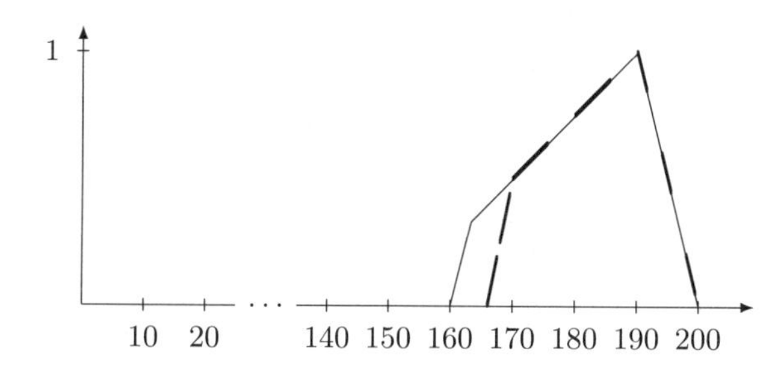

Abb. 1.13. Der Durchschnitt $\mu_{hG} \cap_t \mu_{170-190}$ der Fuzzy-Mengen μ_{hG} und $\mu_{170-190}$, berechnet mit dem Minimum (durchgezogene Linie) und der Łukasiewicz-t-Norm (gestrichelte Linie)

die Vereinigung zweier Fuzzy-Mengen festlegen. Es ergibt sich

$$(\mu_1 \cup_s \mu_2)(x) \;=\; s\,(\mu_1(x), \mu_2(x))\,,$$

als Vereinigung der beiden Fuzzy-Mengen μ_1 und μ_2 bzgl. der t-Conorm s. In der Interpretation des Zugehörigkeitsgrades $\mu(x)$ eines Elementes x zur Fuzzy-Menge μ als Wahrheitswert $[\![x \in \mu]\!]$ der unscharfen Aussage „$x \in \mu$“, dass x ein Element von μ ist, lässt sich die Definition für die Vereinigung auch in der Form

$$[\![x \in (\mu_1 \cup_t \mu_2)]\!] \;=\; [\![x \in \mu_1 \vee x \in \mu_2]\!]$$

wiedergeben, wobei der Disjunktion als Wahrheitswertfunktion die t-Conorm s zugeordnet wird. Die am häufigsten verwendete t-Conorm als Grundlage für die Vereinigung von Fuzzy-Mengen ist das Maximum. Im Fall $t = \max$ verwenden wir daher auch die Abkürzung $\mu_1 \cup \mu_2$ für $\mu_1 \cup_s \mu_2$.

1.4.3 Komplement

Das Komplement einer Fuzzy-Menge wird aus der Formel

$$x \in \overline{M} \qquad \Longleftrightarrow \qquad \neg(x \in M)$$

für gewöhnliche Mengen abgeleitet, in der $\overline{M}$ für das Komplement der (gewöhnlichen) Menge M steht. Ordnen wir der Negation die Wahrheitswertfunktion $w_\neg(\alpha) = 1 - \alpha$ zu, erhalten wir als Komplement $\overline{\mu}$ der Fuzzy-Menge μ die Fuzzy-Menge

$$\overline{\mu_1}(x) \;=\; 1 - \mu(x),$$

was gleichbedeutend ist mit

$$[\![x \in \overline{\mu}]\!] \;=\; [\![\neg(x \in \mu)]\!].$$

Die Abb. 1.14 veranschaulicht die Durchschnitts-, Vereinigungs- und Komplementbildung für Fuzzy-Mengen.

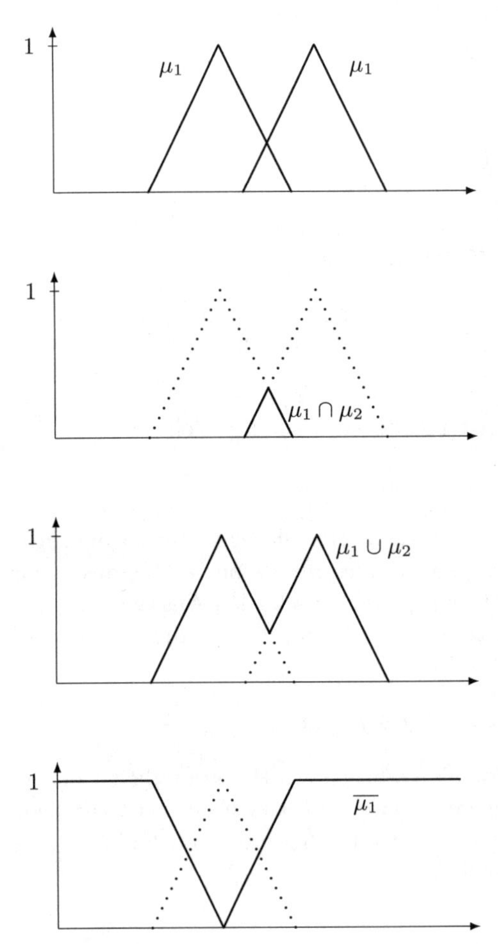

Abb. 1.14. Durchschnitt, Vereinigung und Komplement für Fuzzy-Mengen

Die Komplementbildung für Fuzzy-Mengen ist zwar wie das Komplement für gewöhnliche Mengen involutorisch, d.h., es gilt $\overline{\overline{\mu}} = \mu$. Jedoch sind die Gesetze für klassische Mengen, dass der Durchschnitt einer Menge mit ihrem Komplement die leere, die Vereinigung mit ihrem Komplement die Grundmenge ergibt, abgeschwächt zu $(\mu \cap \overline{\mu})(x) \leq 0.5$ und $(\mu \cup \overline{\mu})(x) \geq 0.5$ für alle x aus der Grundmenge. In Abb. 1.15 ist dieser Sachverhalt noch einmal verdeutlicht.

Werden der Durchschnitt und die Vereinigung auf der Grundlage des Minimums bzw. des Maximums definiert, kann man auf die im Abschnitt 1.2 eingeführte Repräsentation von Fuzzy-Mengen durch die Niveaumengen zurückgreifen. Es gilt

$$[\mu_1 \cap \mu_2]_\alpha = [\mu_1]_\alpha \cap [\mu_2]_\alpha \quad \text{und} \quad [\mu_1 \cup \mu_2]_\alpha = [\mu_1]_\alpha \cup [\mu_2]_\alpha$$

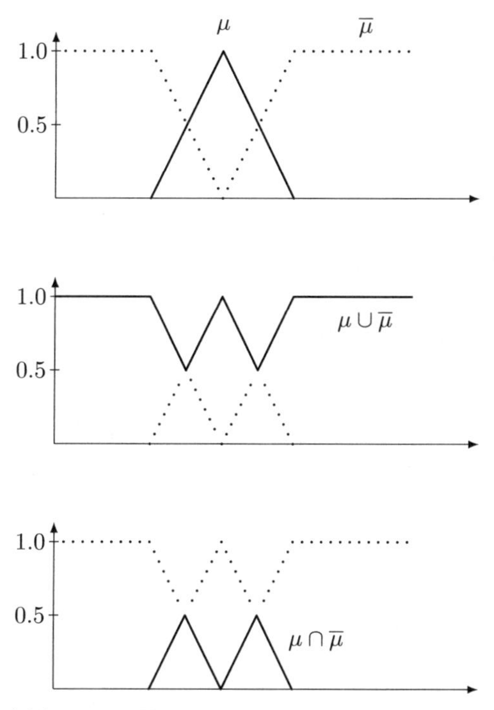

Abb. 1.15. Vereinigung und Durchschnitt einer Fuzzy-Menge mit ihrem Komplement

für alle $\alpha \in [0, 1]$. Die Niveaumengen des Durchschnitts und der Vereinigung zweier Fuzzy-Mengen ergeben sich nach diesen beiden Gleichungen als Durchschnitt bzw. Vereinigung der Niveaumengen der einzelnen Fuzzy-Mengen.

1.4.4 Linguistische Modifizierer

Neben dem Komplement als einstellige Operation auf Fuzzy-Mengen, die aus der entsprechenden Operation für gewöhnliche Mengen hervorgegangen ist, gibt es noch weitere Fuzzy-Mengen-spezifische einstellige Operationen, die für gewöhnliche Mengen nicht sinnvoll sind. Eine Fuzzy-Menge repräsentiert i.a. ein vages Konzept wie „hohe Geschwindigkeit“, „jung“ oder „groß“. Aus solchen Konzepten lassen sich weitere vage Konzepte mit Hilfe *linguistischer Modifizierer* („linguistic hedges“) wie „sehr“ oder „mehr oder weniger“ herleiten.

Wir betrachten als Beispiel die Fuzzy-Menge μ_{hG} der hohen Geschwindigkeiten aus Abb. 1.2 auf Seite 3. Wie sollte die Fuzzy-Menge μ_{shG} aussehen, die das Konzept der „*sehr* hohen Geschwindigkeiten“ repräsentiert? Da eine sehr hohe Geschwindigkeit sicherlich auch als hohe Geschwindigkeit bezeichnet werden kann, aber nicht unbedingt umgekehrt, sollte der Zugehörigkeitsgrad einer spezifischen Geschwindigkeit v zur Fuzzy-Menge μ_{shG} i.a. niedriger sein als zur Fuzzy-Menge μ_{hG}. Dies erreicht man, indem man den linguistischen Modifizierer „sehr" ähnlich wie die Negation als einstelligen logischen Operator versteht und ihm eine geeignete Wahrheitswertfunktion zuordnet, beispielsweise $w_{\text{sehr}}(\alpha) = \alpha^2$, so dass sich $\mu_{shG}(x) = (\mu_{hG}(x))^2$ ergibt. Damit ist eine Geschwindigkeit, die zum Grad 1 eine hohe Geschwindigkeit ist, auch eine sehr hohe Geschwindigkeit. Eine Geschwindigkeit, die keine hohe Geschwindigkeit ist (Zugehörigkeitsgrad 0), ist genauso wenig eine sehr hohe Geschwindigkeit. Liegt der Zugehörigkeitsgrad einer Geschwindigkeit zu μ_{hG} echt zwischen 0 und 1, so ist sie ebenfalls eine sehr hohe Geschwindigkeit, allerdings mit einem geringeren Zugehörigkeitsgrad.

Analog ordnet man dem linguistischen Modifizierer „mehr oder weniger" eine Wahrheitswertfunktion zu, die eine Vergrößerung des Wahrheitswertes bzw. Zugehörigkeitsgrades ergibt, beispielsweise $w_{\text{mehr oder weniger}}(\alpha) = \sqrt{\alpha}$.

Abb. 1.16 zeigt die Fuzzy-Menge μ_{hG} der hohen Geschwindigkeiten und die sich daraus ergebenden Fuzzy-Mengen μ_{shG} der sehr hohen Geschwindigkeiten und μ_{mhG} der mehr oder weniger hohen Geschwindigkeiten.

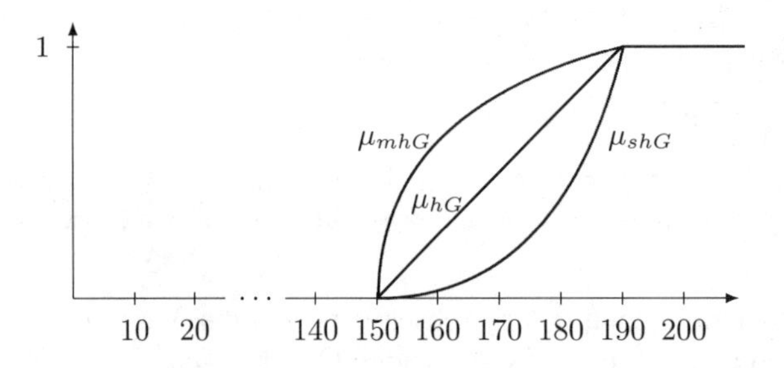

Abb. 1.16. Die Fuzzy-Mengen μ_{hG}, μ_{shG} und μ_{mhG} der hohen, sehr hohen und mehr oder weniger hohen Geschwindigkeiten

1.5 Das Extensionsprinzip

Im vorhergehenden Abschnitt haben wir die Erweiterung der mengentheoretischen Operationen Durchschnitt, Vereinigung und Komplement auf Fuzzy-Mengen kennengelernt. Wir wenden uns jetzt der Frage zu, wie man gewöhnliche Abbildungen für Fuzzy-Mengen verallgemeinern kann. Die Antwort ermöglicht es, Operationen wie das Quadrieren, die Addition, Subtraktion, Multiplikation und Division, aber auch mengentheoretische Begriffe wie die Hintereinanderschaltung von Relationen für Fuzzy-Mengen zu definieren.

1.5.1 Abbildungen von Fuzzy-Mengen

Wir betrachten als Beispiel die Abbildung $f : \mathbb{R} \to \mathbb{R}$, $x \mapsto |x|$. Die in Abb. 1.17 dargestellte Fuzzy-Menge $\mu = \Lambda_{-1.5,-0.5,2.5}$ steht für das vage Konzept „ca. -0.5".

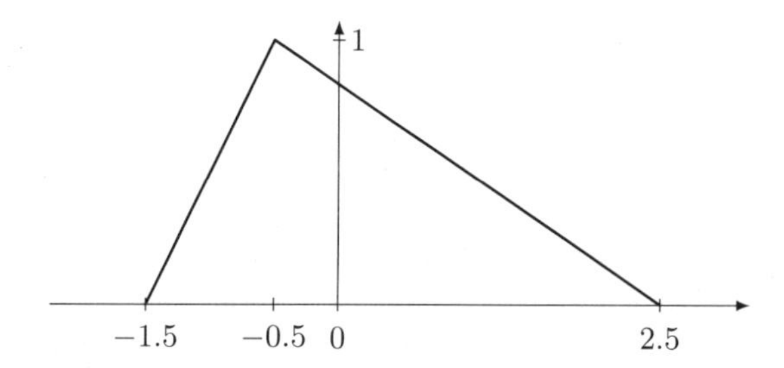

Abb. 1.17. Die Fuzzy-Menge $\mu = \Lambda_{-1.5,-0.5,1.5}$, die für „ca. -0.5" steht

Durch welche Fuzzy-Menge sollte „der Betrag von ca. -0.5" repräsentiert werden, d.h., was ist das Bild $f[\mu]$ der Fuzzy-Menge μ? Für eine gewöhnliche Teilmenge M einer Grundmenge X ist das Bild $f[M]$ unter der Abbildung $f : X \to Y$ definiert als die Teilmenge von Y, deren Elemente Urbilder in M besitzen. Formal heißt das

$$f[M] = \{y \in Y \mid (\exists x \in X)(x \in M \land f(x) = y)\},$$

oder anders ausgedrückt

$$y \in f[M] \iff (\exists x \in X)(x \in M \land f(x) = y). \tag{1.6}$$

Beispielsweise ergibt sich für $M = [-1, 0.5] \subseteq \mathbb{R}$ und die Abbildung $f(x) = |x|$ die Menge $f[M] = [0, 1]$ als Bild von M unter f.

Die Beziehung (1.6) ermöglicht uns, das Bild einer Fuzzy-Menge μ unter einer Abbildung f zu definieren. Wie im vorhergehenden Abschnitt bei der Erweiterung mengentheoretischer Operationen auf Fuzzy-Mengen greifen wir hier auf die im Abschnitt 1.3 vorgestellten Konzepte der Fuzzy-Logik zurück. Für Fuzzy-Mengen bedeutet (1.6)

$$[\![y \in f[\mu]]\!] = [\![(\exists x \in X)(x \in \mu \land f(x) = y)]\!].$$

Dabei ist der Existenzquantor wie in Abschnitt 1.3 erläutert mit Hilfe des Supremums auszuwerten und der Konjunktion eine t-Norm t zuzuordnen, so dass sich die Fuzzy-Menge

$$f[\mu](y) = \sup\{t(\mu(x), [\![f(x) = y]\!]) \mid x \in X\} \tag{1.7}$$

als Bild von μ unter f ergibt. Die Wahl der t-Norm t spielt in diesem Fall keine Rolle, da die Aussage $f(x) = y$ entweder wahr oder falsch ist, d.h. $[\![f(x) = y]\!] \in \{0, 1\}$, so dass

$$t\left(\mu(x), [\![f(x) = y]\!]\right) = \begin{cases} \mu(x) & \text{falls } f(x) = y \\ 0 & \text{sonst} \end{cases}$$

folgt. Damit vereinfacht sich (1.7) zu

$$f[\mu](y) = \sup\{\mu(x) \mid f(x) = y\}. \tag{1.8}$$

Diese Definition besagt, dass der Zugehörigkeitsgrad eines Elementes $y \in Y$ zum Bild der Fuzzy-Menge $\mu \in \mathcal{F}(X)$ unter der Abbildung $f : X \to Y$ der größtmögliche Zugehörigkeitsgrad aller Urbilder von y zu μ ist. Man bezeichnet diese Art der Erweiterung einer Abbildung auf Fuzzy-Mengen als *Extensionsprinzip* (für eine Funktion mit einem Argument).

Für das Beispiel der Fuzzy-Menge $\mu = \Lambda_{-1.5,-0.5,2.5}$ die für das vage Konzept „ca. -0.5" steht, ergibt sich als Bild unter der Abbildung $f(x) = |x|$ die in Abb. 1.18 dargestellte Fuzzy-Menge. Wir bestimmen im folgenden exemplarisch den Zugehörigkeitsgrad $f[\mu](y)$ für $y \in \{-0.5, 0, 0.5, 1\}$. Da wegen $f(x) = |x| \geq 0$ der Wert $y = -0.5$ kein Urbild unter f besitzt, erhalten wir $f[\mu](-0.5) = 0$. $y = 0$ hat als einziges Urbild $x = 0$, so dass $f[\mu](0) = \mu(0) = 5/6$ folgt. Für $y = 0.5$ existieren die beiden Urbilder $x = -0.5$ und $x = 0.5$, so dass sich

$$f[\mu](0.5) = \max\{\mu(-0.5), \mu(0.5)\} = \max\{1, 2/3\} = 1$$

ergibt. Die beiden Urbilder von $y = 1$ sind $x = -1$ und $x = 1$. Somit erhalten wir

$$f[\mu](1) = \max\{\mu(-1), \mu(1)\} = \max\{0.5, 0.5\} = 0.5.$$

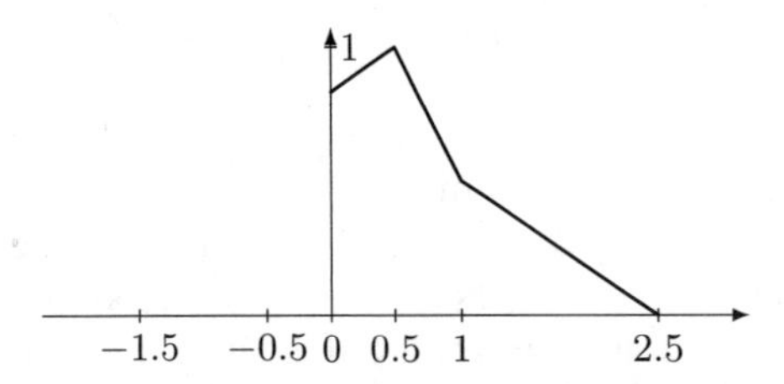

Abb. 1.18. Die Fuzzy-Menge, die für das vage Konzept „der Betrag von ca. -0.5" steht

Beispiel 1.6 Es sei $X = X_1 \times \ldots \times X_n$, $i \in \{1, \ldots, n\}$. Wir bezeichnen mit

$$\pi_i : X_1 \times \ldots \times X_n \to X_i, \qquad (x_1, \ldots, x_n) \mapsto x_i$$

die Projektion aus dem kartesischen Produkt $X_1 \times \ldots \times X_n$ in den i-ten Koordinatenraum X_i. Die Projektion einer Fuzzy-Menge $\mu \in \mathcal{F}(X)$ in den Raum X_i ist nach dem Extensionsprinzip (1.8)

$$\begin{aligned}\pi_i[\mu](x) = \sup\{\, & \mu(x_1, \ldots, x_{i-1}, x, x_{i+1}, \ldots, x_n) \mid \\ & x_1 \in X_1, \ldots, x_{i-1} \in X_{i-1}, x_{i+1} \in X_{i+1}, \ldots, x_n \in X_n\}.\end{aligned}$$

Abb. 1.19 zeigt die Projektion einer Fuzzy-Menge, die in zwei verschiedenen Bereichen Zugehörigkeitsgrade größer als 0 annimmt. □

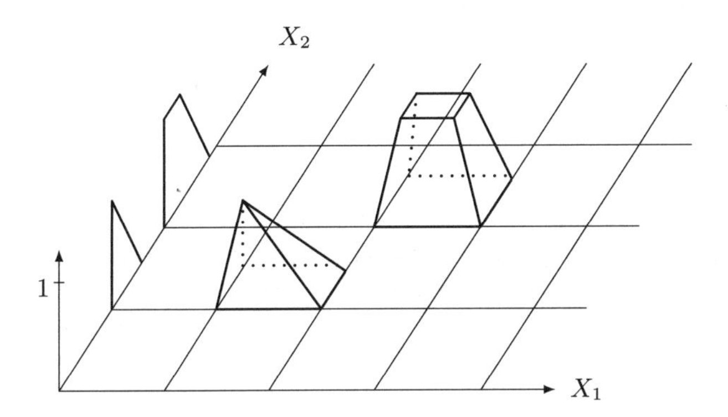

Abb. 1.19. Die Projektion einer Fuzzy-Menge in den Raum X_2

1.5.2 Abbildungen von Niveaumengen

Der Zugehörigkeitsgrad eines Elementes zum Bild einer Fuzzy-Menge lässt sich durch die Bestimmung der Zugehörigkeitsgrade der Urbilder des Elementes zur ursprünglichen Fuzzy-Menge berechnen. Eine andere Möglichkeit, das Bild einer Fuzzy-Menge zu charakterisieren, besteht in der Angabe ihrer Niveaumengen. Leider kann die Niveaumenge des Bildes einer Fuzzy-Menge i.a. nicht direkt aus der entsprechenden Niveaumenge der ursprünglichen Fuzzy-Menge bestimmt werden. Es gilt zwar die Beziehung $[f[\mu]]_\alpha \supseteq f\,[[\mu]_\alpha]$. Die Gleichheit ist jedoch nicht zwingend. Beispielsweise erhalten wir für die Fuzzy-Menge

$$\mu(x) \;=\; \begin{cases} x & \text{falls } 0 \le x \le 1 \\ 0 & \text{sonst} \end{cases}$$

als Bild unter der Abbildung

$$f(x) \;=\; I_{\{1\}}(x) \;=\; \begin{cases} 1 & \text{falls } x = 1 \\ 0 & \text{sonst} \end{cases}$$

die Fuzzy-Menge

$$f[\mu](y) \;=\; \begin{cases} 1 & \text{falls } y \in \{0,1\} \\ 0 & \text{sonst.} \end{cases}$$

Damit folgt $\big[f[\mu]\big]_1 = \{0,1\}$ und $f\big[[\mu]_1\big] = \{1\}$ wegen $[\mu]_1 = \{1\}$.

Dieser unangenehme Effekt, dass das Bild einer Niveaumenge echt in der entsprechenden Niveaumenge der Bild-Fuzzy-Menge enthalten ist, kann, sofern die Grundmenge $X = \mathbb{R}$ aus den reellen Zahlen besteht, nicht auftreten, wenn die Abbildung f stetig ist und für alle $\alpha > 0$ die α-Niveaumengen der betrachteten Fuzzy-Menge kompakt sind. In diesem Falle ist daher eine Charakterisierung der Bild-Fuzzy-Menge über die Niveaumengen möglich.

Beispiel 1.7 Wir betrachten die Abbildung $f : \mathbb{R} \to \mathbb{R}$, $x \mapsto x^2$. Das Bild einer Fuzzy-Menge $\mu \in \mathcal{F}(\mathbb{R})$ ist offenbar durch

$$f[\mu](y) = \begin{cases} \max\{\mu(\sqrt{y}), \mu(-\sqrt{y})\} & \text{falls } y \geq 0 \\ 0 & \text{sonst} \end{cases}$$

gegeben. Die Fuzzy-Menge $\mu = \Lambda_{0,1,2}$ repräsentiere das vage Konzept „ca. 1“. Wir beantworten die Frage, was „ca. 1 zum Quadrat“ ist, indem wir die Niveaumengen der Bild-Fuzzy-Menge $f[\mu]$ aus den Niveaumengen von μ bestimmen. Dies ist hier möglich, da die Funktion f und die Fuzzy-Menge μ stetig sind. Offenbar gilt $[\mu]_\alpha = [\alpha, 2-\alpha]$ für alle $0 < \alpha \leq 1$. Daraus folgt

$$\big[f[\mu]\big]_\alpha = f\big[[\mu]_\alpha\big] = [\alpha^2, (2-\alpha)^2].$$

Die Fuzzy-Mengen μ und $f[\mu]$ sind in Abb. 1.20 zu sehen. Es zeigt sich, dass das vage Konzept „ca. 1 zum Quadrat“ nicht mit dem vagen Konzept „ca. 1“ übereinstimmt. Die „Vagheit“ vergrößert sich bei „ca. 1 zum Quadrat“ gegenüber „ca. 1“, ähnlich wie sich Fehler bei Berechnungen fortpflanzen. □

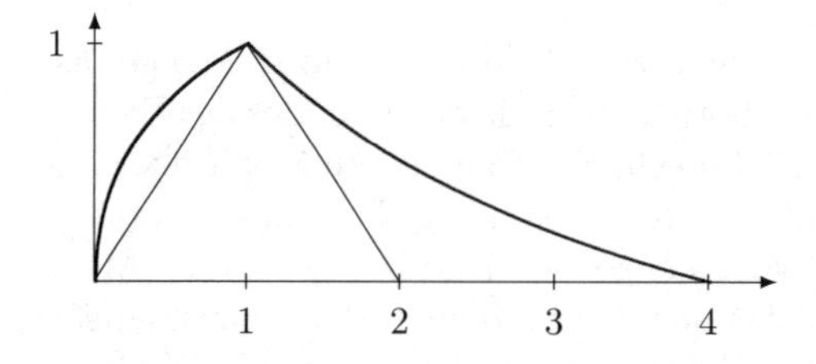

Abb. 1.20. Die Fuzzy-Mengen μ und $f[\mu]$ für das vage Konzept „ca. 1“ bzw. „ca. 1 zum Quadrat“

1.5.3 Kartesisches Produkt und zylindrische Erweiterung

Bisher haben wir nur Abbildungen mit einem Argument auf Fuzzy-Mengen erweitert. Um Operationen wie die Addition für Fuzzy-Mengen über den reellen Zahlen zu definieren, benötigen wir ein Konzept, wie man eine Abbildung $f : X_1 \times \ldots \times X_n \to Y$ auf ein Tupel $(\mu_1, \ldots, \mu_n) \in \mathcal{F}(X_1) \times \ldots \times \mathcal{F}(X_n)$ von Fuzzy-Mengen anwendet. Da wir die Addition als Funktion mit zwei Argumenten $f : \mathbb{R} \times \mathbb{R} \to \mathbb{R}$, $(x_1, x_2) \mapsto x_1 + x_2$ auffassen können, ließe sich damit die Addition von Fuzzy-Mengen über den reellen Zahlen einführen.

Um das in Gleichung (1.8) beschriebene Extensionsprinzip auf Abbildungen mit mehreren Argumenten zu verallgemeinern, führen wir den Begriff des kartesischen Produkts von Fuzzy-Mengen ein. Gegeben seien die Fuzzy-Mengen $\mu_i \in \mathcal{F}(X_i)$, $i = 1, \ldots, n$. Das *kartesische Produkt* der Fuzzy-Mengen $\mu_1, \ldots, \mu_n$ ist die Fuzzy-Menge

$$\mu_1 \times \ldots \times \mu_n \in \mathcal{F}(X_1 \times \ldots \times X_n)$$

mit

$$(\mu_1 \times \ldots \times \mu_n)(x_1, \ldots, x_n) \;=\; \min\{\mu_1(x_1), \ldots, \mu_n(x_n)\}.$$

Diese Definition ist durch die Eigenschaft

$$(x_1, \ldots, x_n) \in M_1 \times \ldots \times M_n \qquad \Longleftrightarrow \qquad x_1 \in M_1 \wedge \ldots \wedge x_n \in M_n$$

des kartesischen Produkts gewöhnlicher Mengen motiviert und entspricht der Formel

$$[\![(x_1, \ldots, x_n) \in \mu_1 \times \ldots \times \mu_n]\!] \;=\; [\![x_1 \in \mu_1 \wedge \ldots \wedge x_n \in \mu_n]\!],$$

wobei der Konjunktion das Minimum als Wahrheitswertfunktion zugeordnet wird.

Ein Spezialfall eines kartesischen Produkts ist die *zylindrische Erweiterung* einer Fuzzy-Menge $\mu \in \mathcal{F}(X_i)$ auf den Produktraum $X_1 \times \ldots \times X_n$. Die zylindrische Erweiterung ist das kartesische Produkt von μ mit den restlichen Grundmengen X_j, $j \neq i$, bzw. deren charakteristischen Funktionen:

$$\hat{\pi}_i(\mu) \;=\; I_{X_1} \times \ldots \times I_{X_{i-1}} \times \mu \times I_{X_{i+1}} \times \ldots \times I_{X_n},$$

$$\hat{\pi}_i(\mu)(x_1, \ldots, x_n) \;=\; \mu(x_i).$$

Offenbar ergibt die Projektion einer zylindrischen Erweiterung wieder die ursprüngliche Fuzzy-Menge, d.h. $\pi_i\left[\hat{\pi}_i(\mu)\right] = \mu$, sofern die Mengen $X_1, \ldots, X_n$ nicht leer sind. Allgemein gilt $\pi_i\left[\mu_1 \times \ldots \times \mu_n\right] = \mu_i$, wenn die Fuzzy-Mengen μ_j, $j \neq i$, *normal* sind, d.h. $(\exists x_j \in X_j)\big(\mu_j(x_j)\big) = 1$.

1.5.4 Extensionsprinzip für mehrelementige Abbildungen

Mit Hilfe des kartesischen Produkts können wir das Extensionsprinzip für Abbildungen mit mehreren Argumenten auf das Extensionsprinzip für Funktionen mit einem Argument zurückführen. Es sei die Abbildung

$$f : X_1 \times \ldots \times X_n \to Y$$

gegeben. Dann ist das Bild des Tupels

$$(\mu_1, \ldots, \mu_n) \in \mathcal{F}(X_1) \times \ldots \times \mathcal{F}(X_n)$$

von Fuzzy-Mengen unter f die Fuzzy-Menge

$$f[\mu_1, \ldots, \mu_n] \;=\; f[\mu_1 \times \ldots \times \mu_n]$$

über der Grundmenge Y, d.h.

$$f[\mu_1, \ldots, \mu_n](y) \tag{1.9}$$
$$= \sup_{(x_1,\ldots,x_n)\in X_1\times\ldots\times X_n} \big\{(\mu_1 \times \ldots \times \mu_n)(x_1, \ldots, x_n) f(x_1, \ldots, x_n) = y\big\}$$
$$= \sup_{(x_1,\ldots,x_n)\in X_1\times\ldots\times X_n} \big\{ \min\{\mu_1(x_1), \ldots, \mu_n(x_n)\} f(x_1, \ldots, x_n) = y\big\}.$$

Diese Formel repräsentiert das *Extensionsprinzip* von Zadeh [206, 207, 208].

Beispiel 1.8 Die Abbildung $f : \mathbb{R} \times \mathbb{R} \to \mathbb{R}$, $(x_1, x_2) \mapsto x_1 + x_2$ sei die Addition. Die Fuzzy-Mengen $\mu_1 = \Lambda_{0,1,2}$ und $\mu_2 = \Lambda_{1,2,3}$ repräsentieren die vagen Konzepte „ca. 1“ und „ca. 2“. Dann ergibt sich nach dem Extensionsprinzip die Fuzzy-Menge $f[\mu_1, \mu_2] = \Lambda_{1,3,5}$ für das vage Konzept „ca. 1 + ca. 2“ (vgl. Abb. 1.21). Auch hier tritt derselbe Effekt wie beim Quadrieren von „ca. 1“ (s. Beispiel 1.7 und Abb. 1.20) auf, dass die „Unschärfe“ bei der Ergebnis-Fuzzy-Menge größer ist als bei den Fuzzy-Mengen, die addiert wurden. □

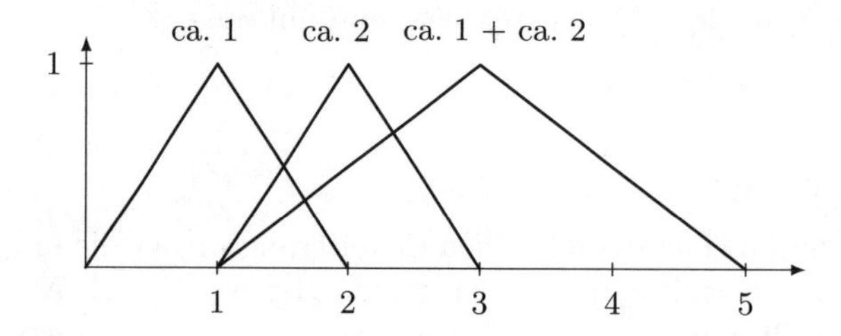

Abb. 1.21. Das Resultat des Extensionsprinzips für „ca. 1 + ca. 2“

Analog zur Addition von Fuzzy-Mengen lassen sich Subtraktion, Multiplikation und Division über das Extensionsprinzip definieren. Da diese Operationen stetig sind, können wie im Beispiel 1.7 die Niveaumengen der resultierenden Fuzzy-Mengen bei diesen Operationen direkt aus den Niveaumengen der gegebenen Fuzzy-Mengen berechnet werden, sofern diese stetig sind. Rechnet man mit konvexen Fuzzy-Mengen, betreibt man durch das Betrachten der Niveaumengen Intervallarithmetik auf den jeweiligen Niveaus. Die Intervallarithmetik [126, 127] erlaubt das Rechnen mit Intervallen anstelle von reellen Zahlen.

Bei der Anwendung des Extensionsprinzips sollte man sich bewusst sein, dass zwei Verallgemeinerungsschritte gleichzeitig durchgeführt werden: zum einen die Erweiterung von einzelnen Elementen auf Mengen und zum anderen der Übergang von scharfen Mengen auf Fuzzy-Mengen. Dass durch das Extensionsprinzip wichtige Eigenschaften der ursprünglichen Abbildung verloren gehen, muss nicht unbedingt an dem Übergang von scharfen Mengen zu Fuzzy-Mengen liegen, sondern kann bereits durch die Erweiterung der Abbildung auf gewöhnliche Mengen verursacht werden. Beispielsweise kann die

Addition bei Fuzzy-Mengen im Gegensatz zur Addition einer gewöhnlichen Zahl i.a. nicht mehr rückgangig gemacht werden. So gibt es keine Fuzzy-Menge, die addiert zu der Fuzzy-Menge für „ca. 1 + ca. 2“ aus Abb. 1.21 wieder die Fuzzy-Menge für „ca. 1“ ergibt. Dieses Phänomen tritt aber schon in der Intervallarithmetik auf, so dass nicht das „Fuzzifizieren“ der Addition, sondern das Erweitern der Addition auf Mengen das eigentliche Problem darstellt.

1.6 Fuzzy-Relationen

Relationen eignen sich zur Beschreibung von Zusammenhängen zwischen verschiedenen Variablen, Größen oder Attributen. Formal ist eine (zweistellige) Relation über den Grundmengen X und Y eine Teilmenge R des kartesischen Produkts $X \times Y$ von X und Y. Die Paare $(x, y) \in X \times Y$, die zur Relation R gehören, verbindet ein Zusammenhang, der durch die Relation R beschrieben wird. Man schreibt daher häufig statt $(x, y) \in R$ auch xRy.

Wir werden den Begriff der Relation zu Fuzzy-Relationen verallgemeinern. Fuzzy-Relationen sind nützlich für die Darstellung und das Verständnis von Fuzzy-Reglern, bei denen es um eine Beschreibung eines unscharfen Zusammenhangs zwischen Ein- und Ausgangsgrößen geht. Außerdem kann auf der Basis spezieller Fuzzy-Relationen, den in Abschnitt 1.7 behandelten Ähnlichkeitsrelationen, eine Interpretation von Fuzzy-Mengen und Zugehörigkeitsgraden angegeben werden, die besonders für Fuzzy-Regler von Bedeutung ist.

1.6.1 Gewöhnliche Relationen

Bevor wir die Definition von Fuzzy-Relationen einführen, wiederholen wir kurz grundlegende Sichtweisen und Konzepte für gewöhnliche Relationen, die zum Verständnis der Fuzzy-Relationen notwendig sind.

Beispiel 1.9 Die sechs Türen eines Hauses sind mit Schlössern versehen, die durch bestimmte Schlüssel geöffnet werden können. Die Menge der Türen sei $T = \{t_1, \dots, t_6\}$, die Menge der verfügbaren Schlüssel sei $S = \{s_1, \dots, s_5\}$ und s_5 sei der Generalschlüssel mit dem jede der sechs Türen geöffnet werden kann. Der Schlüssel s_1 passt nur zur Tür t_1, s_2 zu t_1 und t_2, s_3 zu t_3 und t_4, s_4 zu t_5. Formal können wir diesen Sachverhalt durch die Relation $R \subseteq S \times T$ („passt zu“) beschreiben. Das Paar $(s, t) \in S \times T$ ist genau dann ein Element von R, wenn der Schlüssel s zur Tür t passt, d.h.

$$\begin{aligned} R = \{ & (s_1, t_1), (s_2, t_1), (s_2, t_2), (s_3, t_3), (s_3, t_4), (s_4, t_5), \\ & (s_5, t_1), (s_5, t_2), (s_5, t_3), (s_5, t_4), (s_5, t_5), (s_5, t_6) \}. \end{aligned}$$

Eine andere Möglichkeit die Relation R darzustellen, zeigt die Tabelle 1.2. Dabei steht eine 1 an der Position (s_i, t_j), wenn $(s_i, t_j) \in R$ gilt, bzw. eine 0, falls $(s_i, t_j) \notin R$. □

R	t_1	t_2	t_3	t_4	t_5	t_6
s_1	1	0	0	0	0	0
s_2	1	1	0	0	0	0
s_3	0	0	1	1	0	0
s_4	0	0	0	0	1	0
s_5	1	1	1	1	1	1

Tabelle 1.2. Die Relation R: „Schlüssel passt zur Tür"

Beispiel 1.10 Wir betrachten ein Messgerät, das eine Größe $y \in \mathbb{R}$ mit einer Genauigkeit von ± 0.1 misst. Ist x_0 der gemessene Wert, so wissen wir, dass der wahre y_0 im Intervall $[x_0 - 0.1, x_0 + 0.1]$ liegt. Die Relation

$$R = \{(x, y) \in \mathbb{R} \times \mathbb{R} \mid |x - y| \leq 0.1\}$$

beschreibt diesen Sachverhalt. Sie ist in Abb. 1.22 graphisch dargestellt. □

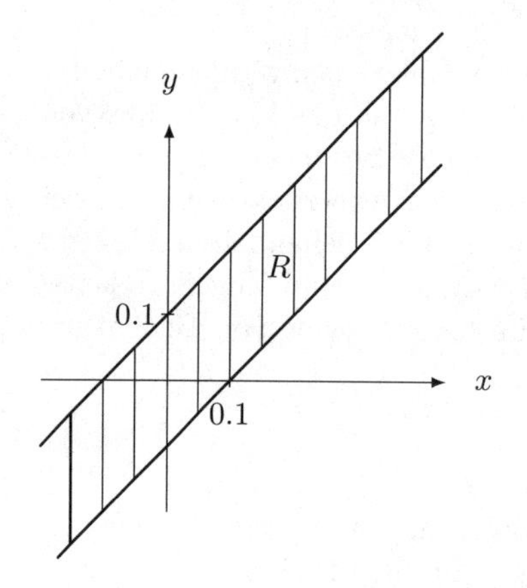

Abb. 1.22. Die Relation $y \hat{=} x \pm 0.1$

Abbildungen bzw. deren Graphen können als Spezialfall von Relationen angesehen werden. Ist $f : X \to Y$ eine Abbildung von X nach Y, so ist der Graph von f die Relation

$$\text{graph}(f) = \{(x, f(x)) \mid x \in X\}.$$

Umgekehrt repräsentiert eine Relation $R \subseteq X \times Y$ genau dann den Graphen einer Funktion, wenn zu jedem $x \in X$ genau ein $y \in Y$ existiert, so dass das Paar (x, y) in R enthalten ist.

1.6.2 Anwendung von Relationen und Inferenz

Bisher haben wir Relationen nur deskriptiv verwendet. Relationen lassen sich aber auch ähnlich wie Funktionen auf Elemente oder Mengen anwenden. Ist

$R \subseteq X \times Y$ eine Relation zwischen den Mengen X und Y und $M \subseteq X$ eine Teilmenge von X, dann ist das Bild von M unter R die Menge

$$R[M] = \{y \in Y \mid (\exists x \in X)\big((x, y) \in R \wedge x \in M\big)\}. \tag{1.10}$$

$R[M]$ enthält diejenigen Elemente aus Y, die zu mindestens einem Element aus der Menge M in Relation stehen.

Ist $f : X \to Y$ eine Abbildung, ergibt die Anwendung der Relation $\text{graph}(f)$ auf eine einelementige Menge $\{x\} \subseteq X$ die einelementige Menge, die den Funktionswert von x enthält:

$$\text{graph}(f)[\{x\}] = \{f(x)\}.$$

Allgemein gilt

$$\text{graph}(f)[M] = f[M] = \{y \in Y \mid (\exists x \in X)(x \in M \wedge f(x) = y)\}$$

für beliebige Teilmengen $M \subseteq X$.

Beispiel 1.11 Wir benutzen die Relation R aus dem Beispiel 1.9, um zu bestimmen, welche Türen sich öffnen lassen, wenn man im Besitz der Schlüssel $s_1, \ldots, s_4$ ist. Dazu müssen wir alle Elemente (Türen) berechnen, die zu mindestens einem der Schlüssel $s_1, \ldots, s_4$ in der Relation „passt zu" stehen, d.h.,

$$R[\{s_1, \ldots, s_4\}] = \{t_1, \ldots, t_5\}$$

ist die gesuchte Menge von Türen.

Die Menge $R[\{s_1, \ldots, s_4\}]$ kann sehr einfach mit Hilfe der Matrix in Tabelle 1.2 bestimmt werden. Dazu kodieren wir die Menge $M = \{s_1, \ldots, s_4\}$ als Zeilenvektor mit fünf Komponenten, der an der i-ten Stelle eine 1 als Eintrag erhält, wenn $s_i \in M$ gilt, bzw. eine 0 im Falle $s_i \notin M$. So ergibt sich der Vektor $(1, 1, 1, 1, 0)$. Wie bei dem Falk-Schema für die Matrixmultiplikation eines Vektors mit einer Matrix schreiben wir den Vektor links unten neben die Matrix. Danach transponieren wir den Vektor und führen einen Vergleich mit jeder einzelnen Spalte der Matrix durch. Tritt bei dem Vektor und einer Spalte gleichzeitig eine 1 auf, notieren wir unter der entsprechenden Spalte eine 1, ansonsten eine 0. Der sich auf diese Weise ergebende Vektor $(1, 1, 1, 1, 1, 0)$ unterhalb der Matrix gibt in kodierter Form die gesuchte Menge $R[M]$ an: Er enthält an der i-ten Stelle genau dann eine 1, wenn $t_i \in R[M]$ gilt. Tabelle 1.3 verdeutlicht dieses „Falk-Schema" für Relationen. □

Beispiel 1.12 Wir greifen das Beispiel 1.10 wieder auf und nehmen an, dass wir die Information haben, dass das Messgerät einen Wert zwischen 0.2 und 0.4 angezeigt hat. Daraus können wir folgern, dass der wahre Wert in der Menge $R\Big[[0.2, 0.4]\Big] = [0.1, 0.5]$ enthalten ist. Abb. 1.23 veranschaulicht diesen Sachverhalt.

					1	0	0	0	0	0
					1	1	0	0	0	0
					0	0	1	1	0	0
					0	0	0	0	1	0
					1	1	1	1	1	1
1	1	1	1	0	1	1	1	1	1	0

Tabelle 1.3. Das Falk-Schema zur Berechnung von $R[M]$

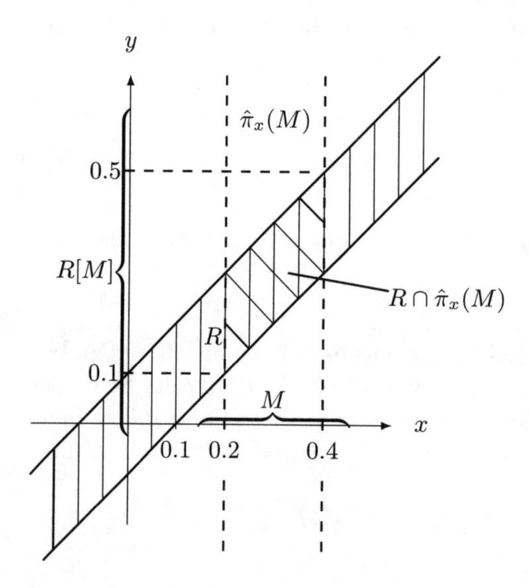

Abb. 1.23. Grafische Bestimmung der Menge $R[M]$

Aus der Grafik erkennt man, dass man die Menge $R[M]$ als Projektion des Durchschnitts der Relation mit der zylindrischen Erweiterung der Menge M erhält, d.h.

$$R[M] \;=\; \pi_y\left[R \cap \hat{\pi}_x(M)\right]. \tag{1.11}$$

□

Beispiel 1.13 Logische Inferenz mit Implikationen der Form $x \in A \rightarrow y \in B$ lässt sich mit Relationen berechnen. Dazu kodieren wir die Regel $x \in A \rightarrow y \in B$ durch die Relation

$$R \;=\; \{(x,y) \in X \times Y \mid x \in A \rightarrow y \in B\} \;=\; (A \times B) \cup \bar{A} \times Y. \tag{1.12}$$

Dabei sind X und Y die Mengen der möglichen Werte die x bzw. y annehmen können. Für die Regel „Wenn die Geschwindigkeit zwischen 90 km/h und 110 km/h beträgt, dann liegt der Benzinverbrauch zwischen 6 und 8 Litern“ (als logische Formel: $v \in [90, 110] \rightarrow b \in [6, 8]$) ergibt sich die Relation aus Abb. 1.24.

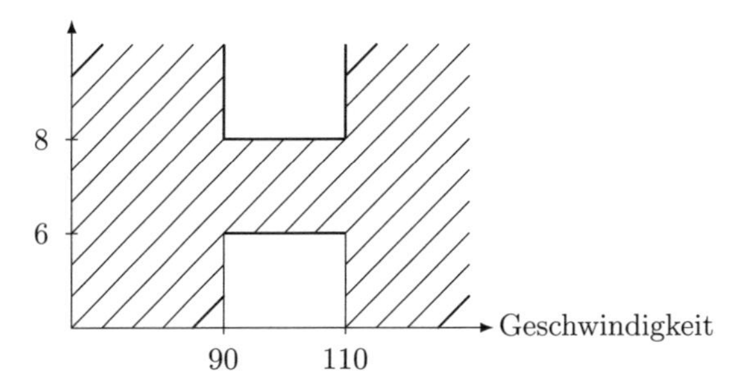

Abb. 1.24. Die Relation für die Regel $v \in [90, 110] \to b \in [6, 8]$

Wenn wir wissen, dass die Geschwindigkeit den Wert v hat, können wir im Falle $90 \le v \le 110$ schließen, dass für den Benzinverbrauch b die Beziehung $6 \le b \le 8$ gilt. Andernfalls können wir nur aufgrund der gegebenen Regel nichts über den Benzinverbrauch aussagen, d.h., wir erhalten $b \in [0, \infty)$. Dasselbe Ergebnis liefert die Anwendung der Relation R auf die einelementige Menge $\{v\}$:

$$R[\{v\}] = \begin{cases} [6,8] & \text{falls } v \in [90, 110] \\ [0, \infty) & \text{sonst.} \end{cases}$$

Allgemeiner gilt: Wenn die Geschwindigkeit irgendeinen Wert aus der Menge M annimmt, so folgt im Falle $M \subseteq [90, 110]$, dass der Benzinverbrauch zwischen 6 und 8 Litern liegt, andernfalls folgt nur $b \in [0, \infty)$, was sich ebenfalls aus der Anwendung der Relation R auf die Menge M ergibt:

$$R[M] = \begin{cases} [6,8] & \text{falls } M \subseteq [90, 110] \\ \emptyset & \text{falls } M = \emptyset \\ [0, \infty) & \text{sonst.} \end{cases}$$

□

1.6.3 Inferenzketten

Das obige Beispiel zeigt, wie sich eine logische Inferenz mit einer Relation darstellen lässt. Beim Schlussfolgern treten üblicherweise Inferenzketten der Form $\varphi_1 \to \varphi_2$, $\varphi_2 \to \varphi_3$ auf, aus der wir $\varphi_1 \to \varphi_3$ ableiten können. Ein ähnliches Prinzip kann auch für Relationen angegeben werden. Es seien die Relationen $R_1 \subseteq X \times Y$ und $R_2 \subseteq Y \times Z$ gegeben. Ein Element x steht indirekt in Relation zu einem Element $z \in Z$, wenn es ein Element $y \in Y$ gibt, so dass x und y in der Relation R_1 und y und z in der Relation R_2 stehen. Man „gelangt von x nach z über y". Auf diese Weise lässt sich die Hintereinanderschaltung der Relationen R_1 und R_2 als Relation

$$R_2 \circ R_1 = \{(x, z) \in X \times Z \mid (\exists y \in Y)\big((x, y) \in R_1 \wedge (y, z) \in R_2\big)\} \quad (1.13)$$

zwischen X und Z definieren. Es gilt dann für alle $M \subseteq X$

$$R_2\Big[R_1[M]\Big] = (R_2 \circ R_1)[M].$$

Für die Relationen graph(f) und graph(g), die von den Abbildungen $f : X \to Y$ bzw. $g : Y \to Z$ induziert werden, folgt, dass die Hintereinanderschaltung der Relation mit der von der Hintereinanderschaltung der Abbildungen f und g induzierten Relation übereinstimmt:

$$\text{graph}(g \circ f) = \text{graph}(g) \circ \text{graph}(f).$$

Beispiel 1.14 Wir erweitern das Beispiel 1.9 der Schlüssel und Türen, indem Wir eine Menge $P = \{p_1, p_2, p_3\}$ von drei Personen betrachten, die im Besitz verschiedener Schlüssel sind, was wir durch die Relation

$$R' = \{(p_1, s_1), (p_1, s_2), (p_2, s_3), (p_2, s_4), (p_3, s_5)\} \subseteq P \times T$$

ausdrücken. Dabei ist $(p_i, s_j) \in R'$ gleichbedeutend damit, dass Person p_i der Schlüssel s_j zur Verfügung steht. Die Hinteranderschaltung

$$\begin{aligned} R \circ R' = \{ & (p_1, t_1), (p_1, t_2), (p_2, t_3), (p_2, t_4), (p_2, t_5), \\ & (p_3, t_1), (p_3, t_2), (p_3, t_3), (p_3, t_4), (p_3, t_5), (p_3, t_6) \} \end{aligned}$$

der Relationen R' und R enthält das Paar $(p, t) \in P \times T$ genau dann, wenn Person p die Tür t öffnen kann. Mit der Relation $R \circ R'$ lässt sich beispielsweise bestimmen, welche Türen geöffnet werden können, wenn die Personen p_1 und p_2 anwesend sind. Die gesuchte Menge der Türen ist

$$(R \circ R')[\{p_1, p_2\}] = \{t_1, \ldots, t_5\} = R\Big[R'[\{p_1, p_2\}]\Big].$$

□

Beispiel 1.15 Im Beispiel 1.10 gab der von einem Messgerät angezeigte Wert x den wahren Wert y bis auf eine Genauigkeit von 0.1 an, was durch die Relation $R = \{(x, y) \in \mathbb{R} \times \mathbb{R} \mid |x - y| \leq 0.1\}$ wiedergegeben wurde. Lässt sich die Größe z aus der Größe y mit einer Genauigkeit von 0.2 bestimmen, entspricht dies der Relation $R' = \{(y, z) \in \mathbb{R} \times \mathbb{R} \mid |x - y| \leq 0.2\}$. Die Hintereinanderschaltung von R' und R ergibt die Relation $R' \circ R = \{(x, z) \in \mathbb{R} \times \mathbb{R} \mid |x - z| \leq 0.3\}$. Wenn das Messgerät den Wert x_0 anzeigt, können wir folgern, dass der Wert der Größe z in der Menge

$$(R' \circ R)[\{x_0\}] = [x_0 - 0.3, x_0 + 0.3]$$

liegt. □

Beispiel 1.16 Das Beispiel 1.13 demonstrierte, wie sich eine Implikation der Form $x \in A \to y \in B$ durch eine Relation darstellen lässt. Ist eine weitere

Regel $y \in C \to z \in D$ bekannt, so lässt sich im Falle $B \subseteq C$ die Regel $x \in A \to z \in D$ ableiten. Andernfalls lässt sich bei der Kenntnis von x nichts über z aussagen, d.h., wir erhalten die Regel $x \in X \to z \in Z$. Die Hintereinanerschaltung der die Implikationen $x \in A \to y \in B$ und $y \in C \to z \in D$ repräsentierenden Relationen R' und R ergibt entsprechend die Relation, die mit der Implikation $x \in A \to z \in D$ bzw. $x \in A \to z \in Z$ assoziiert wird:

$$R' \circ R = \begin{cases} (A \times D) \cup (\bar{A} \times Z) & \text{falls } B \subseteq C \\ (A \times Z) \cup (\bar{A} \times Z) = X \times Z & \text{sonst.} \end{cases}$$

□

1.6.4 Einfache Fuzzy-Relationen

Nachdem wir einen kurzen Überblick über grundlegende Begriffe und Konzepte für gewöhnliche Relationen gegeben haben, wenden wir uns nun den Fuzzy-Relationen zu.

Definition 1.17 *Eine Fuzzy-Menge $\varrho \in \mathcal{F}(X \times Y)$ heißt (zweistellige) Fuzzy-Relation zwischen den Grundmengen X und Y.*

Eine Fuzzy-Relation ist demnach eine verallgemeinerte gewöhnliche Relation, bei der zwei Elemente graduell in Relation stehen können. Je größer der Zugehörigkeitsgrad $\varrho(x, y)$ ist, desto stärker stehen x und y in Relation.

Beispiel 1.18 $X = \{a, f, i\}$ bezeichne die Menge der Renditeobjekte Aktien (a), festverzinsliche Wertpapiere (f) und Immobilien (i). Die Menge $Y = \{g, m, h\}$ enthält die Elemente geringes (g), mittleres (m) und hohes (h) Risiko. Die in Tabelle 1.4 angegebene Fuzzy-Relation $\varrho \in \mathcal{F}(X \times Y)$ gibt für jedes Paar $(x, y) \in X \times Y$ an, inwieweit x als Renditeobjekt mit dem Risikofaktor y angesehen werden kann.

ϱ	g	m	h
a	0.0	0.3	1.0
f	0.6	0.9	0.1
i	0.8	0.5	0.2

Tabelle 1.4. Die Fuzzy-Relation ϱ: „x ist Renditeobjekt mit Risikofaktor y"

Beispielsweise bedeutet der Tabelleneintrag in der Spalte m und der Zeile i, dass Immobilien zum Grad 0.5 als Renditeobjekt mit mittlerem Risiko angesehen werden können, d.h., es gilt $\varrho(i, m) = 0.5$. □

Beispiel 1.19 Für das Messgerät aus Beispiel 1.10 wurde eine Genauigkeit von 0.1 angegeben. Es ist jedoch nicht sehr realistisch anzunehmen, dass bei einem angezeigten Wert x_0 jeder Wert aus dem Intervall $[x_0 - 0.1, x_0 +$

0.1] als gleich glaubwürdig als wahrer Wert der gemessenen Größe angesehen werden kann. Als Alternative zur scharfen Relation R aus Beispiel 1.10 zur Repräsentation dieses Sachverhalts bietet sich daher eine Fuzzy-Relation an, z.B.

$$\varrho : \mathbb{R} \times \mathbb{R} \to [0,1], \qquad (x,y) \mapsto 1 - \min\{10|x-y|, 1\},$$

die den Zugehörigkeitsgrad 1 für $x = y$ ergibt und eine in $|x-y|$ lineare Abnahme des Zugehörigkeitsgrades zur Folge hat, bis die Differenz zwischen x und y den Wert 0.1 überschreitet. □

Um mit Fuzzy-Relationen ähnlich wie mit gewöhnlichen Relationen operieren zu können, müssen wir die in Gleichung (1.10) angegebene Formel zur Bestimmung des Bildes einer Menge unter einer Relation auf Fuzzy-Mengen und Fuzzy-Relationen erweitern.

Definition 1.20 *Für eine Fuzzy-Relation $\varrho \in \mathcal{F}(X \times Y)$ und eine Fuzzy-Menge $\mu \in \mathcal{F}(X)$ ist das Bild von μ unter ϱ die Fuzzy-Menge*

$$\varrho[\mu](y) \;=\; \sup\big\{ \min\{\varrho(x,y), \mu(x)\} \mid x \in X\big\} \tag{1.14}$$

über der Grundmenge Y.

Diese Definition lässt sich auf mehrere Arten rechtfertigen. Sind ϱ und μ die charakteristischen Funktionen einer gewöhnlichen Relation R bzw. Menge M, so ist $\varrho[\mu]$ die charakteristische Funktion des Bildes $R[M]$ von M unter R. Die Definition ist somit eine Verallgemeinerung der Formel (1.10) für scharfe Mengen.

Die Formel (1.10) ist äquivalent zu der Aussage

$$y \in R[M] \iff (\exists x \in X)\big((x,y) \in R \wedge x \in M\big).$$

Man erhält die Formel (1.14) für Fuzzy-Relationen aus dieser Äquivalenz, indem man der Konjunktion das Minimum als Wahrheitswertfunktion zuordnet und den Existenzquantor als Supremum auswertet, d.h.

$$\begin{aligned}\varrho[\mu](y) &= [\![y \in \varrho[\mu]]\!] \\ &= [\![(\exists x \in X)\big((x,y) \in \varrho \wedge x \in \mu\big)]\!] \\ &= \sup\big\{ \min\{\varrho(x,y), \mu(x)\} \mid x \in X\big\}.\end{aligned}$$

Die Definition 1.20 lässt sich auch aus dem Extensionsprinzip herleiten. Wir betrachten dazu die partielle Abbildung

$$f : X \times (X \times Y) \to Y, \qquad \big(x,(x',y)\big) \mapsto \begin{cases} y & \text{falls } x = x' \\ \text{undefiniert} & \text{sonst.} \end{cases} \tag{1.15}$$

Es ist offensichtlich, dass für eine Menge $M \subseteq X$ und eine Relation $R \subseteq X \times Y$

$$f[M, R] = f[M \times R] = R[M]$$

gilt.

Bei der Einführung des Extensionsprinzips haben wir an keiner Stelle gefordert, dass die auf Fuzzy-Mengen zu erweiternde Abbildung f überall definiert sein muss. Das Extensionsprinzip lässt sich daher auch auf partielle Abbildungen anwenden. Das Extensionsprinzip für die Abbildung (1.15), die der Berechnung eines Bildes einer Menge unter einer Relation zugrundeliegt, liefert die in der Definition 1.20 angegebene Formel für das Bild einer Fuzzy-Menge unter einer Fuzzy-Relation.

Eine weitere Rechtfertigung der Definition 1.20 ergibt sich aus der in Beispiel 1.12 und Abb. 1.23 beschriebenen Berechnungsweise des Bildes einer Menge unter einer Relation als Projektion des Durchschnitts der zylindrischen Erweiterung der Menge mit der Relation (vgl. Gleichung (1.11)). Setzt man in die Gleichung (1.11) statt der Menge M eine Fuzzy-Menge μ und für die Relation R eine Fuzzy-Relation ϱ ein, ergibt sich wiederum die Formel (1.14), wenn der Durchschnitt von Fuzzy-Mengen durch das Minimum bestimmt wird und die Projektion und die zylindrische Erweiterung für Fuzzy-Mengen wie im Abschnitt 1.5 berechnet werden.

Beispiel 1.21 Mit Hilfe der Fuzzy-Relation aus dem Beispiel 1.18 soll eine Einschätzung des Risikos eines Fonds vorgenommen werden, der sich vorwiegend auf Aktien konzentriert, sich aber auch zu einem geringeren Teil im Immobilienbereich engagiert. Wir repräsentieren diesen Fond über der Grundmenge $\{a, i, f\}$ der Renditeobjekte als Fuzzy-Menge μ mit

$$\mu(a) = 0.8, \qquad \mu(f) = 0, \qquad \mu(i) = 0.2.$$

Um das Risiko dieses Fonds zu bestimmen, berechnen wir das Bild der Fuzzy-Menge μ unter der Fuzzy-Relation ϱ aus Tabelle 1.4. Es ergibt sich

$$\varrho[\mu](g) = 0.2, \qquad \varrho[\mu](m) = 0.3, \qquad \varrho[\mu](h) = 0.8.$$

Ähnlich wie im Beispiel 1.11 lässt sich die Fuzzy-Menge $\varrho[\mu]$ mit Hilfe eines modifizierten Falk-Schemas angeben. Dazu müssen anstelle der Nullen und Einsen in der Tabelle 1.3 die entsprechenden Zugehörigkeitsgrade eingetragen werden. Unter der jeweiligen Spalte ergibt sich der Zugehörigkeitsgrad des korrespondierenden Elementes zur Fuzzy-Menge $\varrho[\mu]$, indem man für jeden Eintrag der Spalte das Minimum mit dem dazugehörigen Wert des μ repräsentierenden Vektors bildet und das Maximum dieser Minima errechnet. In diesem Sinne gleicht die Berechnung des Bildes einer Fuzzy-Menge μ unter einer Fuzzy-Relation ϱ der Matrixmultiplikation einer Matrix mit einem Vektor, bei der die Multiplikation der Komponenten durch das Minimum und die Addition durch das Maximum ersetzt wird. □

Beispiel 1.22 Wir nehmen an, dass das Messgerät aus Beispiel 1.19 einen Wert von „ungefähr 0.3“ angezeigt hat, was wir mit der Fuzzy-Menge $\mu = \Lambda_{0.2,0.3,0.4}$ modellieren. Für den wahren Wert y ergibt sich die Fuzzy-Menge

$$\varrho[\mu](y) = 1 - \min\{5|y - 0.3|, 1\}$$

als Bild der Fuzzy-Menge μ unter der Relation ϱ aus Beispiel 1.19. □

Beispiel 1.23 Das Beispiel 1.13 hat gezeigt, dass sich logische Inferenz auf der Basis einer Implikation der Form $x \in A \to y \in B$ mit einer Relation darstellen lässt. Wir verallgemeinern dieses Verfahren für den Fall, dass A und B durch Fuzzy-Mengen μ bzw. ν ersetzt werden. Dazu definieren wir in Anlehnung an die Gleichung (1.12) mit der Formel $[\![(x, y) \in \varrho]\!] = [\![x \in \mu \to y \in \nu]\!]$, in der wir als Wahrheitswertfunktion für die Implikation die Gödel-Implikation wählen, die Fuzzy-Relation

$$\varrho(x, y) = \begin{cases} 1 & \text{falls } \mu(x) \le \nu(y) \\ \nu(y) & \text{sonst.} \end{cases}$$

Die Regel „Wenn x ungefähr 2 ist, dann ist y ungefähr 3“ führt dann zur Fuzzy-Relation

$$\varrho(x, y) = \begin{cases} 1 & \text{falls } \min\{|3 - y|, 1\} \le |2 - x| \\ 1 - \min\{|3 - y|, 1\} & \text{sonst,} \end{cases}$$

wenn man „ungefähr 2“ durch die Fuzzy-Menge $\mu = \Lambda_{1,2,3}$ und „ungefähr 3“ durch die Fuzzy-Menge $\nu = \Lambda_{2,3,4}$ modelliert. Aus der Kenntnis von „x ist ungefähr 2.5“, repräsentiert durch die Fuzzy-Menge $\mu' = \Lambda_{1.5,2.5,3.5}$, erhalten wir für y die Fuzzy-Menge

$$\varrho[\mu'](y) = \begin{cases} y - 1.5 & \text{falls } 2.0 \le y \le 2.5 \\ 1 & \text{falls } 2.5 \le y \le 3.5 \\ 4.5 - y & \text{falls } 3.5 \le y \le 4.0 \\ 0.5 & \text{sonst,} \end{cases}$$

die in Abb. 1.25 zu sehen ist.

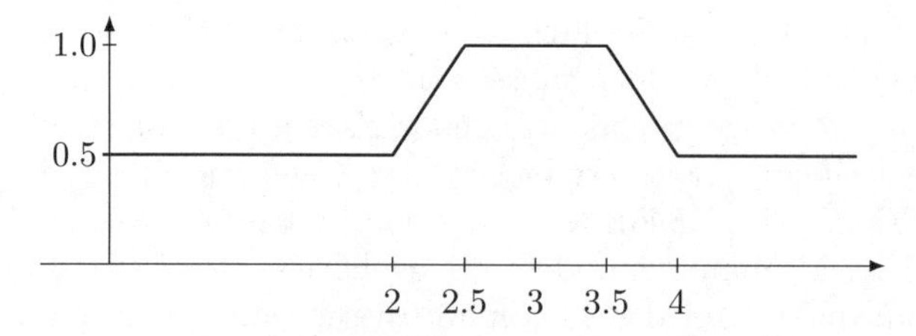

Abb. 1.25. Die Fuzzy-Menge $\varrho[\mu']$

Der Zugehörigkeitsgrad eines Elementes y_0 zu dieser Fuzzy-Menge sollte in dem Sinne interpretiert werden, dass er angibt, inwieweit es noch für möglich gehalten wird, dass die Variable y den Wert y_0 annimmt. Diese Sichtweise ist die Verallgemeinerung dessen, was sich bei der auf gewöhnlichen Mengen basierenden Implikation im Beispiel 1.13 ergab. Dort waren als Ergebnis nur zwei Mengen möglich: die gesamte Grundmenge, wenn die Prämisse der Implikation nicht unbedingt erfüllt war, bzw. die in der Konklusion der Implikation angegebene Menge für den Fall, dass die Prämisse galt. Der erste Fall besagt, dass aufgrund der Regel noch alle Werte für y denkbar sind, während im zweiten Fall ausschließlich Werte aus der Konklusionsmenge in Frage kommen. Durch die Verwendung von Fuzzy-Mengen anstelle der gewöhnlichen Mengen kann sowohl die Prämisse als auch die Konklusion der Implikation partiell erfüllt sein. Dies hat zur Folge, dass nicht mehr nur die Grundmenge und die Konklusions(-Fuzzy-)Menge als Ergebnisse in Betracht kommen, sondern auch Fuzzy-Mengen dazwischen. Die Tatsache, dass alle Werte y einen Zugehörigkeitsgrad von mindestens 0.5 zur Fuzzy-Menge $\varrho[\mu']$ besitzen, ist dadurch begründet, dass ein Wert, nämlich $x_0 = 2.0$, existiert, der einen Zugehörigkeitsgrad von 0.5 zur Fuzzy-Menge μ' und einen Zugehörigkeitsgrad von 0 zu μ hat. Das bedeutet, dass die Variable x zum Grad 0.5 einen Wert annehmen kann, bei dem sich aufgrund der Implikation nichts über y aussagen lässt, d.h., dass y jeden beliebigen Wert aus der Grundmenge annehmen kann. Der Zugehörigkeitsgrad 1 des Wertes $x_0 = 2.5$ zur Fuzzy-Menge μ' hat zur Folge, dass alle Werte aus dem Intervall $[2.5, 3.5]$ einen Zugehörigkeitsgrad von 1 zu $\varrho[\mu']$ besitzen. Denn für $x_0 = 2.5$ ergibt sich $\mu(2.5) = 0.75$, d.h., die Prämisse der Implikation ist zum Grad 0.75 erfüllt, so dass es für die Gültigkeit der Implikation ausreicht, wenn die Konklusion ebenfalls zum Grad von mindestens 0.75 erfüllt ist. Dies gilt genau für die Werte aus dem Intervall $[2.5, 3.5]$.

Für die Zugehörigkeitsgrade zwischen 0 und 1 zur Fuzzy-Menge $\varrho[\mu']$ lassen sich analoge Überlegungen anstellen. □

1.6.5 Verkettung von Fuzzy-Relationen

Zum Ende dieses Abschnitts wenden wir uns der Verkettung oder Hintereinanderschaltung von Fuzzy-Relationen zu. Ähnlich wie wir bei der Definition des Bildes einer Fuzzy-Menge unter einer Fuzzy-Relation die Formel (1.10) für gewöhnliche Mengen zugrundegelegt haben, greifen wir für die Hintereinanderschaltung von Fuzzy-Relationen auf die Gleichung (1.13) zurück.

Definition 1.24 *Es seien $\varrho_1 \in \mathcal{F}(X \times Y)$ und $\varrho_2 \in \mathcal{F}(Y \times Z)$ Fuzzy-Relationen. Dann ergibt die Hintereinanderschaltung der beiden Fuzzy-Relationen die Fuzzy-Relation*

$$\big(\varrho_2 \circ \varrho_1\big)(x, z) = \sup\big\{ \min\{\varrho_1(x, y), \varrho_2(y, z)\} \mid y \in Y \big\} \tag{1.16}$$

zwischen den Grundmengen X und Z.

Diese Definition erhält man aus der Äquivalenz

$$(x, z) \in R_2 \circ R_1 \iff (\exists y \in Y)\big((x, y) \in R_1 \wedge (y, z) \in R_2\big),$$

indem man der Konjunktion das Minimum als Wahrheitswertfunktion zuordnet und den Existenzquantor durch das Supremum auswertet, so dass sich

$$\begin{aligned}(\varrho_2 \circ \varrho_1)(x,z) &= [\![(x,y) \in (\varrho_2 \circ \varrho_1)]\!] \\ &= [\![(\exists y \in Y)\big((x,y) \in R_1 \wedge (y,z) \in R_2\big)]\!] \\ &= \sup\big\{\min\{\varrho_1(x,y), \varrho_2(y,z)\} \mid y \in Y\big\}\end{aligned}$$

ergibt.

Die Formel (1.16) erhält man auch, wenn man das Extensionsprinzip auf die partielle Abbildung

$$f : (X \times Y) \times (Y \times Z) \to (X \times Y),$$

$$\big((x,y),(y',z)\big) \mapsto \begin{cases} (x,z) & \text{falls } y = y' \\ \text{undefiniert} & \text{sonst} \end{cases}$$

anwendet, die der Hintereinanderschaltung gewöhnlicher Relationen zugrunde liegt, da

$$f[R_1, R_2] = f[R_1 \times R_2] = R_2 \circ R_1$$

gilt.

Sind ϱ_1 und ϱ_2 die charakteristischen Funktionen der gewöhnlichen Relationen R_1 bzw. R_2, so ist $\varrho_2 \circ \varrho_1$ die charakteristische Funktion der Relation $R_2 \circ R_1$. In diesem Sinne verallgemeinert die Definition 1.24 die Hintereinanderschaltung von Relationen für Fuzzy-Relationen.

Für jede Fuzzy-Menge $\mu \in \mathcal{F}(X)$ gilt

$$(\varrho_2 \circ \varrho_1)[\mu] = \varrho_2\big[\varrho_1[\mu]\big].$$

Beispiel 1.25 Wir erweitern die in Beispiel 1.21 diskutierte Risikoeinschätzung eines Fonds um die Menge $Z = \{gv, kv, kg, gg\}$. Die Elemente stehen für „großer Verlust", „kleiner Verlust", „kleiner Gewinn" bzw. „großer Gewinn". Die Fuzzy-Relation $\varrho' \in \mathcal{F}(Y \times Z)$ in Tabelle 1.5 gibt für jedes Tupel $(y,z) \in Y \times Z$ an, inwieweit bei dem Risiko y der Gewinn bzw. Verlust z für möglich gehalten wird. Das Ergebnis der Hintereinanderschaltung der Fuzzy-Relationen ϱ und ϱ' zeigt Tabelle 1.6.

ϱ'	gv	kv	kg	gg
g	0.0	0.4	1.0	0.0
m	0.3	1.0	1.0	0.4
h	1.0	1.0	1.0	1.0

Tabelle 1.5. Die Fuzzy-Relation ϱ': „Bei dem Risiko y ist der Gewinnn/Verlust z möglich"

ϱ'	gv	kv	kg	gg
a	1.0	1.0	1.0	1.0
f	0.3	0.9	0.9	0.4
i	0.3	0.5	0.8	0.4

Tabelle 1.6. Die Fuzzy-Relation $\varrho' \circ \varrho$: „Bei dem Renditeobjekt x ist der Gewinnn/Verlust z möglich"

In diesem Fall, in dem die Grundmengen endlich sind und sich die Fuzzy-Relationen als Tabellen oder Matrizen darstellen lassen, entspricht die Berechnungsvorschrift für die Hintereinanderschaltung von Fuzzy-Relationen einer Matrixmultiplikation, bei der anstelle der komponentenweisen Multiplikation das Minimum gebildet und die Addition durch das Maximum ersetzt wird. Für den Fond aus Beispiel 1.21, der durch die Fuzzy-Menge μ

$$\mu(a) = 0.8, \qquad \mu(f) = 0, \qquad \mu(i) = 0.2.$$

repräsentiert wurde, ergibt sich

$$(\varrho' \circ \varrho)[\mu](gv) = (\varrho' \circ \varrho)[\mu](kv) = (\varrho' \circ \varrho)[\mu](kg) = (\varrho' \circ \varrho)[\mu](gg) = 0.8$$

als die den möglichen Gewinn bzw. Verlust beschreibende Fuzzy-Menge □

Beispiel 1.26 Die Genauigkeit des Messgerätes aus Beispiel 1.19 wurde durch die Fuzzy-Relation $\varrho(x, y) = 1 - \min\{10|x - y|, 1\}$ beschrieben, die angibt, inwieweit bei dem angezeigten Wert x der Wert y als wahrer Wert in Frage kommt. Wir nehmen an, dass das (analoge) Messgerät nicht genau abgelesen werden kann, und verwenden dafür die Fuzzy-Relation $\varrho'(a, x) = 1 - \min\{5|a - x|, 1\}$. Dabei gibt $\varrho'(a, x)$ an, inwieweit bei dem abgelesenen Wert a der Wert x als wahrer Wert der Anzeige angenommen werden kann. Wenn wir von dem abgelesenen Wert a direkt auf den wahren Wert y der zu messenden Größe schließen wollen, benötigen wir dazu die Hintereinanderschaltung der Fuzzy-Relationen ϱ' und ϱ.

$$(\varrho \circ \varrho')(a, y) \;=\; 1 - \min\left\{\frac{10}{3}|a - y|, 1\right\}$$

Bei einem abgelesenen Wert $a = 0$ erhalten wir für den wahren Wert y die Fuzzy-Menge

$$(\varrho \circ \varrho')[I_{\{0\}}] \;=\; \Lambda_{-0.3,0,0.3}.$$

□

1.7 Ähnlichkeitsrelationen

In diesem Abschnitt werden wir einen speziellen Typ von Fuzzy-Relationen, die Ähnlichkeitsrelationen, näher untersuchen, die eine wichtige Rolle bei der

Interpretation von Fuzzy-Reglern spielen und ganz allgemein dazu verwendet werden können, die einem Fuzzy-System inhärente Ununterscheidbarkeit zu charakterisieren.

Ähnlichkeitsrelationen sind Fuzzy-Relationen, die für je zwei Elemente oder Objekte angeben, inwieweit sie als ununterscheidbar oder ähnlich angesehen werden. Von einer Ähnlichkeitsrelation sollte man erwarten, dass sie reflexiv und symmetrisch ist, d.h., dass jedes Element zu sich selbst (zum Grad eins) ähnlich ist und dass x genauso ähnlich zu y wie y zu x ist. Zusätzlich zu diesen beiden Mindestanforderungen an Ähnlichkeitsrelationen verlangen wir noch die folgende abgeschwächte Transitivitätsbedingung: Ist x zu einem gewissen Grad ähnlich zu y und ist y zu einem gewissen Grad ähnlich zu z, dann sollte auch x zu einem gewissen (eventuell geringeren) Grad ähnlich zu z sein. Formal definieren wir eine Ähnlichkeitsrelation wie folgt:

Definition 1.27 *Eine Ähnlichkeitsrelation $E : X \times X \to [0, 1]$ bezüglich der t-Norm t auf der Grundmenge X ist eine Fuzzy-Relation über $X \times X$, die den Bedingungen*

$$\begin{aligned}
&\text{(E1)} \quad E(x,x) = 1, && \text{(Reflexivität)}\\
&\text{(E2)} \quad E(x,y) = E(y,x), && \text{(Symmetrie)}\\
&\text{(E3)} \quad t\big(E(x,y), E(y,z)\big) \leq E(x,z). && \text{(Transitivität)}
\end{aligned}$$

für alle $x, y, z \in X$ genügt.

Die Transitivitätsbedingung für Ähnlichkeitsrelationen kann im Sinne der Fuzzy-Logik, wie sie im Kapitel 1.3 vorgestellt wurde, folgendermaßen verstanden werden: Der Wahrheitswert der Aussage

$$x \text{ und } y \text{ sind ähnlich } \texttt{UND} \; y \text{ und } z \text{ sind ähnlich}$$

sollte höchstens so groß sein wie der Wahrheitswert der Aussage

$$x \text{ und } z \text{ sind ähnlich,}$$

wobei der Konjunktion `UND` als Wahrheitswertfunktion die t-Norm t zugeordnet wird.

Im Beispiel 1.19 haben wir bereits ein Beispiel für eine Ähnlichkeitsrelation kennengelernt, nämlich die Fuzzy-Relation

$$\varrho : \mathbb{R} \times \mathbb{R} \to [0, 1], \qquad (x, y) \mapsto 1 - \min\{10|x - y|, 1\},$$

die angibt, inwieweit zwei Werte mit einem Messgerät unterscheidbar sind. Es lässt sich leicht nachweisen, dass diese Fuzzy-Relation eine Ähnlichkeitsrelation bezüglich der Łukasiewicz-t-Norm $t(\alpha, \beta) = \max\{\alpha + \beta - 1, 0\}$ ist. Wesentlich allgemeiner gilt, dass eine beliebige Pseudometrik, d.h., ein Abstandsmaß $\delta : X \times X \to [0, \infty)$, das die Symmetriebedingung $\delta(x, y) = \delta(y, x)$ und die Dreiecksungleichung $\delta(x, y) + \delta(y, z) \geq \delta(x, z)$ erfüllt, mittels

$$E^{(\delta)}(x, y) \;=\; 1 - \min\{\delta(x, y), 1\}$$

eine Ähnlichkeitsrelation bezüglich der Łukasiewicz-t-Norm induziert und umgekehrt, dass jede Ähnlichkeitsrelation E bezüglich der Łukasiewicz-t-Norm durch

$$\delta^{(E)}(x,y) = 1 - E(x,y)$$

eine Pseudometrik definiert. Es gelten die Beziehungen $E = E^{(\delta^{(E)})}$ und $\delta(x,y) = \delta^{(E^{(\delta)})}(x,y)$, falls $\delta(x,y) \leq 1$ gilt, so dass Ähnlichkeitsrelationen und (durch eins beschränkte) Pseudometriken als duale Konzepte angesehen werden können.

Wir werden später noch sehen, dass es sinnvoll ist, Ähnlichkeitsrelationen bezüglich anderer t-Normen als der Łukasiewicz-t-Norm zu betrachten, um die Unschärfe bzw. die damit verbundene Ununterscheidbarkeit in Fuzzy-Systemen zu kennzeichnen.

1.7.1 Fuzzy-Mengen und extensionale Hüllen

Geht man davon, dass eine Ähnlichkeitsrelation eine gewisse Ununterscheidbarkeit charakterisiert, so sollte man erwarten, dass sich kaum unterscheidbare Elemente auch ähnlich verhalten bzw. ähnliche Eigenschaften besitzen. Für Fuzzy-Systeme ist die (unscharfe) Eigenschaft, Element einer (Fuzzy-)Menge zu sein, wesentlich. Daher spielen die Fuzzy-Mengen eine wichtige Rolle, die eine gegebene Ähnlichkeitsrelation in dem Sinne respektieren, dass ähnliche Elemente auch ähnliche Zugehörigkeitsgrade besitzen. Diese Eigenschaft wird als Extensionalität bezeichnet und formal folgendermaßen definiert:

Definition 1.28 *Es sei $E : X \times X \to [0,1]$ eine Ähnlichkeitsrelation bezüglich der t-Norm t auf der Grundmenge X. Eine Fuzzy-Menge $\mu \in \mathcal{F}(X)$ heißt extensional bezüglich E, wenn für alle $x, y \in X$*

$$t\big(\mu(x), E(x,y)\big) \leq \mu(y)$$

gilt.

Die Extensionalitätsbedingung lässt sich im Sinne der Fuzzy-Logik so interpretieren, dass der Wahrheitswert der Aussage

x ist ein Element der Fuzzy-Menge μ `UND`
x und y sind ähnlich (ununterscheidbar)

höchstens so groß sein sollte wie der Wahrheitswert der Aussage

y ist ein Element der Fuzzy-Menge μ,

wobei der Konjunktion `UND` als Wahrheitswertfunktion die t-Norm t zugeordnet wird.

Eine Fuzzy-Menge kann immer zu einer extensionalen Fuzzy-Menge erweitert werden, indem man zu ihr alle Elemente hinzufügt, die zumindest zu einem ihrer Elemente ähnlich sind. Formalisiert man diese Idee, ergibt sich die folgende Definition.

Definition 1.29 *Es sei $E : X \times X \to [0,1]$ eine Ähnlichkeitsrelation bezüglich der t-Norm t auf der Grundmenge X. Die extensionale Hülle $\hat{\mu}$ der Fuzzy-Menge $\mu \in \mathcal{F}(X)$ (bezüglich der Ähnlichkeitsrelation E) ist durch*

$$\hat{\mu}(y) = \sup\left\{t\big(E(x,y), \mu(x)\big) \mid x \in X\right\}$$

gegeben.

Ist t eine stetige t-Norm, so ist die extensionale Hülle $\hat{\mu}$ von μ die kleinste extensionale Fuzzy-Menge, die μ enthält – enthalten sein im Sinne von $\leq$.

Man erhält die extensionale Hülle einer Fuzzy-Menge μ unter der Ähnlichkeitsrelation E im Prinzip als das Bild von μ unter der Fuzzy-Relation E wie in der Definition 1.20. Allerdings ist bei der extensionalen Hülle das Minimum in der Formel (1.14) in Definition 1.20 durch die t-Norm t ersetzt.

Beispiel 1.30 Wir betrachten die Ähnlichkeitsrelation $E : \mathbb{R} \times \mathbb{R} \to [0,1]$, $E(x,y) = 1 - \min\{|x-y|, 1\}$ bezüglich der Łukasiewicz-t-Norm, die durch die übliche Metrik $\delta(x,y) = |x-y|$ auf den reellen Zahlen induziert wird. Eine (gewöhnliche) Menge $M \subseteq \mathbb{R}$ lässt sich durch ihre charakteristische Funktion I_M als Fuzzy-Menge auffassen, so dass sich auch extensionale Hüllen gewöhnlicher Mengen berechnen lassen.

Die extensionale Hülle eines Punktes x_0, d.h. der einelementigen Menge x_0, bezüglich der oben angegebenen Ähnlichkeitsrelation E ergibt eine Fuzzy-Menge in Form der Dreiecksfunktion $\Lambda_{x_0-1,x_0,x_0+1}$. Die extensionale Hülle des Intervalls $[a,b]$ ist die Trapezfunktion $\Pi_{a-1,a,b,b+1}$ (vgl. Abb. 1.26).

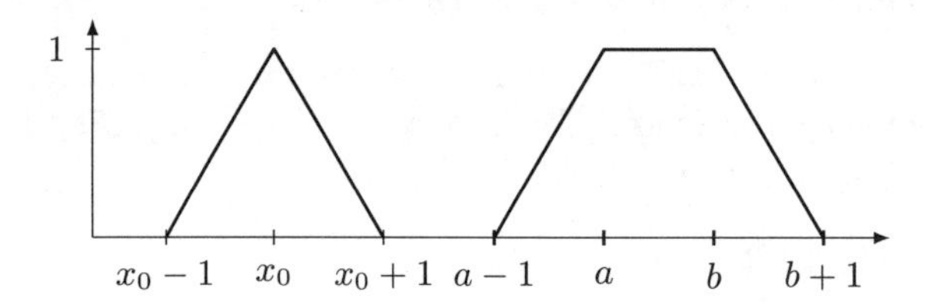

Abb. 1.26. Die extensionale Hülle des Punktes x_0 und des Intervalls $[a,b]$

□

Dieses Beispiel stellt eine interessante Verbindung zwischen Fuzzy-Mengen und Ähnlichkeitsrelationen her: die in der Praxis häufig verwendeten Dreiecks- und Trapezfunktionen lassen sich als extensionale Hüllen von Punkten bzw. Intervallen interpretieren, d.h., als unscharfe Punkte bzw. Intervalle in einer vagen Umgebung, die durch die von der üblichen Metrik auf den reellen Zahlen induzierten Ähnlichkeitsrelation charakterisiert wird.

1.7.2 Skalierungskonzepte

Die übliche Metrik auf den reellen Zahlen lässt nur sehr eingeschränkte Formen von Dreiecks- und Trapezfunktionen als extensionale Hüllen von Punkten bzw. Intervallen zu: der Betrag der Steigung der Schrägen muss eins sein. Es ist allerdings sinnvoll, Skalierungen der üblichen Metrik zu erlauben, so dass sich auch andere Formen von Fuzzy-Mengen als extensionale Hüllen ergeben. Diese Skalierungen können zweierlei Bedeutungen haben.

Der Ähnlichkeitsgrad zweier Messwerte hängt von der Maßeinheit ab. Zwei Messwerte in Kilo-Einheiten gemessen können einen sehr geringen Abstand haben und daher als nahezu ununterscheidbar bzw. ziemlich ähnlich angesehen werden, während dieselben Werte in Milli-Einheiten angegeben sehr weit voneinander entfernt liegen und als unterscheidbar erachtet werden. Um die Ähnlichkeitsrelation an die Maßeinheit anzupassen, muss der Abstand oder die reelle Achse wie im Beispiel 1.19 mit einer Konstanten $c > 0$ skaliert werden, so dass sich als skalierte Metrik $|c \cdot x - c \cdot y|$ ergibt, die die Ähnlichkeitsrelation $E(x, y) = 1 - \min\{|c \cdot x - c \cdot y|, 1\}$ induziert.

Eine Erweiterung dieses Skalierungskonzepts besteht in der Verwendung variabler Skalierungsfaktoren, die eine lokale problemabhängige Skalierung ermöglichen.

Beispiel 1.31 Das Verhalten einer Klimaanlage soll mit unscharfen Regeln beschrieben werden. Es ist weder notwendig noch sinnvoll, die Raumtemperatur, auf die die Klimaanlage reagiert, mit einer möglichst großen Genauigkeit zu messen. Jedoch spielen die einzelnen Temperaturen unterschiedliche Rollen. So sind beispielsweise Temperaturen von 10°C oder 15°C als viel zu kalt anzusehen, und die Klimaanlage sollte mit voller Leistung heizen, genauso wie Werte von 27°C oder 32°C als viel zu warm zu beurteilen sind und die Klimaanlage daher mit voller Leistung kühlen sollte. Eine Unterscheidung der Werte 10°C und 15°C bzw. 27°C und 32°C ist daher für die Regelung der Raumtemperatur irrelevant. Da zwischen 10°C und 15°C nicht unterschieden werden muss, bietet sich ein sehr kleiner, positiver Skalierungsfaktor an – im Extremfall sogar der Skalierungsfaktor Null, bei dem die Temperaturen überhaupt nicht unterschieden werden. Es wäre jedoch falsch, für den gesamten Temperaturbereich einen kleinen Skalierungsfaktor zu wählen, da die Klimaanlage z.B. zwischen der zu kalten Temperatur 18.5°C und der zu warmen Temperatur 23.5°C sehr deutlich unterscheiden muss.

Anstelle eines globalen Skalierungsfaktors sollten hier verschiedene Skalierungsfaktoren für einzelne Bereiche gewählt werden, so dass bei Temperaturen, die nahe der optimalen Raumtemperatur liegen, eine feine Unterscheidung vorgenommen wird, während bei viel zu kalten bzw. viel zu warmen Temperaturen jeweils nur sehr grob unterschieden werden muss. Tabelle 1.7 gibt exemplarisch eine Unterteilung in fünf Temperaturbereiche mit jeweils eigenem Skalierungsfaktor an.

Mittels dieser Skalierungsfaktoren ergibt sich ein transformierter Abstand zwischen den Temperaturen, der zur Definition einer Ähnlichkeitsrelation herangezogen werden kann. In Tabelle 1.8 sind die transformierten Abstände und die sich daraus ergebenden Ähnlichkeitsgrade für einige Temperaturwertepaare angegeben. Die einzelnen Wertepaare liegen jeweils paarweise in einem Bereich, in dem sich der Skalierungsfaktor nicht ändert. Um den trans-

Temperatur (in °C)	Skalierungsfaktor	Interpretation
< 15	0.00	genauer Wert bedeutungslos (viel zu kalte Temperatur)
15-19	0.25	zu kalt, aber annähernd o.k., nicht sehr sensitiv
19-23	1.50	sehr sensitiv, nahe dem Optimum
23-27	0.25	zu warm, aber annähernd o.k., nicht sehr sensitiv
> 27	0.00	genauer Wert bedeutungslos (viel zu heiße Temperatur)

Tabelle 1.7. Unterschiedliche Sensitivität und Skalierungsfaktoren für die Raumtemperatur

formierten Abstand und den daraus resultierenden Ähnlichkeitsgrad für zwei Temperaturen zu bestimmen, die nicht in einem Bereich mit konstantem Skalierungsfaktor liegen, überlegen wir uns zunächst die Wirkung eines einzelnen Skalierungsfaktors.

Wertepaar (x, y)	Skal.-Faktor c	transf. Abstand $\delta(x,y) = \lvert c \cdot x - c \cdot y \rvert$	Ähnlichkeitsgrad $E(x,y) = 1 - \min\{\delta(x,y), 1\}$
(13,14)	0.00	0.000	1.000
(14,14.5)	0.00	0.000	1.000
(17,17.5)	0.25	0.125	0.875
(20,20.5)	1.50	0.750	0.250
(21,22)	1.50	1.500	0.000
(24,24.5)	0.25	0.125	0.875
(28,28.5)	0.00	0.000	1.000

Tabelle 1.8. Mittels Skalierungsfaktoren transformierte Abstände und der induzierte Ähnlichkeitsgrad

Betrachten wir ein Intervall $[a, b]$, bei dem wir den Abstand zwischen zwei Punkten mit dem Skalierungsfaktor c messen, können wir ebenso das Intervall um den Faktor c strecken (falls $c > 1$ gilt) bzw. stauchen (falls $0 \leq c < 1$ gilt) und die Abstände zwischen den Punkten in dem transformierten (gestreckten bzw. gestauchten) Intervall berechnen. Um verschiedene Skalierungsfaktoren für einzelne Bereiche zu berücksichtigen, müssen wir daher jedes Teilintervall, auf dem der Skalierungsfaktor konstant bleibt, entsprechend strecken bzw. stauchen und die so transformierten Teilintervalle wieder aneinanderfügen. Auf diese Weise ergibt sich eine stückweise lineare Transformation des Wertebereiches wie sie in der Abb. 1.27 dargestellt ist.

An drei Beispielen soll die Berechnung des transformierten Abstands und des daraus resultierenden Ähnlichkeitsgrades erläutert werden. Es soll der Ähnlichkeitsgrad zwischen den Werten 18 und 19.2 bestimmt werden. Der Wert 18 liegt im Intervall 15 bis 19 mit dem konstanten Skalierungsfaktor

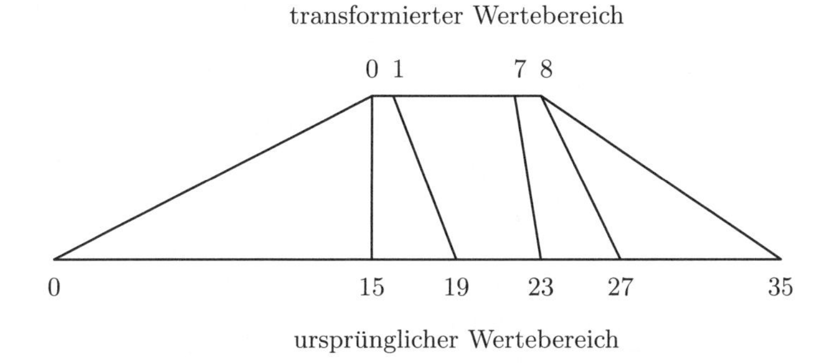

Abb. 1.27. Transformation eines Wertebereichs mittels Skalierungsfaktoren

0.25. Dieses Intervall der Länge vier wird somit zu einem Intervall der Länge eins gestaucht. Der Abstand des Wertes 18 zur Intervallgrenze 19 wird daher ebenfalls um den Faktor 0.25 gestaucht, so dass der transformierte Abstand zwischen 18 und 19 genau 0.25 beträgt. Um den transformierten Abstand zwischen 18 und 19.2 zu berechnen, müssen wir zu diesem Wert noch den transformierten Abstand zwischen 19 und 19.2 addieren. In diesem Bereich ist der Skalierungsfaktor konstant 1.5, so dass der Abstand zwischen 19 und 19.2 um den Faktor 1.5 gestreckt wird und somit den transformierten Abstand 0.3 ergibt. Als transformierten Abstand zwischen den Werten 18 und 19.2 erhalten wir somit 0.25+0.3=0.55, was zu einem Ähnlichkeitsgrad von $1 - \min\{0.55, 1\} = 0.45$ führt.

Als zweites Beispiel betrachten wir das Wertepaar 13 und 18. Der transformierte Abstand zwischen 13 und 15 ist aufgrund des dort konstanten Skalierungsfaktors 0 ebenfalls 0. Als transformierter Abstand zwischen 15 und 18 ergibt sich mit dem dortigen Skalierungsfaktor 0.25 der Wert 0.75, der auch gleichzeitig den transformierten Abstand zwischen 13 und 18 angibt. Der Ähnlichkeitsgrad zwischen 13 und 18 ist daher 0.25.

Schließlich sollen noch der transformierte Abstand und die Ähnlichkeit zwischen den Werten 22.8 und 27.5 bestimmt werden. Hier müssen insgesamt drei Bereiche mit verschiedenen Skalierungsfaktoren berücksichtigt werden: zwischen 22.8 und 23 beträgt der Skalierungsfaktor 1.5, zwischen 23 und 27 genau 0.25 und zwischen 27 und 27.5 konstant 0. Damit ergeben sich als transformierte Abstände 0.3, 1 und 0 für die Wertpaare (22.8,23), (23,27) bzw. (27,27.5). Als Summe dieser Abstände gibt der Wert 1.3 den transformierten Abstand zwischen 22.8 und 27.5 an. Als Ähnlichkeitsgrad erhalten wir somit $1 - \min\{1.3, 1\} = 0$. □

Die Idee, für einzelne Bereiche unterschiedliche Skalierungsfaktoren zu verwenden, lässt sich erweitern, indem man jedem Wert einen Skalierungsfaktor zuordnet, der angibt, wie genau in der direkten Umgebung des Wertes unterschieden werden sollte. Anstelle einer stückweise konstanten Skalierungsfunktion wie im Beispiel 1.31 können so beliebige (integrierbare) Skalierungsfunktionen $c : \mathbb{R} \to [0, \infty)$ verwendet werden. Der transformierte Abstand zwischen den Werten x und y unter einer solchen Skalierungsfunktion wird dann mit Hilfe der Formel

$$\left| \int_x^y c(s)\, ds \right| \tag{1.17}$$

berechnet [89].

1.7.3 Interpretation von Fuzzy-Mengen

Fuzzy-Mengen lassen sich als induzierte Konzepte ausgehend von Ähnlichkeitsrelationen, etwa als extensionale Hüllen scharfer Mengen, interpretieren. Im Folgenden soll die Betrachtungsweise umgekehrt werden, d.h., wir gehen von einer Menge von Fuzzy-Mengen aus und suchen eine geeignete Ähnlichkeitsrelation dazu. Die hier vorgestellten Ergebnisse werden wir später für die Interpretation und Untersuchung von Fuzzy-Reglern verwenden. Bei Fuzzy-Reglern werden üblicherweise für den Wertebereich jeder relevanten Variablen unscharfe Ausdrücke zur Beschreibung von ungefähren Werten verwendet. Diese unscharfen Ausdrücke werden wiederum durch Fuzzy-Mengen repräsentiert. Es ist also für jeden Wertebereich X eine Menge $\mathcal{A} \subseteq \mathcal{F}(X)$ von Fuzzy-Mengen vorgegeben. Die diesen Fuzzy-Mengen inhärente Ununterscheidbarkeit lässt sich – wie wir später noch genauer sehen werden – mit Hilfe von Ähnlichkeitsrelationen charakterisieren. Eine entscheidende Rolle spielt dabei die gröbste (größte) Ähnlichkeitsrelation, bei der alle Fuzzy-Mengen in der betrachteten Menge $\mathcal{A}$ extensional sind. Der folgenden Satz, der in [90] bewiesen wird, beschreibt, wie diese Ähnlichkeitsrelation berechnet werden kann.

Satz 1.32 *Es sei t eine stetige t-Norm und $\mathcal{A} \subseteq \mathcal{F}(X)$ eine Menge von Fuzzy-Mengen. Dann ist*

$$E_{\mathcal{A}}(x, y) \;=\; \inf \left\{ \overleftrightarrow{t}\big(\mu(x), \mu(y)\big) \mid \mu \in \mathcal{A} \right\} \tag{1.18}$$

die gröbste Ähnlichkeitsrelation bezüglich der t-Norm t, bei der alle Fuzzy-Mengen aus $\mathcal{A}$ extensional sind. Dabei ist $\overleftrightarrow{t}$ die zur t-Norm t gehörende Biimplikation aus Gleichung (1.4).

Mit gröbster Fuzzy-Relation ist hier gemeint, dass für jede Ähnlichkeitsrelation E, bei der alle Fuzzy-Mengen aus $\mathcal{A}$ extensional sind, folgt, dass $E_{\mathcal{A}}(x, y) \geq E(x, y)$ für alle $x, y \in X$ gilt.

Die Formel (1.18) für die Ähnlichkeitsrelation $E_{\mathcal{A}}$ lässt sich sinnvoll im Rahmen der Fuzzy-Logik erklären. Interpretiert man die Fuzzy-Mengen in $\mathcal{A}$ als Repräsentation unscharfer Eigenschaften, so sind zwei Elemente x und y bezüglich dieser Eigenschaften ähnlich zueinander, wenn für jede „Eigenschaft" $\mu \in \mathcal{A}$ gilt, dass x genau dann die Eigenschaft μ besitzt, wenn auch

y sie besitzt. Ordnet man der Aussage „ x besitzt die Eigenschaft μ“ den Wahrheitswert $\mu(x)$ zu und interpretiert „genau dann, wenn“ mit der Biimplikation $\overleftrightarrow{t}$, so ergibt sich, wenn „für jede“ im Sinne des Infimums aufgefasst wird, gerade die Formel (1.18) für den Ähnlichkeitsgrad zweier Elemente.

Beispiel 1.30 zeigte, dass typische Fuzzy-Mengen wie Dreiecksfunktionen als extensionale Hüllen einzelner Punkte auftreten. Für die Fuzzy-Regler wird die Interpretation einer Fuzzy-Menge als unscharfer Punkt sehr hilfreich sein. Wir widmen uns daher noch der Frage, wann die Fuzzy-Mengen in einer vorgegebenen Menge $\mathcal{A} \subseteq \mathcal{F}(X)$ von Fuzzy-Mengen als extensionale Hüllen von Punkten aufgefasst werden können.

Satz 1.33 *Es sei t eine stetige t-Norm und $\mathcal{A} \subseteq \mathcal{F}(X)$ eine Menge von Fuzzy-Mengen. Zu jedem $\mu \in \mathcal{A}$ existiere ein $x_\mu \in X$ mit $\mu(x_\mu) = 1$. Es existiert genau dann eine Ähnlichkeitsrelation E, so dass für alle $\mu \in \mathcal{A}$ die extensionale Hülle des Punktes x_μ mit der Fuzzy-Menge μ übereinstimmt, wenn die Bedingung*

$$\sup_{x \in X}\{t\big(\mu(x), \nu(x)\big)\} \leq \inf_{y \in X}\{\overleftrightarrow{t}\big(\mu(y), \nu(y)\big)\} \tag{1.19}$$

für alle $\mu, \nu \in \mathcal{A}$ erfüllt ist. In diesem Fall ist $E = E_\mathcal{A}$ die gröbste Ähnlichkeitsrelation, bei der die Fuzzy-Mengen in $\mathcal{A}$ als extensionale Hüllen von Punkten aufgefasst werden können.

Die Bedingung (1.19) besagt, dass der Nicht-Disjunktheitsgrad zweier beliebiger Fuzzy-Mengen $\mu, \nu \in \mathcal{A}$ nicht größer sein darf als ihr Gleichheitsgrad. Die entsprechenden Formeln ergeben sich, indem die folgenden Bedingungen im Sinne der Fuzzy-Logik interpretiert werden:

- Zwei Mengen μ und ν sind genau dann nicht disjunkt, wenn gilt

$$(\exists x)(x \in \mu \wedge x \in \nu).$$

- Zwei Mengen μ und ν sind genau dann gleich, wenn gilt

$$(\forall y)(y \in \mu \leftrightarrow y \in \nu).$$

Die Bedingung (1.19) aus Satz 1.33 ist insbesondere dann automatisch erfüllt, wenn die Fuzzy-Mengen μ und ν bezüglich der t-Norm t disjunkt sind, d.h., es gilt $t\big(\mu(x), \nu(x)\big) = 0$ für alle $x \in X$. Der Beweis des Satzes findet sich in [97].

Die Variablen, die bei Fuzzy-Reglern eine Rolle spielen, sind üblicherweise reell. Ähnlichkeitsrelationen über den reellen Zahlen lassen sich sehr einfach und sinnvoll auf der Grundlage von Skalierungsfunktionen basierend auf dem Abstandsbegriff, wie er in der Formel (1.17) gegeben ist, definieren. Für den Fall, dass die Ähnlichkeitsrelation im Satz 1.33 durch eine Skalierungsfunktion induziert werden soll, wurde in [89] das folgende Resultat bewiesen.

Satz 1.34 *Es sei $\mathcal{A} \subseteq \mathcal{F}(\mathbb{R})$ eine nicht-leere, höchstens abzählbare Menge von Fuzzy-Mengen, so dass für jedes $\mu \in \mathcal{A}$ gilt:*

- *Es existiert ein $x_\mu \in \mathbb{R}$ mit $\mu(x_\mu) = 1$.*
- *μ ist (als reellwertige Funktion) auf $(-\infty, x_\mu]$ monoton steigend.*
- *μ ist auf $[x_\mu, -\infty)$ monoton fallend.*
- *μ ist stetig.*
- *μ ist fast überall differenzierbar.*

Es existiert genau dann eine Skalierungsfunktion $c : \mathbb{R} \to [0, \infty)$, so dass für alle $\mu \in \mathcal{A}$ die extensionale Hülle des Punktes x_μ bezüglich der Ähnlichkeitsrelation

$$E(x, y) = 1 - \min\left\{\left|\int_x^y c(s)\,ds\right|, 1\right\}$$

mit der Fuzzy-Menge μ übereinstimmt, wenn die Bedingung

$$\min\{\mu(x), \nu(x)\} > 0 \Rightarrow \left|\frac{d\mu(x)}{dx}\right| = \left|\frac{d\nu(x)}{dx}\right| \tag{1.20}$$

für alle $\mu, \nu \in \mathcal{A}$ fast überall erfüllt ist. In diesem Fall kann

$$c : \mathbb{R} \to [0, \infty), \qquad x \mapsto \begin{cases} \left|\frac{d\mu(x)}{dx}\right| & \text{falls } \mu \in \mathcal{A} \text{ und } \mu(x) > 0 \\ 0 & \text{sonst} \end{cases}$$

als (fast überall wohldefinierte) Skalierungsfunktion gewählt werden.

Beispiel 1.35 Um zu veranschaulichen, wie extensionale Hüllen von Punkten bezüglich einer durch eine stückweise konstante Skalierungsfunktion induzierte Ähnlichkeitsrelation aussehen, greifen wir noch einmal die Skalierungsfunktion

$$c : [0, 35) \to [0, \infty), \qquad s \mapsto \begin{cases} 0 & \text{falls} \quad 0 \le s < 15 \\ 0.25 & \text{falls} \quad 15 \le s < 19 \\ 1.5 & \text{falls} \quad 19 \le s < 23 \\ 0.25 & \text{falls} \quad 23 \le s < 27 \\ 0 & \text{falls} \quad 27 \le s < 35. \end{cases}$$

aus Beispiel 1.31 auf. Abb. 1.28 zeigt die extensionalen Hüllen der Punkte 15, 19, 21, 23 und 27 bezüglich der Ähnlichkeitsrelation, die durch die Skalierungsfunktion c induziert wird.

Dass diese extensionalen Hüllen Dreiecks- oder Trapezfunktionen darstellen, liegt daran, dass die Skalierungsfunktion links bzw. rechts der angegebenen Punkte sich frühestens dann ändert, wenn der Ähnlichkeitsgrad zu dem betrachteten Punkt auf null gesunken ist. Wählt man Punkte, in deren Nähe sich die Skalierungsfunktion ändert, die aber nicht direkt auf einer Sprungstelle der Skalierungsfunktion liegen, ergeben sich i.a. nur stückweise lineare,

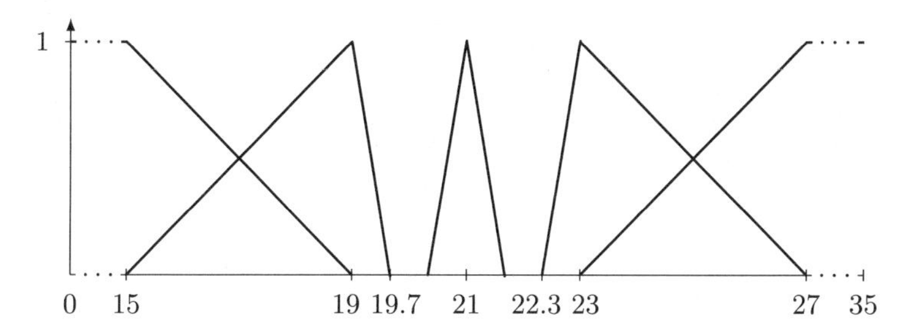

Abb. 1.28. Die extensionalen Hüllen der Punkte 15, 19, 21, 23 und 27

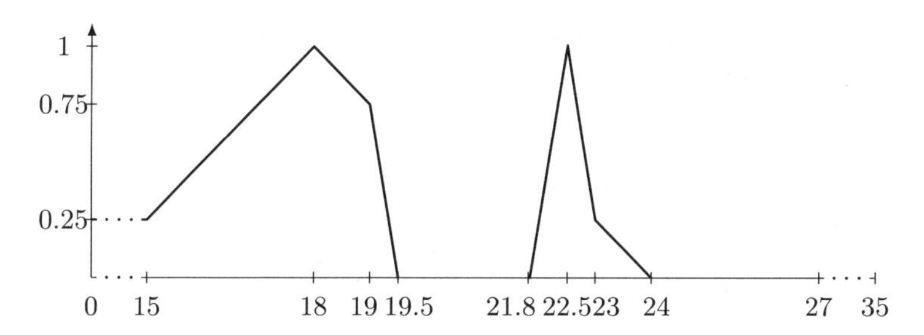

Abb. 1.29. Die extensionalen Hüllen der Punkte 18.5 und 22.5

konvexe Fuzzy-Mengen als extensionale Hülle von Punkten, wie sie in Abb. 1.29 zu sehen sind.

Häufig werden bei Fuzzy-Reglern die zugrundeliegenden Fuzzy-Mengen auf die folgende Weise festgelegt, wie sie in Abb. 1.30 veranschaulicht ist. Man wählt Werte $x_1 < x_2 < \ldots < x_n$ und verwendet Dreicksfunktionen der Form $\Lambda_{x_{i-1},x_i,x_{i+1}}$ bzw. an den Rändern x_1 und x_n des betrachteten Bereichs die Trapezfunktionen $\Pi_{-\infty,-\infty,x_1,x_2}$ und $\Pi_{x_{n-1},x_n,\infty,\infty}$, d.h.

$$\mathcal{A} = \{\Lambda_{x_{i-1},x_i,x_{i+1}} \mid 1 < i < n\} \cup \{\Pi_{-\infty,-\infty,x_1,x_2}, \Pi_{x_{n-1},x_n,\infty,\infty}\}.$$

In diesem Fall lässt sich immer eine Skalierungsfunktion c angeben, so dass die Fuzzy-Mengen als extensionale Hüllen der Punkte $x_1, \ldots, x_n$ interpretierbar sind, nämlich

$$c(x) = \frac{1}{x_{i+1} - x_i} \qquad \text{falls } x_i < x < x_{i+1},$$

□

Nachdem wir uns so ausführlich mit Ähnlichkeitsrelationen auseinandergesetzt haben, sollen einige prinzipielle Überlegungen über Fuzzy-Mengen, Ähnlichkeitsrelationen und deren Zusammenhänge folgen.

Der Grundgedanke bei Fuzzy-Mengen besteht in der Möglichkeit, graduelle Zugehörigkeitsgrade zu verwenden. Ähnlichkeitsrelationen basieren auf dem fundamentalen Konzept der Ununterscheidbarkeit oder Ähnlichkeit. Das

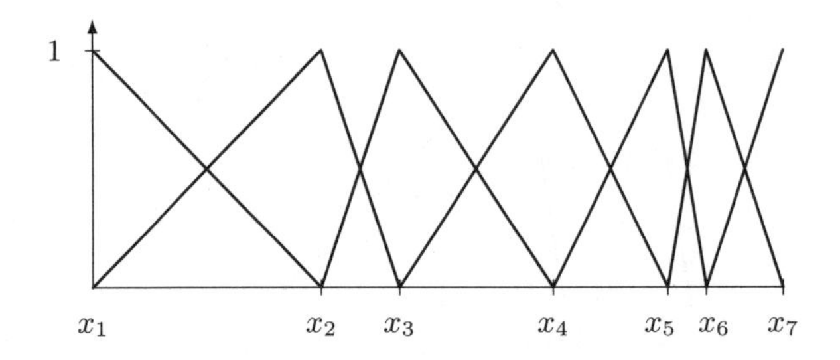

Abb. 1.30. Fuzzy-Mengen, für die sich eine Skalierungsfunktion definieren lässt

Einheitsintervall dient als Wertebereich sowohl für gradueller Zugehörigkeiten als auch für Ähnlichkeitsgrade. Die Zahlenwerte zwischen 0 und 1 werden dabei auf eine eher intuitive Weise interpretiert. Eine eindeutige Festlegung, was ein Zugehörigkeits- oder Ähnlichkeitsgrad von 0.8 oder 0.9 bedeutet und worin der Unterschied zwischen beiden besteht, außer, dass 0.9 größer als 0.8 ist, wird nicht näher festgelegt.

Ähnlichkeitsrelationen bezüglich der Łukasiewicz-t-Norm lassen sich auf Pseudometriken zurückführen. Das Konzept der Metrik bzw. der Abstandsbegriff ist zumindest bei dem Umgang mit reellen Zahlen elementar und bedarf keiner weiteren Erklärung. In diesem Sinne sind Ähnlichkeitsrelationen auf den reellen Zahlen, die durch die kanonische Metrik – eventuell unter Berücksichtigung einer geeigneten Skalierung – induziert werden, als elementares Konzept anzusehen, bei dem die Ähnlichkeitsgrade dual zum Abstandsbegriff bei Metriken interpretiert werden.

Fuzzy-Mengen lassen sich wiederum als aus Ähnlichkeitsrelationen abgeleitetes Konzept im Sinne extensionaler Hüllen von Punkten oder Mengen auffassen, so dass auf diese Weise den Zugehörigkeitsgraden eine konkrete Bedeutung beigemessen wird. Es stellt sich die Frage, inwieweit Fuzzy-Mengen in diesem Sinne interpretiert werden sollten. Die Antwort lautet sowohl ja als auch nein. Ja, in dem Sinne, dass eine fehlende Interpretation der Zugehörigkeitsgrade dazu führt, dass die Wahl der Fuzzy-Mengen und der Operationen wie t-Normen mehr oder weniger willkürlich wird und sich als reines Parameteroptimierungsproblem darstellt. Ja, auch in dem Sinne, dass man es zumindest im Bereich der Fuzzy-Regler i.a. mit reellen Zahlen zu tun hat und dass nicht willkürliche Fuzzy-Mengen im Sinne beliebiger Funktionen von den reellen Zahlen in das Einheitsintervall verwendet werden, sondern üblicherweise Fuzzy-Mengen, die auf der Basis von Ähnlichkeitsrelationen interpretierbar sind. Auch die vorgestellten Zusammenhänge zwischen Fuzzy-Mengen und Ähnlichkeitsrelationen, die es ermöglichen, aus Ähnlichkeitsrelationen Fuzzy-Mengen abzuleiten und umgekehrt, Ähnlichkeitsrelationen zu Fuzzy-Mengen zu bestimmen, sprechen für die Interpretation der Fuzzy-Mengen mittels Ähnlichkeitsrelationen.

Trotz dieser Gründe ist die Deutung der Fuzzy-Mengen im Sinne von Ähnlichkeitsrelationen nicht zwangsläufig, wie die Possibilitätstheorie zeigt. Es würde zu weit führen, detailliert zu erläutern, wie Fuzzy-Mengen als Possibilitätsverteilungen aufgefasst werden können. Das folgende Beispiel vermittelt eine Idee, wie Possibilitätsverteilungen interpretiert werden können.

Beispiel 1.36 Wir betrachten ein kleines Gebiet in dem Flugzeuge mit einer automatischen Kamera beobachtet werden. Die Aufzeichnungen mehrerer Tage ergeben, dass 20 Flugzeuge vom Typ A, 30 vom Typ B und 50 vom Typ C das Gebiet überquert haben. Wenn man hört, dass ein Flugzeug über das Gebiet fliegt, würde man annehmen, dass es sich mit 20-, 30- bzw. 50-prozentiger Wahrscheinlichkeit um ein Flugzeug des Typs A, B bzw. C handelt.

Dieses Beispiel soll nun leicht modifiziert werden, um die Bedeutung von Possibilitätsverteilungen zu erläutern. Zusätzlich zu der automatischen Kamera steht ein Radargerät und ein Mikrophon zur Verfügung. Wiederum wurden 100 Flugzeuge mit Hilfe des Mikrophons registriert. Allerdings konnten aufgrund schlechter Sichtverhältnisse durch die Kamera nur 70 Flugzeuge eindeutig identifiziert werden, nämlich 15 vom Typ A, 20 vom Typ B und 35 vom Typ C. Bei den restlichen 30 Flugzeugen ist das Radargerät bei 10 Flugzeugen ausgefallen, so dass über den Typ dieser Flugzeuge nichts ausgesagt werden kann. Über die 20 Flugzeuge, die das Radargerät geortet hat und die nicht durch die Kamera identifiziert werden konnten, lässt sich sagen, dass 10 eindeutig vom Typ C sind, da dieser Flugzeugtyp durch seine wesentlich geringere Größe durch das Radar von den Typen A und B unterschieden werden kann, während die anderen 10 vom Typ A oder B sein müssen.

Die 100 Beobachtungen liegen jetzt nicht mehr wie im ersten Fall vor, in dem man bei jeder Beobachtung genau einen Flugzeugtyp identifizieren konnte und somit für jeden Flugzeugtypen genau angeben konnte, wie oft er beobachtet wurde. Jetzt lassen sich die einzelnen Beobachtungen als Mengen möglicher Flugzeuge darstellen. Wie oft die jeweilige Menge beobachtet wurde, ist noch einmal in Tabelle 1.9 zusammengefasst.

Menge	$\{A\}$	$\{B\}$	$\{C\}$	$\{A, B\}$	$\{A, B, C\}$
beobachtete Anzahl	15	20	45	10	10

Tabelle 1.9. Mengenwertige Beobachtungen von Flugzeugtypen

Eine Wahrscheinlichkeit für die einzelnen Flugzeuge lässt sich nun nicht mehr ohne Zusatzannahmen über die Verteilung der Flugzeugtypen bei den Beobachtungen $\{A, B\}$ und $\{A, B, C\}$ angeben. Eine Alternative bieten hier die (nicht-normalisierten) Possibilitätsverteilungen. Anstelle einer Wahrscheinlichkeit im Sinne einer relativen Häufigkeit bestimmt man einen *Möglichkeitsgrad*, indem man den Quotienten aus den Fällen, in denen das Auftreten des entsprechenden Flugzeugs aufgrund der beobachteten Menge möglich ist, und der Gesamtzahl der Beobachtungen bildet. Auf diese Weise erhält man als Möglichkeitsgrad 35/100 für A, 40/100 für B und 55/100 für C. Diese „Fuzzy-Menge" über der Grundmenge {A,B,C} bezeichnet man dann als *Possibilitätsverteilung*. □

Dieses Beispiel verdeutlicht den Unterschied zwischen einer possibilistischen und einer auf Ähnlichkeitsrelationen basierenden Interpretation von Fuzzy-Mengen. Der possibilistischen Sicht liegt eine Form von Unsicherheit zugrunde, bei der das wahrscheinlichkeitstheoretische Konzept der relativen Häufigkeit durch Möglichkeitsgrade ersetzt wird. Die Grundlage der Ähnlichkeitsrelationen bildet nicht ein Unsicherheitsbegriff, sondern eine Vorstellung von Ununterscheidbarkeit oder Ähnlichkeit, insbesondere als Dualität zum Konzept des Abstandes. Bei den Fuzzy-Reglern steht eher die Modellierung von Impräzision auf der Basis „kleiner Abstände" im Vordergrund, so dass für das Verständnis der Fuzzy-Regler die Ähnlichkeitsrelationen wichtiger sind.

2. Regelungstechnische Grundlagen

Dieses Kapitel wendet sich an diejenigen Leser, die noch keine Kenntnisse auf dem Gebiet der Regelungstechnik haben. Es sollen einerseits die regelungstechnischen Grundlagen vermittelt werden, die zum Verständnis eines Fuzzy-Reglers und zur Behandlung weiterführender Fragen in diesem Zusammenhang erforderlich sind. Andererseits soll aber auch ein Überblick über die Möglichkeiten der klassischen Regelungstechnik gegeben werden, damit der Leser im Hinblick auf einen konkreten Anwendungsfall selbst abschätzen kann, ob das Problem mit einem Fuzzy-Regler oder doch besser mit einem konventionellen Regler zu lösen ist. Auf eine vollständige Einführung in die Grundlagen der Regelungstechnik muss hier aber verzichtet werden, da das Kapitel sonst den Rahmen dieses Buches sprengen würde. Umfassendere Darstellungen finden sich zum Beispiel in den Büchern von O. Föllinger [44, 45, 46], W. Leonhard [106] und H. Unbehauen [190] – [192].

2.1 Grundbegriffe

Die Regelungstechnik beschäftigt sich mit der Beeinflussung von Systemen, um bestimmten Ausgangsgrößen einen gewünschten zeitlichen Verlauf aufzuprägen. Dies können technische Systeme sein wie eine Raumheizung mit der Ausgangsgröße *Temperatur*, ein Schiff mit den Ausgangsgrößen *Kurs* und *Geschwindigkeit* oder ein Kraftwerk mit der Ausgangsgröße *abgegebene elektrische Leistung*. Es können aber auch soziale, chemische oder biologische Systeme sein, wie zum Beispiel das System *Volkswirtschaft* mit der Ausgangsgröße *Inflationsrate*. Die Natur der Systeme spielt keine Rolle. Lediglich ihr dynamisches Verhalten ist für den Regelungstechniker von Interesse. Dieses kann durch Differentialgleichungen, Differenzengleichungen oder andere Funktionalbeziehungen beschrieben werden. In der klassischen Regelungstechnik, die sich vorwiegend mit technischen Systemen beschäftigt, wird das zu beeinflussende System als *Strecke* bezeichnet.

Wie kann die Beeinflussung der Strecke erfolgen? Jede Strecke hat nicht nur Ausgangs-, sondern auch Eingangsgrößen. Bei der Raumheizung ist dies zum Beispiel die Stellung des Heizungsventils, beim Schiff die Leistung des Schiffsmotors und die Ruderstellung. Diese Eingangsgrößen sind so zu verstellen, dass die Ausgangsgrößen den gewünschten Verlauf aufweisen. Sie werden deshalb auch als *Stellgrößen* bezeichnet. Neben den Stellgrößen wirken auf die Strecke aber auch *Störgrößen* ein. Bei der Raumheizung wird die Temperatur zum Beispiel noch durch die Anzahl der Personen im Raum oder durch das Öffnen der Fenster beeinflusst, während beim Schiff Strömungen auftreten können, die den Kurs beeinflussen.

Der gewünschte zeitliche Verlauf der Ausgangsgrößen wird durch die *Sollgrößen* oder *Sollwerte* definiert. Diese können von Menschen festgelegt werden oder aber auch von einem völlig anderen System stammen. Ihre Entstehung soll hier nicht diskutiert werden, sie werden als gegeben hingenommen. Zu beachten ist, dass ein Sollwert nicht unbedingt einen konstanten Wert aufweisen muss. Er kann auch durchaus ein zeitveränderliches Signal sein.

Welche Information ist nun erforderlich, um Stellgrößen zu berechnen, die die Strecke so beeinflussen, dass die Ausgangsgrößen gleich den Sollwerten sind? Offensichtlich müssen die einzuhaltenden Sollwerte für die Ausgangsgrößen, das Verhalten der Strecke und der zeitliche Verlauf der Störgrößen bekannt sein. Damit lassen sich, zumindest theoretisch, Stellgrößen erzeugen, die wiederum das System gerade so beeinflussen, dass die Ausgangsgrößen den vorgeschriebenen Verlauf haben. Dies ist das Prinzip einer *Steuerung* (Abb. 2.1). Eingangsgröße der Steuerung ist der Sollwert w, ihre Ausgangsgröße ist die Stellgröße u. Diese ist wiederum - zusammen mit der Störgröße d - eine Eingangsgröße der Strecke. y ist die Ausgangsgröße des Systems.

Der Nachteil des Verfahrens liegt auf der Hand. Entspricht das Verhalten der Strecke nicht den gemachten Annahmen oder treten unvorhergesehene Störungen auf, so werden die Ausgangsgrößen nicht mehr dem gewünschten Verlauf entsprechen. Eine Steuerung kann auf diese Abweichung aber nicht reagieren, da ihr die Ausgangsgrößen der Strecke gar nicht bekannt sind.

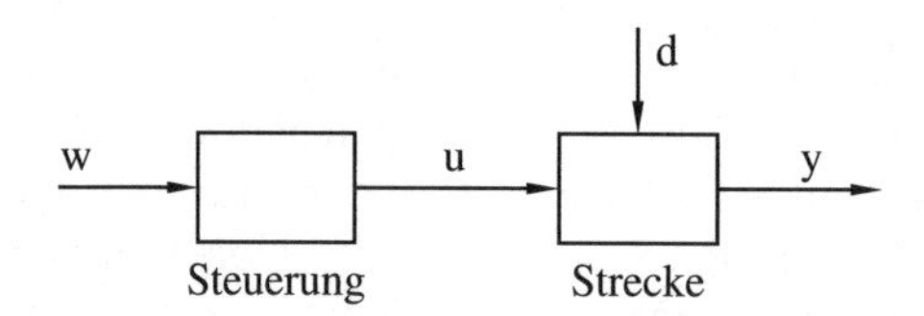

Abb. 2.1. Prinzip einer Steuerung

Als Verbesserung ergibt sich sofort das Prinzip einer *Regelung* (Abb. 2.2). Der Sollwert w (*Führungsgröße*) wird im Regler mit der gemessenen Ausgangsgröße der Strecke y (Istwert, *Regelgröße*) verglichen, und im *Regelglied* wird aus der Differenz Δy (*Regelabweichung*) eine geeignete Regler-Ausgangsgröße u berechnet. Früher ist das Regelglied selbst als Regler bezeichnet worden, doch weisen moderne Regler, unter anderem auch Fuzzy-Regler, eine Struktur auf, in der sich Differenzbildung und Rechnen des Regelalgorithmus nicht mehr auf die gezeichnete Art und Weise trennen lassen. Deshalb geht man heute dazu über, den Block, in dem aus Führungs- und gemessener Regelgröße eine Regler-Ausgangsgröße erzeugt wird, als Regler zu bezeichnen.

Die Größe u liegt normalerweise als Signal mit niedriger Leistung, heutzutage meist als digitales Signal, vor. Mit niedriger Leistung ist aber eine Beeinflussung des physikalischen Prozesses nicht zu erreichen. Wie will man beispielsweise mit einem digital errechneten Ruderwinkel, also einer Folge aus Nullen und Einsen bei einer Spannung von 5 Volt, ein Schiff dazu bringen, den Kurs zu ändern? Da dies nicht auf direktem Wege möglich ist, sind beispielsweise noch ein Stromrichter und eine elektrische Rudermaschine erforderlich, die ihrerseits erst die Ruderstellung und damit auch den Kurs des Schiffes beeinflussen kann. Fasst man die Ruderstellung als Stellgröße des Systems auf, so bilden Stromrichter, Rudermaschine und Ruder zusammengefasst das *Stellglied*, in dem ein Signal niedriger Leistung, nämlich die Regler-Ausgangsgröße, in ein Signal hoher Leistung, die Ruderstellung, umgewandelt wird.

Man könnte aber beispielsweise auch die Ausgangsgröße des Stromrichters, also die Ankerspannung bzw. den Ankerstrom der Rudermaschine, schon als Stellgröße auffassen. In dem Fall bestände das Stellglied nur noch aus dem Stromrichter, während das dynamische Verhalten der Rudermaschine und des Ruders selbst dem der Strecke hinzuzurechnen wäre. Daran wird deutlich, dass eine allgemein gültige Abgrenzung zwischen Stellglied und Strecke nicht möglich ist. Letztendlich ist sie aber auch gar nicht erforderlich, denn für die Auslegung eines Reglers muss sowieso das gesamte Übertragungsverhalten von der Ausgangsgröße des Reglers bis zur Regelgröße berücksichtigt werden. Das Stellglied wird daher von nun an als Teil der Strecke betrachtet und die Regler-Ausgangsgröße im Folgenden als Stellgröße bezeichnet.

Für die Rückführung der Regelgröße zum Regler stellt sich in umgekehrter Richtung dieselbe Aufgabe wie für das Stellglied. Ein Signal hoher Leistung ist in ein Signal niedriger Leistung umzuformen. Dies geschieht im *Messglied*, dessen dynamische Eigenschaften entweder zu vernachlässigen oder wie schon beim Stellglied der Strecke hinzuzurechnen sind.

Durch die Rückkopplung entsteht ein entscheidendes Problem, das durch ein Beispiel verdeutlicht werden soll (Abb. 2.3). Die Regelstrategie für den Kursregler eines Schiffes könnte lauten: Je größer die Kursabweichung, desto stärker muss das Ruder in entgegengesetzter Richtung ausgelenkt werden. Oberflächlich betrachtet wirkt diese Strategie vernünftig. Falls aus irgendeinem Grund eine Kursabweichung vorliegt, wird das Ruder verstellt. Durch die Auslenkung des Ruders entsteht eine Drehbeschleunigung des Schiffes in Richtung des Sollkurses. Die Kursabweichung verringert sich, bis sie schließlich verschwindet. Die Drehgeschwindigkeit des Schiffes ist zu diesem Zeitpunkt aber nicht verschwunden, sie kann nur durch entgegengesetztes Auslenken des Ruders wieder zu Null gemacht werden. Im vorliegenden Beispiel wird das Schiff als Folge seiner Drehgeschwindigkeit nach Erreichen des Sollkurses eine Kursabweichung zur anderen Seite erfahren. Erst dann wird die Drehgeschwindigkeit durch entgegengesetztes Auslenken des Ruders verschwinden. Da nun aber wieder eine Kursabweichung vorliegt, beginnt der ganze Vorgang

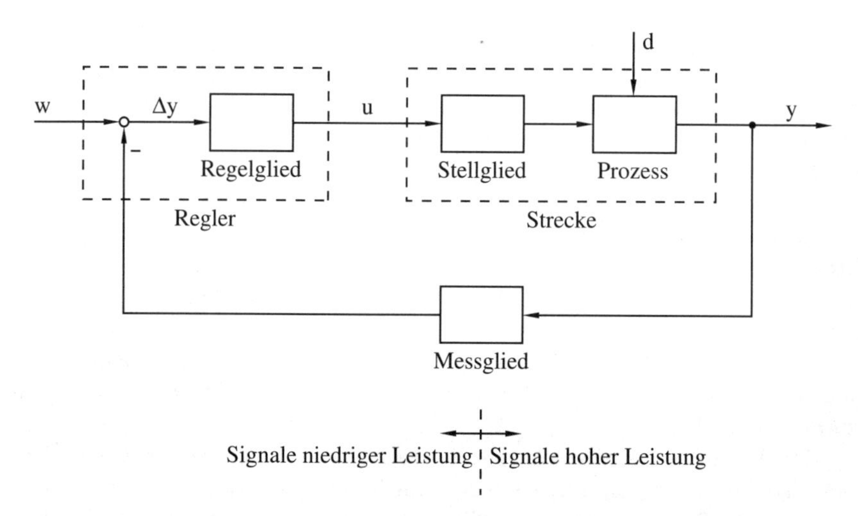

Abb. 2.2. Elemente eines Regelkreises

mit anderem Vorzeichen von neuem. Die entstandene Kursabweichung ist möglicherweise sogar noch größer als die vorhergehende. Das Schiff wird sich in einem Schlingerkurs bewegen, dessen einzelne Auslenkungen im ungünstigsten Fall immer größer werden. Diesen Fall bezeichnet man als *Instabilität*. Bei gleichbleibenden Schwingungsamplituden spricht man vom *Stabilitätsgrenzfall*, nur bei abnehmenden Amplituden ist das System *stabil*. Um eine akzeptable Regelung zu erhalten, hätte man im vorliegenden Fall die Dynamik der Strecke bei der Auswahl der Regelstrategie berücksichtigen müssen. Ein geeigneter Regler erzeugt rechtzeitig eine Gegenauslenkung des Ruders, damit bei Erreichen des vorgegebenen Kurses auch die Drehgeschwindigkeit des Schiffes verschwunden ist.

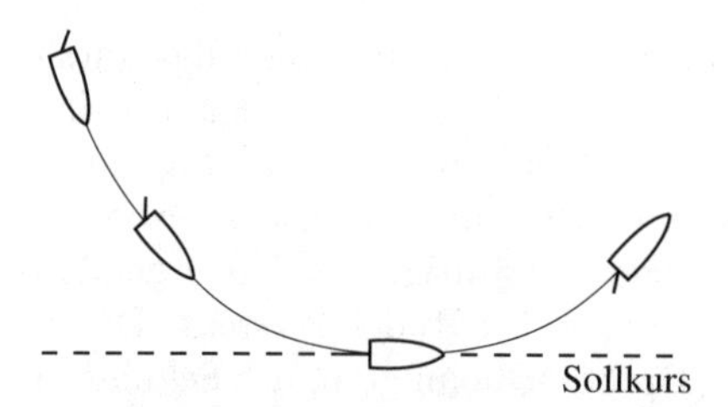

Abb. 2.3. Kursregelung eines Schiffes

Anhand dieses Beispiels werden auch die Anforderungen an eine Regelung klar. Eine Forderung ist die *Genauigkeit*, d.h. die Regelabweichung soll im stationären Zustand nach Beendigung aller Einschwingvorgänge möglichst klein sein. Eine weitere Forderung ist die Schnelligkeit, d.h. im Falle einer Führungsgrößenänderung oder einer Störung soll die entstandene Regelabweichung möglichst schnell wieder eliminiert werden. Man spricht in diesem

Fall vom *Führungs-* bzw. *Störverhalten* des geschlossenen Regelkreises. Die dritte und wichtigste Forderung ist die nach der Stabilität des Gesamtsystems. Es wird sich noch zeigen, dass diese Forderungen einander teilweise widersprechen, so dass jeder Regler (auch ein Fuzzy-Regler) immer nur einen Kompromiss hinsichtlich dieser Forderungen darstellen kann.

2.2 Modell der Strecke

2.2.1 Problemstellung

In der klassischen Regelungstechnik besteht der Entwurf einer Regelung aus zwei Schritten. Im ersten Schritt wird die Regelstrecke analysiert und ein sie beschreibendes, mathematisches Modell erstellt. Im zweiten Schritt wird auf der Basis dieses Modells ein Regler entwickelt.

Zur Beschreibung eines dynamischen Systems bieten sich Differential- oder Differenzengleichungen an. Es wird versucht, das dynamische Verhalten durch einen Satz möglichst einfacher Gleichungen zu beschreiben. Diese können dann durch graphische Symbole veranschaulicht und zu einem Strukturbild, dem sogenannten *Blockschaltbild* zusammengefasst werden. Die graphische Darstellung hat den Vorteil, dass die Wirkung der einzelnen Größen aufeinander relativ einfach zu überschauen ist, was später die Auslegung einer Regelung natürlich erleichtert.

An einem einfachen Beispiel soll die Vorgehensweise erläutert werden (Abb. 2.4): Gegeben sei ein Körper der Masse m, der über eine Feder an einer Wand befestigt und auf einer ebenen Unterlage in einer Richtung frei beweglich ist. Auf diesen Körper wirken die Antriebskraft f_a sowie die durch Reibung auf der Unterlage entstehende Kraft f_r und die Rückstellkraft der Feder f_f. Reibungs- und Rückstellkraft wirken der Antriebskraft entgegengerichtet. Die Größe l gibt die Auslenkung des Körpers aus der Ruhelage an. Gesucht ist ein Modell, das den dynamischen Zusammenhang zwischen Antriebskraft und Auslenkung des Körpers beschreibt.

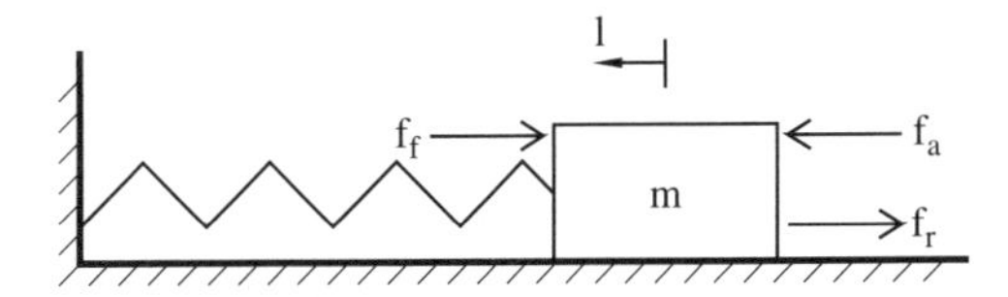

Abb. 2.4. Aufbau eines Feder-Masse-Systems

Nun sind die das System beschreibenden Gleichungen aufzustellen. Als erstes wird die Newtonsche Bewegungsgleichung betrachtet, die den Zusammenhang zwischen den am Körper angreifenden Kräften und der resultierenden Beschleunigung a angibt:

$$a(t) = \frac{1}{m}(f_a(t) - f_f(t) - f_r(t)) \tag{2.1}$$

Weiterhin gelten die durch Differentiation oder Integration definierten Zusammenhänge zwischen Beschleunigung und Geschwindigkeit v bzw. zwischen Geschwindigkeit und Weglänge l:

$$a(t) = \frac{dv(t)}{dt} \qquad \text{bzw.} \quad v(t) = \int_{\tau=0}^{t} a(\tau)d\tau + v(0) \tag{2.2}$$

$$v(t) = \frac{dl(t)}{dt} \qquad \text{bzw.} \quad l(t) = \int_{\tau=0}^{t} v(\tau)d\tau + l(0) \tag{2.3}$$

Die Rückstellkraft der Feder sei proportional zu ihrer Auslenkung, ebenso sei die durch die Reibung entstehende Kraft proportional zur Geschwindigkeit des Körpers:

$$f_f(t) = c_f\, l(t) \tag{2.4}$$

$$f_r(t) = c_r\, v(t) \tag{2.5}$$

2.2.2 Normierung

Da für die weiteren Betrachtungen vorausgesetzt wird, dass alle Größen in diesen Gleichungen dimensionslos sind, müssen sie nun zunächst normiert werden. Dazu sind beispielsweise für Gleichung (2.1) eine konstante Beschleunigung a_0, eine konstante Masse m_0 und eine konstante Kraft $f_0 = a_0 m_0$ festzulegen. Diese Größen sollten, um unnötigen Rechenaufwand zu vermeiden, jeweils den Wert Eins haben, also $a_0 = 1\frac{m}{s^2}$, $m_0 = 1kg$ und $f_0 = 1\frac{kgm}{s^2}$. Anschließend wird die Gleichung durch a_0 dividiert:

$$\frac{a(t)}{a_0} = \frac{1}{\frac{m}{m_0}} \frac{1}{f_0}(f_a(t) - f_f(t) - f_r(t)) \tag{2.6}$$

Man erhält eine neue Gleichung

$$a'(t) = \frac{1}{m'}(f'_a(t) - f'_f(t) - f'_r(t)) \tag{2.7}$$

mit den dimensionslosen Größen $a'(t) = \frac{a(t)}{a_0}$, $m' = \frac{m}{m_0}$ und $f'(t) = \frac{f(t)}{f_0}$, die aber zahlenmäßig dieselben Zusammenhänge aufweist wie die Ausgangsgleichung (2.1). Dieses Beispiel zeigt, dass es sich bei der Normierung im Prinzip um einen rein formalen Schritt handelt. Wenn man von vornherein in den Einheiten des MKS-Systems arbeitet, erfolgt die Normierung durch einfaches Weglassen der Einheiten.

Es kann aber auch Fälle geben, in denen es sinnvoll ist, einzelne Größen nicht mit dem Wert Eins, sondern mit anderen Werten zu normieren. Beispielsweise, wenn die in eine Gleichung eingehenden Größen völlig verschiedene Größenordnungen aufweisen und es so zu nummerischen Problemen kommen kann. Oder auch, wenn ein Wertebereich auf das Einheitsintervall beschränkt werden soll, wie dics oft bei Fuzzy-Reglern der Fall ist. Eine Ausnahme stellt allerdings die Zeit t dar. Sie sollte immer mit $t_0 = 1s$ normiert werden, um auch nach der Normierung noch eine Abschätzung der zeitlichen Abläufe zu ermöglichen.

Im Folgenden wird davon ausgegangen, dass alle auftretenden physikalischen Größen geeignet normiert sind, weshalb auf eine besondere Kennzeichnung verzichtet werden soll. Als Grundlage der weiteren Betrachtungen kann man damit wieder zu den Gleichungen (2.1) bis (2.5) zurückkehren und stillschweigend voraussetzen, dass es sich bei allen beteiligten Größen um dimensionslose Größen handelt.

2.2.3 Elementare lineare Übertragungsglieder

Die einzelnen Gleichungen müssen nun durch geeignete Symbole repräsentiert werden. Benötigt werden demnach graphische Darstellungen für die additive Überlagerung verschiedener Signale, die Multiplikation mit einem konstanten Faktor und die Integration einer Größe. Diese sogenannten *Übertragungsglieder* sind in Abb. 2.5 dargestellt. Die Ausgangsgröße des *Summierers* entspricht der Summe der beiden Eingangsgrößen, die Ausgangsgröße des *Proportionalgliedes* der mit k multiplizierten Eingangsgröße, und die Ausgangsgröße des *Integrators* dem über die Zeit t integrierten Eingangssignal, wobei die Ausgangsgröße zu einem Zeitpunkt $t = 0$ normalerweise als Null angenommen wird.

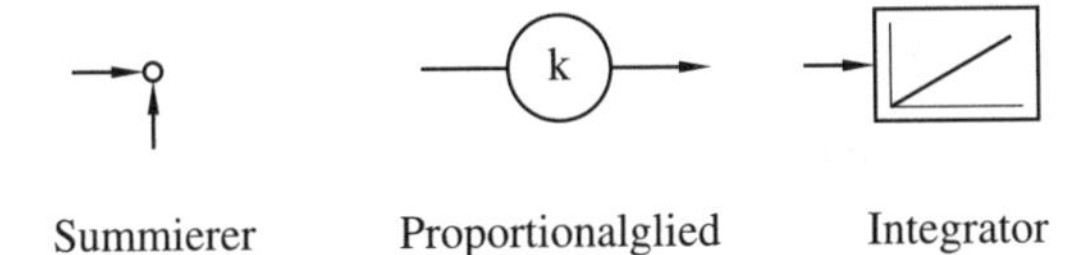

Abb. 2.5. Elemente von Blockschaltbildern

Mit diesen Elementen lässt sich das Blockschaltbild 2.6 der Strecke angeben. Die Summierer und das Proportionalglied $\frac{1}{m}$ stellen die Newtonsche Bewegungsgleichung (2.1) dar, wobei das negative Vorzeichen von f_f und f_r durch ein Minuszeichen am oberen Summierglied berücksichtigt ist. Der erste Integrator repräsentiert Gleichung (2.2), der zweite Integrator Gleichung (2.3). Die Proportionalglieder mit den Koeffizienten c_f und c_r stehen für Gleichung (2.4) und (2.5).

Anhand dieses Blockschaltbildes wird auch klar, warum die Verwendung von Integrationsblöcken sinnvoller ist als die Verwendung von Differentiationsblöcken. So ist beispielsweise beim ersten Integrator die Beschleunigung die Eingangs- und die Geschwindigkeit die Ausgangsgröße. Dies entspricht auch den physikalischen Gegebenheiten, denn die Geschwindigkeit resultiert aus der Beschleunigung bzw. der Antriebskraft und nicht umgekehrt. Bei

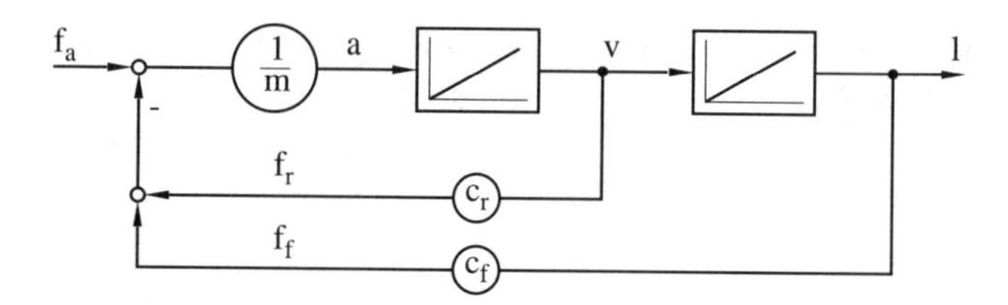

Abb. 2.6. Blockschaltbild eines Feder-Masse-Systems

Verwendung eines Differenzierers müssten aber Ein- und Ausgangsgröße vertauscht werden, womit der Signalfluss im Blockschaltbild nicht mehr der Anschauung entspräche.

Dargestellt wird der Integrator durch einen Block, in dem ein Funktionsverlauf eingezeichnet ist. Dieser ist charakteristisch für den Integrator, es ist die sogenannte *Sprungantwort*. Springt das Eingangssignal eines Integrators zum Zeitpunkt $t = 0$ von Null auf Eins (Abb. 2.7), so hat das Ausgangssignal des Integrators, wenn es vorher den Wert Null hatte, wegen der Integration den abgebildeten, rampenförmigen Verlauf. Der Integrator lässt sich als Speicher auffassen, dessen Inhalt durch eine Eingangsgröße verändert wird. Sofern diese Eingangsgröße nicht unendlich groß wird, kann sich der Speicherinhalt nur stetig verändern.

Es ist in der regelungstechnischen Literatur weit verbreitet, lineare Übertragungsglieder, d.h. Übertragungsglieder, die durch eine lineare Differentialgleichung beschrieben werden können, durch einen Block mit der zugehörigen Sprungantwort zu kennzeichnen. Auch im Folgenden soll diese Konvention, mit Ausnahme der ebenfalls linearen Übertragungsglieder *Summierer* und *Proportionalglied*, eingehalten werden.

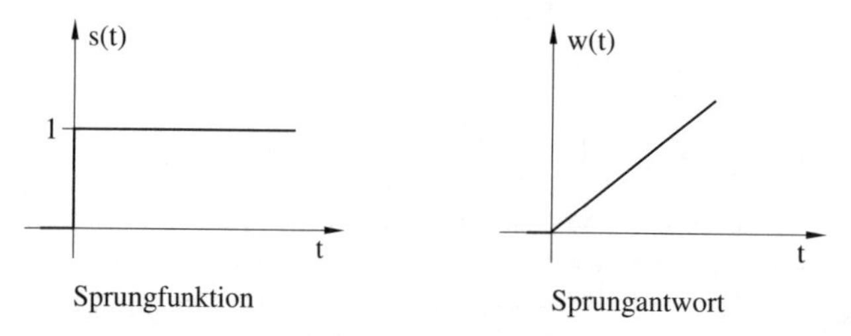

Abb. 2.7. Sprungantwort des Integrators

Lineare Übertragungsglieder zeichnen sich durch zwei besonders angenehme Eigenschaften aus, die durch die folgenden beiden Sätze charakterisiert werden:

Satz 2.1 *(Überlagerungssatz) Ein Übertragungsglied erzeuge aus dem Eingangssignal $x_1(t)$ das Ausgangssignal $y_1(t)$ und aus dem Eingangssignal $x_2(t)$ das Ausgangssignal $y_2(t)$. Es ist genau dann linear, wenn es aus dem Eingangssignal $a_1x_1(t) + a_2x_2(t)$ das Ausgangssignal $a_1y_1(t) + a_2y_2(t)$ erzeugt.*

Satz 2.2 *Entsteht ein Übertragungsglied durch Verknüpfung linearer Übertragungsglieder, so ist cs ebenfalls linear.*

Summierer, Proportionalglied und Integrator sind lineare Übertragungsglieder. Die Bedeutung von Satz 2.2 ist weitreichend: Jede beliebige Kombination von linearen Übertragungsgliedern stellt wieder ein lineares Übertragungsglied dar. Darüber hinaus lässt sich nun auch erklären, warum die Sprungantwort zur Kennzeichnung linearer Glieder gewählt wurde. Bei einem linearen Übertragungsglied unterscheiden sich nämlich nach Satz 2.1 bei Eingangssprüngen verschiedener Amplitude die Systemantworten ebenfalls nur um eben diese Amplitude, nicht aber im prinzipiellen Verlauf. Insofern stellt die Sprungantwort schon eine relativ allgemeingültige Systemeigenschaft dar, und ihre Verwendung zur Charakterisierung des Systems erscheint gerechtfertigt.

Neben den drei in Abb. 2.5 vorgestellten Übertragungsgliedern existieren noch vier weitere elementare Bausteine von Blockschaltbildern. Der erste ist das Tot- oder *Laufzeitglied*. Es ist die graphische Repräsentation der Gleichung $y(t) = x(t - T_L)$, d.h. der zeitliche Verlauf des Ausgangssignales entspricht dem um die Laufzeit T_L verschobenen Verlauf des Eingangssignales (Abb. 2.8). Auch das Laufzeitglied ist ein lineares Übertragungsglied und wird durch seine Sprungantwort gekennzeichnet. Laufzeiten treten beispielsweise bei der Kommunikation über weite Entfernungen auf. So darf ein Mensch, der einen Roboter im All von der Erde aus steuert, nicht ungeduldig werden, wenn der Roboter aus seiner Sicht nur zögerlich reagiert. Denn die zögerliche Reaktion ist nicht das Resultat einer schlecht konstruierten Maschine, sondern die Folge der langen Signallaufzeiten zwischen Mensch und Roboter. Ebenso muss ein automatischer Regler die in der Strecke vorhandenen Laufzeiten berücksichtigen.

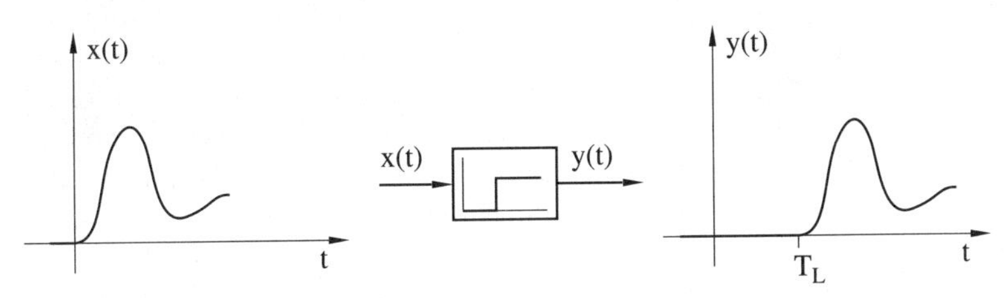

Abb. 2.8. Laufzeitglied

2.2.4 Elementare nichtlineare Übertragungsglieder

Weitere Bausteine sind *Multiplizierer* und *Dividierer* (Abb. 2.9). Im Gegensatz zum Proportionalglied wird beim Multiplizierer nicht nur ein Signal mit einem konstanten Faktor, sondern zwei zeitveränderliche Signale werden miteinander multipliziert. Ein Beispiel ist die Entstehung des Drehmomentes T_a

in einer Gleichstrommaschine. Dieses ist proportional zum Produkt aus Ankerstrom i_a und Erregerfluss Φ_e, die beide unabhängig voneinander geregelt werden können:

$$T_a(t) = c\, i_a(t)\Phi_e(t) \tag{2.8}$$

Analog zum Multiplizierer werden beim Dividierer zwei zeitveränderliche Signale durcheinander dividiert, wobei eine Division durch Null natürlich auszuschließen ist. Ein Beispiel ist die Berechnung der Winkelgeschwindigkeit ω um die Hauptachse eines Roboters. In Analogie zur Newtonschen Bewegungsgleichung (2.1) gilt für rotatorische Bewegungen der Zusammenhang

$$\frac{d\omega}{dt} = \frac{1}{J(t)} T_a(t) \tag{2.9}$$

Dabei ist $T_a(t)$ das Antriebsmoment an der Hauptachse und $J(t)$ das Trägheitsmoment des rotierenden Körpers. Während einer Drehung des Roboters um seine Hauptachse kann sich die Stellung der anderen Drehgelenke, also gewissermaßen die Armhaltung und damit auch das Trägheitsmoment des rotierenden Körpers, verändern. $J(t)$ ist deshalb in dieser Gleichung als zeitabhängige Größe anzusetzen, die aber auf jeden Fall von Null verschieden ist.

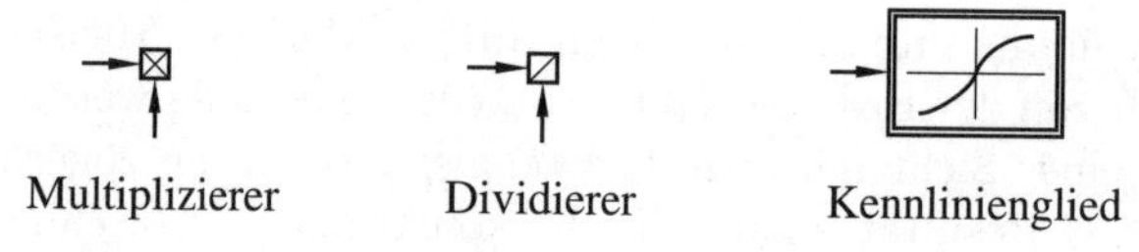

Abb. 2.9. Weitere elementare Übertragungsglieder

Die Gleichungen (2.8) und (2.9) sind wegen der Multiplikation bzw. Division nichtlineare Differentialgleichungen und die zugehörigen Übertragungsglieder damit im Gegensatz zu den vorher behandelten Gliedern nichtlineare Übertragungsglieder. Dies gilt auch für den letzten Baustein, das *Kennlinienglied*. Mit Hilfe dieses Bausteins können beliebige statische Zusammenhänge repräsentiert werden. So steht der in Abb. 2.9 dargestellte Block für den Zusammenhang $y(t) = \sin x(t)$. Die Sinusfunktion tritt zum Beispiel auf, wenn die Bewegungsgleichung für ein frei aufgehängtes Pendel aufgestellt werden soll (Abb. 2.10). Die Gleichung für das Kräftegleichgewicht in tangentialer Bewegungsrichtung lautet:

$$g\, m \sin\alpha(t) + ml\frac{d^2\alpha(t)}{dt^2} = 0 \tag{2.10}$$

oder

$$\frac{d^2\alpha(t)}{dt^2} = \frac{-g}{l}\sin\alpha(t) \tag{2.11}$$

Dabei ist g die Erdbeschleunigung, l die Seillänge des Pendels und m seine punktförmig gedachte Masse. Das zugehörige Blockschaltbild zeigt Abb. 2.11.

Das negative Vorzeichen für $\frac{g}{l}$ bedeutet, dass der Körper für positive Winkel wieder abgebremst und in entgegengesetzter Richtung beschleunigt wird. Weiterhin sind keine Reibungseffekte berücksichtigt, so dass das Modell ein ideales Pendel beschreibt, das, einmal angestoßen, ohne äußere Einwirkung unendlich lange weiterschwingt.

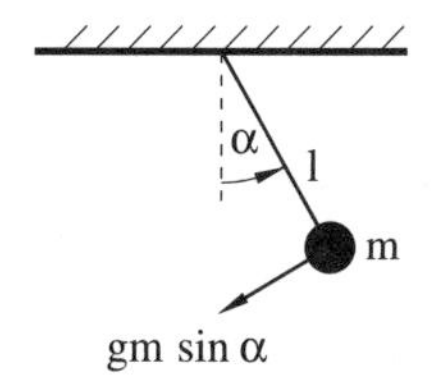

Abb. 2.10. Pendel

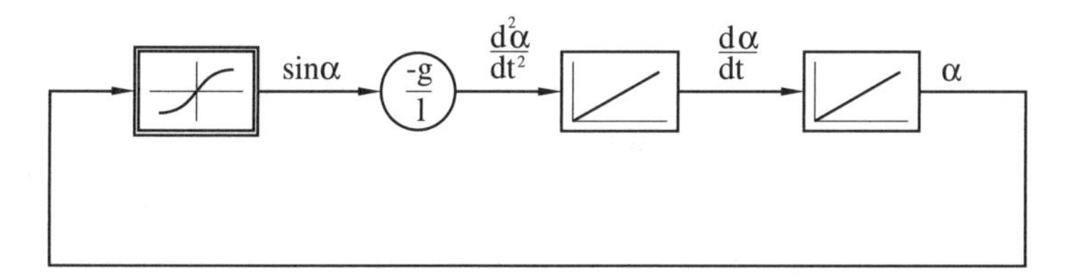

Abb. 2.11. Blockschaltbild des Pendels

Im Gegensatz zu den linearen Übertragungsgliedern wird das Kennlinienglied durch einen doppelt umrandeten Block gekennzeichnet, in dessen Mitte die jeweilige Kennlinie eingezeichnet ist. Durch die doppelte Umrandung ist damit sofort klar, dass es sich bei der eingezeichneten Funktion nicht um eine Sprungantwort, sondern um eine Kennlinie handelt.

2.2.5 Verzögerungsglieder erster und zweiter Ordnung

Oft werden bestimmte, aus elementaren Übertragungsgliedern bestehende Strukturen zu einem einzigen Übertragungsglied zusammengefasst, um die Übersichtlichkeit des Blockschaltbildes zu erhöhen. Zwei dieser nichtelementaren Übertragungsglieder kommen dabei besonders häufig vor, nämlich die Verzögerungsglieder erster und zweiter Ordnung, das PT_1- und das PT_2-Glied, die im Folgenden beschrieben werden.

Denkt man sich im Feder-Masse-System die Feder weggelassen, so besteht das System aus einem Körper auf einer reibungsbehafteten Unterlage, der von einer Antriebskraft beschleunigt wird. Untersucht werden soll der Zusammenhang zwischen Antriebskraft f_a und Geschwindigkeit v. Weglassen der Federkraft f_f in Gleichung (2.1) und Einsetzen der Gleichungen (2.2) und (2.5) liefert die gesuchte Differentialgleichung

$$\frac{dv(t)}{dt} + \frac{c_r}{m}v(t) = \frac{1}{m}f_a(t) \qquad (2.12)$$

Mit $T = \frac{m}{c_r}$, $V = \frac{1}{c_r}$, $y(t) = v(t)$ und $x(t) = f_a(t)$ ergibt sich

$$T\frac{dy(t)}{dt} + y(t) = Vx(t) \tag{2.13}$$

bzw.

$$\frac{dy(t)}{dt} = \frac{1}{T}(Vx(t) - y(t)) \tag{2.14}$$

Ebenso wie z.B. $y(t) = kx(t)$ das Übertragungsverhalten eines Proportionalgliedes beschreibt, so kennzeichnet diese Gleichung das Übertragungsverhalten eines sogenannten *Verzögerungsgliedes erster Ordnung* oder auch PT_1-Gliedes.

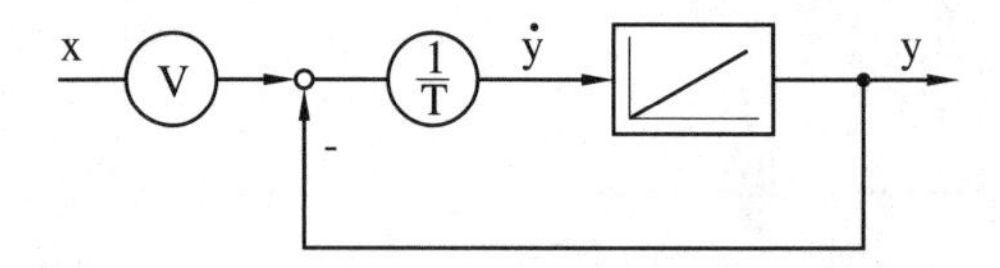

Abb. 2.12. Normiertes Blockschaltbild eines PT_1–Gliedes

Abb. 2.12 zeigt das zugehörige Blockschaltbild. Dieses soll jetzt durch ein einziges, wegen Satz 2.2 lineares Übertragungsglied ersetzt werden, das dann das PT_1-Glied charakterisiert. Dazu ist die Berechnung der Sprungantwort erforderlich. Setzt man $x(t) = 1$ und $y(0) = 0$, so lässt sich die Sprungantwort des PT_1-Gliedes leicht aus der Differentialgleichung berechnen:

$$y(t) = V(1 - e^{\frac{-t}{T}}) \tag{2.15}$$

Sie ist in Abb. 2.13 gezeigt, ebenso wie das gesuchte Übertragungsglied. Dieses ersetzt das gesamte Blockschaltbild 2.12.

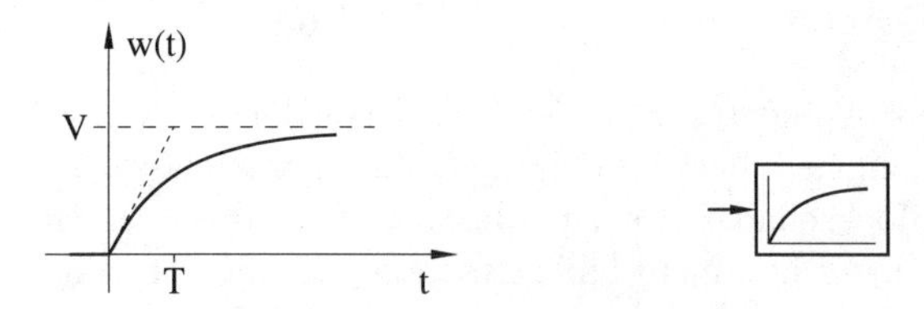

Abb. 2.13. Sprungantwort des PT_1–Gliedes

Die Sprungantwort zeigt, dass sich die Kurve umso schneller dem Endwert nähert, je kürzer die Verzögerungszeit T ist. Erreicht wird der Endwert jedoch erst nach unendlich langer Zeit. Dieser Endwert ist mit dem Faktor V proportional zur Eingangsgröße, die bei der Sprungantwort konstant Eins ist. Der Verlauf der Sprungantwort lässt sich für den beschleunigten Körper sehr einfach erklären. Setzt man die Antriebskraft f_a auf den konstanten Wert Eins, so wird die Geschwindigkeit ansteigen. Dadurch steigt aber die der Antriebskraft entgegengesetzte Reibungskraft f_r ebenfalls an, so dass die

Summe aller Kräfte bzw. die Beschleunigung und damit der Anstieg der Geschwindigkeit immer kleiner wird. Nach einer gewissen Zeit (größer als T) ist der Endwert näherungsweise erreicht, und der Name *Verzögerungsglied* daher gerechtfertigt.

Für die Einführung des PT_2–Gliedes (*Verzögerungsglied zweiter Ordnung*) wird das gesamte Feder-Masse-System betrachtet. Durch Einsetzen der Gleichungen (2.2) bis (2.5) in Gleichung (2.1) lassen sich die Größen v und a eliminieren, und es ergibt sich eine Differentialgleichung zweiter Ordnung für den Weg l:

$$\frac{m}{c_f}\frac{d^2l(t)}{dt^2} + \frac{c_r}{c_f}\frac{dl(t)}{dt} + l(t) = \frac{1}{c_f}f_a(t) \tag{2.16}$$

Mit $\omega_0 = \sqrt{\frac{c_f}{m}}$, $D = \frac{\omega_0 c_r}{2c_f}$, $V = \frac{1}{c_f}$, $y(t) = l(t)$ und $x(t) = f_a(t)$ erhält man die Normalform

$$\frac{1}{{\omega_0}^2}\frac{d^2y(t)}{dt^2} + \frac{2D}{\omega_0}\frac{dy(t)}{dt} + y(t) = Vx(t) \tag{2.17}$$

bzw.

$$\frac{d^2y(t)}{dt^2} = \omega_0^2\left[Vx(t) - \frac{2D}{\omega_0}\frac{dy(t)}{dt} - y(t)\right] \tag{2.18}$$

und das normierte Blockschaltbild 2.14. Da gegenüber den ursprünglichen Differentialgleichungen des Feder-Masse-Systems lediglich einige Umbenennungen erfolgt sind, weist dieses Blockschaltbild natürlich eine ähnliche Struktur auf wie das in Abb. 2.6.

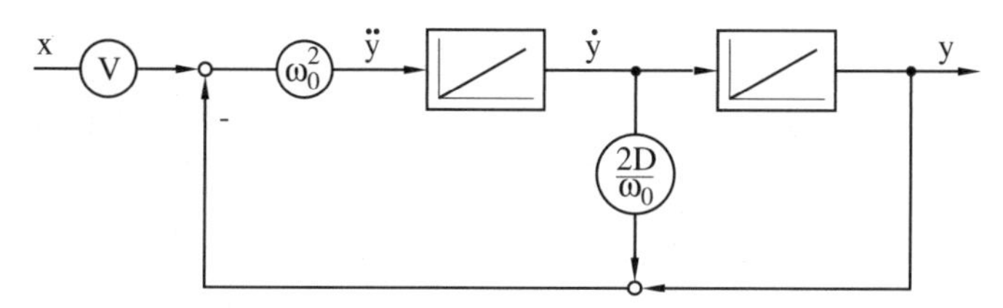

Abb. 2.14. Normiertes Blockschaltbild eines PT_2Gliedes

Wie schon beim PT_1-Glied soll dieses Blockschaltbild nun durch ein einziges, lineares Übertragungsglied, das PT_2-Glied, ersetzt werden. Um die graphische Darstellung zu erhalten, aber auch, um einige vertiefende Aussagen machen zu können, ist wieder die Kenntnis der Sprungantwort erforderlich.

Das charakteristische Polynom der homogenen Differentialgleichung (2.17) lautet

$$\frac{1}{{\omega_0}^2}s^2 + \frac{2D}{\omega_0}s + 1 \tag{2.19}$$

Mit dessen Nullstellen $s_{1,2} = \omega_0\left[-D \pm \sqrt{D^2-1}\right]$, den Anfangsbedingungen $y(0) = \dot{y}(0) = 0$ und $x(t) = 1$ erhält man aus (2.17) die gesuchte Sprungantwort des PT_2-Gliedes

$$y(t) = \begin{cases} V(1 + \frac{s_2}{s_1 - s_2} e^{s_1 t} + \frac{s_1}{s_2 - s_1} e^{s_2 t}) & : \quad D \neq 1 \\ V\left[1 - (1 - s_1 t) e^{s_1 t}\right] & : \quad D = 1 \end{cases} \tag{2.20}$$

so dass das PT_2-Glied nun dargestellt werden kann (Abb. 2.15).

Der sogenannte *Dämpfungsfaktor* D bestimmt die Form des Einschwingvorganges. Für $D > 0$ weisen s_1 und s_2 einen negativen Realteil auf. Damit sind die Exponentialfunktionen in der Sprungantwort abklingend, und diese konvergiert gegen den Endwert V. Für $D \geq 1$ sind s_1 und s_2 sogar rein reell, und die Sprungantwort sieht in diesem Fall ähnlich aus wie beim PT_1−Glied. Lediglich die Anfangssteigung ist Null. Man spricht vom *aperiodischen Fall.*

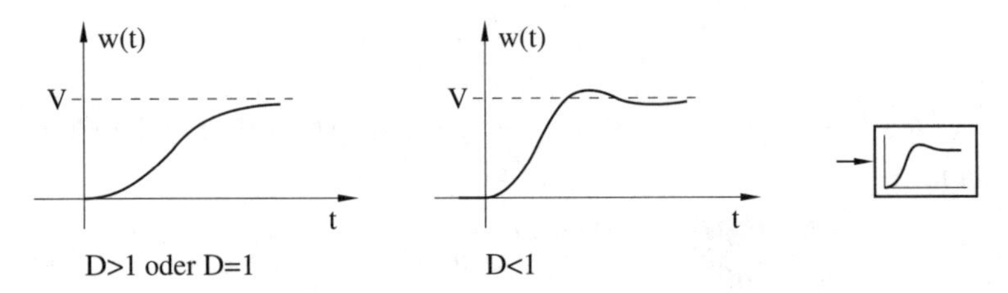

Abb. 2.15. Sprungantwort des PT_2−Gliedes

Für $0 \leq D < 1$ lässt sich schreiben: $s_{1,2} = \omega_0 \left[-D \pm j\sqrt{1 - D^2}\right]$. Die Exponenten in (2.20) sind jetzt komplex. In diesem Fall bieten sich einige Umformungen an, so dass man schließlich für die Sprungantwort den Ausdruck

$$y(t) = V\left[1 - \frac{e^{-D\omega_0 t}}{\sqrt{1 - D^2}} \sin\left(\sqrt{1 - D^2}\omega_0 t + \arccos D\right)\right] \tag{2.21}$$

erhält. Das System ist jetzt schwingungsfähig, wie man an der Sinusfunktion erkennen kann. Wie schnell die Schwingungen nach einer Anregung, also beispielsweise einem Sprung der Eingangsgröße, abklingen, hängt vom Exponenten der e-Funktion und damit von D ab.

Der Parameter ω_0 ist die *Eigenkreisfrequenz* des Systems. Aus Gleichung (2.21) sieht man, dass für $D = 0$ die Sprungantwort des Systems eine Sinusschwingung mit konstanter Amplitude und eben dieser Frequenz ω_0 ist. Bei $0 < D < 1$ ergibt sich eine abklingende Schwingung mit der - etwas kleineren - *natürlichen Kreisfrequenz* $\omega_n = \omega_0\sqrt{1 - D^2}$.

Interessanterweise besteht ein sehr einfacher geometrischer Zusammenhang zwischen der das Einschwingverhalten des Systems bestimmenden Größe D und der Lage der Nullstellen $s_{1,2}$ in der komplexen Ebene (Abb. 2.16):

$$\cos\alpha_0 = \frac{|\text{Re}(s_1)|}{\sqrt{(\text{Re}(s_1))^2 + (\text{Im}(s_1))^2}} = \frac{\omega_0 D}{\omega_0\sqrt{D^2 + 1 - D^2}} = D \tag{2.22}$$

Je größer also der Winkel α_0 wird, desto kleiner wird die Dämpfung. Für $\alpha_0 = 0$ weist das System ein aperiodisches Einschwingverhalten auf, während für $\alpha_0 = \pi/2$ die Schwingungen überhaupt nicht mehr abklingen.

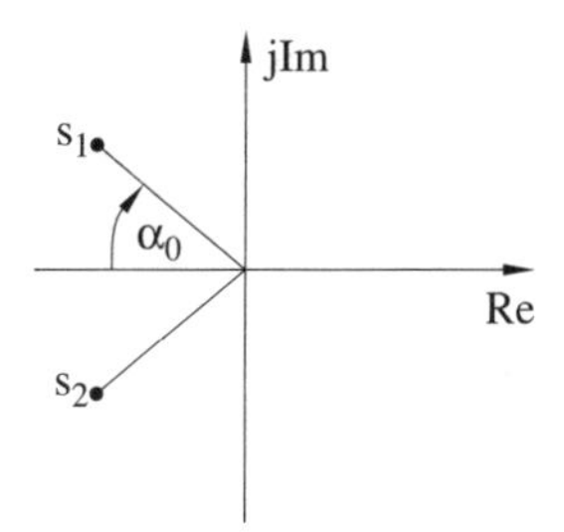

Abb. 2.16. Eigenwerte des PT_2–Gliedes

Nach Einführung des PT_2–Gliedes kann das gesamte Blockschaltbild 2.6 durch ein einziges PT_2–Glied mit der Eingangsgröße f_a und der Ausgangsgröße l ersetzt werden. Die inneren Größen *Beschleunigung* und *Geschwindigkeit* treten dann aber nicht mehr explizit auf.

PT_1– und PT_2–Glied sind nach Satz 2.2 offensichtlich lineare Übertragungsglieder. Sie werden häufig auch benutzt, um kompliziertere Strukturen näherungsweise zu beschreiben. Wenn beispielsweise für das Feder-Masse-System am Anfang dieses Kapitels eine Regelung entworfen werden soll, so muss auch die Entstehung der Antriebskraft f_a in einer Maschine berücksichtigt werden. Hier bietet es sich an, die maschineninternen Vorgänge nicht explizit zu modellieren, sondern das Übertragungsverhalten von der Stellgröße des Reglers (also der Eingangsgröße der Maschine) bis zur mechanischen Kraft durch ein Verzögerungsglied angenähert zu beschreiben. Wegen der Schnelligkeit der maschineninternen Ausgleichsvorgänge im Vergleich zu den dynamischen Vorgängen im Feder-Masse-System ist der dadurch entstehende Modellfehler relativ gering. Wie eine solche Vereinfachung im einzelnen vorzunehmen ist, wird später noch beschrieben.

2.2.6 Anwendungsbereich

Obwohl die Beispiele in diesem Kapitel ausschließlich mechanischer Natur waren, so lassen sich mit den jetzt bekannten Übertragungsgliedern auch dynamische Vorgänge z.B. in der Elektrotechnik oder Hydromechanik beschreiben. Prinzipiell kann jedes System beschrieben werden, das die folgenden Eigenschaften erfüllt:

- Das System ist *zeitinvariant*, die Parameter der Strecke bleiben im Laufe der Zeit konstant. Ein Beispiel für ein zeitvariantes System ist ein Flugzeug, dessen Tankinhalt während des Fluges verbraucht wird. Dadurch ändert sich auch das Gewicht, also ein Streckenparameter, und damit das dynamische Verhalten des Flugzeuges.
- Das System ist *kontinuierlich*, der Verlauf der Signale ist für jeden Zeitpunkt gegeben. Im Gegensatz dazu stehen *zeitdiskrete* Systeme, wo der Wert eines Signales nur zu bestimmten Zeitpunkten bekannt ist. Werden für die Regelung zum Beispiel Mikroprozessoren eingesetzt, so tritt

durch die notwendige Analog/Digital-Wandlung eine Zeitdiskretisierung auf (Abb. 2.17). Da Information verloren geht, muss diese Tatsache bei der Auslegung des Reglers berücksichtigt werden. Hierzu existiert eine umfangreiche Theorie [1, 67, 68, 107, 191], auf die aber in diesem Buch nicht weiter eingegangen werden soll. Wenn die Abtastrate des A/D-Wandlers nämlich hoch ist im Vergleich zu den Frequenzen der Streckensignale, kann man die Zeitdiskretisierung vernachlässigen und das System als kontinuierlich behandeln. Prinzipiell gibt es aber für alle Verfahren, die in den folgenden Unterkapiteln noch vorgestellt werden, auch eine zeitdiskrete Variante. Für ihre Anwendung muss man beim Streckenmodell von den Differential- auf Differenzengleichungen übergehen. Bei linearen Systemen ist dieser Übergang sehr einfach und wird von regelungstechnischen Software-Tools quasi auf Knopfdruck erledigt. Bei nichtlinearen Systemen existiert für dieses Problem dagegen oft nur eine Näherungslösung.

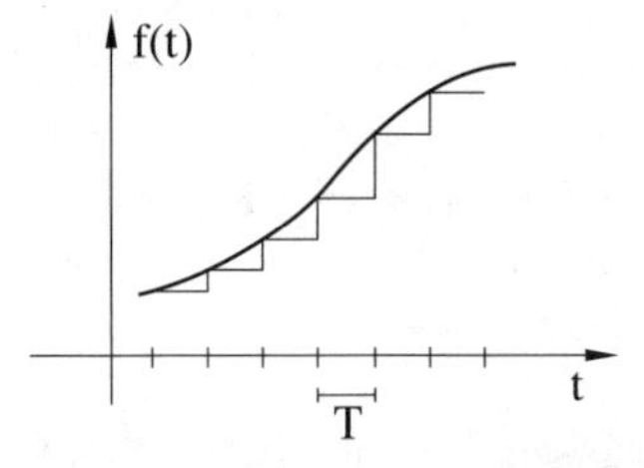

Abb. 2.17. Zeitdiskretisierung eines Signals

- Die Parameter des Systems sind *konzentriert*. So ist zum Beispiel die Temperatur in einem Raum nicht nur zeit-, sondern auch ortsabhängig. Zur Beschreibung der Vorgänge sind daher partielle Differentialgleichungen notwendig. Jedes Volumenelement stellt einen kleinen Energiespeicher dar und tritt mit den benachbarten Volumenelementen in Wechselwirkung. Würde man versuchen, das System durch ein Blockschaltbild mit den vorgestellten Übertragungsgliedern zu modellieren, so bräuchte man unendlich viele Bausteine, weil jedes Volumenelement einzeln modelliert werden muss. Die Parameter dieses Systems sind nicht konzentriert. In solchen Fällen wird auf eine exakte Modellierung verzichtet und das System näherungsweise durch einige wenige Energiespeicher und damit eine endliche Anzahl an Übertragungsgliedern angenähert.

2.2.7 Linearisierung

Die Linearität des Übertragungsverhaltens ist dagegen keine Bedingung für die Anwendbarkeit von Blockschaltbildern. Sowohl lineare als auch nichtlineare Differentialgleichungen lassen sich durch Übertragungsglieder bzw. Blockschaltbilder repräsentieren. Da die weitergehende Behandlung, und zwar insbesondere der Reglerentwurf, für lineare Systeme aber wesentlich einfacher ist, versucht ein Regelungstechniker grundsätzlich zunächst einmal, sein zu behandelndes System durch lineare Differentialgleichungen zu beschreiben.

Andererseits kommen aber in den meisten realen Regelstrecken Nichtlinearitäten vor, die nicht einfach vernachlässigt werden dürfen. Hier behilft man sich damit, nichtlineare Strecken zu *linearisieren*: Es wird ein *Arbeitspunkt* definiert, in dessen Umgebung man eine nichtlineare Funktion durch eine lineare Funktion annähert. Dies geschieht durch Entwicklung in eine Taylorreihe, die nach dem ersten Glied abgebrochen wird. Gegeben sei beispielsweise ein nichtlineares Glied mit der Übertragungsfunktion $y = f(x)$ und dem Arbeitspunkt $(x_0, f(x_0))$. Für die Abweichungen vom Arbeitspunkt gilt $\Delta x = x - x_0$ und $\Delta y = \Delta f = f(x) - f(x_0)$. Die Entwicklung der Funktion $f(x)$ in eine Taylorreihe um den Arbeitspunkt ergibt:

$$f(x) = f(x_0) + \frac{\partial f}{\partial x}(x_0)\, \Delta x + r(x) \tag{2.23}$$

$r(x)$ stellt dabei ein Restglied mit den höheren Ableitungen der Funktion $f(x)$ dar und soll vernachlässigt werden. Betrachtet man nun anstelle der Größen f und x nur noch ihre Abweichungen vom Arbeitspunkt Δf und Δx, so ergibt sich näherungsweise ein linearer Zusammenhang zwischen Eingangs- und Ausgangsgröße des Übertragungsgliedes:

$$\Delta f = f(x) - f(x_0) \approx \frac{\partial f}{\partial x}(x_0)\, \Delta x = k\, \Delta x \tag{2.24}$$

Ein anschauliches Beispiel stellt wieder das Pendel dar (Abb. 2.10). Das Verhalten des Systems soll am Arbeitspunkt $\alpha_0 = 0$ linearisiert werden. Dazu ist die Sinusfunktion in Gleichung (2.11) durch ein lineares Übertragungsglied zu ersetzen. Mit $f(\alpha) = \sin \alpha$ gilt

$$\Delta f \approx \frac{\partial f}{\partial \alpha}(\alpha_0)\, \Delta \alpha = \cos 0\, (\alpha - 0) = 1\, \alpha \tag{2.25}$$

Demnach kann die Sinusfunktion in einer Umgebung des Arbeitspunktes auch durch ein Proportionalglied mit dem Faktor Eins ersetzt werden. Dies bedeutet aber, dass das Kennlinienglied im Blockschaltbild 2.11 auch völlig entfallen kann, womit das System dann linear ist.

Die Linearisierung von nichtlinearen Übertragungsgliedern mit mehreren Ein- und Ausgangsgrößen wird in Kapitel 2.8.2 noch ausführlich erläutert. Auch in dem Fall kann das Verfahren schematisch durchgeführt werden und ist nicht besonders schwierig. Zu beachten ist aber grundsätzlich, dass ein durch eine Linearisierung gewonnenes Streckenmodell nur in einem begrenzten Bereich um den Arbeitspunkt Gültigkeit besitzt.

2.2.8 Abschließende Bemerkungen

Es ist leicht einzusehen, dass es für ein und dieselbe Strecke verschiedene Blockschaltbilder geben kann. Je nach Wahl der Zwischengrößen und Übertragungsblöcke entstehen völlig unterschiedliche Strukturen, die aber zueinander äquivalent sind. Entscheidend für die Aufteilung des Blockschaltbildes ist meistens, welche Größen tatsächlich messbar sind oder eine bestimmte physikalische Bedeutung haben. In diesem Fall spiegelt das Blockschaltbild den realen Aufbau eines Systems recht gut wider, und die Verknüpfung und gegenseitige Beeinflussung der einzelnen physikalischen Größen ist wesentlich einfacher zu überblicken als bei einem Gleichungssystem. Dies ist für den Regelungstechniker hilfreich, denn trotz aller Möglichkeiten, die sich durch den Einsatz von Computern im Bereich der Regelungstechnik eröffnet haben, ist immer noch ein gewisses Maß an Intuition und Übersicht bei der Auslegung einer Regelung erforderlich.

Zur Bestimmung von Blockschaltbildern stehen statistische Verfahren zur Verfügung, mit deren Hilfe aus den Messwerten der Strecke Informationen über ihre Struktur gewonnen werden können [69, 70, 105, 113, 192]. Der Einsatz dieser Verfahren ist unerlässlich, wenn die physikalischen Zusammenhänge der Strecke nicht mehr so einfach zu überschauen sind wie in den Beispielen dieses Kapitels, oder auch, wenn zwar die Struktur, nicht aber die einzelnen Parameter der Differentialgleichungen bekannt sind. Wenn das Blockschaltbild erstellt ist, existiert darüber hinaus die Möglichkeit einer Simulation der Strecke mit Hilfe nummerischer Integrationsverfahren. Dadurch können weitere Einblicke in das Streckenverhalten gewonnen und nicht zuletzt auch Regler überprüft werden.

Prinzipiell sind alle in diesem Kapitel vorgestellten Gedanken auch auf Übertragungsglieder mit mehreren Ein- und Ausgangsgrößen erweiterbar. Auf diese Erweiterung soll aber hier und auch in den folgenden Abschnitten zunächst noch verzichtet werden, um das Verständnis zu erleichtern. Erst ab Kapitel 2.7 werden auch die Mehrgrößensysteme Gegenstand des Interesses sein.

2.3 Übertragungsfunktion

Für dieses und die folgenden Kapitel soll die Klasse der betrachteten Übertragungsglieder bzw. Systeme noch weiter eingeschränkt werden, und zwar auf die rein linearen Systeme mit einer Ein- und einer Ausgangsgröße. Vor einer Anwendung der vorgestellten Verfahren ist also gegebenenfalls eine Linearisierung der nichtlinearen Übertragungsglieder vorzunehmen.

2.3.1 Laplace-Transformation

Eingeführt werden soll zunächst die *Laplace-Transformation*, mit deren Hilfe Probleme der linearen Regelungstechnik sehr einfach und elegant zu lösen sind [24, 43, 190]. Die Laplace-Transformation kann angewendet werden auf eine komplexwertige Funktion $f(t)$ der reellen Variablen t, wenn sie die folgenden Eigenschaften erfüllt:

- $f(t)$ ist für $t \geq 0$ definiert.
- $f(t)$ ist über $(0, \infty)$ integrierbar.
- $f(t)$ unterliegt einer exponentiellen Wachstumsbeschränkung:

$$|f(t)| \leq Ke^{ct} \tag{2.26}$$

Damit ist die Laplace-Transformation auf Signalverläufe in einem Regelkreis in den meisten Fällen anwendbar. Mit der komplexen Variablen s ist die Laplace-Transformierte $f(s)$ der Funktion $f(t)$ definiert als

$$f(s) = \mathcal{L}\{f(t)\} = \int_0^\infty e^{-st} f(t) dt \tag{2.27}$$

Das Integral konvergiert absolut für $\text{Re}(s) > c$ mit c aus (2.26). In dieser Konvergenz-Halbebene ist $f(s)$ eine analytische Funktion von s. Da t bei einer Anwendung der Transformation auf Signalverläufe die Dimension *Zeit* hat, muss s wegen der Exponentialfunktion in (2.27) die Dimension $Zeit^{-1}$ haben. s ist damit eine komplexe Frequenz. In der Regelungstechnik wird deshalb auch der Bildbereich der Laplace-Transformation als *Frequenz-* und der Originalbereich als *Zeitbereich* bezeichnet. Um die weiteren Betrachtungen aber nicht unnötig zu erschweren, werden t und s als dimensionslose Variablen behandelt.

Unter bestimmten Voraussetzungen lässt sich eine Rücktransformation durchführen:

$$\begin{aligned} f(t) &= \mathcal{L}^{-1}\{f(s)\} = \frac{1}{2\pi j} \int_{c-j\infty}^{c+j\infty} e^{st} f(s) ds \qquad \text{für } t \geq 0 \\ f(t) &= 0 \qquad \text{für } t < 0 \end{aligned} \tag{2.28}$$

Der Parameter c ist so zu wählen, dass der Integrationsweg innerhalb der Konvergenz-Halbebene verläuft und c größer als die Realteile aller singulären Punkte von $f(s)$ ist.

Es gelten die folgenden Sätze:

1. **Additionssatz** (Überlagerungssatz)

$$\mathcal{L}\{a_1 f_1(t) + a_2 f_2(t)\} = a_1 \mathcal{L}\{f_1(t)\} + a_2 \mathcal{L}\{f_2(t)\} \tag{2.29}$$

2. **Integrationssatz**

$$\mathcal{L}\left\{\int_0^t f(\tau) d\tau\right\} = \frac{1}{s} \mathcal{L}\{f(t)\} \tag{2.30}$$

3. **Differentiationssatz**

$$\mathcal{L}\left\{\frac{d^n f(t)}{dt^n}\right\} = s^n \mathcal{L}\{f(t)\} - \sum_{i=1}^{n} s^{n-i} \lim_{\substack{t\to 0\\ t>0}} \frac{d^{i-1}f(t)}{dt^{i-1}} \tag{2.31}$$

4. **Verschiebungssatz**

$$\mathcal{L}\{f(t-T_L)\} = e^{-T_L s}\mathcal{L}\{f(t)\} \tag{2.32}$$

5. **Faltungssatz**

$$\mathcal{L}\left\{\int_0^t f_1(t-\tau)f_2(\tau)d\tau\right\} = \mathcal{L}\{f_1(t)\}\,\mathcal{L}\{f_2(t)\} \tag{2.33}$$

6. **Grenzwertsätze**

$$\lim_{t\to\infty} f(t) = \lim_{s\to 0} sf(s) \qquad \text{falls } \lim_{t\to\infty} f(t) \text{ existiert} \tag{2.34}$$

$$\lim_{\substack{t\to 0\\ t>0}} f(t) = \lim_{s\to\infty} sf(s) \qquad \text{falls } \lim_{\substack{t\to 0\\ t>0}} f(t) \text{ existiert} \tag{2.35}$$

2.3.2 Berechnung von Übertragungsfunktionen

Gegeben sei nun das Problem, dass in einem Regelkreis der Verlauf des Eingangssignales einer Strecke gegeben ist und das zugehörige Ausgangssignal berechnet werden soll. Prinzipiell ist eine Lösung dieses Problems mit Hilfe der Differentialgleichung der Strecke möglich, erfordert aber einen außerordentlich hohen Aufwand. Hier bietet sich der Einsatz der Laplace-Transformation an. Zunächst wird das Eingangssignal nach (2.27) oder besser mit Hilfe der Korrespondenztafel im Anhang transformiert. Dann werden im Bildbereich mit Hilfe der oben genannten Sätze die Ausgangssignale der einzelnen Übertragungsglieder in der Reihenfolge berechnet, wie sie vom Eingangssignal durchlaufen werden. Das Ausgangssignal des letzten Übertragungsgliedes ist das Ausgangssignal der Strecke, das schließlich in den Zeitbereich zurücktransformiert wird. Auch dafür steht wieder die Korrespondenztafel im Anhang zur Verfügung, so dass sich das Problem auf die Berechnung des Ausgangssignales im Bildbereich reduziert.

Diese Berechnung ist aber bei linearen Übertragungsgliedern sehr einfach. Die Integration eines Signales reduziert sich im Bildbereich wegen des Integrationssatzes auf eine Multiplikation mit $\frac{1}{s}$. Entsprechend wird aus der einfachen Differentiation bei verschwindenden Anfangswerten nach dem Differentiationssatz eine Multiplikation mit s. Summation und Multiplikation mit einem konstanten Faktor bleiben wegen des Additionssatzes erhalten, und ein Laufzeitglied wird nach dem Verschiebungssatz durch den Faktor $e^{-T_L s}$ berücksichtigt. In allen Fällen wird ein transformiertes Eingangssignal

$x(s)$ mit einer von s abhängigen Funktion $G(s)$ multipliziert, um das Ausgangssignal $y(s)$ zu erhalten. $G(s)$ wird als Übertragungsfunktion bezeichnet (Abb. 2.18):

$$y(s) = G(s)x(s) \tag{2.36}$$

Von einer aufwändigen Lösung von Differentialgleichungen im Zeitbereich hat sich das Problem damit auf das Aufstellen einer Übertragungsfunktion und die Multiplikation mit dem Eingangssignal im Frequenzbereich reduziert.

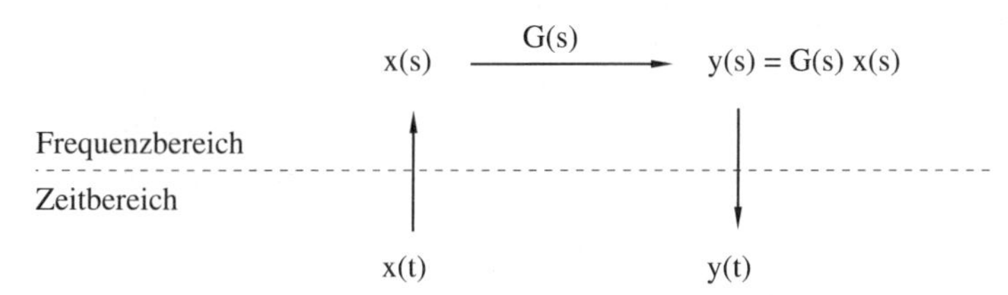

Abb. 2.18. Anwendung der Laplace-Transformation

Für den Integrator lautet die Übertragungsfunktion

$$G(s) = \frac{1}{s} \tag{2.37}$$

für das Laufzeitglied

$$G(s) = e^{-T_L s} \tag{2.38}$$

und für das Proportionalglied

$$G(s) = k \tag{2.39}$$

Auch für das PT_1- und PT_2-Glied lassen sich Übertragungsfunktionen angeben: Aus Gleichung (2.13) wird durch Anwendung des Differentiationssatzes bei verschwindendem Anfangswert von $y(t)$

$$Tsy(s) + y(s) = Vx(s) \tag{2.40}$$

und damit für die Übertragungsfunktion des PT_1-Gliedes

$$G(s) = \frac{y(s)}{x(s)} = \frac{V}{Ts + 1} \tag{2.41}$$

Analog ergibt sich für das PT_2-Glied aus Gleichung (2.17)

$$\frac{1}{{\omega_0}^2} s^2 y(s) + \frac{2D}{\omega_0} sy(s) + y(s) = Vx(s) \tag{2.42}$$

und die Übertragungsfunktion

$$G(s) = \frac{y(s)}{x(s)} = \frac{V}{\frac{1}{\omega_0^2} s^2 + \frac{2D}{\omega_0} s + 1} \tag{2.43}$$

Die Koeffizienten der Differentialgleichung finden sich direkt in der Übertragungsfunktion wieder. Der Nenner der Übertragungsfunktion entspricht gerade dem charakteristischen Polynom der homogenen Differentialgleichung.

Besteht ein Blockschaltbild nur aus Integratoren, Summierern und Proportionalgliedern, so entsteht durch Zusammenfassen der einzelnen Terme immer eine rein rationale Übertragungsfunktion

$$G(s) = \frac{y(s)}{x(s)} = \frac{b_m s^m + b_{m-1} s^{m-1} + ... + b_1 s + b_0}{a_n s^n + a_{n-1} s^{n-1} + ... + a_1 s + a_0} \qquad m \leq n \tag{2.44}$$

bei der der Grad des Nenners grundsätzlich größer oder gleich dem Grad des Zählers ist. Es sei aber nochmals darauf hingewiesen, dass eine solche Übertragungsfunktion nur dann entsteht, wenn die Anfangswerte der einzelnen Signale und gegebenenfalls ihrer Ableitungen verschwinden. Andernfalls würden durch die Anwendung des Differentiationssatzes zusätzliche Terme entstehen. Im Folgenden soll diese Tatsache ohne weitere Erwähnung vorausgesetzt werden.

Weiterhin muss man sich darüber im Klaren sein, dass nur für lineare Übertragungsglieder Übertragungsfunktionen angegeben werden können. Für nichtlineare Übertragungsglieder ist dies nicht möglich. Es ist sogar Vorsicht geboten, denn eine Multiplikation oder Division im Zeitbereich entspricht nicht einer Multiplikation oder Division im Frequenzbereich. Auch eine Kennlinie darf nicht direkt vom Zeit- in den Frequenzbereich übertragen werden. Nichtlineare Übertragungsglieder müssen deshalb nach wie vor im Zeitbereich behandelt werden.

2.3.3 Interpretation der Übertragungsfunktion

Im Folgenden sollen nun einige Betrachtungen angestellt werden, die die Interpretation des Begriffes *Übertragungsfunktion* erleichtern. Dazu wird zunächst die *Impulsfunktion* $\delta(t)$ (Abb. 2.19) eingeführt, die näherungsweise definiert ist durch:

$$\delta(t) = \lim_{\varepsilon \to 0} \frac{1}{\varepsilon}(s(t) - s(t - \varepsilon)) \tag{2.45}$$

$s(t)$ sei dabei die Sprungfunktion. Man kann daher die Impulsfunktion auch als Ableitung der Sprungfunktion auffassen. Die Fläche unter einer Impulsfunktion ist gerade Eins.

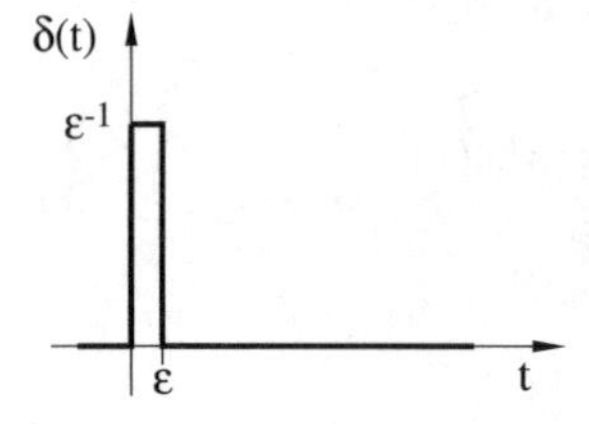

Abb. 2.19. Impulsfunktion

Für die Laplace-Transformierte der Impulsfunktion ergibt sich

$$\begin{aligned}\mathcal{L}\{\delta(t)\} &= \int_0^\infty e^{-st} \lim_{\varepsilon\to 0} \frac{1}{\varepsilon}(s(t)-s(t-\varepsilon))dt \\ &= \lim_{\varepsilon\to 0}\frac{1}{\varepsilon}\int_0^\infty e^{-st}(s(t)-s(t-\varepsilon))dt \\ &= \lim_{\varepsilon\to 0}\frac{1}{\varepsilon}\int_0^\varepsilon e^{-st}dt = \lim_{\varepsilon\to 0}\frac{1}{\varepsilon}\frac{1}{s}(1-e^{-s\varepsilon}) = 1\end{aligned} \tag{2.46}$$

Damit kann man schreiben:

$$G(s) = G(s)\,1 = G(s)\mathcal{L}\{\delta(t)\} \tag{2.47}$$

Ein Vergleich mit Gleichung (2.36) zeigt, dass die Übertragungsfunktion $G(s)$ auch als Laplace-Transformierte des Ausgangssignales bei Anregung der Strecke durch einen Impuls interpretiert werden kann. $G(s)$ ist damit die Laplace-Transformierte einer gedachten *Impulsantwort* $g(t)$.

Diese Interpretation führt wiederum auf eine sehr anschauliche Erklärung mit Hilfe des Faltungssatzes. Um das Ausgangssignal im Bildbereich zu berechnen, hat man nach (2.36) die Laplace-Transformierte des Eingangssignales mit der Übertragungsfunktion zu multiplizieren. Mit dem Faltungssatz entspricht diese Operation einer Faltung im Zeitbereich:

$$y(s) = G(s)x(s) \longleftrightarrow y(t) = \int_0^t g(t-\tau)x(\tau)d\tau \tag{2.48}$$

Die Funktion $g(t)$ ist dabei gerade die Impulsantwort. Abb. 2.20 veranschaulicht diese Formel. Man kann sich das Eingangssignal näherungsweise als eine Folge von Impulsen mit der Höhe $x(\tau)$ und der Breite $d\tau$ vorstellen, von denen jeder am Ausgang eine Impulsantwort hervorruft. Wegen der Linearität der Strecke beeinflussen sich diese Antworten nicht gegenseitig, so dass der Momentanwert am Ausgang eine Überlagerung aller Impulsantworten darstellt. Der zum Zeitpunkt τ am Eingang anliegende Impuls mit der Fläche $x(\tau)d\tau$ verursacht die Impulsantwort $g(t-\tau)x(\tau)d\tau$. Dies ist auch gerade der Beitrag dieser Impulsantwort zum Momentanwert $y(t)$.

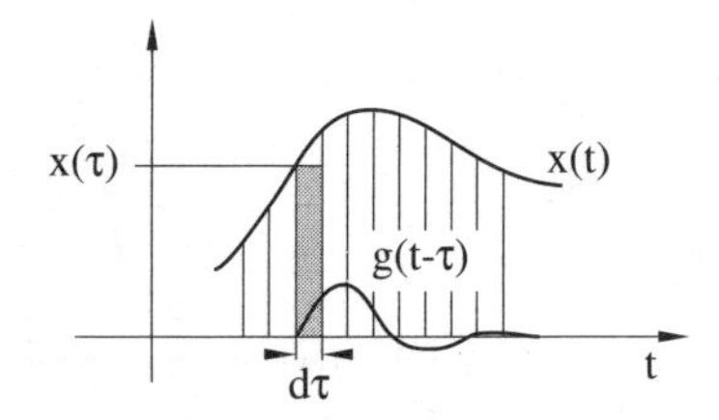

Abb. 2.20. Anschauliche Erklärung des Faltungsintegrals

2.3.4 Berechnung der Sprungantwort

Mit Hilfe der Übertragungsfunktionen gelangt man auch zu Regeln, wie man Blockschaltbilder linearer Strecken umstrukturieren kann, ohne das Übertragungsverhalten des Modells zu verändern. In Abb. 2.21 sind jeweils zwei zueinander äquivalente Blockschaltbilder nebeneinander aufgeführt. Die Äquivalenz lässt sich sofort durch Berechnung der jeweiligen Übertragungsfunktionen nachweisen, wobei für die aufgestellten Gleichungen natürlich alle Rechenregeln wie z.B. Kommutativität oder Assoziativität Gültigkeit haben. Der erste Fall zeigt beispielsweise, dass lineare Übertragungsglieder in ihrer Reihenfolge beliebig vertauscht werden dürfen. Zu beachten ist allerdings, dass durch solche Umformungen in der Regel die Zuordnung zu internen, realen physikalischen Größen verloren geht.

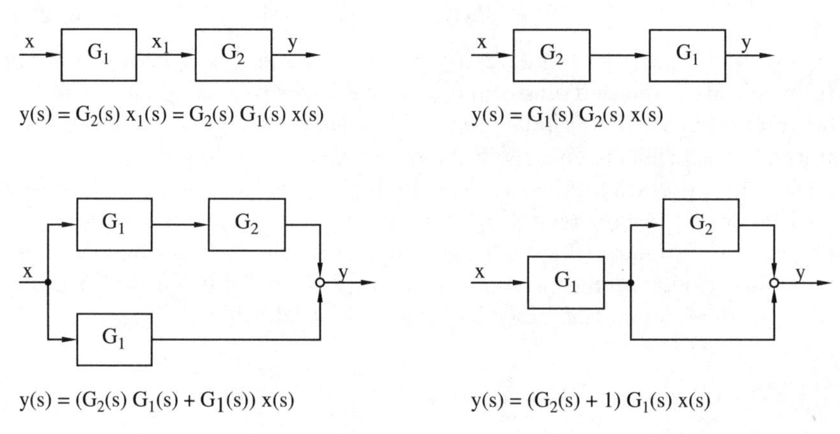

Abb. 2.21. Äquivalente Umformungen bei linearen Übertragungsgliedern

Anhand eines einfachen Beispiels soll nun demonstriert werden, wie sich bei rationalen Übertragungsfunktionen Ausgangssignalverläufe bestimmen lassen. Mit Hilfe der Korrespondenztabelle im Anhang ist dies kein besonderes Problem. Die Laplace-Transformierte der Sprungfunktion ist beispielsweise $\frac{1}{s}$. Mit der allgemeinen Formel $y(s) = G(s)x(s)$ ergibt sich daher für die Sprungantwort eines linearen Übertragungsgliedes:

$$y(s) = G(s)\frac{1}{s} \tag{2.49}$$

Setzt man in diese Gleichung die Übertragungsfunktion des PT_1–Gliedes ein, so erhält man als Sprungantwort

$$y(s) = \frac{V}{Ts+1}\frac{1}{s} \tag{2.50}$$

Dieser Ausdruck ist nun nur noch in den Zeitbereich zurückzutransformieren. Er findet sich aber nicht in der Korrespondenztafel. Führt man jedoch eine Partialbruchzerlegung durch, so ergibt sich

$$y(s) = V\left[\frac{1}{s} - \frac{1}{s + \frac{1}{T}}\right] \tag{2.51}$$

Wegen des Additionssatzes dürfen beide Summanden in der Klammer einzeln in den Zeitbereich zurücktransformiert werden. $\frac{1}{s}$ ist die Laplace-Transformierte der Sprungfunktion $s(t) = 1$ und $\frac{1}{s+\frac{1}{T}}$ die Transformierte der Funktion $s(t)e^{-t/T} = e^{-t/T}$, wie sich aus der Korrespondenztafel ablesen lässt. Man erhält damit den schon bekannten Funktionsverlauf

$$y(t) = V\left[1 - e^{-\frac{t}{T}}\right] \qquad \text{für } t \geq 0 \tag{2.52}$$

Für die Sprungantwort eines Übertragungsgliedes mit einer rationalen Übertragungsfunktion lässt sich ein allgemeiner Ausdruck angeben. Zunächst sind Zähler- und Nennerpolynom aus (2.44) in Linearfaktoren zu zerlegen:

$$G(s) = \frac{b_m}{a_n} \frac{\prod\limits_{\mu=1}^{m}(s - n_\mu)}{\prod\limits_{\nu=1}^{n}(s - p_\nu)} \qquad \text{mit } m \leq n \tag{2.53}$$

Da $G(s)$ nur reelle Koeffizienten hat, sind alle Pole p_ν bzw. Nullstellen n_μ entweder reell oder paarweise komplex konjugiert.

Für die Sprungantwort $y(s)$ gilt wegen $y(s) = \frac{1}{s}G(s)$:

$$y(s) = \frac{b_m}{a_n} \frac{\prod\limits_{\mu=1}^{m}(s - n_\mu)}{\prod\limits_{\nu=1}^{n+1}(s - p_\nu)} \qquad \text{mit } \; p_{n+1} = 0 \tag{2.54}$$

Für die folgende Betrachtung sei angenommen, dass Zähler- und Nennerpolynom von $y(s)$ teilerfremd sind. Ansonsten sind sie vorher entsprechend gegeneinander zu kürzen. Die Ordnung des Zählers von $y(s)$ ist wegen der zusätzlichen Polstelle $p_{n+1} = 0$ auf jeden Fall kleiner als die Ordnung des Nenners. Berücksichtigt man weiterhin, dass auch mehrfache Pole in $y(s)$ auftreten können, so lautet die Partialbruchzerlegung nach einer geeigneten Umbenennung der Pole:

$$y(s) = \sum_{\lambda=1}^{i} \sum_{\nu=1}^{n_\lambda} \frac{r_{\lambda\nu}}{(s - s_\lambda)^\nu} \qquad \text{mit } \; n + 1 = \sum_{\lambda=1}^{i} n_\lambda \tag{2.55}$$

i ist die Anzahl verschiedener Pole und n_λ ihre jeweilige Vielfachheit. Mit Hilfe der Korrespondenztafel im Anhang lässt sich eine Rücktransformation in den Zeitbereich durchführen. Für die einzelnen Summanden ergibt sich bei Anwendung des Additions- und Verschiebungssatzes

$$\frac{r_{\lambda\nu}}{(s - s_\lambda)^\nu} \longleftrightarrow \frac{r_{\lambda\nu}}{(\nu - 1)!} t^{\nu-1} e^{s_\lambda t} \tag{2.56}$$

Jeder Pol s_λ liefert damit entsprechend seiner Vielfachheit n_λ zur Sprungantwort im Zeitbereich den Beitrag

$$\sum_{\nu=1}^{n_\lambda} \frac{r_{\lambda\nu}}{(\nu-1)!} t^{\nu-1} e^{s_\lambda t} = h_\lambda(t) e^{s_\lambda t} \tag{2.57}$$

also das Produkt aus einem Polynom $h_\lambda(t)$ vom Grad $n_\lambda - 1$ und einer Exponentialfunktion. Insgesamt folgt für die Sprungantwort

$$y(t) = \sum_{\lambda=1}^{i} h_\lambda(t) e^{s_\lambda t} \tag{2.58}$$

Für rein reelle Polstellen mit negativem Realteil verschwindet der Beitrag $h_\lambda(t)e^{s_\lambda t}$ mit wachsendem t, denn die Exponentialfunktion konvergiert schneller gegen Null als jede endliche Potenz von t anwächst. Ist dagegen $\mathrm{Re}(s_\lambda) > 0$, so wächst dieser Ausdruck mit t über alle Maßen. Für jedes komplex konjugierte Polpaar lassen sich die zugehörigen Ausdrücke ähnlich wie beim PT_2–Glied (Gleichung (2.21)) zusammenfassen. Damit kennzeichnet jedes derartige Polpaar einen schwingungsfähigen Anteil des Systems. Analog zu den rein reellen Polen sind diese Schwingungen je nach Realteil des Polpaares auf- oder abklingend.

Für Pole $s_\lambda = 0$ nimmt die Exponentialfunktion den Wert Eins an und kann deshalb entfallen. Übrig bleibt nur das Polynom. Hat die Strecke selbst keinen Pol bei Null, so enthält $y(s)$ wegen der Sprungfunktion $\frac{1}{s}$ nur einen einfachen Pol an dieser Stelle. Das zugehörige Polynom $h_\lambda(t)$ ist demnach vom Grad Null, d.h. konstant. Der zugehörige Ausdruck $h_\lambda(t)e^{s_\lambda t}$ ist damit ebenfalls konstant. Falls sonst nur Pole mit negativem Realteil vorliegen, deren Beitrag mit wachsendem t verschwindet, bildet dieser konstante Wert den Endwert der Sprungantwort. Falls dagegen die Strecke selber mindestens einen Pol bei $s_\lambda = 0$ enthält, steigt der Grad von $h_\lambda(t)$, und der Ausdruck wächst mit t über alle Maßen.

Ein Polpaar mit $\mathrm{Re}(s_\lambda) = 0$ und $\mathrm{Im}(s_\lambda) \neq 0$ erzeugt gemäß Gleichung (2.21) eine Schwingung mit konstanter Amplitude. Wenn es in größerer Vielfachheit als Eins auftritt, wird der Grad des Polynoms $h_\lambda(t)$ größer als Null, und das Produkt $h_\lambda(t)e^{s_\lambda t}$ wächst dann auch hier über alle Maßen.

Offensichtlich wird das Einschwingverhalten des Systems vollständig durch die Pole der Übertragungsfunktion beschrieben. Zusammenfassend lässt sich sagen, dass die Sprungantwort immer gegen einen endlichen Wert konvergiert, wenn alle Pole der Übertragungsfunktion einen negativen Realteil aufweisen.

Interessant ist, dass sich Anfangs- und Endwert der Sprungantwort auch mit Hilfe der Grenzwertsätze der Laplace-Transformation berechnen lassen, sofern die Grenzwerte existieren. Für den Endwert der Sprungantwort gilt mit dem Grenzwertsatz der Laplace-Transformation (2.34), der allgemeinen Übertragungsfunktion (2.44) und der Formel für die Sprungantwort eines linearen Übertragungsgliedes (2.49):

$$\lim_{t\to\infty} y(t) = \lim_{s\to 0} sy(s) = \lim_{s\to 0} s\frac{1}{s}G(s) = \lim_{s\to 0} G(s) = \frac{b_0}{a_0} \tag{2.59}$$

und analog dazu für den Anfangswert

$$\lim_{t\to 0} y(t) = \lim_{s\to\infty} G(s) = 0 \qquad \text{für } m < n \tag{2.60}$$

Der Endwert der Sprungantwort lässt sich demnach auch sofort aus den Koeffizienten der Übertragungsfunktion ablesen.

Die späteren Kapitel werden zeigen, dass die Berechnung von Signalverläufen für die Auslegung von Reglern und die Analyse von Regelkreisen gar nicht erforderlich ist, denn eine Analyse der Übertragungsfunktion liefert bereits alle notwendigen Informationen über Stabilität und Einschwingverhalten der Strecke.

2.3.5 Vereinfachung einer Übertragungsfunktion

Zum Abschluss dieses Kapitels soll noch die Möglichkeit der Vereinfachung einer Übertragungsfunktion diskutiert werden. Insbesondere wenn diese zur Auslegung eines Reglers herangezogen werden soll, kann die Approximation eines gegebenen Übertragungsverhaltens durch eine möglichst einfache Funktion sinnvoll sein. Gegeben sei die folgende Übertragungsfunktion, die aus einem rationalen Anteil und einem Laufzeitglied besteht. Der rationale Anteil besitze ausschließlich Pole mit negativem Realteil, d.h. die Sprungantwort habe einen endlichen Endwert:

$$G(s) = \frac{b_m s^m + b_{m-1}s^{m-1} + ... + b_1 s + b_0}{a_n s^n + a_{n-1}s^{n-1} + ... + a_1 s + a_0}\, e^{-T_L s} \qquad \text{mit } m < n \tag{2.61}$$

Eine Zerlegung in Linearfaktoren liefert

$$G(s) = \frac{b_0}{a_0}\frac{\prod\limits_{\mu=1}^{m}(T_{z\mu}s + 1)}{\prod\limits_{\nu=1}^{n}(T_{n\nu}s + 1)}\, e^{-T_L s} \tag{2.62}$$

Nun können Zählerfaktoren und Exponentialfunktion in Potenzreihen entwickelt werden:

$$G(s) = \frac{b_0}{a_0}\frac{1}{\left[\prod\limits_{\mu=1}^{m}(1 + \sum\limits_{i=1}^{\infty}(-T_{z\mu}s)^i)\right]\left[\prod\limits_{\nu=1}^{n}(T_{n\nu}s + 1)\right]} \cdot \frac{1}{1 + \sum\limits_{\lambda=1}^{\infty}\frac{(T_L s)^\lambda}{\lambda!}} \tag{2.63}$$

Ausmultiplizieren ergibt eine neue Reihe im Nenner

$$G(s) = \frac{b_0}{a_0} \frac{1}{1 + (-\sum\limits_{\mu=1}^{m} T_{z\mu} + \sum\limits_{\nu=1}^{n} T_{n\nu} + T_L)s + ...} \tag{2.64}$$

Bricht man diese Reihenentwicklung nach dem ersten Glied ab, so ergibt sich ein PT_1–Glied mit der *Ersatzzeitkonstanten* T_e:

$$G(s) \approx \frac{b_0}{a_0} \frac{1}{1 + T_e s} \tag{2.65}$$

wobei

$$T_e = \sum_{\nu=1}^{n} T_{n\nu} - \sum_{\mu=1}^{m} T_{z\mu} + T_L = a_1 - b_1 + T_L \tag{2.66}$$

Die Ersatzzeitkonstante kann damit sehr einfach aus den Koeffizienten der Übertragungsfunktion berechnet werden, ohne dass eine Zerlegung in Linearfaktoren notwendig ist.

Anhand der Sprungantwort kann man dieses approximierende PT_1–Glied recht gut mit der Originalstrecke vergleichen (Abb. 2.22). Es lässt sich zeigen, dass die sogenannte *Regelfläche*

$$\int\limits_0^\infty \left[\frac{b_0}{a_0} - y(t)\right] dt \qquad \text{mit } y(t) = \text{Sprungantwort} \tag{2.67}$$

also die Fläche zwischen der Sprungantwort und ihrem Endwert, in beiden Fällen gleich groß ist. Aufgrund dieser Tatsache besteht auch die Möglichkeit, eine Ersatzfunktion auf graphischem Wege zu konstruieren, wenn von der Originalstrecke keine Übertragungsfunktion, sondern lediglich eine gemessene Sprungantwort vorliegt.

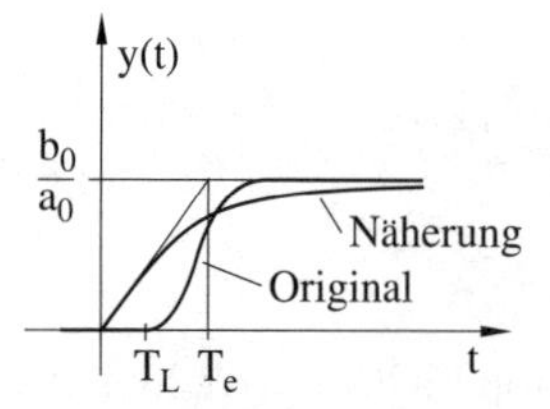

Abb. 2.22. Zur Ersatzzeitkonstanten

Je nach Anforderungen an die Genauigkeit der Approximation kann die Reihe in Gleichung (2.64) auch nach einem späteren Glied abgebrochen werden. Zu bedenken ist aber, dass es sich immer nur um eine Näherung handelt. Die dynamischen Vorgänge in einer Strecke n-ter Ordnung können durch eine Übertragungsfunktion niedrigerer Ordnung nicht vollständig beschrieben werden. Insbesondere im Hinblick auf das Stabilitätsverhalten kann dies schwerwiegende Konsequenzen haben. Während ein PT_1–Glied keine Probleme bereitet, kann sich die Strecke, die sich hinter dieser Näherung verbirgt, dicht an der Grenze zur Instabilität befinden. Und ein Regler, der mit einem PT_1−Glied als Strecke hervorragend funktionieren würde, kann zusammen mit der tatsächlichen Strecke ein instabiles System bilden. Die vorgestellte Näherung ist also prinzipiell mit Vorsicht zu genießen. Grundsätzlich kann eine Strecke niedriger Ordnung eine Strecke höherer Ordnung nur im Bereich tiefer Signalfrequenzen gut approximieren. Je höher die Frequenzen werden, desto ungenauer ist die Näherung. Liegt allerdings der Nutzfrequenzbereich eines Regelungssystems eher bei niedrigen Frequenzen, so ist diese Näherung durchaus angebracht, um zu einer übersichtlicheren Übertragungsfunktion zu gelangen.

2.4 Frequenzgangdarstellung

2.4.1 Einführung des Frequenzganges

Ist die Übertragungsfunktion einer Strecke bekannt, so lässt sich mit Hilfe dieser Darstellung auch leicht ein geeigneter Regler berechnen. Falls es nicht möglich ist, die Übertragungsfunktion anhand theoretischer Überlegungen aufzustellen, lässt sie sich auch mittels statistischer Methoden auf der Basis ausreichend vieler Messwerte bestimmen. Dies setzt aber das Vorhandensein eines Rechners voraus, was früher natürlich nicht gegeben war. Deshalb ist damals häufig ein anderes Mittel verwendet worden, um das dynamische Verhalten einer Strecke zu beschreiben, der *Frequenzgang*. Wie im Folgenden noch erläutert wird, ist dieser relativ einfach zu messen. Auch seine Darstellung ist sehr anschaulich und führt auf eine übersichtliche Vorgehensweise bei der Auslegung von einfachen PID-Reglern. Nicht zuletzt basieren diverse Stabilitätskriterien, die auch im Zusammenhang mit Fuzzy-Reglern Verwendung finden, auf der Frequenzgangdarstellung des Streckenverhaltens.

Der Frequenzgang lässt sich am einfachsten definieren als die Übertragungsfunktion eines linearen Übertragungsgliedes für rein imaginäre Werte von s. Die komplexe Variable s in der Übertragungsfunktion wird demnach lediglich durch eine rein imaginäre Variable $j\omega$ ersetzt: $G(j\omega) = G(s)|_{s=j\omega}$. Damit ist der Frequenzgang eine komplexe Funktion des Parameters ω. Wegen der Beschränkung auf rein imaginäre Werte von s stellt der Frequenzgang nur einen Ausschnitt der Übertragungsfunktion dar, der allerdings eine besondere Eigenschaft aufweist, wie der folgende Satz zeigt.

Satz 2.3 *Besitzt ein lineares Übertragungsglied den Frequenzgang $G(j\omega)$, so antwortet es auf das Eingangssignal $x(t) = a \sin \omega t$ nach Abklingen der Einschwingvorgänge mit dem Ausgangssignal*

$$y(t) = a\,|G(j\omega)|\,\sin\left(\omega t + \varphi(G(j\omega))\right) \tag{2.68}$$

sofern gilt:

$$\int_0^{\infty} |g(t)|dt < \infty \tag{2.69}$$

$\varphi(G(j\omega))$ ist die Phase der komplexen Größe $G(j\omega)$ und $g(t)$ die Impulsantwort der Strecke. Konvergiert das Integral aus (2.69) nicht, so ist die rechte Seite von (2.68) um einen Term $r(t)$ zu ergänzen, der auch für $t \to \infty$ nicht verschwindet.

Der Beweis zu diesem Satz findet sich in [43]. Mit diesem Satz wird auch klar, welche Art von Information über die Strecke im Frequenzgang enthalten ist: Der Frequenzgang charakterisiert das Verhalten des Systems für ganz bestimmte Frequenzen des Eingangssignales. Wegen der vorausgesetzten Linearität des Übertragungsgliedes beeinflussen sich die Wirkungen, die durch die einzelnen Frequenzanteile hervorgerufen werden, nicht gegenseitig. Daher kann man für jeden einzelnen Frequenzanteil des Eingangssignales vorhersagen, was am Ausgang des Systems passieren wird.

Im Gegensatz zu den Koeffizienten einer Übertragungsfunktion sind Betrag und Phase des Frequenzganges direkt messbar: Die Strecke wird durch ein sinusförmiges Eingangssignal mit einer bestimmten Frequenz und Amplitude angeregt. Nach Abklingen der Einschwingvorgänge wird sich am Ausgang ein ebenfalls sinusförmiges Ausgangssignal einstellen, das sich gegenüber dem Eingangssignal aber in Amplitude und Phasenlage unterscheidet. Beide Größen sind messbar, und aus ihnen lassen sich nach Gleichung (2.68) auch sofort Betrag und Phase des Frequenzganges $G(j\omega)$ berechnen. So lässt sich für verschiedene Frequenzen eine Wertetabelle bestimmen, die den prinzipiellen Verlauf des Frequenzganges skizziert. Die Messung mit negativen Werten von ω, d.h. mit negativen Frequenzen ist natürlich nicht möglich, aber auch nicht notwendig. Denn für rationale Übertragungsfunktionen mit reellen Koeffizienten und auch für Laufzeitglieder ist $G(j\omega)$ konjugiert komplex zu $G(-j\omega)$. Da die Funktion $G(j\omega)$ für $\omega \geq 0$ also bereits die gesamte Information enthält, erübrigt sich demnach eine Betrachtung negativer Werte von ω.

2.4.2 Ortskurve

Besonders anschaulich wird die Darstellung des Frequenzganges als Kurve in der komplexen Ebene. Dies ist die sogenannte *Ortskurve*. Wegen des zuvor Gesagten kann man sich dabei auf eine Darstellung $G(j\omega)$ für positive Werte von ω beschränken. Gestalt und Interpretation solcher Ortskurven sollen nun anhand einiger Beispiele demonstriert werden (Abb. 2.23).

Der Frequenzgang eines PT_1–Gliedes lautet mit (2.41):

$$G(j\omega) = \frac{V}{Tj\omega + 1} = \frac{V}{\sqrt{\omega^2 T^2 + 1}} e^{-j \arctan \omega T} \tag{2.70}$$

Die zugehörige Ortskurve ist der in Abb. 2.23 gezeichnete Halbkreis. Jeder Punkt der Ortskurve stellt den komplexen Wert $G(j\omega_1)$ für eine bestimmte Frequenz $0 \leq \omega_1 < \infty$ dar. Er kann aber auch als Endpunkt eines Vektors interpretiert werden, der im Ursprung beginnt. Jeder dieser Vektoren hat eine bestimmte Länge, die gleichbedeutend mit der Verstärkung des Übertragungsgliedes für die Frequenz ω_1 ist, und eine Phasenlage, die gerade der Phasenverzögerung für die Frequenz ω_1 entspricht.

Ablesen lässt sich nun beispielsweise, dass die Verstärkung für Gleichsignale, also Signale mit der Frequenz $\omega = 0$, den Wert V hat. Wegen Gleichung (2.59) ist dies auch gerade der Endwert der Sprungantwort. Das ist aber wiederum kein Zufall, denn beim Sprung liegt nach Abklingen der Einschwingvorgänge ebenfalls eine reine Gleichsignalübertragung vor. Weiterhin zeigt die Ortskurve, dass für höhere Frequenzen die Verstärkung immer weiter abnimmt, bis sie sich schließlich dem Wert Null nähert, was nach Gleichung (2.60) gerade dem Anfangswert der Sprungantwort entspricht. Insgesamt stellt das PT_1-Glied wegen der für höhere Frequenzen immer weiter abnehmenden Verstärkung einen Tiefpass dar. Mit zunehmender Frequenz nimmt aber auch die Phasenverzögerung durch das PT_1-Glied immer weiter zu, wie man am Kurvenverlauf und den gedachten Vektoren vom Ursprung zur Kurve leicht nachvollziehen kann. Für $\omega = 0$ ist $G(j\omega)$ rein reell und die Phasenverzögerung damit Null, während für wachsende Frequenzen die Phasenverzögerung gegen den Wert $-\pi/2$ konvergiert. Eine hochfrequente Sinusschwingung wird durch das PT_1-Glied also um nahezu eine Viertelperiode verzögert.

Aus Gleichung (2.43) ergibt sich für den Frequenzgang des PT_2-Gliedes:

$$\begin{aligned} G(j\omega) &= \frac{V}{-\frac{\omega^2}{\omega_0^2} + j2D\frac{\omega}{\omega_0} + 1} \\ &= \frac{V}{\sqrt{\left(1 - (\frac{\omega}{\omega_0})^2\right)^2 + 4D^2(\frac{\omega}{\omega_0})^2}} \, e^{-j \arctan \frac{2D\frac{\omega}{\omega_0}}{1-(\frac{\omega}{\omega_0})^2}} \end{aligned} \quad (2.71)$$

Die Gleichsignalverstärkung beträgt wie beim PT_1-Glied gerade $G(0) = V$, die Verstärkung für hohe Frequenzen geht ebenfalls gegen Null. Auch das PT_2-Glied ist also ein Tiefpass. Für $D < \frac{1}{\sqrt{2}}$ nimmt der Betrag aber nicht wie beim PT_1-Glied monoton ab, sondern weist ein Maximum bei der sogenannten *Resonanzfrequenz* $\omega_r = \omega_0\sqrt{1 - 2D^2}$ auf, wie man leicht durch eine einfache Extremwertberechnung des Frequenzganges nachprüfen kann. Der Maximalwert des Betrages wird umso größer, je kleiner die Dämpfung D ist. Man spricht von einer *Resonanzüberhöhung*. Für eine Dämpfung $D \geq \frac{1}{\sqrt{2}}$ tritt dagegen keine Resonanzüberhöhung auf. Ein Unterschied zum PT_1-Glied besteht auch im Verlauf der Phasennacheilung, die für hohe Frequenzen gegen den Wert $-\pi$ geht.

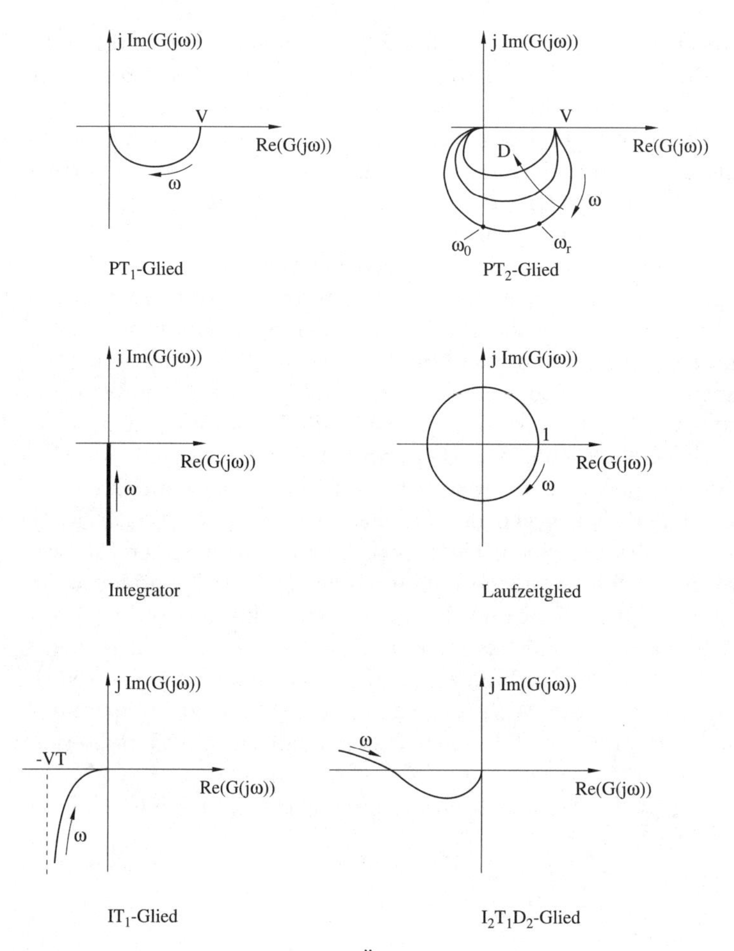

Abb. 2.23. Ortskurven linearer Übertragungsglieder

Sehr einfache Verhältnisse liegen beim Integrator vor. Die Formel für den Frequenzgang lautet:

$$G(j\omega) = \frac{1}{j\omega} \tag{2.72}$$

Die Verstärkung nimmt mit ω ab, weshalb man auch den Integrator als Tiefpass auffassen kann. Für Gleichsignale ist die Verstärkung unendlich groß, was leicht dadurch zu erklären ist, dass der Integrator bei einer konstanten Eingangsgröße immer weiter aufintegriert. Die Phasenverzögerung beträgt wegen des Faktors $\frac{1}{j}$ konstant $-\pi/2$. Dies ergibt sich auch sofort, wenn man das Ausgangssignal des Integrators mit einer Sinusschwingung am Eingang im Zeitbereich berechnet:

$$y(t) = \int_0^t \sin(\omega\tau)d\tau = -\frac{1}{\omega}\cos(\omega t) + \frac{1}{\omega} = \frac{1}{\omega}\sin(\omega t - \frac{\pi}{2}) + \frac{1}{\omega} \tag{2.73}$$

Man sieht, dass das Ausgangssignal nicht nur die verzögerte Sinusschwingung, sondern auch einen konstanten Term $\frac{1}{\omega}$ enthält, obwohl doch nach Satz 2.3 auch am Ausgang eine reine Sinusschwingung auftreten müsste. Dies liegt daran, dass der Integrator als einziges der hier genannten Beispiele die Voraussetzung des Satzes nicht erfüllt, d.h. dass das Integral seiner Impulsantwort nicht konvergiert. $\frac{1}{\omega}$ stellt damit das in Satz 2.3 erwähnte Restglied $r(t)$ dar. Da dies im vorliegenden Fall aber konstant ist und keine weiteren Auswirkungen hat, kann es auch vernachlässigt werden.

Interessant ist eine Betrachtung der Ortskurve des Laufzeitgliedes. Wegen $G(s) = e^{-T_L s}$ ergibt sich für den Frequenzgang

$$G(j\omega) = e^{-jT_L\omega} \tag{2.74}$$

Die Verstärkung ist damit immer Eins, und die Phasennacheilung hängt von Frequenz und Laufzeit ab. Dieses Verhalten ist sofort einsichtig. Beaufschlagt man ein Laufzeitglied mit einer stationären Sinusschwingung, so erscheint das Signal im Betrag unverändert, aber um die Laufzeit T_L verzögert am Ausgang. Drückt man diese Verzögerung als Winkel aus, so ist dieser natürlich umso größer, je höher die Frequenz des Signales ist.

Das nächste Beispiel ist die Ortskurve eines IT_1–Gliedes, also der Hintereinanderschaltung eines Integrators und eines PT_1–Gliedes:

$$\begin{aligned} G(s) &= \frac{1}{s}\frac{V}{Ts+1} \\ G(j\omega) &= \frac{1}{j\omega}\frac{V}{Tj\omega+1} = \frac{-VT}{\omega^2T^2+1} + j\frac{-V}{\omega(\omega^2T^2+1)} \end{aligned} \tag{2.75}$$

Für $\omega \to 0$ geht der Realteil gegen $-VT$ und der Imaginärteil gegen $-\infty$. Für $\omega \to \infty$ gehen beide Anteile gegen Null. Auch hier liegt also ein Tiefpass vor.

Den Abschluss bildet eine etwas kompliziertere, rationale Übertragungsfunktion:

$$G(s) = \frac{(s+s_1)^2}{(s+s_2)s^2} \qquad \text{mit } s_1 \gg s_2 > 0 \tag{2.76}$$

bzw.

$$G(j\omega) = \frac{s_1^2+\omega^2}{\omega^2\sqrt{\omega^2+s_2^2}}\, e^{2\arctan\frac{\omega}{s_1} - \arctan\frac{\omega}{s_2} - \pi} \tag{2.77}$$

Die Ermittlung dieser Formel ist recht einfach, wenn man jeden Faktor der Übertragungsfunktion einzeln betrachtet. So liefert der Faktor $(j\omega + s_1)$ beispielsweise einen Betragsanteil von $\sqrt{s_1^2+\omega^2}$ und einen Winkelanteil zur Phasenverzögerung von $\arctan\frac{\omega}{s_1}$. Die einzelnen Betragsanteile aller Faktoren werden dann miteinander multipliziert und die Winkelanteile addiert.

Der Betragsverlauf beginnt offenbar im Unendlichen und endet bei Null. Der Winkel der Funktion ist für kleine Werte von ω zunächst kleiner als $-\pi$, da die Funktion $\arctan\frac{\omega}{s_2}$ wegen $s_1 \gg s_2$ zunächst schneller wächst als die

Funktion $2 \arctan \frac{\omega}{s_1}$. Die Kurve befindet sich für kleine Frequenzen also im zweiten Quadranten. Für $\omega \to \infty$ konvergieren die arctan-Funktionen dann aber jeweils gegen $\frac{\pi}{2}$, so dass der Gesamtwinkel gegen $2\frac{\pi}{2} - \frac{\pi}{2} - \pi = -\frac{\pi}{2}$ konvergiert.

Nach diesen Beispielen lassen sich für Übertragungsfunktionen gemäß Gleichung (2.61), d.h. rationale Übertragungsfunktionen mit Laufzeit, einige allgemeine Aussagen machen: Ist die Ordnung des Zählerpolynoms kleiner als die Ordnung des Nennerpolynoms, so enden die Ortskurven immer im Ursprung der komplexen Ebene, da der Betrag der Übertragungsfunktion offensichtlich gegen Null konvergiert. Falls keine Polstelle bei Null vorliegt, liegt der Anfangspunkt immer auf einem endlichen reellen Wert, wie es beim PT_1- oder PT_2-Glied der Fall ist. Ist mindestens ein Pol bei Null vorhanden, so beginnt die Ortskurve im Unendlichen, und zwar unter einem Winkel $-k\frac{\pi}{2}$, wobei k die Ordnung dieses Pols ist. Phasen- und Betragsverlauf müssen aber keinesfalls immer monoton fallen, wie schon die Betrachtung des PT_2-Gliedes gezeigt hat. Der Verlauf der Ortskurve hängt von der Verteilung der Pol- und Nullstellen der Übertragungsfunktion ab.

2.4.3 Bode-Diagramm

Der Nachteil an der Ortskurvendarstellung ist die fehlende Zuordnungsmöglichkeit einzelner Punkte zu bestimmten Frequenzen. Hier bietet sich als Alternative die Darstellung des Frequenzganges im *Bode-Diagramm* [19] an. Betrag und Phase werden in zwei Diagrammen getrennt voneinander über der Frequenz aufgetragen, und zwar Betrag und Frequenz im logarithmischen und die Phase im linearen Maßstab.

In Abb. 2.24 werden als Beispiele die Bode-Diagramme von einem PT_1- und einem PT_2-Glied gezeigt. Deutlich zu erkennen sind die Anfangs- und Endwerte bei den Phasenverläufen, die man auch sofort aus den Gleichungen (2.70) und (2.71) oder den zugehörigen Ortskurven erhält. Dasselbe gilt für die Anfangswerte bei den Betragsverläufen. Der Endwert Null der Betragsverläufe liegt wegen der logarithmischen Darstellung im negativ Unendlichen. Außerdem erkennt man beim PT_2-Glied im Bereich der Eigenfrequenz ω_0 die Resonanzüberhöhung für kleinere Dämpfungen D.

Die Analyse eines dynamischen Systems anhand von Ortskurven und Bode-Diagrammen bietet sich immer dann an, wenn bei unbekannten Strecken nur der gemessene Frequenzgang, aber kein Streckenmodell vorliegt. Aber auch bei gegebener Übertragungsfunktion ist eine graphische Analyse mit ihrer Hilfe anschaulicher und natürlich einfacher zu überprüfen als beispielsweise die nummerische Analyse mit einem Rechner. Die Auswirkungen von Parameteränderungen in einem System lassen sich meist viel einfacher auf graphischem Wege abschätzen als durch eine nummerische Berechnung. Daher bietet heutzutage jede regelungstechnische Software die Möglichkeit, Bode-Diagramm oder Ortskurve bei gegebener Übertragungsfunktion auf Knopfdruck zu erstellen.

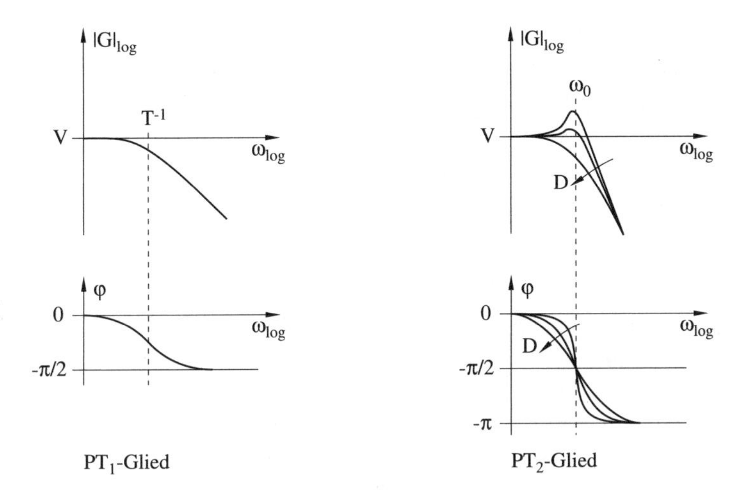

Abb. 2.24. Bode-Diagramme von PT_1- und PT_2-Glied

Ein weiteres wichtiges Werkzeug zur Analyse linearer Regelstrecken soll hier nicht unerwähnt bleiben, die *Wurzelortskurven*. Bei diesem Verfahren wird die Lage der Pole in der komplexen Ebene in Abhängigkeit von bestimmten Parameten dargestellt. Die Charakterisierung des Streckenverhaltens erfolgt hier also durch eine direkte Betrachtung der Polstellen und nicht indirekt mit Hilfe des Frequenzganges, wie es bei Ortskurven und Bode-Diagrammen der Fall ist. Dafür sind Wurzelortskurven aber nicht bei der Analyse nichtlinearer Regelkreise einsetzbar. Und da diese das hauptsächliche Einsatzgebiet von Fuzzy-Reglern sind, wurde hier auf die Behandlung von Wurzelortskurven verzichtet.

2.5 Stabilität linearer Systeme

2.5.1 Definition der Stabilität

In diesem Kapitel soll für lineare Systeme der Begriff der Stabilität erläutert werden. Das lineare System sei gegeben durch die Übertragungsfunktion

$$
\begin{aligned}
G(s) &= \frac{b_m s^m + b_{m-1} s^{m-1} + ... + b_1 s + b_0}{a_n s^n + a_{n-1} s^{n-1} + ... + a_1 s + a_0} \, e^{-T_L s} \qquad \text{mit } m \leq n \\
&= \frac{b_m}{a_n} \frac{\prod\limits_{\mu=1}^{m} (s - n_\mu)}{\prod\limits_{\nu=1}^{n} (s - p_\nu)} \, e^{-T_L s} = V \frac{\prod\limits_{\mu=1}^{m} (\frac{-s}{n_\mu} + 1)}{\prod\limits_{\nu=1}^{n} (\frac{-s}{p_\nu} + 1)} \, e^{-T_L s}
\end{aligned}
\tag{2.78}
$$

mit dem Verstärkungsfaktor

$$
V = \frac{b_0}{a_0} \tag{2.79}
$$

Zunächst ist zu klären, was eigentlich Stabilität eines Systems bedeutet. Es existieren verschiedene Definitionsmöglichkeiten, von denen an dieser Stelle zwei betrachtet werden sollen. Eine dritte Definition nach dem russischen Mathematiker Ljapunov wird dann später noch erläutert. In der ersten Definitionsmöglichkeit wird die Sprungantwort des Systems betrachtet:

Definition 2.4 *Wenn die Sprungantwort eines Systems für $t \to \infty$ einem endlichen Wert zustrebt, so heißt das System stabil. Andernfalls heiße es instabil.*

Dass für diese Definition als Anregung der Einheitssprung gewählt wurde, bedeutet keine Einschränkung. Denn wenn die Sprunghöhe um den Faktor k verändert wird, so ändern sich wegen der Linearität des Systems die Werte am Ausgang ebenfalls um den Faktor k. Die Endlichkeit bleibt aber erhalten.

Anschaulich lässt sich diese Definition wie folgt begründen: Wenn ein System nach einer derart heftigen Anregung, wie es ein Sprung des Eingangssignales ist, wieder zur Ruhe kommt und einem endlichen Wert zustrebt, so kann man davon ausgehen, dass es auch bei anderen Anregungen nicht in bleibende Schwingungen versetzt wird.

Es lässt sich leicht nachvollziehen, dass PT_1- und PT_2-Glied nach dieser Definition stabil sind und ein Integrator instabil ist.

Eine andere Definition berücksichtigt, dass die Eingangsgröße eines Systems ständigen Schwankungen unterworfen sein kann:

Definition 2.5 *Ein lineares System heiße stabil, wenn bei einer Eingangsgröße mit beschränkter Amplitude auch die Amplitude der Ausgangsgröße beschränkt ist. Dies ist die BIBO-Stabilität (bounded input - bounded output).*

Es stellt sich sofort die Frage nach einem Zusammenhang zwischen beiden Definitionen, der im Folgenden kurz untersucht werden soll. Ausgangspunkt der Überlegungen ist das Faltungsintegral (vgl. Gleichung (2.48)), das den Zusammenhang zwischen Ein- und Ausgangsgröße eines Systems beschreibt ($g(t)$ ist die Impulsantwort):

$$y(t) = \int_{\tau=0}^{t} g(t-\tau)x(\tau)d\tau = \int_{\tau=0}^{t} g(\tau)x(t-\tau)d\tau \tag{2.80}$$

$x(t)$ ist genau dann beschränkt, wenn $|x(t)| \leq k$ mit $k > 0$ für alle t gilt. Damit ergibt sich:

$$|y(t)| \leq \int_{\tau=0}^{t} |g(\tau)||x(t-\tau)|d\tau \leq k \int_{\tau=0}^{t} |g(\tau)|d\tau \tag{2.81}$$

Wenn das Integral der Impulsantwort also *absolut konvergent* ist,

$$\int\limits_{\tau=0}^{\infty} |g(\tau)| d\tau = c < \infty \tag{2.82}$$

dann ist auch $y(t)$ durch kc beschränkt und das System somit BIBO-stabil. Ebenso lässt sich zeigen, dass für jedes BIBO-stabile System das Integral (2.82) absolut konvergent ist. BIBO-Stabilität und die absolute Konvergenz des Integrals sind also zueinander gleichwertige Eigenschaften.

Nun soll die Bedingung ermittelt werden, unter der ein System stabil im Sinne einer endlichen Sprungantwort (Definition 2.4) ist: Für die Sprungantwort eines Systems gilt im Frequenzbereich (vgl. (2.49))

$$y(s) = G(s)\frac{1}{s}$$

Fasst man den Faktor $1/s$ nicht als Laplace-Transformierte des Sprungsignals, sondern als Integration auf, so ergibt sich im Zeitbereich mit $y(0) = 0$

$$y(t) = \int\limits_{\tau=0}^{t} g(\tau) d\tau \tag{2.83}$$

$y(t)$ strebt nur dann einem endlichen Wert zu, wenn das Integral konvergent ist:

$$\int\limits_{\tau=0}^{\infty} g(\tau) d\tau = c < \infty \tag{2.84}$$

Die Konvergenz ist offensichtlich eine schwächere Bedingung als die absolute Konvergenz. Damit hat jedes BIBO-stabile System auch eine endliche Sprungantwort. Es würde sich nun anbieten, Stabilität immer im Sinne der BIBO-Stabilität aufzufassen, weil dies die strengere Definition ist und somit keine weitere Unterscheidung notwendig wäre. Andererseits werden die folgenden Betrachtungen wesentlich vereinfacht, wenn man Stabilität nur im Sinne einer endlichen Sprungantwort auffasst. Zudem sind für rein rationale Übertragungsfunktionen ohnehin beide Definitionen äquivalent. Für die Stabilität gilt daher von nun an immer Definition 2.4.

Manchmal wird Stabilität auch so definiert, dass die Impulsantwort $g(t)$ mit $t \to \infty$ gegen Null gehen muss. Ein Blick auf das Integral aus (2.84) zeigt, dass diese Bedingung zwar notwendig, nicht aber hinreichend für Stabilität nach Definition 2.4 ist. Diese Definition ist damit schwächer als Def. 2.4. Kann man also den Nachweis einer endlichen Sprungantwort erbringen, so geht die Impulsantwort auf jeden Fall gegen Null.

2.5.2 Stabilität einer Übertragungsfunktion

Um zu vermeiden, dass für den Nachweis der Stabilität die Sprungantwort des Systems explizit zu berechnen ist, bietet es sich an, die Übertragungsfunktion des Systems direkt zu betrachten und die Bedingungen abzuleiten, unter denen das System stabil ist. Dies ist nach den Überlegungen, die bereits zur Sprungantwort einer rationalen Übertragungsfunktion gemacht wurden, relativ einfach. Es gilt der folgende Satz:

Satz 2.6 *Ein Übertragungsglied mit einer rationalen Übertragungsfunktion ist genau dann stabil im Sinne von Definition 2.4, wenn alle Pole der Übertragungsfunktion einen negativen Realteil aufweisen.*

Nach Gleichung (2.58) lautet die Sprungantwort eines rationalen Übertragungsgliedes:

$$y(t) = \sum_{\lambda=1}^{i} h_\lambda(t) e^{s_\lambda t} \tag{2.85}$$

Zu jedem n_λ–fachen Pol s_λ gehört ein Summand $h_\lambda(t)e^{s_\lambda t}$ mit einem Polynom $h_\lambda(t)$ vom Grade $n_\lambda - 1$. Weist der Pol einen negativen Realteil auf, so verschwindet dieser Summand mit wachsendem t, da die Exponentialfunktion schneller gegen Null konvergiert als das Polynom $h_\lambda(t)$ wachsen kann. Wenn alle Pole der Übertragungsfunktion einen negativen Realteil aufweisen, so verschwinden alle zugehörigen Summanden. Übrig bleibt nur der durch die Sprungfunktion verursachte Summand $h_i(t)e^{s_i t}$ mit dem einfachen Pol $s_i = 0$. Das Polynom $h_i(t)$ ist vom Grade $n_i - 1 = 0$, d.h. konstant, und die Exponentialfunktion reduziert sich ebenfalls auf eine Konstante. Damit bildet dieser Summand gerade den endlichen Endwert der Sprungfunktion, und das System ist stabil.

Auf den Beweis der Umkehrung, dass nämlich bei mindestens einem Pol mit nicht negativem Realteil ein instabiles System vorliegt, soll an dieser Stelle verzichtet werden, da er keine neuen Erkenntnisse bringen würde. Interessant ist, dass Satz 2.6 auch für Systeme mit Laufzeit nach (2.78) gilt. Auf den zugehörigen Beweis soll hier ebenfalls verzichtet werden.

Im allgemeinen ist neben der Tatsache der Stabilität auch die Form der Einschwingvorgänge nach einer äußeren Anregung interessant. Weist die Strecke unter anderem ein konjugiert komplexes Polpaar $s_\lambda, \bar{s_\lambda}$ auf, so ist nach Gleichung (2.22) das Verhältnis $|\mathrm{Re}(s_\lambda)|/\sqrt{\mathrm{Re}(s_\lambda)^2 + \mathrm{Im}(s_\lambda)^2}$ gerade gleich der Dämpfung D und somit für die Form des zu diesem Polpaar gehörenden Einschwingvorgangs verantwortlich. Man wird daher in der Praxis nicht nur darauf achten, dass die Pole eines Systems einen negativen Realteil aufweisen, sondern auch darauf, dass die Dämpfung D einen ausreichend großen Wert hat, d.h. dass ein konjugiert komplexes Polpaar ausreichend weit von der imaginären Achse entfernt liegt.

2.5.3 Stabilität eines Regelkreises

Das System, dessen Stabilität beurteilt werden soll, ist in den meisten Fällen ein geschlossener Regelkreis, wie er in Abb. 2.2 dargestellt ist. Eine vereinfachte Struktur gibt Abb. 2.25 wieder. Das Regelglied habe die Übertragungsfunktion $K(s)$, die Strecke ist durch $G(s)$ und das Messglied durch

$M(s)$ gegeben. Um die weiteren Herleitungen nicht unnötig zu erschweren, wird aber $M(s) = 1$ gesetzt, d.h. das dynamische Verhalten des Messgliedes wird vernachlässigt. Es ist aber kein Problem, im Einzelfall ein Messglied zu berücksichtigen.

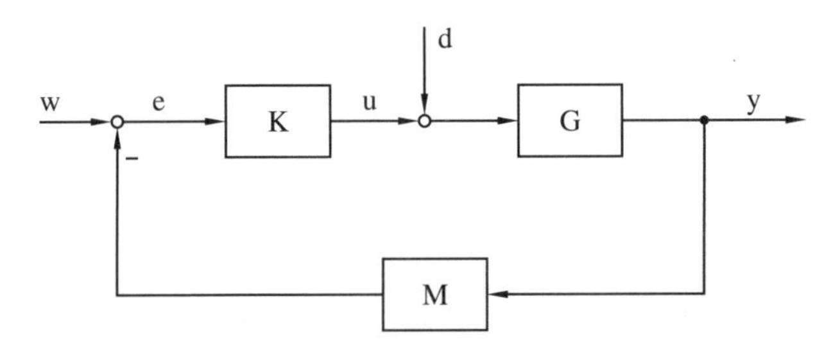

Abb. 2.25. Regelkreis

Die Störgrößen, die prinzipiell an beliebigen Stellen des Regelkreises angreifen können, werden zu einer einzigen Störgröße d zusammengefasst, die direkt am Eingang der Strecke aufgeschaltet ist. Auch diese Maßnahme vereinfacht die Theorie, ohne dass die Verhältnisse aus Sicht des Reglers einfacher werden, als sie in der Praxis sind. Der Angriffspunkt am Eingang der Strecke ist nämlich die für eine Regelung denkbar ungünstigste Stelle, da die Störgröße zunächst unbehelligt auf die Strecke einwirken kann, während der Regler erst nach einer Veränderung der Ausgangsgröße Gegenmaßnahmen einleiten kann.

Zur Anwendung der Stabilitätskriterien auf dieses System ist zunächst die Übertragungsfunktion aufzustellen, die das Übertragungsverhalten von der Eingangsgröße w zur Ausgangsgröße y beschreibt. Dies ist die Übertragungsfunktion des geschlossenen Kreises und wird auch als *Führungs-Übertragungsfunktion* bezeichnet. Zur Berechnung wird die Störgröße d zunächst gleich Null gesetzt. Im Frequenzbereich gilt:

$$\begin{aligned} y(s) &= G(s)u(s) = G(s)K(s)(w(s) - y(s)) \\ T(s) &= \frac{y(s)}{w(s)} = \frac{G(s)K(s)}{G(s)K(s)+1} \end{aligned} \tag{2.86}$$

Analog dazu lässt sich auch eine *Stör-Übertragungsfunktion* berechnen, die das Übertragungsverhalten des Systems von der Störgröße d zur Ausgangsgröße y beschreibt:

$$S(s) = \frac{y(s)}{d(s)} = \frac{G(s)}{G(s)K(s)+1} \tag{2.87}$$

Der Term $G(s)K(s)$ hat eine besondere Bedeutung: Entfernt man nämlich die Rückführung, so bildet er gerade die Übertragungsfunktion des dann vorliegenden, offenen Kreises. Er wird auch als *Kreisübertragungsfunktion* bezeichnet. Der Verstärkungsfaktor V dieser Funktion (vgl. Gleichung (2.78)) wird als *Kreisverstärkung* bezeichnet.

Man sieht, dass sowohl Führungs- als auch Stör-Übertragungsfunktion denselben Nenner $G(s)K(s)+1$ aufweisen. Andererseits ist es aber nach Satz 2.6 gerade der Nenner der Übertragungsfunktion, der für die Stabilität verantwortlich ist. Daran lässt sich erkennen, dass für die Stabilität eines Systems nur die Kreisübertragungsfunktion, nicht aber der Angriffspunkt der Eingangsgröße relevant ist. Eine Stabilitätsuntersuchung kann sich daher auf die Untersuchung von $G(s)K(s)+1$ beschränken. Da Zähler und Nenner der beiden Übertragungsfunktionen $T(s)$ und $S(s)$ offensichtlich jeweils teilerfremd sind, entsprechen die Nullstellen von $G(s)K(s)+1$ gerade den Polen dieser Funktionen, und es ergibt sich als direkte Folgerung aus Satz 2.6:

Satz 2.7 *Ein geschlossener Kreis mit der Kreisübertragungsfunktion $G(s)K(s)$ ist genau dann stabil, wenn alle Lösungen der charakteristischen Gleichung*

$$G(s)K(s)+1=0 \tag{2.88}$$

einen negativen Realteil aufweisen.

Eine Berechnung dieser Nullstellen ist aber auf analytischem Wege nicht mehr möglich, wenn die Ordnung der Strecke größer als zwei ist oder die Kreisübertragungsfunktion eine Exponentialfunktion enthält. Die exakte Lage der Nullstellen muss aber für eine Stabilitätsuntersuchung auch gar nicht bekannt sein. Wichtig ist lediglich die Tatsache, ob sie einen positiven oder negativen Realteil aufweisen. Aus diesem Grund sind in der Vergangenheit Stabilitätskriterien entwickelt worden, mit denen ohne aufwändige Rechnung genau dies überprüft werden kann.

2.5.4 Kriterium von Cremer, Leonhard und Michailow

Als erstes soll auf ein Kriterium eingegangen werden, das von Cremer [33], Leonhard [104] und Michailow [118] in den Jahren 1938 bis 1947 unabhängig voneinander herausgefunden wurde und gewöhnlich auch nach diesen Forschern benannt wird. Gegenstand der Betrachtungen ist die Phasendrehung der Ortskurve eines Polynoms in Abhängigkeit von der Lage seiner Nullstellen. Gegeben sei ein Polynom der Form

$$P(s)=s^n+a_{n-1}s^{n-1}+...+a_1s+a_0=\prod_{\nu=1}^{n}(s-s_\nu) \tag{2.89}$$

Mit $s=j\omega$ wird daraus

$$\begin{aligned} P(j\omega) &= \prod_{\nu=1}^{n}(j\omega-s_\nu)=\prod_{\nu=1}^{n}(|j\omega-s_\nu|e^{j\varphi_\nu(\omega)}) \\ &= \prod_{\nu=1}^{n}|j\omega-s_\nu| \; e^{j\sum\limits_{\nu=1}^{n}\varphi_\nu(\omega)} = |P(j\omega)|e^{j\varphi(\omega)} \end{aligned} \tag{2.90}$$

Der Frequenzgang $P(j\omega)$ ist also das Produkt der Vektoren $(j\omega - s_\nu)$, wobei die Phase $\varphi(\omega)$ gerade die Summe der Winkel $\varphi_\nu(\omega)$ dieser Vektoren ist. Abb. 2.26 zeigt die Verhältnisse bei einem konjugiert komplexen Nullstellenpaar mit negativem und einer einzelnen Nullstelle mit positivem Realteil.

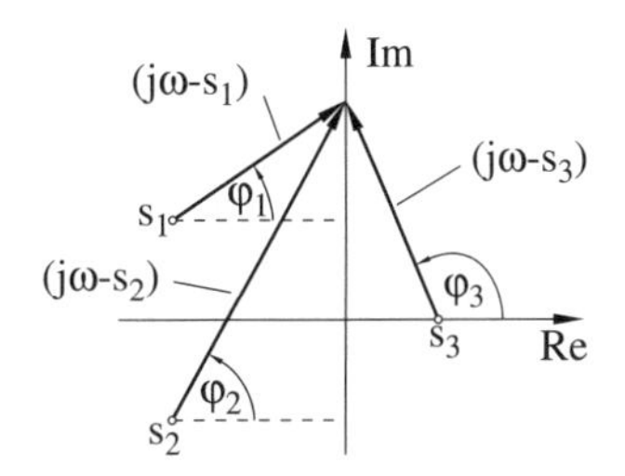

Abb. 2.26. Zum Kriterium von Cremer-Leonhard-Michailow

Durchläuft der Parameter ω das Intervall $(-\infty, \infty)$, so wandert der Endpunkt der Vektoren $(j\omega - s_\nu)$ einmal längs der imaginären Achse in positiver Richtung. Für Nullstellen mit negativem Realteil durchläuft der zugehörige Winkel φ_ν das Intervall von $-\frac{\pi}{2}$ bis $+\frac{\pi}{2}$, für Nullstellen mit positivem Realteil das Intervall von $+\frac{3\pi}{2}$ bis $+\frac{\pi}{2}$. Für Nullstellen auf der imaginären Achse hat der zugehörige Winkel φ_ν zunächst den Wert $-\frac{\pi}{2}$ und springt dann bei $j\omega = s_\nu$ auf den Wert $+\frac{\pi}{2}$.

Nun soll die Phasendrehung des Frequenzganges $P(j\omega)$ betrachtet werden, also der gesamte Verlauf des Winkels $\varphi(\omega)$. Dieser Winkel ist aber gerade die Summe der Winkel $\varphi_\nu(\omega)$. Daher trägt jede Nullstelle mit negativem Realteil zur Phasendrehung des Frequenzganges den Winkel $+\pi$ bei, und jede Nullstelle mit positivem Realteil den Winkel $-\pi$. Für Nullstellen auf der imaginären Achse lässt sich wegen des unstetigen Phasenverlaufes keine Aussage machen. Ob solche Nullstellen vorliegen, kann man aber sofort anhand der Ortskurve des Polynoms $P(s)$ erkennen. Wenn das Polynom eine rein imaginäre Nullstelle $s = s_\nu$ hat, so muss die Ortskurve für die Frequenz $\omega = |s_\nu|$ durch den Ursprung gehen. Damit ergibt sich der folgende Satz:

Satz 2.8 *Ein Polynom $P(s)$ vom Grad n mit reellen Koeffizienten weist genau dann nur Nullstellen mit negativem Realteil auf, wenn seine Ortskurve nicht durch den Ursprung der komplexen Ebene geht und die Phasendrehung $\Delta\varphi$ des Frequenzganges für $-\infty < \omega < +\infty$ gerade $n\pi$ beträgt. Durchläuft ω nur den Bereich $0 \leq \omega < +\infty$, so beträgt die notwendige Phasendrehung $\frac{n}{2}\pi$.*

Die Tatsache, dass für $0 \leq \omega < +\infty$ die notwendige Phasendrehung nur noch $\frac{n}{2}\pi$ und damit gerade die Hälfte beträgt, ist leicht zu beweisen:

Für Nullstellen auf der reellen Achse ist es offensichtlich, dass ihr Beitrag zur Phasendrehung nur noch halb so groß ist, wenn ω nur die halbe imaginäre Achse von 0 bis ∞ durchläuft. Interessanter sind die Nullstellen, deren Imaginärteil von Null verschieden ist. Diese können aber wegen der reellen Koeffizienten des Polynoms immer nur als komplex konjugiertes Polpaar auftreten. Abb. 2.27 zeigt ein solches Polpaar, $s_1 = \bar{s_2}$ und $\alpha_1 = -\alpha_2$. Für $-\infty < \omega < +\infty$ ist der Beitrag dieses Polpaars zur Phasendrehung 2π. Für $0 \leq \omega < +\infty$ beträgt der Beitrag von s_1 gerade $\frac{\pi}{2} + |\alpha_1|$, für s_2 ist er $\frac{\pi}{2} - |\alpha_1|$. Insgesamt ist der Beitrag dieses Polpaars damit π, auch hier hat sich also die Phasendrehung auf die Hälfte reduziert.

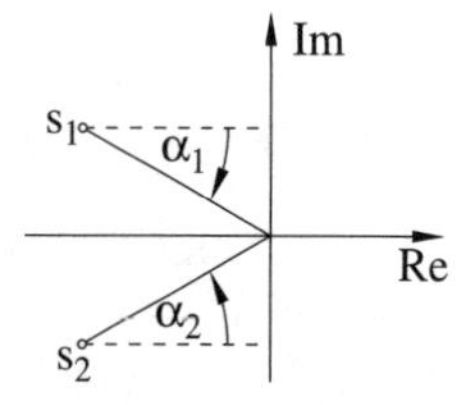

Abb. 2.27. Zur Phasendrehung bei einem konjugiert komplexen Polpaar

Abb. 2.28 zeigt als Beispiel zwei Ortskurven von Polynomen fünfter Ordnung. Da die Ortskurve die graphische Repräsentation des Frequenzganges ist, lässt sich die jeweilige Phasendrehung auch direkt an der Ortskurve ablesen. Dazu ist ein Fahrstrahl vom Ursprung zur Ortskurve einzuzeichnen, wie dies für Kurve 1 zu sehen ist. Dann hat man die Anzahl der Umdrehungen um den Ursprung zu ermitteln, die dieser Vektor für den gesamten Verlauf der Ortskurve vollzieht. Der so gewonnene Winkel entspricht der gesuchten Phasendrehung des Frequenzganges.

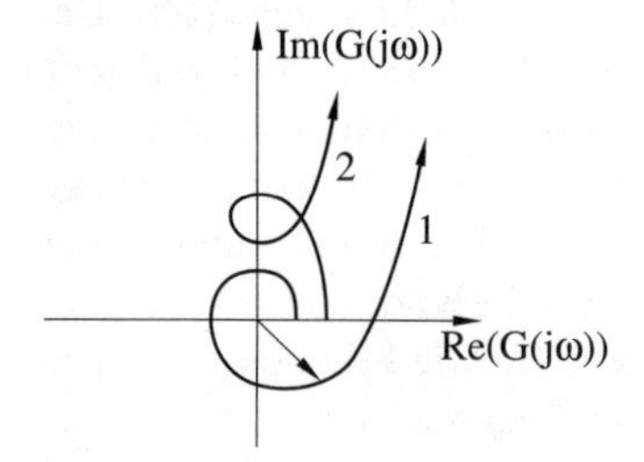

Abb. 2.28. Ortskurven von Polynomen 5. Ordnung

Kurve 1 weist eine Gesamt-Phasendrehung $\Delta\varphi$ von $5\frac{\pi}{2}$ auf, das zugehörige Polynom hat also nur Nullstellen mit negativem Realteil. Die Phasendrehung von Kurve 2 beträgt dagegen nur $\frac{\pi}{2}$, obwohl Anfangs- und Endwinkel denen von Kurve 1 entsprechen. Das dieser Kurve zu Grunde liegende Polynom besitzt also Nullstellen, deren Realteil nicht negativ ist.

2.5.5 Nyquist-Kriterium

Aus den Sätzen 2.7 und 2.8 lässt sich nun ein sehr elegantes Stabilitätskriterium ableiten, das *Nyquist-Kriterium*. Beim Nyquist-Kriterium [143] wird direkt die Ortskurve der Kreisübertragungsfunktion $G(s)K(s)$ betrachtet, die auch einfach gemessen werden kann, falls die Funktion nicht in analytischer Form vorliegt. Es sei

$$\frac{Z_k(s)}{N_k(s)} = G(s)K(s)$$

mit zwei teilerfremden Polynomen $Z_k(s)$ und $N_k(s)$. Außerdem sei der Grad m von $Z_k(s)$ höchstens gleich dem Grad n von $N_k(s)$, was aber für physikalisch realisierbare Systeme immer erfüllt ist. Wegen

$$T(s) = \frac{G(s)K(s)}{1+G(s)K(s)} = \frac{\frac{Z_k(s)}{N_k(s)}}{1+\frac{Z_k(s)}{N_k(s)}} = \frac{Z_k(s)}{Z_k(s)+N_k(s)} \tag{2.91}$$

ist $N_g(s) = Z_k(s) + N_k(s)$ gerade der Nenner der Übertragungsfunktion des geschlossenen Kreises $T(s)$ und ebenfalls vom Grad n. Damit gilt:

$$1 + G(s)K(s) = 1 + \frac{Z_k(s)}{N_k(s)} = \frac{N_g(s)}{N_k(s)} \tag{2.92}$$

Die Phase des Frequenzganges $1 + G(j\omega)K(j\omega)$ ist die Differenz der Phasengänge von Zähler- und Nennerpolynom:

$$\varphi_{1+GK}(\omega) = \varphi_{N_g}(\omega) - \varphi_{N_k}(\omega) \tag{2.93}$$

Damit ergibt sich für die gesamte Phasendrehung

$$\Delta\varphi_{1+GK} = \Delta\varphi_{N_g} - \Delta\varphi_{N_k} \tag{2.94}$$

Zur Berechnung der Phasendrehungen $\Delta\varphi_{N_g}$ und $\Delta\varphi_{N_k}$ muss nach Satz 2.8 die Verteilung der Nullstellen der Polynome $N_g(s)$ und $N_k(s)$ bekannt sein. Die Nullstellen von $N_g(s)$ sind die Polstellen des geschlossenen Kreises. Von diesen n Polstellen mögen r_g in der rechten Hälfte der s-Ebene, i_g auf der imaginären Achse und $n - r_g - i_g$ in der linken Hälfte liegen. Entsprechend sind die Nullstellen von $N_k(s)$ gerade die Polstellen der Kreisübertragungsfunktion. Von diesen ebenfalls n Polstellen mögen r_k rechts von der imaginären Achse, i_k auf und $n - r_k - i_k$ links von ihr liegen.

Da sowohl i_g als auch i_k von Null verschieden sein können, weisen die Phasengänge $\varphi_{N_g}(\omega)$ und $\varphi_{N_k}(\omega)$ einen möglicherweise unstetigen Verlauf auf, wie schon in der Herleitung von Satz 2.8 erklärt wurde. Um Schwierigkeiten zu vermeiden, soll nur der stetige Anteil der Phasendrehungen betrachtet werden. Nach Satz 2.8 steuert zur Phasendrehung einer Ortskurve mit $0 < \omega < \infty$ jede Nullstelle mit negativem Realteil die Phasendrehung $\frac{\pi}{2}$, jede mit positivem Realteil die Phasendrehung $-\frac{\pi}{2}$ bei:

$$\begin{aligned}\Delta\varphi_{N_g,\text{stetig}} &= [(n - r_g - i_g) - r_g]\frac{\pi}{2} \\ \Delta\varphi_{N_k,\text{stetig}} &= [(n - r_k - i_k) - r_k]\frac{\pi}{2}\end{aligned} \tag{2.95}$$

Für den stetigen Anteil der Phasendrehung von $1 + G(j\omega)K(j\omega)$ ergibt sich:

$$\begin{aligned} \Delta\varphi_{1+GK,\mathrm{stetig}} &= [(n - r_g - i_g) - r_g]\frac{\pi}{2} - [(n - r_k - i_k) - r_k]\frac{\pi}{2} \\ &= [2(r_k - r_g) + i_k - i_g]\frac{\pi}{2} \end{aligned} \tag{2.96}$$

Fordert man nun Stabilität des geschlossenen Kreises, so darf dieser nur Polstellen mit negativem Realteil aufweisen. Es muss $r_g = i_g = 0$ gelten und damit

$$\Delta\varphi_{1+GK,\mathrm{stetig}} = r_k\pi + i_k\frac{\pi}{2} \tag{2.97}$$

Ob die Kreisübertragungsfunktion dabei stabil oder instabil ist, spielt keine Rolle. Lediglich die Anzahl ihrer Pole auf und rechts neben der imaginären Achse muss bekannt sein.

Allerdings ist in dieser Formel nur der stetige Anteil der Phasendrehung behandelt worden. Nullstellen von $N_g(s)$ auf der imaginären Achse verursachen aber unstetige Phasenänderungen. Demnach kann durch eine Analyse der stetigen Phasendrehung nach Gleichung (2.97) zwar ausgeschlossen werden, dass $N_g(s)$ Nullstellen mit positivem Realteil besitzt, nicht aber, dass rein imaginäre Nullstellen auftreten. Wegen Gleichung (2.92) entsprechen die Nullstellen von $N_g(s)$ den Nullstellen von $G(s)K(s) + 1$. Eine rein imaginäre Nullstelle von $N_g(s)$ hat demnach zur Folge, dass auch der Frequenzgang $G(j\omega)K(j\omega) + 1$, dessen Argument $j\omega$ rein imaginär ist, eine Nullstelle bei der entsprechenden Frequenz aufweist. Das bedeutet aber wiederum, dass die Ortskurve von $G(j\omega)K(j\omega) + 1$ durch den Ursprung geht. Damit ergibt sich, dass für einen stabilen Regelkreis nicht nur Gleichung (2.97) gelten muss, sondern die Ortskurve $G(j\omega)K(j\omega) + 1$ auch nicht durch den Ursprung laufen darf.

Statt der Ortskurve $1+G(j\omega)K(j\omega)$ kann man auch die - direkt messbare - Ortskurve der Kreisübertragungsfunktion $G(j\omega)K(j\omega)$ betrachten. Sämtliche Überlegungen beziehen sich dann nicht mehr auf den Ursprung der komplexen Ebene, sondern auf den Punkt -1, wie aus Abb. 2.29 ersichtlich ist. Dies führt zum folgenden Satz.

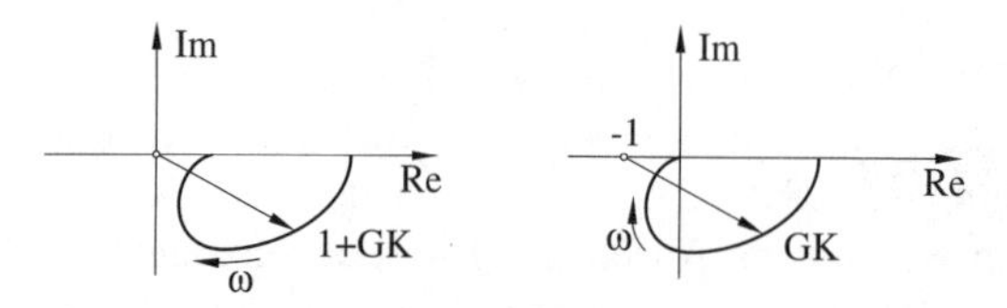

Abb. 2.29. Übergang von der Kurve (1+GK) auf (GK)

Satz 2.9 *(Nyquist-Kriterium) Ein geschlossener Kreis ist genau dann stabil, wenn die stetige Phasendrehung der Ortskurve seiner Kreisübertragungsfunktion $G(s)K(s)$ um den Punkt -1 gerade*

$$\Delta\varphi_{GK,stetig} = r_k\pi + i_k\frac{\pi}{2} \tag{2.98}$$

beträgt und die Kurve nicht durch den Punkt -1 läuft. Dabei ist i_k die Anzahl der Polstellen der Kreisübertragungsfunktion auf der imaginären Achse der s-Ebene und r_k die Anzahl der Polstellen rechts von ihr.

Wichtig für die Anwendung des Nyquist-Kriteriums ist, dass r_k und i_k bekannt sein müssen. Weiterhin sei angemerkt, dass das Nyquist-Kriterium auch für Laufzeiten in der Kreisübertragungsfunktion gilt. Auf den Beweis hierzu soll aber verzichtet werden.

In Abb. 2.30 werden drei Beispiele zur Anwendung des Nyquist-Kriteriums gezeigt. Die linke Ortskurve entsteht bei der Hintereinanderschaltung eines Integrators und eines PT_1–Gliedes, es ist also $r_k = 0$ und $i_k = 1$. Die für Stabilität erforderliche Phasendrehung um den Punkt -1 beträgt damit gerade $\frac{\pi}{2}$. Man sieht, dass der Zeiger vom Punkt -1 zur Ortskurve zunächst nach unten zeigt und sich dann nach rechts dreht. Diese Vierteldrehung im mathematisch positiven Sinn entspricht gerade dem erforderlichen Winkel $\frac{\pi}{2}$. Ein geschlossener Kreis mit einem Integrator und einem PT_1-Glied wäre daher stabil. Würde man die Kreisverstärkung V verändern, so würde die Ortskurve gestreckt oder gestaucht. Ihr prinzipieller Verlauf bliebe aber erhalten und damit auch die Phasendrehung, d.h. auch bei einer Veränderung von V bleibt das System stabil. Dies gilt nicht für alle Systeme, wie die nächsten beiden Beispiele zeigen.

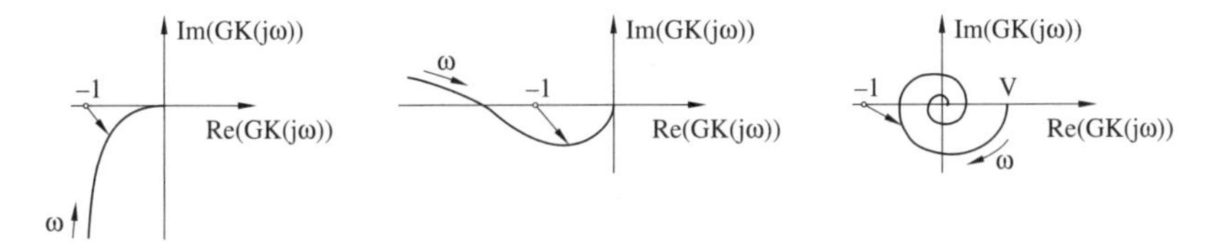

Abb. 2.30. Beispiele zum Nyquist-Kriterium

Die Mitte der Abbildung enthält die schon bekannte Ortskurve der Kreisübertragungsfunktion

$$G(s)K(s) = V\frac{(s+s_1)^2}{(s+s_2)s^2} \qquad 0 < s_2 < s_1 \tag{2.99}$$

Wegen $i_k = 2$ beträgt die für Stabilität erforderliche Phasendrehung bezüglich -1 gerade π. Die Ortskurve kommt aus dem negativ Unendlichen. Der Zeiger vom Punkt -1 zur Ortskurve zeigt daher zunächst nach links und dreht sich dann im positiven Sinn nach rechts, was einer Phasendrehung von π entspricht. Auch hier wäre also ein geschlossener Kreis mit einer solchen Kreisübertragungsfunktion stabil. Verkleinert man jetzt aber V, so wird die Kurve gestaucht und der Punkt -1 schließlich oberhalb passiert. Die Phasendrehung beträgt dann statt π gerade $-\pi$, und der geschlossene Kreis wäre instabil.

Das dritte Beispiel ist die Hintereinanderschaltung eines PT_1- und eines Laufzeitgliedes:

$$G(s)K(s) = \frac{V}{Ts+1} e^{-T_L s} \tag{2.100}$$

Die Kurve beginnt wie beim PT_1-Glied auf der reellen Achse, läuft dann aber spiralförmig in den Ursprung, denn die Phase des Frequenzganges wird durch das Laufzeitglied und der Betrag durch das PT_1-Glied immer weiter verkleinert. Je nach Wahl der Parameter V und T_L wird der Punkt -1 ein oder mehrere Male umfahren oder nicht. Wird er, wie gezeichnet, nicht umfahren, so beträgt die Phasendrehung Null. Denn der Zeiger vom Punkt -1 an die Ortskurve schwingt zwar ständig zwischen positiven und negativen Winkeln, in der Gesamtbilanz ändert sich aber nichts, da sowohl der Anfangs- als auch der Endpunkt rechts von -1 auf der reellen Achse liegen und der Punkt -1 auch nicht umfahren wird. Wegen $r_k = i_k = 0$ wäre ein geschlossener Kreis somit stabil. Wird bei einer Vergrößerung von V die Kurve gedehnt und der Punkt -1 umfahren, so erhält man beim Schließen des Kreises ein instabiles System.

Mit diesen Beispielen wird klar, dass man das Nyquist-Kriterium für stabile Strecken auch in einer vereinfachten, anschaulicheren Form formulieren kann:

Satz 2.10 *Ist die Kreisübertragungsfunktion $G(s)K(s)$ stabil, so ist der geschlossene Kreis genau dann stabil, wenn die Ortskurve der Kreisübertragungsfunktion den Punkt -1 von sich aus gesehen rechts passiert.*

Mit Hilfe der Ortskurven lassen sich auch Aussagen über die Dämpfung des geschlossenen Regelkreises machen. Zunächst gilt: Das Einschwingverhalten eines Systems wird durch die Lage der Pole seiner Übertragungsfunktion bestimmt, und je weiter ein konjugiert komplexes Polpaar von der imaginären Achse entfernt ist, desto größer ist die Dämpfung der zugehörigen Schwingung (vgl. Gl. (2.22)). Weiterhin sind die Pole des geschlossenen Kreises gerade die Nullstellen der Gleichung $G(s)K(s) + 1 = 0$. Alle Pole werden demnach durch die Abbildung $G(s)K(s)$ in den Punkt -1 abgebildet. Dagegen wird ein Punkt mit verschwindendem Realteil $s = j\omega$ auf $G(j\omega)K(j\omega)$ abgebildet. Daraus folgt wiederum, dass die imaginäre Achse der komplexen Ebene auf die Ortskurve $G(j\omega)K(j\omega)$ abgebildet wird. Wenn aber -1 das Abbild aller Pole ist und die Ortskurve das Abbild der imaginären Achse, so ist bei Stetigkeit der Abbildung der Abstand der Ortskurve vom Punkt -1 auch ein Maß für den Abstand der Pole von der imaginären Achse und somit für die Dämpfung des geschlossenen Kreises.

Zwei weitere Stabilitätskriterien sollen hier nur kurz erwähnt werden, es sind die Kriterien von Hurwitz [65] und Routh [163]. Beide beziehen sich auf die Koeffizienten des Nenners der Übertragungsfunktion und sind gewissermaßen nummerische Kriterien. Derartige Kriterien sind aber durch die heutige Möglichkeit, Nullstellen von Polynomen vom Computer nummerisch berechnen zu lassen, praktisch nicht mehr relevant.

2.6 PID-Regler

2.6.1 Anforderungen an einen Regler

Nachdem in den bisherigen Kapiteln die nötigen Kenntnisse zur Analyse dynamischer Systeme vermittelt wurden, soll in diesem Kapitel auf den eigentlichen Entwurf von Reglern eingegangen werden. Zur Rekapitulation sei dazu noch einmal die Standardkonfiguration eines Regelkreises skizziert (Abb. 2.31), wobei im Vergleich zu Abb. 2.25 das Messglied von vornherein vernachlässigt wird. Führungs- und Störübertragungsfunktion lauten:

$$T(s) = \frac{y(s)}{w(s)} = \frac{G(s)K(s)}{G(s)K(s)+1} \tag{2.101}$$

$$S(s) = \frac{y(s)}{d(s)} = \frac{G(s)}{G(s)K(s)+1} \tag{2.102}$$

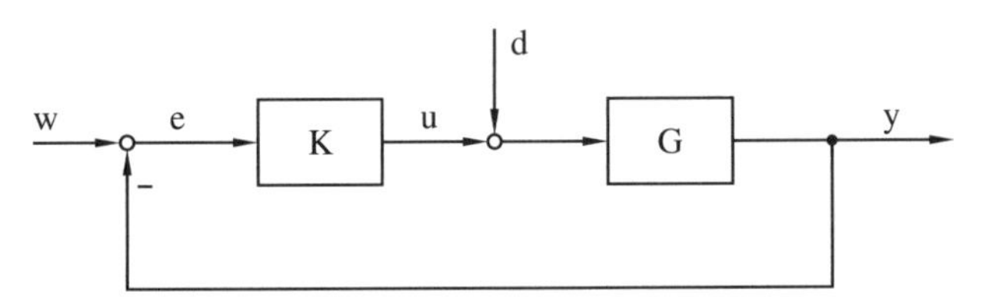

Abb. 2.31. Regelkreis

Zu einer gegebenen Strecke $G(s)$ soll nun ein geeigneter Regler $K(s)$ gefunden werden. Aber welche Forderungen sind überhaupt zu erfüllen? Optimal wäre offensichtlich $T(j\omega) = 1$ und $S(j\omega) = 0$. Die erste Forderung bedeutet, dass die Regelgröße y unabhängig von der Frequenz des Eingangssignales immer gleich der Führungsgröße w ist. Damit wäre das System natürlich auch BIBO-stabil. Die zweite Forderung entspricht einer vollständigen Unterdrückung des Einflusses der Störgröße d auf die Regelgröße. Insgesamt stehen die beiden Forderungen demnach für die Forderung nach *Genauigkeit* der Regelung. Leider ist dieser für einen Regelungstechniker paradiesische Zustand nicht zu verwirklichen. Nach Gleichung (2.101) kann nämlich für einen gegebenen Frequenzgang der Strecke $G(j\omega)$ die Funktion $T(j\omega)$ nur dann konstant Eins werden, wenn der Frequenzgang des Reglers $K(j\omega)$ für alle Frequenzen unendlich große Werte annimmt. Auf dasselbe Ergebnis führt auch die Forderung nach vollständiger Unterdrückung der Störgröße. Ein solcher Regler ist aber nicht zu realisieren, und seine Ausgangsgröße würde auch die Möglichkeiten jedes Stellgliedes übersteigen.

Andererseits ist es bei praktischen Strecken auch gar nicht notwendig, dass die oben genannten Forderungen für alle Frequenzen erfüllt werden. Vielmehr reicht es aus, wenn Genauigkeit im *Nutzfrequenzbereich* erzielt wird, d.h. im Bereich derjenigen Frequenzen, die im Eingangssignal auch tatsächlich enthalten sind. Dies sind aber normalerweise die niedrigen Frequenzen einschließlich der Frequenz Null, was einem Gleichsignal entspricht. Dabei kann für Gleichsignale auf Genauigkeit am wenigsten verzichtet werden, denn gerade bei einem konstanten Eingangssignal sollte man von einem geregelten System nach Beendigung aller Einschwingvorgänge erwarten dürfen, dass seine Ausgangsgröße denselben Wert wie die Eingangs- bzw. Sollgröße annimmt. Die Anforderungen an eine Regelung werden deshalb so weit zurückgenommen, dass die Optimalforderungen nur noch für Gleichsignale (Frequenz $s = 0$) erhoben werden:

$$\lim_{s \to 0} T(s) \stackrel{!}{=} 1 \qquad \text{und} \qquad \lim_{s \to 0} S(s) \stackrel{!}{=} 0 \tag{2.103}$$

Und wegen der Stetigkeit der beiden Übertragungsfunktionen $T(s)$ und $S(s)$ sind dann auch für kleine Werte von s bzw. ω und damit im Nutzfrequenzbereich die Forderungen zumindest noch näherungsweise erfüllt. Bei Zutreffen der Gleichungen (2.103) spricht man auch von *stationärer Genauigkeit*. Ein stationär genaues System ist auch auf jeden Fall stabil im Sinne von Def. 2.4, d.h. es weist eine endliche Sprungantwort auf. Es ergibt sich nämlich für die Sprungantwort

$$\lim_{t \to \infty} y(t) = \lim_{s \to 0} s \frac{1}{s} T(s) = \lim_{s \to 0} T(s) = 1 \tag{2.104}$$

d.h. die Ausgangsgröße des geregelten Systems weist bei einem Eingangssprung den konstanten Endwert Eins auf.

Für den Regler folgt aus der Forderung nach Genauigkeit mit Gleichung (2.101)

$$\lim_{s \to 0} K(s) = \infty \tag{2.105}$$

Setzt man voraus, dass $K(s)$ eine rationale Funktion ist, so führt dies auf die notwendige Bedingung, dass $K(s)$ einen Pol bei $s = 0$ aufweisen muss. Sofern $G(s)$ keine Nullstelle bei $s = 0$ hat, wird das Produkt $G(s)K(s)$ für $s = 0$ unendlich groß, und $T(s)$ konvergiert gegen Eins. Besitzt $G(s)$ dagegen eine solche Nullstelle, so nimmt $\lim\limits_{s \to 0} G(s)K(s)$ einen endlichen Wert an, und $\lim\limits_{s \to 0} T(s)$ konvergiert nicht gegen Eins. Offensichtlich muss die Ordnung des Pols von $K(s)$ die Ordnung der Nullstelle von $G(s)$ bei $s = 0$ um mindestens Eins übersteigen.

Ein Sonderfall soll hier nicht unerwähnt bleiben: Wenn die Strecke integrierende Wirkung hat, kann man die Übertragungsfunktion in der Form $G(s) = \frac{1}{s}\tilde{G}(s)$ mit $\tilde{G}(0) \neq 0$ schreiben, was einer Hintereinanderschaltung von Integrator und dem Streckenteil $\tilde{G}(s)$ entspricht. Wenn außerdem die Störgröße d erst hinter dem Integrator angreift (Abb. 2.32), so ergibt sich für $T(s)$ und $S(s)$:

$$T(s) = \frac{\tilde{G}(s)K(s)}{\tilde{G}(s)K(s) + s}$$

$$S(s) = \frac{s\tilde{G}(s)}{\tilde{G}(s)K(s) + s} \qquad (2.106)$$

Die geforderten Grenzwerte zur Erzielung stationärer Genauigkeit (vgl. (2.103)) werden hier schon erreicht, wenn $K(0) \neq 0$ gilt. Man kann $K(s) = 1$ setzen und somit im Prinzip auf den Regler verzichten. Oder anders ausgedrückt, man kann den Integrator als Teil des Reglers auffassen, so dass $\lim_{s\to 0} K(s) = \infty$ gegeben ist. Diese günstige Konstellation kann vor allem dann entstehen, wenn das Stellglied, das aus Sicht des Reglers Teil der Strecke ist, integrierende Wirkung hat. Ein Beispiel für ein solches Stellglied ist ein durch einen Motor angetriebenes Ventil, mit dem der Durchfluss durch ein Rohr geregelt werden soll. Der Motor, dessen interne Ausgleichsvorgänge vernachlässigt werden sollen, wird mit der Stellgröße des Reglers angesteuert. Der Öffnungsquerschnitt des Ventils verändert sich dann stetig wie die Ausgangsgröße eines Integrators.

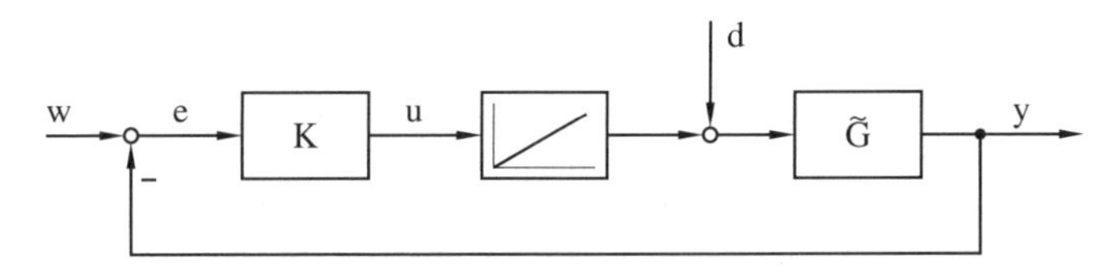

Abb. 2.32. Abspalten eines Integrators von der Strecke

Die Erfüllung der Gleichungen (2.103), d.h. stationäre Genauigkeit, ist fast immer die elementare Voraussetzung für eine Regelung. Darüber hinaus gibt es aber noch weitere Kriterien, die nicht zu vernachlässigen sind. Zum einen ist dies die Forderung nach einer ausreichenden *Regelgeschwindigkeit*. So kann man es beispielsweise den Fahrgästen in einem Aufzug nicht zumuten, minutenlang auf das Erreichen des nächsten Stockwerks zu warten. Wie die späteren Beispiele zeigen werden, ist dies der Forderung nach stationärer Genauigkeit und damit nach Stabilität oft entgegengerichtet, so dass eine Regelung hier immer nur einen Kompromiss darstellen kann. Ein weiteres Kriterium ist eine ausreichend große Dämpfung des Systems. So ist beim Aufzug ein Überschwingen des Lageregelkreises ebenfalls nicht akzeptabel, denn soll ein bestimmtes Stockwerk erreicht werden, so darf der Aufzug nicht erst etwas zu weit fahren und sich dann auf die richtige Stelle einpendeln. Hier ist ein aperiodisches Einschwingverhalten gefordert, d.h. die Dämpfung D muss größer als Eins sein. Bei Systemen, wo ein leichtes Überschwingen nicht so kritisch ist, strebt man meist eine Dämpfung $D = \frac{1}{\sqrt{2}}$ an, weil dies die kleinstmögliche Dämpfung ist, bei der noch keine Resonanzüberhöhung auftritt (vgl. Abb. 2.24).

Im Einzelfall lassen sich noch weitere Kriterien definieren. Je nach Anwendungsfall kann zum Beispiel die Amplitude des Überschwingers bei der Sprungantwort relevant sein, oder die Zeit, die benötigt wird, um einen vorgegebenen Toleranzbereich um den Endwert der Sprungantwort zu erreichen. Dementsprechend kann man auch die verschiedensten Gütemaße für eine Regelung definieren. Ein oft verwendetes, zu minimierendes Gütemaß lautet beispielsweise:

$$Q = \int_{0}^{\infty} \left[(e(t))^2 + k(u(t))^2 \right] dt \qquad \text{mit } k > 0 \tag{2.107}$$

Damit Q möglichst klein ist, muss somit einerseits der mittlere quadratische Regelfehler e und damit die Abweichung zwischen Soll- und Istwert klein sein. Der zweite Summand gewährleistet dagegen, dass dieses Ziel mit einer kleinen Stellgröße erreicht werden kann, um so die Stelleinrichtung des Regelkreises zu schonen.

Das Verhalten des Stellgliedes ist beim Reglerentwurf ohnehin in zweierlei Hinsicht zu berücksichtigen. Zum einen als Teil der zu regelnden Strecke, wenn es um Stabilität, Dämpfung und Regelgeschwindigkeit geht. Zum anderen ist zu beachten, dass es aufgrund seiner technischen Ausführung nur Signale mit einer bestimmten maximalen Amplitude und Frequenz übertragen kann. Es nützt also nichts, wenn die Ausgangsgröße des Reglers Signalanteile von hoher Frequenz oder Amplitude enthält, die vom Stellglied gar nicht an die Strecke weitergegeben werden können. Es besteht dann sogar die Gefahr, dass das Stellglied übersteuert und ein nichtlineares Verhalten aufweist, womit der gesamte Reglerentwurf, der von einem linearen Verhalten der einzelnen Übertragungsglieder ausgeht, wieder in Frage gestellt wird. Ein einfaches Beispiel hierfür ist das Ruder bei einem Schiff. Über einen durch technische Randbedingungen vorgegebenen Maximalwinkel hinaus kann es nicht verstellt werden. Während im Normalbetrieb der Ruderwinkel proportional zur Eingangsgröße der Rudereinrichtung ist, kann nach Erreichen der maximalen Auslenkung auf eine weitere Erhöhung der Eingangsgröße nicht mehr reagiert werden. Aus dem linearen Übertragungsglied mit proportionalem Verhalten ist ein nichtlineares Glied geworden, dessen Kennlinie in Abb. 2.33 zu sehen ist. Eine solche Kennlinie ist typisch für viele Stellglieder.

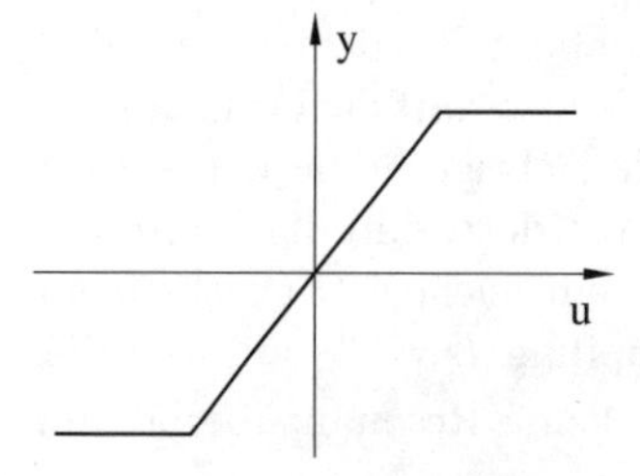

Abb. 2.33. Kennlinie eines Stellgliedes

Nachdem jetzt eine Vorstellung über die Anforderungen an einen Regler besteht, sollen im Folgenden einige Standardregler behandelt werden, die einfach zu verstehen, zu realisieren und vor allem zu dimensionieren sind. Aus diesem Grund wird auch der weitaus größte Teil aller in der Praxis vorkommenden Regelungen mit diesen Reglern verwirklicht.

2.6.2 Reglertypen

P-Regler. Der *Proportionalregler* (*P-Regler*) stellt sicherlich den einfachsten Ansatz dar. Da die Eingangsgröße des Reglers die Regelabweichung ist und seine Ausgangsgröße die Stellgröße, erzeugt dieser Regler mit der Übertragungsfunktion

$$K(s) = P \tag{2.108}$$

eine zur Regelabweichung proportionale Stellgröße. Je größer die Abweichung zwischen Ist- und Sollwert ist, desto größer ist die Stellgröße des Reglers. Als einzigen einstellbaren Parameter hat dieser Regler seinen *Verstärkungsfaktor* P.

Stationäre Genauigkeit und die vollständige Ausregelung einer Störung können mit dem P-Regler nicht erzielt werden, denn dazu müsste $K(0) = P$ nach den obigen Betrachtungen unendlich groß werden. Damit der Regler zumindest näherungsweise genau arbeitet, sollte P demnach möglichst groß gewählt werden. Neben der Genauigkeit steigt dadurch auch die Regelgeschwindigkeit, denn bei gegebener Regelabweichung führt eine Vergrößerung von P offensichtlich zu einer Vergrößerung der Stellgröße. Und aus dieser stärkeren Anregung der Strecke resultiert natürlich eine schnellere Annäherung der Regelgröße an den Sollwert, auch wenn dieser zum Schluss nicht genau erreicht wird.

Einer Erhöhung von P sind aber aus Stabilitätsgründen Grenzen gesetzt. An zwei Beispielen soll dies verdeutlicht werden. Gegeben seien zwei Tiefpassstrecken zweiter und dritter Ordnung, d.h. Hintereinanderschaltungen von zwei bzw. drei PT_1-Gliedern, deren Ortskurven aus Abb. 2.34 ersichtlich sind. Bei Regelung mit einem P-Regler ergibt sich für die Kreisübertragungsfunktionen des geschlossenen Kreises jeweils: $G(s)K(s) = G(s)P$. Die zugehörigen Ortskurven gewinnt man durch Multiplikation der gegebenen Ortskurven mit P, was für $P > 1$ gleichbedeutend mit einer Dehnung ist. Und damit wird auch die Gefahr deutlich, die eine Erhöhung von P beinhaltet: Nach dem Nyquist-Kriterium ist die zulässige Phasendrehung bezüglich -1 in beiden Fällen Null, anschaulich gesehen dürfen die Ortskurven den Punkt -1 also nicht links umfahren und sollten sich ihm im Interesse einer ausreichenden Dämpfung auch nicht zu sehr nähern. Der Kreis mit der Strecke dritter Ordnung wird demnach instabil, wenn man P immer weiter vergrößert. Der Kreis mit der Strecke zweiter Ordnung kann zwar durch Erhöhen von P nicht instabil werden, die Ortskurve kommt dem Punkt -1 aber immer näher, so dass der geschlossene Kreis eine unzumutbar kleine Dämpfung aufweist.

In der Praxis sind die durch Stabilitäts- bzw. Dämpfungsanforderungen gegebenen Obergrenzen für die Verstärkung des P-Reglers normalerweise so niedrig, dass mit den zulässigen Werten für P eine stationäre Genauigkeit nicht einmal näherungsweise realisiert werden kann. Dennoch gibt es genügend Anwendungsfälle, in denen stationäre Genauigkeit nicht wichtig ist und stattdessen das Kostenargument zugunsten des P-Reglers entscheidet. Und nicht zuletzt kann ein P-Regler immer dann eingesetzt werden, wenn, wie oben erläutert, die Strecke bzw. das Stellglied integrierende Wirkung hat.

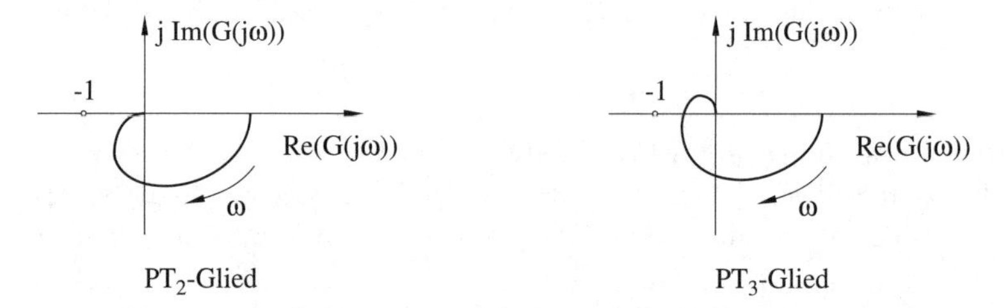

Abb. 2.34. Ortskurven von Tiefpassstrecken zweiter und dritter Ordnung

Um das Verhalten des P-Reglers und auch anderer, im Folgenden noch vorgestellter Regler besser einschätzen zu können, zeigt Abb. 2.35 die Sprungantworten eines geschlossenen Kreises mit verschiedenen Reglern und einem Tiefpass dritter Ordnung als Strecke:

$$G(s) = \frac{1}{(T_1 s + 1)(T_2 s + 1)(T_3 s + 1)} \tag{2.109}$$

Die mit P bezeichnete Kurve kennzeichnet die Sprungantwort bei Regelung mit einem P-Regler. Deutlich ist zu sehen, dass nach Beendigung des Einschwingvorganges eine stationäre Regelabweichung zurückbleibt. Würde man die Reglerverstärkung erhöhen, so könnte man zwar die Regelabweichung verkleinern, müsste aber gleichzeitig noch größere Schwingungen am Anfang und schließlich sogar Instabilität in Kauf nehmen.

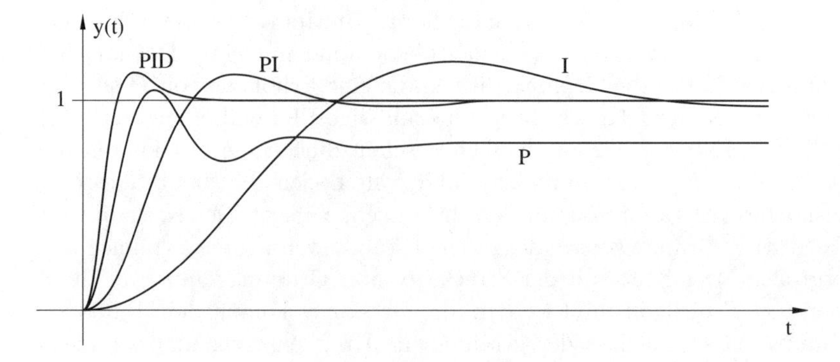

Abb. 2.35. Vergleich verschiedener Reglertypen

I-Regler. Wesentlich bessere Regelergebnisse lassen sich mit einem *Integralregler (I-Regler)* erzielen:

$$K(s) = I\frac{1}{s} = \frac{1}{T_i s} \tag{2.110}$$

Dieser ist wegen (2.105) offensichtlich ein stationär genauer Regler, sofern die Strecke keine Nullstelle bei $s = 0$ hat. Doch von diesem Fall soll hier abgesehen werden. Die stationäre Genauigkeit lässt sich auch anschaulich begründen: Solange die Eingangsgröße e des Reglers ungleich Null ist, wird sich wegen der Integration auch die Ausgangsgröße u des Reglers immer weiter verändern. Erst wenn $e = 0$ gilt, ändert sich auch die Stellgröße u nicht mehr, und das System hat seinen stationären Endzustand erreicht. $e = 0$ bedeutet aber, dass die Regelgröße y gleich der Führungsgröße w ist.

Der Parameter T_i wird Integrierzeit genannt. Je kürzer diese Integrierzeit ist, desto schneller ändert sich die Stellgröße bei gegebener Regelabweichung. Im Interesse einer hohen Regelgeschwindigkeit sollte man T_i also möglichst klein wählen. Auch bei diesem Regler steht dem aber die Forderung nach Stabilität im Wege. Als Beispiel soll ein PT_2–Glied mit einem Integralregler geregelt werden. Die Kreisübertragungsfunktion lautet

$$G(s)K(s) = \frac{V}{\frac{s^2}{\omega_0^2} + \frac{2D}{\omega_0}s + 1}\frac{1}{T_i s} = \frac{V}{T_i}\frac{1}{\frac{s^3}{\omega_0^2} + \frac{2D}{\omega_0}s^2 + s} \tag{2.111}$$

mit der Kreisverstärkung $\frac{V}{T_i}$. Die zugehörige Ortskurve zeigt Abb. 2.36 (linke Kurve). Die zulässige Phasendrehung der Ortskurve um den Punkt -1 beträgt wegen des Integrators $\frac{\pi}{2}$. Falls die Ortskurve der Kreisübertragungsfunktion also wie eingezeichnet verläuft, ist der geschlossene Kreis stabil. Verkleinert man aber die Integrierzeit T_i zur Erhöhung der Regelgeschwindigkeit, so steigt die Kreisverstärkung, und die Ortskurve wird gedehnt, bis sie den Punkt -1 links umfährt. Dann wäre der geschlossene Kreis instabil.

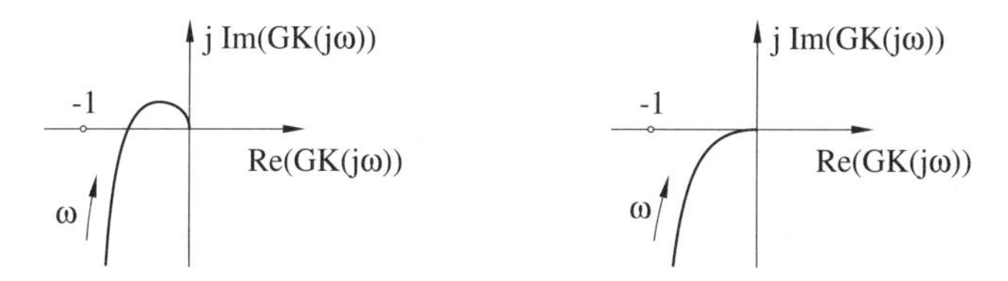

Abb. 2.36. Ortskurve eines PT_2–Gliedes mit I- und PI-Regler

Im Hinblick auf die Stabilität ist der Integralregler nicht besonders günstig. Um die Kreisübertragungsfunktion zu erhalten, muss die Streckenübertragungsfunktion mit dem Faktor $\frac{1}{T_i s}$ multipliziert werden. Die Phase der Kreisübertragungsfunktion ergibt sich demnach als Summe aus der Phase der Streckenübertragungsfunktion $G(s)$ und dem konstanten Winkel $-\frac{\pi}{2}$. Dies bedeutet, dass die Phase der Kreisübertragungsfunktion gegenüber der Streckenübertragungsfunktion um den konstanten Winkel $-\frac{\pi}{2}$ abgesenkt und die Ortskurve im mathematisch negativen Sinn, näher zum Punkt -1 hin verdreht wird. Dadurch steigt offensichtlich die Gefahr der Instabilität. Weiterhin ist der Integralregler, unabhängig von der Integrierzeit, schon von seiner Konfiguration her ein langsamer Regler. Tritt beispielsweise eine plötzliche Regelabweichung auf, so muss der Regler diese Größe erst aufintegrieren, bevor die Stellgröße einen nennenswerten Betrag erreicht. Dieser Effekt ist auch deutlich in Abb. 2.35 zu erkennen. Die Sprungantwort des mit dem I-Regler geregelten PT_3–Gliedes erreicht zwar den richtigen Endwert, steigt aber zu Anfang nur sehr langsam an.

PI-Regler. Die Nachteile werden behoben, wenn man P- und I-Regler miteinander kombiniert. Man gelangt dann zu dem am häufigsten eingesetzten Regler überhaupt, dem *PI-Regler*. Seine Übertragungsfunktion lautet:

$$K(s) = P + I\frac{1}{s} = V_R \frac{T_{pi}s + 1}{T_{pi}s} \tag{2.112}$$

Man kann den PI-Regler also entweder als Parallelschaltung aus P- und I-Regler oder als Hintereinanderschaltung aus Vorhalt $(T_{pi}s + 1)$ und Integrator $\frac{1}{T_{pi}s}$ auffassen. Die zweite Darstellungsart bietet sich zur Aufstellung von Kreisübertragungsfunktionen $G(s)K(s)$ an, da sich bei faktorieller Darstellung leichter die Phase und der Betrag angeben lassen. Anhand der ersten Darstellungsart können dagegen leichter die Sprungantwort und die Ortskurve des Reglers skizziert werden (Abb. 2.37). Aus der Sprungantwort wird sofort deutlich, warum dieser Regler schneller ist als ein I-Regler: Auf eine sprungförmige Regelabweichung reagiert der Regler von vornherein mit einer von Null verschiedenen Stellgröße, die dann durch den Integrator nur noch nachgebessert wird. Die Stellgröße muss im Gegensatz zum I-Regler nicht erst langsam aufintegriert werden. Das verbesserte Regelverhalten ist auch in Abb. 2.35 zu erkennen.

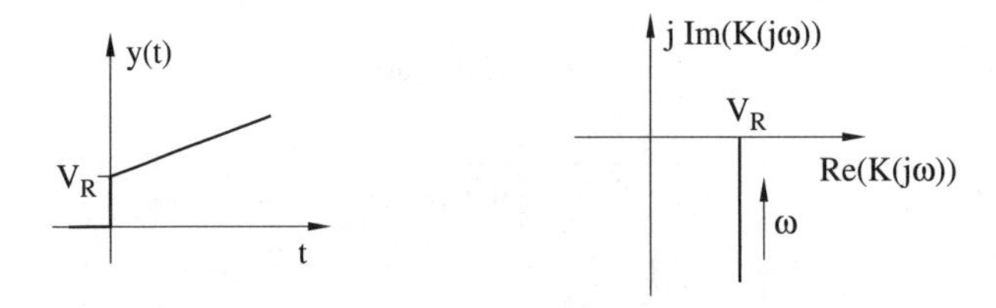

Abb. 2.37. Sprungantwort und Ortskurve eines PI-Reglers

Das im Vergleich zum I-Regler günstigere Stabilitätsverhalten lässt sich aus der Ortskurve ablesen. Für niedrige Frequenzen beträgt die Phase zwar auch annähernd $-\frac{\pi}{2}$, geht dann aber für hohe Frequenzen gegen Null. Während beim I-Regler also die Ortskurve der Strecke in jedem Frequenzbereich um $-\frac{\pi}{2}$ verdreht werden muss, um die Ortskurve der Kreisübertragungsfunktion zu erhalten, fällt diese Verdrehung beim PI-Regler umso geringer aus, je höher die Frequenz ist. Gerade im Bereich hoher Frequenzen gelangen aber die Ortskurven vieler realer Strecken in die Nähe des Punktes -1. Wenn daher in diesem Frequenzbereich auch der Regler selber noch eine nennenswerte Phasendrehung aufweist, kann es leicht passieren, dass die Ortskurve der aus Strecke und Regler bestehenden Kreisübertragungsfunktion den Punkt -1 umfährt und der geschlossene Kreis instabil wird. Aus diesem Grund ist es für die Stabilität des geschlossenen Kreises von Vorteil, dass der PI-Regler gerade in diesem Frequenzbereich nur eine geringe Phasendrehung verursacht. Die Verbesserung ist deutlich in Abb. 2.36 zu erkennen. Die rechte Ortskurve weist für hohe Frequenzen eine geringere Phasendrehung auf, wodurch die Stabilität nicht mehr gefährdet ist.

PID-Regler. Die Stellgröße des PI-Reglers setzt sich aus zwei Anteilen zusammen, einem Integralanteil für die Genauigkeit und einem Proportionalanteil zur Erhöhung der Regelgeschwindigkeit. Eine weitere Verbesserung des Regelverhaltens ist zu erwarten, wenn eine Regelabweichung nicht erst dann bekämpft wird, wenn sie schon existiert, wie es durch den Proportionalanteil geschieht, sondern am besten schon dann, wenn sie im Entstehen ist. Zu diesem Zweck kann man den PI-Regler um einen Differentialanteil erweitern, und man erhält einen PID-Regler:

$$K(s) = P + I\frac{1}{s} + Ds \tag{2.113}$$

Ein idealer Differenzierer mit der Übertragungsfunktion s ist aber weder realisierbar noch erwünscht. Denn ein Faktor s in einem Summanden bedeutet, dass der Summand umso größere Werte annimmt, je höher die Frequenz ist. Wegen dieser Hochpasseigenschaft verstärkt ein idealer Differenzierer daher die in der Praxis immer vorhandenen hochfrequenten Rauschsignale, was natürlich vermieden werden sollte. Bei einem realen PID-Regler ist deshalb der D-Anteil mit der Zeitkonstanten T_v verzögert:

$$K(s) = P + I\frac{1}{s} + D\frac{s}{T_v s + 1} = V_R \frac{T_1 s + 1}{T_1 s}\,\frac{T_2 s + 1}{T_v s + 1} \tag{2.114}$$

Wie man sieht, lässt sich der PID-Regler auch als Reihenschaltung von PI-Regler und einem rationalen Übertragungsglied erster Ordnung, einem sogenannten DT_1-Glied, auffassen. Grundsätzlich können dabei die beiden Nullstellen T_1 und T_2 auch konjugiert komplex sein. Die Vorteile des PID-Reglers gegenüber dem PI-Regler lassen sich anhand seiner Sprungantwort und der Ortskurve erklären, die in Abb. 2.38 dargestellt sind. Dabei sind die Verläufe des idealen PID-Reglers (nach Gl. (2.113)) gestrichelt eingezeichnet. Die Sprungantwort zeigt, dass der Regler genau das geforderte Verhalten aufweist: Eine (hier sprungförmige) Regelabweichung wird durch den D-Anteil in ihrer Anfangsphase sehr heftig bekämpft, während sich der Regler im weiteren Verlauf wie ein PI-Regler verhält. Daneben ist anhand der Ortskurve eine weitere Verbesserung des Stabilitätsverhaltens gegenüber dem PI-Regler festzustellen: Die Phase des PI-Reglers geht für hohe Frequenzen gegen Null, wodurch gewährleistet ist, dass die Ortskurve der Strecke für hohe Frequenzen durch den Regler nicht näher zum Punkt -1 verdreht wird. Dagegen weist der Frequenzgang des PID-Reglers für höhere Frequenzen eine positive Phase auf. Die gegebene Ortskurve einer Strecke kann daher durch den Regler in diesem Frequenzbereich sogar im mathematisch positiven Sinn vom Punkt -1 weggedreht werden.

Zu beachten ist, dass wegen der höheren Anzahl an einstellbaren Parametern der PID-Regler natürlich schwieriger zu dimensionieren ist als ein PI-Regler. Während PI-Regler häufig ohne Rechnung von Hand eingestellt werden, ist dies bei einem PID-Regler kaum möglich, vor allem nicht, wenn eine optimale Einstellung angestrebt wird, die die Möglichkeiten des Reglers voll ausschöpft.

Abb. 2.35 zeigt deutlich, dass der PID-Regler von den Regelergebnissen her der beste der vorgestellten Regler ist. Prinzipiell lässt sich sagen, dass mit zunehmender Komplexität des Reglers die Regelergebnisse immer besser werden. Dies ist nicht verwunderlich, da mehr Freiheitsgrade zur Verfügung stehen, um die gegensätzlichen Forderungen nach Stabilität und ausreichender Dämpfung einerseits sowie Schnelligkeit andererseits zu erfüllen.

An Gleichung (2.113) ist zu erkennen, dass der PID-Regler als Sonderfälle auch die anderen vorgestellten Regler enthält. Je nachdem, ob I, P oder D zu Null gesetzt werden, erhält man einen P-, I- oder PI-Regler. Aus diesem Grund wird der Ausdruck *PID-Regler* häufig als Sammelbegriff für alle hier vorgestellten Regler verwendet.

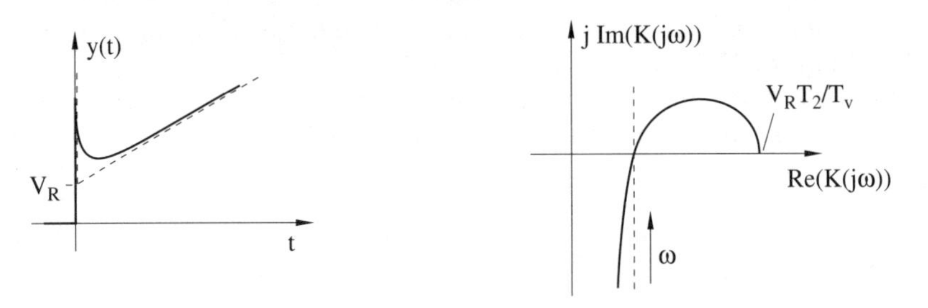

Abb. 2.38. Sprungantwort und Ortskurve eines PID-Reglers

PD-Regler. Nicht unerwähnt bleiben soll an dieser Stelle der *PD-Regler*, der, wie der Name schon sagt, aus einem Proportional- und einem Differentialanteil besteht. Da der Differentialanteil ebenso wie beim PID-Regler nicht ideal realisiert werden kann, ergibt sich für die Übertragungsfunktion des Reglers:

$$K(s) = P + D\frac{s}{T_v s + 1} = V_R \frac{T_1 s + 1}{T_v s + 1} \tag{2.115}$$

Stationäre Genauigkeit kann mit diesem Regler wegen $K(0) \neq \infty$ nur bei integrierenden Strecken erzielt werden. Bei geeigneter Dimensionierung reagiert er aber auf eine Änderung der Regelabweichung stärker als ein P-Regler. Sein Einsatz bietet sich daher an, wenn Genauigkeit nicht so wichtig oder durch einen Integrator in Strecke bzw. Stellglied gewährleistet ist und die mit einem P-Regler erreichbare Regelgeschwindigkeit nicht groß genug ist.

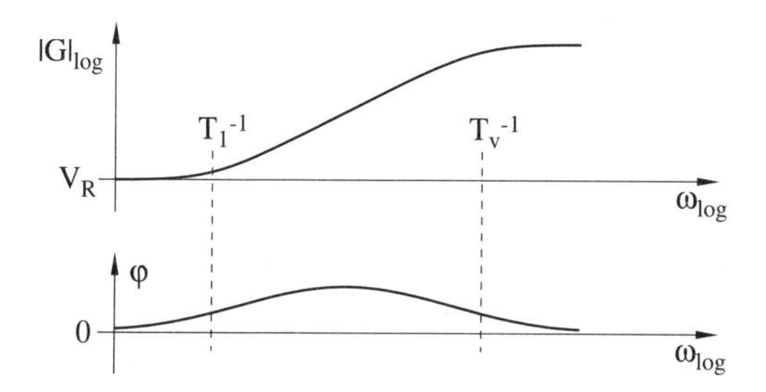

Abb. 2.39. Bode-Diagramm eines PD-Reglers

Der PD-Regler kann aber auch ganz anders verwendet werden. Eine Betrachtung des zugehörigen Bode-Diagramms für $T_1 > T_v$ (Abb. 2.39) zeigt, dass das Hinzufügen eines PD-Reglers zur Strecke eine Anhebung der Phase der Kreisübertragungsfunktion in einem einstellbaren Frequenzbereich mit sich bringt. Denn die Phase der Kreisübertragungsfunktion ergibt sich als Summe der Phasen aller einzelnen Übertragungsglieder. So kann man den PD-Regler dazu nutzen, die Ortskurve der Strecke in eben diesem Frequenzbereich im mathematisch positiven Sinn vom Punkt -1 wegzudrehen. Die eigentliche Regelung wird dann von einem anderen Regler übernommen. Zu beachten ist allerdings, dass mit einer Anhebung der Phase auch eine Vergrößerung des Betrages für höhere Frequenzen einhergeht. Dies führt zu einer Dehnung der Ortskurve und damit möglicherweise zu einer Annäherung an den kritischen Punkt. Andererseits kann natürlich auch $T_1 < T_v$ gewählt werden. In diesem Fall wird der Betrag verkleinert, was jetzt aber mit einer Absenkung der Phase bezahlt werden muss. Im Einzelfall ist abzuwägen, ob die Verwendung eines PD-Reglers als *Phasenkorrekturglied* einen Vorteil bringt.

2.6.3 Reglerentwurf

Damit sind die verschiedenen Regler-Grundtypen mit ihren wesentlichen Eigenschaften vorgestellt worden. Im Folgenden soll nun auf Verfahren eingegangen werden, mit deren Hilfe sie zu berechnen sind. Wenn die Strecke nicht allzu kompliziert ist, können sogar schon einige einfache Überlegungen für die Dimensionierung des Reglers ausreichend sein.

Als Beispiel für solche Überlegungen soll die Berechnung eines geeigneten $PI-$Reglers für ein PT_2-Glied vorgeführt werden. Es sei angenommen, dass das PT_2-Glied zwei reelle Pole aufweist und sich damit schreiben lässt als

$$G(s) = \frac{V}{(T_1 s + 1)(T_2 s + 1)} \tag{2.116}$$

Dann kann man den Regler so dimensionieren, dass sich sein Vorhalt gegen eine Polstelle der Strecke kürzen lässt und ein IT_1–Glied entsteht (rechte Ortskurve in Abb. 2.36). Diese Maßnahme vereinfacht zunächst einmal die Kreisübertragungsfunktion

$$\begin{aligned} G(s)K(s) &= \frac{V}{(T_1 s + 1)(T_2 s + 1)} V_R \frac{T_{pi} s + 1}{T_{pi} s} \\ &= V V_R \frac{1}{T_2 s (T_1 s + 1)} \end{aligned} \tag{2.117}$$

mit $T_{pi} = T_2 > T_1$. Im Interesse einer hohen Regelgeschwindigkeit ist die größere von beiden Zeitkonstanten gekürzt worden. Denn der zugehörige Einschwingvorgang $e^{-\frac{t}{T_2}}$ verläuft langsamer und sollte deshalb eliminiert werden. Das Kürzen von Zeitkonstanten macht aber natürlich nur dann Sinn, wenn die Zeitkonstante in der Übertragungsfunktion auch eine Entsprechung in der realen Strecke hat. Insbesondere bei einer Ersatzzeitkonstanten lässt sich eine Polkürzung nicht durchführen, denn dort stellt der durch die Polstelle repräsentierte Einschwingvorgang nur eine vereinfachte Näherung für den tatsächlichen Einschwingvorgang dar.

Nach der Festlegung $T_{pi} = T_2$ ist nun noch der verbliebene Reglerparameter V_R zu bestimmen. Dazu stellt man die Übertragungsfunktion des geschlossenen Kreises auf:

$$T(s) = \frac{y(s)}{w(s)} = \frac{G(s)K(s)}{G(s)K(s) + 1} = \frac{1}{\frac{T_1 T_2}{V V_R} s^2 + \frac{T_2}{V V_R} s + 1} \tag{2.118}$$

Der geschlossene Kreis ist also offenbar ein PT_2-Glied, dessen Dämpfung D durch den Parameter V_R eingestellt werden kann. Ein Koeffizientenvergleich mit Gleichung (2.43) liefert

$$V_R = \frac{T_2}{4 V T_1 D^2} \tag{2.119}$$

Durch die Wahl einer gewünschten Dämpfung D wird damit auch der zweite Reglerparameter festgelegt, und der geschlossene Kreis verhält sich wie ein gewöhnliches PT_2-Glied mit vorgegebener Dämpfung.

In der Praxis erfolgt die Berechnung der Reglerparameter nach entsprechender Vereinfachung der Streckenübertragungsfunktion oft anhand solcher einfachen Überlegungen, für die es allerdings keinen festen Algorithmus gibt und die von daher ein gewisses Maß an Übersicht und Erfahrung erfordern. Etwas stärker schematisiert ist dagegen das *Wurzelortsverfahren*. Bei diesem Verfahren wird zunächst die Lage der Pole des geschlossenen Kreises in Abhängigkeit von den einstellbaren Reglerparametern angegeben. Aus einer für gut befundenen Polkonfiguration ergibt sich dann die Einstellung des Reglers. Welche Polkonfiguration die beste ist, hängt von den Anforderungen an den Regelkreis und damit vom Anwendungsfall ab. Hier bleibt beim Entwurf noch ein großes Maß an Freiheit, weshalb auch dieses Verfahren ein gewisses Maß an Intuition erfordert.

Vollständig schematisiert ist der Reglerentwurf dagegen bei Verwendung der Einstellregeln nach *Ziegler-Nichols*. Anhand der gemessenen Sprungantwort der Strecke werden gewisse Kenndaten ermittelt, aus denen dann mit Hilfe fester Formeln die Reglerparameter zu berechnen sind. Die regelungstechnischen Überlegungen, die zu diesen Formeln führten, sind nicht ohne weiteres nachzuvollziehen, so dass der Anwender im Falle eines Misserfolges kaum weiß, wie die Parameter zu modifizieren sind.

Eine weitere Möglichkeit ist die Optimierung eines vorgegebenen Gütemaßes (vgl. (2.107)). Aus der Lösung dieser Extremwertaufgabe ergibt sich automatisch die Einstellung des Reglers. Der oft übersehene Freiheitsgrad bei diesem Verfahren ist die Definition des Gütemaßes. Der berechnete Regler ist natürlich nur genau hinsichtlich des vorgegebenen Gütemaßes optimal. Ist dieses ungünstig gewählt, kann sich keine gute Regelung ergeben. Insofern setzt auch dieses Entwurfsverfahren eine gewisse Intuition voraus.

Alle bisher vorgestellten Auslegungsverfahren haben gemeinsam, dass die Struktur des Reglers festgelegt werden muss und sich nur seine Parameter aus den jeweiligen Verfahren ergeben. Und es ist offensichtlich, dass nicht mit jedem Regler jede Strecke stabilisiert werden kann. So lässt sich beispielsweise eine aus zwei hintereinandergeschalteten Integratoren bestehende Strecke prinzipiell nur mit dem PID-, nicht aber mit einem P-, I- oder PI-Regler regeln. Vor der Dimensionierung eines Reglers steht also in allen Fällen die Analyse der Strecke und die Festlegung eines geeigneten Reglertyps.

Dieser Schritt entfällt bei den sogenannten analytischen Verfahren. Hier liefert das Verfahren nicht nur die Reglerparameter, sondern auch die Struktur des Reglers, also die gesamte Regler-Übertragungsfunktion. Dabei können natürlich Übertragungsfunktionen entstehen, die mit dem PID-Regler nichts mehr gemein haben. Beispielhaft sei hier das Verfahren des *Kompensationsreglers* beschrieben. Bei diesem Verfahren wird für den geschlossenen Kreis eine Modell-Übertragungsfunktion $M(s)$ vorgegeben, die sich ihrerseits aus bestimmten Anforderungen an das Einschwingverhalten des geschlossenen Kreises ergibt:

$$T(s) = \frac{G(s)K(s)}{1 + G(s)K(s)} \stackrel{!}{=} M(s) \tag{2.120}$$

Für den Regler ergibt sich damit sofort

$$K(s) = \frac{1}{G(s)} \frac{M(s)}{1 - M(s)} \tag{2.121}$$

Der Regler enthält also die invertierte Streckenübertragungsfunktion, so dass der Einfluss der Strecke in der Kreisübertragungsfunktion $G(s)K(s)$ vollständig eliminiert ist. $M(s)$ muss allerdings so gewählt werden, dass ein realisierbarer Regler entsteht, bei dem die Ordnung des Zählerpolynoms kleiner als die des Nennerpolynoms ist. Ein weiteres Problem stellt die Tatsache dar, dass die Pole und Nullstellen von $G(s)$ normalerweise nicht exakt bestimmt werden können. $G(s)$ und der Faktor $\frac{1}{G(s)}$ in der Übertragungsfunktion des Reglers kompensieren sich also möglicherweise nicht vollständig. Solange $G(s)$ nur Pole und Nullstellen mit negativem Realteil aufweist, ist dies zwar ärgerlich, aber noch kein Problem. Schlimmstenfalls treten (abklingende) Schwingungen auf, die eigentlich hätten eliminiert werden sollen. Hat aber $G(s)$ beispielsweise einen Pol mit positivem Realteil und wird dieser Pol durch $K(s)$ nicht exakt gekürzt, so weist die Kreisübertragungsfunktion $G(s)K(s)$ einen instabilen Pol auf. Auch wenn dies nicht zwangsläufig Instabilität des geschlossenen Kreises bedeutet, sollte man eine instabile Kreisübertragungsfunktion doch vermeiden, wenn man die Möglichkeit dazu hat. Denn es kann durchaus vorkommen, dass durch den Ausfall eines Sensors die Rückführung des Regelkreises aufgetrennt und der Kreis damit geöffnet wird. Dann ist das Übertragungsverhalten vom Ein- zum Ausgang nur noch durch die instabile Kreisübertragungsfunktion bestimmt. Diese Instabilität ist aber hier relativ einfach zu vermeiden. $M(s)$ muss lediglich so festgelegt werden, dass $1 - M(s)$ die einem instabilen Pol von $G(s)$ entsprechende Nullstelle enthält. Dadurch kürzen sich Pol und Nullstelle auf der rechten Seite von Gleichung (2.121), und vom Regler wird die Kompensation dieser Polstelle gar nicht mehr erwartet. Falls $G(s)$ eine Nullstelle mit positivem Realteil enthält, tritt dasselbe Problem auf. Damit nun $K(s)$ keinen instabilen Pol bekommt, muss für $M(s)$ eine entsprechende Nullstelle gewählt werden. Insgesamt gesehen bedeuten die Überlegungen, dass bei der Auswahl der Modellfunktion $M(s)$ von vornherein die Besonderheiten der Strecke zu berücksichtigen sind. Damit hat auch dieses Verfahren seinen Freiheitsgrad, der auf das Gelingen des Reglerentwurfs ganz wesentlichen Einfluss hat.

2.6.4 Strukturerweiterung

Vorfilter. Noch weitergehende Möglichkeiten eröffnen sich, wenn man die in Abb. 2.31 gezeichnete Struktur hinter sich lässt und zusätzliche Elemente und Verbindungen in den Regelkreis einfügt. Eine sehr einfache Maßnahme ist die Verwendung eines *Vorfilters* (Abb. 2.40). Mit diesem ergibt sich für die Führungs-Übertragungsfunktion

$$T(s) = \frac{y(s)}{w(s)} = F(s)\frac{G(s)K(s)}{1 + G(s)K(s)} \tag{2.122}$$

während die Stör-Übertragungsfunktion $S(s)$ unverändert ist, da das Filter außerhalb des geschlossenen Kreises liegt. Aus dem Grund hat es natürlich auch keine Auswirkungen auf die Stabilität des Systems. Damit erhält man die Möglichkeit, Führungs- und Störübertragungsfunktion unabhängig voneinander zu gestalten. Zunächst wird der Regler $K(s)$ für ein optimales Störverhalten dimensioniert und anschließend das Vorfilter $F(s)$ für das Führungsverhalten.

Optimales Störverhalten bedeutet meist eine schnelle Ausregelung von Störungen. Dabei muss zwar die Stabilität berücksichtigt werden, eine hohe Dämpfung ist aber nicht unbedingt erforderlich. Bei der Auslegung ergibt sich daher ein Regler mit großer Verstärkung und als Folge davon ein schlecht gedämpftes System. Dagegen ist beim Führungsverhalten eine ausreichende Mindestdämpfung von großem Interesse. Ein gut gedämpftes Führungsverhalten lässt sich aber nun durch das Vorfilter erzielen. Verwendet man hier beispielsweise einen Tiefpass, so gelangt eine Sollwertveränderung nur noch verzögert, d.h. mit stetigem Verlauf auf den geschlossenen Kreis und kann diesen trotz seiner geringen Dämpfung nicht mehr zu Schwingungen anregen. Aus Sicht der Eingangsgröße stellt sich das System damit als gut gedämpft dar. Durch Einbau eines Vorfilters wird es also möglich, die gegensätzlichen Forderungen nach schneller Ausregelung von Störungen und einem gut gedämpften Führungsverhalten besser in Einklang zu bringen.

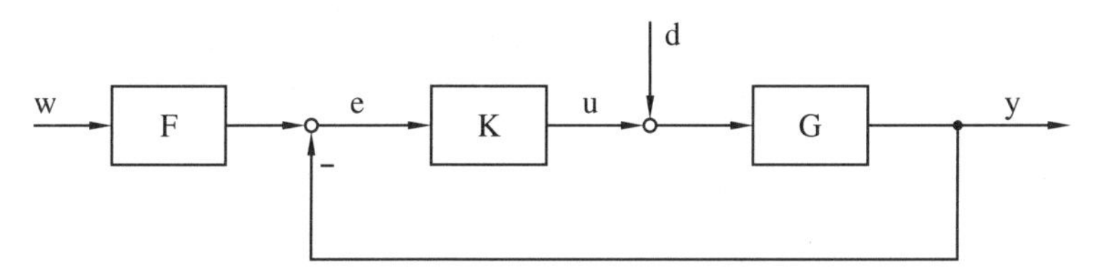

Abb. 2.40. Vorfilter

Störgrößenaufschaltung. Eine andere einfache Strukturerweiterung ist die *Störgrößenaufschaltung*, die ebenfalls nicht im geschlossenen Kreis erfolgt und somit keine Auswirkung auf die Stabilität des Systems hat. In Abb. 2.41 ist die entsprechende Struktur gezeichnet. Dabei sei angenommen, dass die Störung zwischen zwei Streckenteilen $G_1(s)$ und $G_2(s)$ angreift. Ziel ist, die Störung zu kompensieren, bevor sie sich auf die Strecke auswirken kann. Voraussetzung ist natürlich, dass die Störgröße messbar ist. Die einfachste Idee ist, an der Angriffsstelle der Störung ein gleich großes Signal mit entgegengesetztem Vorzeichen aufzuschalten. Dies ist aber normalerweise nicht möglich, da die Störung oft an einer Stelle auf die Strecke einwirkt, an der der Mensch mit einem Stellglied überhaupt keinen Einfluss nehmen kann. So wird beispielsweise der Kurs eines Schiffes durch eine seitlich angreifende Strömung beeinflusst, ohne dass sich die dadurch auf das Schiff wirkende Kraft durch eine an derselben Stelle wirkende Gegenkraft kompensieren lässt. Abhilfe bietet hier nur ein rechtzeitiges Gegenauslenken des Ruders, also ein Eingriff mit der Stellgröße selbst. Entsprechend erfolgt eine Störgrößenaufschaltung normalerweise direkt nach dem Regler, so dass die zusätzliche Information in die Stellgröße mit eingehen kann. Für eine vollständige Kompensation an der Angriffsstelle der Störung muss gelten:

$$F(s) = \frac{1}{G_1(s)} \tag{2.123}$$

Weil diese Funktion aber im allgemeinen nicht exakt zu realisieren ist, hat man sich meist mit einer unvollständigen Kompensation zu begnügen. Im Hinblick auf die Stabilität oder Genauigkeit der Regelung spielt dies jedoch keine Rolle. Denn aus Sicht des Reglers stellt die Aufschaltung nur eine weitere Störung dar, die mit ausgeregelt wird. Eine Störgrößenaufschaltung macht immer dann Sinn, wenn Abweichungen zwischen Ausgangs- und Führungsgröße wegen technischer Randbedingungen unbedingt klein zu halten sind und ein erhöhter mess- und rechentechnischer Aufwand damit gerechtfertigt ist.

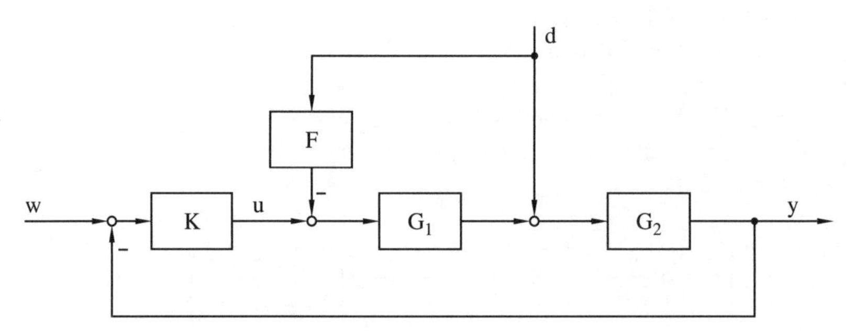

Abb. 2.41. Störgrößenaufschaltung

Ergänzende Rückführung. Eine weitere Möglichkeit zur Verbesserung der Regelung besteht in einer *ergänzenden Rückführung*. Diese wird im Gegensatz zu den beiden bisher vorgestellten strukturerweiternden Maßnahmen in den geschlossenen Kreis eingefügt und hat damit Auswirkungen auf die Stabilität des Systems (Abb. 2.42). Die Idee ist die folgende: Bei tiefpasshaltigen Strecken, wie sie meistens in der Praxis vorliegen, ist die Ausgangsgröße gegenüber internen Größen verzögert. Wenn es daher möglich ist, eine oder mehrere der internen Größen zu messen, kann dem Regler im Falle einer Störung d_1 Information über eine bevorstehende Änderung der Ausgangsgröße schon zugeführt werden, wenn sich die Ausgangsgröße selbst noch gar nicht verändert hat. Entsprechend früher kann der Regler auch Gegenmaßnahmen einleiten, was zu einem verbesserten Störverhalten führt. Dieser Vorteil besteht natürlich nicht, wenn die Störung hinter der Abgriffsstelle angreift, wie es für die eingezeichnete Störgröße d_2 der Fall ist. Hier ist sogar zu beachten, dass die Störübertragungsfunktion

$$\frac{y(s)}{d_2(s)} = \frac{G_2(s) + EKG_1G_2(s)}{1 + KG_1(s)(E(s)+1)} \tag{2.124}$$

bei integrierendem Regler nur dann für $s \to 0$ gegen Null gehen kann (vgl. Gl. (2.103)), wenn $E(s)$ die Polstelle des Reglers bei $s = 0$ im Zählerterm EKG_1G_2 kompensiert. Im Interesse stationärer Genauigkeit muss daher für die Funktion $E(s)$ in der hier vorgestellten Form grundsätzlich gelten: $E(0) = 0$.

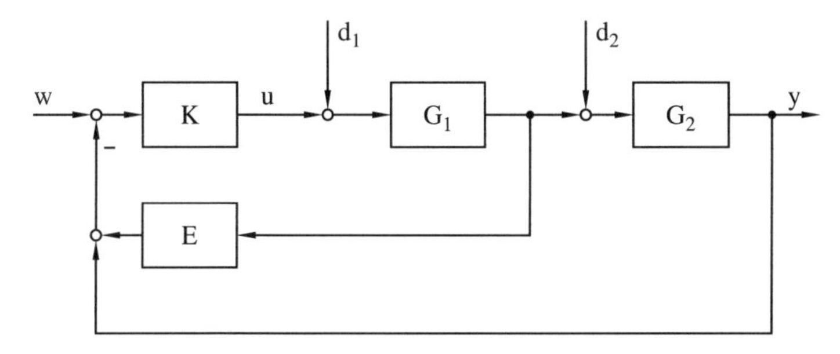

Abb. 2.42. Ergänzende Rückführung

Kaskadenschaltung. Eine spezielle und in der Praxis sehr häufig eingesetzte Form der ergänzenden Rückführung ist die *Kaskadenschaltung*. In Abb. 2.43 ist ein Beispiel für eine zweischleifige Schaltung gezeigt. Dabei können im Prinzip beliebig viele Schleifen auftreten. Eine Kaskadenschaltung bietet sich an, wenn die Strecke als Reihenschaltung verschiedener Übertragungsglieder mit Tiefpasswirkung dargestellt werden kann. Das System wird als eine Folge ineinander geschachtelter Regelkreise behandelt. Jeder Regler ist dabei für den in seiner Rückkopplungsschleife liegenden Streckenteil zuständig. In Abb. 2.43 regelt also Regler 2 die Größe y_2 und bekommt als Sollwert die Ausgangsgröße u_1 des Reglers 1. Der geschlossene, innere Kreis ist für den Regler 1 wiederum Teil der von ihm zu regelnden Strecke. Seine Regelgröße ist die Ausgangsgröße des Systems y_1.

Ein Vorteil ist zunächst wie bei der ergänzenden Rückführung die schnellere Ausregelung von Störungen. Entsteht beispielsweise an der in Abb. 2.43 eingezeichneten Stelle eine Störung d, so kann diese vom Regler 2 bereits bekämpft werden, sobald sich y_2 ändert. Die Auslenkung der eigentlichen Regelgröße y_1 wird dann natürlich weniger stark ausfallen.

Ein weiterer Vorteil ist die Möglichkeit, interne Größen zu begrenzen. In Abb. 2.43 ist am Ausgang des Reglers 1 eine solche Begrenzung eingezeichnet, die in ihrer Funktionsweise dem nichtlinearen Übertragungsglied in Abb. 2.33 entspricht. Diese Begrenzung wirkt zwar auf die Größe u_1 ein, soll aber eigentlich eine Begrenzung für die interne Größe y_2 darstellen. Wenn nämlich Regler 2 schnell und genau genug arbeitet, kann man davon ausgehen, dass y_2 in etwa dem durch u_1 vorgegebenen Verlauf entspricht und damit auch innerhalb der gegebenen Grenzen bleibt.

Schließlich wird die Auswirkung von nichtlinearen Gliedern auf den Regelkreis beschränkt, in dem sie enthalten sind. Würde der innere Regelkreis beispielsweise ein nichtlineares Übertragungsglied enthalten, so wäre von dieser Nichtlinearität bei hinreichend schnellem und genauem Regler 2 im äußeren Regelkreis kaum etwas wahrzunehmen. Denn durch die Regelung ist gewährleistet, dass y_2 in etwa dem Signal u_1 folgt, was einem verzögerten, proportionalen und damit linearen Übertragungsverhalten entspricht.

Der für den Praktiker interessanteste Vorteil ist aber die leichte Inbetriebnahme einer Kaskadenschaltung. Zunächst wird Regler 2 für den inneren Kreis dimensioniert. Der geschlossene innere Kreis kann dann, bei hinreichend schneller Regelung, durch ein PT_1−Glied angenähert werden. Mit dieser Vereinfachung ist es anschließend auch möglich, Regler 1 für den äußeren Kreis zu berechnen. Grundsätzlich dimensioniert man bei einer Kaskadenschaltung die Regler sukzessive von innen nach außen, wobei jeweils der innere Kreis durch ein einfaches Übertragungsglied angenähert wird.

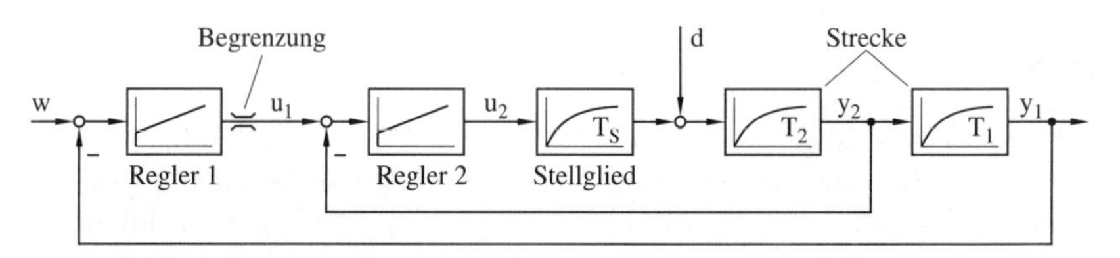

Abb. 2.43. Kaskadenschaltung

Diese Vorgehensweise soll anhand des Beispieles in Abb. 2.43 kurz erläutert werden. Gegeben sei eine aus drei hintereinandergeschalteten PT_1-Gliedern bestehende Strecke, wobei das erste PT_1-Glied als Näherung für das dynamische Verhalten des Stellgliedes zu verstehen ist. Alle drei PT_1-Glieder haben die Verstärkung Eins, was die Rechnung erleichtert. Der von Regler 2 zu regelnde Streckenteil besteht aus zwei PT_1−Gliedern. Dieser Fall ist aber bereits behandelt worden. Als Regler ist ein PI-Regler zu wählen, dessen Zeitkonstante T_{pi} man der größeren der beiden Streckenzeitkonstanten gleichzusetzen hat, um die entsprechende Polstelle zu kompensieren. Hier ist aber eine der beiden Zeitkonstanten, nämlich T_S, sowieso nur eine Ersatzzeitkonstante, d.h. es existiert in der realen Strecke kein entsprechender Pol, der durch den Regler kompensiert werden könnte. Von daher erübrigt sich die Frage nach der größeren Zeitkonstanten, und man setzt $T_{pi} = T_2$. Für die Reglerverstärkung ergibt sich nach Gleichung (2.119)

$$V_R = \frac{T_2}{4T_S D^2} \tag{2.125}$$

Nun ist noch eine geeignete Dämpfung D zu wählen. Der innere Kreis wird nach außen als PT_2-Glied mit gerade dieser Dämpfung erscheinen. Wählt man $D < 1$, so ist dieses PT_2-Glied schwingungsfähig, was wiederum die Regelung des äußeren Regelkreises erschwert. Aus dem Grund kommt nur ein Wert $D \geq 1$ in Frage, wobei für alle diese Werte der innere Kreis ein aperiodisches Einschwingverhalten aufweist, das mit größer werdendem D immer langsamer wird. Für eine optimale Regelgeschwindigkeit bei aperiodischem Einschwingverhalten ist deshalb $D = 1$ die richtige Wahl für den Dämpfungsfaktor. Für das Übertragungsverhalten des inneren Kreises folgt daraus

$$\frac{y_2(s)}{u_1(s)} = \frac{1}{4T_S^2 s^2 + 4T_S s + 1} \tag{2.126}$$

Annäherung dieser Übertragungsfunktion nach Gleichung (2.66) durch ein PT_1-Glied ergibt

$$\frac{y_2(s)}{u_1(s)} \approx \frac{1}{4T_S s + 1} \tag{2.127}$$

Damit besteht dann aber auch die vom Regler 1 zu regelnde Strecke aus zwei PT_1-Gliedern, und bei Vernachlässigung der Begrenzung ergeben sich hier nach völlig analogen Überlegungen die Reglerparameter zu $T_{pi} = T_1$ und

$$V_R = \frac{T_1}{16 T_S D^2} \tag{2.128}$$

Statische Vorsteuerung. Neben den genannten Vorteilen hat die Kaskadenschaltung allerdings den Nachteil eines schlechten Führungsverhaltens. Der Grund ist leicht einzusehen. Wird am Eingang der Schaltung für den äußersten Kreis ein neuer Sollwert vorgegeben, so muss diese Anregung erst die gesamte Reglerkaskade durchlaufen, ehe die Strecke selbst angeregt wird und sich die Ausgangsgröße verändert. Abhilfe bietet hier eine *Vorsteuerung*. Sie verbessert das Führungsverhalten und wird daher oft in Verbindung mit einer Kaskadenregelung verwendet. Eine sogenannte statische Vorsteuerung ist in Abb. 2.44 zu sehen. Die Führungs-Übertragungsfunktion des Systems lautet:

$$T(s) = \frac{y(s)}{w(s)} = \frac{G(s)(K(s) + V)}{G(s)K(s) + 1} \tag{2.129}$$

Da die Vorsteuerung außerhalb des geschlossenen Kreises liegt, kann der Faktor V ohne Rücksicht auf die Stabilität festgelegt werden, was man auch daran erkennt, dass V nicht im Nenner der Übertragungsfunktion auftaucht. Die stationäre Genauigkeit der Regelung ist ebenfalls nicht gefährdet, denn falls $K(s)$ einen Integralanteil enthält, d.h. $\lim\limits_{s\to 0} K(s) = \infty$, gilt weiterhin $\lim\limits_{s\to 0} T(s) = 1$. Die Wirkung einer Vorsteuerung lässt sich folgendermaßen erklären: Falls der Regler beispielsweise ein PI-Regler ist, so wird bei einer Sollgrößenänderung Δw dieser Sprung, multipliziert mit dem Proportionalanteil P des Reglers, an die Strecke weitergegeben. Gleichzeitig gelangt aber auch ein Sprung $V\Delta w$ über den Vorsteuerkanal auf die Strecke. Bei einer Veränderung der Sollgröße vergrößert also gewissermaßen der Vorsteuerkanal den Proportionalanteil des Reglers. Das rückgekoppelte Signal y läuft dagegen nicht über den Vorsteuerkanal, d.h. im weiteren Verlauf ist der Regler auf sich allein gestellt. Der Vorsteuerkanal bleibt konstant auf dem anfangs erreichten Wert, und der Regler wird, falls er einen Integrator enthält, seine Stellgröße so lange weiter verändern, bis die Regelabweichung e verschwunden ist. In der Anfangsphase wird durch die Vorsteuerung also die Anregung auf die Strecke vergrößert, was zu einer erhöhten Regelgeschwindigkeit führt, während im weiteren Verlauf der Vorsteuerkanal die Ausregelung der Regelabweichung nicht mehr beeinflusst.

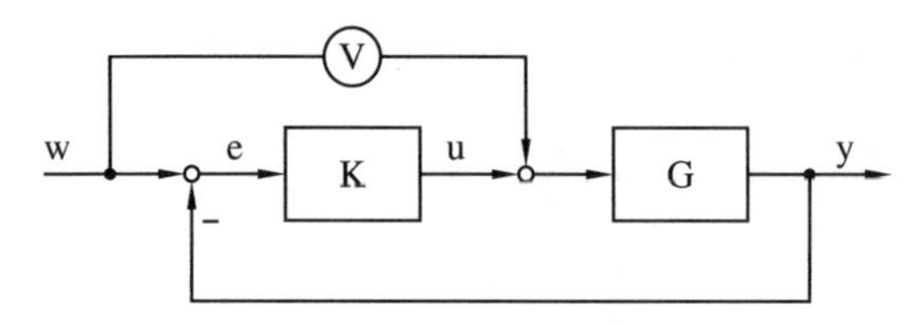

Abb. 2.44. Statische Vorsteuerung

Dynamische Vorsteuerung. Bei einer Kaskadenschaltung lässt sich im Prinzip für jeden Regelkreis eine statische Vorsteuerung einfügen. Eleganter ist aber eine dynamische Vorsteuerung, die auch als *Führungsgrößengenerator* bezeichnet wird. Das Prinzip der Vorsteuerung, nämlich durch eine zusätzliche Aufschaltung das Führungsverhalten des Regelkreises zu verbessern, bleibt aber erhalten. Die Funktionsweise eines Führungsgrößengenerators soll anhand des Beispieles in Abb. 2.45 erläutert werden.

Die Zeitverluste, die bei der Kaskadenregelung dadurch entstehen, dass ein neuer Sollwert erst die gesamte Reglerkaskade durchlaufen muss, ehe er auf die Strecke gelangt, sollen hier dadurch eliminiert werden, dass passend zum Sollwert $y_{1,Ziel}$ für die Hauptregelgröße y_1 ein Sollwert $y_{2,Soll}$ für die innere Regelgröße y_2 abgeleitet und direkt an den inneren Regler 2 gegeben wird. Dieser regelt dann seine Regelgröße y_2 auf den geforderten Wert, und die Hauptregelgröße stellt sich in der Folge theoretisch ohne Mitwirkung von Regler 1 auf den richtigen Wert ein.

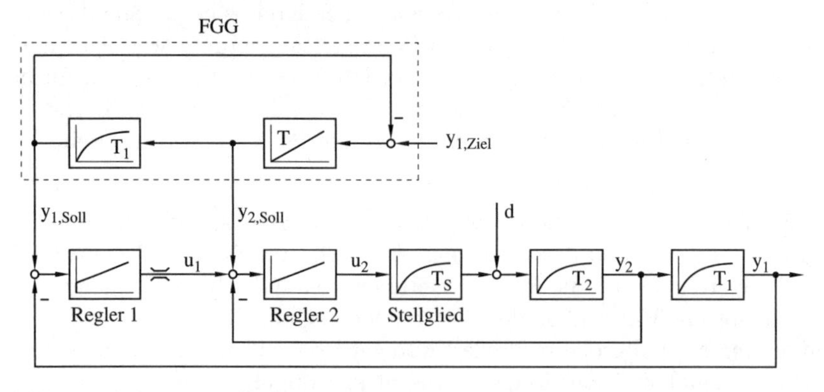

Abb. 2.45. Dynamische Vorsteuerung

Die Berechnung des Sollwertes $y_{2,Soll}$ erfolgt im Führungsgrößengenerator (FGG) mittels eines Streckenmodells. Zwischen $y_{2,Soll}$ und $y_{1,Soll}$ muss der gleiche Zusammenhang wie zwischen y_2 und y_1 bestehen, im vorliegenden Fall also ein PT_1-Glied mit der Verzögerungszeit T_1. Dieses PT_1-Glied ist aber im FGG auch vorhanden.

Wenn nun ein neuer Sollwert $y_{1,Ziel}$ für die Hauptregelgröße vorgegeben wird, so wird sich der Ausgang des Integrators im FGG so lange verändern, bis sein Eingang gleich Null ist, also bis $y_{1,Soll} = y_{1,Ziel}$ gilt. In dem Fall hat aber wegen des oben erwähnten Zusammenhanges auch $y_{2,Soll}$ gerade den zu $y_{1,Ziel}$ passenden Wert erreicht.

Durch den Integrator im FGG wird darüber hinaus auch gewährleistet, dass $y_{2,Soll}$ einen stetigen Verlauf aufweist, der vom Regler 2 für die als Ausgang eines Verzögerungsgliedes sicherlich ebenfalls stetige Größe y_2 dann auch eingehalten werden kann.

Die Gesamtschaltung im FGG, also das Übertragungsverhalten von $y_{1,Ziel}$ nach $y_{1,Soll}$, entspricht einem PT_2-Glied, dessen Dämpfung über die Integrator-Zeitkonstante T eingestellt wird. Wird diese Zeitkonstante groß genug gewählt, so ist die Dämpfung größer als Eins, das Einschwingverhalten ist aperiodisch, und sowohl $y_{1,Soll}$ als auch $y_{2,Soll}$ verändern sich monoton vom alten auf den neuen Sollwert.

Es stellt sich die Frage, warum der äußere Regelkreis überhaupt noch benötigt wird. Man muss aber in der Praxis immer damit rechnen, dass das Streckenmodell im FGG nicht exakt ist oder Störungen in der Strecke zwischen y_2 und y_1 angreifen, die vom Regler 2 natürlich nicht erkannt werden können. Daher ist ein äußerer Regelkreis für die Hauptregelgröße unerlässlich. Da der Sollwert $y_{1,Soll}$ für diese Regelgröße ebenfalls vom FGG stammt, ist sichergestellt, dass die Sollwerte für beide Regler zueinander passen und die Regler nicht gegeneinander arbeiten.

Wie bei der statischen Vorsteuerung gibt es auch beim Führungsgrößengenerator keine Stabilitätsprobleme, sofern seine interne Übertragungsfunktion nicht instabil ist, da auch er außerhalb des geschlossenen Kreises arbeitet. Damit ist er natürlich auch nur bei einer Änderung der Führungsgröße wirksam. Die schnelle Ausregelung von Störungen ist aber durch die Kaskadenschaltung ohnehin gewährleistet.

Entkopplung. Bisher nicht behandelt wurden in diesem Kapitel die Mehrgrößensysteme. Dabei ist es in der Realität der Normalfall, dass auf ein System mehrere Größen einwirken und andererseits auch mehrere Ausgangsgrößen von Interesse sind, wobei jede Ausgangsgröße von mehreren Eingangsgrößen abhängen kann. Man spricht hier von einer *Verkopplung* der einzelnen Größen.

In manchen Fällen lässt sich zu jeder Ausgangsgröße genau eine Eingangsgröße angeben, die einen wesentlichen Einfluss auf die Ausgangsgröße hat, während der Einfluss aller anderen Eingangsgrößen eher gering ist. Dann kann man versuchen, die Übertragungsfunktion von jeder Eingangs- zur zugehörigen Ausgangsgröße zu bestimmen und für dieses Teilsystem eine Regelung wie für ein gewöhnliches Eingrößensystem auszulegen. Der Einfluss der anderen Teilsysteme wird ignoriert. Das Mehrgrößensystem wird also in mehrere Teilsysteme zerlegt, die als voneinander unabhängige Eingrößensysteme behandelt werden. Voraussetzung für den Erfolg dieser Vorgehensweise ist offensichtlich, dass die Kopplungen zwischen den Teilsystemen ausreichend schwach sind.

Bei zu starker Verkopplung der Teilsysteme kann diese Methode aber fatale Folgen haben. Wird beispielsweise durch einen Regler eine Eingangsgröße der Mehrgrößenstrecke verändert, so verändern sich mehrere Ausgangsgrößen, was Reaktionen anderer Regler hervorruft, die sich wiederum auf die Regelgröße des ersten Reglers auswirken können. Dieser leitet daraufhin entsprechende Gegenmaßnahmen ein, was wiederum Gegenmaßnahmen anderer Regler hervorruft. Es ist unwahrscheinlich, dass das System jemals in einen stationären Endzustand kommt. Schlimmstenfalls können die Schwingungen sogar aufklingen.

Man kann aber weiterhin für jede Größe einen eigenen Regelkreis auslegen, falls sich der Einfluss der anderen Größen auf diesen Kreis kompensieren lässt. Abb. 2.46 zeigt als Beispiel eine Zweigrößenstrecke, bei der sich die Stellgrößen u_1 und u_2 über die Übertragungsglieder G_{ij} auf beide Ausgangsgrößen auswirken. Damit jeder der beiden Regelkreise für sich dimensioniert werden kann, sind die Größen d_1 und d_2 zu kompensieren. Dies geschieht mit den Signalen a_1 und a_2, die über die *Entkopplungsglieder* E_{ij} aus den Stellgrößen hervorgehen. Beispielsweise muss für eine Kompensation von d_2 durch a_2 gelten:

$$G_{11}(s)a_2(s) \stackrel{!}{=} -d_2(s) \tag{2.130}$$

Die Entkopplung entspricht damit im Prinzip einer Störgrößenaufschaltung. Aus (2.130) folgt mit $d_2(s) = G_{12}(s)u_2(s)$ und $a_2(s) = E_{12}(s)u_2(s)$ für die Berechnung des Entkopplungsgliedes:

$$\begin{aligned} G_{11}(s)E_{12}(s)u_2(s) &\stackrel{!}{=} -G_{12}(s)u_2(s) \\ \Rightarrow \qquad E_{12}(s) &= -\frac{G_{12}(s)}{G_{11}(s)} \end{aligned} \tag{2.131}$$

Analog dazu gilt für das zweite Entkopplungsglied:

$$E_{21}(s) = -\frac{G_{21}(s)}{G_{22}(s)} \tag{2.132}$$

Da bei diesen Formeln Übertragungsfunktionen im Nenner auftauchen, gibt es natürlich Beschränkungen in Bezug auf Nullstellen mit positivem Realteil und auch in Bezug auf die Ordnung von Zähler- und Nennerpolynom, so dass eine solche Entkopplung in vielen Fällen nur eingeschränkt oder gar nicht möglich ist.

Die in diesem Kapitel vorgestellten Methoden eignen sich hervorragend zur Regelung linearer Eingrößensysteme, aber auch nichtlineare Strecken (nach einer Linearisierung) und sogar Mehrgrößensysteme lassen sich teilweise noch mit diesen einfachen Mitteln regeln. Daher besteht der überwältigende Anteil aller industriell eingesetzten Regler aus Reglern vom PID-Typ mit den verschiedensten Strukturerweiterungen. In der Forschung wird dagegen seit den sechziger Jahren ein anderer Ansatz verfolgt, der eine wesentlich tiefere Einsicht in das Systemverhalten mit sich bringt und dadurch eine

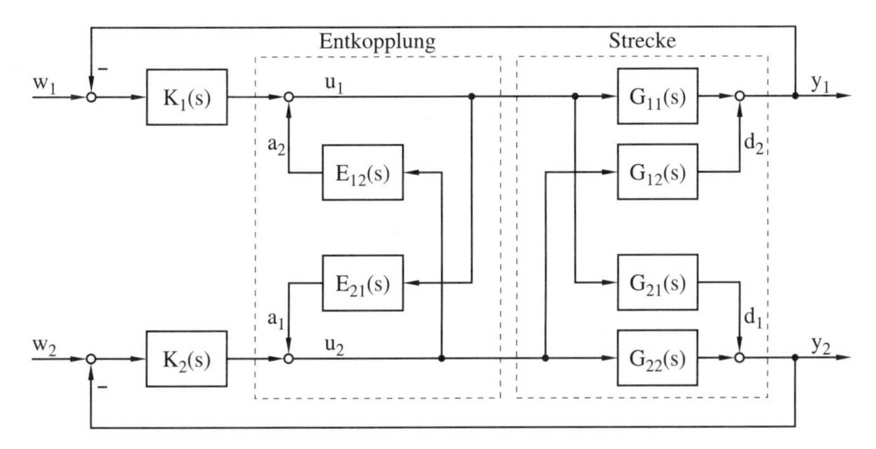

Abb. 2.46. Entkopplung bei einem Zweigrößensystem

Mehrgrößenregelung von Strecken beliebiger Ordnung in einem geschlossenen Ansatz ermöglicht. Es ist das im nächsten Kapitel vorgestellte Prinzip der Zustandsregelung.

2.7 Zustandsdarstellung und Zustandsregelung

2.7.1 Grundlagen

Definition von Zustandsgrößen. Die Methodik, die den klassischen regelungstechnischen Verfahren zu Grunde liegt, lässt sich folgendermaßen skizzieren: Die Differentialgleichungen der Strecke werden in den Frequenzbereich transformiert und zu einer Übertragungsfunktion zusammengefasst, für die dann - ebenfalls im Frequenzbereich - ein geeigneter Regler gesucht wird. Diese Vorgehensweise ist in der Mitte des Jahrhunderts entwickelt worden, während sich die Regelungstechnik als eigenständige Wissenschaft etablierte. Aber seit Beginn der sechziger Jahre ist an ihre Seite eine völlig andere Methodik getreten, die in diesem Kapitel vorgestellt werden soll. Sie wird als Zustandsraummethodik bezeichnet und geht zu großen Teilen auf Rudolf Kalman zurück [79, 209].

Der entscheidende Unterschied zur bisherigen Vorgehensweise liegt in einer Betrachtung der internen Größen des Systems. Versuchte man früher, die internen Größen zu eliminieren und durch die Übertragungsfunktion einen direkten Zusammenhang zwischen Ein- und Ausgangsgrößen herzustellen, so wird bei der Zustandsraummethodik gerade das gegenteilige Ziel verfolgt. Hier wird auf das Verhalten der internen Systemgrößen besonderes Augenmerk gelegt, während die Ausgangsgrößen nur am Rande betrachtet werden. Es wird sich zeigen, dass die Betrachtung der internen Größen zu wesentlich besseren Einsichten in das Systemverhalten führt.

Das zu Grunde liegende Prinzip ist relativ einfach. Die Differentialgleichungen der Strecke werden nicht mehr in den Frequenzbereich transformiert und zu einer Übertragungsfunktion zusammengefasst, sondern im Zeitbereich so zerlegt, dass ein System aus Differentialgleichungen erster Ordnung entsteht. Dies ist immer möglich, denn jede Differentialgleichung k-ter Ordnung lässt sich in k Gleichungen erster Ordnung zerlegen, sofern man genügend interne Hilfsgrößen, die sogenannten *Zustandsgrößen* einführt. Diese Zustandsgrößen oder *Zustandsvariablen* können dabei durchaus realen physikalischen Größen entsprechen. Am Ende erhält man für eine Strecke n-ter Ordnung ein System von n Differentialgleichungen erster Ordnung, wodurch die n Zustandsgrößen festgelegt sind. Die Ausgangsgrößen des Systems können dann durch gewöhnliche Funktionen der Eingangs- und Zustandsgrößen beschrieben werden. Es ergibt sich

$$\begin{aligned} \dot{x}_i &= f_i(x_1, x_2, ..., u_1, u_2, ..., t) \qquad i \in \{1, ..., n\} \\ y_j &= g_j(x_1, x_2, ..., u_1, u_2, ..., t) \qquad j \in \{1, ..., m\} \end{aligned} \tag{2.133}$$

bzw. in vektorieller Schreibweise

$$\begin{aligned} \dot{\mathbf{x}} &= \mathbf{f}(\mathbf{x}, \mathbf{u}, t) \\ \mathbf{y} &= \mathbf{g}(\mathbf{x}, \mathbf{u}, t) \end{aligned} \tag{2.134}$$

mit $\mathbf{x} = [x_1, ..., x_n]^T$, $\mathbf{u} = [u_1, ...]^T$, $\mathbf{y} = [y_1, ..., y_m]^T$, $\mathbf{f} = [f_1, ..., f_n]^T$ und $\mathbf{g} = [g_1, ..., g_m]^T$.

Diese Gleichungen bezeichnet man als die *Zustandsdarstellung* des Systems. Dabei sind die u_i die Eingangsgrößen des Systems, die x_i die Zustandsgrößen, die y_i die Ausgangsgrößen und die f_i und g_i zunächst beliebige, skalare Funktionen der Zustands- und Eingangsgrößen sowie der Zeit t. Die Ausgangsgrößen müssen nicht unbedingt von den Zustandsgrößen verschieden sein. Bei Gleichheit einer Zustandsgröße und einer Ausgangsgröße wird die zugehörige Funktion g_j natürlich trivial: $y_j = g_j(\mathbf{x}, \mathbf{u}, t) = x_j$. Allgemein ist aber davon auszugehen, dass die Anzahl der Ausgangsgrößen m kleiner ist als die Anzahl der Zustandsgrößen n. Da $\mathbf{u}$ und $\mathbf{y}$ als Vektoren definiert werden, sind Mehrgrößensysteme in diesem Ansatz offensichtlich von vornherein enthalten. Bei Bedarf kann aus diesen Gleichungen auch ein direkter Zusammenhang zwischen Ein- und Ausgangsgrößen ermittelt werden, wie später noch gezeigt wird. Eine Beschränkung auf lineare und zeitinvariante Systeme, wie sie bisher durch die Anwendung der Laplace-Transformation erforderlich war, entfällt.

Eigenschaften von Zustandsgrößen. Anhand eines sehr einfachen Beispieles soll nun ein Gefühl dafür vermittelt werden, was eigentlich eine Zustandsgröße ist. Gegeben sei ein Körper der Masse m, auf den eine Kraft f_a einwirkt (Abb. 2.47), wobei die Reibung vernachlässigt werden soll. Die zugehörigen Gleichungen lauten:

$$
\begin{aligned}
f_a(t) &= m\, a(t) \\
a(t) &= \frac{dv(t)}{dt} \\
v(t) &= \frac{dl(t)}{dt}
\end{aligned}
\tag{2.135}
$$

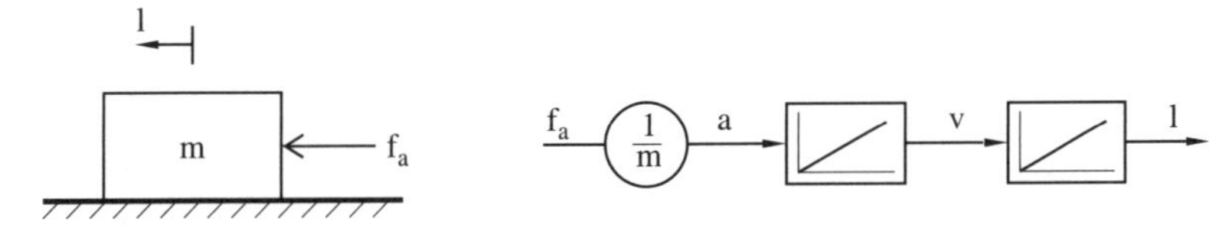

Abb. 2.47. Beschleunigter Körper

Ausgehend von einem festen Zeitpunkt t_0 soll nun die Lage l des Körpers zu einem späteren Zeitpunkt $t_1 > t_0$ ermittelt werden. Eine Umformung der Gleichungen liefert

$$
\begin{aligned}
a(t) &= \frac{1}{m} f_a(t) \\
v(t) &= \int_{t_0}^{t} a(\tau) d\tau + v(t_0) \\
l(t) &= \int_{t_0}^{t} v(\tau) d\tau + l(t_0)
\end{aligned}
\tag{2.136}
$$

und Einsetzen in die letzte Gleichung schließlich

$$
l(t_1) = \int_{t_0}^{t_1} \left[\int_{t_0}^{\tau} \frac{1}{m} f_a(\sigma) d\sigma + v(t_0) \right] d\tau + l(t_0) \tag{2.137}
$$

Folgendes ist ersichtlich: Die Lage $l(t_1)$ zu einem bestimmten Zeitpunkt kann nur dann berechnet werden, wenn die Anfangswerte $l(t_0)$ und $v(t_0)$ sowie der Verlauf der Eingangsgröße des Systems $f_a(t)$ im Zeitintervall $t \in [t_0, t_1]$ bekannt sind. Frühere Vorgänge für $t < t_0$ spielen keine Rolle. Daraus folgt, dass $l(t_0)$ und $v(t_0)$ offenbar den Zustand des Systems zum Zeitpunkt t_0 vollständig charakterisieren. Mit Kenntnis dieses Zustandes und der von diesem Zeitpunkt an angreifenden Eingangsgröße $f_a(t)$ lässt sich jeder Folgezustand berechnen. $a(t_0)$ ist dafür nicht erforderlich, da zur Berechnung von $a(t)$ aus der Eingangsgröße im Gegensatz zu $v(t)$ und $l(t)$ auch keine Integration erforderlich ist. Die Beschleunigung kann sogar ohne weiteres eliminiert werden. Man erhält dann eine Zustandsdarstellung des Systems gemäß Gleichung (2.133) mit den Zustandsgrößen $x_1 = v$ und $x_2 = l$, der Ausgangsgröße $y = l$ und der Eingangsgröße $u = f_a$:

$$\begin{aligned}\dot{x}_1 &= \frac{dv(t)}{dt} = \frac{1}{m}f_a(t) = f_1(u) \\ \dot{x}_2 &= \frac{dl(t)}{dt} = v(t) = f_2(x_1) \\ y &= l(t) = g(x_2)\end{aligned} \tag{2.138}$$

Anhand der Form der beiden Gleichungen (2.134) lässt sich auch allgemein beweisen, dass das Systemverhalten durch die Werte der Zustandsgrößen zu einem bestimmten Zeitpunkt und den weiteren Verlauf der Eingangsgrößen eindeutig bestimmt ist. Ebenso ergibt sich durch Umstellen der Zustandsgleichungen sofort, dass die Zustandsgrößen immer durch Integration aus anderen Größen hervorgehen und daher in einem Blockschaltbild Ausgangsgrößen von Integratoren sein müssen (vgl. auch Abb. 2.47):

$$\mathbf{x}(t) = \int\limits_{\tau=0}^{t} \mathbf{f}(\mathbf{x}(\tau), \mathbf{u}(\tau), \tau)d\tau + \mathbf{x}(0) \tag{2.139}$$

Da weiterhin als Argumente des Vektors $\mathbf{f}$ keine Ableitungen auftreten, sind die Zustandsgrößen immer das Ergebnis einer Integration endlicher Größen und damit grundsätzlich stetig. Die Integratoren können daher wegen ihres nur stetig veränderlichen Inhaltes auch als Speicher interpretiert werden, was in vielen Fällen die Anschaulichkeit der Zustandsdarstellung erhöht. Als Speichergrößen kommen stetig veränderliche Größen wie Masse an Flüssigkeit in einem Behälter oder Energie in Frage. Die Zustandsgrößen repräsentieren dann beispielsweise den Energieinhalt des Systems.

Fasst man die Zustandsgrößen zu einem Zustandsvektor $\mathbf{x} = [x_1, ..., x_n]^T$ zusammen, so beschreibt dieser Vektor einen Punkt im n-dimensionalen *Zustandsraum*. Wegen der Stetigkeit der einzelnen Komponenten bilden diese Punkte im zeitlichen Verlauf eine Trajektorie oder *Zustandskurve*. In Abb. 2.48 ist eine solche Kurve für die oben beschriebene Strecke dargestellt. Ausgehend vom Anfangszustand $l(0) = v(0) = 0$ nehmen Lage und Geschwindigkeit bei konstanter positiver Beschleunigung zunächst zu. Da die Geschwindigkeit in der Anfangsphase der Bewegung stärker ansteigt als die Lage, ergibt sich eine parabolische Kurvenform. Anschaulich gesehen muss erst eine Geschwindigkeit vorhanden sein, bevor eine Lageänderung eintritt. Zum Zeitpunkt t_1 wird die Kraft bzw. die Beschleunigung auf einen negativen Wert umgeschaltet. Die Geschwindigkeit verringert sich wieder, bis die Endposition zum Zeitpunkt t_2 erreicht ist. Berechnen lässt sich eine solche Zustandskurve, wenn man in den Zustandsgleichungen die Zeit eliminiert und v direkt in Abhängigkeit von l angibt.

Zustandsdarstellung linearer Systeme. Die Zustandsdarstellung kann noch stärker schematisiert werden, wenn man sich auf lineare und zeitinvariante Systeme ohne Totzeiten beschränkt. Die Vektorfunktionen $\mathbf{f} = [f_1, ..., f_n]^T$ und $\mathbf{g} = [g_1, ..., g_m]^T$ werden dadurch zu linearen Funktionen

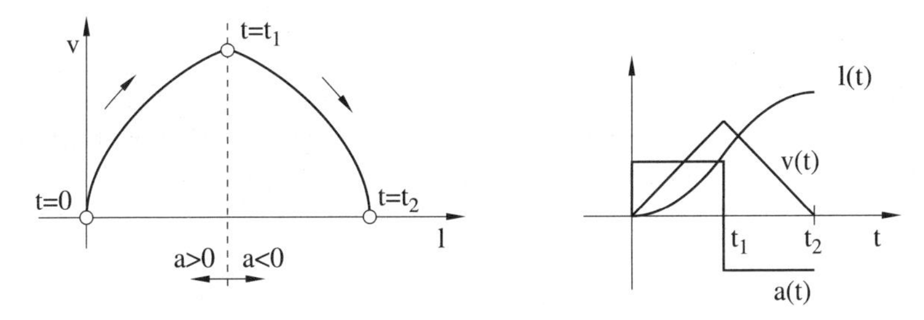

Abb. 2.48. Verstellvorgang mit konstanter Beschleunigung

von den Zustands- und Eingangsgrößen. Damit lassen sich die Gleichungen (2.134) auch schreiben als

$$\begin{aligned} \dot{\mathbf{x}} &= \mathbf{A}\mathbf{x} + \mathbf{B}\mathbf{u} \\ \mathbf{y} &= \mathbf{C}\mathbf{x} + \mathbf{D}\mathbf{u} \end{aligned} \tag{2.140}$$

$\mathbf{A}, \mathbf{B}, \mathbf{C}$ und $\mathbf{D}$ sind Matrizen mit konstanten Koeffizienten. $\mathbf{A}$ bezeichnet man als *Systemmatrix*, $\mathbf{B}$ als *Eingangsmatrix*, $\mathbf{C}$ als *Ausgangsmatrix* und $\mathbf{D}$ als *Durchgangsmatrix*. Abb. 2.49 skizziert die Zusammenhänge. Der Integrator steht dabei für eine komponentenweise Integration des Vektors $\dot{\mathbf{x}}$.

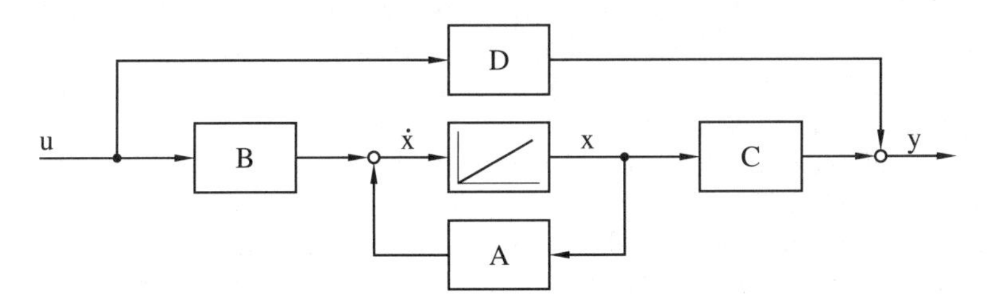

Abb. 2.49. Zustandsdarstellung einer linearen Strecke

Im Eingrößenfall hat das System zwar nur eine Ein- und Ausgangsgröße, d.h. u und y sind Skalare, aber weiterhin beliebig viele Zustandsgrößen. $\mathbf{A}$ ist daher immer von der Ordnung $n \times n$, wobei n die Streckenordnung kennzeichnet. Dagegen wird $\mathbf{B}$ im Eingrößenfall zu einer $n \times 1$-Matrix, $\mathbf{C}$ zu einer $1 \times n$-Matrix und $\mathbf{D}$ zu einem Skalar.

Zur Verdeutlichung soll das oben angegebene Beispiel um eine Feder und eine geschwindigkeitsabhängige Reibung erweitert werden, so dass sich das schon in Abb. 2.4 dargestellte System ergibt. Umformen der Gleichungen (2.1) bis (2.5) und Elimination der Beschleunigung liefert die Zustandsgleichungen

$$\begin{aligned} \frac{dv(t)}{dt} &= \frac{1}{m} f_a(t) - \frac{c_r}{m} v(t) - \frac{c_f}{m} l(t) \\ \frac{dl(t)}{dt} &= v(t) \end{aligned} \tag{2.141}$$

und die triviale Ausgangsgleichung

$$l(t) = l(t) \tag{2.142}$$

Hier bietet sich eine Deutung der Zustandsgrößen als Energieinhalt des Systems an. Und zwar repräsentiert die Lage die Auslenkung der Feder und damit die potentielle Energie des Systems, während die Geschwindigkeit ein Maß für die kinetische Energie darstellt. In Matrizenschreibweise lauten die Gleichungen

$$\begin{aligned} \dot{\mathbf{x}} &= \begin{bmatrix} \dot{v} \\ \dot{l} \end{bmatrix} = \begin{bmatrix} -\frac{c_r}{m} & -\frac{c_f}{m} \\ 1 & 0 \end{bmatrix} \begin{bmatrix} v \\ l \end{bmatrix} + \begin{bmatrix} \frac{1}{m} \\ 0 \end{bmatrix} f_a = \mathbf{A}\mathbf{x} + \mathbf{B}\mathbf{u} \\ \mathbf{y} &= l = \begin{bmatrix} 0 & 1 \end{bmatrix} \begin{bmatrix} v \\ l \end{bmatrix} + 0\, f_a = \mathbf{C}\mathbf{x} + \mathbf{D}\mathbf{u} \end{aligned} \tag{2.143}$$

Wegen $\mathbf{D} = \mathbf{0}$ ist in diesem Beispiel die Ausgangsgröße ausschließlich eine Linearkombination der Zustandsgrößen und nicht direkt von der Eingangsgröße abhängig. Damit kann sich die Ausgangsgröße aber ebenso wie die Zustandgrößen auch bei sprungförmiger Eingangsgröße nur stetig verändern. Dies gilt für alle Strecken, bei denen der Übertragungskanal vom Ein- zum Ausgang einen Tiefpass wie z.B. einen Integrator oder ein Verzögerungsglied enthält, denn die Ausgangsgröße eines solchen Übertragungsgliedes und damit natürlich auch die Ausgangsgröße des Systems kann grundsätzlich nur stetig verlaufen. Da weiterhin fast alle realen Strecken tiefpasshaltig sind, ist der Fall $\mathbf{D} = \mathbf{0}$ der Normalfall in der Praxis und wird auch als Voraussetzung insbesondere für die Auslegung von Reglern oft benötigt.

Zu beachten ist außerdem, dass Laufzeitglieder, obwohl sie lineare Übertragungsglieder sind, in einer Zustandsgleichung nicht dargestellt werden können. Dies widerspräche auch dem Gedanken, dass sich aus dem momentanen Zustand der Strecke alle folgenden Vorgänge im System berechnen lassen können. Zur Berechnung der Ausgangsgröße eines Laufzeitgliedes ist dagegen wegen seiner Speicherwirkung die Kenntnis eines vergangenen Zustandes notwendig.

Normalformen. In den beiden vorangegangenen Beispielen waren die gegebenen Differentialgleichungen der Strecke von vornherein erster Ordnung. Dies hatte zur Folge, dass keine zusätzlichen Größen als Zustandsgrößen eingeführt werden mussten. Sie ergaben sich aus der Struktur der Strecke und hatten deshalb auch eine reale physikalische Entsprechung in den Größen *Geschwindigkeit* und *Lage*. Dies muss nicht immer so sein. Grundsätzlich können die Zustandsgrößen nach beliebigen Kriterien festgelegt werden, beispielsweise, um der Systemmatrix $\mathbf{A}$ eine bestimmte Form zu verleihen. Anhand eines einfachen Beispiels soll dies verdeutlicht werden. Gegeben sei ein Eingrößensystem mit der Übertragungsfunktion

$$G(s) = \frac{b_n s^n + b_{n-1} s^{n-1} + ... + b_0}{s^n + a_{n-1} s^{n-1} + ... + a_0} \tag{2.144}$$

Zunächst soll versucht werden, ein zu dieser Übertragungsfunktion gehörendes Blockschaltbild zu entwickeln, das nur Integratoren und Multiplikationen mit konstanten Faktoren enthält. Da aber die Multiplikation eines Signales mit einem Faktor und anschließende Integration genau dasselbe Ergebnis liefern wie die Integration und anschließende Multiplikation, gibt es offensichtlich verschiedene Möglichkeiten, ein solches Blockschaltbild zu konstruieren. Zwei dieser Möglichkeiten sind in Abb. 2.50 gezeigt. Es handelt sich dabei um zwei besonders häufig vorkommende Formen, und zwar die *Regelungsnormalform* und die *Beobachtungsnormalform*. Diese Normalformen zeichnen sich dadurch aus, dass die Koeffizienten der Übertragungsfunktion auch direkt als Faktoren im Blockschaltbild auftauchen.

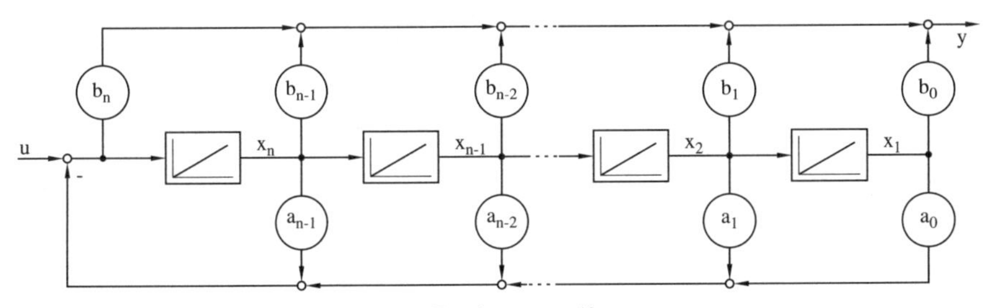

Regelungsnormalform

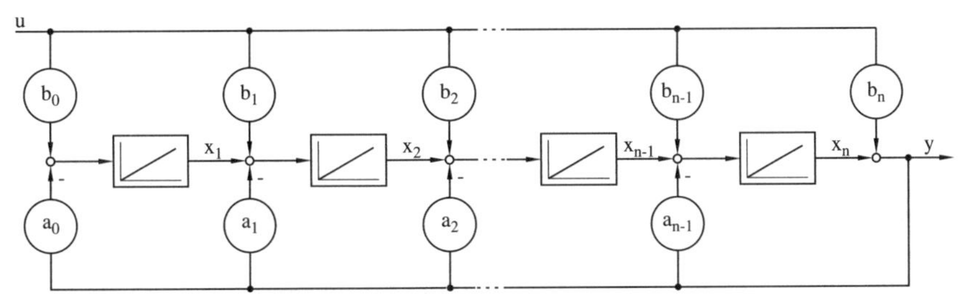

Beobachtungsnormalform

Abb. 2.50. Normalformen einer rationalen Übertragungsfunktion

Beide Blockschaltbilder enthalten jeweils n Integratoren, und n ist auch gerade die Ordnung des Systems. Für eine Zustandsdarstellung des Systems sind damit n Zustandsgrößen sowie eine Ein- und eine Ausgangsgröße notwendig. Andererseits gehen Zustandsgrößen immer durch Integration aus anderen Größen hervor. Um eine Zustandsdarstellung zu erhalten, ist es deshalb naheliegend, die Ausgangsgrößen der Integratoren als Zustandsgrößen zu verwenden, wie sie auch schon in den Blockschaltbildern eingezeichnet sind. Die Gleichung für die Zustandsgröße x_n in der Beobachtungsnormalform lautet beispielsweise

$$x_n(t) = \int_{\tau=0}^{t} b_{n-1}u(\tau) + x_{n-1}(\tau) - a_{n-1}(x_n(\tau) + b_n u(\tau))d\tau + x_n(0) \quad (2.145)$$

bzw.

$$\dot{x}_n = b_{n-1}u + x_{n-1} - a_{n-1}(x_n + b_n u) \quad (2.146)$$

Insgesamt ergibt sich anhand der Blockschaltbilder für die Zustandsdarstellung des Systems in Regelungsnormalform

$$\dot{\mathbf{x}} = \begin{bmatrix} 0 & 1 & 0 & \cdots & 0 & 0 \\ 0 & 0 & 1 & \cdots & 0 & 0 \\ \cdots & \cdots & \cdots & \cdots & \cdots & \cdots \\ 0 & 0 & 0 & \cdots & 1 & 0 \\ 0 & 0 & 0 & \cdots & 0 & 1 \\ -a_0 & -a_1 & -a_2 & \cdots & -a_{n-2} & -a_{n-1} \end{bmatrix} \mathbf{x} + \begin{bmatrix} 0 \\ \cdots \\ \cdots \\ \cdots \\ 0 \\ 1 \end{bmatrix} u$$

$$y = [b_0 - b_n a_0, b_1 - b_n a_1, ..., b_{n-1} - b_n a_{n-1}]\mathbf{x} + b_n u \quad (2.147)$$

und in Beobachtungsnormalform:

$$\dot{\mathbf{x}} = \begin{bmatrix} 0\,0 \cdots 0 & -a_0 \\ 1\,0 \cdots 0 & -a_1 \\ 0\,1 \cdots 0 & -a_2 \\ \cdots\cdots & \cdots \\ 0\,0 \cdots 1 & -a_{n-1} \end{bmatrix} \mathbf{x} + \begin{bmatrix} b_0 - b_n a_0 \\ b_1 - b_n a_1 \\ b_2 - b_n a_2 \\ \cdots \\ b_{n-1} - b_n a_{n-1} \end{bmatrix} u$$

$$y = [0, ..., 0, 1]\mathbf{x} + b_n u \quad (2.148)$$

Neben diesen beiden Normalformen existieren noch andere, von denen man je nach Anwendungsfall eine bevorzugen wird.

Allgemein lässt sich die Festlegung von Zustandsgrößen auch als Definition eines Koordinatensystems im n-dimensionalen Zustandsraum interpretieren. Ein gegebener Systemzustand zu einem bestimmten Zeitpunkt t_1 ist ein Punkt in diesem Raum. Dieser Punkt ist gerade durch den Wert jeder einzelnen Zustandsgröße zum Zeitpunkt t_1 definiert. Bei anders gewählten Zustandsgrößen ergeben sich zwar andere Werte, der Punkt und damit der Systemzustand muss aber immer derselbe bleiben. Eine andere Wahl der Zustandsgrößen entspricht damit lediglich einer Änderung bzw. Transformation des Koordinatensystems.

Eine solche Koordinatentransformation lässt sich durch eine reguläre und deshalb auch invertierbare Transformationsmatrix $\mathbf{T}$ beschreiben. Mit dieser gilt für den neuen Zustandsvektor: $\mathbf{z} = \mathbf{T}^{-1}\mathbf{x}$. Einsetzen von $\mathbf{x} = \mathbf{Tz}$ und $\dot{\mathbf{x}} = \mathbf{T\dot{z}}$ in (2.140) liefert die Zustandsdarstellung für die neuen Zustandsgrößen

$$\dot{\mathbf{z}} = \mathbf{T}^{-1}\mathbf{ATz} + \mathbf{T}^{-1}\mathbf{Bu}$$
$$\mathbf{y} = \mathbf{CTz} + \mathbf{Du} \quad (2.149)$$

mit den neuen Matrizen

$$\mathbf{A}' = \mathbf{T}^{-1}\mathbf{A}\mathbf{T} \qquad \mathbf{B}' = \mathbf{T}^{-1}\mathbf{B} \qquad \mathbf{C}' = \mathbf{C}\mathbf{T} \qquad \mathbf{D}' = \mathbf{D} \tag{2.150}$$

Da das neue System aber lediglich durch eine Koordinatentransformation aus dem alten hervorgegangen ist, müssen beide Darstellungen vollständig äquivalent sein.

Weiterhin sind die Eigenwerte der Systemmatrix $\mathbf{A}$ als die Nullstellen s_λ der Determinante

$$|s\mathbf{I} - \mathbf{A}| \tag{2.151}$$

definiert. Deshalb entsprechen wegen

$$\begin{aligned} |s\mathbf{I} - \mathbf{T}^{-1}\mathbf{A}\mathbf{T}| &= |s\mathbf{T}^{-1}\mathbf{I}\mathbf{T} - \mathbf{T}^{-1}\mathbf{A}\mathbf{T}| = |\mathbf{T}^{-1}(s\mathbf{I} - \mathbf{A})\mathbf{T}| \\ &= |s\mathbf{I} - \mathbf{A}| \end{aligned} \tag{2.152}$$

die Eigenwerte der neuen Systemmatrix gerade den Eigenwerten der alten. Diese Tatsache wird für die folgenden Herleitungen noch benötigt.

Allgemeine Lösung einer linearen Zustandsgleichung. Ebenfalls als Grundlage für spätere Rechnungen wird die allgemeine Lösung der Zustandsgleichung gebraucht, die direkt den Zusammenhang zwischen Ein- und Ausgangsgrößen des Systems angibt. Der Lösungsansatz lautet

$$\mathbf{x}(t) = e^{\mathbf{A}t}\mathbf{x}_0 + \int\limits_0^t e^{\mathbf{A}(t-\tau)}\mathbf{B}\mathbf{u}(\tau)d\tau \tag{2.153}$$

mit $\mathbf{x}_0 = \mathbf{x}(0)$ und der Matrizen-e-Funktion

$$e^{\mathbf{A}t} := \mathbf{I} + \mathbf{A}t + \mathbf{A}^2\frac{t^2}{2!} + \mathbf{A}^3\frac{t^3}{3!} + \ldots = \sum_{k=0}^{\infty} \mathbf{A}^k\frac{t^k}{k!} \tag{2.154}$$

Nun ist noch zu beweisen, dass dieser Ansatz tatsächlich die Zustandsgleichung

$$\dot{\mathbf{x}} = \mathbf{A}\mathbf{x} + \mathbf{B}\mathbf{u} \tag{2.155}$$

erfüllt. Zunächst lässt sich zeigen, dass die Reihe (2.154) für alle Matrizen $\mathbf{A}$ und $|t| < \infty$ absolut konvergiert. Deshalb ist die gliedweise Differentiation nach der Zeit zulässig, und man erhält in Analogie zum skalaren Fall:

$$\frac{d}{dt}e^{\mathbf{A}t} = \mathbf{A} + \mathbf{A}^2t + \mathbf{A}^3\frac{t^2}{2!} + \mathbf{A}^4\frac{t^3}{3!} + \ldots = \mathbf{A}e^{\mathbf{A}t} \tag{2.156}$$

Ebenso gilt das Additionstheorem der Exponentialfunktion:

$$e^{\mathbf{A}t_1}e^{\mathbf{A}t_2} = e^{\mathbf{A}(t_1+t_2)} \tag{2.157}$$

Die Differentiation des Lösungsansatzes (2.153) liefert

$$\mathbf{x}(t) = e^{\mathbf{A}t}\mathbf{x}_0 + e^{\mathbf{A}t}\int_0^t e^{-\mathbf{A}\tau}\mathbf{B}\mathbf{u}(\tau)d\tau$$

$$\begin{aligned}\dot{\mathbf{x}}(t) &= \mathbf{A}e^{\mathbf{A}t}\mathbf{x}_0 + \mathbf{A}e^{\mathbf{A}t}\int_0^t e^{-\mathbf{A}\tau}\mathbf{B}\mathbf{u}(\tau)d\tau + e^{\mathbf{A}t}e^{-\mathbf{A}t}\mathbf{B}\mathbf{u}(t) \\ &= \mathbf{A}\left[e^{\mathbf{A}t}\mathbf{x}_0 + \int_0^t e^{\mathbf{A}(t-\tau)}\mathbf{B}\mathbf{u}(\tau)d\tau\right] + \mathbf{B}\mathbf{u}(t) \\ &= \mathbf{A}\mathbf{x}(t) + \mathbf{B}\mathbf{u}(t)\end{aligned} \tag{2.158}$$

Damit ist gezeigt, dass der Ansatz (2.153) die Zustandsgleichung (2.155) erfüllt und somit eine Lösung dieser Gleichung ist. An ihm lässt sich ablesen, dass ein bestimmter Zustand immer von einem Anfangszustand $\mathbf{x}_0$ und vom anschließenden Verlauf der Anregung $\mathbf{u}(t)$ abhängig ist. Ist keine äußere Anregung vorhanden ($\mathbf{u}(t) = \mathbf{0}$), so reduziert sich die Lösung auf den Term $e^{\mathbf{A}t}\mathbf{x}_0$. Der Anfangszustand $\mathbf{x}_0$ ist also mit der Matrix $e^{\mathbf{A}t}$ zu multiplizieren, um den aktuellen Zustandsvektor zu erhalten. Diese Matrix wird deshalb auch als *Transitionsmatrix* bezeichnet.

Die Ausgangsgrößen ergeben sich aus den Zustandsgrößen gemäß der Ausgangsgleichung

$$\begin{aligned}\mathbf{y}(t) &= \mathbf{C}\mathbf{x}(t) + \mathbf{D}\mathbf{u}(t) \\ &= \mathbf{C}e^{\mathbf{A}t}\mathbf{x}_0 + \int_0^t \mathbf{C}e^{\mathbf{A}(t-\tau)}\mathbf{B}\mathbf{u}(\tau)d\tau + \mathbf{D}\mathbf{u}(t)\end{aligned} \tag{2.159}$$

2.7.2 Steuerbarkeit und Beobachtbarkeit

Mit der Lösung (2.153) können nun zwei Eigenschaften von Systemen hergeleitet werden, die nicht nur für die Regelung linearer sondern auch nichtlinearer Strecken und damit auch für Fuzzy-Regler außerordentlich wichtig sind. Um ihre Bedeutung erkennen zu können, muss aber zunächst kurz auf das Konzept der sogenannten *Zustandsregelung* eingegangen werden. Während bei den bisher vorgestellten Reglern die Ausgangsgrößen der Strecke geregelt wurden, sind dies bei den Zustandsreglern die Zustandsgrößen. Durch die Regelung der Zustandsgrößen unterliegen aber sämtliche internen Vorgänge einer ständigen Kontrolle, was natürlich eine wesentlich bessere Beherrschung des Systems ermöglicht. Eine Anpassung der Ausgangsgrößen an die vorgegebenen Sollwerte ist dann kein Problem mehr, da diese lediglich Linearkombinationen der Zustandsgrößen darstellen. Zwei Eigenschaften muss ein System aber aufweisen, um eine Zustandsregelung zu ermöglichen, und zwar die *Steuerbarkeit* und die *Beobachtbarkeit*. Beide Begriffe wurden von Rudolf Kalman 1960 eingeführt [79] und sollen im Folgenden erläutert werden.

Bei der Steuerbarkeit geht es um die Frage, ob es die Systemstruktur überhaupt zulässt, die Zustandsgrößen mit Hilfe der vorhandenen Stellgrößen in der gewünschten Weise zu beeinflussen. Ist dies der Fall, so bezeichnet man das System als steuerbar. Eine geeignete Beeinflussung der Zustandsgrößen ist aber wiederum nur möglich, wenn ihr Verlauf auch bekannt ist. Da normalerweise nur die Ausgangsgrößen des Systems als Messgrößen zur Verfügung stehen, muss gewährleistet sein, dass jede Zustandsgröße in einer bestimmten Art und Weise auf die Ausgangsgrößen einwirkt, damit man aus diesen den Verlauf der Zustandsgrößen ermitteln kann. Ein solches System bezeichnet man dann als beobachtbar.

Ganz offensichtlich sollten sowohl die Steuerbarkeit als auch die Beobachtbarkeit vor Beginn des eigentlichen Reglerentwurfs untersucht und sichergestellt werden. Dabei hängen beide Eigenschaften ausschließlich von der Konfiguration des Systems ab und nicht von der Art der eingesetzten Regelung. Eine nicht steuer- oder beobachtbare Strecke kann daher auch nur durch Änderung ihrer Konfiguration und nicht durch Wahl eines anderen Regelalgorithmus in eine steuer- bzw. beobachtbare Strecke umgewandelt werden. Hinsichtlich der Steuerbarkeit betrifft diese Änderung Art oder Anzahl der Stellgrößen, hinsichtich der Beobachtbarkeit die der gemessenen Ausgangsgrößen. Sowohl Steuerbarkeit als auch Beobachtbarkeit sind kein spezielles Problem der Zustandsregelung, sondern grundlegende Systemeigenschaften, deren systematische Behandlung durch die Zustandsdarstellung überhaupt erst ermöglicht wurde.

Wegen der Wichtigkeit der beiden Begriffe soll nun zunächst auf die Steuerbarkeit etwas näher eingegangen werden. Dabei lässt sich ein gewisses Verständnis für diese Eigenschaft am besten anhand von zwei Beispielen vermitteln. Die Zustandsdarstellung des ersten Beispiels lautet:

$$\begin{bmatrix} \dot{x_1} \\ \dot{x_2} \end{bmatrix} = \begin{bmatrix} a_{11} & 0 \\ 0 & a_{22} \end{bmatrix} \begin{bmatrix} x_1 \\ x_2 \end{bmatrix} + \begin{bmatrix} 0 \\ b_2 \end{bmatrix} u \tag{2.160}$$

Da die Zustandsgröße x_1 offenbar nur durch sich selbst angeregt wird, kann durch die Stellgröße hier kein Einfluss ausgeübt werden, und das System ist nicht steuerbar. Als nicht steuerbar wird ein System aber auch dann bezeichnet, wenn seine Zustandsgrößen wie im folgenden Fall nicht unabhängig voneinander beeinflusst werden können.

$$\begin{bmatrix} \dot{x_1} \\ \dot{x_2} \end{bmatrix} = \begin{bmatrix} a & 0 \\ 0 & a \end{bmatrix} \begin{bmatrix} x_1 \\ x_2 \end{bmatrix} + \begin{bmatrix} b \\ b \end{bmatrix} u \tag{2.161}$$

Hier wirkt nicht nur die Eingangsgröße u auf beide Zustandsgrößen gleichermaßen ein, sondern auch die internen Rückkopplungen sind für beide Größen gleich. Die Folge ist, dass dieses System beispielsweise nicht aus dem Anfangszustand $[x_1, x_2] = [1, 2]$ in den Nullzustand $[0, 0]$ überführt werden kann. Eine anschauliche Definition der Steuerbarkeit lautet damit:

Definition 2.11 *Ein System heiße (zustands-)steuerbar, wenn es durch geeignete Wahl der Eingangsgrößen nach endlicher Zeit aus jedem beliebigen Anfangszustand in den Endzustand* $\mathbf{0}$ *überführt werden kann.*

Der Endzustand $\mathbf{0}$ bedeutet dabei keine besondere Einschränkung, da durch eine Koordinatenverschiebung jeder beliebige Punkt zum Nullpunkt gemacht werden kann. Die Frage ist nun, ob man nicht bereits anhand der Matrizen der Zustandsdarstellung ablesen kann, ob das System steuerbar ist oder nicht. Wie die folgende Herleitung zeigt, ist dies der Fall.

Ausgangspunkt ist die allgemeine Lösung der Zustandsgleichung

$$\mathbf{x}(t) = e^{\mathbf{A}t}\mathbf{x}_0 + \int_0^t e^{\mathbf{A}(t-\tau)}\mathbf{B}\mathbf{u}(\tau)d\tau \tag{2.162}$$

Nach einer endlichen Zeit t_1 soll gelten

$$\mathbf{0} = \mathbf{x}(t_1) = e^{\mathbf{A}t_1}\mathbf{x}_0 + \int_0^{t_1} e^{\mathbf{A}(t_1-\tau)}\mathbf{B}\mathbf{u}(\tau)d\tau \tag{2.163}$$

Daraus folgt

$$-\mathbf{x}_0 = \int_0^{t_1} e^{-\mathbf{A}\tau}\mathbf{B}\mathbf{u}(\tau)d\tau \tag{2.164}$$

Das System ist steuerbar, wenn die Matrizen $\mathbf{A}$ und $\mathbf{B}$ so beschaffen sind, daß für jedes beliebige $\mathbf{x}_0$ ein Stellgrößenverlauf $\mathbf{u}(\tau)$ existiert, mit dem diese Gleichung erfüllt ist.

Die weiteren Berechnungen sollen nun eine leicht zu überprüfende Bedingung für $\mathbf{A}$ und $\mathbf{B}$ liefern. Dazu wird zunächst der folgende Satz benötigt, der hier aber nicht bewiesen werden soll:

Satz 2.12 *Gegeben sei eine quadratische Matrix* $\mathbf{A}$ *der Ordnung* $n \times n$ *sowie eine Funktion* $\mathbf{F}$ *dieser Matrix mit der Ordnung* $p \geq n$*:*

$$\mathbf{F} = \mathbf{F}(\mathbf{A}^p, \mathbf{A}^{p-1}, \mathbf{A}^{p-2}, ..., \mathbf{A}) \tag{2.165}$$

Dann lässt sich die Funktion $\mathbf{F}$ *auch ersetzen durch eine Funktion* $\mathbf{H}$ *der Ordnung* $n-1$ *mit*

$$\mathbf{F} = \mathbf{H}(\mathbf{A}^{n-1}, \mathbf{A}^{n-2}, ..., \mathbf{A}) \tag{2.166}$$

Für die Matrizen-Exponentialfunktion folgt daraus

$$e^{\mathbf{A}\tau} = \sum_{k=0}^{\infty} \mathbf{A}^k \frac{\tau^k}{k!} = \sum_{k=0}^{n-1} c_k(\tau)\mathbf{A}^k \tag{2.167}$$

Einsetzen in Gleichung (2.164) liefert

$$
\begin{aligned}
-\mathbf{x}_0 &= \int_0^{t_1} \sum_{k=0}^{n-1} c_k(-\tau)\mathbf{A}^k\mathbf{B}\mathbf{u}(\tau)d\tau \\
&= \sum_{k=0}^{n-1} \mathbf{A}^k\mathbf{B} \int_0^{t_1} c_k(-\tau)\mathbf{u}(\tau)d\tau \\
&= \sum_{k=0}^{n-1} \mathbf{A}^k\mathbf{B}\mathbf{z}_k \qquad \text{mit} \quad \mathbf{z}_k = \int_0^{t_1} c_k(-\tau)\mathbf{u}(\tau)d\tau
\end{aligned}
\tag{2.168}
$$

Ausschreiben der Summe liefert

$$
-\mathbf{x}_0 = \underbrace{\left[\mathbf{B}, \mathbf{AB}, \mathbf{A}^2\mathbf{B}, ..., \mathbf{A}^{n-1}\mathbf{B}\right]}_{\mathbf{M}} \begin{bmatrix} \mathbf{z}_0 \\ \mathbf{z}_1 \\ \cdots \\ \mathbf{z}_{n-1} \end{bmatrix}
\tag{2.169}
$$

$\mathbf{M}$ ist eine $n \times (np)$-Matrix, wobei n die Anzahl der Zustandsgrößen und p die Anzahl der Stellgrößen darstellt. $-\mathbf{x}_0$ ist eine Linearkombination der np Spalten von $\mathbf{M}$. Offensichtlich kann für beliebige $\mathbf{x}_0$ eine Lösung nur dann existieren, wenn die Spaltenvektoren von $\mathbf{M}$ den gesamten n-dimensionalen Raum aufspannen, in dem $\mathbf{x}_0$ liegen kann:

Satz 2.13 *Ein System ist genau dann steuerbar, wenn die Matrix*

$$
\mathbf{M} = \left[\mathbf{B}, \mathbf{AB}, \mathbf{A}^2\mathbf{B}, ..., \mathbf{A}^{n-1}\mathbf{B}\right]
\tag{2.170}
$$

n linear unabhängige Spaltenvektoren enthält.

Dabei wurde bisher nur gezeigt, dass aus dem Höchstrang von $\mathbf{M}$ die Steuerbarkeit folgt, während der Satz auch die umgekehrte Behauptung enthält. Auf deren Beweis soll an dieser Stelle aber verzichtet werden.

Der hier vorgestellte Begriff der Steuerbarkeit wird gelegentlich auch als *Zustandssteuerbarkeit* bezeichnet, um ihn von der sogenannten *Ausgangssteuerbarkeit* zu unterscheiden, die sich auf die Beeinflussbarkeit der Ausgangsgrößen bezieht. Angemerkt sei außerdem, dass es neben dem hier vorgestellten Steuerbarkeitskriterium von Kalman noch eine Reihe anderer Kriterien für die Steuerbarkeit gibt, die sich aber ebenfalls nur auf lineare Strecken beziehen. Für nichtlineare Strecken, die das bevorzugte Anwendungsgebiet von Fuzzy-Reglern sind, existieren derartige Kriterien bisher nicht. Dennoch ist es auch dort wichtig, mit dem Begriff der Steuerbarkeit vertraut zu sein, denn schließlich ist es grundsätzlich für alle Strecken von elementarem Interesse, ob ein System mit den zur Verfügung stehenden Stellgrößen überhaupt in der gewünschten Weise beeinflusst werden kann.

Auf die Beobachtbarkeit soll wegen ihrer engen Verwandschaft zur Steuerbarkeit nun nicht mehr so detailliert eingegangen werden. Es gilt die Definition:

Definition 2.14 *Ein System ist genau dann beobachtbar, wenn man aus den über eine endliche Zeitspanne $t \in [t_0, t_1]$ gemessenen Eingangs- und Ausgangsgrößen $\mathbf{u}(t), \mathbf{y}(t)$ jeden beliebigen Anfangs-Zustandsvektor $\mathbf{x}(t_0)$ rekonstruieren kann.*

Praxisnäher wäre diese Definition, wenn aus den bisher gemessenen Größen nicht der längst vergangene Anfangsvektor, sondern der aktuelle Zustandsvektor $\mathbf{x}(t_1)$ berechnet werden könnte. Diese Eigenschaft gibt es natürlich auch, sie wird als *Rekonstruierbarkeit* bezeichnet. Bei linearen, zeitinvarianten Systemen sind Rekonstruierbarkeit und Beobachtbarkeit äquivalente Eigenschaften. Ohne Beweis sei das Beobachtbarkeitskriterium von Kalman angegeben:

Satz 2.15 *Ein System ist genau dann beobachtbar, wenn die Matrix*

$$\begin{bmatrix} \mathbf{C} \\ \mathbf{CA} \\ \mathbf{CA}^2 \\ \cdots \\ \mathbf{CA}^{n-1} \end{bmatrix} \tag{2.171}$$

n linear unabhängige Zeilenvektoren enthält.

2.7.3 Der Ljapunovsche Stabilitätsbegriff für lineare Systeme

Eine noch viel wichtigere Eigenschaft als Steuerbarkeit und Beobachtbarkeit ist natürlich die Stabilität eines Systems. Mit den jetzigen Kenntnissen ist klar, dass die bisher verwendeten Stabilitätsdefinitionen im Prinzip recht unvollständig waren, weil sie sich nur auf das Verhalten der Ausgangsgrößen des Systems bezogen. Deshalb soll an dieser Stelle die Stabilitätsdefinition von M.A. Ljapunov [112] für lineare Systeme vorgestellt werden:

Definition 2.16 *Ein lineares System ist genau dann asymptotisch stabil, wenn seine Zustandsgrößen ohne äußere Anregung aus jedem beliebigen Anfangszustand gegen Null streben:*

$$\lim_{t\to\infty} \mathbf{x}(t) = \mathbf{0} \qquad \textit{mit} \quad \mathbf{u}(t) = \mathbf{0} \tag{2.172}$$

Ein stabiles System kommt also von alleine aus jedem beliebigen Anfangszustand wieder zur Ruhe. In Kapitel 2.8.4 wird diese Definition verallgemeinert und auch der Unterschied zwischen einfacher und asymptotischer Stabilität erläutert. Spricht man bei linearen Systemen von Stabilität, so ist normalerweise die asymptotische Stabilität gemeint, weshalb hier auf eine Unterscheidung verzichtet werden kann.

Im Gegensatz zu den früher behandelten Stabilitätsdefinitionen 2.4 (endliche Sprungantwort) und 2.5 (begrenzter Ausgang bei begrenztem Eingang) wird bei dieser Definition nicht die Reaktion der Ausgangs- auf eine Eingangsgröße betrachtet, sondern das auf einen Anfangszustand folgende, interne Verhalten des Systems. Wie bei der Steuerbarkeit und Beobachtbarkeit ist nun die Frage, ob sich die Stabilität schon aus den Matrizen der Zustandsdarstellung ablesen lässt.

Da der Ljapunovsche Stabilitätsbegriff von einem System ohne äußere Anregung ausgeht, vereinfacht sich die zu betrachtende Zustandsgleichung mit $\mathbf{u} = \mathbf{0}$ zu einer homogenen Vektor-Differentialgleichung:

$$\dot{\mathbf{x}} = \mathbf{A}\mathbf{x} \tag{2.173}$$

Für die Stabilitätsdefinition ist nun zu untersuchen, unter welchen Bedingungen die Lösung dieser Gleichung für beliebige Anfangswerte gegen Null strebt. Dabei gestaltet sich die weitere Betrachtung am einfachsten, wenn man die Gleichung einer Laplace-Transformation unterzieht. Wegen ihrer Linearität ist dies ohne weiteres möglich. Dabei wird die Transformation von Vektoren ebenso wie Differentiation oder Integration komponentenweise durchgeführt. Nach dem Differentiationssatz der Laplace-Transformation ergibt sich

$$s\mathbf{x}(s) - \mathbf{x}_0 = \mathbf{A}\mathbf{x}(s) \tag{2.174}$$

bzw.

$$\mathbf{x}(s) = (s\mathbf{I} - \mathbf{A})^{-1}\mathbf{x}_0 \tag{2.175}$$

Die Anwendung der Cramerschen Regel auf die inverse Matrix liefert

$$\mathbf{x}(s) = \frac{\mathbf{P}(s)}{|s\mathbf{I} - \mathbf{A}|}\,\mathbf{x}_0 \tag{2.176}$$

Dabei ist $\mathbf{P}(s)$ eine Polynommatrix, d.h. ihre einzelnen Elemente sind von s abhängige Polynome. Diese Schreibweise ist natürlich nur möglich, wenn die Inverse überhaupt existiert bzw. die Determinante $|s\mathbf{I} - \mathbf{A}|$ von Null verschieden ist. Für diese Determinante wiederum gilt mit den Eigenwerten s_i von $\mathbf{A}$

$$|s\mathbf{I} - \mathbf{A}| = \prod_{i=1}^{n}(s - s_i) \tag{2.177}$$

Damit lässt sich für jedes einzelne Element von $(s\mathbf{I} - \mathbf{A})^{-1}$ eine Partialbruchzerlegung durchführen. In Matrizenschreibweise ergibt sich

$$\mathbf{x}(s) = (s\mathbf{I} - \mathbf{A})^{-1}\mathbf{x}_0 = \frac{\mathbf{P}(s)}{\prod\limits_{i=1}^{n}(s - s_i)}\,\mathbf{x}_0 = \sum_{\mu=1}^{l}\sum_{\nu=1}^{r_\mu}\frac{\mathbf{M}_{\mu\nu}}{(s - s_\mu)^\nu}\,\mathbf{x}_0 \tag{2.178}$$

wobei das System l verschiedene Eigenwerte habe und r_μ die Vielfachheit des Eigenwertes s_μ ist. $\mathbf{M}_{\mu\nu}$ ist eine Matrix mit konstanten Koeffizienten. Die Rücktransformation in den Zeitbereich liefert schließlich

$$\mathbf{x}(t) = \sum_{\mu=1}^{l} e^{s_\mu t} \sum_{\nu=1}^{r_\mu} \frac{t^{\nu-1}}{(\nu-1)!} \mathbf{M}_{\mu\nu} \mathbf{x}_0 \tag{2.179}$$

Jede Komponente von $\mathbf{x}(t)$ enthält damit Produkte aus Exponentialfunktionen und Polynomen in t. In einem solchen Produkt ist die Exponentialfunktion immer der ausschlaggebende Term. Ist ihr Realteil positiv, so wächst das Produkt unabhängig vom Polynom über alle Maßen, während sie bei einem negativen Realteil so schnell gegen Null konvergiert, dass das Polynom ebenfalls keine Rolle mehr spielt. Der Vektor $\mathbf{x}(t)$ strebt damit genau dann gegen Null, wenn der Realteil aller Koeffizienten s_μ negativ ist.

Satz 2.17 *Ein lineares, zeitinvariantes System ist genau dann asymptotisch stabil im Sinne der Definition von Ljapunov, wenn alle Eigenwerte der Systemmatrix* $\mathbf{A}$ *einen negativen Realteil aufweisen.*

Dabei entscheiden die Eigenwerte natürlich nicht nur über die Stabilität des Systems, sondern auch über die Form der Einschwingvorgänge, wie man an Gleichung (2.179) unschwer erkennen kann. Je nach Größe der Realteile wird das System schneller oder langsamer gegen den Nullzustand konvergieren, und im Falle eines konjugiert komplexen Eigenwertpaares kommt es wie im skalaren Fall bei einem konjugiert komplexen Polpaar zu Schwingungen. Von der Wahl der Zustandsgrößen ist die Stabilität natürlich unabhängig, da die Eigenwerte einer Matrix $\mathbf{A}$ durch eine Basistransformation $\mathbf{T}^{-1}\mathbf{AT}$ nicht verändert werden.

Es stellt sich noch die Frage, inwieweit der neue Stabilitätsbegriff mit den beiden alten Definitionen in Zusammenhang gebracht werden kann. Dazu wird diesmal die komplette Zustandsdarstellung in den Frequenzbereich transformiert:

$$\begin{aligned} s\mathbf{x}(s) - \mathbf{x}_0 &= \mathbf{A}\mathbf{x}(s) + \mathbf{B}\mathbf{u}(s) \\ \mathbf{y}(s) &= \mathbf{C}\mathbf{x}(s) + \mathbf{D}\mathbf{u}(s) \end{aligned} \tag{2.180}$$

Falls $|s\mathbf{I} - \mathbf{A}| \neq \mathbf{0}$, so kann man die Inverse $(s\mathbf{I} - \mathbf{A})^{-1}$ bilden, und es gilt

$$\mathbf{x}(s) = (s\mathbf{I} - \mathbf{A})^{-1}\mathbf{B}\mathbf{u}(s) + (s\mathbf{I} - \mathbf{A})^{-1}\mathbf{x}_0 \tag{2.181}$$

Einsetzen in die Ausgangsgleichung liefert

$$\mathbf{y}(s) = \underbrace{(\mathbf{C}(s\mathbf{I} - \mathbf{A})^{-1}\mathbf{B} + \mathbf{D})}_{\mathbf{G}(s)}\mathbf{u}(s) + \mathbf{C}(s\mathbf{I} - \mathbf{A})^{-1}\mathbf{x}_0 \tag{2.182}$$

Anhand dieser Gleichung lässt sich erkennen, dass man $\mathbf{G}(s)$ als Übertragungsmatrix des Systems interpretieren kann, die das Übertragungsverhalten vom Ein- zum Ausgang beschreibt. Der von $\mathbf{x}_0$ abhängige Term stellt dann den Einfluss einer Anfangsstörung auf die Ausgangsgröße dar. Ein Element $G_{ik}(s)$ von $\mathbf{G}(s)$ lässt sich als Übertragungsfunktion von der Eingangsgröße u_k zur Ausgangsgröße y_i auffassen. Im Eingrößenfall reduziert sich $\mathbf{G}(s)$ auf eine gewöhnliche Übertragungsfunktion.

Die Inverse $(s\mathbf{I}-\mathbf{A})^{-1}$ lässt sich nach Gleichung (2.176) als Quotient aus einer Polynommatrix und der Determinanten darstellen:

$$(s\mathbf{I}-\mathbf{A})^{-1} = \frac{\mathbf{P}(s)}{|s\mathbf{I}-\mathbf{A}|} \tag{2.183}$$

Da der hier auftretende Nenner durch die Multiplikation mit den konstanten Matrizen $\mathbf{B}$ und $\mathbf{C}$ nicht verändert wird, ist die Determinante gerade der (gemeinsame) Nenner aller Übertragungsfunktionen $G_{ik}(s)$ in $\mathbf{G}(s)$. Die Nullstellen der Determinante, also die Eigenwerte der Systemmatrix, bilden daher die Polstellen der skalaren Übertragungsfunktionen $G_{ik}(s)$. Diese Polstellen sind aber gerade nach Satz 2.6 in einem Eingrößensystem für die Stabilität ausschlaggebend. Ist das System deshalb stabil im Sinne der Definition von Ljapunov, d.h. weisen alle Eigenwerte der Systemmatrix einen negativen Realteil auf, so gilt dies auch für alle Pole der Übertragungsfunktionen $G_{ik}(s)$, und die Übertragungsfunktionen sind stabil. Wenn aber alle Elemente $G_{ik}(s)$ von $\mathbf{G}(s)$ stabile skalare Übertragungsfunktionen sind, so ist das Gesamtsystem ebenfalls stabil im Sinne der Definitionen 2.4 und 2.5. Aus der Ljapunov-Stabilität folgt also die Übertragungsstabilität eines Systems.

Andersherum gilt diese Folgerung aber nicht, denn da sich die Pol- und Nullstellen der Übertragungsfunktionen gegeneinander kürzen lassen, müssen nicht alle Eigenwerte der Systemmatrix auch tatsächlich als Polstellen der Übertragungsfunktionen in Erscheinung treten. Wenn also alle Polstellen einen negativen Realteil aufweisen, so muss dies nicht unbedingt auch für alle Eigenwerte der Systemmatrix gelten. Der Ljapunovsche Stabilitätsbegriff ist damit umfassender als die bisher behandelten Stabilitätsdefinitionen, was nicht verwunderlich ist, denn wenn sämtlichen internen Systemgrößen einen stabilen Verlauf aufweisen, kann es keine Ausgangsgröße mit einem instabilen Verlauf geben. Andererseits kann ein System nach außen hin durchaus als stabil erscheinen, während interne Vorgänge instabil werden und nur deshalb nicht bemerkt werden, weil sie sich gegenseitig kompensieren oder die entsprechenden Ausgangsgrößen nicht gemessen werden.

2.7.4 Entwurf eines Zustandsreglers

Nachdem bisher die Eigenschaften eines linearen Systems in der Zustandsdarstellung ausführlich behandelt wurden, soll nun auf den Entwurf linearer Zustandsregler eingegangen werden. Sinn dieser Darstellung ist es, dem Leser einen Überblick zu vermitteln, welche Verfahren und Möglichkeiten die klassische, lineare Regelungstechnik bietet, damit er im Einzelfall entscheiden kann, ob der Einsatz eines Fuzzy-Reglers tatsächlich Vorteile gegenüber klassischen Verfahren mit sich bringt.

Konzept. Im Weiteren sei vorausgesetzt, dass $\mathbf{D} = \mathbf{0}$ ist und $\mathbf{B}$ und $\mathbf{C}$ Höchstrang aufweisen, d.h. die Spalten von $\mathbf{B}$ bzw. die Zeilen von $\mathbf{C}$ sind linear unabhängig. Würde $\mathbf{B}$ diesen Höchstrang nicht aufweisen, so hätte der Stellgrößenvektor mehr Komponenten als notwendig, was in der Praxis natürlich vorkommen kann, die Theorie aber unnötig erschweren würde und für eine Regelung offensichtlich auch keinen Gewinn bringt. Ähnliches gilt für $\mathbf{C}$. Der Höchstrang bedeutet hier, dass alle Ausgangsgrößen linear unabhängig sind. Wäre eine Ausgangsgröße von den anderen linear abhängig, so wäre dies redundante Information und brächte für die Reglerauslegung keinen Vorteil. In der Praxis kommt dieser Fall natürlich insbesondere in sicherheitsrelevanten Bereichen vor. Die Zusammenfassung redundanter Information erfolgt aber, bevor sie als Messgröße dem Regler zugeführt wird, so dass dieser Fall hier vernachlässigt werden kann.

Weiterhin ist die Matrix $\mathbf{D}$ für die in der Praxis normalerweise vorkommenden Tiefpassstrecken immer $\mathbf{0}$. Dies kann man sich sehr einfach anhand der Tatsache klarmachen, dass $\mathbf{D}$ den direkten Durchgriff vom Eingang zum Ausgang darstellt. Für $\mathbf{D} \neq \mathbf{0}$ hat daher ein Sprung einer Eingangsgröße auch einen Sprung mindestens einer Ausgangsgröße zur Folge, was bei Strecken mit Tiefpassverhalten nicht vorkommen kann. Auch diese Bedingung stellt daher keine besondere Einschränkung dar.

Durch die Kenntnis der internen Zustandsgrößen ist eine Systembeeinflussung nun sehr einfach und elegant möglich, wie Abb. 2.51 zeigt. Der Zustandsvektor wird lediglich mit einer konstanten Matrix $\mathbf{F}$ multipliziert und auf den Eingang zurückgeführt.

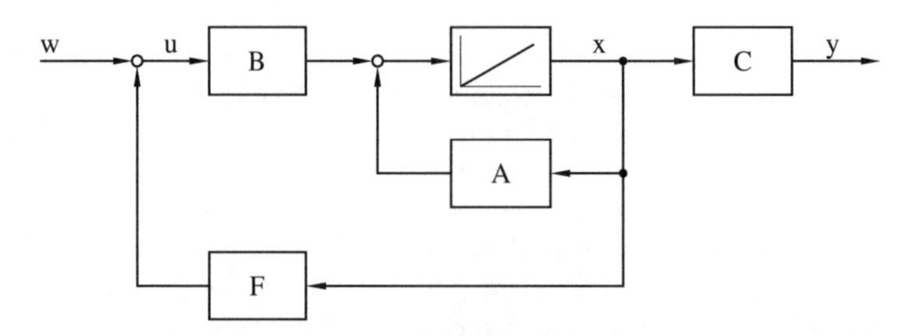

Abb. 2.51. Grundstruktur einer Zustandsregelung

Die Zustandsdarstellung dieses Systems lautet:

$$\begin{aligned} \dot{\mathbf{x}} &= (\mathbf{A} + \mathbf{BF})\mathbf{x} + \mathbf{Bw} \\ \mathbf{y} &= \mathbf{Cx} \end{aligned} \tag{2.184}$$

Man sieht, dass sich durch die Regelung ein neues System mit der Systemmatrix $(\mathbf{A}+\mathbf{BF})$ ergibt. Die Matrix $\mathbf{F}$ ist nun so zu berechnen, dass die neue

Systemmatrix eine geeignete Eigenwertkonfiguration, also Stabilität und ausreichende Dämpfung aufweist. Damit wird das System aus einem Anfangszustand bei konstanter Eingangsgröße immer in einen stationären Ruhezustand übergehen. Darüber hinaus ist aber auch stationäre Genauigkeit zu gewährleisten, was bedeutet, dass die Ausgangsgröße $\mathbf{y}$ in diesem Ruhezustand auch tatsächlich dem Sollwert $\mathbf{w}$ entspricht. Sowohl zwei Entwurfsverfahren für die Matrix $\mathbf{F}$ als auch Maßnahmen zur Erzielung stationärer Genauigkeit werden im Folgenden noch behandelt.

Der prinzipielle Unterschied zwischen einem Zustandsregler nach Abb. 2.51 und den vorher behandelten Reglern vom PID-Typ besteht darin, dass für eine Zustandsregelung die Kenntnis aller Zustandsgrößen notwendig ist. Dies kann sich in der Praxis als großes Problem herausstellen, da die Zustandsgrößen normalerweise nicht alle messbar sind. Abhilfe schaffen hier die sogenannten Beobachter, die später beschrieben werden. Mit einem Beobachter ist es möglich, aus den Ein- und Ausgangsgrößen der Strecke die Zustandsgrößen zu berechnen, sofern die Strecke überhaupt beobachtbar ist.

Ein weiterer Unterschied zum PID-Regler ist die fehlende Dynamik im Zustandsregler, der lediglich aus einer konstanten Matrix $\mathbf{F}$ besteht, während zur Beschreibung eines PID-Reglers Differentialgleichungen erforderlich sind. Dies ist darauf zurückzuführen, dass einem PID-Regler nur die Ausgangsgrößen der Strecke als Informationsquelle zur Verfügung stehen, während ein Zustandsregler ständig auf die Information über den gesamten Zustand der Strecke zugreifen kann. Dieses Informationsdefizit muss im PID-Regler durch aufwändigere reglerinterne Berechnungen ausgeglichen werden. Ein Zustandsregler entspricht dagegen einem simplen mehrdimensionalen Proportionalglied.

Die Entwurfsverfahren für die Matrix $\mathbf{F}$ sind sehr vielfältig. Ebenso wie die Entwurfsverfahren für PID-Regler weisen auch sie verschiedene Vor- und Nachteile auf, so dass man im Einzelfall abwägen muss, welches Verfahren geeignet ist. Ihre Herleitung ist meist sehr aufwändig, so dass die gängigsten zwei Verfahren im Folgenden nur kurz vorgestellt werden.

Polvorgabeverfahren. Ein Standardverfahren ist das *Polvorgabeverfahren*, bei dem die Eigenwerte der Systemmatrix $(\mathbf{A} + \mathbf{BF})$ vorzugeben sind und damit die entsprechende Reglermatrix $\mathbf{F}$ berechnet wird. Der Einfachheit halber wird das Verfahren nur für eine Eingrößenstrecke dargestellt, wobei auf den Beweis der Formeln verzichtet werden soll (siehe [1] oder [129]). Bekannt sein muss das charakteristische Polynom der Strecke, also der Nenner der Übertragungsfunktion:

$$|s\mathbf{I} - \mathbf{A}| = s^n + q_{n-1}s^{n-1} + ... + q_1 s + q_0 \tag{2.185}$$

Das charakteristische Polynom des geschlossenen Kreises kann frei gewählt werden. Einzige Bedingung ist, dass alle Nullstellen einen negativen Realteil aufweisen, damit der geschlossene Kreis stabil ist.

$$|s\mathbf{I} - (\mathbf{A} + \mathbf{BF})| = s^n + p_{n-1}s^{n-1} + ... + p_1 s + p_0 \tag{2.186}$$

Beide Polynome lassen sich durch ihre Koeffizientenvektoren beschreiben:

$$\begin{aligned} \mathbf{q} &= \left[q_{n-1} \; q_{n-2} \cdots q_0 \right] \\ \mathbf{p} &= \left[p_{n-1} \; p_{n-2} \cdots p_0 \right] \end{aligned} \tag{2.187}$$

Mit

$$\mathbf{W} = \left[\mathbf{B} \; \mathbf{AB} \; \mathbf{A}^2\mathbf{B} \cdots \mathbf{A}^{n-1}\mathbf{B} \right] \begin{bmatrix} 1 & q_{n-1} & q_{n-2} & \cdots & q_1 \\ 0 & 1 & q_{n-1} & \cdots & q_2 \\ 0 & 0 & 1 & \cdots & q_3 \\ \cdots & \cdots & \cdots & \cdots & \cdots \\ 0 & 0 & 0 & \cdots & 1 \end{bmatrix} \tag{2.188}$$

gilt dann für den Regler:

$$\mathbf{F} = (\mathbf{q} - \mathbf{p})\mathbf{W}^{-1} \tag{2.189}$$

In diesem Ausdruck ist zu berücksichtigen, dass die Eingangsmatrix $\mathbf{B}$ im hier behandelten Eingrößenfall nur ein einfacher Vektor der Dimension $n \times 1$ ist. Damit wird $\mathbf{W}$ eine Matrix der Dimension $n \times n$. Die Existenz der Lösung, d.h. eines Reglers $\mathbf{F}$, hängt offensichtlich von der Invertierbarkeit der Matrix $\mathbf{W}$ ab. Sie ist wiederum das Produkt aus einer Dreiecksmatrix, die auf jeden Fall invertierbar ist, und der Steuerbarkeitsmatrix, die für steuerbare Systeme gerade den Rang n aufweist und damit ebenfalls invertierbar ist. Für nicht steuerbare Systeme lässt sich daher auch kein Regler berechnen. Der Grund ist offensichtlich: Durch das Polvorgabeverfahren wird versucht, die Eigenwerte des Systems und damit das Einschwingverhalten sämtlicher Zustandsgrößen zu modifizieren, was natürlich nur dann gelingen kann, wenn alle Zustandsgrößen prinzipiell überhaupt beeinflussbar sind.

Ausreichend kann es jedoch auch sein, wenn man zwar nicht alle Zustandsgrößen beeinflussen kann, aber zumindest diejenigen, die ohne Regelung einen instabilen Verlauf aufweisen würden. Man spricht dann von einem *stabilisierbaren* System:

Definition 2.18 *Ein System* $(\mathbf{A}, \mathbf{B})$ *bezeichnet man als stabilisierbar, wenn eine Reglermatrix* $\mathbf{F}$ *existiert, so dass die Systemmatrix des geregelten Systems* $(\mathbf{A} + \mathbf{BF})$ *nur Eigenwerte mit negativem Realteil aufweist.*

Für solche Systeme kann ebenfalls ein Polvorgabeverfahren, natürlich in einer modifizierten Version, durchgeführt werden.

Angemerkt sei, dass es bei Eingrößenstrecken, wenn überhaupt, nach Gleichung (2.189) genau einen Regler gibt, mit dem eine vorgegebene Eigenwertkonfiguration des geschlossenen Kreises erzielt werden kann. Bei Mehrgrößensystemen gibt es dagegen unendlich viele Regler bzw. Lösungen dieses Problems, sofern die Strecke steuerbar ist. Für eine nachträgliche Auswahl unter den verschiedenen Reglern müssen daher weitere Kriterien herangezogen werden.

Ein Beispiel soll nun das Polvorgabeverfahren und auch den Aufbau eines Zustandsreglers etwas verdeutlichen. Gegeben sei eine Eingrößenstrecke dritter Ordnung in der Regelungsnormalform (Abb. 2.50). Die Matrizen **A** und **B** der Strecke lauten nach (2.147):

$$\mathbf{A} = \begin{bmatrix} 0 & 1 & 0 \\ 0 & 0 & 1 \\ -a_0 & -a_1 & -a_2 \end{bmatrix} \qquad \mathbf{B} = \begin{bmatrix} 0 \\ 0 \\ 1 \end{bmatrix} \tag{2.190}$$

Für die Steuerbarkeitsmatrix ergibt sich

$$\begin{bmatrix} \mathbf{B} \; \mathbf{AB} \; \mathbf{A}^2\mathbf{B} \end{bmatrix} = \begin{bmatrix} 0 & 0 & 1 \\ 0 & 1 & -a_2 \\ 1 & -a_2 & -a_1 + a_2^2 \end{bmatrix} \tag{2.191}$$

und damit für **W**

$$\mathbf{W} = \begin{bmatrix} 0 & 0 & 1 \\ 0 & 1 & -a_2 \\ 1 & -a_2 & -a_1 + a_2^2 \end{bmatrix} \begin{bmatrix} 1 & a_2 & a_1 \\ 0 & 1 & a_2 \\ 0 & 0 & 1 \end{bmatrix} = \begin{bmatrix} 0 & 0 & 1 \\ 0 & 1 & 0 \\ 1 & 0 & 0 \end{bmatrix} = \mathbf{W}^{-1} \tag{2.192}$$

Nach Vorgabe eines charakteristischen Polynoms $\mathbf{p} = \begin{bmatrix} p_{n-1} \; p_{n-2} \cdots p_0 \end{bmatrix}$ für den geschlossenen Kreis erhält man für die Reglermatrix

$$\begin{aligned} \mathbf{F} = (\mathbf{q} - \mathbf{p})\mathbf{W}^{-1} &= \left(\begin{bmatrix} a_2 \; a_1 \; a_0 \end{bmatrix} - \begin{bmatrix} p_2 \; p_1 \; p_0 \end{bmatrix} \right) \begin{bmatrix} 0 & 0 & 1 \\ 0 & 1 & 0 \\ 1 & 0 & 0 \end{bmatrix} \\ &= \begin{bmatrix} a_0 - p_0 \;\; a_1 - p_1 \;\; a_2 - p_2 \end{bmatrix} \end{aligned} \tag{2.193}$$

Das Blockschaltbild 2.52 verdeutlicht, dass durch Hinzufügen der Rückführung jeder einzelne Streckenkoeffizient a_i eliminiert und durch den vorgegebenen Koeffizienten p_i ersetzt wird. Diese besonders einfache Vorgehensweise resultiert aus der speziellen Struktur der Regelungsnormalform, die gerade deshalb ihren Namen zu Recht trägt.

Der Vorteil des Polvorgabeverfahrens liegt in seiner Einfachheit, während sein Nachteil darin besteht, dass die Festlegung geeigneter Koeffizienten p_i ein gewisses Maß an Intuition und Erfahrung erfordert. Insbesondere bei Mehrgrößensystemen ist die Auswirkung einzelner Eigenwerte oft kaum noch zu überschauen, so dass bei diesem Verfahren normalerweise einige Versuche erforderlich sind, um einen der Problemstellung angepassten Regler zu finden.

Riccati-Entwurf. Ein anderes Verfahren ist der Entwurf eines *Optimalen Zustandsreglers* [131]. Dabei wird derjenige Regler gesucht, der das System aus einem Anfangszustand in den Ruhezustand überführt unter Minimierung des Funktionals

$$J = \int_0^\infty \left(\mathbf{x}^T(t)\mathbf{Q}\mathbf{x}(t) + \mathbf{u}^T(t)\mathbf{R}\mathbf{u}(t) \right) dt. \tag{2.194}$$

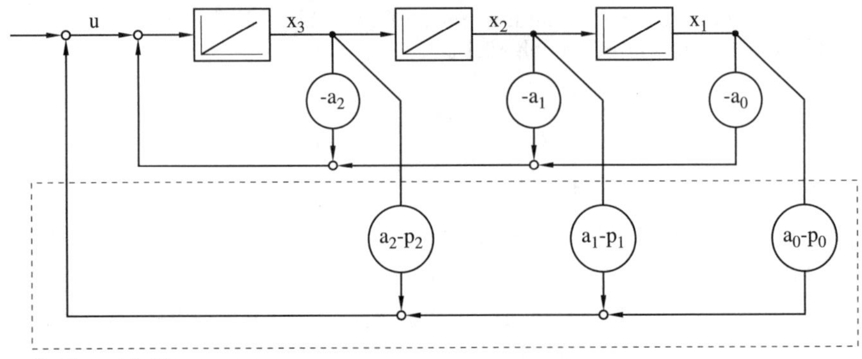

Abb. 2.52. Zustandsregelung einer Strecke in Regelungsnormalform

Das Funktional wird dann klein, wenn einerseits der Zustandsvektor schnell gegen den Nullvektor konvergiert und dies andererseits mit kleinen Stellgrößen erreicht wird. **Q** und **R** stellen im Prinzip Gewichtungsfaktoren für den Verlauf von Stell- und Zustandsgrößen dar. Beide Matrizen müssen symmetrisch sein, **Q** zudem positiv semidefinit und **R** positiv definit. Für ein stabilisierbares System $(\mathbf{A}, \mathbf{B})$ besteht dann die Lösung des Optimierungsproblems in der Reglermatrix

$$\mathbf{F} = -\mathbf{R}^{-1}\mathbf{B}^T\mathbf{P} \tag{2.195}$$

mit der (positiv definiten) Lösung **P** der algebraischen *Riccati-Gleichung*

$$\mathbf{A}^T\mathbf{P} + \mathbf{P}\mathbf{A} - \mathbf{P}\mathbf{B}\mathbf{R}^{-1}\mathbf{B}^T\mathbf{P} + \mathbf{Q} = \mathbf{0} \tag{2.196}$$

Der entstehende Regler wird deshalb auch *Riccati-Regler* genannt. Die Stabilisierbarkeit der Strecke ist Voraussetzung für die Existenz einer Lösung. Wäre das System nämlich nicht stabilisierbar, so würde mindestens eine Zustandsgröße existieren, die mit t über alle Maßen wachsen würde. Dann könnte aber auch das Funktional J keinen endlichen Wert mehr annehmen, und eine Optimierung wäre nicht mehr möglich. Aus demselben Grund ist der geschlossene Kreis mit dem gefundenen Regler sicher stabil, d.h. alle Zustandsgrößen konvergieren gegen Null, denn sonst würde J ebenfalls keinen endlichen Wert aufweisen.

Der Riccati-Entwurf unterscheidet sich in einem ganz wesentlichen Punkt von der in Kapitel 2.6.3 kurz angesprochenen Optimierung eines PID-Reglers hinsichtlich eines Gütefunktionals. Beim PID-Regler liefert die Optimierung nämlich nur die Parameter des Reglers, während die PID-Struktur vorgegeben werden muss. Der Riccati-Entwurf liefert dagegen sowohl Struktur als auch Parameter des Reglers. Dabei ist der Regler optimal auch im Vergleich mit zeitvarianten und nichtlinearen Reglern, wie sich mit Hilfe der Variationsrechnung beweisen lässt.

Da die Lösung der Riccati-Gleichung ein Standardproblem ist, für das geeignete nummerische Algorithmen zur Verfügung stehen [100], lässt sich mit (2.195) ein optimaler Regler nach Vorgabe von $\mathbf{A}, \mathbf{B}, \mathbf{R}$ und $\mathbf{Q}$ automatisch erzeugen. Dennoch ist auch hier Intuition und Erfahrung des Anwenders gefragt, um die Gewichtungsmatrizen $\mathbf{R}$ und $\mathbf{Q}$ geeignet festzulegen. Denn die Definition des Funktionals entscheidet letztendlich über das Aussehen des Reglers. Angemerkt sei zum Ende, dass neben dem vorgestellten Funktional noch eine Vielzahl anderer Funktionale existiert, die auf ganz unterschiedliche Regelungen führen. Der Grundgedanke, nämlich die Minimierung des Funktionals, ist jedoch in allen Fällen gleich.

2.7.5 Linearer Beobachter

Nachdem nun die beiden bekanntesten Verfahren zur Auslegung von Zustandsreglern vorgestellt worden sind, soll jetzt auf die schon erwähnten Beobachter eingegangen werden. Mit Hilfe eines Beobachters wird aus dem gemessenen Vektor der Ausgangsgrößen $\mathbf{y}$ der Zustandsvektor $\mathbf{x}$ berechnet. Ein Beobachter ist ebenso wichtig wie der Regler selbst, falls die vom Regler benötigten Zustandsgrößen nicht direkt messbar sind und auf irgendeine Art und Weise aus dem Ausgangsvektor, d.h. aus den gemessenen Größen, berechnet werden müssen. Auch beim Entwurf von Fuzzy-Reglern wird dieses Problem oft übersehen.

Die einfachste Lösung wäre sicherlich, den Zustandsvektor direkt aus dem Ausgangsvektor zu berechnen: $\mathbf{x} = \mathbf{C}^{-1}\mathbf{y}$. Wegen der normalerweise unterschiedlichen Anzahl von Ausgangs- und Zustandsgrößen ist $\mathbf{C}$ aber im allgemeinen nicht quadratisch und somit nicht invertierbar. Diese Lösung kommt daher nicht in Frage.

Auf D.G.Luenberger ([114],[115]) geht die Idee zurück, den Zustandsvektor mit einem Streckenmodell zu schätzen. Dieses Streckenmodell wird parallel zur realen Strecke mitgerechnet und erhält dieselben Eingangsgrößen wie die Strecke (Abb. 2.53). Im Modell werden dann ein Zustandsvektor $\hat{\mathbf{x}}$ und ein Ausgangsvektor $\hat{\mathbf{y}}$ berechnet, die natürlich nicht unbedingt den realen Größen $\mathbf{x}$ und $\mathbf{y}$ entsprechen müssen. Die Abweichung zwischen den Ausgangsgrößen des Modells und denen der Strecke wird deshalb zur Verbesserung der Schätzung als Korrekturterm über eine Matrix $\mathbf{H}$ wieder in das Modell eingespeist.

Aus dem Blockschaltbild lässt sich für den Schätzfehler $\tilde{\mathbf{x}} = \mathbf{x} - \hat{\mathbf{x}}$ ablesen:

$$\begin{aligned}
\dot{\tilde{\mathbf{x}}} = \dot{\mathbf{x}} - \dot{\hat{\mathbf{x}}} &= \mathbf{Ax} + \mathbf{Bu} - [\mathbf{A}\hat{\mathbf{x}} + \mathbf{Bu} + \mathbf{H}\hat{\mathbf{y}} - \mathbf{Hy}] \\
&= \mathbf{Ax} + \mathbf{Bu} - [\mathbf{A}\hat{\mathbf{x}} + \mathbf{Bu} + \mathbf{HC}\hat{\mathbf{x}} - \mathbf{HCx}] \\
&= [\mathbf{A} + \mathbf{HC}](\mathbf{x} - \hat{\mathbf{x}}) = [\mathbf{A} + \mathbf{HC}]\tilde{\mathbf{x}} \qquad (2.197)
\end{aligned}$$

Wenn die Matrix $(\mathbf{A} + \mathbf{HC})$ nur Eigenwerte mit negativem Realteil aufweist, konvergiert der Schätzfehler im stationären Zustand gegen Null. Da $\mathbf{A}$ und $\mathbf{C}$ durch die Strecke vorgegeben sind, ist also eine geeignete Rückführmatrix $\mathbf{H}$

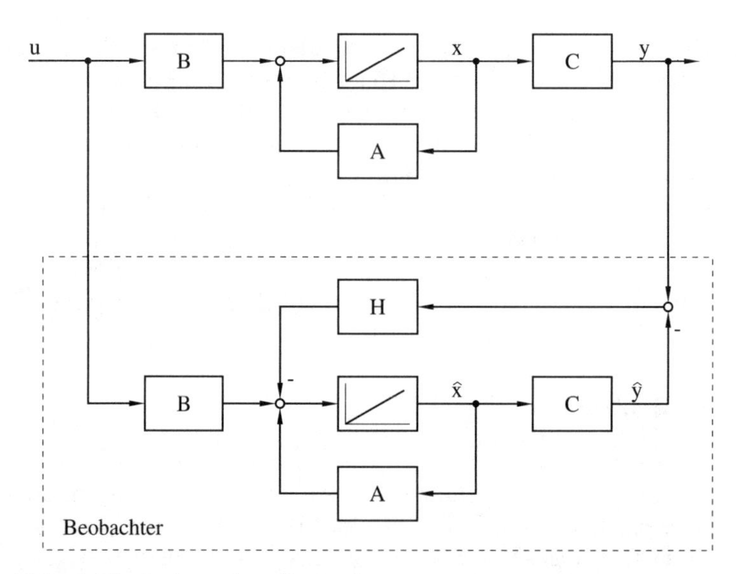

Abb. 2.53. Aufbau eines Beobachters

zu finden. Offensichtlich taucht beim Entwurf eines Beobachters ein ähnliches Problem auf wie beim Entwurf eines Zustandsreglers. Während beim Reglerentwurf eine Matrix $\mathbf{F}$ so zu bestimmen war, dass die Systemmatrix $(\mathbf{A}+\mathbf{BF})$ stabil ist, muss jetzt eine Matrix $\mathbf{H}$ so bestimmt werden, dass $(\mathbf{A}+\mathbf{HC})$ stabil wird. Da die Matrizen $\mathbf{C}$ und $\mathbf{H}$ gegenüber $\mathbf{B}$ und $\mathbf{F}$ in ihrer Reihenfolge aber vertauscht sind, ist das Problem nicht vollständig äquivalent. Dennoch lässt sich der Entwurf eines Beobachters auf den Entwurf eines Zustandsreglers zurückführen. Und zwar ist das charakteristische Polynom der Matrix $(\mathbf{A}+\mathbf{HC})$ eine Determinante, die sich durch Transposition nicht verändert:

$$|s\mathbf{I} - (\mathbf{A} + \mathbf{HC})| = |(s\mathbf{I} - (\mathbf{A} + \mathbf{HC}))^T| = |s\mathbf{I} - \mathbf{A}^T - \mathbf{C}^T\mathbf{H}^T| \tag{2.198}$$

Vergleicht man diesen Ausdruck mit der Determinanten beim Reglerentwurf

$$|s\mathbf{I} - \mathbf{A} - \mathbf{BF}| \tag{2.199}$$

so sieht man, dass die Entwurfsverfahren für Zustandsregler auch hier angewendet werden können, wenn man folgendermaßen ersetzt:

$$\mathbf{A} \to \mathbf{A}^T \qquad \mathbf{B} \to \mathbf{C}^T \qquad \mathbf{F} \to \mathbf{H}^T \tag{2.200}$$

Einen nach dem Polvorgabe-Verfahren entworfenen Beobachter bezeichnet man als *Luenberger-Beobachter* und einen, der nach dem Riccati-Verfahren entworfen wurde, als *Kalman-Filter*. Mit Gleichung (2.200) folgt nach einem Vergleich von Steuerbarkeits- (2.170) und Beobachtbarkeitsmatrix (2.171) auch, dass das Kriterium für die Berechenbarkeit einer Matrix $\mathbf{H}$ gerade die Beobachtbarkeit der Strecke ist. Steuerbarkeit und Beobachtbarkeit werden als zueinander duale Eigenschaften bezeichnet.

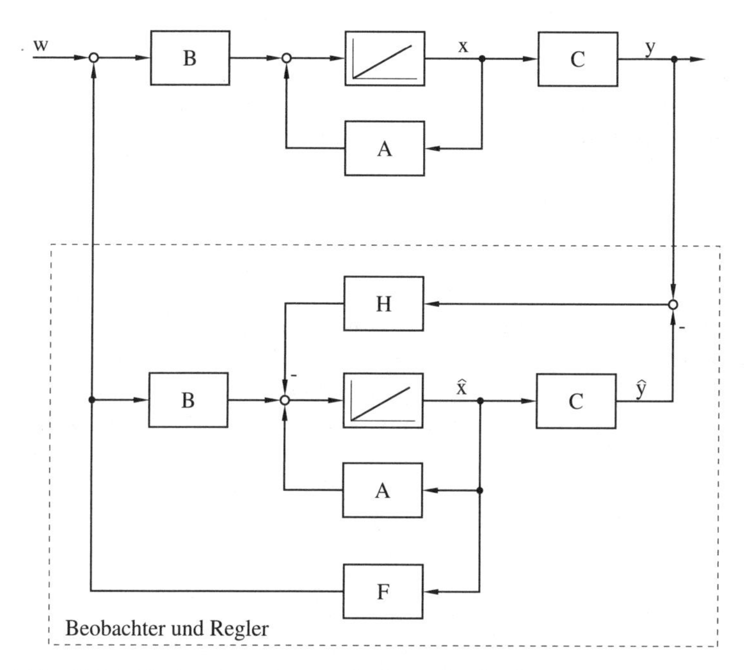

Abb. 2.54. Zustandsregelung mit einem Beobachter

Im Normalfall ergibt sich die in Abb. 2.54 gezeigte Gesamtstruktur aus Strecke, Beobachter und Regler. Beobachter und Regelung sind bei entsprechender Auslegung jeweils für sich genommen stabil, es drängt sich aber die Frage auf, ob dies auch noch für das Gesamtsystem gilt, da beide in einem großen geschlossenen Kreis wirken. Man kann jedoch zeigen, dass die Eigenwerte der Zustandsregelung und die des Beobachters auch gerade die Eigenwerte des Gesamtsystems sind. Regelung und Beobachter beeinflussen ihre Eigenwerte also nicht gegenseitig und können ohne Stabilitätsprobleme völlig unabhängig voneinander entworfen werden. Sind beide Teile jeweils für sich genommen stabil, so gilt dies auch für das Gesamtsystem. Diese Tatsache bezeichnet man als *Separationstheorem*. Voraussetzung für das Theorem ist allerdings, dass das Modell exakt mit der Strecke übereinstimmt, was in der Praxis selten gegeben ist. Andererseits hat sich herausgestellt, dass auch bei ungenauem Modell eine weitgehend entkoppelte Auslegung von Beobachter und Regler möglich ist, ohne die Stabilität des Gesamtsystems zu gefährden.

2.7.6 Stationäre Genauigkeit von Zustandsreglern

Bisher stand immer die Systemmatrix des rückgekoppelten Systems und damit seine Stabilität bzw. sein Einschwingverhalten im Vordergrund. Von einer Regelung wird aber darüber hinaus auch Genauigkeit, also die Übereinstimmung von Sollgrößen $\mathbf{w}$ und Regelgrößen $\mathbf{y}$ zumindest im stationären Zustand gefordert. Es ist aber nur in den seltensten Fällen möglich, dass durch geschickte Auslegung der Reglermatrix $\mathbf{F}$ neben der Stabilität auch noch die Genauigkeit gewährleistet werden kann. Abhilfe kann hier eine Multiplikation des Sollwertvektors $\mathbf{w}$ mit einer konstanten Matrix $\mathbf{M}$ schaffen, die gewissermaßen als mehrdimensionaler Verstärkungsfaktor außerhalb des geschlossenen Kreises wirkt und so ausgelegt werden kann, dass im stationären, ungestörten Zustand alle Ausgangsgrößen den Sollwerten entsprechen. Bei stationären Störungen treten allerdings weiterhin Regelfehler auf. Denn da sowohl $\mathbf{F}$ als auch $\mathbf{M}$ konstante Matrizen sind, wird auch nur eine zu den Soll- und Zustandsgrößen proportionale Stellgröße erzeugt. Falls diese Stellgröße noch nicht zum Ziel führt, wird sie nicht nachgebessert. Für eine stationär genaue Regelung wäre es dagegen erforderlich, die Stellgröße so lange nachzubessern, bis die Regelabweichung verschwunden ist. Erforderlich ist also ein zusätzlicher Integrator mit der Regelabweichung als Eingangsgröße. Seine Ausgangsgröße wird sich so lange verändern, bis die Regelabweichung gleich Null ist. Vorher ist ein stationärer Zustand des Systems nicht möglich.

Abb. 2.55 verdeutlicht die Strategie. Der Angriffspunkt der Sollgröße hat sich nicht verändert, er ist nur anders eingezeichnet. $\mathbf{w}$ wird jetzt als Stör- und nicht mehr als Eingangsgröße aufgefasst. Die Regeldifferenz wird aufintegriert und das System somit um einen künstlichen Zustandsvektor $\mathbf{e}$ erweitert, dessen Komponenten ebenfalls auszuregeln sind. Sofern der Zustandsregler $\mathbf{F}$ für das erweiterte System stabil ist, wird das System auch früher oder später einen stationären Endzustand erreichen. Der stationäre Endzustand ist dadurch definiert, dass sich keine Größe mehr ändert. Dies kann aber nur dann der Fall sein, wenn die Eingangsgrößen aller Integratoren Null sind, da sie sonst weiter auf- oder abintegrieren würden. Damit muss im stationären Endzustand die Ausgangsgröße $\mathbf{y}$ der Eingangsgröße $\mathbf{w}$ entsprechen, und die Regelung ist stationär genau. Das erweiterte System, für das nun ein Zustandsregler auszulegen ist, hat die Zustandsgleichung

$$\begin{bmatrix} \dot{\mathbf{x}} \\ \dot{\mathbf{e}} \end{bmatrix} = \begin{bmatrix} \mathbf{A} & \mathbf{0} \\ -\mathbf{C} & \mathbf{0} \end{bmatrix} \begin{bmatrix} \mathbf{x} \\ \mathbf{e} \end{bmatrix} + \begin{bmatrix} \mathbf{B} \\ \mathbf{0} \end{bmatrix} \mathbf{u}. \tag{2.201}$$

Bei den bisher vorgestellten Verfahren war immer die Kenntnis des vollständigen Zustandsvektors und daher meist auch der Einsatz eines Beobachters erforderlich. Es sind aber verschiedene Ansätze entwickelt wor-

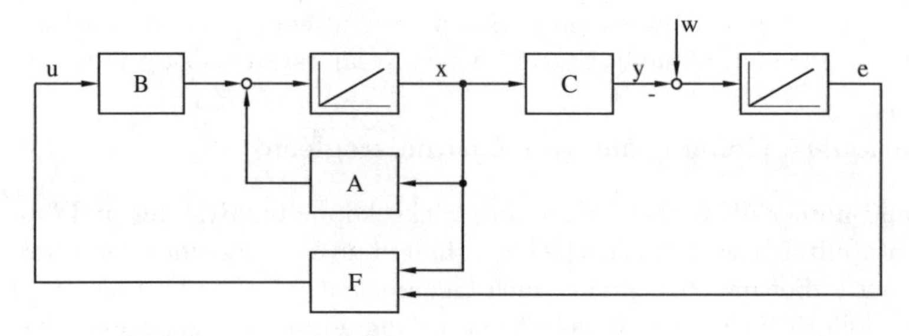

Abb. 2.55. Erweiterte Zustandsregelung für stationäre Genauigkeit

den, die eine Zustandsregelung auf der Basis der gemessenen Ausgangsgrößen ermöglichen (Abb. 2.56). Im Gegensatz zum Zustandsregler, der auch als Zustandsrückführung bezeichnet wird, spricht man hier von einer *Ausgangsrückführung*. Ihr Entwurf wird dadurch kompliziert, dass dem Regler weniger Information zur Verfügung steht als einem Zustandsregler und er trotzdem ein vergleichbares Ergebnis liefern soll. Eine Möglichkeit ist, zunächst einen einfachen Zustandsregler **F** zu entwerfen und dann die Ausgangsrückführung **R** so zu berechnen, dass die Eigenwerte des geschlossenen Kreises möglichst genau denen entsprechen, die man mit dem Zustandsregler erhalten hätte. Man kann **R** aber auch direkt berechnen mit Hilfe von modifizierten Polvorgabe- oder Riccati-Verfahren. All diesen Verfahren ist jedoch gemeinsam, dass sie nicht so elegant und geradlinig sind wie die Entwurfsverfahren für Zustandsregler und die entstehenden Gleichungen manchmal gar nicht oder nur nummerisch lösbar sind (vgl. [44]).

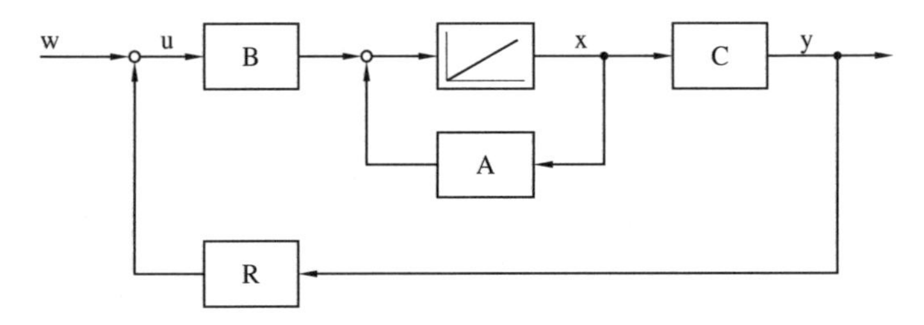

Abb. 2.56. Ausgangsrückführung

2.7.7 Normoptimale Regler

Einen völlig anderen Ansatz stellen die *normoptimalen Regler* [36, 37, 128, 200, 201] dar, zu deren Erklärung allerdings einige Vorbetrachtungen notwendig sind. Wie schon mehrfach angesprochen, entspricht das Streckenmodell, das als Grundlage des Reglerentwurfs dient, im Normalfall nicht exakt der Realität. Fehler können dadurch entstehen, dass man der Übersichtlichkeit halber nicht alle physikalischen Effekte mitmodelliert hat, wie z.B. die Dynamik von Mess- und Stellgliedern. Auch die Linearisierung des Modells, die notwendig ist, wenn die Reglerentwurfsverfahren nur für lineare Strecken konzipiert sind, verursacht natürlich Abweichungen zwischen realem und modelliertem Streckenverhalten. Schließlich können Modellfehler auch durch die zeitliche Änderung der Strecke auftreten. So verändert sich beispielsweise das Gewicht eines Flugzeuges während des Fluges durch den Treibstoffverbrauch oder sein Auftrieb in Abhängigkeit vom Luftdruck bzw. von der Flughöhe. Dies sind, gemessen an den übrigen dynamischen Vorgängen beim Flugzeug, langsame Veränderungen, die deshalb auch nicht als eigenständige Einflussgrößen berücksichtigt werden, sondern nur als Änderungen der Streckenparameter.

Man ist natürlich daran interessiert, dass der auf der Basis eines Modells entwickelte und an einer realen Strecke eingesetzte Regler auch bei Abweichungen zwischen Modell und Strecke ein stabiles Systemverhalten garantiert. Ein solcher Regler wird als *robuster Regler* bezeichnet. Die Verwendung des Begriffs *Robustheit* macht aber nur dann Sinn, wenn gleichzeitig quantifiziert werden kann, wie groß die Abweichungen zwischen Strecke und Modell denn sein dürfen, bevor das System instabil wird. Ohne eine solche Quantifizierung kann man praktisch jeden Regler als robust bezeichnen. Ein PID-Regler für eine Eingrößenstrecke wird beispielsweise immer so ausgelegt, dass die Ortskurve der Kreisübertragungsfunktion in einem gewissen Mindestabstand am Punkt -1 vorbeiläuft, schon um eine ausreichende Dämpfung des geschlossenen Kreises zu gewährleisten. Falls sich dann die Strecke etwas verändert, wird sich auch die Ortskurve und damit die Dämpfung etwas verändern. Der Abstand zum kritischen Punkt wird möglicherweise kleiner, aber das System ist trotzdem noch stabil und der Regler demnach robust. Dennoch bleibt hier immer ein gewisses Restrisiko, da man nicht genau quantifizieren kann, wie groß die Änderungen der Strecke denn sein dürfen, bevor die Ortskurve den kritischen Punkt berührt oder sogar auf der falschen Seite passiert. Deshalb soll hier ein Regler nur dann als *robust* bezeichnet werden, wenn auch gleichzeitig die zulässige Abweichung der Strecke vom ursprünglichen Modell quantifiziert werden kann.

Weiterhin kann man für Signalverläufe und Übertragungsfunktionen Normen definieren. Eine solche Norm ordnet einem Signal, einer Übertragungsfunktion oder auch einer Übertragungsmatrix eine positive reelle Zahl zu, die ein Maß für die „Größe"des Elementes darstellt. Die p-Norm eines Signales lautet beispielsweise

$$||u||_p := \left(\int_{-\infty}^{\infty} |u(t)|^p dt \right)^{\frac{1}{p}} \tag{2.202}$$

sofern das unbestimmte Integral existiert. Für $p = 2$ ergibt sich die 2-Norm

$$||u||_2 := \sqrt{\int_{-\infty}^{\infty} |u(t)|^2 dt} \tag{2.203}$$

die auch als Energieinhalt des Signales interpretiert werden kann. Ist $u(t)$ nämlich beispielsweise die Spannung an einem elektrischen Widerstand R, so gilt für die in diesem Widerstand umgesetzte elektrische Leistung $P = u(t)i(t) = \frac{1}{R}u^2(t)$ und für die Energie

$$\int_{-\infty}^{\infty} P(t)dt = \frac{1}{R} \int_{-\infty}^{\infty} u^2(t)dt = \frac{1}{R}||u||_2^2 \tag{2.204}$$

Die Energie ist also proportional zum Quadrat der 2-Norm der Spannung.

Für $p \to \infty$ erhält man die ∞-Norm

$$||u||_\infty = \sup_t |u(t)| \tag{2.205}$$

die gerade die maximale Amplitude des Signales definiert.

Offensichtlich können mehrere Signale denselben Wert bezüglich einer Norm aufweisen, so dass ein solcher Wert immer eine ganze Klasse von Signalen repräsentiert. Das Rechnen mit einem Skalar ist darüber hinaus wesentlich einfacher als mit einem Signalverlauf. Allerdings geht das Detailwissen über den zeitlichen Verlauf beim Übergang zur Norm verloren, doch ist dieses Detailwissen meist auch gar nicht von Interesse. Insbesondere bei Störsignalen kann man den genauen Verlauf sowieso nicht vorhersagen, wohl aber ihren Energieinhalt oder ihre maximale Amplitude abschätzen.

In ähnlicher Weise lassen sich Normen auch für Signalvektoren und Übertragungsmatrizen definieren, womit sie auch auf Mehrgrößensysteme anwendbar sind. Für die ∞-Norm einer Übertragungsmatrix lässt sich zeigen:

$$||\mathbf{G}(j\omega)||_\infty = \sup_{||\mathbf{x}||_2 \neq 0} \frac{||\mathbf{y}||_2}{||\mathbf{x}||_2} \tag{2.206}$$

Die ∞-Norm einer Übertragungsmatrix stellt damit den größtmöglichen Faktor dar, mit dem die „Energie "des Eingangssignales $\mathbf{x}$ auf das Ausgangssignal $\mathbf{y} = \mathbf{G}\mathbf{x}$ übertragen wird. Exakte Definitionen zu Normen und auch etwas weitergehende Betrachtungen finden sich im Anhang.

Das Entwurfsziel ist nun, einen Regler so zu bestimmen, dass die Norm einer Übertragungsmatrix minimal wird, d.h. dass die Ausgangssignale bezogen auf die Eingangssignale möglichst klein im Sinne einer bestimmten Norm werden. Ein Beispiel für eine solche Konfiguration zeigt Abb. 2.57. Als Eingangssignale werden die Vektoren für das Messrauschen $\mathbf{m}$ und die an der Strecke angreifenden Störsignale $\mathbf{z}$ definiert, als Ausgangsgrößen die Regelgrößen $\mathbf{y}$ und die Stellgrößen $\mathbf{u}$. Dabei ist eine Gewichtung der einzelnen Größen mit den *Wichtungsmatrizen* $\mathbf{W}_i$ möglich. Wird nun das Übertragungsverhalten minimiert, so bedeutet dies, dass einerseits die Regelgrößen $\mathbf{y}$ trotz Störungen und Messrauschen so klein wie möglich bleiben und sich nicht weit vom Sollwert $\mathbf{w} = \mathbf{0}$ entfernen. Implizit ist damit natürlich auch die Stabilität des Systems gewährleistet. Andererseits sind aber auch die Stellgrößen $\mathbf{u}$ zu minimierende Ausgangsgrößen des Systems. Das Regelziel $\mathbf{y} = \mathbf{w} = \mathbf{0}$ soll demnach mit den kleinstmöglichen Stellgrößen erreicht werden, um die Stelleinrichtung zu schonen. Allerdings widersprechen sich die Forderungen nach kleiner Regelabweichung und kleinen Stellgrößen, so dass die Norm der Übertragungsmatrix nicht beliebig klein gemacht werden kann und zwischen den verschiedenen Forderungen mittels der Wichtungsfunktionen ein Kompromiss einzustellen ist.

Der gesuchte Regler ist der einzige noch unbestimmte Teil der Übertragungsmatrix, da die Wichtungsfunktionen festgelegt werden und die Strecke

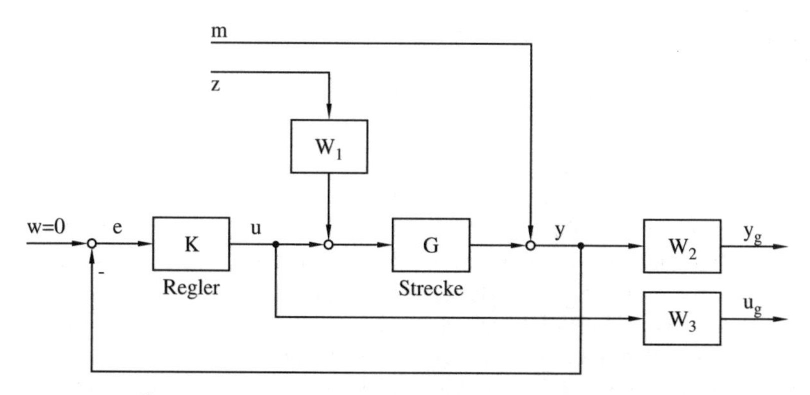

Abb. 2.57. Übertragungsmatrix zur Berechnung eines normoptimalen Reglers

vorgegeben ist. Bei einer Minimierung der Norm dieser Matrix entsteht gewissermaßen als Abfallprodukt der zugehörige Regler. Eine Herleitung und genauere Beschreibung der entsprechenden Algorithmen würde allerdings ein eigenes Buch (vgl. [128]) erfordern, so dass hier darauf verzichtet werden muss. Entscheidend ist, dass diese Algorithmen das Minimum nicht mittels Suchverfahren bestimmen, sondern auf direktem Wege. Damit ist auch garantiert, dass das gefundene Optimum in der Tat ein globales Optimum darstellt und nicht nur ein lokales Optimum, wie es bei Suchverfahren oft der Fall ist. Mittlerweile enthält jede regelungstechnische Programmbibliothek diese Algorithmen, so dass die Aufgabe des Regelungstechnikers nur noch darin besteht, das zu minimierende Übertragungsverhalten mittels der Wichtungsfunktionen festzulegen.

Die Bedeutung der Wichtungsfunktionen lässt sich am einfachsten erklären, wenn man das in Abb. 2.57 gezeichnete System als Eingrößensystem ansieht und als zu minimierende Norm die ∞-Norm wählt. Der maximale Verstärkungsfaktor von den Ein- zu den Ausgängen über alle Frequenzen soll also so klein wie möglich werden. Unter anderem wird beispielsweise auch das Übertragungsverhalten von der Streckenstörung zur gewichteten Regelgröße

$$\frac{y_g}{z} = W_2 \frac{GW_1}{1+GK} \tag{2.207}$$

minimiert. Das Verfahren wird einen Regler liefern, mit dem diese Funktion für alle Frequenzen möglichst klein ist.

Man wählt beispielsweise $W_1 = 1$ und W_2 als Tiefpassfunktion, also beispielsweise als PT_1-Glied mit großen Werten $|W_2|$ für niedrige Frequenzen (Abb. 2.58). Da das Übertragungsverhalten der Gesamt-Übertragungsfunktion über alle Frequenzen minimiert wird, ergibt sich eine Rest-Funktion $\frac{G}{1+GK}$, die für niedrige Frequenzen besonders kleine Werte annimmt. Diese Funktion stellt aber gerade das Übertragungsverhalten von der Störung zur Ausgangsgröße dar. Die Ausgangsgröße wird daher auf niederfrequente

Störungen eine sehr geringe Reaktion zeigen, was bedeutet, dass der Regler in der Lage ist, solche Störungen gut auszuregeln.

Wählt man W_2 sogar als Integrator mit unendlicher Verstärkung für Gleichsignale, so muss sich zwangsläufig ein Regler ergeben, der das Übertragungsverhalten $\frac{G}{1+GK}$ für Gleichsignale zu Null macht, damit sich überhaupt noch ein endlicher Wert für die Norm der Gesamt-Übertragungsfunktion ergibt. Wenn das Stör-Übertragungsverhalten für Gleichsignale Null ist, d.h. wenn die Regelgröße trotz stationärer Störung gleich dem Sollwert Null ist, bedeutet dies aber doch gerade stationäre Genauigkeit.

Erreicht werden kann dies nur durch eine Regler-Übertragungsfunktion mit $K(0) \rightarrow \infty$, da nur in dem Fall die Stör-Übertragungsfunktion für $s = 0$ zu Null wird. Der Regler muss also entweder einen Integralanteil enthalten, oder er weist eine unendlich große, konstante Verstärkung auf, was natürlich nicht realisierbar ist. Deshalb werden die Stellgrößen des Reglers ebenfalls als Ausgangsgrößen des Minimierungsverfahrens betrachtet. Da auch sie möglichst kleine Werte annehmen sollen, wird das Verfahren einen Regler mit Integralanteil und nicht mit unendlich großer Verstärkung liefern.

Abb. 2.58. Bodediagramme der Wichtungsfunktionen

Die Berücksichtigung der Stellgröße erfolgt durch die Minimierung des Übertragungsverhaltens vom Messrauschen zur gewichteten Stellgröße:

$$\frac{u_g}{m} = -\frac{W_3 K}{1+GK} \tag{2.208}$$

Die Überlegungen sind ähnlich wie oben. Im Gegensatz zu W_2 wird man für die Wichtungsfunktion W_3 aber Hochpassverhalten vorgeben (Abb. 2.58). Damit wird hier die Rest-Funktion $\frac{K}{1+GK}$, also das Übertragungsverhalten vom Messrauschen zur Stellgröße, für hohe Frequenzen besonders klein. Gerade dies ist aber erwünscht, denn ein Regler sollte auf hochfrequente Messstörungen in der Tat möglichst wenig reagieren. Die Minimierung dieser Funktion hat jedoch noch einen anderen Aspekt, der allerdings eine kurze Nebenbetrachtung erfordert.

Abweichungen der realen Strecke vom Streckenmodell lassen sich durch eine additive Komponente ausdrücken, wie die obere Darstellung in Abb. 2.59 zeigt. Dabei ist $\mathbf{G}_0$ das nominale Streckenmodell und $\mathbf{G} = \mathbf{G}_0 + \Delta\mathbf{G}$ die reale Strecke. Umzeichnen liefert das untere Blockschaltbild. Mit einem geeigneten Regler $\mathbf{K}$ für das nominale Modell $\mathbf{G}_0$ ist der innere Kreis auf jeden Fall stabil. Zu klären ist, unter welcher Bedingung auch der äußere Kreis stabil ist. Für diese Betrachtung muss die Abweichung $\Delta\mathbf{G}$ ebenfalls als stabil vorausgesetzt werden, was aber keine besonders stark einschränkende Bedingung darstellt, da $\Delta\mathbf{G}$ bei der Anwendung des Verfahrens sowieso frei festgelegt wird. Der offene Kreis, also die Hintereinanderschaltung aus innerem Kreis und $\Delta\mathbf{G}$ ist damit stabil. Nun kann man die sehr konservative Aussage machen, dass der geschlossene Regelkreis stabil ist, wenn die Verstärkung des offenen Kreises für alle Frequenzen kleiner als Eins ist (*small gain theorem*).

Für eine Eingrößenstrecke lässt sich diese Aussage leicht mit dem Nyquist-Kriterium beweisen. Das small gain theorem bedeutet hier, dass der Betrag der Kreisübertragungsfunktion immer kleiner als Eins sein muss. Damit wird der Punkt -1 von der Ortskurve nicht mehr umfahren, d.h. die Phasendrehung um diesen Punkt ist Null. Pole auf der imaginären Achse kann die Kreisübertragungsfunktion nicht haben, da ihr Betrag für kleine Frequenzen sonst unendlich groß wäre. Und da die Kreisübertragungsfunktion wegen der Stabilität der einzelnen Streckenteile auch keine Pole in der rechten Halbebene aufweist, ist der geschlossene Kreis laut Nyquist-Kriterium stabil.

Bei einer Mehrgrößenstrecke muss entsprechend die ∞-Norm der Übertragungsmatrix des offenen Kreises kleiner als Eins sein. Diese Übertragungsmatrix lautet hier nach Abb. 2.59 $\Delta\mathbf{G}\mathbf{K}(\mathbf{I}+\mathbf{G}_0\mathbf{K})^{-1}$. Der vorliegende Kreis ist daher stabil, wenn gilt:

$$||\Delta\mathbf{G}\mathbf{K}(\mathbf{I}+\mathbf{G}_0\mathbf{K})^{-1}||_\infty < 1 \tag{2.209}$$

Schreibt man nun die Übertragungsfunktion aus Gleichung (2.208) als Übertragungsmatrix für Mehrgrößenstrecken auf, so zeigt sich, dass gegenüber (2.209) lediglich der zulässige Modellfehler $\Delta\mathbf{G}$ durch die Wichtungsfunktion $\mathbf{W}_3$ ersetzt ist:

$$\mathbf{W}_3\mathbf{K}(\mathbf{I}+\mathbf{G}_0\mathbf{K})^{-1} \tag{2.210}$$

Nach erfolgter Reglerauslegung lässt sich daher anhand der Wichtungsmatrix $\mathbf{W}_3$ der zulässige Modellfehler ermitteln: Und zwar ist $\mathbf{W}_3$ durch Multiplikation mit einem Faktor zunächst so zu normieren, dass mit der modifizierten Matrix $\mathbf{W}'_3$ die Norm $||\mathbf{W}'_3\mathbf{K}(\mathbf{I}+\mathbf{G}_0\mathbf{K})^{-1}||_\infty$ gerade den Wert Eins annimmt. Dann entspricht $\mathbf{W}'_3$ derjenigen zulässigen Streckenabweichung $\Delta\mathbf{G}$ zwischen Modell und Strecke, für die das reale System nach (2.209) laut small gain theorem noch stabil ist. Auf diese Art und Weise gewinnt man beim Entwurf eines ∞-Norm-optimalen Reglers gleichzeitig ein Maß für die Robustheit der Regelung, was für die praktische Anwendung natürlich von besonderem Vorteil ist.

Man kann auch umgekehrt zunächst die gewünschte Robustheit in Form der Matrix $\Delta\mathbf{G}$ bzw. $\mathbf{W}_3$ vorgeben und dann den Regler berechnen, mit dem die Norm des Ausdrucks (2.210) minimal wird. Wenn sie kleiner als Eins ist, ist die Stabilität des geschlossenen Kreises auch bei Abweichungen des Streckenverhaltens vom linearen Modell gewährleistet.

Bei dieser Vorgehensweise ist allerdings die äußerst konservative Stabilitätsabschätzung mit dem small gain theorem zu berücksichtigen, was

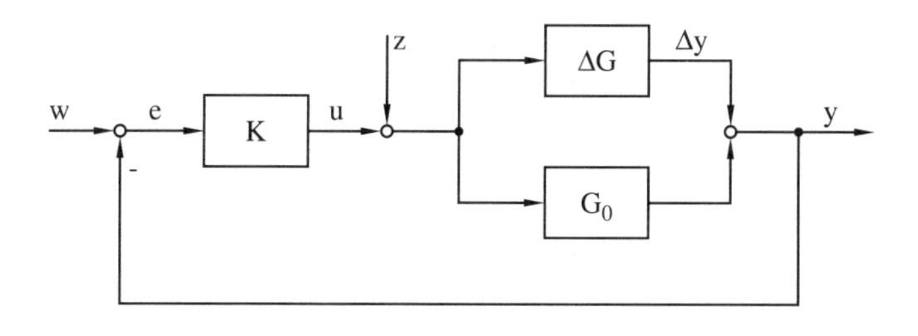

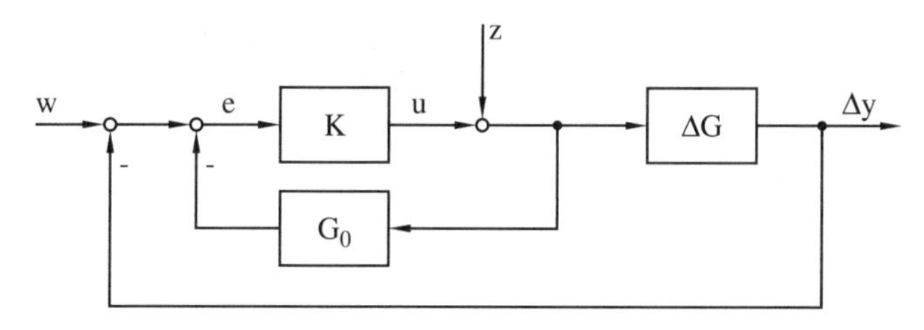

Abb. 2.59. Zerlegung der realen Strecke in nominales Modell und Abweichung

anhand eines Eingrößensystems erläutert werden soll. Bei Eingrößensystemen ist dieses Theorem gleichbedeutend mit der Forderung, dass der Betrag der Ortskurve der Kreisübertragungsfunktion immer kleiner als Eins bleiben muss. Laut Nyquist-Kriterium wären aber wesentlich größere Beträge zulässig, sofern nur der kritische Punkt -1 nicht umlaufen wird. Ein unnötig kleiner Betrag der Ortskurve bzw. der Kreisübertragungsfunktion ist aber gleichbedeutend mit einer unnötig kleinen Reglerverstärkung, was wiederum eine geringe Regelgeschwindigkeit zur Folge hat. Diese zu geringe Regelgeschwindigkeit kann jedoch leicht dazu führen, dass der Regler für den praktischen Einsatz untauglich ist.

Eine weitere Schwierigkeit liegt in der Auswahl geeigneter Wichtungsfunktionen, die offensichtlich entscheidenden Einfluss auf den berechneten Regler haben. Darüber hinaus sind einige, wenn auch nicht gravierende Randbedingungen bei ihrer Festlegung einzuhalten, damit das Verfahren überhaupt ein Ergebnis liefert. Außerdem muss die Strecke sowohl steuer- als auch beobachtbar sein. Dennoch stellen die normoptimalen Regler ein mächtiges Werkzeug für den Entwurf von Reglern insbesondere für komplexe Mehrgrößensysteme dar.

Trotz der Überlegenheit der in diesem Kapitel vorgestellten, modernen Regelungsverfahren über den klassischen PID-Regler finden sie nur sehr langsam Verbreitung im industriellen Einsatz. Dies liegt nicht zuletzt an ihrer Komplexität. Für einen erfahrenen Praktiker ist die Einstellung von Verstärkung und Integrationszeit beim PI-Regler wesentlich einfacher als die Festlegung von Güte- oder Wichtungsmatrizen für den Riccati- oder normoptimalen Reglerentwurf. Dennoch ist anzunehmen, dass sich die Zustandsdarstellung und mit ihr auch die modernen Regelungsverfahren im Laufe der

Zeit durchsetzen werden. Zum einen lassen sich nur mit ihrer Hilfe komplexe Mehrgrößensysteme behandeln und geeignete Regler für solche Systeme entwickeln. Zum anderen kann ein System, welches in der Zustandsdarstellung vorliegt, auch direkt in eine Rechnersimulation umgesetzt werden, was in Zukunft immer wichtiger wird, da schon heute praktisch jeder höherwertige Regler vor seinem Einsatz in einer Simulation erprobt wird.

Für die Beschäftigung mit Fuzzy-Reglern ist die Kenntnis der Zustandsdarstellung und der entsprechenden Regler-Auslegungsverfahren aus zwei Gründen interessant. Zum einen wird sich zeigen, dass ein Fuzzy-Regler nichts weiter als ein nichtlinearer Zustandsregler ist und daher die in diesem Kapitel vorgestellte Theorie zu gewissen Teilen übernommen werden kann. Zum anderen sollten für eine Einschätzung der Leistungsfähigkeit von Fuzzy-Reglern als Vergleich nicht nur PID-Regler herangezogen werden, sondern die besten Verfahren, die in der klassischen Regelungstechnik existieren.

2.8 Nichtlineare Systeme

2.8.1 Eigenschaften nichtlinearer Systeme

In den vorangegangenen Kapiteln wurden ausschließlich lineare Strecken und die zugehörigen Regler behandelt, also Systeme, die durch lineare Differentialgleichungen beschrieben werden können. Reale Systeme enthalten aber fast immer ein oder mehrere nichtlineare Übertragungsglieder, wie beispielsweise auch ein Fuzzy-Regler ein solches nichtlineares Element darstellt. Schon ein nichtlinearer Zusammenhang macht jedoch aus einem linearen ein nichtlineares Gleichungssystem, zu dessen Beschreibung man von der vereinfachten, linearen Form der Zustandsdarstellung

$$\begin{aligned}\dot{\mathbf{x}} &= \mathbf{A}\mathbf{x} + \mathbf{B}\mathbf{u}\\ \mathbf{y} &= \mathbf{C}\mathbf{x} + \mathbf{D}\mathbf{u}\end{aligned} \qquad (2.211)$$

wieder zur allgemeinen Form (vgl. (2.134)) zurückkehren muss:

$$\begin{aligned}\dot{\mathbf{x}} &= \mathbf{f}(\mathbf{x}, \mathbf{u})\\ \mathbf{y} &= \mathbf{g}(\mathbf{x}, \mathbf{u})\end{aligned} \qquad (2.212)$$

Denkbar ist auch noch eine *Zeitvarianz* des Systems, was dadurch ausgedrückt werden kann, dass die Funktionen $\mathbf{f}$ und $\mathbf{g}$ als zusätzlichen Parameter die Zeit t enthalten. Solche zeitvarianten Systeme sollen aber in diesem Kapitel nicht behandelt werden.

Für nichtlineare Systeme sind viele der aus der linearen Regelungstechnik bekannten Werkzeuge nicht mehr anwendbar. So muss jetzt beispielsweise auf die Laplace-Transformation verzichtet werden, die nur für lineare Systeme eingeführt wurde. Ebenso verhält es sich mit Ortskurven, die nur für lineare Systeme Auskunft darüber geben, wie das Ausgangssignal gegenüber einer Sinusschwingung am Eingang in Amplitude und Phase verändert ist. Auch das Überlagerungsprinzip (Satz 2.1) hat bei nichtlinearen Systemen seine Gültigkeit verloren, d.h. für gleichzeitig angreifende Eingangsgrößen können die Ausgangsgrößen nicht mehr zunächst unabhängig voneinander berechnet und dann überlagert werden. Ebenfalls nicht aufzuweisen haben die nichtlinearen Systeme die Proportionalitätseigenschaft (ebenfalls Satz 2.1), die besagt, dass sich bei Vergrößerung des Eingangssignales um einen bestimmten Faktor das Ausgangssignal um denselben Faktor vergrößert. Wenn aber damit beispielsweise Sprungfunktionen verschiedener Höhe am Eingang möglicherweise völlig unterschiedliche Systemantworten hervorrufen, wird es auch sinnlos, Sprungantworten zur Charakterisierung des Systemverhaltens zu verwenden.

2.8.2 Behandlung nichtlinearer Systeme mit linearen Methoden

Linearisierung am Arbeitspunkt. Aus den oben genannten Gründen ist der Regelungstechniker natürlich daran interessiert, ein nichtlineares System auf irgendeine Art und Weise als lineares System darzustellen und auch als solches zu behandeln. Eine Möglichkeit bildet die *Linearisierung* des Systems an einem festen Arbeitspunkt, d.h. das nichtlineare Systemverhalten wird durch ein lineares Modell beschrieben, das in der Umgebung eines Arbeitspunktes das reale Verhalten möglichst gut repräsentieren soll. Dafür ist die allgemeine Zustandsdarstellung in eine Taylorreihe um diesen gegebenen Arbeitspunkt zu entwickeln. Beispielsweise habe das nichtlineare Eingrößensystem

$$\dot{x} = f(x, u) \tag{2.213}$$

den Arbeitspunkt $x = x_0$, $u = u_0$ und $f(x_0, u_0) = 0$. Für die Abweichungen von diesem Arbeitspunkt gilt

$$\begin{aligned} \Delta x &= x - x_0 \\ \Delta u &= u - u_0 \\ \dot{\Delta x} &= \dot{x} = f(x, u) \end{aligned} \tag{2.214}$$

Die Entwicklung von $f(x, u)$ in eine Taylorreihe um den Arbeitspunkt liefert dann

$$f(x, u) = f(x_0, u_0) + \frac{\partial f}{\partial x}(x_0, u_0)\Delta x + \frac{\partial f}{\partial u}(x_0, u_0)\Delta u + r(x, u) \tag{2.215}$$

Das Restglied $r(x, u)$ enthält dabei die höheren Ableitungen und soll vernachlässigt werden. Aus (2.214) und (2.215) ergibt sich mit $f(x_0, u_0) = 0$

$$\dot{\Delta x} = \frac{\partial f}{\partial x}(x_0, u_0)\Delta x + \frac{\partial f}{\partial u}(x_0, u_0)\Delta u = a\Delta x + b\Delta u \tag{2.216}$$

also eine lineare Differentialgleichung für die Abweichungen vom Arbeitspunkt mit den Koeffizienten a und b. In entsprechender Weise ist die Ausgangsgleichung $y = g(x, u)$ zu linearisieren. Damit ist das nichtlineare System am Arbeitspunkt durch ein lineares Modell dargestellt und kann nun mit Methoden der linearen Regelungstechnik behandelt werden.

Im Mehrgrößenfall ist die Vorgehensweise analog. Für

$$\dot{\mathbf{x}} = \mathbf{f}(\mathbf{x}, \mathbf{u}) \tag{2.217}$$

erhält man als Ergebnis der Linearisierung

$$\Delta\dot{\mathbf{x}} = \mathbf{F_x}(\mathbf{x}_0, \mathbf{u}_0)\Delta\mathbf{x} + \mathbf{F_u}(\mathbf{x}_0, \mathbf{u}_0)\Delta\mathbf{u} = \mathbf{A}\Delta\mathbf{x} + \mathbf{B}\Delta\mathbf{u} \tag{2.218}$$

wobei die einzelnen Elemente der Jacobimatrizen $\mathbf{F_x}$ und $\mathbf{F_u}$ definiert sind durch

$$[\mathbf{F_x}]_{i,j} = \frac{\partial f_i}{\partial x_j} \qquad \text{und} \qquad [\mathbf{F_u}]_{i,j} = \frac{\partial f_i}{\partial u_j} \tag{2.219}$$

mit $\mathbf{f} = [f_1, ..., f_n]^T$.

Die Linearisierung ist ein häufig eingesetztes Mittel, um die Werkzeuge und Entwurfsverfahren der linearen Regelungstechnik auf eine nichtlineare Strecke anwenden zu können. Die nichtlineare Strecke wird linearisiert, und für das lineare Modell wird dann ein linearer Regler entworfen. Dabei ist aber zu berücksichtigen, dass die Abweichungen zwischen Modell und realer Strecke mit zunehmender Entfernung vom Arbeitspunkt immer größer werden. Der lineare Regler muss deshalb eine ausreichende Robustheit aufweisen. Manchmal kann die Nichtlinearität jedoch so beschaffen sein, dass das Verhalten der realen Strecke schon in relativ kleiner Entfernung vom Arbeitspunkt stark vom linearisierten Modell abweicht. Daraus resultiert, dass der Regler eine hohe Robustheit aufweisen muss, was sich wiederum negativ auf die Regelgeschwindigkeit auswirken kann. In solchen Fällen erhält man deshalb mit dieser Vorgehensweise oft keinen brauchbaren Regler mehr.

Exakte Linearisierung. Die Nichtlinearität in der Strecke kann aber auch durch eine inverse Nichtlinearität im Regler kompensiert werden, so dass insgesamt ein rein lineares System entsteht. Abb. 2.60 zeigt ein sehr einfaches Beispiel für diese Vorgehensweise. Die Sinusfunktion in der Strecke wird durch die Arcussinus-Funktion im Regler gerade kompensiert, so dass das System

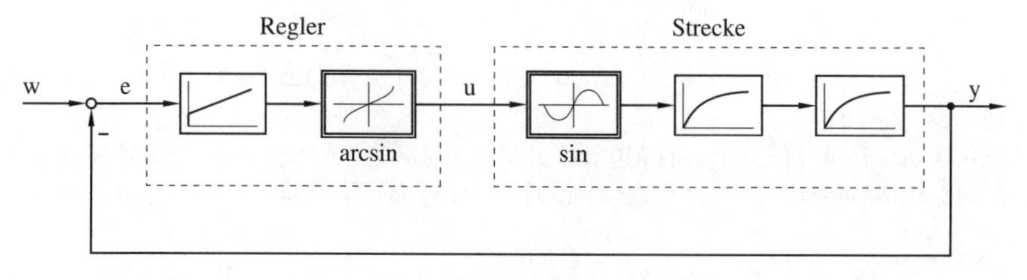

Abb. 2.60. Beispiel für eine exakte Linearisierung

letztendlich nur aus einer linearen Strecke mit dem dafür ausgelegten PI-Regler besteht.

Eine solche Vorgehensweise bezeichnet man als *exakte Linearisierung* [71, 172]. Das Verfahren lässt sich verallgemeinern auf Mehrgrößensysteme der Form

$$\begin{aligned} \dot{\mathbf{x}} &= \mathbf{a}(\mathbf{x}) + \mathbf{B}(\mathbf{x})\mathbf{u} \\ \mathbf{y} &= \mathbf{c}(\mathbf{x}) \end{aligned} \tag{2.220}$$

die auch als *analytisch-lineare Systeme* (ALS) bezeichnet werden.

Ein Beispiel für ein solches System ist eine Gleichstrommaschine (Blockschaltbild Abb. 2.61) mit den Eingangsgrößen *Erregerfluss* ϕ_e und *Ankerspannung* u_a und den Zustandsgrößen *Ankerstrom* i_a und *Drehzahl* ω. Die Drehzahl geht bei einer unbelasteten Maschine durch eine Integration aus dem Antriebsmoment T_a hervor, und das Antriebsmoment seinerseits aus einer Produktbildung aus Ankerstrom und Erregerfluss. Der Ankerstrom wird wiederum getrieben durch die Differenz aus Ankerspannung und induzierter Gegenspannung $\phi_e\omega$. Insgesamt ergibt sich die Zustandsdarstellung

$$\begin{pmatrix} \dot{i}_a \\ \dot{\omega} \end{pmatrix} = \begin{pmatrix} c_1 i_a \\ 0 \end{pmatrix} + \begin{pmatrix} c_2 & c_3\omega \\ 0 & c_4 i_a \end{pmatrix} \begin{pmatrix} u_a \\ \phi_e \end{pmatrix} \tag{2.221}$$

mit den maschinenabhängigen, konstanten Parametern c_i, die im Blockschaltbild der Übersichtlichkeit halber nicht mit dargestellt sind. Diese Zustandsgleichung entspricht offenbar der Form (2.220).

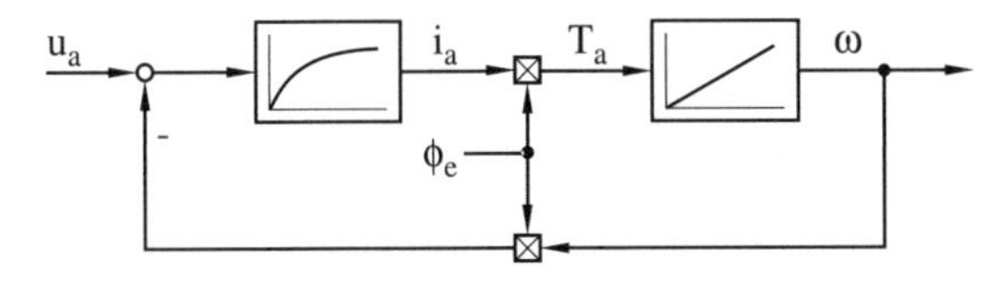

Abb. 2.61. Blockschaltbild einer fremderregten Gleichstrommaschine

Da die Darstellung des Verfahrens für allgemeine Mehrgrößen-ALS sehr aufwändig wäre, soll hier nur die Variante für Eingrößensysteme näher erläutert werden. Dies ist aber ausreichend, um den Grundgedanken der exakten Linearisierung zu verstehen. Zunächst vereinfacht sich die Systemgleichung zu

$$\begin{aligned} \dot{\mathbf{x}} &= \mathbf{a}(\mathbf{x}) + \mathbf{b}(\mathbf{x})u \\ y &= c(\mathbf{x}) \end{aligned} \tag{2.222}$$

Weiterhin gilt für den sogenannten *Differenzengrad* dieses Systems die folgende Definition.

Definition 2.19 *Ein Eingrößen-ALS gemäß (2.222) hat den Differenzengrad oder relativen Grad d in einer Umgebung U um einen Punkt $\mathbf{x}_0$, wenn gilt:*

1. *Für alle* $\mathbf{x} \in U$ *und* $k < d-1$ *gilt* $L_{\mathbf{b}} L_{\mathbf{a}}^{k} c(\mathbf{x}) = 0$
2. $L_{\mathbf{b}} L_{\mathbf{a}}^{d-1} c(\mathbf{x}) \neq 0$

$L_{\mathbf{a}}$ und $L_{\mathbf{b}}$ sind im Anhang definierte Lie-Ableitungen. Der Differenzengrad entspricht für lineare Eingrößensysteme der Graddifferenz zwischen Nenner- und Zählerpolynom der Übertragungsfunktion: $d = n - r$. Dabei ist n die Ordnung des Nenner- und r die Ordnung des Zählerpolynoms. Ein Differenzengrad $d = n$ würde demnach bei einer linearen Eingrößenstrecke bedeuten, dass das Zählerpolynom nur aus einem konstanten Faktor besteht.

Für den Reglerentwurf wird nun unter anderem vorausgesetzt, dass das nichtlineare System eben diesen maximalen Differenzengrad $d = n$ aufweist. In dem Fall wird es *exakt linearisierbar* genannt. Anwendbar ist das Verfahren aber auch für $d < n$, doch werden dann die Formeln etwas aufwändiger. Im ersten Schritt wird zunächst durch die Koordinatentransformation

$$\mathbf{z}(\mathbf{x}) = \begin{pmatrix} z_1(\mathbf{x}) \\ z_2(\mathbf{x}) \\ \cdots \\ z_n(\mathbf{x}) \end{pmatrix} = \begin{pmatrix} c(\mathbf{x}) \\ L_{\mathbf{a}} c(\mathbf{x}) \\ \cdots \\ L_{\mathbf{a}}^{n-1} c(\mathbf{x}) \end{pmatrix} \tag{2.223}$$

aus (2.222) die Normalform (vgl. Abb. 2.62)

$$\dot{\mathbf{z}} = \begin{pmatrix} \dot{z}_1 \\ \dot{z}_2 \\ \cdots \\ \dot{z}_{n-1} \\ \dot{z}_n \end{pmatrix} = \begin{pmatrix} z_2 \\ z_3 \\ \cdots \\ z_n \\ f(\mathbf{z}) \end{pmatrix} + \begin{pmatrix} 0 \\ 0 \\ \cdots \\ 0 \\ g(\mathbf{z}) \end{pmatrix} u$$
$$y = \begin{pmatrix} 1 & 0 & \cdots & 0 \end{pmatrix} \mathbf{z} \tag{2.224}$$

Dabei sind f und g nichtlineare, skalare Funktionen von $\mathbf{z}$. Wählt man nun für die Stellgröße u entsprechend Abb. 2.62 das Regelgesetz

$$u = \frac{1}{g(\mathbf{z})}(-f(\mathbf{z}) + u^*) \tag{2.225}$$

mit einer noch festzulegenden Größe u^*, so geht das System über in

$$\dot{\mathbf{z}} = \begin{pmatrix} 0 & 1 & \cdots & 0 \\ \cdots & \cdots & \cdots & \cdots \\ 0 & 0 & \cdots & 1 \\ 0 & 0 & \cdots & 0 \end{pmatrix} \mathbf{z} + \begin{pmatrix} 0 \\ 0 \\ \cdots \\ 1 \end{pmatrix} u^*$$
$$y = \begin{pmatrix} 1 & 0 & \cdots & 0 \end{pmatrix} \mathbf{z} \tag{2.226}$$

Dies ist ein rein lineares, vollständig steuer- und beobachtbares System, für das dann nur noch ein linearer Regler bestimmt werden muss. $u^*(\mathbf{z})$ ist die Stellgröße dieses linearen Reglers, der für das lineare System (2.226) nach

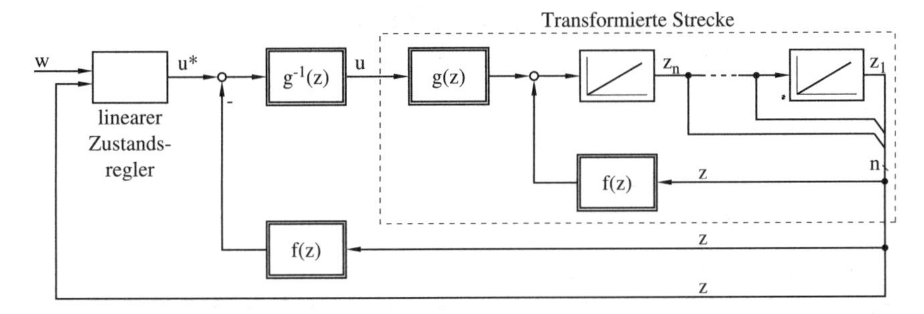

Abb. 2.62. Grundgedanke der exakten Linearisierung

einem herkömmlichen Verfahren für lineare Zustandsregler auszulegen ist. Die tatsächlich auf die nichtlineare Strecke wirkende Ausgangsgröße u geht aus u^* dann laut (2.225) hervor.

Schreibt man u in Abhängigkeit von $\mathbf{x}$, so ergibt sich

$$u(t) = \frac{1}{L_{\mathbf{b}} L_{\mathbf{a}}^{n-1} c(\mathbf{x}(t))} (-L_{\mathbf{a}}^n c(\mathbf{x}(t)) + u^*(\mathbf{z}(\mathbf{x}(t)))) \tag{2.227}$$

u ist also von den Zustandsgrößen der Strecke abhängig. Somit liegt ein nichtlinearer Zustandsregler vor. Für diesen ist dann noch, sofern die Zustandsgrößen nicht messbar sind, ein Beobachter zu konstruieren. Dabei ist unter gewissen Voraussetzungen dieselbe Vorgehensweise wie schon beim Reglerentwurf möglich, d.h. durch eine geeignete Transformation wird das Problem auf einen linearen Beobachterentwurf reduziert. Darauf soll hier aber nicht eingegangen werden. In Kapitel 2.8.11 wird stattdessen die Auslegung eines Beobachters für allgemeine, nichtlineare Systeme erläutert, da solche Beobachter auch im Zusammenspiel mit Fuzzy-Reglern erforderlich sein können.

Weiterhin ist anzumerken, dass der Anwendungsbereich des Verfahrens durch zwei Voraussetzungen nicht unwesentlich eingeschränkt wird: Erstens müssen f und g bekannt sein, und zweitens muss $g(\mathbf{z})$ bzw. im Mehrgrößenfall $\mathbf{G}(\mathbf{z})$ zur Berechnung der Stellgröße u für alle Zustände $\mathbf{z}$ invertierbar sein. Sind diese Voraussetzungen aber erfüllt, so stellt die exakte Linearisierung ein elegantes Werkzeug für den Reglerentwurf dar.

Adaptive Regelung. Einen anderen Weg, das Wissen und die Methoden der linearen Regelungstechnik in die Behandlung nichtlinearer Systeme einzubringen, bilden die *adaptiven Regelungen.* Als adaptiv bezeichnet man einen Regler, der durch ein übergeordnetes System laufend verändert wird, um eine bessere Anpassung an ein sich möglicherweise veränderndes Streckenverhalten zu erreichen (Abb. 2.63). Dabei erhält das übergeordnete System ständig Informationen in Form von Messwerten über das aktuelle Verhalten der Strecke. Ob die Veränderung des Streckenverhaltens durch eine Zeitvarianz der Strecke oder lediglich durch den Wechsel des Arbeitspunktes bei einer nichtlinearen, zeitinvarianten Strecke hervorgerufen wird, spielt keine

Rolle. Die Änderung des Streckenverhaltens muss aber in jedem Fall wesentlich langsamer als die übrigen dynamischen Vorgänge in der Strecke erfolgen. Andernfalls ist es sinnvoller, den sich verändernden Streckenparameter von vornherein als Zustandsgröße aufzufassen.

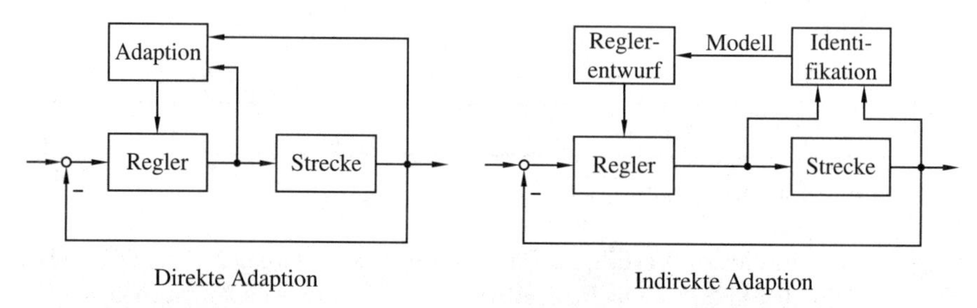

Abb. 2.63. Adaptive Regelung

Man unterscheidet im wesentlichen zwei Ansätze, und zwar die *direkten* und die *indirekten adaptiven Verfahren*. Bei den indirekten Verfahren wird im laufenden Betrieb mit Hilfe eines Identifikationsverfahrens jeweils in kurzen Abständen auf der Basis der neu hinzugekommenen Messwerte ein neues, lineares Modell der Strecke berechnet. Die Berechnung eines linearen Modells am jeweiligen Arbeitspunkt entspricht vom Ergebnis her einer gewöhnlichen Linearisierung gemäß Gleichung (2.218). Der Unterschied besteht nur darin, dass hier die Berechnung durch ein Identifikationsverfahren auf nummerischem Wege erfolgt, während sie oben auf analytischem Wege durchgeführt wurde. Nach der Identifikation wird dann, ebenfalls im laufenden Betrieb, nach einem vorher festgelegten Auslegungsverfahren ein linearer Regler passend zum Streckenmodell entworfen. Sobald ein neuer Regler entworfen ist, wird der bis dahin arbeitende Regler durch den neuen ersetzt. Dabei sollte allerdings gewährleistet sein, dass die Stellgröße einen stetigen Verlauf aufweist, um eine unnötige Anregung der Strecke und damit Schwingungen bei jedem Reglerwechsel zu vermeiden.

Problematisch bei diesem Verfahren ist die Identifikation. Wenn nämlich die in die Identifikation eingehenden Messwerte eine ungünstige Verteilung aufweisen, d.h. insbesondere zu wenig voneinander unabhängige Informationen enthalten, kann der Identifikationsalgorithmus nummerisch instabil werden und ein völlig falsches Streckenmodell liefern. Diese Gefahr besteht schon aufgrund der Tatsache, dass Messwerte im geschlossenen Regelkreis gar nicht unabhängig von bereits vergangenen Messwerten sein können. Beispielsweise wirkt ein Signal am Streckeneingang zunächst auf die Strecke, dann über die Rückkopplung auf den Regler und taucht schließlich in veränderter Form wieder am Streckeneingang auf. Bei einem indirekten Verfahren ist demnach auf jeden Fall eine zusätzliche Überwachung in Form einer Plausibilitätsprüfung des jeweils identifizierten Modells erforderlich.

Derselbe Grundgedanke wie den indirekten Verfahren liegt den direkten adaptiven Verfahren zu Grunde. Hier entfällt allerdings die Identifikation.

Stattdessen wird der Regler direkt nach einem vorher zu formulierenden Adaptionsgesetz in Abhängigkeit von den aktuellen Messwerten verändert. Die Information über die Strecke, die bei indirekten Verfahren erst durch die Identifikation gewonnen wird, muss bei direkten Verfahren daher schon vorher vorliegen und in das Adaptionsgesetz eingearbeitet werden.

Ein besonders einfaches direktes Verfahren, das allerdings eine zeitinvariante Strecke voraussetzt, ist das sogenannte *Gain Scheduling*. Man kann dieses Verfahren auch als eine vereinfachte Version des indirekten Verfahrens für zeitinvariante Strecken ansehen. Denn die Rechnungen, die beim indirekten Verfahren im laufenden Betrieb durchgeführt werden, erfolgen beim Gain Scheduling vor Inbetriebnahme des Reglers. Es werden zunächst verschiedene Arbeitspunkte ausgewählt und an diesen Arbeitspunkten jeweils ein lineares Modell der Strecke gebildet, wobei diese Modellbildung auf analytischem oder nummerischem Wege durch eine Identifikation erfolgen kann. Für jeden Arbeitspunkt wird dann auf der Basis des dort gültigen linearen Modells ein linearer Regler entworfen. Dabei dürfen sich die Regler an den verschiedenen Arbeitspunkten nur in ihren Parametern, nicht aber in ihrer Struktur unterscheiden. Das heißt, es kann nicht an einem Arbeitspunkt ein PI- und an einem anderen ein PID-Regler konzipiert werden. Im laufenden Betrieb wird dann vom Adaptionsalgorithmus bei jedem Wechsel des Arbeitspunktes lediglich ein neuer Satz Reglerparameter in den Regler geladen. Somit entfällt die online-Identifikation, und das Gain Scheduling ist ein direktes adaptives Verfahren. Um sprungförmige Veränderungen der Stellgröße zu vermeiden, sollten beim Übergang vom alten zum neuen Regler die alten Parameter nicht in einem Schritt, sondern stetig in die neuen Parameter überführt werden. Optimal ist es, wenn sogar direkt eine stetige Funktion der Reglerparameter in Abhängigkeit vom Streckenzustand als Adaptionsgesetz angegeben werden kann.

Leider fehlt für adaptive Verfahren, obwohl sie äußerst plausibel erscheinen und in der Praxis zu guten Ergebnissen führen, von wenigen Ausnahmen abgesehen der Stabilitätsbeweis. Eine dieser Ausnahmen bilden die sogenannten TSK-Regler, die in den Abschnitten 4.1.3, 4.2.2 und 5.1 ausführlich vorgestellt werden.

Mehrschleifige oder Kaskaden-Regelung. Häufig können die Probleme, die eine Nichtlinearität im Regelkreis mit sich bringt, durch eine mehrschleifige Regelung (vgl. Abb. 2.64) abgemildert werden. So wird beispielsweise für eine elektrische Maschine, deren Drehzahl geregelt werden soll, als Stellglied ein Stromrichter benötigt, der ein stark nichtlineares Verhalten aufweist. Der Strom wird deshalb als interne Regelgröße definiert, und es wird ein innerer Regelkreis aufgebaut, der aus einem Stromregler und dem Stromrichter als Strecke besteht. Dieser Regler ist natürlich mit Methoden der nichtlinearen Regelungstechnik zu dimensionieren. Nach außen erscheint dieser innere, geschlossene Stromregelkreis aber näherungsweise als einfaches, lineares Verzögerungsglied, dessen Ausgangsgröße i der Stellgröße u des Drehzahlreglers im wesentlichen proportional ist. Die Wirkung der Nichtlinearität bleibt damit auf den innersten Regelkreis beschränkt. Der eigentliche Drehzahlregler im äußeren Kreis kann dann für eine annähernd lineare Strecke ausgelegt werden.

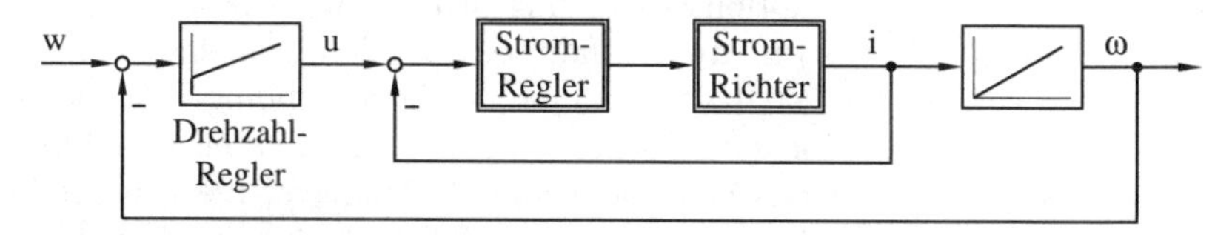

Abb. 2.64. Linearisierung durch mehrschleifige Regelung

Die bisher angesprochenen Verfahren dienten der Eindämmung oder Eliminierung nichtlinearer Effekte, um die Methoden aus der linearen Regelungstechnik auch für nichtlineare Systeme anwenden zu können. Es bleiben allerdings genügend Fälle übrig, in denen keines dieser Verfahren angewendet werden kann und man sich explizit mit den vorhandenen Nichtlinearitäten auseinandersetzen muss. Dabei müssen Nichtlinearitäten nicht unbedingt von Nachteil sein. Oft werden sie mit Absicht in den Regelkreis eingefügt, um die nichtlinearen Effekte für eine Verbesserung der Regelung zu nutzen. Nichtlinearitäten treten also nicht nur unbeabsichtigt in der Strecke oder im Stellglied, sondern auch beabsichtigt im Regler selbst auf. Als Beispiel seien hier nur die zeitoptimale Regelung genannt, die später noch beschrieben wird, und natürlich Fuzzy-Regler. Eine geschlossene Theorie wie beispielsweise für lineare Zustandsregler existiert auf dem Gebiet der nichtlinearen Systeme allerdings nicht, weil es dafür auch zu viele, völlig verschiedenartige nichtlineare Phänomene gibt.

2.8.3 Schaltende Übertragungsglieder

Ideales Zweipunktglied. Um ein Gefühl dafür zu vermitteln, welche Effekte bei Nichtlinearitäten überhaupt auftreten können, sollen nun die in der Praxis sehr häufig vorkommenden, schaltenden Übertragungsglieder etwas genauer untersucht werden. Das einfachste Übertragungsglied ist das *ideale Zweipunktglied*, das man auch als einen idealen Schalter auffassen kann. Abb. 2.65 zeigt die Kennlinie. Für eine positive Eingangsgröße hat die Ausgangsgröße den Wert 1 und für eine negative Eingangsgröße den Wert -1. Um Zweideutigkeiten zu vermeiden, wird für $x = 0$ die Ausgangsgröße $y(0) = 1$ definiert. Neben der Kennlinie ist eine Schaltung gezeigt, mit der diese Kennlinie unter idealen Bedingungen zu realisieren ist. Beide Schalter A und B sind miteinander gekoppelt und werden durch das Feld der Induktivität angesteuert, die ihrerseits als Eingangsgröße den Strom i_e erhält. Sobald der Strom sein Vorzeichen wechselt, ändern sich die Richtung des Feldes und damit die als masselos angenommenen Schalter ihre Position. Als Folge davon ändert auch die Spannung u_R ihr Vorzeichen. Betrachtet man i_e als Eingangs-

und u_R als Ausgangsgröße, so hat die Anordnung gerade das in der Kennlinie abgebildete Übertragungsverhalten.

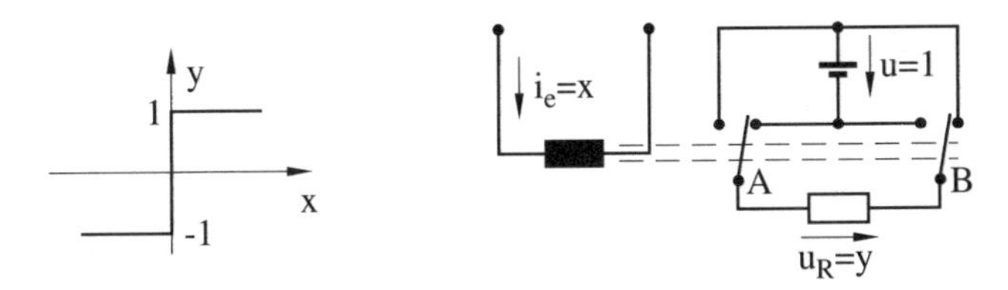

Abb. 2.65. Ideales Zweipunktglied

Schaltende Übertragungsglieder kommen in der Praxis sehr häufig als Stellglieder vor, wobei die Ausgangsgröße nicht unbedingt zwischen den Werten -1 und $+1$ hin- und herschaltet, sondern vielleicht auch zwischen 0 und 1. Ein Transistor ist beispielsweise ein solcher Schalter, oder auch eine Ventilklappe. Mit diesen Beispielen kann auch schon die Frage beantwortet werden, warum solche Übertragungsglieder überhaupt eingesetzt werden, wenn dadurch die Theorie so erschwert wird: Ein Schalter ist einfacher und billiger als ein kontinuierliches Übertragungsglied. Sein Nachteil ist natürlich, dass seine Ausgangsgröße keinen kontinuierlichen Wertebereich abdecken kann. Aber auch dieser Nachteil kann vielfach durch das später noch beschriebene Verfahren der Pulsweitenmodulation aufgehoben werden.

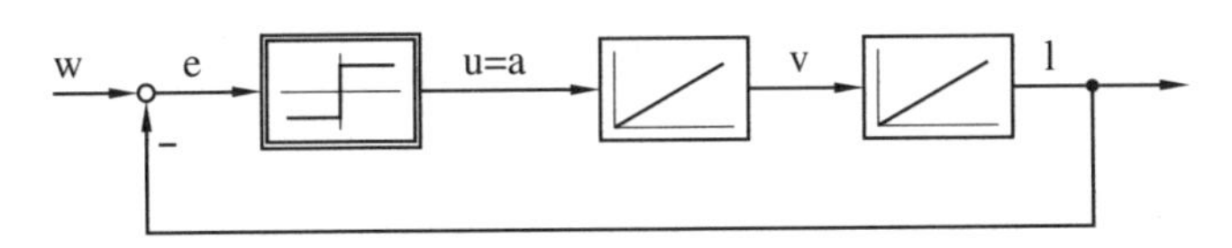

Abb. 2.66. Regelkreis mit idealem Zweipunktglied als Regler

Interessant ist, dass Zweipunktglieder nicht nur als Stellglieder im Regelkreis auftauchen, sondern dass man sie auch als Regler selbst verwenden kann. Ideale Zweipunktglieder sind im Prinzip die einfachsten denkbaren Regler überhaupt. Abb. 2.66 zeigt ein Beispiel mit einem idealen Zweipunktglied als Regler und einem doppelten Integrator als Strecke.

Die beiden Integratoren lassen sich als Beschleunigungsstrecke auffassen (vgl. Abb. 2.47). Die Stellgröße u des Reglers entspricht damit gleichzeitig der Beschleunigung a des Körpers und die Regelgröße seiner Lage l. Die Ausgangsgröße u des Reglers ist entweder auf ihrem positiven oder negativen Maximalwert, und der Körper wird mit maximaler Kraft in positiver oder negativer Richtung beschleunigt. Der zeitliche Verlauf eines Regelvorgangs ist aus Abb. 2.67 ersichtlich. Der Istwert der Lage l sei zunächst kleiner als der Sollwert w. Die Regelabweichung e ist demnach positiv, worauf der Regler mit maximaler positiver Stellgröße u bzw. Beschleunigung a reagiert. Der Körper wird nun zum Lagesollwert hin beschleunigt. Bei Erreichen des Lagesollwertes ist die Geschwindigkeit v aber größer als Null, so dass der

Körper über das Ziel hinaus schießt und eine Regelabweichung zur anderen Seite erfährt. Der Regler antwortet mit maximaler negativer Stellgröße, was den Körper zunächst abbremst und dann in die andere Richtung beschleunigt. Der ganze Vorgang wiederholt sich dann mit entgegengesetztem Vorzeichen. Offensichtlich kommt der Körper nie zur Ruhe.

Dieses Verhalten lässt sich auch in der Zustandsebene beschreiben. Wie früher bereits erläutert, sind Lage l und Geschwindigkeit v Zustandsgrößen des Systems. Der Regelvorgang lässt sich daher auch durch eine Trajektorie in der $v - l-$Zustandsebene beschreiben. Da eine Dauerschwingung vorliegt, ist diese Trajektorie eine geschlossene Kurve, die immer wieder durchlaufen wird, und die Ausgangsgröße l führt Schwingungen um den Sollwert w aus.

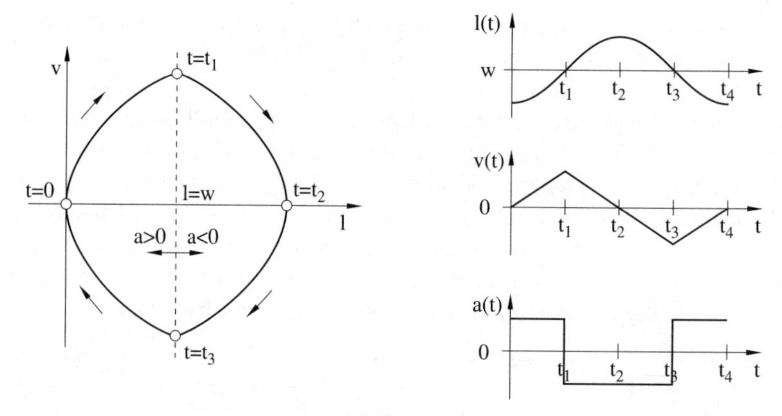

Abb. 2.67. Zustandskurve und zeitlicher Verlauf beim idealem Zweipunktglied mit doppeltem Integrator

Je weiter der Anfangswert der Lage vom Sollwert entfernt liegt, desto länger braucht der Körper, um den Sollwert zu erreichen, und desto größer ist auch seine Geschwindigkeit, wenn er den Sollwert erreicht. Dadurch fällt dann aber wiederum die Auslenkung in die entgegengesetzte Richtung umso größer aus, was insgesamt zu einer Vergrößerung sowohl der Amplitude der Schwingung als auch des Zeitintervalles zwischen zwei Nulldurchgängen führt. Demnach sind sowohl die Amplitude als auch die Frequenz dieser *Dauerschwingung* von den Anfangsbedingungen abhängig. Ein solches Verhalten kann es bei linearen Systemen nicht geben. Die Frequenz einer Schwingung ist dort immer durch das entsprechende konjugiert komplexe Polpaar der Übertragungsfunktion festgelegt. Nur die Amplitude hängt von den Anfangsbedingungen ab.

Abklingende Schwingungen ergeben sich dagegen, wenn die Strecke aus einem Verzögerungsglied und einem Integrator besteht, wie Abb. 2.68 zeigt. Als Zustandsgrößen können hier x_1 und x_2 gewählt werden. Die Trajektorie strebt offenbar immer weiter dem Endwert $(x_1, x_2) = (w, 0)$ zu. Unabhängig vom Anfangszustand erreicht das System immer diesen Endzustand und ist damit stabil.

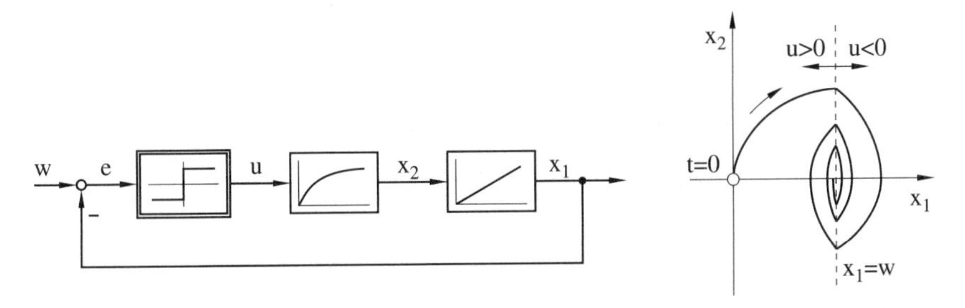

Abb. 2.68. Ideales Zweipunktglied mit IT_1-Strecke

Zweipunktglied mit Hysterese. Das ideale Zweipunktglied ist, wie der Name schon sagt, praktisch aber gar nicht zu realisieren. So weisen beispielsweise die beiden Schalter in Abb. 2.65 selbstverständlich eine Masse und auch eine Haftreibung auf. Das hat aber zur Folge, dass sie nicht schon bei einem Vorzeichenwechsel des Feldes bzw. des Stromes i_e ihre Position ändern, sondern erst, wenn die Feldstärke eine gewisse Mindestschwelle überschreitet. Das Übertragungsglied verharrt demnach auch bei einem Vorzeichenwechsel der Eingangsgröße zunächst noch auf seinem alten Wert. Erst bei Überschreiten eines Schwellwertes durch die Eingangsgröße springt die Ausgangsgröße um. Die Kennlinie eines solchen Übertragungsgliedes ist damit im Bereich um den Nullpunkt zweideutig (Abb. 2.69). Welcher Zweig der Kennlinie gerade gültig ist, hängt vom vorhergehenden Zustand ab. Insofern kann man dieses Übertragungsglied als eine Art Zweipunktglied mit Gedächtnis ansehen. Einen solchen Effekt bezeichnet man als *Hysterese*. Praktisch weisen alle schaltenden Übertragungsglieder eine mehr oder minder große Hysterese auf.

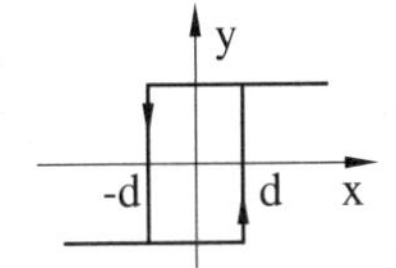

Abb. 2.69. Kennlinie mit Hysterese

Abb. 2.70 zeigt ein hysteresebehaftetes Zweipunktglied als Regler mit einem doppelten Integrator als Strecke. Die Umschaltung der Stellgröße bzw. der Beschleunigung a erfolgt verzögert gegenüber dem Nulldurchgang der Regelabweichung e. Dieses Verhalten lässt sich in der Zustandsebene durch eine Parallelverschiebung der Schaltgeraden berücksichtigen. Denn das Umschalten z.B. vom positiven auf den negativen Wert erfolgt beim Regler nicht dann, wenn die Regelabweichung Null ist, sondern erst für $e = -d$ bzw. $l = w + d$. Dies ist aber gerade auf der um d nach rechts verschobenen Schaltgeraden der Fall. Analog dazu ist die Schaltgerade für das Umschalten vom negativen auf den positiven Wert bei $l = w - d$. Durch dieses verzögerte Umschalten klingt die Schwingung aber immer weiter auf, und das System ist instabil.

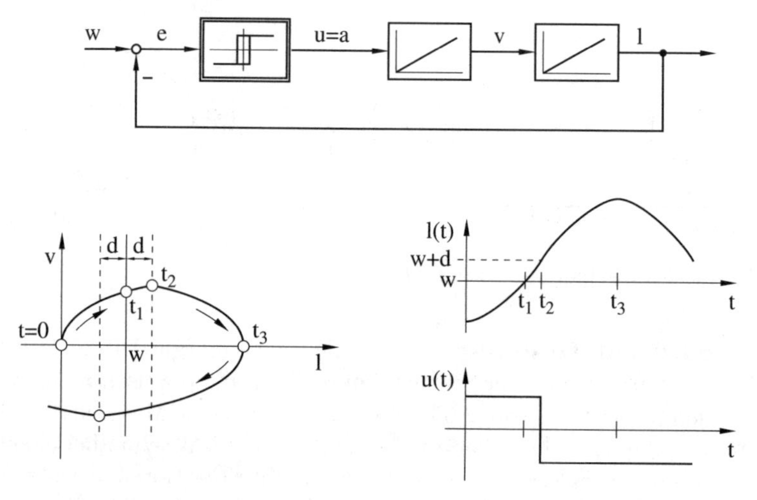

Abb. 2.70. Zweipunktglied mit Hysterese und doppeltem Integrator

Schaltet man das Zweipunktglied mit Hysterese dagegen mit einem IT_1-Glied zusammen, so führt das System unabhängig vom Anfangszustand nach einer gewissen Zeit immer die gleiche Schwingung aus. In Abb. 2.71 ist deutlich zu erkennen, wie das System aus zwei verschiedenen Anfangszuständen in die gleiche Schwingung hineinläuft. Eine solche Schwingung bezeichnet man als *Grenzzyklus*. Im Gegensatz zur Dauerschwingung, bei der Frequenz und Amplitude vom Anfangszustand abhängig waren, sind beim Grenzzyklus sowohl die Frequenz als auch die Amplitude durch die Systemparameter vorgegeben und vom Anfangszustand völlig unabhängig. Auch Grenzzyklen können bei linearen Systemen nicht auftreten, da dort die Amplitude immer vom Anfangszustand abhängig ist. Dauerschwingungen und Grenzzyklen als spezielle nichtlineare Phänomene werden später noch exakt definiert.

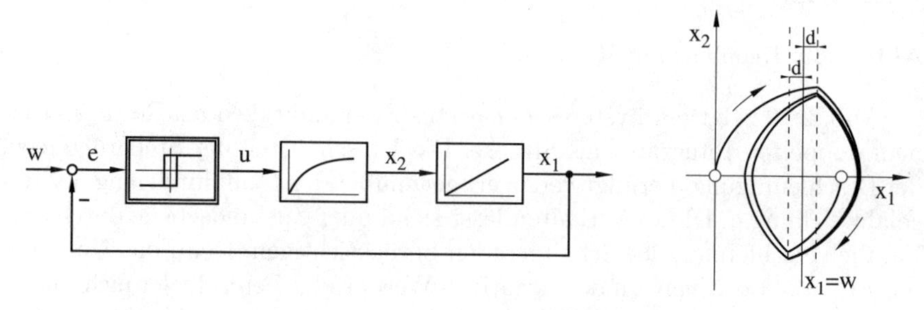

Abb. 2.71. Zweipunktglied mit Hysterese und IT_1-Strecke

Trotz ihres gegenüber idealen Zweipunktgliedern schon verschlechterten Stabilitätsverhaltens sind die realisierbaren Zweipunktglieder mit Hysterese in der Praxis häufig eingesetzte Regler. Ihr Vorteil ist ein einfacher Aufbau und der damit verbundene, niedrige Preis sowie ein schnelles Regelverhalten, was darin begründet liegt, dass die Stellgröße immer den positiven oder negativen Maximalwert annimmt. Problematisch ist aber die Tatsache, dass ein System mit Zweipunktregler nie zur Ruhe kommt, sondern auch im stabilen Zustand immer Schwingungen ausführt. Denn die Ausgangsgröße des Reglers alterniert ständig zwischen zwei Extremwerten und ist damit immer entweder zu groß oder zu klein. Solange die Amplituden dieser Schwingungen innerhalb eines vorgegebenen Toleranzbereiches bleiben, können sie akzeptiert werden. Wenn der Toleranzbereich aber nicht eingehalten wird, sind andere Maßnahmen zu ergreifen.

Eine weitverbreitete Möglichkeit besteht in der oben schon angesprochenen, mehrschleifigen Regelung. Wird das Zweipunktglied im innersten Regelkreis eingesetzt, so führt natürlich die Ausgangsgröße dieses inneren Kreises Schwingungen aus. Falls die nachfolgenden Übertragungsglieder Tiefpasscharakter haben, werden diese Schwingungen aber gedämpft, so dass die Ausgangsgröße des Gesamtsystems nur noch Schwingungen mit wesentlich kleinerer Amplitude ausführt. Diese liegen dann möglicherweise schon innerhalb des vorgegebenen Toleranzbereiches.

Dreipunktglied. Eine andere Möglichkeit besteht im Einsatz eines Reglers mit mehr als zwei möglichen Ausgangszuständen. Ein Beispiel hierfür ist der ideale Dreipunktregler bzw. der realisierbare Dreipunktregler mit Hysterese (Abb. 2.72). Als Regelstrecke sei ein Integrator mit einem nachfolgenden Verzögerungsglied beliebiger Ordnung angenommen. Solange sich die Regelabweichung e und damit die Differenz $w - y$ außerhalb des Intervalles $[-\varepsilon, \varepsilon]$ befinden, ist auch $u \neq 0$. Da damit die Eingangsgröße des Integrators von Null verschieden ist, verändert sich seine Ausgangsgröße y' und mit ihr auch y. Erst für $u = 0$ bleibt der Integrator auf dem erreichten Wert stehen, und das System kann zur Ruhe kommen.

$u = 0$ ist aber gleichbedeutend damit, dass sich die Regelabweichung $e = w - y$ innerhalb des Intervalles $[-\varepsilon, \varepsilon]$ befindet. Das System erreicht also gerade dann seinen Ruhezustand, wenn sich die Ausgangsgröße y in einem Toleranzbereich $[-\varepsilon, \varepsilon]$ um den Sollwert w befindet. Dies ist ein für viele praktische Anwendungen ausreichendes Ergebnis. Stationäre Genauigkeit (d.h. $w = y$) wird allerdings nicht erzielt.

Zu beachten ist, dass ein Dreipunktregler nur mit nachgeschaltetem Integrator sinnvoll ist, wie dies in Abb. 2.72 auch skizziert wurde. Damit das System nämlich tatsächlich zur Ruhe kommen kann, muss am Eingang des hinteren Streckenteiles die Größe y' einen Wert annehmen, für den die Regelgröße y am Ausgang im Toleranzbereich $[-\varepsilon, \varepsilon]$ von w liegt. Ein solcher Wert für y' kann aber vom Dreipunktregler selbst, der nur drei verschiedene Ausgangswerte kennt, in den meisten Fällen gar nicht erzeugt werden. Mit ei-

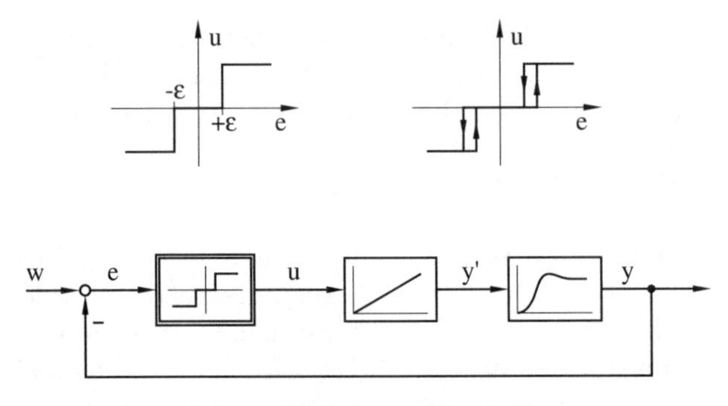

Abb. 2.72. Dreipunktglied ohne und mit Hysterese

nem Dreipunktregler ohne nachgeschalteten Integrator würde der Regelkreis genauso in eine stationäre Schwingung übergehen wie mit einem Zweipunktregler. Dagegen kann mit Hilfe des Integrators wegen seines kontinuierlichen Ausgangsgrößenbereiches genau der passende Wert für y' bereitgestellt werden.

Dies heißt aber nicht, dass der in Abb. 2.72 gezeigte Kreis in jedem Fall zur Ruhe kommt. Wenn nämlich die Integrationszeit sehr kurz im Verhältnis zu den nachfolgenden Streckenzeitkonstanten ist, wird die Ausgangsgröße y dem Integrator-Ausgang y' nicht schnell genug folgen können. Der Integrator durchläuft dann den *richtigen* Wertebereich, d.h. die Werte, die am Streckenausgang einen im Toleranzbereich liegenden Wert von y hervorrufen würden, während die Ausgangsgröße y aber noch außerhalb des Toleranzbereiches von w liegt. Wenn sie diesen dann endlich erreicht, hat sich y' schon wieder aus dem richtigen Wertebereich entfernt. y wird dem neuen Wert von y' folgen und daher den Toleranzbereich wieder verlassen. Bei ungünstig gewählten Parametern entstehen also auch hier Schwingungen, die nicht abklingen.

Für die Kombination aus Dreipunkt-Regler und Integrator spricht aber, dass ein Integrator bei technischen Systemen relativ häufig am Anfang der Strecke vorkommt, so dass für diese Kombination nicht extra ein Integrator in die Strecke eingefügt werden muss. Ein Beispiel ist die Druckregelung in einem Kessel mit einem Motorventil, das den Ablauf aus diesem Kessel regelt. Das Schließen des Ventils hat also einen Druckanstieg im Kessel zur Folge, und das Öffnen einen Druckabfall. Der Ventilmotor wird über einen Wahlschalter mit den drei Möglichkeiten *auf*, *zu* und *stop* angesteuert. Bei *auf* dreht sich der Motor in die eine Richtung und der Ventil-Öffnungsquerschnitt vergrößert sich, bei *zu* erfolgt eine Drehung in die andere Richtung und der Querschnitt verkleinert sich. Der Wahlschalter bildet demnach das Dreipunkt-Glied, das Übertragungsverhalten zum Ventilöffnungsquerschnitt lässt sich durch einen Integrator beschreiben, und das dynamische Verhalten des Kessels durch das Verzögerungsglied höherer Ordnung.

Vorzeitiges Umschalten und Sliding Mode. Wie die obigen Beispiele gezeigt haben, führt ein System, das einen Zweipunktregler enthält, immer

Schwingungen aus. Enthält der Zweipunktregler Hysterese, kann das System durch das verzögerte Umschalten sogar instabil werden. Die Überlegung liegt deshalb nahe, durch vorzeitiges Umschalten das Systemverhalten zu verbessern. Die Umschaltgerade eines idealen Zweipunktgliedes müsste also in der oberen Hälfte der Zustandsebene nach links und in der unteren Hälfte nach rechts verschoben werden. Ähnliche Auswirkungen hat auch eine Verdrehung der Schaltgeraden in positiver Richtung. Diese Verdrehung lässt sich für das System in Abb. 2.66 bzw. 2.67 beispielsweise erzielen, wenn man die Gleichung $e = 0$ bzw. $l = w$ für die Schaltgerade in der Zustandsebene durch $l = w - kv$ mit $k > 0$ ersetzt. Für die Stellgröße folgt die Definitionsgleichung:

$$u = \begin{cases} 1 & : \quad 0 < w - kv - l \\ -1 & : \quad 0 > w - kv - l \end{cases} \tag{2.228}$$

Dieses Verhalten lässt sich offenbar erzielen, wenn man als Eingangsgröße des Zweipunktgliedes statt e bzw. $w - l$ gerade $w - kv - l$ wählt. Man erhält dann die in Abb. 2.73 gezeichnete Struktur mit einer zusätzlichen Rückführung. Anhand der Zustandskurve ist deutlich zu sehen, dass sich das Stabilitätsverhalten des Systems verbessert hat. Die Amplituden der Schwingung nehmen immer weiter ab, bis schließlich der Sollwert $w = l$ erreicht ist.

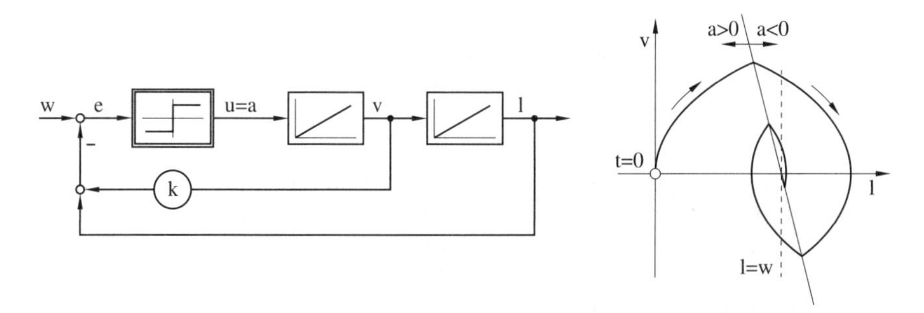

Abb. 2.73. Zweipunktregler mit zusätzlicher Rückführung

Betrachtet man das Einschwingverhalten aber etwas genauer, so stellt man fest, dass das System nicht ganz so ideal ist, wie es auf den ersten Blick erscheint (Abb. 2.74). Die Zustandskurve nähert sich beispielsweise irgendwann von rechts mit $u = -1$ der geneigten Schaltgeraden. Bei Erreichen der Schaltgeraden wird auf $u = 1$ umgeschaltet. Der Systemzustand sollte sich jetzt eigentlich nach links von der Schaltgeraden entfernen. Da die Neigung der Zustandskurve aber größer ist als die Neigung der Schaltgeraden, entfernt sich das System nach rechts. Da in diesem Bereich jedoch die Bedingung für $u = -1$ gilt, wird sofort wieder umgeschaltet, und das System nähert sich wiederum der Schaltgeraden. Auf diese Art und Weise gleitet das System bei einer theoretisch unendlich hohen Umschaltfrequenz in den Endzustand hinein. Ein solches Verhalten wird als *sliding mode* bezeichnet. Eine unendlich hohe Umschaltfrequenz kann es dabei in der Realität natürlich nicht geben, weshalb die vorangegangene Erklärung auch eher als Erklärungsansatz denn als Beweis zu verstehen ist. Dennoch ist bei einer solchen Anordnung in der Tat eine außerordentlich hohe Schaltfrequenz kurz vor Erreichen des Sollwertes zu beobachten. Eine exakte Herleitung für einen Sliding Mode-Regler findet sich in Kapitel 2.8.10.

Bei hysteresebehafteten Zweipunktreglern weicht das Systemverhalten durch die jeweils verzögerten Umschaltungen zwar etwas vom hier beschriebenen Idealzustand ab, ist im Prinzip aber das gleiche. Die Verwendung eines Dreipunktreglers bringt den Vorteil mit sich, dass der Regler abschaltet, sobald sich die Ausgangsgröße ausreichend nahe am Sollwert befindet. So können die hochfrequenten Umschaltvorgänge in der Endphase vermieden werden.

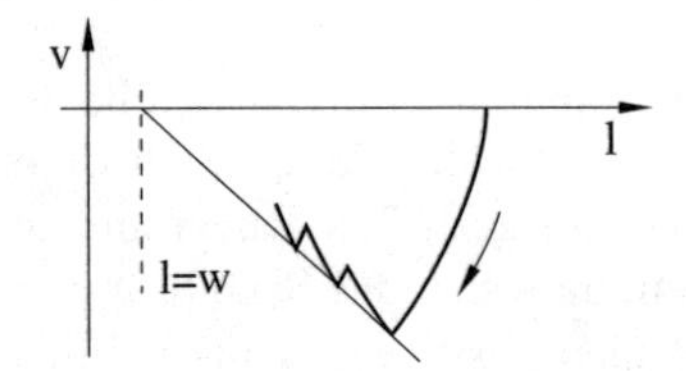

Abb. 2.74. Sliding mode mit einem schaltenden Übertragungsglied

Zeitoptimale Regelung. Bisher war es immer so, dass ein System mit einem schaltenden Übertragungsglied bei Vorgabe eines neuen Sollwertes zunächst über das Ziel hinausgeschossen ist. Erst dann näherte es sich nach mehreren Umschaltvorgängen - wenn überhaupt - dem gewünschten Endzustand. Dieses Verhalten soll für einen doppelten Integrator, d.h. einen beschleunigten Körper kurz analysiert werden. Der Anfangszustand sei $(l, v) = (0, 0)$, und der Endzustand sei $(w, 0)$. Um den Endzustand zu erreichen, muss der Körper zunächst beschleunigt werden. Ein Hinausschießen über das Ziel bedeutet demnach, dass die anfängliche Beschleunigungsphase zu lange gedauert hat und es nicht mehr möglich war, den Körper bis zum Erreichen des Zielpunktes abzubremsen. Ein verbessertes Regelverhalten ergibt sich demnach auf jeden Fall, wenn man rechtzeitig mit dem Abbremsen beginnt. Und ein zeitoptimales Verhalten liegt vor, wenn der Körper so lange wie möglich beschleunigt und dann im letztmöglichen Augenblick mit dem Abbremsen begonnen wird.

Ein Blick auf die Zustandsebene zeigt, welches Vorgehen dazu notwendig ist (Abb. 2.75). Zunächst wird eine Schaltkurve berechnet. Dies ist die Zustandskurve, auf der das System für $v > 0$ bei maximal möglicher negativer Beschleunigung exakt in den Zielpunkt überführt wird (bzw. für $v < 0$ bei maximal möglicher positiver Beschleunigung). Befindet sich der Systemzustand unterhalb dieser Schaltkurve (Punkt 1), so kann das System zunächst noch so lange positiv beschleunigt werden, bis die Schaltkurve erreicht wird. Dann wird auf maximal mögliche negative Beschleunigung umgeschaltet, und das System bewegt sich auf der Schaltkurve exakt in den Zielpunkt. Liegt der Systemzustand dagegen oberhalb der Schaltkurve (Punkt 2), so bedeutet dies, dass das System nicht mehr so abgebremst werden kann, dass der Zielpunkt noch erreicht wird. Stattdessen befindet sich das System nach dem Abbremsen im Zustand 3. Um von dort aus in den Zielzustand zu gelangen, ist es zunächst weiterhin in negativer Richtung zu beschleunigen, bis der untere Ast der Schaltkurve erreicht wird. Von dort aus kann es dann mit maximaler positiver Beschleunigung in den Zielzustand überführt werden.

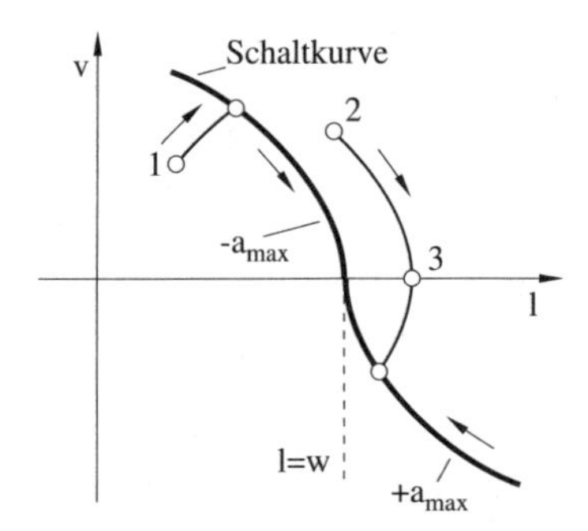

Abb. 2.75. Zeitoptimaler Verstellvorgang

Eine Regelungsstruktur, die solche Verstellvorgänge ermöglicht, wird *zeitoptimale Regelung* genannt und ist in Abb. 2.76 gezeichnet. Im Regler 1 wird zunächst der Wert der Schaltkurve v_S für die jeweilige Regeldifferenz e berechnet. Da l in diese Regeldifferenz mit negativem Vorzeichen eingeht, erscheint die Schaltkurve im zugehörigen Block gerade seitenverkehrt. Dies ist auch anschaulich leicht zu erklären. Beispielsweise befindet man sich für eine positive Regeldifferenz, wenn also der Sollwert größer als der Istwert ist, in Abb. 2.75 links vom Zielpunkt. Daher muss in diesem Fall der zugehörige Wert der Schaltkurve positiv sein, was die im Regler 1 eingezeichnete Schaltkurve auch widerspiegelt.

Der so berechnete Wert der Schaltkurve v_S wird dann mit der tatsächlichen Geschwindigkeit v verglichen. Ist die Differenz positiv, so befindet sich das System unterhalb der Schaltkurve. Entsprechend erzeugt der Zweipunktregler 2 die maximal mögliche positive Stellgröße. Sobald die Differenz $v_S - v$ kleiner als Null wird, schaltet der Regler auf die negative Stellgröße um, und das System bewegt sich auf der Schaltkurve in den Zielpunkt.

Im Zielpunkt ist das Verhalten dann allerdings undefiniert. Da der Regler 2 immer eine von Null verschiedene Ausgangsgröße liefert, kann das System nicht zur Ruhe kommen. Es wird mit theoretisch unendlich hoher Schaltfrequenz um den Zielpunkt herum schwingen. Hier sollte die Möglichkeit einer Abschaltung vorgesehen werden, beispielsweise, indem man das Zweipunktglied durch ein Dreipunktglied ersetzt.

Anhand der Variationsrechnung lässt sich beweisen, dass die durch diese Reglerstruktur erzeugten Regelvorgänge immer zeitoptimale Regelvorgänge

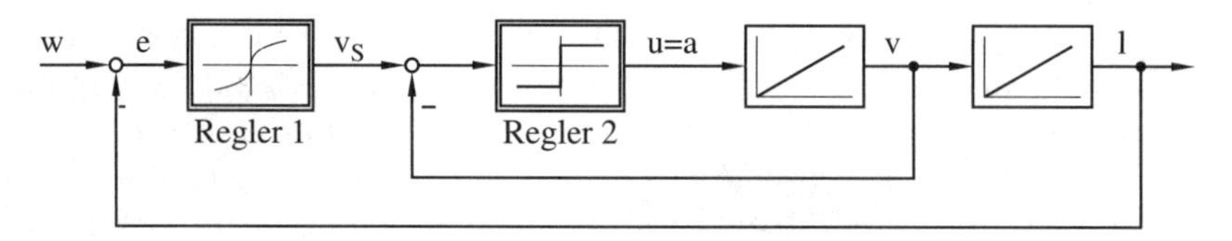

Abb. 2.76. Zeitoptimale Regelung

sind. Dies ist auch anschaulich sofort klar, denn die Strecke wird zunächst, abhängig vom Anfangszustand, mit maximaler positiver oder negativer Kraft beschleunigt und dann im letztmöglichen Augenblick mit der entgegengerichteten Kraft abgebremst. Ganz offensichtlich kann man ein solches Verhalten nur mit einem schaltenden Regler erzeugen.

Ist der Regler hysteresebehaftet, so kann das System wegen der verspäteten Umschaltung nicht exakt auf der Schaltkurve in den Zielpunkt laufen. Stattdessen bewegt es sich neben der Schaltkurve und schießt deshalb etwas über das Ziel hinaus. In der Umgebung des Zielpunktes stellen sich dann Schwingungen mit kleiner Amplitude und sehr hoher Frequenz ein.

In der Praxis ergibt sich außerdem noch das Problem, dass man die Strecke zur Berechnung der Schaltkurve genau kennen muss, was meistens nicht gegeben ist. Aber auch bei nicht exakt berechneter Schaltkurve ergibt sich noch ein recht gutes Regelverhalten.

Eine zeitoptimale Regelung ist auch für Systeme höherer Ordnung möglich. In einem System dritter Ordnung ist beispielsweise die Schaltkurve durch eine Schaltebene im Zustandsraum zu ersetzen. Durch eine maximale positive oder negative Ausgangsgröße u des Reglers wird zunächst diese Schaltebene erreicht. Dort muss das Vorzeichen von u gewechselt werden. Das System bewegt sich dann im Zustandsraum auf der Schaltebene bis zu einer Schaltkurve, die in der Ebene verläuft. Dort wird dann erneut das Vorzeichen von u gewechselt, und das System strebt in den Endzustand. Es lässt sich zeigen, dass für ein System der Ordnung n, das keine Pole mit positivem Realteil aufweist, genau $n - 1$ Vorzeichenwechsel der Stellgröße für einen Regelvorgang erforderlich sind.

Pulsweitenmodulation. Zum Abschluss soll auf das für die Praxis äußerst wichtige Verfahren der Pulsweitenmodulation (PWM) eingegangen werden. Der Nachteil schaltender Übertragungsglieder besteht darin, dass ihre Ausgangsgröße nur wenige, diskrete Werte annehmen kann. Damit sind sie zunächst als Stellglieder für eine hochwertige Regelung nicht zu gebrauchen. Andererseits ist man wegen ihres geringen Preises aber trotzdem daran interessiert, sie innerhalb einer Regelung einzusetzen. Hier stellt die PWM ein geeignetes Verfahren dar, um einem Schalter durch intelligente Ansteuerung ein quasi-kontinuierliches Verhalten aufzuprägen. Bei der PWM wird ein schaltendes Übertragungsglied nach einem speziellen Schaltmuster hochfrequent umgeschaltet, so dass sich an seinem Ausgang eine hochfrequente Rechteckschwingung mit variabler Pulsweite einstellt. Gibt man diese Rechteckschwingung als Stellgröße auf eine Tiefpassstrecke, so werden die hochfrequenten Anteile aus dem Signal herausgefiltert. Die Ausgangsgröße der Strecke ist demnach nur vom Mittelwert der Rechteckschwingung abhängig.

Damit kann man den Mittelwert näherungsweise als Stellgröße ansehen. Da dieser Mittelwert andererseits aber in Abhängigkeit vom Schaltmuster stetig veränderlich ist, ist es nur eine Frage des Schaltmusters, um dem schaltenden Übertragungsglied die Eigenschaften eines linearen Reglers aufzuprägen. Ein sehr anschauliches Verfahren, ein solches Schaltmuster und damit einen quasilinearen Regler zu erzeugen, bildet die *Linearisierung durch eine Rückführung* (Abb. 2.77).

Der aus Zweipunktglied und Rückführfunktion $G_R(s)$ bestehende, interne Kreis wird unter der Voraussetzung, dass er stabil ist, Schwingungen ausführen. Und zwar führt u eine Rechteckschwingung aus, und y_R schwingt um die Eingangsgröße e. Je kleiner die Hysteresebreite des Zweipunktgliedes ist, desto hochfrequenter ist die Rechteckschwingung und desto weniger entfernt sich auch y_R von e. Wenn weiterhin die Strecke $G(s)$ Tiefpasseigenschaften besitzt, wird nur der Mittelwert der Rechteckschwingung am Ausgang y wirksam. Das gleiche gilt auch für die Auswirkungen der Stellgröße auf die interne Rückkopplungsgröße y_R. Man kann sich daher auf eine Betrachtung der Mittelwerte beschränken. Es gilt $\bar{y}_R(s) = G_R(s)\bar{u}(s)$ und bei ausreichend kleiner Hysteresebreite auch $e \approx \bar{y}_R$. Daraus folgt

$$\bar{u}(s) \approx \frac{1}{G_R(s)} e(s) \tag{2.229}$$

d.h. hinsichtlich der Mittelwerte entspricht das gesamte Übertragungsverhalten des Reglers mit Rückführung in etwa dem Kehrwert der internen Übertragungsfunktion. Je nach Wahl dieser Funktion lassen sich so näherungsweise die verschiedensten linearen Regler realisieren.

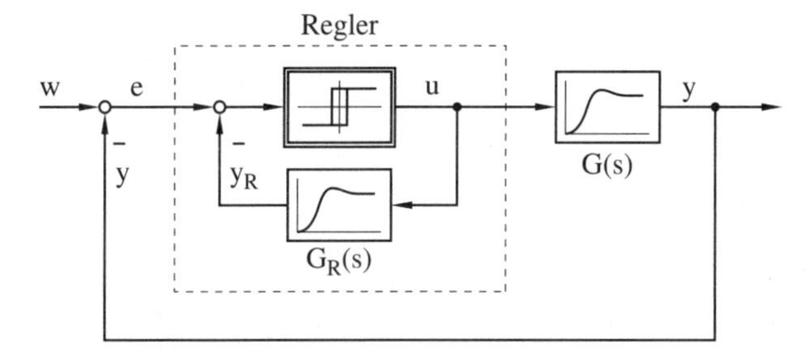

Abb. 2.77. Linearisierung durch interne Rückführung

Neben der Linearisierung durch eine Rückführung gibt es noch viele andere Verfahren zur Pulsweitenmodulation. Häufig werden optimierte Schaltmuster in Tabellen abgelegt und dann je nach zu erzeugendem Mittelwert $\bar{u}$ ausgelesen (vgl. [108]). Die gesamte Pulsweitenmodulation wird dabei von einem einzigen IC übernommen. Insbesondere im Bereich der elektrischen Antriebstechnik ist die Pulsweitenmodulation von großer Bedeutung.

Damit ist die Darstellung der verschiedenen Aspekte schaltender Übertragungsglieder abgeschlossen. Anhand dieser Übertragungsglieder sollten die wichtigsten nichtlinearen Effekte anschaulich erläutert und ein gewisses Grundverständnis für die Problematik nichtlinearer Regelkreise vermittelt werden. Von zentraler Bedeutung für den Regelungstechniker ist dabei die Stabilitätsfrage. Um ein nichtlineares System hinsichtlich seiner Stabilität analysieren zu können, ist es aber erforderlich, dass man von der bisher praktizierten, eher intuitiven Sichtweise zu einer exakten Formulierung des Problems übergeht. Die folgenden Definitionen und Sätze sind dabei nur für zeitkontinuierliche Systeme angegeben, gelten aber in analoger Weise auch für zeitdiskrete Systeme. Anschließend werden dann die für nichtlineare Systeme wichtigsten Stabilitätskriterien, die auch auf Systeme mit Fuzzy-Reglern anwendbar sind, vorgestellt.

2.8.4 Definition der Stabilität bei nichtlinearen Systemen

Ruhelage. Um den Begriff der Stabilität für nichtlineare Systeme exakt definieren zu können, muss zunächst auf den Begriff der *Ruhelage* eingegangen werden (vgl. [45, 46, 54]):

Definition 2.20 *Ein dynamisches System befindet sich für einen gegebenen konstanten Eingangsvektor* $\mathbf{u}_0$ *genau dann in der durch den Zustandsvektor* $\mathbf{x}_R$ *bezeichneten Ruhelage, wenn sich die Zustandsgrößen nicht mehr verändern, d.h. wenn gilt*

$$\mathbf{0} = \dot{\mathbf{x}} = \mathbf{f}(\mathbf{x}_R, \mathbf{u}_0) \tag{2.230}$$

Dabei ist die Festlegung eines konstanten Eingangsvektors notwendig, da das System sonst offensichtlich nie zur Ruhe kommen könnte. Bei einem linearen System ergeben sich die Ruhelagen aus

$$\mathbf{0} = \dot{\mathbf{x}}_R = \mathbf{A}\mathbf{x}_R + \mathbf{B}\mathbf{u}_0 \tag{2.231}$$

Für $|\mathbf{A}| \neq 0$ ergibt sich genau eine Lösung bzw. Ruhelage $\mathbf{x}_R = -\mathbf{A}^{-1}\mathbf{B}\mathbf{u}_0$. Andernfalls treten keine oder unendlich viele Lösungen auf. Ein Beispiel ist ein einfacher Integrator, der sich durch die Zustandsgleichung

$$\dot{x} = 0x + 1u \tag{2.232}$$

darstellen lässt. Offenbar ist $|\mathbf{A}| = 0$. Für $u \neq 0$ gibt es keine Ruhelage, während die Gleichung für $u = 0$ unendlich viele Lösungen besitzt. Dieses Ergebnis ist einsichtig, wenn man sich klarmacht, dass ein Integrator für eine von Null verschiedene Eingangsgröße immer weiter auf- oder abintegriert, während er für $u = 0$ an der Stelle stehenbleibt, wo er sich gerade befindet.

Während ein lineares System also entweder keine, eine oder unendlich viele Ruhelagen besitzt, können bei einem nichtlinearen System auch endlich viele, und zwar mehr als eine Ruhelage auftreten. Ein Beispiel ist das Pendel aus Abb. 2.10. Falls der Körper mittels einer starren Stange aufgehängt ist, existieren offensichtlich Ruhelagen für $\alpha = 0$ und $\alpha = \pi$.

Stabilitätsdefinition nach Ljapunov. Dabei existiert für beide Ruhelagen des Pendels ein wesentlicher qualitativer Unterschied, der mit Hilfe der Stabilitätsdefinition nach *Ljapunov* [112] präzise angegeben werden kann:

Definition 2.21 *Eine Ruhelage* $\mathbf{x}_R$ *heißt genau dann stabil für eine gegebene konstante Eingangsgröße* $\mathbf{u}_0$*, wenn zu jedem* $\varepsilon > 0$ *ein* $\delta > 0$ *existiert, so dass für alle* $|\mathbf{x}(0) - \mathbf{x}_R| < \delta$ *die Bedingung* $|\mathbf{x}(t) - \mathbf{x}_R| < \varepsilon$ *mit* $t \geq 0$ *erfüllt ist.*

Eine Ruhelage heißt also genau dann stabil, wenn der Zustand $\mathbf{x}(t)$ des Systems für alle $t > 0$ in einer beliebig engen Umgebung (ε) der Ruhelage bleibt, sofern der Anfangszustand ausreichend nahe (δ) bei der Ruhelage liegt (Abb. 2.78).

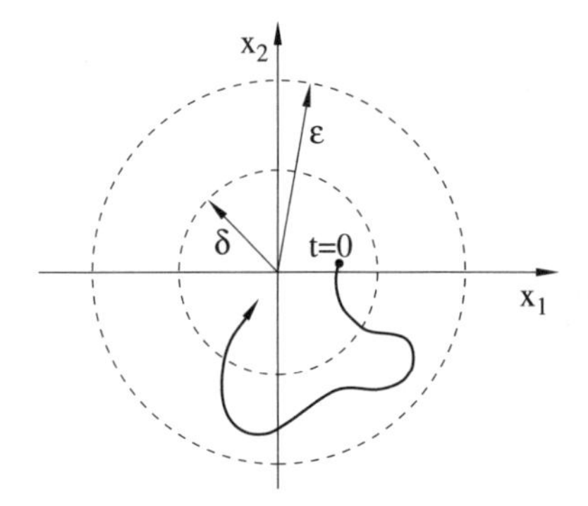

Abb. 2.78. Zur Stabilitätsdefinition nach Ljapunov

Laut dieser Definition ist die obere Ruhelage des Pendels instabil, während die untere Ruhelage stabil ist. Lenkt man beispielsweise das Pendel etwas aus der unteren Ruhelage aus und betrachtet diese Stellung als Startzustand, so wird das Pendel zwar schwingen, sich aber nie weiter von der Ruhelage entfernen als beim Startzustand. Hier existiert also zu jeder beliebigen ε-Umgebung, die für $t > 0$ nicht mehr verlassen werden soll, gerade ein Abstand $\delta = \varepsilon$, in dem der Anfangszustand liegen muss, um diese Bedingung einzuhalten.

Dies ist bei der oberen Ruhelage offenbar nicht der Fall. Angenommen, es ist gefordert, dass eine ε-Umgebung beispielsweise von einigen Winkelgraden um die obere Ruhelage nicht mehr verlassen werden darf. Der einzige Anfangszustand, für den diese Bedingung erfüllt ist, ist die Ruhelage selber. Falls der Anfangszustand nur ganz leicht von der Ruhelage abweicht, kippt das Pendel nach unten, und die geforderte Umgebung wird verlassen. Andererseits ist aber in der Definition gefordert, dass man zu jedem beliebigen ε eine δ-Umgebung für den Startzustand mit $\delta > 0$ angeben können muss, damit die Ruhelage stabil ist. Da dies offenbar für die obere Ruhelage nicht erfüllt wird, ist sie instabil.

Ein anderes anschauliches Beispiel ist das ideale Zweipunktglied mit doppeltem Integrator (Abb. 2.67). Das System führt um die Ruhelage $(l, v) = (w, 0)$ eine Dauerschwingung aus, deren Amplitude vom Anfangszustand abhängig ist. Verlangt man hier, dass das System für $t > 0$ innerhalb einer ganz bestimmten ε-Umgebung um die Ruhelage bleibt, so muss man nur den Anfangszustand entsprechend wählen. Daher ist dieses System stabil im Sinne von Ljapunov.

Man muss sich aber darüber im klaren sein, dass die Stabilität nach Ljapunov nur gewährleistet, dass eine vorgegebene Umgebung um die Ruhelage nicht mehr verlassen wird. Dies ist in vielen Anwendungsfällen jedoch nicht ausreichend. Dort wird darüber hinaus auch verlangt, dass eine vorgegebene Ruhelage früher oder später tatsächlich erreicht wird. Diese Forderung führt auf den Begriff der *asymptotischen Stabilität*:

Definition 2.22 *Eine Ruhelage* $\mathbf{x}_R$ *heißt asymptotisch stabil, wenn sie für eine konstante Anregung* $\mathbf{u}_0$ *stabil ist und außerdem eine* β*-Umgebung besitzt mit* $\lim_{t\to\infty} \mathbf{x}(t) = \mathbf{x}_R$ *für* $|\mathbf{x}(0) - \mathbf{x}_R| < \beta$*, d.h. eine Umgebung, aus der alle Zustände in die Ruhelage streben. Die Gesamtheit aller Punkte des Zustandsraumes, aus denen die Trajektorien gegen* $\mathbf{x}_R$ *streben, heißt* Einzugsbereich der Ruhelage. *Umfasst der Einzugsbereich alle Anfangszustände, die unter gegebenen, technischen Beschränkungen auftreten können, so heißt die Ruhelage asymptotisch stabil im Großen. Umfasst der Einzugsbereich den gesamten Zustandsraum, so heißt die Ruhelage* global asymptotisch stabil.

Als anschauliches Beispiel kann wieder das Pendel dienen, und zwar seine untere Ruhelage. Wenn ein ideales Pendel vorliegt und als Anfangszustand eine Auslenkung vorliegt, so schwingt das Pendel immer weiter und kommt nie zur Ruhe. Die Ruhelage ist stabil nach Ljapunov, aber nicht asymptotisch stabil. Berücksichtigt man dagegen beispielsweise den Luftwiderstand, so nimmt die Amplitude der Schwingung immer weiter ab und die Ruhelage wird - wenn auch theoretisch nach unendlich langer Zeit - erreicht. Damit ist die Ruhelage asymptotisch stabil. Globale asymptotische Stabilität liegt aber nicht vor, denn es existiert genau ein Punkt im Zustandsraum, aus dem keine Trajektorie in die untere Ruhelage verläuft, und zwar die obere Ruhelage. Setzt man jedoch voraus, dass das Pendel an einer Decke aufgehängt ist und die obere Ruhelage damit sowieso nie erreicht werden kann, so kann man das System als asymptotisch stabil im Großen bezeichnen.

Den Ljapunovschen Stabilitätsbegriff kann man auch auf zeitvariante Systeme anwenden. Da sich hier das System aber mit der Zeit verändern kann, muss die obige Definition nicht nur für einen einzigen Anfangszeitpunkt $t = 0$

sondern für alle beliebigen Anfangszeitpunkte erfüllt sein. Damit ist δ möglicherweise nicht nur eine Funktion von ε, sondern auch von der Zeit t. Falls δ aber bei einem zeitvarianten System trotz der Zeitvarianz weiterhin nur eine Funktion von ε ist, spricht man von *gleichmäßiger Stabilität*.

Stabilität von Trajektorien. Gegenstand der bisherigen Stabilitätsbetrachtungen waren die Ruhelagen. Die vorgestellten Stabilitätsbegriffe lassen sich aber auch auf Trajektorien anwenden. In der jeweiligen Definition ist dann lediglich die Ruhelage durch eine Trajektorie zu ersetzen. Ebenso wie eine Ruhelage kann auch eine Trajektorie instabil, stabil oder asymptotisch stabil sein.

Als Beispiel sei eine Schwingung betrachtet, wie sie bei einem doppelten Integrator mit idealem Zweipunktglied auftritt (Abb. 2.67). Bei dieser Schwingung hängen Amplitude und Frequenz, d.h. der Verlauf der Schwingung, vom jeweiligen Anfangszustand ab. Ein veränderter Anfangszustand führt auf einen anderen Zyklus. Liegt der veränderte Anfangszustand beispielsweise etwas rechts vom ursprünglichen Anfangszustand in der Zustandsebene, so bedeutet dies eine kleinere Anfangsauslenkung von der Ruhelage und daher auch eine kleinere Schwingungsamplitude. Es ergibt sich eine ähnliche Trajektorie wie im ursprünglichen Fall, allerdings näher zur Ruhelage als die erste Trajektorie. Offensichtlich lässt sich zu jeder ε-Umgebung um die ursprüngliche Trajektorie auch eine δ-Umgebung angeben, in der ein Anfangszustand liegen muss, damit die daraus resultierende Trajektorie in der ε-Umgebung der ursprünglichen Schwingungstrajektorie bleibt. Dies bedeutet aber gerade Stabilität der ursprünglichen Schwingung im Ljapunovschen Sinne. Eine solche Schwingung bezeichnet man als Dauerschwingung.

Asymptotische Stabilität liegt aber nicht vor, denn die aus einem veränderten Anfangszustand resultierende Schwingung wird nie in die ursprünglich vorgegebene Schwingung übergehen. Aber nur wenn dies gilt, kann man von asymptotischer Stabilität sprechen. Ein Beispiel für diesen Fall liegt beim Zweipunktglied mit Hysterese und IT_1-Glied vor (Abb. 2.71). Aus jedem beliebigen Anfangszustand geht die Trajektorie früher oder später in die Trajektorie der gegebenen Schwingung über. Eine solche Schwingung mit asymptotischem Einschwingverhalten bezeichnet man als Grenzzyklus. Damit ist der Unterschied zwischen Dauerschwingung und Grenzzyklus mit Hilfe des Ljapunovschen Stabilitätsbegriffs noch einmal präzisiert worden.

Dabei müssen Grenzzyklen nicht unbedingt asymptotisch stabil, sondern können auch instabil sein. Ein instabiler Grenzzyklus ist dadurch definiert, dass sich die von einem dem Grenzzyklus benachbarten Anfangszustand ausgehende Trajektorie von der Trajektorie des Grenzzyklus entfernt. Ein Grenzzyklus kann sogar stabil und instabil zugleich sein. Bei einem System zweiter Ordnung unterteilt der Zyklus die Zustandsebene in zwei Gebiete, ein inneres und ein äußeres. Nun kann es vorkommen, dass alle Trajektorien im Innengebiet zum Grenzzyklus hinstreben, während alle Trajektorien außerhalb von ihm wegstreben. Ein solcher Grenzzyklus ist dann nach innen stabil und nach außen instabil. Dies ist allerdings nur eine rein theoretische Konstruktion, denn auch ein nur einseitig instabiler Grenzzyklus kann nicht von langer Lebensdauer sein. Eine kleine Störung reicht aus, damit das System den Zyklus nach außen verlässt und nie wieder zu ihm zurückkehrt. Dennoch sollte man sich über die Möglichkeit solcher Grenzzyklen mit unterschiedlichem Stabilitätsverhalten im klaren sein, da sie beim später behandelten Verfahren der Beschreibungsfunktion noch einmal auftauchen werden.

Zu beachten ist, dass, um die Stabilität einer Schwingung zu untersuchen, der Ljapunovsche Stabilitätsbegriff nur auf die zugehörigen Trajektorien im Zustandsraum angewendet wurde. Würde man den Verlauf der Zustandsgrößen über die Zeit betrachten, ergäbe sich ein ganz anderes Bild. Als Beispiel soll wieder das Pendel dienen. Unter Vernachlässigung des Luftwiderstandes führt es eine vom Anfangszustand abhängige Dauerschwingung aus. Auf eine bestimmte Anfangsauslenkung folgt eine Dauerschwingung mit einer ganz bestimmten Frequenz und Amplitude, während auf eine etwas größere Anfangsauslenkung eine Dauerschwingung mit etwas kleinerer Frequenz und etwas größerer Amplitude folgt. Zeichnet man die Trajektorien der beiden Schwingungen, so werden sie eine ähnliche Form aufweisen und in unmittelbarer Nachbarschaft zueinander verlaufen, wobei die Trajektorie der Schwingung mit der kleineren Amplitude innerhalb der anderen Trajektorie verläuft. Daraus folgt die einfache Stabilität der Schwingung nach Ljapunov. Zeichnet man aber den Verlauf der Position des Pendels als Funktion der Zeit für beide Fälle auf, so werden sich die Kurven wegen der unterschiedlichen Frequenzen der Schwingungen immer weiter auseinander bewegen. Würde man die Stabilität anhand dieser Kurven definieren, wäre das System nicht stabil.

In [124] und [151] wird deshalb eine Schwingung nur dann als asymptotisch stabil bezeichnet, wenn die Ljapunovsche Stabilitätsdefinition auf den zeitlichen Verlauf der Zustandsgrößen zutrifft. Wenn dagegen nur Stabilität hinsichtlich der Trajektorien vorliegt, so wird von *orbitaler Stabilität* gesprochen. In der Praxis ist dieser Unterschied allerdings nicht relevant, weil im allgemeinen nicht der explizite zeitliche Verlauf der Zustandsgrößen sondern nur die prinzipielle Form einer Schwingung interessiert. Deshalb soll hier die Stabilität einer Schwingung weiterhin anhand der Trajektorien beurteilt werden.

Stabilität von linearen Systemen. Nachdem nun die Ljapunovsche Stabilitätsdefinition für nichtlineare Systeme ausführlich erörtert wurde, soll noch einmal die Verbindung zu den linearen Systemen hergestellt werden. Ein lineares System ist nach Def. 2.16 genau dann asymptotisch stabil, wenn seine Zustandsgrößen ohne äußere Anregung aus jedem beliebigen Anfangszustand gegen Null streben. Die Frage ist nun, wie man diese Definition mit Def. 2.21 und 2.22 in Einklang bringt.

Zunächst fällt auf, dass in Def. 2.16 von der Stabilität des Systems die Rede ist, während sich 2.21 und 2.22 nur auf die Stabilität einer einzigen

Ruhelage beziehen. Zur Erklärung sei ein lineares System mit konstanter Anregung $\mathbf{u}_0$ betrachtet:

$$\dot{\mathbf{x}} = \mathbf{A}\mathbf{x} + \mathbf{B}\mathbf{u}_0 \tag{2.233}$$

Eine sich bei dieser Anregung einstellende Ruhelage $\mathbf{x}_R$ erfüllt die Differentialgleichung

$$\dot{\mathbf{x}}_R = \mathbf{A}\mathbf{x}_R + \mathbf{B}\mathbf{u}_0 \tag{2.234}$$

Mit $\Delta\mathbf{x} = \mathbf{x} - \mathbf{x}_R$ ergibt sich nach Subtraktion der beiden Gleichungen

$$\dot{\Delta\mathbf{x}} = \mathbf{A}\Delta\mathbf{x} \tag{2.235}$$

Nun gilt aber doch, dass für die Stabilitätsanalyse der Ruhelage ausschließlich der Abstand des Zustandsvektors zur Ruhelage relevant ist. Die Untersuchung kann damit anhand von Gl. (2.235) durchgeführt werden. In dieser Gleichung tauchen aber sowohl die Anregung als auch die Ruhelage selbst gar nicht mehr auf. Das Ergebnis, das man erhält, wird daher für alle Ruhelagen und alle Anregungen das gleiche sein, d.h. wenn eine Ruhelage für eine Anregung asymptotisch stabil ist, so sind alle Ruhelagen für alle Anregungen asymptotisch stabil. Man spricht aus dem Grund bei einem linearen System nicht von der Stabilität einer Ruhelage, sondern von der Stabilität des Systems. Dies ist ein ganz wesentlicher Unterschied zu einem nichtlinearen System, bei dem verschiedene Ruhelagen ein völlig unterschiedliches Stabilitätsverhalten aufweisen können.

Wenn daher eine einzige Ruhelage eines linearen Systems für eine Anregung asymptotisch stabil nach Definition 2.21 und 2.22 ist, so gilt dies für alle Ruhelagen und insbesondere auch für die Ruhelage $\mathbf{x} = \mathbf{0}$ und $\mathbf{u} = \mathbf{0}$. Damit ist das System aber auch nach Definition 2.16 asymptotisch stabil. Analog gilt die Umkehrung für Instabilität. Aus Def. 2.21 und 2.22 folgt für lineare Systeme also Def. 2.16.

Für die Herleitung der Äquivalenz der Definitionen ist nun noch zu zeigen, dass bei linearen Systemen aus Def. 2.16 auch die beiden anderen Definitionen folgen. Wegen des gleichen Stabilitätsverhaltens aller Ruhelagen bei einem linearen System ist naheliegend, diesen Nachweis für den einfachsten Fall, nämlich für die Ruhelage $\mathbf{x} = \mathbf{0}$ und $\mathbf{u} = \mathbf{0}$ zu führen und das Ergebnis auf das gesamte System zu erweitern. Aus (2.233) ergibt sich wegen $\mathbf{u} = \mathbf{0}$ zunächst

$$\dot{\mathbf{x}} = \mathbf{A}\mathbf{x} \tag{2.236}$$

Nun sei vorausgesetzt, dass das System nach Def. 2.16 asymptotisch stabil ist, d.h. seine Zustandsgrößen streben ohne äußere Anregung aus jedem beliebigen Anfangszustand gegen Null. Dies ist aber nach Satz 2.17 genau dann der Fall, wenn alle Eigenwerte von $\mathbf{A}$ einen negativen Realteil aufweisen. In dem Fall sind aber auch eventuell auftretende Schwingungen abklingend. Demnach lässt sich für jede ε-Umgebung um die Ruhelage $\mathbf{x} = \mathbf{0}$, die für $t > 0$ nicht verlassen werden soll, eine δ-Umgebung angeben, in der der Anfangszustand liegen muss: $\delta = \varepsilon$. Damit ist die Ruhelage nach Def. 2.21 stabil. Und die asymptotische Stabilität nach Def. 2.22 ist gewährleistet, weil alle Zustandsgrößen gegen die Ruhelage Null streben. Auch hier gilt die Umkehrung für Instabilität analog.

Darüber hinaus ist die Ruhelage $\mathbf{x} = \mathbf{0}$ und $\mathbf{u} = \mathbf{0}$ global asymptotisch stabil, d.h aus allen Zuständen des Zustandsraumes streben die Trajektorien in diese Ruhelage. Als Beweis ist es ausreichend zu zeigen, dass keine weitere Ruhelage existiert. Dies ist aber der Fall, denn wenn $\mathbf{A}$ ausschließlich Eigenwerte mit negativem Realteil aufweist, gilt $|\mathbf{A}| \neq 0$, und Gleichung (2.236) kann für $\dot{\mathbf{x}} = 0$ nur die Lösung $\mathbf{x} = \mathbf{0}$ besitzen.

Steuerbarkeit und Beobachtbarkeit. Zwei weitere wichtige Systemeigenschaften neben der Stabilität sind die Steuer- und Beobachtbarkeit. Wie schon in Kapitel 2.7.2 angesprochen, sollte man vor dem Entwurf der Regelung sicherstellen, ob man auf das System überhaupt den gewünschten Einfluss nehmen kann, d.h. ob Steuerbarkeit vorliegt. Falls für die Regelung Zustandsgrößen verwendet werden, muss auch sichergestellt sein, dass man diese Zustandsgrößen aus den messbaren Ausgangsgrößen überhaupt berechnen kann. Diese Systemeigenschaft entspricht der Beobachtbarkeit. Zwei Möglichkeiten bieten sich hier für nichtlineare Systeme an. Die eine ist, das System am Arbeitspunkt zu linearisieren und auf das lineare Modell die Steuer- und Beobachtbarkeitskriterien linearer Systeme anzuwenden. Hier tritt aber wieder das Problem auf, dass ein lineares Modell das nichtlineare Systemverhalten nur in einem engen Bereich um den Arbeitspunkt ausreichend gut approximiert und die Aussagen hinsichtlich Steuer- und Beobachtbarkeit dementsprechend auf einen kleinen Bereich des Zustandsraumes beschränkt sind.

Der andere Ansatz ist, die Definitionen und Kriterien für nichtlineare Systeme geeignet abzuändern. So gibt es beispielsweise in [172] Definitionen für Erreichbarkeit und Unterscheidbarkeit von Zuständen. Hinreichende und leicht handzuhabende Kriterien entsprechend Satz 2.13 und 2.15 für allgemeine nichtlineare Systeme existieren aber nicht. Nur für spezielle Klassen von nichtlinearen Systemen wie beispielsweise bilineare Systeme existieren solche Kriterien.

Definition der Ruhelage Null. Im weiteren Verlauf wird der Einfachheit halber immer vorausgesetzt, dass in der betrachteten Ruhelage alle Systemgrößen den Wert Null annehmen. Ist dies nicht der Fall, so muss das System umdefiniert werden. Diese Maßnahme kann man auch so interpretieren, dass man von den tatsächlichen Größen $\mathbf{x}$ zu deren Abweichungen von der Ruhelage $\Delta\mathbf{x} = \mathbf{x} - \mathbf{x}_R$ übergeht. Der Vektor $\Delta\mathbf{x}$ wird dann als neue Systemgröße definiert und erfüllt gerade die Forderung, dass er in der Ruhelage den Wert $\Delta\mathbf{x} = \mathbf{0}$ annimmt. Es sei ausdrücklich darauf hingewiesen, dass es sich bei diesem Schritt um eine exakte Umdefinition des Systems und nicht um eine Linearisierung am Arbeitspunkt handelt.

Für ein lineares System ist dieser Übergang nicht notwendig. Denn da das Systemverhalten von allen Ruhelagen gleich ist, kann man immer von vornherein ausschließlich die Ruhelage $\mathbf{x} = \mathbf{0}$ betrachten. Relevant ist diese

Umdefinition daher nur für nichtlineare Systeme. Als Beispiel zeigt Abb. 2.79 die dafür erforderlichen Schritte für einen aus einem linearen und einem nichtlinearen Teil bestehenden Standardregelkreis. Der nichtlineare Teil sei dabei durch eine von $\mathbf{e}$ und $\dot{\mathbf{e}}$ abhängige Funktion $\mathbf{u} = \mathbf{f}(\mathbf{e}, \dot{\mathbf{e}})$ gegeben.

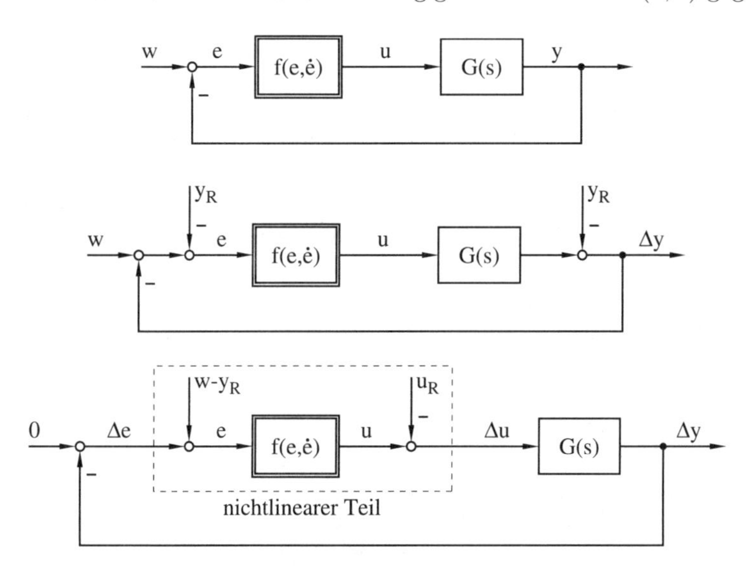

Abb. 2.79. Umformen eines nichtlinearen Standardregelkreises

Die zu betrachtende Ruhelage sei durch die Vektoren $\mathbf{w}, \mathbf{u}_R, \mathbf{y}_R$ und $\mathbf{e}_R = \mathbf{w} - \mathbf{y}_R$ charakterisiert. Der Übergang von den tatsächlichen Größen $\mathbf{u}, \mathbf{y}$ und $\mathbf{e}$ zu ihren Abweichungen von der Ruhelage $\Delta\mathbf{u}, \Delta\mathbf{y}$ und $\Delta\mathbf{e}$ geschieht nun folgendermaßen: Im ersten Schritt wird an zwei Stellen des Regelkreises die Größe $\mathbf{y}_R$ subtrahiert. Beide Subtraktionen heben sich in ihrer Wirkung wegen der negativen Rückkopplung gerade auf, d.h. das System wird durch diese Maßnahme nicht verändert.

Im zweiten Schritt soll die Subtraktion von $\mathbf{y}_R$ am Ausgang des linearen Teiles durch die Subtraktion eines Vektors $\mathbf{u}_R$ am Eingang des linearen Teiles ersetzt werden, wobei $\mathbf{u}_R$ gerade der zur Ruhelage gehörende Stellgrößenvektor ist. Das Gleichsignal $\mathbf{u}_R$ kann dabei aus dem Gleichsignal $\mathbf{y}_R$ mit Hilfe des Zusammenhanges $\mathbf{y}_R = \mathbf{G}(s = 0)\mathbf{u}_R$ berechnet werden. $\Delta\mathbf{u} = \mathbf{u} - \mathbf{u}_R$ kennzeichnet dann die Abweichung von der Ruhelage. Außerdem werden die Anregungsgrößen $\mathbf{w}$ und $\mathbf{y}_R$ vor dem Eingang des nichtlinearen Teiles zusammengefasst. Insgesamt lässt sich damit ein neues nichtlineares Übertragungsverhalten

$$\Delta\mathbf{u} = \bar{\mathbf{f}}(\Delta\mathbf{e}, \Delta\dot{\mathbf{e}}) = \mathbf{f}(\Delta\mathbf{e} + \mathbf{w} - \mathbf{y}_R, \frac{d}{dt}(\Delta\mathbf{e} + \mathbf{w} - \mathbf{y}_R)) - \mathbf{u}_R \qquad (2.237)$$

definieren. Das dadurch entstandene, neue Gesamtsystem mit seinen Systemgrößen $\Delta\mathbf{e}$, $\Delta\mathbf{u}$ und $\Delta\mathbf{y}$ erfüllt die Bedingung, dass alle Systemgrößen in der

Ruhelage den Wert Null annehmen. Im Folgenden wird nun immer vorausgesetzt, dass vor der Stabilitätsanalyse eine derartige Umdefinition erfolgt ist. Es wird deshalb immer die Ruhelage Null bei der Anregung Null betrachtet.

2.8.5 Direkte Methode von Ljapunov

Damit kann nun auf die Frage eingegangen werden, wie denn bei einem gegebenen System die Stabilität einer Ruhelage zu bestimmen ist. Würde man streng nach Def. 2.21 und 2.22 vorgehen, so müsste man für jeden möglichen Anfangszustand die Lösung der nichtlinearen Differentialgleichung für die zu untersuchende Ruhelage ermitteln. Bei unendlich vielen Anfangszuständen ist dies offensichtlich nicht möglich. Es sind daher Kriterien oder Methoden erforderlich, die auch ohne aufwändige Rechnungen eine Stabilitätsaussage für die betreffende Ruhelage zulassen.

Für ein System zweiter Ordnung lässt sich eine Betrachtung in der Zustandsebene durchführen, wie dies bei den schaltenden Übertragungsgliedern bereits gezeigt wurde. Für Systeme höherer Ordnung und auch Mehrgrößensysteme sind dagegen andere Kriterien erforderlich, die im Folgenden vorgestellt werden sollen.

Das erste dieser Kriterien stammt von Ljapunov selbst und wird als *direkte Methode* von Ljapunov bezeichnet. Folgende Idee liegt dem Verfahren zu Grunde: Es wird eine vom Zustandsvektor abhängige, skalare *Ljapunov-Funktion* $V(\mathbf{x})$ definiert, die im Nullpunkt den Wert Null haben muss und ansonsten mit zunehmender Entfernung vom Nullpunkt ansteigt. Man kann V auch als eine Art verallgemeinerten Abstand zur Ruhelage auffassen. Abb. 2.80 zeigt als Beispiel die Höhenlinien einer solchen Funktion in der Zustandsebene. Weiterhin hat ein Zustandsvektor und mit ihm die Funktion V entsprechend der Zustandsgleichung des Systems einen bestimmten zeitlichen Verlauf. Wenn man nun zeigen kann, dass die zeitliche Ableitung der Funktion V für beliebige Zustandsvektoren $\mathbf{x}$ negativ ist, so bedeutet dies doch, dass die Zustandskurve früher oder später alle Höhenlinien von außen nach innen überschreitet und der Zustandsvektor damit zwangsläufig gegen Null strebt. Das System ist in dem Fall offenbar asymptotisch stabil.

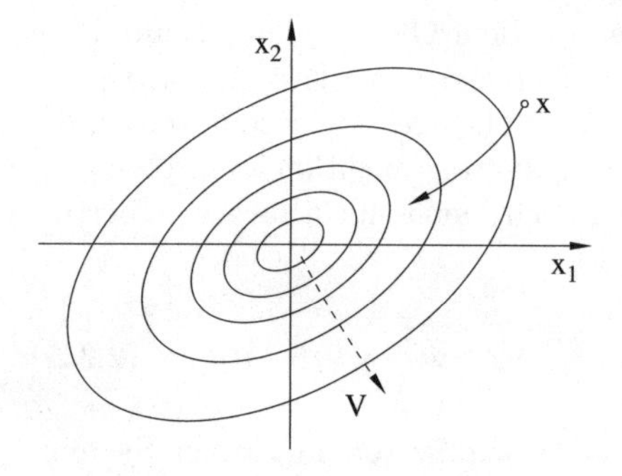

Abb. 2.80. Direkte Methode nach Ljapunov

Satz 2.23 *Das dynamische System* $\dot{\mathbf{x}} = \mathbf{f}(\mathbf{x})$ *besitze die Ruhelage* $\mathbf{x} = \mathbf{0}$. *Es gebe eine in der Umgebung der Ruhelage samt ihren partiellen Ableitungen erster Ordnung stetige Funktion* $V(\mathbf{x})$, *die dort positiv definit ist, d.h.* $V(\mathbf{x}) > 0$ *für* $\mathbf{x} \neq \mathbf{0}$ *und* $V(\mathbf{x}) = 0$ *für* $\mathbf{x} = \mathbf{0}$. *Weiterhin sei die zeitliche Ableitung*

$$\dot{V} = \sum_{i=1}^{n} \frac{\partial V}{\partial x_i} \dot{x}_i = \sum_{i=1}^{n} \frac{\partial V}{\partial x_i} f_i \tag{2.238}$$

in der Umgebung der Ruhelage negativ definit. Dann ist die Ruhelage asymptotisch stabil und die Umgebung ihr Einzugsbereich.

G sei ein Gebiet innerhalb der Umgebung, in dem $V < c$ *gilt (mit* $c > 0$*) und dessen Rand durch* $V = c$ *gebildet wird. Wenn G darüber hinaus beschränkt ist und die Ruhelage enthält, so gehört G zum Einzugsbereich der Ruhelage.*

Wenn der Einzugsbereich der gesamte Zustandsraum ist und darüber hinaus mit zunehmender Entfernung von der Ruhelage $|\mathbf{x}| = \sqrt{x_1^2 + ... + x_n^2} \to \infty$ *auch* $V(\mathbf{x}) \to \infty$ *gilt, so ist die Ruhelage global asymptotisch stabil.*

Falls $\dot{V}$ *negativ semidefinit ist (*$\dot{V}(\mathbf{x}) \leq 0$*), so kann nur die einfache Stabilität gewährleistet werden. Falls aber die Punktmenge, auf der* $\dot{V} = 0$ *ist, außer* $\mathbf{x} = \mathbf{0}$ *keine andere Trajektorie enthält, so liegt auch hier asymptotische Stabilität vor.*

Der Beweis für diesen Satz findet sich beispielsweise in [99]. Der erste Teil des Satzes bedarf wegen der vorangegangenen Betrachtung keiner weiteren Erklärung, wohl aber die letzten drei Absätze.

Die Überlegungen zum Einzugsbereich der Ruhelage gestalten sich am einfachsten, wenn man sich V anhand von Höhenlinien in einer Zustandsebene gegeben denkt. Zum zweiten Absatz des Satzes zeigt Abb. 2.81 ein Beispiel, in dem die Funktion $\dot{V}$ nicht im gesamten Zustandsraum, sondern nur zwischen den beiden gestrichelten Linien negativ definit und sonst positiv definit ist. Damit ist eine Zustandskurve möglich, wie sie in der Abbildung

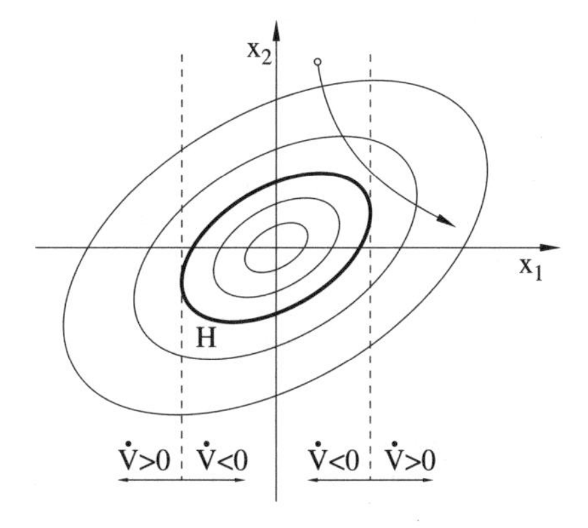

Abb. 2.81. Einzugsbereich einer stabilen Ruhelage

eingezeichnet ist. Solange sich die Kurve zwischen den gestrichelten Linien befindet, überschreitet sie die Höhenlinien von außen nach innen, im übrigen Bereich aber von innen nach außen. Der Einzugsbereich der Ruhelage muss damit keinesfalls den gesamten Bereich zwischen den gestrichelten Linien umfassen, in dem $\dot{V} < 0$ gilt. Sicher zum Einzugsbereich gehört nur das Gebiet G innerhalb der Höhenlinie H. Denn diese kann auf keinen Fall von innen nach außen überschritten werden, weil sie vollständig im Gebiet mit $\dot{V} < 0$ verläuft. Offensichtlich muss man als Begrenzung eines Einzugsbereiches daher immer eine geschlossene Höhenlinie angeben. Dies ist aber genau die Bedingung, die im zweiten Absatz des Satzes gefordert wird.

Mit der Vorstellung, dass V durch Höhenlinien gegeben ist, lässt sich auch die Forderung nach dem unendlichen Wachstum von V mit unendlicher Entfernung vom Nullpunkt erklären. Wenn V nämlich nicht mit zunehmender Entfernung immer weiter wachsen würde, so gäbe es Höhenlinien, die bis ins Unendliche reichten und doch nie geschlossen wären. Zwei aufeinander folgende Höhenlinien könnten daher im Unendlichen unendlich weit auseinanderliegen. Wenn dann bei $\dot{V} < 0$ die Zustandskurve die Höhenlinie mit dem größeren Wert von V überschritten hat, so müsste eine unendlich lange Zeit bis zum Überschreiten der Höhenlinie mit dem kleineren Wert vergehen. Der Zustandspunkt würde demnach unendlich lange Zeit zwischen beiden Höhenlinien in möglicherweise unendlicher Entfernung vom Ruhepunkt verweilen, und das System wäre nicht stabil.

Der letzte Absatz des Satzes ist wieder recht einfach zu verstehen. Wenn V und damit der Abstand zum Nullpunkt mit der Zeit nicht kleiner wird, sondern gleich bleibt ($\dot{V} = 0$), so liegt offensichtlich nur einfache Stabilität vor. Wenn aber andererseits die Punkte des Zustandsraumes mit $\dot{V} = 0$ keine zusammenhängenden Trajektorien bilden, so muss das System (sofern es noch nicht den Nullpunkt erreicht hat) immer wieder auch Zustände annehmen, in denen $\dot{V} < 0$ gilt. Damit ist die Funktion V im zeitlichen Verlauf zwar nicht streng monoton, aber doch monoton fallend. Der Nullpunkt wird früher oder später erreicht, und das System ist deshalb asymptotisch stabil.

Mit Hilfe der direkten Methode lässt sich auch die Instabilität einer Ruhelage nachweisen. In völliger Analogie zu Satz 2.23 ist hier die positive Definitheit von $\dot{V}$ zu zeigen. Sowohl für den Nachweis der Instabilität als auch der Stabilität einer Ruhelage existieren für verschiedene Randbedingungen zahlreiche Varianten von Satz 2.23 [54], darunter auch die sogenannten Instabilitätstheoreme von Ljapunov selber. Selbst für zeitvariante Systeme (z.B. [18, 151]) und sogar für Systeme mit äußerer Anregung [99] existieren Theoreme. Die zu Grunde liegende Idee, nämlich die Verwendung einer Ljapunov-Funktion, ist aber in allen Fällen dieselbe, weshalb hier auf nähere Erläuterungen verzichtet wird.

Stattdessen soll noch kurz auf das entscheidende Problem bei der Anwendung der direkten Methode eingegangen werden. Offensichtlich hängen doch Form und Größe des nachweisbaren Einzugsbereiches einer Ruhelage ganz wesentlich von der gewählten Ljapunov-Funktion V ab. Eine anders gewählte Funktion V kann einen völlig anderen Einzugsbereich liefern. Die Wahl der Ljapunov-Funktion entscheidet sogar darüber, ob überhaupt die Stabilität der Ruhelage nachgewiesen werden kann. Und falls keine geeignete Funktion gefunden wird, so heißt dies nicht, dass die Ruhelage instabil ist, sondern lediglich, dass die Suche erfolglos war. Zum Nachweis der Instabilität müsste, wie oben erwähnt, eine Ljapunov-Funktion gefunden werden, deren Ableitung immer positiv definit ist.

Aus dem Grund sind über die Jahre verschiedene Ansätze entstanden, um die Suche nach einer Ljapunov-Funktion zu systematisieren [18, 45, 46, 52, 54, 151, 156]. Den entscheidenden Makel des Verfahrens, dass nämlich im Falle des Nicht-Auffindens einer Ljapunov-Funktion keine Stabilitätsaussage möglich ist, konnten aber auch sie nicht beseitigen.

Erst in jüngster Zeit konnte dieser Mangel durch den Einsatz von LMI-Algorithmen (vgl. Anhang A.7) für die sehr umfassende Klasse von TSK-Systemen (vgl. Kap. 4.1.3) behoben werden. Mit Hilfe dieser Algorithmen ist es nämlich möglich, die generelle Frage nach der Existenz einer Ljapunov-Funktion mit negativ definiter Ableitung für das gegebene System zu beantworten. Und diese ist, wie sich zeigen lässt, gleichbedeutend mit der Frage nach der Stabilität des Systems. Behandelt wird dieser Ansatz in Kapitel 4.2.2.

Hier soll stattdessen noch ein Beispiel für die Anwendung der direkten Methode behandelt werden, und zwar die schwingende Masse aus Abb. 2.4. Dabei macht die Stabilitätsanalyse eines linearen Systems mit Hilfe der direkten Methode eigentlich keinen Sinn, weil eine Untersuchung der Eigenwerte der Systemmatrix wesentlich einfacher wäre. Andererseits ist dieses Beispiel anschaulich und erfordert auch keinen großen Rechenaufwand.

Die Zustandsgleichung des von außen nicht angeregten Systems lautet nach Gleichung (2.143)

$$\begin{bmatrix} \dot{v} \\ \dot{l} \end{bmatrix} = \begin{bmatrix} -\frac{c_r}{m} & -\frac{c_f}{m} \\ 1 & 0 \end{bmatrix} \begin{bmatrix} v \\ l \end{bmatrix} \tag{2.239}$$

Der Gesamt-Energieinhalt des Systems ist die Summe aus der in der bewegten Masse enthaltenen kinetischen Energie und der in der Feder gespeicherten potentiellen Energie. Durch die Reibung verliert dieses System Energie, bis die Schwingung schließlich zum Erliegen kommt. Da somit die Energie monoton abnehmend ist, liegt es nahe, den Energieinhalt des Systems als Ljapunov-Funktion zu definieren und auf diese Art und Weise die Stabilität der Ruhelage $(v, l) = (0, 0)$ zu beweisen:

$$\begin{aligned} V = E = E_{\text{kin}} + E_{\text{pot}} &= \frac{1}{2}mv^2 + \int_0^l f_f dx = \frac{1}{2}mv^2 + \int_0^l c_f x dx \\ &= \frac{1}{2}mv^2 + \frac{1}{2}c_f l^2 \end{aligned} \tag{2.240}$$

V ist stetig und stetig differenzierbar. Außerdem ist die Funktion im gesamten Zustandsraum außer im Ursprung $(v, l) = (0, 0)$ positiv und wächst mit $|\mathbf{x}| = |(v, l)^T| \to \infty$ über alle Maßen. Damit sind die Voraussetzungen aus Satz 2.23 für globale Stabilität erfüllt. Zu untersuchen ist jetzt noch die negative Definitheit von $\dot{V}$. Die Ableitung von V nach der Zeit ergibt unter Berücksichtigung der Zustandsgleichung

$$\begin{aligned} \dot{V} &= mv\dot{v} + c_f l\dot{l} \\ &= mv[-\frac{c_r}{m}v - \frac{c_f}{m}l] + c_f lv \\ &= -v^2 c_r \end{aligned} \tag{2.241}$$

Offensichtlich ist diese Funktion negativ semidefinit, da sie nicht nur im Ursprung den Wert Null annimmt, sondern in allen Zuständen mit $v = 0$. Dies ist leicht zu erklären. Ein Energieverlust und damit eine Abnahme von V wird durch Reibung verursacht. Diese tritt genau dann auf, wenn die Geschwindigkeit von Null verschieden ist. In den Punkten maximaler Auslenkung der Feder sind aber die Geschwindigkeit und damit auch die Reibung und $\dot{V}$ gleich Null. Zunächst ist also global nur die einfache Stabilität, nicht aber asymptotische Stabilität gewährleistet. Untersucht man jedoch die Punkte des Zustandsraumes, in denen $\dot{V} = 0$ gilt, so stellt man fest, dass diese (außer im Ursprung) keine zusammenhängende Trajektorie bilden. Ein Zustand $(v = 0, l \neq 0)$ bedeutet, dass die Feder maximal ausgelenkt ist und die Amplitude der Schwingung gerade den Maximalwert erreicht hat. Durch die Feder wird die Masse aber sofort wieder beschleunigt, und das System nimmt einen Zustand mit $v \neq 0$ und $\dot{V} < 0$ an. Insgesamt ist V daher monoton abnehmend und die globale asymptotische Stabilität des Systems gemäß dem vierten Absatz von Satz 2.23 bewiesen.

2.8.6 Harmonische Balance

Damit sollen die Ausführungen zur direkten Methode abgeschlossen werden. Ein völlig anderer Ansatz liegt der Methode der *Beschreibungsfunktion* oder auch Methode der *harmonischen Balance* zu Grunde. Bei diesem Verfahren, das hier nur für Eingrößensysteme betrachtet werden soll, wird zunächst davon ausgegangen, dass die Ausgangsgröße y des Systems um die Ruhelage $y = 0$ eine Schwingung ausführt. Damit schwingen dann natürlich auch die Regelabweichung e und die Stellgröße u. Die Entstehung der Schwingung wird nicht betrachtet. Die Analyse der Schwingung lässt dann Rückschlüsse auf das Stabilitätsverhalten des Systems hinsichtlich der betrachteten Ruhelage zu. Die zu Grunde gelegte Schwingung kann dabei eine Dauerschwingung oder ein Grenzzyklus sein, was im Folgenden nicht unterschieden werden soll.

Voraussetzung ist die Unterteilbarkeit des Regelkreises in einen linearen und einen nichtlinearen Teil wie beim Standardregelkreis gemäß Abb. 2.79. Die gesamte Dynamik des Systems wie z.B. Integratoren, Laufzeitglieder, usw. soll dabei im linearen Teil enthalten sein, während der nichtlineare Teil *momentan wirkend* sein muss:

$$u(t) = f(e, \operatorname{sgn}(\dot{e})) \tag{2.242}$$

Dies bedeutet, dass sich die Ausgangsgröße u des nichtlinearen Teiles im Prinzip aus der momentan anliegenden Eingangsgröße e ohne Kenntnis früherer Werte von e oder u berechnen lässt. So kann man beispielsweise bei Kennliniengliedern direkt aus dem Momentanwert der Eingangsgröße e die Ausgangsgröße $u = f(e)$ berechnen. Sie sind damit momentan wirkend. Als momentan wirkend gelten aber auch die hysteresebehafteten Übertragungsglieder, obwohl dort eine gewisse Kenntnis der Vorgeschichte erforderlich ist, weil man sonst nicht weiß, in welchem Zweig der Hystereseschleife sich das System gerade befindet. Diese Vorgeschichte wird durch den Term $\operatorname{sgn}(\dot{e})$ ausgedrückt.

Darüber hinaus muss die auftretende Kennlinie des nichtlinearen Teiles monoton steigend sein und eine ungerade Funktion darstellen (Nullpunktsymmetrie). Dies ist beispielsweise bei den schaltenden Übertragungsgliedern gegeben. Die Übertragungsfunktion des linearen Teiles muss dagegen ein ausgeprägtes Tiefpassverhalten aufweisen, wobei auf die Bedeutung dieser Eigenschaft im Verlauf der folgenden Herleitung noch näher eingegangen wird. Auch diese Forderung ist in der Praxis in vielen Fällen erfüllt, so dass es für das Verfahren der Beschreibungsfunktion einen großen Anwendungsbereich gibt.

Für die Herleitung geht man davon aus, dass am Ausgang des Systems eine harmonische Schwingung $y(t) = -A\sin(\omega t)$ vorliegt, deren Amplitude A und Frequenz ω bestimmt werden sollen. Da das System vor Anwendung des Verfahrens entsprechend Abb. 2.79 umdefiniert wurde und somit die Führungsgröße w gleich Null ist, liegt am Eingang des nichtlinearen Gliedes die Größe $e(t) = A\sin(\omega t)$ an. Dann ergibt sich als Ausgangsgröße des nichtlinearen Gliedes ebenfalls ein periodisches Signal, das sich als Fourierreihe mit der Grundfrequenz ω darstellen lässt und wegen der Nullpunktsymmetrie der nichtlinearen Kennlinie keinen Gleichanteil enthält:

$$\begin{aligned}
u(t) &= \sum_{k=1}^{\infty} A_k \cos k\omega t + B_k \sin k\omega t \\
\text{mit} \quad A_k &= \frac{2}{T}\int_0^T u(t)\cos(k\omega t)dt \\
B_k &= \frac{2}{T}\int_0^T u(t)\sin(k\omega t)dt \\
T &= \frac{2\pi}{\omega}
\end{aligned} \tag{2.243}$$

Dieses Signal bildet wiederum die Eingangsgröße für den linearen Teil. Nach Satz 2.3 erzeugt jede Teilschwingung am Eingang des linearen Teiles eine

Ausgangsschwingung mit derselben Frequenz. Wenn nun die Tiefpasswirkung des linearen Teiles ausreichend ausgeprägt ist, so werden aber alle Schwingungen mit einer Frequenz, die größer als die Grundschwingung ω ist, aus dem Signal weitgehend herausgefiltert, und übrig bleibt nur der Grundschwingungsanteil. Die ausreichende Tiefpasswirkung ist dabei eine formal schwer zu beschreibende Eigenschaft. Als Faustregel gilt, dass in der Übertragungsfunktion der Grad des Nennerpolynoms den des Zählerpolynoms um mindestens 2 übersteigen sollte. Aber auch eine Graddifferenz von 1 kann schon ausreichend sein. Auf jeden Fall sollte man am Ende des Verfahrens, wenn die Parameter der Schwingung und damit auch ω berechnet sind, noch einmal überprüfen, ob durch den linearen Teil die höherfrequenten Signalanteile $2\omega, 3\omega, ...$ tatsächlich ausreichend unterdrückt werden können. Andernfalls ist eine wesentliche Voraussetzung des Verfahrens nicht erfüllt und die gesamte Rechnung ungültig.

Die am Ausgang des linearen Teiles übriggebliebene Grundschwingung stellt gerade das anfangs vorgegebene Signal $y(t) = -A\sin(\omega t)$ dar. Alle anderen Schwingungsanteile, die am Ausgang des nichtlinearen Teiles erzeugt wurden, konnten den linearen Teil nicht passieren. Aber nur Signalanteile, die in der Lage sind, alle Teile des Regelkreises zu passieren, können zu einer sich selbst aufrecht erhaltenden oder sogar aufklingenden Schwingung des Gesamtsystems beitragen und damit dessen Stabilität gefährden. Für die Stabilitätsanalyse ist es daher zulässig, alle höherfrequenten Anteile am Ausgang des nichtlinearen Teiles zu vernachlässigen. Es bleibt

$$u(t) = A_1 \cos\omega t + B_1 \sin\omega t = C_1 \sin(\omega t + \varphi_1) \tag{2.244}$$

mit $C_1 = \sqrt{A_1^2 + B_1^2}$ und $\varphi_1 = \arctan\frac{A_1}{B_1}$. $u(t)$ geht damit aus dem Eingangssignal $e(t) = A\sin(\omega t)$ durch eine Multiplikation mit dem Faktor $\frac{C_1}{A}$ und eine Phasenverzögerung um $-\varphi_1$ hervor. Dies entspricht aber doch gerade dem Verhalten eines linearen Laufzeitgliedes (vgl. (2.38)) mit einem konstanten Faktor. Man kann daher eine quasi-lineare Übertragungsfunktion entsprechend einem Laufzeitglied definieren, die das Verhalten des nichtlinearen Teiles beschreibt. Eine solche Funktion bezeichnet man als Beschreibungsfunktion:

$$\frac{u}{e} = N(A,\omega) = \frac{C_1(A,\omega)}{A} e^{j\varphi_1(A,\omega)} \tag{2.245}$$

Dabei sei angemerkt, dass diese Art der Linearisierung nichts mit der Linearisierung am Arbeitspunkt zu tun hat (Gleichung (2.218)). Gemäß der Definition von A_1 und B_1 hängen C_1 und φ_1 sowohl von der Amplitude A als auch von der Frequenz ω des Eingangssignales ab. Es lässt sich aber zeigen, dass bei momentan wirkenden Nichtlinearitäten die ω-Abhängigkeit entfällt, so dass die Parameter der Beschreibungsfunktion ausschließlich von der Amplitude des Eingangssignales abhängig sind:

$$N(A) = \frac{C_1(A)}{A} e^{j\varphi_1(A)} \tag{2.246}$$

Dies ist ein ganz entscheidender Unterschied zwischen einer solchen quasilinearen und einer echten linearen Übertragungsfunktion, deren Laufzeit und Verstärkung ausschließlich von der Frequenz des Eingangssignales abhängig sind. Zudem gibt die Beschreibungsfunktion nur das Übertragungsverhalten des nichtlinearen Gliedes hinsichtlich der Grundschwingung wieder. Die Beschreibungsfunktion darf daher nur dann wie eine lineare Übertragungsfunktion benutzt werden, wenn gewährleistet ist, dass das Eingangssignal des nichtlinearen Teiles tatsächlich $e(t) = A\sin(\omega t)$ ist. Eine Anwendung beispielsweise zur Berechnung der Sprungantwort ist damit ausgeschlossen.

Im vorliegenden Fall sind jedoch die Voraussetzungen erfüllt, und die Beschreibungsfunktion darf demnach wie eine lineare Übertragungsfunktion verwendet werden. Die Kreisübertragungsfunktion des Systems setzt sich nun zusammen aus der Beschreibungsfunktion und der Übertragungsfunktion des linearen Teiles: $N(A)G(j\omega)$. Damit sich eine gleichbleibende Schwingung einstellt, muss das Ausgangssignal y, nachdem es einmal den geschlossenen Kreis durchlaufen hat, am Ausgang in unveränderter Form wieder erscheinen. Die Bedingung für eine solche Schwingung lautet damit:

$$y = -N(A)G(j\omega)y \tag{2.247}$$

oder

$$-1 = N(A)G(j\omega) \tag{2.248}$$

Die Zerlegung dieser komplexen Gleichung in Real- und Imaginärteil liefert zwei Gleichungen für die beiden Unbekannten, nämlich die Amplitude A und die Frequenz ω der Schwingung. Wenn eine Lösung dieser Gleichung existiert, so ist auch eine entsprechende Schwingung im System möglich, wobei dies eine Dauerschwingung oder ein Grenzzyklus sein kann. Es können auch mehrere Lösungen existieren, was bedeutet, dass verschiedene Schwingungen möglich sind. Falls keine Lösung existiert, so bedeutet dies, dass keine harmonische Schwingung im Regelkreis existieren kann. Nichtharmonische Schwingungen sind dann immer noch möglich, doch im allgemeinen recht unwahrscheinlich. Wie oben schon erwähnt, sollte für jede mögliche Schwingung am Ende noch einmal überprüft werden, ob durch den linearen Teil tatsächlich eine ausreichende Tiefpassfilterung der höherfrequenten Schwingungsanteile erfolgt, da dies eine ganz wesentliche Voraussetzung für das Verfahren ist.

Das Stabilitätsverhalten einer möglichen Schwingung kann im Rahmen einer graphischen Lösung durch Hinzuziehen des Nyquist-Kriteriums (Satz 2.9) ermittelt werden. Dieses Kriterium schreibt die erforderliche Phasendrehung der Ortskurve der Kreisübertragungsfunktion um den kritischen Punkt -1 vor. In Gleichung (2.248) ist die linke Seite gerade der kritische Punkt und die rechte Seite die Kreisübertragungsfunktion. Umschreiben in

$$-\frac{1}{N(A)} = G(j\omega) \tag{2.249}$$

lässt aber auch eine andere Interpretation zu. Die Kreisübertragungsfunktion besteht jetzt nur noch aus dem linearen Teil, während der kritische Punkt zu einer von der Amplitude A abhängigen Kurve $-\frac{1}{N(A)}$ erweitert wird .

Es wird dann zunächst die Beschreibungsfunktion des nichtlinearen Teiles $N(A)$ berechnet oder gemessen. Dann wird die Kurve $-\frac{1}{N(A)}$ in der komplexen Ebene dargestellt. Anschließend misst oder berechnet man den Frequenzgang $G(j\omega)$ und stellt dessen Ortskurve ebenfalls in der komplexen Ebene dar. Jeder Schnittpunkt der beiden Kurven bildet dann eine Lösung der Gleichung (2.249), steht also für eine mögliche Schwingung, deren Stabilitätsverhalten mit Hilfe des Nyquist-Kriteriums ermittelt werden kann, wie in den folgenden Beispielen gezeigt wird.

Im ersten Beispiel besteht der nichtlineare Teil aus einem idealen Zweipunktglied. Zunächst wird dessen Beschreibungsfunktion berechnet. Die Parameter C_1 und φ_1 der Beschreibungsfunktion resultieren aus den Koeffizienten A_1 und B_1, die demnach zuerst zu berechnen sind. Das Ausgangssignal $u(t)$ ist bei sinusförmigem Eingangssignal eine Rechteckschwingung (Abb. 2.82). Mit $T = \frac{2\pi}{\omega}$ ergibt sich:

$$
\begin{aligned}
B_1 &= \frac{2}{T} \int_0^T u(t) \sin(\omega t) dt \\
&= \frac{2}{T} 2K \int_0^{\frac{T}{2}} \sin(\omega t) dt = \frac{4K}{\pi} \\
A_1 &= \frac{2}{T} \int_0^T u(t) \cos(\omega t) dt = 0
\end{aligned}
\tag{2.250}
$$

und daraus

$$
\begin{aligned}
C_1 &= \sqrt{A_1^2 + B_1^2} = B_1 = \frac{4K}{\pi} \\
\varphi_1 &= \arctan \frac{A_1}{B_1} = \arctan 0 = 0
\end{aligned}
\tag{2.251}
$$

bzw. die Beschreibungsfunktion

$$
N(A) = \frac{C_1(A)}{A} e^{j\varphi_1(A)} = \frac{4K}{A\pi} \tag{2.252}
$$

Die Phasenverzögerung $-\varphi_1$ der Beschreibungsfunktion beträgt damit Null und die Verstärkung $\frac{C_1}{A} = \frac{4K}{A\pi}$. Dies ist auch anschaulich sofort einsichtig. Die am Ausgang des Zweipunktgliedes anliegende Rechteckschwingung ist phasengleich zu der am Eingang anliegenden Sinusschwingung, weshalb die Phasenverzögerung offensichtlich Null sein muss. Weiterhin bleibt die Amplitude der am Ausgang anliegenden Rechteckschwingung immer gleich. Da die Verstärkung aber als das Verhältnis der Ausgangs- zur Eingangsamplitude definiert ist, muss sie gerade umgekehrt proportional zur Amplitude des Eingangssignales sein.

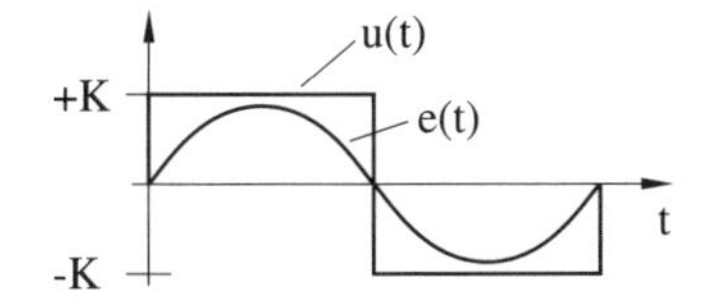

Abb. 2.82. Ein- und Ausgangssignal beim idealen Zweipunktglied

Tabellarische Auflistungen weiterer Beschreibungsfunktionen finden sich unter anderem in [18, 45, 46, 191]. Die ausführlichsten Informationen zur Beschreibungsfunktion bietet [50], das man durchaus als Standardwerk zu dieser Thematik bezeichnen kann.

Wenn die Beschreibungsfunktion bekannt ist, kann die eigentliche Stabilitätsanalyse durchgeführt werden. Dazu muss man zunächst die Funktion $-\frac{1}{N(A)}$ als Kurve in Abhängigkeit von der Amplitude in die komplexe Ebene eintragen. Für das 2-Punkt-Glied ergibt sich nach (2.252) $-\frac{1}{N(A)} = -\frac{A\pi}{4K}$, also eine Kurve auf der negativ-reellen Achse, die sich mit wachsendem A immer weiter vom Nullpunkt entfernt. In dasselbe Bild wird dann die Ortskurve des linearen Teiles eingetragen. Anhand der entstehenden Schnittpunkte bzw. der Lage der Kurven zueinander sind dann Aussagen über die Stabilität des Systems möglich. Abb. 2.83 zeigt verschiedene Beispiele für den Fall, dass der nichtlineare Teil des Standardregelkreises (Abb. 2.79) aus einem idealen Zweipunktglied besteht.

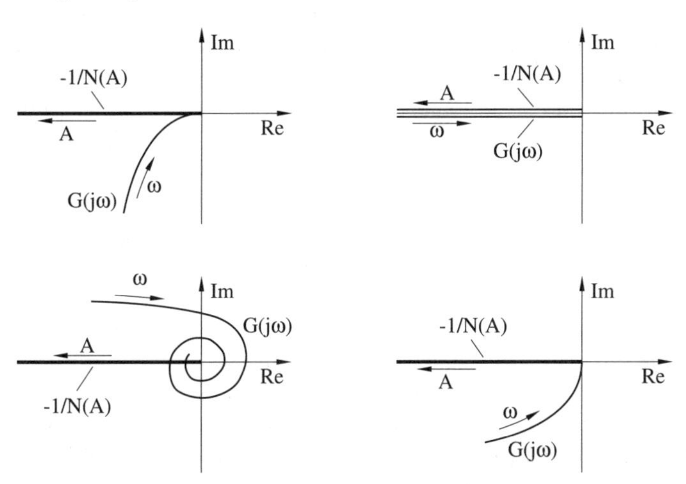

Abb. 2.83. Stabilitätsanalyse mittels Beschreibungsfunktion beim idealen 2-Punkt-Glied

Im Beispiel links oben besteht der lineare Teil aus einem Integrator und einem Verzögerungsglied mit der Übertragungsfunktion

$$G(s) = \frac{1}{s(Ts+1)} \tag{2.253}$$

Der gesamte Kreis entspricht damit dem System in Abb. 2.68. Die Ortskurve und die Kurve der Beschreibungsfunktion schneiden sich nur im Ursprung, d.h. für $A = 0$, $\omega = \infty$. Damit besitzt aber auch Gleichung (2.248) nur diese eine Lösung, was bedeutet, dass in diesem System nur eine Schwingung mit der Amplitude $A = 0$, d.h. keine Schwingung möglich ist.

Man kann auch entsprechend der Interpretation der Gleichung (2.249) die Kurve $-\frac{1}{N(A)}$ als amplitudenabhängigen kritischen Punkt deuten. Dann ist $G(s)$ die Kreisübertragungsfunktion, deren Ortskurve laut Nyquistkriterium bezüglich des kritischen Punktes eine ganz bestimmte Phasendrehung ausführen muss, damit das System stabil ist. Da $G(s)$ einen Integrator enthält, beträgt diese Phasendrehung $+\frac{\pi}{2}$. Das ist aber gerade gegeben, wenn man den Schnittpunkt im Ursprung außer Acht lässt. Denn bezüglich jedes anderen Punktes der Kurve $-\frac{1}{N(A)}$ hat die Phasendrehung genau diesen Wert. Dies kann man leicht feststellen, wenn man einen Vektor von einem Punkt der Kurve $-\frac{1}{N(A)}$ zur Ortskurve des linearen Teiles einzeichnet und seine Phasendrehung mit wachsendem ω betrachtet. Damit ist das System stabil.

Im Beispiel rechts oben besteht der lineare Teil aus einem doppelten Integrator, und man erhält das in Abb. 2.66 gezeigte System. Die Kurve der Beschreibungsfunktion und die Ortskurve des linearen Teiles liegen genau übereinander. Es existieren also unendlich viele Schnittpunkte und damit auch unendlich viele Lösungen der Gleichung (2.248). Dabei weist die Ortskurve des linearen Teiles umso größere Werte für ω auf, je weiter sie sich dem Ursprung nähert, während die Kurve der Beschreibungsfunktion umso größere Werte für A aufweist, je weiter sie sich vom Ursprung entfernt. Für einen Schnittpunkt und damit für eine mögliche Lösung bzw. Schwingung gilt also, dass die Amplitude umso größer ist, je kleiner die Frequenz ist. Das entspricht aber auch genau den bereits gemachten Untersuchungen zu diesem System. Wie man anhand von Abb. 2.67 erkennen kann, hängt die sich einstellende Dauerschwingung vom Anfangszustand des Systems ab. Je größer die Amplitude, desto langsamer die Schwingung bzw. desto kleiner die Frequenz.

Unten links besteht der lineare Teil aus einem zweifachen Integrator mit Laufzeit. Da sich die Ortskurve des linearen Teiles spiralförmig immer weiter dem Ursprung nähert, existieren unendlich viele Schnittpunkte zwischen beiden Kurven. Die Frage ist nun, welche Schwingung sich tatsächlich einstellen wird. Hier bietet sich eine Erklärung an, die zwar nicht ganz exakt, dafür aber anschaulich ist und letztendlich zum richtigen Ergebnis führt. Zunächst sei angenommen, dass sich das System in einem Schnittpunkt befindet und eine Schwingung ausführt. Wenn nun eine kleine Störung auftritt und die Amplitude möglicherweise etwas verkleinert wird, bewegt sich das System auf der Kurve der Beschreibungsfunktion ein wenig nach rechts. Dieser Punkt ist aber, wie alle anderen Punkte der Kurve $-\frac{1}{N(A)}$ auch, ein kritischer Punkt. Die Phasendrehung der Ortskurve um diesen Punkt ist sicherlich negativ, während sie laut Nyquist-Kriterium wegen der beiden Integratoren im linearen Teil $+\pi$ betragen müsste. Hinsichtlich dieses Punktes ist das System also instabil, und die Schwingung klingt auf. Das System bewegt sich auf der Kurve der Beschreibungsfunktion nach links zurück in den Schnittpunkt. Gegenüber einer Verkleinerung der Amplitude ist die Schwingung daher stabil. Tritt nun durch eine Störung eine Vergrößerung der Amplitude auf, so bewegt sich das System auf der Kurve der Beschreibungsfunktion nach links. Dieser Punkt ist ebenfalls ein kritischer Punkt, um den die Phasendrehung der Ortskurve wegen der bis ins Unendliche fortgesetzten Spiralform sicherlich negativ ist, d.h. es liegt laut Nyquist-Kriterium wieder Instabilität vor. Die Schwingung klingt deshalb weiter auf und läuft in den nächsten, weiter vom Ursprung entfernt liegenden Schnittpunkt hinein. Dieselben Überlegungen gelten für alle Schnittpunkte, d.h. alle Grenzzyklen sind, in der Zustandsebene betrachtet, nach innen stabil und nach außen instabil. Daher wird das System im Laufe der Zeit mit jeder Störung zu immer weiter vom Ursprung entfernt liegenden Schnittpunkten wandern, was eine ständige Zunahme der Schwingungsamplitude bedeutet. Damit ist das System instabil.

Für das letzte Beispiel ist der Zweipunktregler mit doppeltem Integrator um eine Rückführung nach Abb. 2.73 ergänzt. Hier stellt sich vor der Anwendung des Verfahrens zunächst das Problem, das gegebene System so umzuformen, dass seine Struktur der des Standardregelkreises (Abb. 2.79) entspricht. Dazu wird das Zweipunktglied als nichtlinearer Teil definiert und alles andere als linearer Teil des Regelkreises. Für diesen linearen Teil muss nun die Übertragungsfunktion bestimmt werden. Sie ergibt sich dadurch, dass man den Zusammenhang zwischen Ausgangsgröße u und Eingangsgröße e des nichtlinearen Teiles herstellt. Im Standardregelkreis lautet dieser Zusammenhang $e = -G(s)u$. Im vorliegenden System gilt nach Abb. 2.73

$$e(s) = -u(s)(\frac{k}{s} + \frac{1}{s^2}) \tag{2.254}$$

und damit

$$G(s) = -\frac{e(s)}{u(s)} = \frac{ks+1}{s^2} \tag{2.255}$$

Die Ortskurve dieser Funktion ist unten rechts in Abb. 2.83 eingezeichnet. Wie im ersten Beispiel liegt der einzige Schnittpunkt zwischen beiden Kurven wieder im Ursprung bei $A = 0$, was bedeutet, dass es keine harmonische Schwingung geben kann. Die Phasendrehung der Ortskurve bezüglich des kritischen Punktes, d.h. bezüglich der Kurve der Beschreibungsfunktion beträgt π. Genau dieser Wert ist aber wegen der beiden Integratoren in der Übertragungsfunktion laut Nyquist-Kriterium auch erforderlich, damit das Gesamtsystem stabil ist. Das hier vorliegende System ist also stabil. Allerdings ist dieses Ergebnis mit Vorsicht zu genießen, da die Graddifferenz zwischen Nenner- und Zählerpolynom nur 1 beträgt und von daher die ausreichende Tiefpasswirkung des linearen Teiles, die vorausgesetzt werden muss, fraglich ist. Da man aber bei der zu Abb. 2.73 bereits durchgeführten Betrachtung in der Zustandsebene zu demselben Ergebnis kommt, kann es hier ebenfalls akzeptiert werden.

Beim Zweipunktglied mit Hysterese hat die Kurve der Beschreibungsfunktion eine etwas andere Form. Wegen der Hysterese erfolgt die Umschaltung vom einen auf den anderen Ausgangswert gegenüber dem idealen Zweipunktglied und damit auch gegenüber einer Sinusschwingung am Eingang verzögert. Deshalb ist der Winkel φ ungleich Null und die Beschreibungsfunktion nicht mehr rein reell. Auf die Berechnung der Funktion soll verzichtet werden, aus Abb. 2.84 ist die Form der Kurve $-\frac{1}{N(A)}$ ersichtlich.

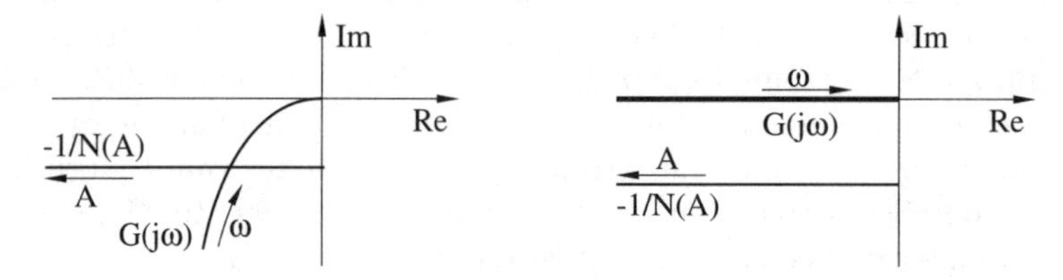

Abb. 2.84. Beschreibungsfunktion beim 2-Punkt-Glied mit Hysterese

Im Beispiel links besteht der lineare Teil wieder aus einem Verzögerungsglied und einem Integrator (vgl. Abb. 2.71). Beide Kurven weisen einen Schnittpunkt bei einer von Null verschiedenen Amplitude auf. Dies deutet auf eine Grenzschwingung hin. Zu untersuchen ist allerdings noch das Stabilitätsverhalten dieser Grenzschwingung, wobei wieder eine zwar nicht exakte, dafür aber anschauliche Erklärung versucht werden soll. Das System befinde sich zunächst in diesem Schnittpunkt. Nun tritt eine Störung auf, die die Amplitude der Schwingung etwas verkleinert. Das System nimmt einen Punkt auf der Kurve der Beschreibungsfunktion rechts vom Schnittpunkt ein. Die Phasendrehung der Ortskurve bezüglich dieses Punktes beträgt ungefähr $-\pi$, während laut Nyquist-Kriterium die für Stabilität erforderliche Phasendrehung wegen des einen Integrators in der linearen Übertragungsfunktion $+\frac{\pi}{2}$ betragen müsste. Es liegt demnach Instabilität vor, die Schwingung klingt auf, die Amplitude steigt an, und das System läuft wieder in den Schnittpunkt der beiden Kurven. Wandert das System infolge einer Störung auf der Kurve der Beschreibungsfunktion dagegen nach links, so beträgt die Phasendrehung ungefähr $+\frac{\pi}{2}$. Hier liegt Stabilität vor, die Schwingung klingt ab, und das System nähert sich ebenfalls wieder dem Schnittpunkt. Insgesamt ergibt sich, dass das System den Schnittpunkt nicht verlassen kann. Die Schwingung ist daher ein stabiler Grenzzyklus.

Im Beispiel rechts besteht der lineare Teil aus einem doppelten Integrator. Die Phasendrehung der Ortskurve hinsichtlich des kritischen Punktes müsste laut Nyquist-Kriterium $+\pi$ betragen, weist aber stattdessen hinsichtlich der gesamten Kurve der Beschreibungsfunktion negative Werte zwischen $-\frac{\pi}{2}$ und $-\pi$ auf. Das System ist daher instabil. Dasselbe Ergebnis lieferte auch die Betrachtung zu Abb. 2.70.

Nach diesen Beispielen ist wohl einsichtig, dass das Verfahren für einen geübten Anwender eine sehr einfache und übersichtliche Möglichkeit der Stabilitätsanalyse bietet. Dabei ist die benötigte Information leicht zu beschaffen. Sowohl die Beschreibungsfunktion als auch die Ortskurve können gemessen werden, wenn die Darstellung mit Hilfe von Formeln nicht möglich oder zu schwierig ist. Darüber hinaus ist die graphische Darstellung so anschaulich, dass man sich auf dieser Basis auch Möglichkeiten zur Stabilisierung eines Systems überlegen kann. Denn die Aufgabe besteht lediglich darin, die Ortskurve des linearen Teiles durch Einfügen linearer Korrekturglieder so zu verändern, dass kein Schnittpunkt zwischen der Ortskurve und der Kurve der Beschreibungsfunktion mehr auftritt. Der Phantasie des Anwenders sind hier keine Grenzen gesetzt. Der einzige Nachteil ist, dass das Verfahren in der bisher vorgestellten Form nur auf eine bestimmte Klasse von Systemen anwendbar ist. Hier existieren aber verschiedene Erweiterungsmöglichkeiten, die im Folgenden kurz vorgestellt werden sollen.

Eine wichtige Einschränkung des bisher vorgestellten Verfahrens ist die Forderung nach einer ausreichend ausgeprägten Tiefpasseigenschaft des linearen Teiles. Dazu wird in [50] vorgeschlagen, bei nicht ausreichender Tiefpasswirkung die der Beschreibungsfunktion zu Grunde liegende Fourierreihe erst nach einem späteren Glied abzubrechen. Der Charme des Verfahrens, nämlich die Darstellung der Nichtlinearität durch eine lineare Übertragungsfunktion und damit die einfache Handhabbarkeit, geht durch diese Maßnahme allerdings verloren.

Ebenfalls in [50] wird die Möglichkeit diskutiert, auch für andere Signalformen als harmonische Schwingungen Beschreibungsfunktionen nichtlinearer Übertragungsglieder zu berechnen, beispielsweise für gaußsches Rauschen oder Gleichsignale. Dann kann die Beschreibungsfunktion aber nicht mehr aus einer nach dem ersten Glied abgebrochenen Fourier-Reihe berechnet werden. Stattdessen wird eine lineare Übertragungsfunktion mit zunächst unbekannten Parametern angesetzt. Dann werden die Parameter so bestimmt, dass der quadratische Fehler zwischen dem Ausgangssignal dieses linearen und dem des realen, nichtlinearen Übertragungsgliedes bei gegebenem Eingangssignal möglichst klein wird. Setzt man als lineares Übertragungsglied ein Laufzeitglied mit variabler Verstärkung an, so liefert diese Vorgehensweise bei sinusförmigem Eingangssignal dieselbe Beschreibungsfunktion wie die nach dem ersten Glied abgebrochene Fourier-Reihe.

In [45, 46] wird erläutert, wie das Verfahren der harmonischen Balance anzuwenden ist, wenn der Regelkreis nicht nur aus einem linearen und einem nichtlinearen Teil wie im Standardregelkreis besteht, sondern mehrere nichtlineare Teile aufweist, die durch lineare Teile voneinander getrennt sind.

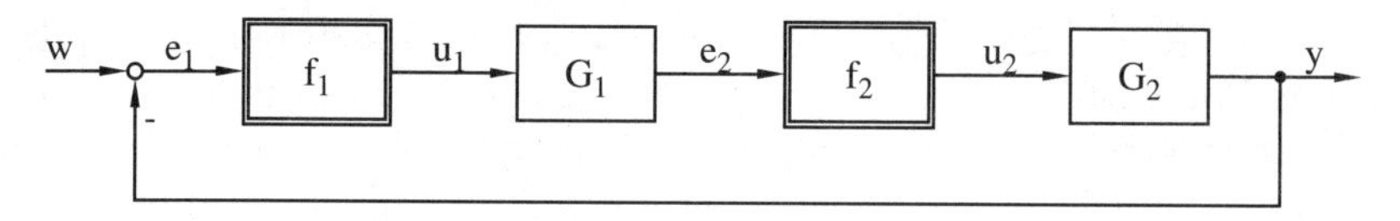

Abb. 2.85. Erweiterter Regelkreis für die Methode der Beschreibungsfunktion

Ein einfaches Beispiel zeigt Abb. 2.85. Unter der Voraussetzung, dass die linearen Teile ausreichende Tiefpasseigenschaft aufweisen, können für e_1 und e_2 harmonische Schwingungen angesetzt werden:

$$\begin{aligned} e_1 &= A_1 \sin \omega t \\ e_2 &= A_2 \sin(\omega t + \varphi_2) \end{aligned} \tag{2.256}$$

bzw. in der Darstellung als komplexe Zeiger

$$\begin{aligned} e_1 &= A_1 e^{j\omega t} \\ e_2 &= A_2 e^{j(\omega t + \varphi_2)} \end{aligned} \tag{2.257}$$

Anschließend werden die nichtlinearen Teile durch quasilineare Beschreibungsfunktionen $N_1(A_1, \omega)$ und $N_2(A_2, \omega)$ ersetzt. Für das Schwingungsgleichgewicht gilt dann:

$$-1 = N_1(A_1, \omega) G_1(\omega) N_2(A_2, \omega) G_2(\omega) \tag{2.258}$$

Eine Zerlegung in Real- und Imaginärteil liefert zwei Gleichungen. Hier gibt es aber drei Unbekannte, nämlich A_1, A_2 und ω. Da die Beschreibungsfunktionen jedoch wie lineare Übertragungsfunktionen behandelt werden können, lässt sich ein weiterer Zusammenhang, und zwar zwischen den Eingangssignalen der nichtlinearen Glieder aufstellen:

$$\begin{aligned} e_2 &= N_1(A_1, \omega) G_1(\omega) e_1 \\ A_2 e^{j(\omega t + \varphi_2)} &= N_1(A_1, \omega) G_1(\omega) A_1 e^{j\omega t} \\ A_2 e^{j\varphi_2} &= N_1(A_1, \omega) G_1(\omega) A_1 \end{aligned} \tag{2.259}$$

Eine Betrachtung der Beträge liefert dann die notwendige, dritte Gleichung:

$$A_2 = |N_1(A_1, \omega)| \, |G_1(\omega)| A_1 \tag{2.260}$$

Das so erhaltene Gleichungssystem ist leider nur noch in Sonderfällen graphisch zu lösen. Es bleibt aber die Möglichkeit einer nummerischen Lösung.

Wichtiger für die Praxis ist die Möglichkeit, das Verfahren für Nichtlinearitäten zu erweitern, die nicht mehr momentan wirkend sind, sondern eine interne Dynamik aufweisen. Damit ist die Ausgangsgröße des nichtlinearen Teiles u nicht mehr nur vom Eingangssignal e bzw. dem Ausgang des linearen Teiles y abhängig, sondern auch von dessen Ableitungen: $u = f(e, \dot{e}, ...)$. Eine solche Abhängigkeit tritt offenbar ebenfalls auf, wenn der nichtlineare

Teil zwar keine Dynamik aufweist, dafür aber als Eingangsgrößen nicht nur die Regelabweichung bzw. die Ausgangsgröße der Strecke, sondern auch ihre Ableitungen erhält. Dies ist eine Konstellation, wie sie beispielsweise beim Fuzzy-Regler gegeben ist.

So sei der nichtlineare Teil jetzt statt durch $u = f(e)$ durch ein Übertragungsverhalten erster Ordnung $u = f(e, \dot{e})$ definiert. Weiterhin sei diese Funktion ungerade: $f(-e, -\dot{e}) = -f(e, \dot{e})$. Und schließlich muss für jedes $\dot{e} > 0$ die Funktion $f(e, \dot{e})$ mit e monoton steigen. Der ausreichende Tiefpasscharakter des linearen Teiles wird ebenfalls vorausgesetzt. Dann kann man genau wie im Fall momentan wirkender Nichtlinearitäten die Oberschwingungen am Ausgang des nichtlinearen Teiles vernachlässigen. Für die Koeffizienten der Grundschwingung gilt jetzt:

$$
\begin{aligned}
A_1 &= \frac{2}{T}\int_0^T f(e,\dot{e})\cos(\omega t)dt = \frac{2}{T}\int_0^T f(A\sin(\omega t), A\omega\cos(\omega t))\cos(\omega t)dt \\
B_1 &= \frac{2}{T}\int_0^T f(e,\dot{e})\sin(\omega t)dt = \frac{2}{T}\int_0^T f(A\sin(\omega t), A\omega\cos(\omega t))\sin(\omega t)dt
\end{aligned}
\tag{2.261}
$$

mit $T = \frac{2\pi}{\omega}$. Nach denselben Formeln wie für momentan wirkende Nichtlinearitäten ergibt sich wieder eine Beschreibungsfunktion $N(A, \omega)$, die jetzt aber nicht mehr nur von der Amplitude A, sondern auch von der Frequenz ω der Schwingung abhängig ist. Dies führt dazu, dass die Darstellung dieser Beschreibungsfunktion nicht nur eine Kurve $-\frac{1}{N(A)}$, sondern eine ganze Kurvenschar $-\frac{1}{N(A,\omega)}$ mit ω als Parameter erfordert, d.h. für jede Frequenz ω_1 existiert eine amplitudenabhängige Kurve $-\frac{1}{N(A,\omega_1)}$.

Für eine Stabilitätsanalyse werden diese Kurvenschar und die Ortskurve des linearen Teiles in der komplexen Ebene aufgetragen. Die Kurvenschar wird dann als kritischer Punkt des Nyquist-Kriteriums gedeutet. Aus der Lage der Ortskurve zur Kurvenschar lassen sich auch hier Rückschlüsse auf das Stabilitätsverhalten ziehen. Als Beispiel zeigt Abb. 2.86 die Ortskurve eines PT_3-Gliedes und eine Kurvenschar, wie sie bei einem Fuzzy-Regler entstehen könnte.

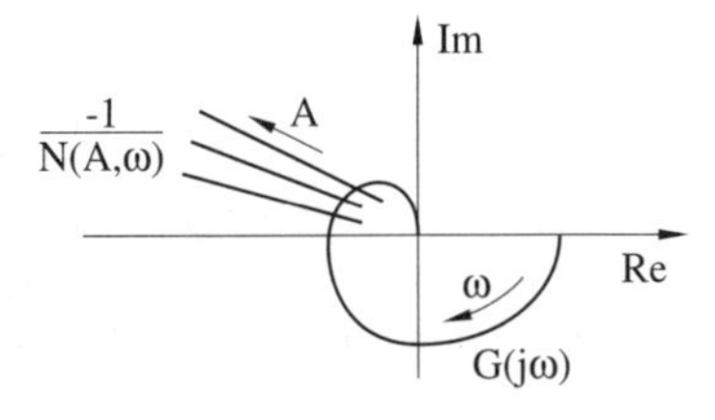

Abb. 2.86. Harmonische Balance mit frequenzabhängiger Beschreibungsfunktion

Sollte überhaupt einer der Schnittpunkte eine Schwingung im System kennzeichnen, so wird es sich auf jeden Fall um einen stabilen Grenzzyklus handeln. Zur Erklärung sei angenommen, dass sich das System in einem Schnittpunkt befindet und eine Schwingung ausführt. Falls durch eine Störung die Amplitude verkleinert wird, so nähert sich das System auf der entsprechenden Kurve der Kurvenschar dem Ursprung und befindet sich dadurch in einem Punkt, der von der Ortskurve umschlossen wird. Die Phasendrehung der Ortskurve um diesen Punkt ist negativ, während sie laut Nyquist-Kriterium für ein stabiles System Null betragen müsste. Es liegt Instabilität vor, die Schwingung klingt wieder auf, und das System wandert zurück in den Schnittpunkt. Falls sich das System dagegen im Schnittpunkt befindet und die Amplitude durch eine Störung vergrößert wird, so entfernt sich das System auf einer Kurve der Kurvenschar vom Ursprung. Die Phasendrehung der Ortskurve um den dann vom System eingenommenen Punkt beträgt Null. Es liegt Stabilität vor, die Schwingung klingt ab, und das System wandert auch hier wieder zurück in den Schnittpunkt.

Im Gegensatz zu vorher repräsentiert jetzt aber nicht mehr jeder Schnittpunkt eine mögliche Schwingung. Bisher wurde in einem Schnittpunkt durch die Kurve der Beschreibungsfunktion die Amplitude und durch die Ortskurve des linearen Teiles die Frequenz der Schwingung definiert, und jeder Schnittpunkt entsprach einer möglichen Lösung der Gleichung (2.249). Jetzt ist die Kurve der Beschreibungsfunktion dagegen zusätzlich noch frequenzabhängig. Damit ein Schnittpunkt eine mögliche Schwingung repräsentiert, müssen die durch die Kurve der Beschreibungsfunktion und die durch die Ortskurve des linearen Teiles im Schnittpunkt gegebenen Frequenzen übereinstimmen. Nur dann ist diese Frequenz auch die Frequenz einer möglichen Schwingung. Die Amplitude ergibt sich nach wie vor aus der Kurve der Beschreibungsfunktion.

Offenbar ist eine graphische Lösung unter diesen Bedingungen reiner Zufall, so dass zur Ermittlung der Werte für Amplitude und Frequenz der Schwingung von vornherein nur eine nummerische Lösung der (2.249) entsprechenden Gleichung

$$G(j\omega) = -\frac{1}{N(A,\omega)} \tag{2.262}$$

in Frage kommt.

Auf nummerischem Wege lässt sich auch die Beschreibungsfunktion $N(A,\omega)$ selbst grundsätzlich immer bestimmen. Dies bietet sich an, wenn vom nichtlinearen Teil überhaupt keine analytische Beschreibung vorliegt, wie dies vor allem bei einem Fuzzy-Regler der Fall ist. Dazu wird ein bestimmtes Wertepaar (A_1, ω_1) vorgegeben und die entsprechende Sinusschwingung am Eingang des nichtlinearen Teiles aufgeschaltet. An seinem Ausgang wird sich eine periodische Schwingung einstellen, die aber nicht unbedingt einer Sinusschwingung entspricht. Mit der Methode der kleinsten Fehlerquadrate kann sie jedoch durch eine Sinusschwingung approximiert werden. Ein Vergleich dieser approximierenden Schwingung mit der Eingangsschwingung liefert dann die Verstärkung V und die Phasenverzögerung $-\varphi$ des nichtlinearen Teiles für das Wertepaar (A_1, ω_1). Dies führt aber auch sofort auf den (komplexen) Wert $N(A_1, \omega_1)$ der Beschreibungsfunktion. Auf diese Art und Weise kann die Beschreibungsfunktion punktweise ermittelt werden.

In [187] wird sogar eine Erweiterung des Verfahrens auf Mehrgrößensysteme diskutiert. Diese Erweiterung erfordert aber Voraussetzungen beim System, die im Anwendungsfall nicht nachzuprüfen sind. Eine Stabilitätsanalyse mit diesem Verfahren steht damit auf recht unsicherem Fundament, so dass hier auf eine Darstellung von vornherein verzichtet werden soll.

2.8.7 Popov-Kriterium

Damit kann zu einem anderen Verfahren übergegangen werden, das auf dem Stabilitätskriterium von Popov basiert. Im Gegensatz zur Methode der harmonischen Balance ist es ein exaktes Kriterium. Allerdings kann es in Einzelfällen zu sehr konservativen Ergebnissen führen, da es zwar hinreichend, aber nicht notwendig ist. Das bedeutet, dass die Stabilität eines stabilen Systems möglicherweise nicht nachgewiesen werden kann. Andererseits ist es einfach anzuwenden. Voraussetzung ist wieder, dass das System in einen momentan wirkenden, nichtlinearen Teil und einen linearen Teil unterteilt werden kann.

Das Verfahren soll zunächst für Eingrößensysteme vorgestellt werden. Die Kennlinie des nichtlinearen Teiles und die Ortskurve des linearen Teiles müssen bekannt sein. Um die Formulierung des Kriteriums möglichst einfach zu halten, ist für den nichtlinearen Teil eine zusätzliche Definition erforderlich (vgl. Abb. 2.87):

Definition 2.24 *Eine Kennlinie $f(e)$ verläuft im Sektor $[k_1, k_2]$, wenn gilt*

$$k_1 \le \frac{f(e)}{e} \le k_2 \qquad \textit{und} \quad f(0) = 0 \tag{2.263}$$

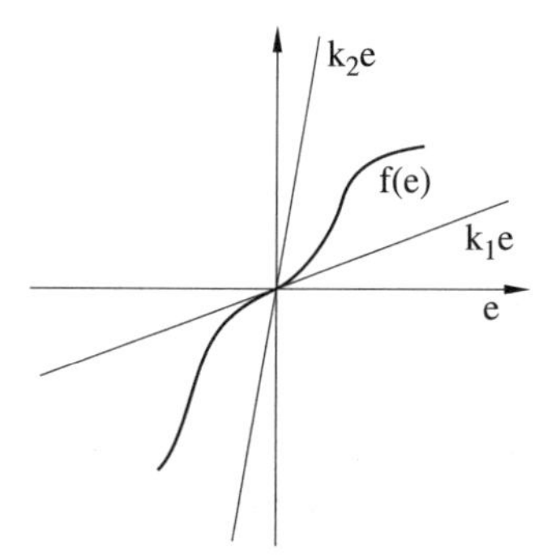

Abb. 2.87. Sektor einer Kennlinie

Damit kann das Popov-Kriterium formuliert werden, dessen Beweis mit Hilfe der direkten Methode von Ljapunov erfolgen kann, auf den hier aber verzichtet werden soll (siehe [2]):

Satz 2.25 *(Popov-Kriterium) Gegeben sei ein geschlossener Kreis, bestehend aus einem linearen und einem nichtlinearen Teil. Die Übertragungsfunktion $G(s)$ des linearen Teiles sei rein rational, habe ausschließlich Polstellen mit negativem Realteil und einen Verstärkungsfaktor $V_l = 1$. Weiterhin sei die Ordnung des Nennerpolynoms größer als die des Zählerpolynoms. Der nichtlineare Teil sei durch eine eindeutige und stückweise stetige Kennlinie $u = f(e)$ gegeben. Wenn dann die Ungleichung*

$$Re((1 + jq\omega)G(j\omega)) > -\frac{1}{k} \tag{2.264}$$

mit $0 < k \leq \infty$ und beliebigem, endlichem q für alle Frequenzen $0 \leq \omega < \infty$ erfüllt ist, so besitzt der Regelkreis für jede Kennlinie, die im Sektor $[0, k]$ verläuft, eine global asymptotisch stabile Ruhelage für $u = y = 0$. Er wird dann auch als absolut stabil im Sektor $[0, k]$ bezeichnet. Wenn die rechte Seite der Ungleichung auch gleich Null (d.h. $k = \infty$) gesetzt werden kann, so ergibt sich ein Sektor $[0, \infty]$.

Weist die Funktion $G(s)$ nicht nur Polstellen mit negativem Realteil, sondern auch eine Polstelle auf der imaginären Achse auf, so ist zusätzlich zu zeigen, dass die lineare Übertragungsfunktion $\frac{\varepsilon G(s)}{1+\varepsilon G(s)}$ mit irgendeinem $\varepsilon > 0$ stabil ist (Grenzstabilität). In diesem Fall ist der zulässige Sektor für die nichtlineare Kennlinie $(0, k]$.

Treten mehrere Polstellen auf der imaginären Achse auf, so ergibt sich neben der Forderung nach Grenzstabilität als weitere Verschärfung, dass für k nur noch endliche Werte zugelassen sind und sich der Sektor absoluter Stabilität auf $[\varepsilon, k]$ reduziert. Weiterhin darf keine Frequenz existieren, die das Gleichungssystem

$$Re(G(j\omega)) = -\frac{1}{k} \qquad und \quad \omega Im(G(j\omega)) = 0 \tag{2.265}$$

erfüllt. Dafür ist in (2.264) aber das Gleichheitszeichen zugelassen.

Als sehr starke Einschränkung mag zunächst die Forderung nach einer Verstärkung $V_l = 1$ des linearen Teiles erscheinen. Dies ist aber nicht so, denn ein Verstärkungsfaktor $V_l \neq 1$ kann ohne Probleme dem nichtlinearen Teil hinzugerechnet werden. Statt $u = f(e)$ erhält man dann die Kennlinie $\tilde{u} = V_l f(e) = \tilde{f}(e)$.

Auch die Voraussetzungen für die lineare Übertragungsfunktion sollen kurz erläutert werden. Wenn eine Kennlinie tatsächlich auf der im Satz angegebenen unteren Sektorgrenze $k_1 = 0$ verläuft, so bedeutet dies doch, dass die Stellgröße u und damit die Eingangsgröße des linearen Teiles immer gleich Null sind. Damit ist aber der lineare Systemteil ohne äußere Einwirkung, also gewissermaßen sich selbst überlassen. Wenn dann asymptotische Stabilität des Gesamtsystems gefordert ist, so kann dies nur dadurch gewährleistet werden, dass der lineare Teil auch ohne Einwirkung von außen aus jedem Anfangszustand zur Ruhe kommen kann. Daraus resultiert wiederum die im Satz formulierte Forderung nach dem negativen Realteil sämtlicher Polstellen (vgl. Satz 2.17).

Wenn nun die lineare Übertragungsfunktion auch rein imaginäre Polstellen aufweist (also beispielsweise einen Integralanteil), würde der lineare Systemteil ohne äußere Einwirkung nicht in den Nullzustand laufen. Deshalb muss in diesem Fall Null als untere Sektorgrenze ausgeschlossen werden. Diese Einschränkung des zulässigen Sektors ist aber noch nicht ausreichend. Zusätzlich muss noch gezeigt werden, dass der geschlossene Kreis überhaupt stabilisierbar ist, und zwar durch die Kennlinie $f(e) = \varepsilon e$. Der nichtlineare Teil muss demnach durch einen linearen Verstärkungsfaktor ε ersetzt und für den so entstandenen, linearen Kreis

$$\frac{\varepsilon G(s)}{1+\varepsilon G(s)} \tag{2.266}$$

die Stabilität nachgewiesen werden. Diese Eigenschaft bezeichnet man als *Grenzstabilität*. Ihr Nachweis ist aber nicht weiter schwierig, da es sich um ein rein lineares Problem handelt.

Schließlich bleiben noch die Verschärfungen im letzten Absatz des Satzes zu diskutieren. Die Reduzierung auf endliche Werte von k bedeutet, dass beispielsweise ein ideales Zweipunktglied nicht mehr die Voraussetzungen für eine Anwendung erfüllt, da die Steigung seiner Kennlinie im Nullpunkt unendlich groß ist. Und die Bedingung, dass für keine Frequenz das Gleichungssystem (2.265) erfüllt sein darf, ist gleichbedeutend mit der Forderung, dass die im Folgenden noch vorgestellte Popov-Ortskurve nicht durch den Punkt $(-\frac{1}{k}, 0)$ laufen darf.

Erweitert werden kann der obige Satz auch für den Fall, dass der lineare Teil eine Laufzeit enthält. Die Voraussetzungen des Satzes sind dann dahingehend zu verschärfen, dass die nichtlineare Kennlinie nicht nur stückweise stetig, sondern stetig sein muss und weiterhin q jetzt nicht mehr beliebig gewählt werden kann, sondern $q > 0$ gelten muss.

Verschiedene andere Spezialfälle, die aber für die Praxis nicht mehr so relevant sind, finden sich in [2]. Man muss sich aber immer darüber im klaren sein, dass das Popov-Kriterium keine Aussage für den Fall macht, dass eine Kennlinie den Sektor verlässt. Instabilität kann mit dem Popov-Kriterium nicht nachgewiesen werden.

Es stellt sich noch die Frage nach der Vorgehensweise bei der Anwendung auf ein praktisches Problem. Gegeben sind beispielsweise eine nichtlineare Kennlinie und die Ortskurve des linearen Teiles, der wiederum die Voraussetzungen des Satzes erfüllt. Die Frage ist, ob der geschlossene Kreis stabil ist. Dazu ist mit Hilfe der Ungleichung (2.264) der zulässige Sektor $[0, k]$ zu ermitteln und zu überprüfen, ob die gegebene Kennlinie in diesem Sektor liegt. Zunächst wird ein beliebiger Wert q festgelegt und aus der Ungleichung (2.264) der zugehörige Wert k berechnet, mit dem diese Ungleichung für alle ω erfüllt ist. Wenn dann die Kennlinie im durch k definierten Sektor liegt, so ist die Stabilität des Systems nachgewiesen.

Ein Problem entsteht aber, wenn eine gegebene Kennlinie in diesem Sektor nicht enthalten ist. Da Satz 2.25 nur ein hinreichendes Stabilitätskriterium darstellt, lässt sich in diesem Fall keine Aussage machen. Die Frage ist dann, ob ein q existiert, mit dem man einen größeren Sektor erhalten hätte. Eine ähnliche Frage stellt sich auch, wenn die nichtlineare Kennlinie (z.B. beim Reglerentwurf) erst noch festgelegt werden soll. In dem Fall ist man natürlich daran interessiert, einen möglichst großen Sektor für die Kennlinie zur Verfügung zu haben. Grundsätzlich sollte man q also nicht beliebig festlegen, sondern versuchen, q so zu bestimmen, dass k maximal wird.

Für diese Aufgabe existiert eine sehr elegante, graphische Lösung. Dazu ist zunächst die Popov-Ungleichung (2.264) umzuschreiben in

$$\mathrm{Re}(G(j\omega)) - q\omega\mathrm{Im}(G(j\omega)) > -\frac{1}{k} \tag{2.267}$$

Nun definiert man eine neue Ortskurve $\tilde{G}(j\omega) = \tilde{x} + j\tilde{y}$ mit dem Realteil $\tilde{x} = \mathrm{Re}(G(j\omega))$ und dem Imaginärteil $\tilde{y} = \omega\mathrm{Im}(G(j\omega))$. Dies ist die sogenannte *Popov-Ortskurve*. Die Popov-Ungleichung lautet mit den Koordinaten dieser Ortskurve

$$\tilde{x} - q\tilde{y} > -\frac{1}{k} \tag{2.268}$$

oder umgestellt

$$\tilde{x} > q\tilde{y} - \frac{1}{k} \tag{2.269}$$

Diese Ungleichung muss für alle Werte von ω, also für jeden Punkt der Ortskurve, erfüllt sein. Der Grenzfall dieser Ungleichung ist

$$\tilde{x}_G = q\tilde{y} - \frac{1}{k} \tag{2.270}$$

bzw.

$$\tilde{y} = \frac{1}{q}(\tilde{x}_G + \frac{1}{k}) \tag{2.271}$$

also eine Gerade mit der Steigung $\frac{1}{q}$ und dem $\tilde{x}$-Achsenabschnitt $-\frac{1}{k}$. Durch diese Grenzgerade wird zu jedem Imaginärteil $\tilde{y}$ der Popov-Ortskurve ein Realteil $\tilde{x}_G$ vorgegeben. Andererseits muss aber der Realteil $\tilde{x}$ der Popov-Ortskurve nach Gleichung (2.269) größer sein als der durch die Grenzgerade vorgegebene Realteil. Die Ungleichungen (2.269) und damit (2.264) sind daher nur dann für alle Werte von ω erfüllt, wenn die Popov-Ortskurve rechts von der Grenzgeraden, d.h. im Bereich größerer Realteile verläuft (Abb. 2.88).

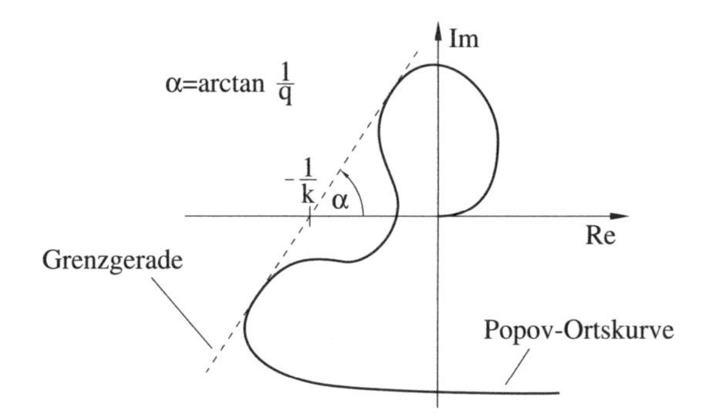

Abb. 2.88. Graphische Bestimmung des maximalen Sektors

Die Vorgehensweise zur Bestimmung der größtmöglichen Sektorgrenze k wird anhand von Abb. 2.88 deutlich. Anhand der gemessenen oder berechneten Ortskurve des linearen Teiles $G(j\omega)$ ist zunächst die Popov-Ortskurve zu zeichnen. Dann muss eine Grenzgerade eingezeichnet werden. Ihre Steigung $\frac{1}{q}$ ist beliebig, da auch q laut Satz 2.25 beliebig gewählt werden kann. Allerdings muss sie links von der Ortskurve verlaufen, damit die Ungleichung (2.264) erfüllt ist. Durch den Schnittpunkt $-\frac{1}{k}$ der Grenzgeraden mit der reellen Achse wird dann die obere Sektorgrenze k festgelegt. Je weiter dieser Schnittpunkt rechts liegt, desto größer ist k. Das maximale k ergibt sich offensichtlich, wenn die Grenzgerade wie eingezeichnet annähernd eine Tangente an die Popov-Ortskurve darstellt. Eine echte Tangente darf sie nicht sein, da sonst in der Ungleichung (2.264) auch die Gleichheit zugelassen sein müsste. Diese Unterscheidung kann aber in der Praxis ruhigen Gewissens vernachlässigt werden, da dort wegen der Ungenauigkeit beim Messen und Zeichnen sowieso keine exakten Werte ermittelt werden.

Interessant für die Anwendung ist auch die Möglichkeit einer *Sektortransformation*. Satz 2.25 geht immer von einer unteren Sektorgrenze 0 bzw. ε aus. Falls nun die Kennlinie in einem beliebigen Sektor $[k_1, k_2]$ mit $k_1 < 0$ liegt, so ist der Satz zunächst einmal nicht anwendbar. In einem solchen Fall ist die Kennlinie $u = f(e)$ zu ersetzen durch die transformierte Kennlinie $u_t = f_t(e) = f(e) - k_1 e$, wie es in Abb. 2.89 dargestellt ist. Die neue Kennlinie liegt dann in einem Sektor $[0, k]$ mit $k = k_2 - k_1$. Diese Maßnahme kann man auch so deuten, dass man in den geschlossenen Kreis parallel zur Nichtlinearität ein Proportionalglied mit dem Verstärkungsfaktor $-k_1$ einfügt, so dass dann die Nichtlinearität $f(e)$ zusammen mit dem Proportionalglied gerade die transformierte Nichtlinearität $f_t(e)$ bildet.

Eine solche Veränderung des Systems würde natürlich das Ergebnis der Stabilitätsanalyse verfälschen. Deshalb ist vor Beginn der Rechnung die durch die Kennlinientransformation erfolgte Veränderung an anderer Stelle wieder aufzuheben. Es bietet sich an, parallel zur transformierten Nichtlinearität $f_t(e)$ ein weiteres Proportionalglied mit der Verstärkung k_1 einzufügen, das die Wirkung des ersten Proportionalgliedes gerade wieder aufhebt. Dieses

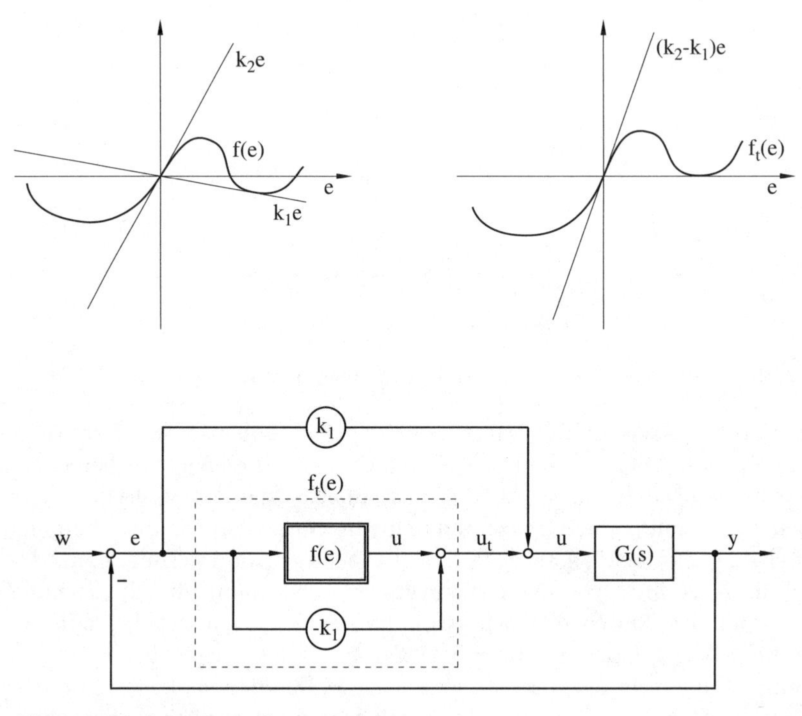

Abb. 2.89. Sektortransformation

Proportionalglied wird dann für die Analyse allerdings dem linearen Systemteil hinzugerechnet. Die Frage ist jetzt, wie die Übertragungsfunktion des veränderten linearen Systemteiles aussieht. In einem nicht transformierten System gilt die Beziehung

$$\frac{e}{u} = -G(s) \tag{2.272}$$

Im transformierten System nach Abb. 2.89 ergibt sich

$$(u_t + k_1 e)G(s) = -e$$
$$\frac{e}{u_t} = -\frac{G(s)}{1 + k_1 G(s)} = -G_t(s) \tag{2.273}$$

und damit für die lineare Übertragungsfunktion des transformierten Systems

$$G_t(s) = \frac{G(s)}{1 + k_1 G(s)} \tag{2.274}$$

Eine Sektortransformation umfasst also zwei Schritte: Der Sektor $[k_1, k_2]$ wird durch den Sektor $[0, k]$ ersetzt mit $k = k_2 - k_1$, und die Übertragungsfunktion $G(s)$ des linearen Teiles durch $G_t(s)$ nach (2.274). Auf dieses transformierte System wird dann das Popov-Kriterium angewendet, was bedeutet, dass G_t die Voraussetzungen des Kriteriums für den linearen Systemteil erfüllen muss.

Kann dann für das transformierte System Stabilität nachgewiesen werden, so gilt dies auch für das Originalsystem. Angemerkt sei, dass eine Sektortransformation auch für $k_1 > 0$ Vorteile bringen kann. Wenn man beispielsweise weiß, dass die Kennlinie im Sektor $[k_1, k_2]$ mit $k_1 > 0$ verläuft, so verkleinert sich durch die Sektortransformation die obere Sektorgrenze $k = k_2 - k_1$ und damit auch der Sektor $[0, k]$, für den Stabilität nachzuweisen ist. Die Bedingung für den linearen Systemteil fällt dadurch offenbar weniger streng aus.

Zum Abschluss soll noch auf die Erweiterung des Verfahrens für Mehrgrößensysteme eingegangen werden. Die entsprechende Version des Popov-Kriteriums lautet hier:

Satz 2.26 *(Popov-Kriterium für Mehrgrößensysteme) Gegeben sei ein Standardregelkreis, bestehend aus einem linearen und einem nichtlinearen Teil, wobei der lineare Teil durch die lineare Übertragungsmatrix* $\mathbf{G}(s)$ *und der nichtlineare Teil durch den Vektor* $\mathbf{f}$ *definiert ist. Die Vektoren* $\mathbf{e}$, $\mathbf{u}$ *und* $\mathbf{y}$ *haben gleiche Dimension. Die einzelnen Übertragungsfunktionen* $G_{ij}(s)$ *der Übertragungsmatrix weisen nur Pole mit negativem Realteil auf. Die einzelnen Komponenten von* $\mathbf{f}$ *bestehen aus stückweise stetigen, eindeutigen Kennlinien, die jeweils nur von der entsprechenden Komponente des Eingangsvektors* $\mathbf{e}$ *abhängig sind* ($u_i = f_i(e_i)$) *und in den Sektoren* $[0, k_i]$ *verlaufen. Dann ist der Standardregelkreis global asymptotisch stabil im Punkt* $\mathbf{w} = \mathbf{u} = \mathbf{y} = \mathbf{0}$, *wenn die quadratische Übertragungsmatrix*

$$\mathbf{G}_p(s) = (\mathbf{I} + s\mathbf{Q})\mathbf{G}(s) + \mathbf{V} \tag{2.275}$$

streng positiv reell ist. Dabei ist $\mathbf{Q}$ *eine beliebige, reelle Diagonalmatrix und* $\mathbf{V}$ *eine positiv semidefinite Diagonalmatrix mit* $v_{ii} = \frac{1}{k_i} \geq 0$.

Sollten die Vektoren $\mathbf{u}$ und $\mathbf{y}$ nicht dieselbe Dimension aufweisen, so besteht die Möglichkeit, die Vektoren um zusätzliche (Pseudo-)Komponenten zu erweitern. Die Erweiterung lässt sich durch Einfügen zweier statischer, linearer Übertragungsglieder beschreiben, die sich in ihrer Wirkung gegenseitig aufheben. Die Vorgehensweise wird im Kapitel 2.8.9 dargestellt.

Die Stabilität im Mehrgrößenfall ist nach Satz 2.26 gewährleistet, wenn die Matrix $\mathbf{G}_p(s)$ streng positiv reell ist. Dies bedeutet nach Satz A.10 im Anhang unter anderem, dass ihre Elemente $[\mathbf{G}_p(s)]_{ij}$ ausschließlich Pole mit negativem Realteil aufweisen dürfen. Da die Pole der Elemente von $\mathbf{G}_p(s)$ gegenüber denen von $\mathbf{G}(s)$ nicht verändert sind und andererseits die Funktionen $G_{ij}(s)$ laut Voraussetzung nur Pole mit negativem Realteil besitzen, gilt dies auch für die Pole von $[\mathbf{G}_p(s)]_{ij}$.

Sollten die Pole der Übertragungsfunktionen $G_{ij}(s)$ auch nicht-negative Realteile aufweisen, so besteht prinzipiell die Möglichkeit, ein lineares Rückkopplungsglied in den linearen Systemteil einzufügen und den linearen Systemteil vor Beginn der eigentlichen Stabilitätsanalyse in ein stabiles System umzuformen. Diese Veränderung des Gesamtsystems muss aber durch

Einfügen eines weiteren Elementes an anderer Stelle wieder aufgehoben werden, um das System in seiner Wirkung nicht zu verändern. Dieses weitere Element wird im nichtlinearen Systemteil eingefügt. Auch diese Maßnahme wird im Kapitel 2.8.9 beschrieben.

Für die weiteren Ausführungen sei nun vorausgesetzt, dass die Vektoren $\mathbf{u}$ und $\mathbf{y}$ gleiche Dimension haben und der lineare Systemteil stabil ist, d.h. die Funktionen $G_{ij}(s)$ nur Pole mit negativem Realteil besitzen. Nun ist zu überprüfen, ob die Matrix $\mathbf{G}_p(s)$ positiv reell ist bzw. ob die mit $\mathbf{G}_p(s)$ gebildete Matrix $\mathbf{H}_p(j\omega)$ (entspricht Matrix $\mathbf{H}$ aus Satz A.10) für alle Frequenzen ausschließlich positive Eigenwerte aufweist.

Falls die Kennlinien des nichtlinearen Teiles mit den Sektorgrenzen k_i und damit auch die Elemente von $\mathbf{V}$ vorgegeben sind, so kann man $\mathbf{G}_p$ und $\mathbf{H}_p$ mit einer beliebigen Matrix $\mathbf{Q}$ bilden und hoffen, dass alle Eigenwerte von $\mathbf{H}_p(j\omega)$ für alle Frequenzen positiv sind. Ist dies nicht der Fall, so stellt sich dieselbe Frage wie im Eingrößenfall: Gibt es überhaupt eine Matrix $\mathbf{Q}$, die auf positive Eigenwerte von $\mathbf{H}_p(j\omega)$ führt? Und wie findet man diese Matrix? Sinnvoller ist offensichtlich der schon im Eingrößenfall beschrittene Lösungsweg, nämlich von vornherein die freien Parameter so zu bestimmen, dass sich möglichst große zulässige Sektoren für die nichtlinearen Kennlinien ergeben.

Zunächst ist festzustellen, dass die zulässigen Sektoren für die nichtlinearen Kennlinien durch die Elemente der Diagonalmatrix $\mathbf{V}$ vorgegeben werden. Je kleiner die v_{ii}, desto größer die zulässigen Sektoren. Die Matrix $\mathbf{V}$ wird daher zunächst zu Null gesetzt, was bedeutet, dass die obere Sektorgrenze für alle Kennlinen den Maximalwert ∞ annimmt. Dann wird nach Satz A.10 die Matrix

$$\begin{aligned} \mathbf{H}_p(j\omega) &= \frac{1}{2}(\mathbf{G}_p(j\omega) + \bar{\mathbf{G}}_p^T(j\omega)) \\ &= \frac{1}{2}((\mathbf{I} + j\omega\mathbf{Q})\mathbf{G}(j\omega) + \bar{\mathbf{G}}^T(j\omega)(\mathbf{I} - j\omega\mathbf{Q})) \end{aligned} \tag{2.276}$$

mit einer beliebigen Matrix $\mathbf{Q}$ gebildet. Auf nummerischem Wege wird nun $\mathbf{Q}$ dahingehend optimiert, dass der kleinste vorkommende Eigenwert von $\mathbf{H}_p(j\omega)$ über alle Frequenzen möglichst groß wird. Die Optimierung wird vorzeitig abgebrochen, sobald dieser Wert größer als Null ist. In dem Fall ist $\mathbf{G}_p$ mit $\mathbf{V} = \mathbf{0}$ streng positiv reell, und die zulässigen Sektoren für alle Kennlinien betragen $[0, \infty]$. Falls am Ende der Optimierung der kleinste vorkommende Eigenwert einen Wert $\mu < 0$ aufweist, so muss $\mathbf{V} = |\mu|\mathbf{I}$ gewählt werden. Mit dieser Wahl ergibt sich nämlich für $\mathbf{H}_p(j\omega)$ statt (2.276) gerade

$$\mathbf{H}_p(j\omega) = \frac{1}{2}((\mathbf{I} + j\omega\mathbf{Q})\mathbf{G}(j\omega) + \bar{\mathbf{G}}^T(j\omega)(\mathbf{I} - j\omega\mathbf{Q})) + |\mu|\mathbf{I} \tag{2.277}$$

Dadurch werden aber alle Eigenwerte der Matrix um $|\mu|$ nach rechts und somit auch der kleinste Eigenwert in den positiven Bereich verschoben. $\mathbf{H}_p(j\omega)$ ist dann für alle Frequenzen positiv definit, d.h. $\mathbf{G}_p$ mit $\mathbf{V} = |\mu|\mathbf{I}$ streng positiv reell. Die Sektorgrenzen für alle Sektoren lauten damit $[0, \frac{1}{|\mu|}]$. Selbstverständlich ist auch eine andere Wahl von $\mathbf{V}$ möglich, die für einzelne Kennlinien möglicherweise größere obere Sektorgrenzen als $\frac{1}{|\mu|}$ zulassen würde, doch kann bei verschiedenen Diagonalelementen von $\mathbf{V}$ deren Wirkung auf die Eigenwerte von $\mathbf{H}_p(j\omega)$ nicht mehr so einfach vorhergesagt werden.

Auch im Mehrgrößenfall ist die Möglichkeit einer Sektortransformation gegeben. Im Eingrößenfall geschah die Transformation dadurch, dass sowohl dem nichtlinearen als auch dem linearen Teil jeweils ein Proportionalglied mit der Verstärkung $-k_1$ bzw. $+k_1$ hinzugefügt wurde, so dass sich die Wirkung insgesamt wieder aufhob (Abb. 2.89). Dieses Proportionalglied wird im Mehrgrößenfall durch eine konstante Diagonalmatrix $\mathbf{D}$ ersetzt. Es ergibt sich für die Komponenten des neuen nichtlinearen Übertragungsverhaltens $\mathbf{f}'$:

$$f_i'(e_i) = f_i(e_i) - d_{ii}e_i \tag{2.278}$$

und für den linearen Teil (vgl. Abb. 2.89 und Gleichung (2.274))

$$\mathbf{G}' = [\mathbf{I} + \mathbf{G}\mathbf{D}]^{-1}\mathbf{G} \tag{2.279}$$

Abschließend ist zu sagen, dass das Popov-Kriterium zumindest im Eingrößenfall recht einfach anzuwenden und damit für die Praxis gut geeignet ist. Die benötigten Informationen über das System sind leicht zu beschaffen. Für den linearen Systemteil reicht der gemessene Frequenzgang (bzw. im Mehrgrößenfall die verschiedenen Frequenzgänge $G_{ij}(j\omega)$) aus, während für den nichtlinearen Teil nur der Sektor bekannt sein muss, in dem die Kennlinie verläuft. Dafür liefert das Popov-Kriterium, da es nur ein hinreichendes Kriterium ist, sehr konservative Ergebnisse, d.h. oft kann mit dem Popov-Kriterium kein Stabilitätsnachweis erbracht werden, obwohl das System stabil ist.

Im Mehrgrößenfall ist das Popov-Kriterium wohl eher selten anwendbar, und zwar wegen der sehr einschränkenden Bedingung, dass jede Komponente des Ausgangsvektors des nichtlinearen Teiles nur von der jeweiligen Komponente des Eingangsvektors abhängen darf: $u_i = f_i(e_i)$. Denn dies bedeutet letztendlich, dass z.B. ein nichtlinearer (Fuzzy-)Mehrgrößenregler nur eine Parallelschaltung von Eingrößenreglern sein darf. Mit einer solchen Reglerstruktur lassen sich aber reale Mehrgrößenstrecken, in denen sich eine Eingangsgröße auf verschiedene Ausgangsgrößen auswirken kann, im allgemeinen nicht regeln. Sinnvoller ist im Mehrgrößenfall sicherlich die Anwendung des Hyperstabilitätskriteriums, weshalb die für die Praxis wichtige Erweiterung aller Vektoren auf gleiche Dimension und die Stabilisierung des linearen Systemteiles wie erwähnt dort behandelt werden.

Nicht unerwähnt bleiben soll hier die berühmte Vermutung von Aisermann. Sie lautet: Wenn man den nichtlinearen Systemteil $u = f(e)$ durch ein Proportionalglied mit dem Verstärkungsfaktor k_1 ersetzt und das so entstandene Gesamtsystem stabil ist und dasselbe auch für einen Verstärkungsfaktor

$k_2 > k_1$ gilt, dann ist das System auch für jede beliebige nichtlineare Kennlinie im Sektor $[k_1, k_2]$ stabil. Obwohl diese Vermutung plausibel erscheint, so ist sie doch nicht allgemeingültig. Ein Gegenbeweis findet sich in [54] und Gegenbeispiele gibt es schon für Systeme zweiter Ordnung. Man kann die Stabilität eines Systems mit einer nichtlinearen Kennlinie eben nicht dadurch abschätzen, dass man die nichtlineare Kennlinie mit linearen Kennlinien vergleicht. Leider findet sich dieses Vorgehen in der Praxis aber relativ häufig, weshalb hier ausdrücklich davor gewarnt werden soll.

2.8.8 Kreiskriterium

Das nächste vorgestellte Stabilitätskriterium ist das *Kreiskriterium*. Es basiert auf genau denselben Voraussetzungen wie das Popov-Kriterium. Auch hier wird von einer Unterteilung des Systems in einen linearen und einen nichtlinearen Teil ausgegangen, wobei das Übertragungsverhalten des nichtlinearen Teiles aber nicht unbedingt durch eine statische Kennlinie darstellbar sein muss. Für den Eingrößenfall mit einer statischen Kennlinie lässt sich das Verfahren relativ einfach herleiten, indem man in der Popov-Ungleichung (2.264) den freien Parameter q zu Null setzt, einige Umformungen vornimmt und das Ergebnis graphisch interpretiert (vgl. [45, 46]). Geradliniger auf Mehrgrößensysteme erweiterbar ist aber eine Herleitung, die auf der Verwendung von Normen basiert (vgl. [18]).

Normen sind schon im Zusammenhang mit normoptimalen linearen Zustandsreglern erwähnt worden und im Anhang ausführlich behandelt. So lässt sich die Norm einer Übertragungsmatrix als eine Art maximaler Verstärkungsfaktor vom Ein- zum Ausgangssignalvektor interpretieren. Es gilt beispielsweise für die ∞-Norm einer linearen Übertragungsmatrix $\mathbf{G}$ mit $\mathbf{y} = \mathbf{G}\mathbf{u}$ gemäß Gleichung (A.22)

$$||\mathbf{G}(j\omega)||_\infty = \sup_\omega \sup_{\mathbf{u}\neq\mathbf{0}} \frac{|\mathbf{G}(j\omega)\mathbf{u}|}{|\mathbf{u}|} \tag{2.280}$$

und für die ∞-Norm einer nichtlinearen Übertragungsfunktion mit $\mathbf{f}(\mathbf{e}, \dot{\mathbf{e}}, ...) = \mathbf{u}$ laut Gleichung (A.25)

$$||\mathbf{f}||_\infty = \sup_{\mathbf{e}\neq\mathbf{0}} \frac{|\mathbf{u}|}{|\mathbf{e}|} \tag{2.281}$$

wobei $\mathbf{e}, \mathbf{u}$ und $\mathbf{y}$ die Größen des Regelkreises gemäß Abb. 2.79 darstellen. Für Eingrößensysteme wird daraus (vgl. Gleichung (A.24))

$$\begin{aligned} ||G(j\omega)||_\infty &= \sup_\omega |G(j\omega)| \\ ||f||_\infty &= \sup_{e\neq 0} \frac{|u|}{|e|} \end{aligned} \tag{2.282}$$

In einem Regelkreis, der aus einem linearen und einem nichtlinearen Teil besteht, gilt mit diesen Definitionen für die Ausgangsgröße $\mathbf{y} = \mathbf{G}(j\omega)\mathbf{f}(\mathbf{e}, \dot{\mathbf{e}}, ...)$. Wäre $\mathbf{f}$ eine lineare Übertragungsmatrix $\mathbf{F}$, so könnte man schreiben $\mathbf{y} = \mathbf{GFe}$, und $\mathbf{GF}$ wäre die Matrix der Kreisübertragungsfunktion, anhand der eine Stabilitätsanalyse erfolgen kann. Da $\mathbf{f}$ aber nur als nichtlineare Vektorfunktion von $\mathbf{e}$ definiert ist, existiert keine explizite Kreisübertragungsfunktion. Es lässt sich lediglich, entsprechend der Definition der einzelnen Normen, der maximale Übertragungsfaktor von $|\mathbf{e}|$ nach $|\mathbf{y}|$ abschätzen, und zwar durch das Produkt der einzelnen Normen $||\mathbf{G}||\ ||\mathbf{f}||$.

Weiterhin gilt das small gain theorem, das ebenfalls schon im Zusammenhang mit normoptimalen Zustandsreglern angesprochen wurde. Es besagt, dass der geschlossene Kreis aus linearem und nichtlinearem Teil sicherlich dann stabil ist, wenn der maximale Übertragungsfaktor von $|\mathbf{e}|$ nach $|\mathbf{y}|$ kleiner als Eins und außerdem der lineare Teil für sich genommen stabil ist. Die erste Bedingung ist leicht einzusehen, denn sie garantiert, dass $|\mathbf{y}| < |\mathbf{e}|$ gilt. Damit wird dann durch die Rückkopplung ein gegenüber $\mathbf{e}$ verkleinerter Vektor $\mathbf{y}$ wieder vorn in den Kreis eingespeist, beim Durchlaufen von $\mathbf{f}$ und $\mathbf{G}$ weiter verkleinert usw., so dass $\mathbf{e}$, $\mathbf{u}$ und $\mathbf{y}$ früher oder später gegen Null konvergieren. Das System ist demnach stabil.

Daneben muss der Fall berücksichtigt werden, wenn die Ausgangsgröße $\mathbf{u}$ des nichtlinearen Teiles konstant Null ist. Die Größe $\mathbf{y} = \mathbf{Gu}$ und damit auch der Übertragungsfaktor von $|\mathbf{e}|$ nach $|\mathbf{y}|$ wären für beliebige Eingangsvektoren $\mathbf{e}$ damit ebenfalls Null und die erste Bedingung des small gain theorem offenbar erfüllt. Der lineare Teil würde dann aber keine Anregung von außen mehr erhalten, weshalb zusätzlich sichergestellt sein muss, dass er auch ohne äußere Anregung aus jedem beliebigen Anfangszustand wieder zum Ruhezustand zurückkehrt. Er muss also stabil sein, was durch die zweite Bedingung des small gain theorem gewährleistet wird.

Mit dem small gain theorem und der obigen Abschätzung für den maximalen Übertragungsfaktor von $|\mathbf{e}|$ nach $|\mathbf{y}|$ ergibt sich als hinreichende Bedingung für die Stabilität des aus nichtlinearem und linearem Teil bestehenden Regelkreises zum einen die Forderung nach der Stabilität von $\mathbf{G}$ sowie die Bedingung

$$||\mathbf{G}(j\omega)||\ ||\mathbf{f}|| < 1 \tag{2.283}$$

Wählt man für die Normen jeweils die ∞-Norm, so ergibt sich für ein Mehrgrößensystem

$$||\mathbf{G}(j\omega)||_\infty\ ||\mathbf{f}||_\infty < 1 \tag{2.284}$$

und für ein Eingrößensystem mit (2.282)

$$\sup_\omega |G(j\omega)|\ \sup_{e \neq 0} \frac{|u|}{|e|} < 1 \tag{2.285}$$

Die Norm des linearen Teiles ist gerade der maximale Abstand der Ortskurve zum Ursprung, während die Norm des nichtlinearen Teiles dem betragsmäßig größtmöglichen Verstärkungsfaktor vom Eingang zum Ausgang des nichtlinearen Übertragungsgliedes entspricht.

Kann man für das nichtlineare Übertragungsverhalten eine obere und untere Sektorgrenze angeben wie beispielsweise für eine Kennlinie nach Abb. 2.87, so ist dieser Verstärkungsfaktor sicherlich kleiner als der maximale Betrag einer Sektorgrenze

$$\sup_{e \neq 0} \frac{|u|}{|e|} \leq \max \{|k_1|, |k_2|\} \tag{2.286}$$

Einsetzen in Gleichung (2.285) ergibt als neue, verschärfte Bedingung für die Stabilität des geschlossenen Kreises

$$\sup_{\omega} |G(j\omega)| \max \{|k_1|, |k_2|\} < 1 \tag{2.287}$$

bzw.

$$\sup_{\omega} |G(j\omega)| < \frac{1}{\max \{|k_1|, |k_2|\}} \tag{2.288}$$

Das System ist also stabil, wenn der Abstand der Ortskurve des stabilen, linearen Teiles vom Ursprung immer kleiner ist als der Kehrwert des maximalen Betrages einer Sektorgrenze. Demnach ist nur die Sektorgrenze ausschlaggebend, die den größeren Betrag aufweist. Dann kann man aber doch, ohne das Ergebnis der Ungleichung zu beeinflussen, die andere Sektorgrenze dahingehend verändern, dass gilt: $|k_1| = |k_2|$ und $k_1 < 0 < k_2$. Durch diese Maßnahme vergrößert sich der zulässige Sektor für das nichtlineare Übertragungsverhalten, ohne dass die Stabilitätsbedingung für den linearen Teil verschärft wird.

Die gleiche Überlegung lässt sich anstellen, wenn das nichtlineare Übertragungsverhalten bereits vorgegeben ist und durch einen Sektor $[k_1, k_2]$ mit $|k_1| \neq |k_2|$ begrenzt wird. Durch eine Sektortransformation von $[k_1, k_2]$ auf $[-k_d, k_d]$ mit $k_d = \frac{1}{2}|k_2 - k_1|$ (Abb. 2.90) ändert sich die rechte Seite der Ungleichung (2.288) zu $\frac{1}{k_d}$. Wegen $k_d < \max \{|k_1|, |k_2|\}$ ist sie größer geworden und die Bedingung für den linearen Teil damit nicht mehr so streng. Diese Bedingung soll im Folgenden hergeleitet werden.

Wie beim Popov-Kriterium erfolgt die Sektor-Transformation durch Einfügen zusätzlicher Proportionalglieder (vgl. Abb. 2.89), wobei hier der Sektor aber nicht um die untere Sektorgrenze k_1, sondern um den Mittelwert $k_m = \frac{1}{2}(k_1 + k_2)$ verdreht wird. Mit $k_d = \frac{1}{2}|k_2 - k_1|$ wird das nichtlineare Übertragungsverhalten dann durch den symmetrischen Sektor $[-k_d, k_d]$ begrenzt, und der lineare Systemteil verändert sich (vgl. (2.274)) zu

$$G_t(s) = \frac{G(s)}{1 + k_m G(s)} \tag{2.289}$$

Aus Gleichung (2.288) wird dann die Bedingung

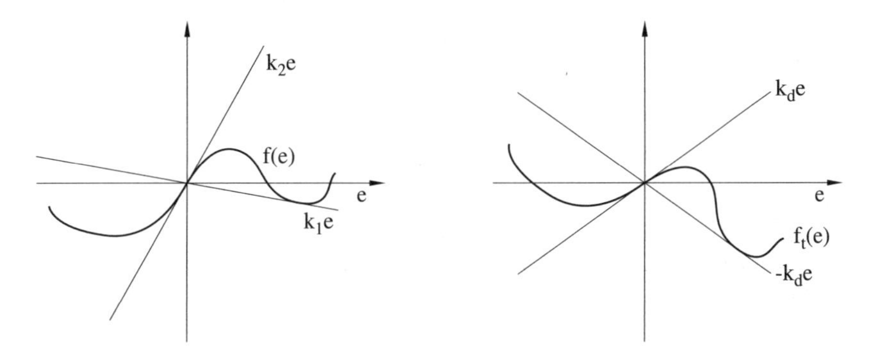

Abb. 2.90. Sektortransformation für das Kreiskriterium

$$|G_t(j\omega)| < \frac{1}{k_d} \tag{2.290}$$

für alle ω. Zu beachten ist, dass der lineare Teil für das small gain theorem nun nicht mehr $G(s)$, sondern $G_t(s)$ ist und G_t daher eine stabile Übertragungsfunktion sein muss, während für G zunächst keine Vorgaben mehr bestehen. Weiterhin ist eine Berechnung von k_d und k_m nur für $k_2 < \infty$ möglich, weshalb der Fall $k_2 = \infty$ auszuschließen ist. Einsetzen für G_t und umstellen liefert dann

$$k_d|G(j\omega)| < |1 + k_m G(j\omega)| \tag{2.291}$$

Diese Ungleichung wird nun quadriert, wobei die Betragsquadrate durch Produkte der komplexen Größen mit ihren konjugiert komplexen Werten dargestellt werden:

$$0 < (k_m^2 - k_d^2)G(j\omega)\bar{G}(j\omega) + k_m(G(j\omega) + \bar{G}(j\omega)) + 1 \tag{2.292}$$

Mit $k_m^2 - k_d^2 = k_1 k_2$ ergibt sich

$$0 < k_1 k_2 G(j\omega)\bar{G}(j\omega) + k_m(G(j\omega) + \bar{G}(j\omega)) + 1 \tag{2.293}$$

Nun sind in Abhängigkeit der Vorzeichen von k_1 und k_2 verschiedene Fälle zu unterscheiden. Im ersten Fall sei $k_1 k_2 > 0$, d.h. beide Sektorgrenzen haben das gleiche Vorzeichen. Dann lässt sich die Ungleichung mit den Abkürzungen $r = \frac{1}{2}|\frac{1}{k_1} - \frac{1}{k_2}|$ und $m = -\frac{1}{2}(\frac{1}{k_1} + \frac{1}{k_2})$ umformen zu

$$|G(j\omega) - m| > r \tag{2.294}$$

Die Ortskurve muss also außerhalb eines Kreises mit dem Radius r und dem Mittelpunkt m verlaufen (Abb. 2.91 oben links). Für $k_1 < 0 < k_2$ erhält man mit denselben Abkürzungen

$$|G(j\omega) - m| < r \tag{2.295}$$

Die Ortskurve muss hier innerhalb des Kreises verlaufen (Abb. 2.91 oben rechts). Für $k_1 = 0, k_2 > 0$ entfällt der erste Term in (2.293), und es ergibt sich

$$\mathrm{Re}(G(j\omega)) > -\frac{1}{k_2} \tag{2.296}$$

Die Ortskurve muss also rechts von der durch $-\frac{1}{k_2}$ definierten Geraden verlaufen (Abb. 2.91 unten links). In analoger Weise ergibt sich für $k_1 < 0, k_2 = 0$ eine Gerade durch $-\frac{1}{k_1}$, von der aus gesehen die Ortskurve links verlaufen muss (Abb. 2.91 unten rechts).

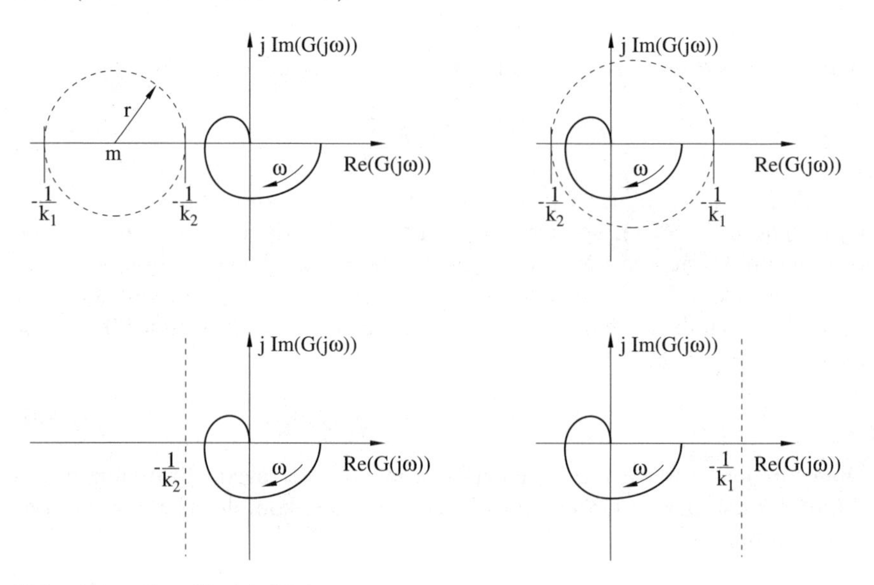

Abb. 2.91. Zum Kreiskriterium

In den letzten drei Fällen tritt aber noch ein weiteres Problem hinzu. Denn prinzipiell enthält wegen $0 \in [k_1, k_2]$ jeder von ihnen auch die Möglichkeit einer Kennlinie $f(e) = 0$. Wie schon für das Popov-Kriterium und das small gain theorem diskutiert, würde damit der lineare Systemteil sich selbst überlassen bleiben. Stabilität des Gesamtsystems kann daher nur dann erreicht werden, wenn der lineare Systemteil für sich genommen stabil ist. Zur Forderung, dass G_t stabil ist und nur Pole mit negativem Realteil aufweist, tritt daher in diesen Fällen die Forderung, dass dies auch für G selbst gilt.

Für jede Konstellation von Sektorgrenzen k_1, k_2 lässt sich also ein verbotenes Gebiet $V(k_1, k_2)$ angeben, in dem die Ortskurve des linearen Teiles nicht verlaufen darf, damit der geschlossene Kreis stabil ist. Wenn man eine Gerade als einen Kreis mit unendlichem Radius ansieht, so ist dieses verbotene Gebiet immer kreisförmig. Daraus resultiert der Name des Kreiskriteriums:

Satz 2.27 *(Kreiskriterium) Gegeben sei ein geschlossener Kreis, bestehend aus einem linearen und einem nichtlinearen Teil. Das nichtlineare Übertra-*

gungsverhalten sei durch einen Sektor $[k_1, k_2]$ *mit* $k_2 < \infty$ *beschränkt. Falls* k_1 *und* k_2 *verschiedene Vorzeichen haben oder eine der beiden Sektorgrenzen gleich Null ist, muss die Übertragungsfunktion des linearen Teiles* $G(s)$ *stabil sein. Die Funktion* $G_t(s) = \frac{G(s)}{1+k_m G(s)}$ *mit* $k_m = \frac{1}{2}(k_1 + k_2)$ *muss immer stabil sein und darüber hinaus auch die Ordnung ihres Nennerpolynoms größer als die Ordnung des Zählerpolynoms. Wenn dann die Ortskurve* $G(j\omega)$ *für alle* $\omega > 0$ *außerhalb des durch* k_1 *und* k_2 *gegebenen, verbotenen Gebietes* $V(k_1, k_2)$ *verläuft, so besitzt der geschlossene Kreis eine global asymptotisch stabile Ruhelage für* $u = y = 0$.

Interessant ist es, kurz den Zusammenhang zwischen dem Kreiskriterium und dem Popov-Kriterium sowie der Methode der harmonischen Balance aufzuzeigen. Wie bereits erwähnt, lässt sich das Kreiskriterium für statische Nichtlinearitäten auch aus dem Popov-Kriterium herleiten, indem man in der Popov-Ungleichung (2.264) den freien Parameter q zu Null setzt, einige Umformungen vornimmt und das Ergebnis graphisch interpretiert (vgl. [45, 46]). Dieser Verzicht auf einen frei wählbaren Parameter bedeutet aber eine Verschärfung einer hinreichenden Stabilitätsbedingung, so dass das Kreiskriterium offenbar eine noch konservativere Aussage als das Popov-Kriterium darstellt. Es kann daher durchaus vorkommen, dass man die Stabilität eines Systems mit dem Kreiskriterium nicht nachweisen kann, wohl aber mit dem Popov-Kriterium. Instabilität kann man mit beiden Kriterien nicht nachweisen, da beide nur hinreichend, aber nicht notwendig sind.

Ähnliches gilt auch für den Zusammenhang zwischen dem Kreiskriterium und der Methode der harmonischen Balance. Hier lässt sich nachweisen, dass die für eine gegebene Kennlinie berechnete Kurve der Beschreibungsfunktion $-\frac{1}{N(A)}$ vollständig in dem mit dem Kreiskriterium ermittelten, verbotenen Gebiet $V(k_1, k_2)$ liegt [18]. Wird daher mit dem Kreiskriterium Stabilität nachgewiesen, d.h. verläuft die Ortskurve des linearen Teiles außerhalb des verbotenen Gebietes, so würde man auch mit der Methode der Beschreibungsfunktion Stabilität nachweisen, da die lineare Ortskurve und die Kurve der Beschreibungsfunktion offensichtlich keinen Schnittpunkt aufweisen können. In der anderen Richtung gilt diese Folgerung aber nicht. Denn wenn die Ortskurve die Kurve der Beschreibungsfunktion nicht schneidet bzw. die durch diese Kurve abgedeckte Fläche nicht berührt, so bedeutet dies noch lange nicht, dass sie auch außerhalb des wesentlich größeren, verbotenen Gebietes des Kreiskriteriums bleibt.

Das Kreiskriterium ist also das konservativste der drei Kriterien, dafür aber, da es im Gegensatz zu den beiden anderen Kriterien auch für dynamische Nichtlinearitäten gilt, das Kriterium mit dem größten Anwendungsbereich, wenn man von einigen Spezialfällen absieht, die im Popov-Kriterium noch enthalten sind. Darüber hinaus ist es offensichtlich von allen drei Kriterien am einfachsten anzuwenden. Die Sektorgrenzen eines nichtlinearen Übertragungsgliedes sind einfach zu bestimmen, und die Ortskurve des linearen Systemteiles kann man durch eine Messung erhalten. Es bietet sich daher im

Anwendungsfall an, den Stabilitätsnachweis zunächst mit dem Kreiskriterium zu versuchen und nur im Falle eines Misserfolges die anderen Kriterien heranzuziehen.

Eine Übertragung des mit Hilfe des small gain theorem hergeleiteten Kreiskriteriums auf Mehrgrößensysteme ist nun kein Problem mehr, obwohl sich hier bei weitem kein so gut handhabbares Verfahren zur Überprüfung der Stabilität ergibt wie im Eingrößenfall. Ausgangspunkt ist die Ungleichung (2.284)

$$||\mathbf{G}(j\omega)||_\infty \, ||\mathbf{f}||_\infty < 1 \tag{2.297}$$

Die Norm des nichtlinearen Systemteiles wird entsprechend Gleichung (2.281) bestimmt:

$$||\mathbf{f}||_\infty = \sup_{\mathbf{e} \neq \mathbf{0}} \frac{|\mathbf{u}|}{|\mathbf{e}|} \tag{2.298}$$

Eine relativ einfache und trotzdem genaue Abschätzung lässt sich durchführen, wenn für jede Komponente des Vektors $\mathbf{u}$ gilt: $u_i = f_i(e_i)$. Jede dieser nichtlinearen Funktionen verlaufe in einem Sektor $[k_{i1}, k_{i2}]$. Dann fügt man entsprechend Abb. 2.92 zunächst eine Diagonalmatrix $\mathbf{M}$ parallel zur Nichtlinearität ein, um die Sektoren in den einzelnen Komponenten jeweils für sich zu symmetrieren. Für die Elemente von $\mathbf{M}$ muss damit gelten

$$m_{ii} = -\frac{1}{2}(k_{i1} + k_{i2}) \tag{2.299}$$

Anschließend wird noch eine Diagonalmatrix $\mathbf{H}$ eingefügt, mit deren Komponenten die neu entstandenen Kennlinien und damit auch die symmetrischen Sektorgrenzen multipliziert werden. Wählt man

$$h_{ii} = \frac{2}{|k_{i2} - k_{i1}|} \tag{2.300}$$

so verläuft jede Kennlinie der neu entstandenen Nichtlinearität $\mathbf{f}'$ im Sektor $[-1, 1]$. Das Verhältnis $\frac{|u_i'|}{|e_i|}$ ist damit für jedes i maximal gleich Eins, weshalb sich die Norm der Nichtlinearität nach (2.298) durch $||\mathbf{f}'||_\infty \leq 1$ abschätzen lässt.

Die Erweiterung der Nichtlinearität um $\mathbf{M}$ und $\mathbf{H}$ darf natürlich nicht erfolgen, ohne außerhalb von $\mathbf{f}'$, also im linearen Teil des Regelkreises, entsprechende Matrizen einzufügen, die die Wirkung von $\mathbf{M}$ und $\mathbf{H}$ gerade kompensieren. Denn sonst würde die Stabilitätsanalyse mit einem veränderten Regelkreis erfolgen, und die resultierenden Stabilitätsaussagen wären für das Originalsystem unbrauchbar. Abb. 2.92 zeigt, wie dies geschieht. $\mathbf{H}$ wird durch die inverse Matrix $\mathbf{H}^{-1}$ kompensiert, und $\mathbf{M}$ durch eine andere Matrix $\mathbf{M}$, die mit entgegengesetztem Vorzeichen parallel geschaltet wird. Insgesamt sind damit die beiden Regelkreise in Abb. 2.92 äquivalent.

Für den unteren, erweiterten Regelkreis ergibt sich für das lineare Übertragungsverhalten von $\mathbf{u}'$ nach $\mathbf{e}$

$$\mathbf{G}' = (\mathbf{I} - \mathbf{GM})^{-1}\mathbf{GH}^{-1} \tag{2.301}$$

und für die Stabilitätsforderung (2.297)

$$||\mathbf{G}'(j\omega)||_\infty \, ||\mathbf{f}'||_\infty < 1 \tag{2.302}$$

Mit $||\mathbf{f}'||_\infty < 1$ wird daraus die Forderung

$$||(\mathbf{I} - \mathbf{GM})^{-1}\mathbf{GH}^{-1}||_\infty < 1 \tag{2.303}$$

Diese Ungleichung ist sicherlich erfüllt, wenn

$$||(\mathbf{I} - \mathbf{GM})^{-1}||_\infty \, ||\mathbf{GH}^{-1}||_\infty < 1 \tag{2.304}$$

gilt. Aus (A.20) folgt sofort

$$||(\mathbf{I} - \mathbf{GM})^{-1}||_\infty = \frac{1}{||\mathbf{I} - \mathbf{GM}||_\infty} \tag{2.305}$$

und damit

$$||\mathbf{GH}^{-1}||_\infty < ||\mathbf{I} - \mathbf{GM}||_\infty \tag{2.306}$$

Da die Berechnung der ∞-Norm mittlerweile in jedem regelungstechnischen Software-Tool enthalten ist, lässt sich diese Bedingung quasi auf Knopfdruck überprüfen. Falls eine algebraische Lösung angestrebt wird, kann man die ∞-Norm auch durch andere, leichter zu berechnende Normen abschätzen (vgl. [18]). Eine solche Abschätzung kann allerdings sehr grob sein. Abschließend muss dann noch wie im Eingrößenfall die Stabilität von $\mathbf{G}$ und $\mathbf{G}'$ nachgewiesen werden, was aber ein rein lineares Problem und somit nicht besonders schwierig ist.

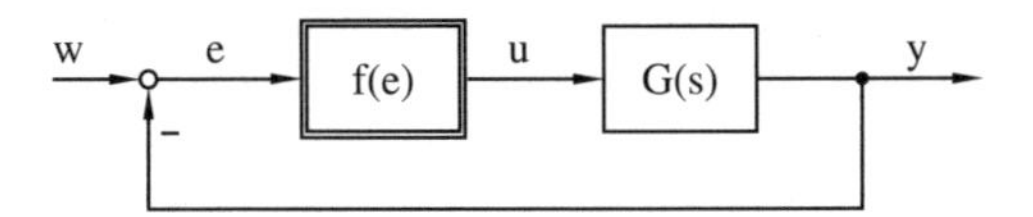

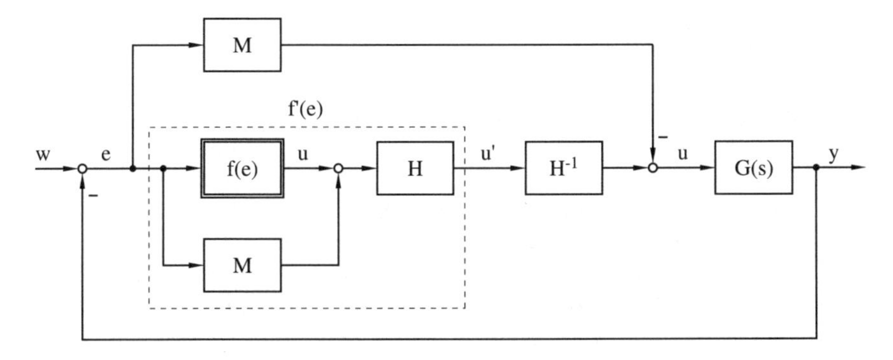

Abb. 2.92. Sektortransformation im Mehrgrößenfall

2.8.9 Hyperstabilität

Um das nächste Stabilitätskriterium vorstellen zu können, muss zunächst ein neuer, strengerer Stabilitätsbegriff als der von Ljapunov eingeführt werden, und zwar die *Hyperstabilität* [154, 155]:

Definition 2.28 *Gegeben sei ein lineares, steuer- und beobachtbares System mit dem Zustandsvektor* $\mathbf{x}$*, dessen Eingangsvektor* $\mathbf{u}(t)$ *und Ausgangsvektor* $\mathbf{y}(t)$ *dieselbe Dimension haben.* $\mathbf{x}(0)$ *ist der Anfangszustand. Damit ist* $\mathbf{y}(t)$ *von* $\mathbf{x}(0)$ *und* $\mathbf{u}(t)$ *abhängig. Das System heißt hyperstabil, wenn für jeden Anfangszustand, jeden Eingangsvektor und jedes* $\beta_0 > 0$ *aus der Integralungleichung*

$$\int_0^T \mathbf{u}^T \mathbf{y} dt \leq \beta_0^2 \tag{2.307}$$

für alle $T > 0$ *die Ungleichung* $|\mathbf{x}(t)| \leq \beta_0 + \beta_1 |\mathbf{x}(0)|$ *für alle* $0 < t < T$ *mit einer beliebigen positiven Konstanten* β_1 *folgt. Konvergiert darüber hinaus der Zustandsvektor gegen Null,* $\lim\limits_{t \to \infty} \mathbf{x}(t) = 0$*, so heißt das System asymptotisch hyperstabil.*

Die Idee dieser Definition lautet: Wenn das Produkt aus Ein- und Ausgangsgrößen eines hyperstabilen Systems in einem gewissen Sinne beschränkt ist, so bleiben auch die Zustandsgrößen beschränkt. Die Voraussetzung gleicher Dimension für die Ein- und Ausgangsgröße ist notwendig, weil das Produkt $\mathbf{u}^T \mathbf{y}$ sonst nicht gebildet werden kann.

Interessant ist ein Vergleich dieser Definition mit den bisher verwendeten Stabilitätsdefinitionen. Die ersten beiden Stabilitätsdefinitionen 2.4 (endliche Sprungantwort) und 2.5 (BIBO-Stabilität) bezogen sich auf die Reaktion des Systemausgangs auf eine Eingangsgröße, während die Definition nach Ljapunov 2.21 das interne Verhalten des Systems (Zustandsgrößen) ohne äußere Anregung als Reaktion auf einen Anfangszustand betrachtete. Dagegen werden bei der Hyperstabilität sowohl der Anfangszustand als auch eine äußere Anregung in Betracht gezogen.

Offensichtlich ist ein (asymptotisch) hyperstabiles System auch (asymptotisch) stabil nach Ljapunov. Denn die Ungleichung (2.307) ist sicherlich erfüllt für einen Eingangsvektor $\mathbf{u}(t) = \mathbf{0}$, d.h. für ein System ohne äußere Anregung. In einem hyperstabilen System ist dann auch der Zustandsvektor beschränkt durch $|\mathbf{x}(t)| \leq \beta_0 + \beta_1 |\mathbf{x}(0)|$. Damit ist das System aber auch stabil nach Ljapunov. Und die Verschärfung hinsichtlich asymptotischer Stabilität ist sowieso in beiden Definitionen gleich. Ein lineares System, das stabil nach Ljapunov ist, ist aber auch stabil nach den Definitionen 2.4 und 2.5, wie bereits früher gezeigt wurde. Von allen vorgestellten Stabilitätsdefinitionen ist daher die Hyperstabilität die strengste. Dies kann man auch daran erkennen, dass beispielsweise die Rückkopplung zweier hyperstabiler Systeme $\mathbf{H}_1$ und $\mathbf{H}_2$ gemäß Abb. 2.93 wieder ein hyperstabiles System mit der Eingangsgröße

$\mathbf{w}$ und der Ausgangsgröße $\mathbf{y}$ ergibt, wie sich beweisen lässt. Die Rückkopplung zweier Ljapunov-stabiler Systeme muss dagegen nicht zwangsläufig wieder auf ein Ljapunov-stabiles System führen.

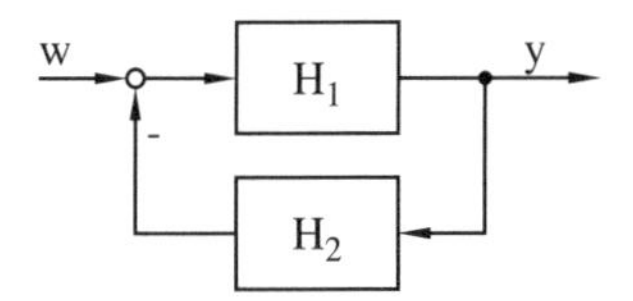

Abb. 2.93. Rückkopplung zweier hyperstabiler Systeme

Anhand der Integralungleichung sieht man, dass die Hyperstabilität in gewissem Sinne eine Erweiterung der im Popov-Kriterium erwähnten absoluten Stabilität ist. Absolute Stabilität nach Satz 2.25, beispielsweise im Sektor $[0, \infty)$, setzt voraus, dass die Kennlinie $f(e)$ in genau diesem Sektor verläuft. Diese Bedingung lässt sich aber auch ausdrücken durch die Forderung $f(e)e \geq 0$. Mit $f(e) = u$ und $e = -y$ wird daraus $uy \leq 0$. Der Zusammenhang mit der Integralungleichung ist deutlich zu erkennen.

Der Begriff der Hyperstabilität lässt sich auch energetisch deuten. So lassen sich u und y beispielsweise als Strom und Spannung am Eingang einer elektrischen Schaltung interpretieren und die Zustandsgröße x als interner Energiespeicher, zum Beispiel die Spannung an einem Kondensator. Das Produkt aus u und y entspricht dann der zugeführten elektrischen Leistung, und das Integral über diesem Produkt der zugeführten elektrischen Energie. Wenn diese gemäß der Integralungleichung beschränkt ist, so muss, sofern die Schaltung hyperstabil ist, auch die intern gespeicherte Energie und damit x beschränkt sein. Für passive elektrische Schaltungen trifft dieser Sachverhalt immer zu, sie sind demnach hyperstabil. Enthält eine Schaltung aber aktive Bauteile wie z.B. Verstärker, so ist die Hyperstabilität nicht unbedingt gegeben.

Anzumerken ist noch, dass die hier angegebene Definition eine stark vereinfachte und enger gefasste Version der allgemeinen Definition (vgl. [144, 155] ist, die sich auf nichtlineare, zeitvariante Systeme bezieht, wobei dort zudem noch die Beträge durch verallgemeinerte Funktionen ersetzt sind. Für solch allgemeine Systeme ergeben sich dann aber keine praktisch anwendbaren Stabilitätskriterien mehr.

Stattdessen soll hier, ausgehend von der eng gefassten Definition für lineare Systeme, ein Stabilitätskriterium für den Standardregelkreis nach Abb. 2.79 entwickelt werden. Die betrachtete Ruhelage sei $\mathbf{w} = \mathbf{y} = \mathbf{0}$, andernfalls ist das System geeignet umzudefinieren. Erfüllt nun der nichtlineare Teil die Ungleichung

$$\int_0^T \mathbf{u}^T \mathbf{e} \, dt \geq -\beta_0^2 \tag{2.308}$$

für alle $T > 0$, dann erfüllen wegen $\mathbf{e} = -\mathbf{y}$ offensichtlich die Ein- und Ausgangsgrößen $\mathbf{u}$ und $\mathbf{y}$ des linearen Systemteiles auch die Voraussetzung (2.307) aus Definition 2.28. Wenn dann noch gezeigt werden kann, dass der lineare Systemteil hyperstabil ist, so ist garantiert, dass seine Zustandsgrößen beschränkt bleiben, und zwar unabhängig vom internen Verhalten des nichtlinearen Systemteiles. Im Falle asymptotischer Hyperstabilität konvergieren die Zustandsgrößen sogar gegen Null. Wenn man darüber hinaus fordert, dass der nichtlineare Systemteil keine internen Zustandsgrößen enthält, so kann es keine Zustandsgrößen im Gesamtsystem geben, die nicht gegen Null konvergieren. Das bedeutet aber doch, dass das Gesamtsystem in der Ruhelage $\mathbf{x} = \mathbf{0}$ asymptotisch stabil im Ljapunovschen Sinne ist. Damit gilt

Satz 2.29 *Der nichtlineare Standardregelkreis hat für den Sollwert* $\mathbf{w} = \mathbf{0}$ *die (asymptotisch) stabile Ruhelage* $\mathbf{x} = \mathbf{0}$, *wenn das lineare Teilsystem (asymptotisch) hyperstabil ist und das statische, nichtlineare Teilsystem für alle* $T > 0$ *die Integralungleichung*

$$\int_0^T \mathbf{u}^T \mathbf{e}\, dt \geq -\beta_0^2 \tag{2.309}$$

erfüllt.

Was ist aber zu tun, wenn der nichtlineare Teil nicht statisch ist, sondern ebenfalls interne Zustandsgrößen enthält? Wie schon gesagt, haben interne Vorgänge im nichtlinearen Teil keinen Einfluss auf die Beschränktheit der Zustandsgrößen des linearen Teiles, sofern nur die Ungleichung (2.309) eingehalten wird. Damit ein Standardregelkreis mit einem dynamischen nichtlinearen Teil asymptotisch stabil ist, muss daher lediglich neben den Bedingungen aus Satz 2.29 sichergestellt sein, dass die Zustandsgrößen des nichtlinearen Teiles gegen Null konvergieren. Dafür gibt es aber kein einfach anzuwendendes, allgemeingültiges Kriterium, oft jedoch ermöglicht eine vergleichsweise einfache dynamische Struktur des nichtlinearen Teiles eine Abschätzung des Zustandsgrößenverlaufes gewissermaßen von Hand. Und falls die Zustandsgrößen des nichtlinearen Teiles unter technischen Gesichtspunkten sowieso nicht von Interesse sind, kann man auf diese Betrachtung auch völlig verzichten. Man darf dann allerdings nicht mehr von der asymptotischen Stabilität des gesamten Systems sprechen, sondern nur noch davon, dass die Zustandsgrößen des linearen Teiles für den gegebenen Sollwert gegen Null konvergieren.

Es stellt sich nun die Frage, wie im Anwendungsfall vorzugehen ist. Oft wird schon die Forderung nach gleicher Dimension der Vektoren $\mathbf{u}$ und $\mathbf{y}$ das erste Problem darstellen, weil dies in vielen Fällen nicht von vornherein gegeben ist. Meist weist der nichtlineare Teil (z.B. ein Fuzzy-Regler) mehr Ein- als Ausgangsgrößen auf. Um hier gleiche Dimension zu gewährleisten, müssen für den nichtlinearen Systemteil zusätzliche Ausgangsgrößen mit dem konstanten Wert Null definiert werden. Entsprechend ist die Anzahl der Eingangsgrößen des linearen Systemteiles zu erhöhen und dessen Übertragungsmatrix zu verändern.

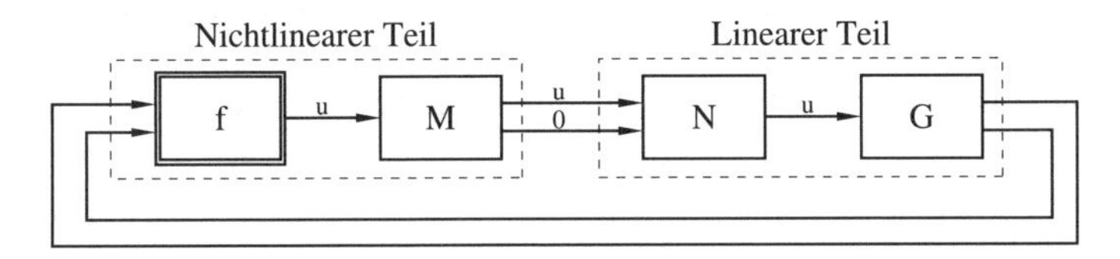

Abb. 2.94. Einfügen zusätzlicher Matrizen zur Herstellung gleicher Dimension von Ein- und Ausgangsvektoren

Die Definition zusätzlicher Ausgangsgrößen entspricht dem Einfügen zweier Matrizen $\mathbf{M}$ und $\mathbf{N}$ in den geschlossenen Kreis (Abb. 2.94). Um dabei das System nicht zu verändern, muss die Bedingung $\mathbf{NM} = \mathbf{I}$ erfüllt sein. In Abb. 2.94 gilt für die Matrizen $\mathbf{N}$ und $\mathbf{M}$

$$\mathbf{N} = \begin{pmatrix} 1 & 0 \end{pmatrix} \qquad \mathbf{M} = \begin{pmatrix} 1 \\ 0 \end{pmatrix} \tag{2.310}$$

Dadurch wird aus der Ausgangsgröße u des nichtlinearen Systemteiles der Ausgangsvektor $\mathbf{u} = [u, 0]^T$ und aus der Übertragungsmatrix

$$\mathbf{G}(s) = \begin{pmatrix} G_1(s) \\ G_2(s) \end{pmatrix} \tag{2.311}$$

die quadratische Übertragungsmatrix

$$\mathbf{G}(s)\mathbf{N} = \begin{pmatrix} G_1(s) & 0 \\ G_2(s) & 0 \end{pmatrix} \tag{2.312}$$

Damit weisen beide Systemteile die gleiche Anzahl an Ein- und Ausgangsgrößen auf. Im Folgenden wird auf eine explizite Darstellung der Matrizen $\mathbf{M}$ und $\mathbf{N}$ verzichtet, d.h. sowohl $\mathbf{f}$ als auch $\mathbf{G}$ gelten als entsprechend erweiterte Systemteile.

Nun soll zunächst das lineare Teilsystem auf Hyperstabilität überprüft werden. Dazu wird der folgende Satz benötigt, der hier aber nicht bewiesen werden soll:

Satz 2.30 *Ein lineares, zeitinvariantes, steuer- und beobachtbares System ist genau dann asymptotisch hyperstabil, wenn es streng positiv reell ist (vgl. Kap. A.6).*

Wie im Anschluss an Satz A.10 schon erwähnt, ist damit für die Hyperstabilität des linearen Systemteiles zunächst einmal Voraussetzung, dass dieser stabil ist. Sollte dies nicht der Fall sein, so kann man versuchen, durch eine Transformation ein stabiles System zu erzeugen. Zu diesem Zweck wird für den linearen Teil eine Rückkopplungsmatrix $\mathbf{K}$ eingefügt, wie es in Abb. 2.95 dargestellt ist. Die Matrix $\mathbf{D}$ sei zunächst Null. Dann ergibt sich durch die Rückkopplung ein neues, lineares System $\mathbf{G}' = (\mathbf{I} + \mathbf{GK})^{-1}\mathbf{G}$, dessen Eigenwerte unter gewissen Voraussetzungen bei geeigneter Wahl von $\mathbf{K}$ alle einen negativen Realteil aufweisen.

In der Zustandsdarstellung wird die Wirkung von $\mathbf{K}$ noch etwas deutlicher:

$$\begin{aligned}
\dot{\mathbf{x}} &= \mathbf{Ax} + \mathbf{B}(\mathbf{u} - \mathbf{Ky}) \\
&= (\mathbf{A} - \mathbf{BKC})\mathbf{x} + \mathbf{Bu} \qquad \text{mit} \quad \mathbf{y} = \mathbf{Cx} \qquad \text{und} \quad \mathbf{D} = \mathbf{0} \\
\mathbf{A}' &= \mathbf{A} - \mathbf{BKC}
\end{aligned} \tag{2.313}$$

Verändert wird also die Systemmatrix, und die Stabilisierung kann nur bei einer bestimmten Struktur von $\mathbf{A}, \mathbf{B}$ und $\mathbf{C}$ gelingen.

Vorausgesetzt wurde bei dieser Darstellung, dass im ursprünglichen System kein direkter Durchgriff von der Stell- zur Ausgangsgröße besteht ($\mathbf{D} = \mathbf{0}$). Grundsätzlich kann das Verfahren aber auch bei direktem Durchgriff angewendet werden. Die Gleichungen werden dann lediglich etwas aufwändiger.

Die durch das Hinzufügen von $\mathbf{K}$ erfolgte Veränderung des Gesamtsystems muss aber an anderer Stelle wieder rückgängig gemacht werden, da sonst die Stabilitätsanalyse anhand eines veränderten Regelkreises erfolgen würde. Man kann sich leicht klarmachen, dass durch das Hinzufügen von $\mathbf{K}$ die ursprüngliche Eingangsgröße $\mathbf{u}$ des linearen Teiles um den additiven Term $-\mathbf{Ky}$ verändert wird. Eine zusätzlich über den nichtlinearen Systemteil $\mathbf{f}$ parallel geschaltete Matrix $\mathbf{K}$ hebt diese Wirkung wegen $-\mathbf{Ke} = +\mathbf{Ky}$ aber gerade wieder auf, so dass das abgebildete, erweiterte System (mit $\mathbf{D} = \mathbf{0}$) gerade dem ursprünglichen Originalsystem entspricht. Für die Stabilitätsanalyse wird demnach der lineare Teil $\mathbf{G}$ durch $\mathbf{G}'$ und der nichtlineare Teil $\mathbf{f}$ durch $\mathbf{f}'$ ersetzt. Diese Systemtransformation ist der Sektortransformation beim Popov- und Kreiskriterium vergleichbar. Man passt einen gegebenen Standardregelkreis durch Transformation an die Voraussetzungen des anzuwendenden Stabilitätskriteriums an. Kann dann für das transformierte System Stabilität nachgewiesen werden, so gilt dies auch für das Originalsystem.

Es liege nun ein stabiles, lineares System $\mathbf{G}'(s)$ vor. Nun ist nach Satz A.10 zu prüfen, ob die Matrix

$$\mathbf{H}'(j\omega) = \frac{1}{2}(\mathbf{G}'(j\omega) + \bar{\mathbf{G}}'^T(j\omega)) \tag{2.314}$$

für alle Frequenzen ω ausschließlich positive Eigenwerte aufweist. Dies kann nummerisch durchgeführt werden. Die erforderlichen Schritte sind denen ähnlich, die auch schon beim Popov-Kriterium für Mehrgrößensysteme durchgeführt wurden. Wegen der Frequenzabhängigkeit von $\mathbf{H}'$ ergibt sich für jeden Eigenwert eine frequenzabhängige Kurve. Sollte diese Kurve für jeden

Eigenwert im Positiven verlaufen, so ist das lineare System $\mathbf{G}'$ streng positiv reell.

Andernfalls ist wiederum eine Systemtransformation notwendig (Abb. 2.95). Ziel dieser Transformation ist, den linearen Systemteil durch Parallelschaltung einer Diagonalmatrix streng positiv reell zu machen, wobei diese Diagonalmatrix aber möglichst kleine Elemente haben soll. Denn je kleiner die Elemente, desto größer sind die zulässigen Sektoren für das Übertragungsverhalten des nichtlinearen Systemteiles, wie später noch gezeigt wird.

Zu ermitteln ist zunächst der kleinste auftretende Wert $d < 0$ aller Eigenwerte von $\mathbf{H}'$ über ω. Die Addition einer Matrix $\mathbf{D} = |d|\mathbf{I}$ zu $\mathbf{G}'$ führt dann auf das System $\mathbf{G}'' = \mathbf{G}' + \mathbf{D}$ mit der zugeordneten Matrix

$$\begin{aligned}\mathbf{H}''(j\omega) &= \frac{1}{2}(\mathbf{G}''(j\omega) + \bar{\mathbf{G}}''^T(j\omega)) = \frac{1}{2}(\mathbf{G}'(j\omega) + \mathbf{D} + \bar{\mathbf{G}}'^T(j\omega) + \mathbf{D}) \\ &= \mathbf{H}'(j\omega) + |d|\mathbf{I} \end{aligned} \tag{2.315}$$

Offensichtlich sind die Eigenwerte von $\mathbf{H}''$ gegenüber denen von $\mathbf{H}'$ um $|d|$ nach rechts verschoben und deshalb alle positiv. Da $\mathbf{G}''$ zudem dieselben, stabilen Pole aufweist wie $\mathbf{G}'$, ist das erweiterte System $\mathbf{G}''$ damit streng positiv reell.

Möglich ist auch, die Erweiterung mit einer beliebigen, positiv semidefiniten Diagonalmatrix $\mathbf{D}$ durchzuführen, deren Elemente nicht alle gleich sind. Doch in dem Fall kann kein direkter Zusammenhang zwischen diesen Elementen und der Verschiebung der Eigenwerte von $\mathbf{H}'$ angegeben werden. Dies kann wiederum die Bestimmung der Matrix $\mathbf{D}$ sehr schwierig und zeitaufwändig machen. Um größere zulässige Sektoren für einzelne nichtlineare Kennlinien zu erhalten, kann eine unterschiedliche Wahl der Diagonalelemente jedoch manchmal notwendig sein.

Die Diagonalmatrix $\mathbf{D}$, durch deren Einfügen der lineare Systemteil streng positiv reell wird, lässt sich auch anhand der Zustandsdarstellung des Systems und Satz A.11 berechnen. Dazu wird zunächst eine Matrix $\mathbf{L}$ mit $grad(\mathbf{L}) = n$ beliebig festgelegt. Mit $\mathbf{L}$ und gegebener Systemmatrix $\mathbf{A}'$ lässt sich dann aus der Ljapunov-Gleichung (A.41) eine Matrix $\mathbf{P}$ berechnen.

Da es sich bei $\mathbf{A}'$ um die Systemmatrix des stabilen Systems $\mathbf{G}'$ handelt, sind sämtliche Eigenwerte von $\mathbf{A}'$ negativ. Aus $grad(\mathbf{L}) = n$ folgt, wie bereits im Anhang skizziert, dass $\mathbf{L}\mathbf{L}^T$ eine symmetrische, positiv definite Matrix ist. Damit folgt aus Satz A.6, dass $\mathbf{P}$ positiv definit ist und die Voraussetzung aus Satz A.11 erfüllt.

Wegen der Regularität ist $\mathbf{L}$ invertierbar, und $\mathbf{V}$ ergibt sich aus Gleichung (A.42) zu

$$\mathbf{V} = \mathbf{L}^{-1}(\mathbf{C}'^T - \mathbf{P}\mathbf{B}') \tag{2.316}$$

Da schließlich $\mathbf{D}$ eine Diagonalmatrix sein soll, kann ihre Symmetrie vorausgesetzt werden: $\mathbf{D} = \mathbf{D}^T$. Damit lässt sich aber Gleichung (A.43) zur Bestimmung von $\mathbf{D}$ umformen:

$$\mathbf{D} = \frac{1}{2}\mathbf{V}^T\mathbf{V} \tag{2.317}$$

Gemäß Abb. 2.95 wird diese Matrix zum stabilen linearen Systemteil $\mathbf{G}'(s)$ parallel geschaltet. Das entstehende System $\mathbf{G}''(s)$ erfüllt wegen der Anwendung der Gleichungen (A.41) - (A.43) zur Berechnung von $\mathbf{D}$ sicherlich die Voraussetzungen aus Satz A.11 und ist damit streng positiv reell.

Im Gegensatz zum vorherigen Ansatz ist bei diesem Verfahren aber nicht gewährleistet, dass die Diagonalelemente von $\mathbf{D}$ so klein wie möglich sind. Im Hinblick auf die weitere Verwendung von $\mathbf{D}$ ist der vorherige Ansatz daher vorzuziehen.

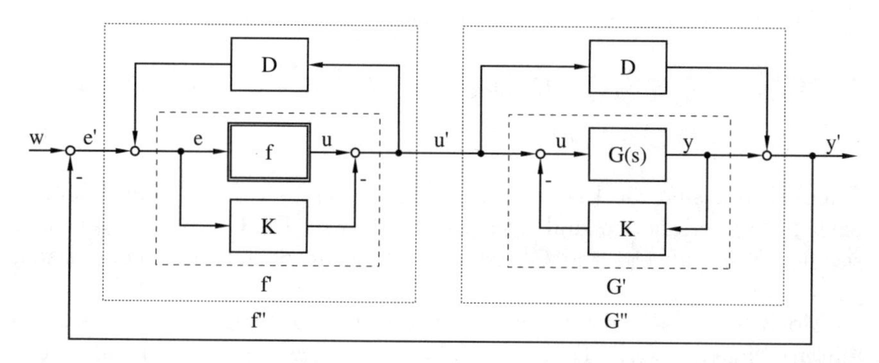

Abb. 2.95. Erweiterung des linearen Systemteiles zur Gewährleistung der Hyperstabilität

Die durch das Hinzufügen von $\mathbf{D}$ erfolgte Veränderung des Gesamtsystems muss nun an anderer Stelle wieder kompensiert werden. Jetzt ist es so, dass durch das Hinzufügen von $\mathbf{D}$ die ursprüngliche Eingangsgröße des nichtlinearen Teiles $\mathbf{e}$ um den additiven Term $-\mathbf{Du}'$ verändert wird. Diese Wirkung kann durch eine Rückkopplung mit $\mathbf{D}$ über den nichtlinearen Teil $\mathbf{f}'$ aufgehoben werden. Damit entspricht das abgebildete, erweiterte System gerade wieder dem ursprünglichen Originalsystem. Insgesamt wird also für die Stabilitätsanalyse der lineare Teil $\mathbf{G}$ durch $\mathbf{G}''$ und der nichtlineare Teil $\mathbf{f}$ durch $\mathbf{f}''$ ersetzt. Falls für das transformierte System Stabilität nachgewiesen werden kann, so gilt dies auch für das Originalsystem.

Bevor der letzte und entscheidende Schritt der Stabilitätsanalyse vorgestellt wird, sollen zunächst noch einmal alle bisherigen Transformationen aufgelistet werden:

- Hinzufügen zweier Matrizen $\mathbf{N}$ und $\mathbf{M}$, um gleiche Dimension der Vektoren $\mathbf{u}$ und $\mathbf{e}$ bzw. $\mathbf{y}$ zu erreichen.
- Hinzufügen einer Rückführmatrix $\mathbf{K}$ zur Stabilisierung des linearen Teiles.
- Hinzufügen einer parallelgeschalteten Diagonalmatrix $\mathbf{D}$, um den linearen Teil positiv reell zu machen.

Nach den Transformationen ist der lineare Teil $\mathbf{G}''$ des transformierten Systems sicher asymptotisch hyperstabil. Somit muss zum Nachweis der Stabilität des geschlossenen Kreises jetzt noch gezeigt werden, dass der erweiterte nichtlineare Systemteil $\mathbf{f}''$ die Ungleichung

$$\int_0^T \mathbf{u}'^T \mathbf{e}' dt \geq -\beta_0^2 \tag{2.318}$$

bzw.

$$\int_0^T [\mathbf{f}(\mathbf{e}) - \mathbf{K}\mathbf{e}]^T [\mathbf{e} - \mathbf{D}(\mathbf{f}(\mathbf{e}) - \mathbf{K}\mathbf{e})] dt \geq -\beta_0^2 \tag{2.319}$$

erfüllt. Hinreichend dafür ist auf jeden Fall, wenn jeweils die i-te Komponente beider Vektoren im Integranden dasselbe Vorzeichen aufweist. Dies führt auf die Sektorbedingung

$$\begin{aligned} 0 \leq \frac{f_i(\mathbf{e}) - \mathbf{k}_i^T \mathbf{e}}{e_i} \leq \frac{1}{d_{ii}} \qquad & \text{falls } e_i \neq 0 \\ f_i(\mathbf{e}) - \mathbf{k}_i^T \mathbf{e} = 0 \qquad & \text{falls } e_i = 0 \end{aligned} \tag{2.320}$$

für alle i mit $d_{ii} > 0$ und $\mathbf{K} = [\mathbf{k}_1, \mathbf{k}_2, ...]^T$. $\mathbf{k}_i$ ist also der i-te Zeilenvektor von $\mathbf{K}$. Für $d_{ii} = 0$ ergibt sich als obere Sektorgrenze ∞. Man sieht, dass der zulässige Sektor umso größer ist, je kleiner d_{ii} gewählt wurde, und wie wichtig es daher ist, $\mathbf{D}$ so zu wählen, dass ihre Elemente möglichst klein sind.

Falls das lineare System von vornherein stabil ist, entfällt die Transformation mit der Matrix $\mathbf{K}$, und die Sektorbedingungen lauten

$$\begin{aligned} 0 \leq \frac{f_i(\mathbf{e})}{e_i} \leq \frac{1}{d_{ii}} \qquad & \text{falls } e_i \neq 0 \\ f_i(\mathbf{e}) = 0 \qquad & \text{falls } e_i = 0 \end{aligned} \tag{2.321}$$

Diese Bedingungen, zusammen mit der Forderung, dass der lineare Teil streng positiv reell ist, entsprechen aber im Prinzip den Forderungen des Popov-Kriteriums für Mehrgrößensysteme. Dies ist nicht verwunderlich, denn Gleichung (2.275) aus dem Popov-Kriterium kann für $\mathbf{Q} = \mathbf{0}$ doch auch dahingehend interpretiert werden, dass ein stabiles, lineares System $\mathbf{G}$ so durch eine Diagonalmatrix $\mathbf{V}$ zu erweitern ist, dass es positiv reell wird. Genau dies wurde aber in diesem Kapitel auch durchgeführt.

Daher sollen kurz die Unterschiede zwischen beiden Kriterien festgestellt werden: Das Popov-Kriterium beinhaltet im Gegensatz zum gerade hergeleiteten Hyperstabilitätskriterium noch eine beliebig wählbare Matrix $\mathbf{Q}$, die so bestimmt werden kann, dass sich letztendlich möglichst große Sektoren für die nichtlinearen Kennlinien ergeben. Insofern stellt das Popov-Kriterium eine Erweiterung des Hyperstabilitätskriteriums dar. Andererseits gilt das Popov-Kriterium aber nur für den Spezialfall zeitinvarianter, statischer Kennlinien, die zudem jeweils nur von einer einzigen Komponente des Eingangsvektors

($u_i = f_i(e_i)$) abhängig sein dürfen. Dagegen muss der nichtlineare Teil beim Hyperstabilitätskriterium nur die Integralungleichung erfüllen. Interne Dynamik und beliebige Abhängigkeiten von den Eingangsgrößen sind zugelassen.

In der Praxis werden die Bedingungen (2.320) bzw. (2.321) nur in sehr einfachen Fällen analytisch überprüft werden können. Im Normalfall geht dies nur auf nummerischem Wege. Man wird dann eine ausreichend große und repräsentative Menge aus der Menge aller Fehlervektoren $\mathbf{e}$ festlegen und für jeden einzelnen Vektor die Bedingungen überprüfen müssen. Noch besser ist aber, statt der konservativen Abschätzung (2.320) bzw. (2.321) direkt den Integranden aus (2.319) auszuwerten. Wenn dieser Integrand für jeden Vektor $\mathbf{e}$ aus der repräsentativen Menge von Fehlervektoren positiv ist, dann ist auch Bedingung (2.319) sicher erfüllt.

Ein ganz einfaches Beispiel soll nun die Anwendung des Hyperstabilitätskriteriums verdeutlichen: Gegeben sei ein Eingrößensystem, dessen nichtlinearer Teil aus einer Multiplikation von $e(t)$ mit einer zeitabhängigen Verstärkung $k(t)$ besteht (Abb. 2.96 oben). Die Übertragungsfunktion $G(s)$ des linearen Teiles sei streng positv reell und damit asymptotisch hyperstabil. Um die asymptotische Stabilität des Regelkreises in der Ruhelage $w = u = y = 0$ nachzuweisen, muss daher nur noch die Integralungleichung (2.309) betrachtet werden. Mit $u = ke$ ergibt sich

$$\int_0^T u(t)e(t)dt = \int_0^T k(t)e^2(t)dt \geq -\beta_0^2 \tag{2.322}$$

Die Ungleichung ist sicher dann erfüllt, wenn der Integrand positiv ist, d.h. wenn $k(t) \geq 0$ gilt.

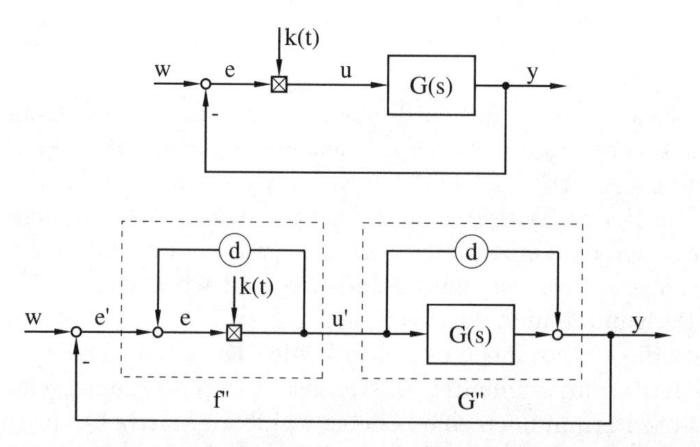

Abb. 2.96. Beispiel zur Anwendung des Hyperstabilitätskriteriums

Nun sei die Voraussetzung dahingehend abgeändert, dass die lineare Übertragungsfunktion zwar asymptotisch stabil, aber nicht hyperstabil ist. Sie besitzt demnach ausschließlich Pole mit negativem Realteil, ist aber nicht streng positiv reell. Laut Satz A.10 bedeutet dies, dass der Realteil des Frequenzganges $G(j\omega)$ nicht nur positive Werte aufweist, d.h. ein Teil der Ortskurve verläuft in der linken Hälfte der komplexen Ebene. Abb. 2.97 und der untere Teil der Abb. 2.96 verdeutlichen, wie in diesem Fall vorzugehen ist. Die Ortskurve ist so weit nach rechts zu verschieben, dass sie vollständig rechts von der imaginären Achse verläuft. Dies kann durch das Einfügen eines Proportionalgliedes parallel zum linearen Systemteil erreicht werden. Gleichzeitig muss diese Veränderung des Gesamtsystems durch eine Rückkopplung über den nichtlinearen Teil wieder kompensiert werden. Man erhält schließlich einen transformierten Regelkreis mit dem linearen Teil $G''(s)$ und dem nichtlinearen Teil f''. $G''(s)$ ist streng positiv reell und damit asymptotisch hyperstabil. Es ist demnach noch die Integralungleichung für den nichtlinearen Teil zu betrachten. Mit

$$u'(t) = \frac{k(t)}{1 - dk(t)} e'(t) \tag{2.323}$$

ergibt sich

$$\int_0^T u'(t)e'(t)dt = \int_0^T \frac{k(t)}{1 - dk(t)} e'^2(t)dt \geq -\beta_0^2 \tag{2.324}$$

Die Ungleichung ist sicher erfüllt für $\frac{k(t)}{1-dk(t)} \geq 0$ bzw. für $0 \leq k(t) < \frac{1}{d}$. Die Bedingung für $k(t)$ ist gegenüber dem ersten Fall eingeschränkt, da $G(s)$ nicht streng positiv reell ist.

Abb. 2.97. Verschiebung der Ortskurve zur Erzielung von Hyperstabilität

Abschließend soll noch eine Variante des Hyperstabilitätskriteriums (vgl. [140]) vorgestellt werden, die auf Satz A.11 im Anhang basiert. Außerdem werden die möglicherweise notwendigen Erweiterungen des linearen Systemteils dazu genutzt, um zusätzliche Freiheitsgrade für die Stabilitätsanalyse zu erhalten und sie damit weniger konservativ zu machen.

Im Gegensatz zur obigen Darstellung der Erweiterungen wird bei diesem Verfahren zunächst die Stabilisierungsmatrix $\mathbf{K}$ eingefügt, anschließend die Erweiterung $\mathbf{N}$ für gleiche Anzahl von Ein- und Ausgangsgrößen der beiden Systemteile ($\mathbf{M}$ ergibt sich direkt aus $\mathbf{NM} = \mathbf{I}$) und schließlich die Diagonalmatrix $\mathbf{D}$, um den linearen Systemteil positiv reell zu machen. $\mathbf{D}$ wird entsprechend der zweiten oben aufgeführten Variante berechnet, d.h. $\mathbf{D}$ ergibt sich hier mit den Gleichungen (A.41), (2.316) und (2.317) aus einer frei wählbaren, regulären Matrix $\mathbf{L}$. $\mathbf{K}$, $\mathbf{N}$ und $\mathbf{L}$ lassen sich demnach als Parameter betrachten, die für die Stabilitätsanalyse frei unter Einhaltung von Nebenbedingungen gewählt werden können.

Bei Berücksichtigung von $\mathbf{N}$ und $\mathbf{M}$ und unter Beachtung der geänderten Reihenfolge der Systemerweiterungen ergibt sich statt Gleichung (2.319) jetzt

$$\int_0^T (\mathbf{M}(\mathbf{f}(\mathbf{e}) - \mathbf{K}\mathbf{e}))^T(\mathbf{e} - \mathbf{D}\mathbf{M}(\mathbf{f}(\mathbf{e}) - \mathbf{K}\mathbf{e}))dt \geq -\beta_0^2 \tag{2.325}$$

als Stabilitätsbedingung. Diese Ungleichung ist leicht nachzuvollziehen, wenn man in Abb. 2.95 die Blöcke $\mathbf{M}$ und $\mathbf{N}$ einfügt, die bei dieser Variante explizit berücksichtigt werden. $\mathbf{M}$ wird direkt nach der Subtraktionsstelle von $\mathbf{u}$ und $\mathbf{Ke}$ eingefügt, und $\mathbf{N}$ direkt vor der Subtraktionsstelle von $\mathbf{u}'$ und $\mathbf{Ky}$. Diese Position ergibt sich aus der Reihenfolge der Erweiterungen.

Ein hinreichendes Kriterium für die Erfüllung der Bedingung ist, wenn der Integrand für beliebige Werte von $\mathbf{e}$ positiv ist:

$$(\mathbf{M}(\mathbf{f}(\mathbf{e}) - \mathbf{K}\mathbf{e}))^T(\mathbf{e} - \mathbf{D}\mathbf{M}(\mathbf{f}(\mathbf{e}) - \mathbf{K}\mathbf{e})) \geq 0 \tag{2.326}$$

Iterativ wird nun ein Optimierungsverfahren durchlaufen: Die Matrizen $\mathbf{N}$, $\mathbf{K}$ und $\mathbf{L}$ werden in einem ersten Schritt beliebig festgelegt, natürlich unter Beachtung der Randbedingungen, dass $\mathbf{L}$ regulär ist, eine Matrix $\mathbf{M}$ mit $\mathbf{NM} = \mathbf{I}$ existiert und $\mathbf{K}$ das lineare System stabilisiert. Aus $\mathbf{L}$ ergibt sich mit (A.41), (2.316) und (2.317) die Matrix $\mathbf{D}$. Dann wird für eine geeignete Menge an Werten $\mathbf{e}$ die Ungleichung (2.326) überprüft. Falls sie für alle Werte erfüllt ist, gilt das System als stabil. Falls nicht, werden im Rahmen des Optimierungsverfahrens andere Matrizen $\mathbf{N}$, $\mathbf{K}$ und $\mathbf{L}$ gewählt und die gesamte Berechnung erneut durchgeführt. Im Laufe des Verfahrens werden $\mathbf{N}$, $\mathbf{K}$ und $\mathbf{L}$ so optimiert, dass die linke Seite von Gleichung (2.326) für alle Werte von $\mathbf{e}$ möglichst groß wird. Das Verfahren wird abgebrochen, sobald sie keine negativen Werte mehr annimmt.

Problematisch ist allerdings, dass kein Gradientenfeld für die Abhängigkeit der linken Seite der Ungleichung (2.326) von den Koeffizienten der drei zu optimierenden Matrizen existiert. Daher kann die Suche nach den optimalen Koeffizienten nicht systematisch, sondern nur mit Hilfe eines evolutionären Algorithmus erfolgen. Trotzdem ist eine solche Optimierung als sinnvoll zu werten, da das Resultat der Stabilitätsanalyse mit optimierten Matrizen sicherlich weniger konservativ ausfallen wird als mit nicht optimierten Matrizen, auch wenn die Optimierung nicht auf das absolute Optimum führt.

2.8.10 Sliding Mode-Regler

Nachdem nun verschiedene Stabilitätskriterien für nichtlineare Systeme vorgestellt wurden, soll jetzt auf ein Regler-Entwurfsverfahren für Eingrößensysteme eingegangen werden. Dieses eignet sich aber, wie später noch gezeigt wird, ebenfalls zur Stabilitätsanalyse von Fuzzy-Reglern. Es handelt sich um den *Sliding Mode-Regler* [148]. Voraussetzung ist ein Streckenmodell mit der Zustandsgleichung

$$x^{(n)}(t) = f(\mathbf{x}(t)) + u(t) + d(t) \tag{2.327}$$

mit dem Zustandsvektor $\mathbf{x} = (x, \dot{x}, ..., x^{(n-1)})^T$, der Stellgröße $u(t)$ und einer unbekannten Störgröße $d(t)$. Ein solches Modell entspricht im linearen Eingrößenfall der Regelungsnormalform (Abb. 2.50).

Der Sollwert x_d muss nicht unbedingt konstant sein, so dass stattdessen ein Sollvektor $\mathbf{x}_d = (x_d, \dot{x}_d, ..., x_d^{(n-1)})^T$ eingeführt wird. Damit ist auch der Regelfehler $e = x_d - x$ durch den Fehlervektor $\mathbf{e} = \mathbf{x}_d - \mathbf{x} = (e, \dot{e}, ..., e^{(n-1)})^T$ zu ersetzen. Ziel der Regelung ist $\mathbf{e} = \mathbf{0}$, d.h. der Regelfehler und seine sämtlichen Ableitungen sollen verschwinden.

Nun soll dieses Regelziel aber nicht direkt verfolgt, sondern zunächst durch ein anderes Regelziel ersetzt werden, das durch die Differentialgleichung

$$\begin{aligned} 0 = q(\mathbf{e}) &= (\frac{\partial}{\partial t} + \lambda)^{n-1} e \qquad (2.328)\\ &= e^{(n-1)} + \binom{n-1}{1} \lambda e^{(n-2)} + \binom{n-1}{2} \lambda^2 e^{(n-3)} + ... + \lambda^{n-1} e \\ &= e^{(n-1)} + g_\lambda(\mathbf{e}) \qquad (2.329) \end{aligned}$$

mit $\lambda > 0$ beschrieben wird. Genügt der Fehlervektor dieser Differentialgleichung, so wird er, ausgehend von jedem beliebigen Anfangszustand, immer gegen Null gehen. Verfolgt man also das Regelziel $q = 0$, so wird sich das ursprüngliche Regelziel von ganz allein einstellen.

Dies kann man sich auch anschaulich klarmachen. Gleichung (2.328) entspricht doch der Differentialgleichung von $n - 1$ hintereinandergeschalteten PT_1-Gliedern (Abb. 2.98). Wenn die Eingangsgröße q Null wird, so gilt dies in der Folge auch für e und seine $n - 1$ Ableitungen.

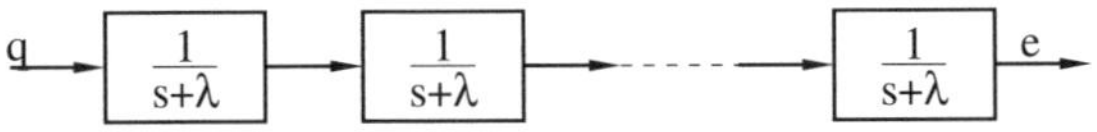

Abb. 2.98. Anschauliche Deutung von q

Das neue Regelziel $q(\mathbf{e}) = 0$ soll nun wiederum durch eine andere Bedingung ersetzt werden. Und zwar ist doch die Funktion $q^2(\mathbf{e})$ sicher überall positiv außer im Regelziel $q(\mathbf{e}) = 0$. Wenn man daher gewährleisten kann, dass für die Ableitung dieser Funktion immer die Bedingung

$$\frac{\partial}{\partial t}(q^2(\mathbf{e})) < -2\eta |q(\mathbf{e})| \tag{2.330}$$

mit $\eta \geq 0$ gilt, so wird $q^2(\mathbf{e})$ von jedem beliebigen Anfangswert gegen $q^2(\mathbf{e}) = 0$ gehen, womit dann auch $q(\mathbf{e}) = 0$ gilt. q^2 lässt sich damit als

Ljapunov-Funktion deuten. Die Einhaltung der Ungleichung (2.330) führt also dazu, dass irgendwann auch Gleichung (2.328) erfüllt ist. Und daraus resultiert wiederum, wie schon gesagt, früher oder später die Erfüllung des ursprünglichen Regelzieles $\mathbf{e} = \mathbf{0}$.

Es stellt sich die Frage, welchen Vorteil das zweimalige Ersetzen des Regelzieles gebracht hat. Gleichung (2.330) lässt sich zunächst etwas einfacher formulieren. Die Berechnung der Ableitung liefert nämlich

$$q\dot{q} < -\eta|q| \tag{2.331}$$

und damit

$$\dot{q}\ \mathrm{sgn}(q) < -\eta \tag{2.332}$$

Mit dieser Formulierung des Regelzieles lässt sich eine Antwort auf die eben gestellte Frage geben. Hatte die ursprüngliche Regelaufgabe, das anfangs gegebene System auf einen gegebenen Sollvektor zu regeln, wegen der $n-1$ Ableitungen von $\mathbf{e}$ noch die Ordnung n, so hat die durch das neue Regelziel (2.332) gegebene Aufgabe offenbar nur noch die Ordnung Eins. Denn die betrachtete, zu regelnde Größe kommt in dieser Gleichung nur in der ersten Ableitung vor.

Interessant ist auch eine geometrische Interpretation der verschiedenen Regelziele. Die Bedingung $q(\mathbf{e}) = 0$ definiert im durch $\mathbf{e}$ aufgespannten, n-dimensionalen Raum eine Hyperfläche. Das System wird bei Einhaltung der Ungleichung (2.330) bzw. (2.332) gezwungen, sich dieser Hyperfläche zu nähern, und kann sie nach ihrem Erreichen nicht mehr verlassen. Auf der Hyperfläche gleitet das System dann von allein in den Punkt $\mathbf{e} = \mathbf{0}$ hinein. $q(\mathbf{e}) = 0$ wird daher auch als *sliding surface* bezeichnet. Abb. 2.99 verdeutlicht dies für den Fall $n = 2$. Die Hyperfläche besteht hier wegen $0 = q(\mathbf{e}) = \dot{e} + \lambda e$ aus einer Geraden durch den Ursprung der $e - \dot{e}$–Ebene. Die anderen eingezeichneten Geraden sowie die Variable Φ werden später erläutert.

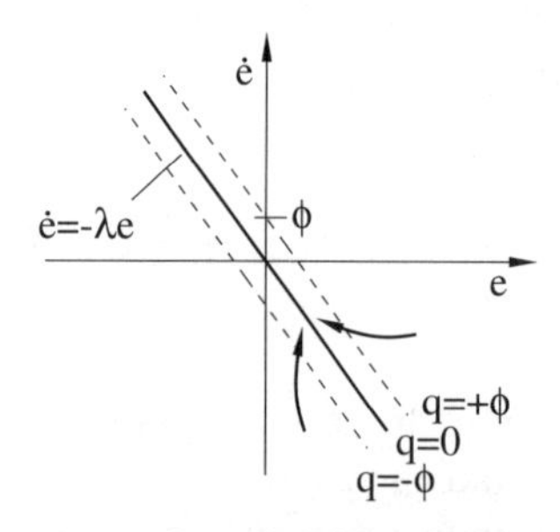

Abb. 2.99. Zur Sliding Mode-Regelung

Die Frage ist nun, wie die Stellgröße beschaffen sein muss, damit Ungleichung (2.332) immer erfüllt ist. Nach (2.329) ergibt sich zunächst

$$\begin{aligned} q &= e^{(n-1)} + g_\lambda(\mathbf{e}) \\ \dot{q} &= e^{(n)} + g_\lambda(\dot{\mathbf{e}}) = x_d^{(n)} - x^{(n)} + g_\lambda(\dot{\mathbf{e}}) \end{aligned} \tag{2.333}$$

und mit (2.327)

$$\dot{q} = g_\lambda(\dot{\mathbf{e}}) - f(\mathbf{x}) - u - d + x_d^{(n)} \tag{2.334}$$

Daraus folgt für die Ungleichung (2.332)

$$(g_\lambda(\dot{\mathbf{e}}) - f(\mathbf{x}) - u - d + x_d^{(n)})\,\mathrm{sgn}(q) < -\eta \tag{2.335}$$

Die Funktion f lässt sich zerlegen in

$$f = f_0 + \Delta f \tag{2.336}$$

Dabei kennzeichnet f_0 das nominale Streckenmodell, d.h. den Anteil des Streckenmodells, von dem man weiß, dass er richtig ist, während Δf die Modellunsicherheit darstellt. Wählt man dann für die Stellgröße

$$u = -f_0(\mathbf{x}) + g_\lambda(\dot{\mathbf{e}}) + x_d^{(n)} + U\mathrm{sgn}(q) \tag{2.337}$$

mit einem konstanten, später zu bestimmenden Wert U, so wird aus Ungleichung (2.335)

$$(-\Delta f(\mathbf{x}) - d)\,\mathrm{sgn}(q) - U < -\eta \tag{2.338}$$

Die Modellunsicherheit Δf und die Störgröße d sollen durch obere Grenzen abschätzbar sein:

$$|\Delta f| < F \qquad |d| < D \tag{2.339}$$

Dann ist die Ungleichung (2.338) und damit auch (2.330) sicher erfüllt, wenn

$$U = F + D + \eta \tag{2.340}$$

gilt, und aus (2.337) folgt für die Stellgröße

$$u = -f_0(\mathbf{x}) + g_\lambda(\dot{\mathbf{e}}) + x_d^{(n)} + (F + D + \eta)\mathrm{sgn}(q) \tag{2.341}$$

Damit ist der Sliding Mode-Regler definiert. Die ersten drei Summanden kann man als inverses Streckenmodell auffassen, während der letzte Summand im wesentlichen durch die Modellunsicherheiten und Störungen hervorgerufen wird. Weiterhin lässt sich ablesen, dass für eine solche Regelung zunächst die Strecke in der Form (2.327) darstellbar und das zugehörige Streckenmodell f_0 auch bekannt sein muss. Dabei ist eine Modellunsicherheit Δf zugelassen, deren maximaler Wert aber durch F abzuschätzen ist. Falls f_0 unbekannt ist, muss man $f_0 = 0$ setzen und F entsprechend groß wählen. Ebenfalls abschätzbar sein muss die maximale Amplitude der Störgröße durch den Wert D. Darüber hinaus muss der Zustandsvektor $\mathbf{x}$ gemessen werden können. Mit dem sowieso bekannten Verlauf des Sollwertvektors $\mathbf{x}_d$ lassen sich daraus dann aber sofort $x_d^{(n)}$, der noch benötigte Fehlervektor $\mathbf{e} = \mathbf{x}_d - \mathbf{x}$ und damit auch $g_\lambda(\dot{\mathbf{e}})$ sowie $q(\mathbf{e})$ bestimmen.

Die Bestimmung des Fehlervektors birgt allerdings ein Problem. Gemessen wird am Ausgang der Strecke zunächst nur $e = x_d - x$, benötigt werden aber n Ableitungen für den Fehlervektor $\dot{\mathbf{e}}$. Durch einfache diskrete Ableitungen sind diese Größen jedoch nicht zu gewinnen, da sich das unvermeidliche Messrauschen auf e so stark auf die höheren Ableitungen auswirken würde, dass diese für Rechnungen nicht mehr zu gebrauchen wären. $\dot{\mathbf{e}}$ kann daher nur mit Hilfe eines nichtlinearen Beobachters bestimmt werden, der aber wiederum ein relativ präzises Streckenmodell f_0 erfordert.

Festzulegen sind schließlich noch die Parameter λ und η. Durch η wird nach Ungleichung (2.330) die Annäherungsgeschwindigkeit des Systems an die Hyperfläche vorgegeben. Je größer η gewählt wird, desto schneller nähert sich das System der Hyperfläche. Dies erfordert aber auch, wie Gleichung (2.341) zeigt, eine umso größere Stellgröße, so dass bei der Festlegung von η technische Gesichtspunkte zu berücksichtigen sind.

Währenddessen wird durch λ entsprechend Gleichung (2.329) die Hyperfläche definiert. Befindet sich das System auf der Hyperfläche, so wird durch diese das dynamische Verhalten des Systems vorgegeben. Und zwar geht der Fehler umso schneller gegen Null, je größer λ gewählt wird. Wie schon für η sind offenbar auch bei der Wahl von λ die technischen Gegebenheiten des Systems zu berücksichtigen. Ist λ jedoch erst einmal festgelegt, so bestimmt allein dieser Parameter das Systemverhalten auf der Hyperfläche, und zwar unabhängig von den Streckenparametern, Störungen oder Änderungen der Streckenparameter. Dies kennzeichnet aber doch gerade eine robuste Regelung, denn bei einer robusten Regelung ist das beabsichtigte Regelverhalten auch dann gewährleistet, wenn sich die Streckenparameter verändern. Und das Maß für die Robustheit, d.h. die zulässigen Abweichungen der realen von der nominalen Strecke, ist durch F gegeben.

Grundsätzlich kann $q(\mathbf{e})$ anstelle von (2.328) auch durch ein allgemeines Polynom

$$q(\mathbf{e}) = \sum_{i=0}^{n-2} c_i e^{(i)} + e^{(n-1)} \tag{2.342}$$

definiert werden, dessen Koeffizienten c_i so zu bestimmen sind, dass alle Nullstellen des Polynoms

$$c(s) = s^{n-1} + c_{n-2}s^{n-2} + ... + c_1 s + c_0 \tag{2.343}$$

einen negativen Realteil aufweisen. Dies bedeutet Stabilität des entsprechenden linearen Übertragungsgliedes. Und damit ist sichergestellt, dass mit $q(\mathbf{e}) = 0$ auch e gegen Null konvergiert. Im Gegensatz zu vorher einem freien Parameter λ hat man nun $n-1$ freie Parameter, mit denen man die Hyperfläche besser an die Erfordernisse des Systems anpassen kann. Im konkreten Fall ist diese Anpassung allerdings nicht trivial.

Unangenehm an einem Sliding Mode-Regler nach Gleichung (2.341) ist der unstetige Stellgrößenverlauf bei jedem Vorzeichenwechsel von q. Und zwar fällt der Sprung umso größer aus, je größer die Modellungenauigkeit F und die Abschätzung für die Störung D sind. η dagegen kann zur Verkleinerung der Sprunghöhe auch zu Null gesetzt werden, da sich dadurch nur die Regelgeschwindigkeit verändert. Für ein exaktes Modell und eine ungestörte Strecke ließe sich daher ein stetiger Stellgrößenverlauf erzielen. Da dies aber in der Praxis nie gegeben ist, muss man mit anderen Mitteln versuchen, die Unstetigkeit zu vermeiden. Hier bietet es sich an, die Signumfunktion durch die Funktion

$$h(q) = \begin{cases} \frac{1}{\Phi} q & : |q| < \Phi \\ \mathrm{sgn}(q) & : |q| \geq \Phi \end{cases} \tag{2.344}$$

zu ersetzen (Abb. 2.100). Andererseits war die Signumfunktion im Regelgesetz (2.341) aber zur Einhaltung der Ungleichung (2.330) erforderlich. Ersetzt man sie daher durch $h(q)$, so wird für $|q| < \Phi$ die Ungleichung möglicherweise nicht mehr eingehalten. Als Folge davon kann das mit der Sliding Mode-Regelung eigentlich beabsichtigte Systemverhalten für solche Werte von q nicht mehr garantiert werden. Durch die Regelung wird nur noch gewährleistet, dass das System in die durch $|q| < \Phi$ gegebene Zone um die Hyperfläche $q = 0$ eintritt und auch dort verbleibt (Abb. 2.99). Es nähert sich dem Zielpunkt, wird ihn jedoch in Anwesenheit von Modellunsicherheiten und Störungen nicht exakt erreichen. Andererseits wird die Zone aber auch nicht mehr verlassen. Insofern kann sie als Toleranzbereich der Regelung angesehen werden. Je größer Φ, d.h. je weicher der Verlauf der Stellgröße, desto größer ist auch der zu akzeptierende Toleranzbereich.

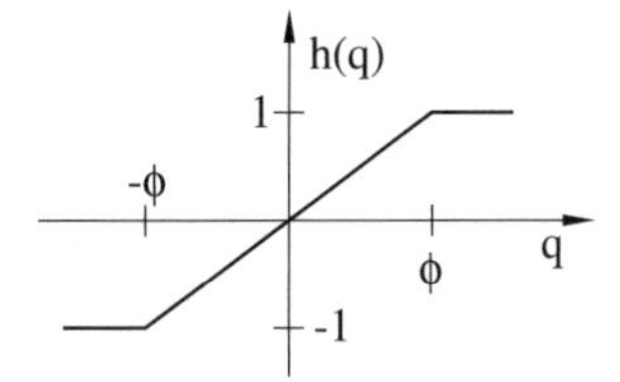

Abb. 2.100. Ersatzfunktion für die Signumfunktion

2.8.11 Nichtlinearer Beobachter

Zum Abschluss dieses Kapitels soll auf ein Problem ganz anderer Art eingegangen werden. Wie sich noch zeigen wird, ist ein Fuzzy-Regler oftmals nichts anderes als ein nichtlinearer Zustandsregler. Damit tritt aber dasselbe Problem auf wie schon bei den linearen Zustandsreglern. Es muss nämlich der Verlauf der Zustandsgrößen der Strecke bekannt sein. Sofern diese nicht direkt messbar sind, ist daher der Einsatz eines Beobachters erforderlich.

Die Grundidee des nichtlinearen Beobachters ist dieselbe wie die des linearen Beobachters. Das nichtlineare Modell der Strecke wird mit den gleichen Stellgrößen $\mathbf{u}$ beaufschlagt wie die Strecke selber, und die Differenz $\mathbf{e}$ zwischen Modell- und Streckenausgang wird als Korrekturterm, multipliziert mit einer Korrekturmatrix $\mathbf{H}$ in das Modell zurückgeführt (Abb. 2.101). Wie beim linearen Beobacher darf das System jedoch keinen direkten Durchgriff von der Stellgröße zur Ausgangsgröße aufweisen, d.h. $\mathbf{g}$ ist nur eine Funktion von $\mathbf{x}$ und nicht von $\mathbf{x}$ und $\mathbf{u}$ (wie in Gl. (2.212)).

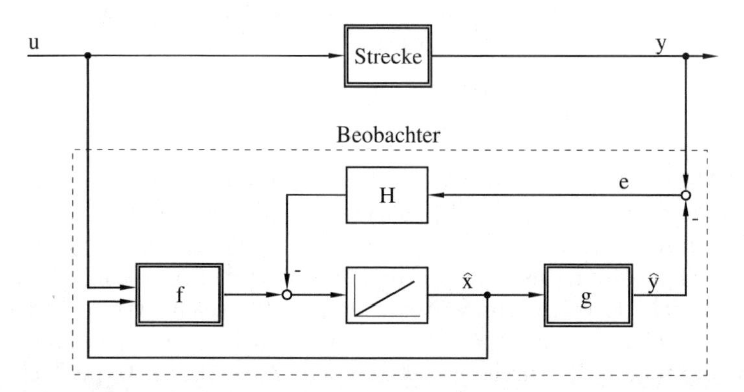

Abb. 2.101. Nichtlinearer Beobachter

Die Frage ist, wie die Matrix $\mathbf{H}$ bestimmt werden kann. Für allgemeine nichtlineare Systeme existiert dazu kein Algorithmus, der die Stabilität des Beobachters und die Exaktheit der geschätzten Werte garantieren würde. Anders ist die Situation bei TSK-Systemen (vgl. Kap. 4.1.3), deren Grundgedanke derselbe ist wie beim bereits vorgestellten Verfahren des Gain Scheduling. Ein TSK-System besteht aus linearen Teilsystemen, deren Ausgangsgrößen je nach Arbeitspunkt zu einer Gesamt-Ausgangsgröße des TSK-Systems überlagert werden.

Für einen TSK-Beobachter wird das Streckenmodell an verschiedenen Arbeitspunkten linearisiert, und man erhält jeweils ein lineares Modell mit den Systemmatrizen $(\mathbf{A}_i, \mathbf{B}_i, \mathbf{C}_i)$. Für jedes lineare Modell wird dann eine Beobachter-Korrekturmatrix $\mathbf{H}_i$ berechnet. Die Matrizen $(\mathbf{A}_i, \mathbf{B}_i, \mathbf{C}_i, \mathbf{H}_i)$ bilden dann den linearen Beobachter am Arbeitspunkt i. Analog zur Überlagerung der linearen Systeme werden die linearen Beobachter zu einem nichtlinearen TSK-Beobachter zusammengefügt.

Die exakte Berechnungsvorschrift für die $\mathbf{H}_i$ soll hier nicht angegeben werden, da die Formeln sehr umfangreich sind. Sie ist aber sehr ähnlich zu den Verfahren, die in den Kapiteln 4.2.2 für die Stabilitätsanalyse von TSK-Systemen und insbesondere 5.1 für den Entwurf von TSK-Reglern angegeben sind. Dort wird auch auf Veröffentlichungen hingewiesen, in denen der Entwurf solcher Beobachter ausführlich dargestellt wird.

3. Fuzzy-Regler und Regler-Evaluierung

Während in der klassischen Regelungstechnik grundsätzlich versucht wird, das Verhalten eines Systems mit analytischen Mitteln zu beschreiben und dann auch mit analytischen Methoden den Regler zu entwerfen, eignen sich Fuzzy-Systeme besonders zur Modellierung vagen Wissens, z.B. über einen Prozess oder einen existierenden Regler. Aus diesem grundsätzlichen Unterschied resultieren auch die völlig unterschiedlichen Vorgehensweisen zur Lösung eines regelungstechnischen Problems.

In der klassischen Regelungstechnik wird in einem ersten Schritt ein Modell der Strecke gebildet und erst im zweiten Schritt auf der Basis dieses Modells ein geeigneter Regler entworfen. Man kann somit diese Vorgehensweise als modellorientiert bezeichnen. Im Gegensatz dazu ist der Entwurf eines Fuzzy-Reglers reglerorientiert. Hier wird kein Modell der Strecke gebildet, sondern der Regler wird direkt, gewissermaßen intuitiv entworfen, wobei diesem Entwurf natürlich eine gewisse Vorstellung vom Verhalten der Strecke oder eines existierenden Reglers – z.B. eines menschlichen Bedieners – zu Grunde liegen muss.

Damit bietet sich der Fuzzy-Regler insbesondere für Systeme an, von denen kein Streckenmodell vorliegt, oder bei denen das Streckenmodell eine so ungünstige nichtlineare Struktur aufweist, dass ein klassischer Reglerentwurf praktisch nicht mehr möglich ist. Inwieweit ein Fuzzy-Regler darüber hinaus auch für andere Systeme in Frage kommt, soll am Ende dieses Kapitels diskutiert werden.

3.1 Mamdani-Regler

Das erste Modell eines Fuzzy-Reglers, das wir hier vorstellen, wurde 1975 von Mamdani [116] auf der Grundlage der in [203, 204, 205] publizierten allgemeineren Ideen von Zadeh entwickelt.

Der *Mamdani-Regler* basiert auf einer endlichen Menge $\mathcal{R}$ von Wenn-Dann-Regeln $R \in \mathcal{R}$ der Form

$$\begin{aligned} R: \quad & \text{If } x_1 \text{ is } \mu_R^{(1)} \text{ and } \dots \text{ and } x_n \text{ is } \mu_R^{(n)} \\ & \text{then } y \text{ is } \mu_R. \end{aligned} \tag{3.1}$$

Dabei sind $x_1, \ldots, x_n$ Eingangsgrößen des Reglers und y die Ausgangsgröße. Üblicherweise stehen die Fuzzy-Mengen $\mu_R^{(i)}$ bzw. μ_R für linguistische Werte, d.h. für vage Konzepte wie „ungefähr null", „mittelgroß" oder „negativ klein", die wiederum durch Fuzzy-Mengen repräsentiert werden. Zur Vereinfachung der Notation verwenden wir im Folgenden auch die Fuzzy-Mengen synonym für die linguistischen Werte, die sie modellieren.

Wesentlich für das Verständnis des Mamdani-Reglers ist die Interpretation der Regeln. Die Regeln sind nicht als logische Implikationen aufzufassen, sondern im Sinne einer stückweise definierten Funktion. Besteht die Regelbasis $\mathcal{R}$ aus den Regeln $R_1, \ldots, R_r$, so sollte man sie als stückweise Definition einer unscharfen Funktion verstehen, d.h.

$$f(x_1, \ldots, x_n) \;\approx\; \begin{cases} \mu_{R_1} & \text{falls } x_1 \approx \mu_{R_1}^{(1)} \text{ und } \ldots \text{ und } x_n \approx \mu_{R_1}^{(n)} \\ \vdots & \\ \mu_{R_r} & \text{falls } x_1 \approx \mu_{R_r}^{(1)} \text{ und } \ldots \text{ und } x_n \approx \mu_{R_r}^{(n)} \end{cases} \tag{3.2}$$

ist eine gewöhnliche Funktion punktweise über einem Produktraum endlicher Mengen in der Form

$$f(x_1, \ldots, x_n) \;\approx\; \begin{cases} y_1 & \text{falls } x_1 = x_1^{(1)} \text{ und } \ldots \text{ und } x_n = x_1^{(n)}, \\ \vdots & \\ y_r & \text{falls } x_1 = x_r^{(1)} \text{ und } \ldots \text{ und } x_n = x_r^{(n)} \end{cases} \tag{3.3}$$

gegeben, erhält man ihren Graphen mittels der Formel

$$\text{graph}(f) \;=\; \bigcup_{i=1}^{r} \Big(\hat{\pi}_1(\{x_i^{(1)}\}) \cap \ldots \cap \hat{\pi}_n(\{x_i^{(n)}\}) \cap \hat{\pi}_Y(\{y_i\}) \Big). \tag{3.4}$$

Eine „Fuzzifizierung" dieser Formel unter Verwendung des Minimums für den Durchschnitt und des Maximums (Supremums) für die Vereinigung ergibt als Fuzzy-Graphen der durch die Regelmenge $\mathcal{R}$ beschriebenen Funktion die Fuzzy-Menge

$$\mu_{\mathcal{R}} : X_1 \times \ldots \times X_n \times Y \to [0,1],$$
$$(x_1, \ldots, x_n, y) \mapsto \sup_{R \in \mathcal{R}} \{\min\{\mu_R^{(1)}(x_1), \ldots, \mu_R^{(n)}(x_n), \mu_R(y)\}$$

bzw.

$$\mu_{\mathcal{R}} : X_1 \times \ldots \times X_n \times Y \to [0,1],$$
$$(x_1, \ldots, x_n, y) \mapsto \max_{i \in \{1, \ldots, r\}} \{\min\{\mu_{R_i}^{(1)}(x_1), \ldots, \mu_{R_i}^{(n)}(x_n), \mu_{R_i}(y)\}$$

im Falle einer endlichen Regelbasis $\mathcal{R} = \{R_1, \ldots, R_r\}$.

Liegt ein konkreter Eingangsvektor $(a_1, \ldots, a_n)$ für die Eingangsgrößen $x_1, \ldots, x_n$ vor, erhält man als „Ausgangswert" die Fuzzy-Menge

$$\mu_{\mathcal{R},a_1,\ldots,a_n}^{\text{output}} : Y \to [0,1], \qquad y \mapsto \mu_{\mathcal{R}}(a_1,\ldots,a_n,y).$$

Die Fuzzy-Menge $\mu_{\mathcal{R}}$ kann als Fuzzy-Relation über den Mengen $X_1 \times \ldots \times X_n$ und Y interpretiert werden. Die Fuzzy-Menge $\mu_{\mathcal{R},a_1,\ldots,a_n}^{\text{output}}$ entspricht dann dem Bild der einelementigen Menge $\{(a_1,\ldots,a_n)\}$ bzw. ihrer charakteristischen Funktion unter der Fuzzy-Relation $\mu_{\mathcal{R}}$. Im Prinzip könnte daher anstelle eines scharfen Eingangsvektors auch eine Fuzzy-Menge als Eingabe verwendet werden. Aus diesem Grund wird bei Fuzzy-Reglern häufig von *Fuzzifizierung* gesprochen, d.h. der Eingangsvektor $(a_1,\ldots,a_n)$ wird in eine Fuzzy-Menge umgewandelt, was i.A. nur der Darstellung als charakteristische Funktion einer einelementigen Menge entspricht.

Man kann die Fuzzifizierung auch in einem anderen Sinne interpretieren. Im Abschnitt über Fuzzy-Relationen haben wir gesehen, dass man das Bild einer Fuzzy-Menge unter einer Fuzzy-Relation erhält, indem man die Fuzzy-Menge zylindrisch erweitert, den Durchschnitt mit der zylindrischen Erweiterung mit der Fuzzy-Relation bildet und das Ergebnis in den Bildraum projiziert. In diesem Sinne kann man die zylindrische Erweiterung des gemessenen Tuples bzw. die zugehörige charakteristische Funktion als Fuzzifizierung auffassen, die für die Durchschnittsbildung mit der Fuzzy-Relation notwendig ist.

Abb. 3.1 veranschaulicht diese Vorgehensweise. Um eine grafische Darstellung zu ermöglichen, werden nur eine Eingangsgröße und die Ausgangsgröße betrachtet. Im Bild sind drei Regeln dargestellt, wobei die Fuzzy-Mengen auf der vorderen Achse von links nach rechts den Fuzzy-Mengen auf der nach hinten verlaufenden Achse entsprechend von vorn nach hinten durch die drei Regeln zugeordnet werden. Die Fuzzy-Relation $\mu_{\mathcal{R}}$ wird durch die drei Pyramiden im Bild repräsentiert. Ist der Eingangswert x gegeben, so wird durch die zylindrische Erweiterung von $\{x\}$ eine Schnittfläche durch die Pyramiden definiert. Die Projektion dieser Schnittfläche auf die nach hinten verlaufende Achse ergibt die Fuzzy-Menge $\mu_{\mathcal{R},x}^{\text{output}}$, die den gesuchten Ausgangswert unscharf charakterisiert.

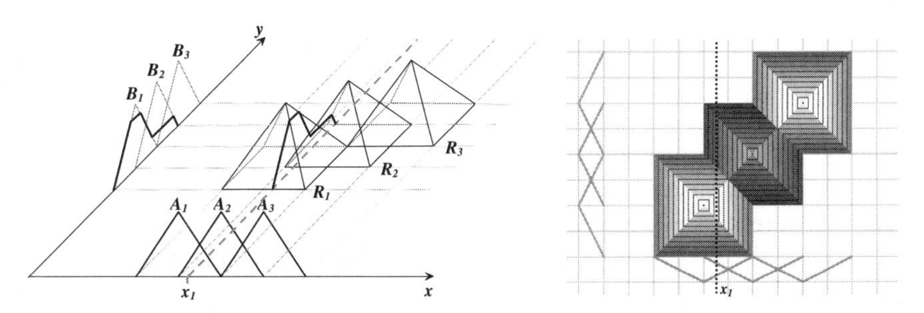

Abb. 3.1. Die Projektion eines Eingabewertes x_1 auf die Ausgabe Achse y.

Schematisch lässt sich die Berechnung des Stellwertes folgendermaßen veranschaulichen. In Abb. 3.2 werden zwei Regeln eines Mamdani-Reglers mit zwei Eingangsgrößen und einer Ausgangsgröße betrachtet. Zunächst wird nur eine der beiden Regeln – nennen wir sie R – betrachtet. Der Erfüllungsgrad der Prämisse für die vorliegenden Eingangswerte wird in Form des Minimums der jeweiligen Zugehörigkeitsgrade zu den entsprechenden Fuzzy-Mengen bestimmt. Die Fuzzy-Menge in der Konklusion der Regel wird dann auf der Höhe des vorher bestimmten Erfüllungsgrades „abgeschnitten", d.h. als Zugehörigkeitsgrad eines Ausgangswertes ergibt sich das Minimum aus Zugehörigkeitsgrad zur Konklusions-Fuzzy-Menge und Erfüllungsgrad der Regel.

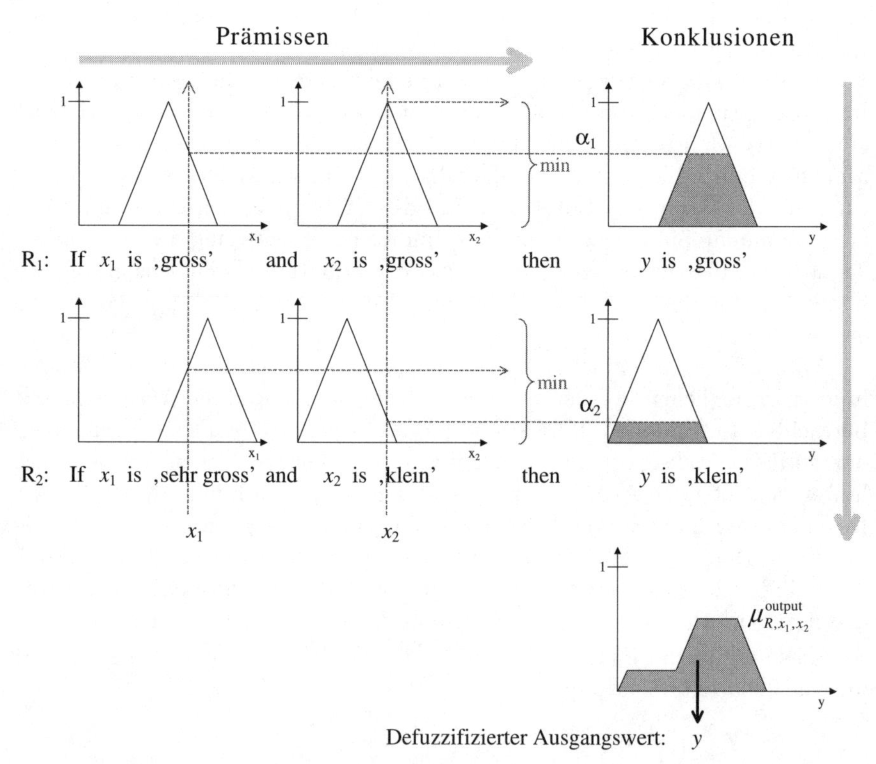

Abb. 3.2. Schematische Veranschaulichung des Mamdani-Reglers

Ist der Erfüllungsgrad der Regel 1, so erhält man exakt die Konklusions-Fuzzy-Menge als Resultat, d.h. $\mu_R = \mu_{R,a_1,\ldots,a_n}^{\text{output}}$. Kann die Regel im Falle des betrachteten Eingangsvektors nicht angewendet werden (Erfüllungsgrad 0), folgt $\mu_{R,a_1,\ldots,a_n}^{\text{output}} = 0$, d.h. aufgrund der Regel kann nichts über den Ausgangswert ausgesagt werden.

Analog wird mit den anderen Regeln verfahren – in Abb. 3.2 ist nur eine weitere dargestellt –, so dass man für jede Regel R eine Fuzzy-Menge $\mu_{R,a_1,\ldots,a_n}^{\text{output}}$ erhält, die aber nur für die „feuernden", d.h. bei dem aktuell vorliegenden Eingangsvektor anwendbaren Regeln nicht identisch 0 ist. Diese

Fuzzy-Mengen müssen im nächsten Schritt zu einer einzelnen, den Ausgangswert charakterisierenden Fuzzy-Menge zusammengefasst werden.

Um zu erklären, auf welche Weise diese Aggregation durchgeführt wird, greifen wir noch einmal die Interpretation der Regelbasis des Fuzzy-Reglers im Sinne einer unscharfen, stückweisen Definition einer Funktion (vgl. (3.2)) auf. Bei einer gewöhnlichen stückweise definierten Funktion müssen die einzelnen Fälle disjunkt sein bzw. dasselbe Resultat liefern, da sonst der Funktionswert nicht eindeutig festgelegt ist. Man stelle sich vor, dass jeder einzelne Fall für jeden Eingangswert einen „Funktionswert" in Form einer Menge vorschreibt: Trifft der Fall für den betrachteten Eingangswert zu, so liefert er die einelementige Menge mit dem spezifizierten Funktionswert. Andernfalls liefert er die leere Menge. Bei dieser Interpretation ergibt sich der Funktionswert bzw. die einelementige Menge, die den Funktionswert enthält, durch die Vereinigung der sich in den Einzelfällen ergebenden Mengen.

Aus diesem Grund müssen auch die sich aus den Regeln ergebenden Fuzzy-Mengen $\mu_{R,a_1,\ldots,a_n}^{\text{output}}$ (disjunktiv) vereinigt werden, was üblicherweise durch die t-Conorm max geschieht, d.h.

$$\mu_{\mathcal{R},a_1,\ldots,a_n}^{\text{output}} = \max_{R\in\mathcal{R}}\{\mu_{R,a_1,\ldots,a_n}^{\text{output}}\} \tag{3.5}$$

ist die Ausgangs-Fuzzy-Menge unter der Regelbasis $\mathcal{R}$ bei gegebenem Eingangsvektor $(a_1,\ldots,a_n)$. Auf diese Weise ergibt sich für die beiden in Abb. 3.2 dargestellten Regeln die dort gezeigte Ausgangs-Fuzzy-Menge.

Um einen konkreten Ausgangswert zu erhalten, muss für die Ausgangs-Fuzzy-Menge noch eine *Defuzzifizierung* vorgenommen werden. Wir beschränken uns an dieser Stelle exemplarisch auf eine heuristische Defuzzifizierungsstrategie. Am Ende dieses Abschnitts und nach der Einführung der konjunktiven Regelsysteme werden wir das Thema der Defuzzifizierung erneut aufgreifen und tiefer untersuchen.

Um die Grundidee der Defuzzifizierung bei dem Mamdani-Regler zu verstehen, betrachten wir noch einmal die in Abb. 3.2 bestimmte Ausgangs-Fuzzy-Menge. Die Fuzzy-Mengen in der Konklusion der beiden Regeln interpretieren wir als unscharfe Werte. Ebenso stellt die Ergebnis-Fuzzy-Menge eine unscharfe Beschreibung des gewünschten Ausgangswertes dar. Intuitiv lässt sich die Ausgangs-Fuzzy-Menge in Abb. 3.2 so verstehen, dass eher ein Wert im rechten Bereich zu wählen ist, zu einem gewissen geringeren Grad kommt jedoch auch ein Wert aus dem linken Bereich in Frage. Diese Interpretation wird auch dadurch gerechtfertigt, dass die Prämisse der ersten Regel, die einen unscharfen Wert im rechten Bereich vorschlägt, besser erfüllt ist als die der zweiten. Es sollte daher ein Ausgangswert gewählt werden der etwas mehr im rechten Bereich liegt, der also das Ergebnis der ersten Regel stärker berücksichtigt als das der zweiten, die zweite Regel aber trotzdem mit berücksichtigt.

Eine Defuzzifizierungsstrategie, die diesem Kriterium genügt, ist die Schwerpunktsmethode (Center of Gravity (COG), Center of Area (COA)).

Als Ausgangswert wird bei dieser Methode der Schwerpunkt (bzw. seine Projektion auf die Ordinate) der Fläche unter der Ausgangs-Fuzzy-Menge verwendet, d.h.

$$\mathrm{COA}(\mu_{\mathcal{R},a_1,\ldots,a_n}^{\text{output}}) = \frac{\int_Y \mu_{\mathcal{R},a_1,\ldots,a_n}^{\text{output}} \cdot y\, dy}{\int_Y \mu_{\mathcal{R},a_1,\ldots,a_n}^{\text{output}}\, dy}. \tag{3.6}$$

Voraussetzung für die Anwendbarkeit dieser Methode ist natürlich die Integrierbarkeit der Funktionen $\mu_{\mathcal{R},a_1,\ldots,a_n}^{\text{output}}$ und $\mu_{\mathcal{R},a_1,\ldots,a_n}^{\text{output}} \cdot y$, die jedoch immer gegeben sein wird, sofern die in den Regeln auftretenden Fuzzy-Mengen halbwegs „vernünftige", z.B. stetige Funktionen repräsentieren.

3.1.1 Hinweise zum Reglerentwurf

Bei der Wahl der Fuzzy-Mengen für die Eingangsgrößen sollte sichergestellt werden, dass der Wertebereich der jeweiligen Eingangsgröße vollständig abgedeckt ist, d.h. dass es für jeden möglichen Wert mindestens eine Fuzzy-Menge existiert, zu der er einen Zugehörigkeitsgrad größer als Null aufweist. Andernfalls kann der Fuzzy-Regler für diesen Eingangswert keinen Ausgangswert bestimmen.

Da die Fuzzy-Mengen ungefähren Werten oder Bereichen entsprechen sollen, ist eine Beschränkung auf konvexe Fuzzy-Mengen sinnvoll. Dreiecks- und Trapezfunktionen eignen sich besonders gut, da sie parametrisch dargestellt werden können und die Bestimmung der Zugehörigkeitsgrade keinen großen Rechenaufwand erfordert. In den Bereichen, wo der Regler sehr sensitiv auf kleine Änderungen einer Eingangsgröße reagieren muss, sollten sehr schmale Fuzzy-Mengen gewählt werden, um eine gute Unterscheidbarkeit der Werte zu gewährleisten. Dabei ist allerdings zu beachten, dass die Anzahl der möglichen Regeln sehr schnell mit der Anzahl der Fuzzy-Mengen wächst. Bei k_i Fuzzy-Mengen für die i-te Eingangsgröße besteht eine vollständige Regelbasis, die jeder Kombination von Fuzzy-Mengen der n Eingangsgrößen genau eine Fuzzy-Menge der Ausgangsgröße zuordnet, aus insgesamt $k_1 \cdot \ldots \cdot k_n$ Regeln. Bei vier Eingangsgrößen mit nur jeweils fünf Fuzzy-Mengen ergeben sich bereits 625 Regeln.

Für die Wahl der Fuzzy-Mengen für die Ausgangsgröße gilt ähnliches wie für die Eingangsgrößen. Sie sollten konvex sein und in den Bereichen, wo ein sehr genauer Ausgangswert wichtig für die Strecke ist, sollten schmale Fuzzy-Menge verwendet werden. Die Wahl der Fuzzy-Mengen für die Ausgangsgröße hängt außerdem eng mit der Defuzzifikationsstrategie zusammen. Es ist zu beachten, dass z.B. asymmetrische Dreiecksfunktionen der Form $\Lambda_{x_0-a,x_0,x_0+b}$ mit $a \neq b$ bei der Defuzzifizierung zu Resultaten führen, die nicht unbedingt der Intuition entsprechen. Feuert nur eine einzige Regel mit dem Erfüllungsgrad Eins und alle anderen mit Null, so erhält man vor der Defuzzifizierung als Ergebnis die Fuzzy-Menge in der Konklusion der Regel. Ist diese eine asymmetrische Dreiecksfunktion $\Lambda_{x_0-a,x_0,x_0+b}$, folgt $\mathrm{COA}(\Lambda_{x_0-a,x_0,x_0+b}) \neq x_0$, da der Schwerpunkt des Dreiecks nicht direkt unter der Spitze x_0 liegt.

Ebenso kann mit der Schwerpunktsmethode niemals ein Randwert des Intervalls der Ausgangswerte erreicht werden, d.h. der Minimal- und Maximalwert der Ausgangsgröße ist für den Fuzzy-Regler nicht erreichbar. Eine Möglichkeit, dieses Problem zu lösen, besteht darin, die Fuzzy-Mengen über die Intervallgrenzen für die Ausgangsgröße hinaus zu definieren. Dabei sollte sichergestellt werden, dass durch die Defuzzifizierung kein Wert außerhalb des zulässigen Intervalls für die Ausgangsgröße berechnet wird bzw. der Ausgangswert dann automatisch durch den entsprechenden Randwert begrenzt wird.

Bei der Festlegung der Regelbasis sollte man auf Vollständigkeit achten, d.h. dass für jeden möglichen Eingangsvektor mindestens eine Regel feuert. Das bedeutet nicht, dass für jede Kombination von Fuzzy-Mengen der Eingangsgrößen unbedingt eine Regel mit diesen Fuzzy-Mengen in der Prämisse formuliert werden muss. Zum einen gewährleistet eine hinreichende Überlappung der Fuzzy-Mengen, dass auch bei einer geringeren Anzahl als der Maximalzahl der Regeln trotzdem für jeden Eingangsvektor noch eine Regel feuert. Zum anderen kann es Kombinationen von Eingangswerten geben, die einem Systemzustand entsprechen, der nicht erreicht werden kann oder unter keinem Umständen erreicht werden darf. Für diese Fälle ist es überflüssig, Regeln zu formulieren. Weiterhin sollte darauf geachtet werden, dass keine Regeln mit derselben Prämisse und unterschiedlichen Konklusionen existieren.

Den Mamdani-Regler, wie er hier vorgestellt wurde, bezeichnet man aufgrund der Formel (3.5) für die Ausgangs-Fuzzy-Menge $\mu^{\text{output}}_{\mathcal{R},a_1,\ldots,a_n}$ auch als Max-Min-Regler. Maximum und Minimum wurden als Interpretation der Vereinigung bzw. des Durchschnitts in der Formel (3.4) verwendet.

Natürlich können auch andere t-Normen und t-Conormen an Stelle des Minimums bzw. des Maximums verwendet werden. In den Anwendungen werden häufig das Produkt als t-Norm und die Bounded Sum $s(\alpha, \beta) = \min\{\alpha + \beta, 1\}$ als t-Conorm bevorzugt. Der Nachteil des Minimums und des Maximums liegt in der Idempotenz. Die Ausgabe-Fuzzy-Menge $\mu^{\text{output}}_{R,a_1,\ldots,a_n}$ einer Regel R wird allein durch den Eingangswert bestimmt, für den sich der minimale Zugehörigkeitsgrad zu der entsprechenden Fuzzy-Menge in der Prämisse ergibt. Eine Änderung eines anderen Eingangswertes bewirkt für die betrachtete Regel erst dann etwas, wenn sie so groß ist, dass sich für diesen Eingangswert ein noch kleinerer Zugehörigkeitsgrad ergibt.

Wenn die Fuzzy-Mengen $\mu^{\text{output}}_{R,a_1,\ldots,a_n}$ mehrerer Regeln zum gleichen Grad für einen bestimmten Ausgangswert sprechen, so kann es erwünscht sein, dass dieser Ausgangswert ein größeres Gewicht erhalten sollte, als wenn nur eine Regel mit demselben Grad für ihn sprechen würde. Die Aggregation der Ergebnis-Fuzzy-Mengen der einzelnen Regeln durch das Maximum schließt das jedoch aus, so dass in diesem Fall z.B. die Bounded Sum zu bevorzugen wäre.

Im Prinzip kann auch die Berechnung des Erfüllungsgrades der Prämisse und der Einfluss, den der Erfüllungsgrad auf die Fuzzy-Menge in der Konklusion einer Regel hat, auf unterschiedliche Weise geschehen, d.h. durch unterschiedlich t-Normen realisiert werden. In einigen Ansätzen wird sogar individuell für jede einzelne Regel eine passende t-Norm ausgewählt.

Teilweise werden sogar t-Conormen für die Berechnung des Erfüllungsgrades einer Regel zugelassen, die dann natürlich als

$$\begin{aligned} R: \quad & \text{If } x_1 \text{ is } \mu_R^{(1)} \text{ or } \dots \text{ or } x_n \text{ is } \mu_R^{(n)} \\ & \text{then } y \text{ is } \mu_R. \end{aligned}$$

gelesen werden muss. Im Sinne unserer Interpretation der Regeln als stückweise Definition einer Funktion kann diese Regel durch die n Regeln

$$\begin{aligned} R_i: \quad & \text{If } x_i \text{ is } \mu_R^{(i)} \\ & \text{then } y \text{ is } \mu_R. \end{aligned}$$

ersetzt werden.

In einigen kommerziellen Programmen werden gewichtete Regeln zugelassen, bei denen die berechneten Ausgabe-Fuzzy-Mengen noch mit dem zugeordneten Gewicht multipliziert werden. Gewichte erhöhen die Anzahl der frei wählbaren Parameter eines Fuzzy-Reglers, ihre Wirkung kann direkt durch eine geeignete Wahl der Fuzzy-Mengen in der Prämisse oder der Konklusion erzielt werden und sie erschweren die Interpretierbarkeit des Reglers.

Die Grundidee des Mamdani-Reglers als stückweise Definition einer unscharfen Funktion setzt implizit voraus, dass die Prämissen der Regeln eine unscharfe disjunkte Fallunterscheidung repräsentieren. Wir wollen an dieser Stelle diesen Begriff nicht exakt formalisieren. Missachtet man diese Voraussetzung, kann der Fuzzy-Regler ein unerwünschtes Verhalten zeigen. So kann eine verfeinerte Regelung nicht durch bloßes hinzufügen weiterer Regeln erreicht werden, ohne die bestehenden Fuzzy-Mengen zu verändern. Als Extrembeispiel betrachten wir die Regel

$$\text{If } x \text{ is } I_X \text{ then } y \text{ is } I_Y,$$

wobei als Fuzzy-Mengen für die Prämisse und die Konklusion die charakteristische Funktion des jeweiligen Wertebereichs gewählt wurde, die also konstant eins ist. Unabhngig davon welche Regeln man noch hinzufügt wird die Ausgangs-Fuzzy-Menge immer konstant eins bleiben. Wir werden auf dieses Problem noch einmal zurückkommen, wenn wir die konjunktiven Regelsysteme einführen.

Ein weiteres Problem der unscharfen disjunkten Fallunterscheidung illustriert Abb. 3.3, in der eine Ausgangs-Fuzzy-Menge gezeigt wird, deren Defuzzifizierung Schwierigkeiten bereitet.

Sollte zwischen den beiden unscharfen Werten die die Dreiecke repräsentieren interpoliert werden, wie es z.B. die Schwerpunktsmethode tun würde?

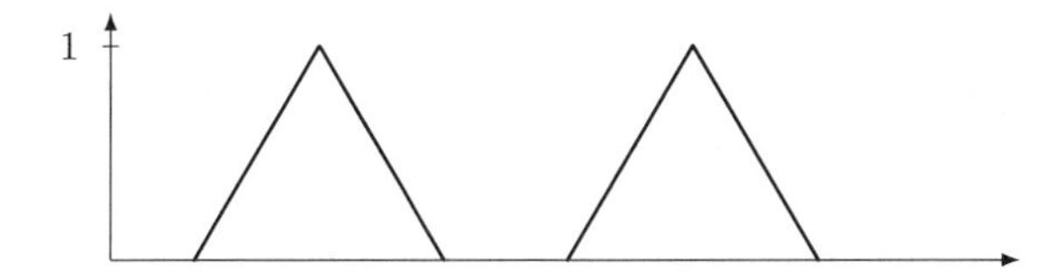

Abb. 3.3. Ausgangs-Fuzzy-Menge bestehend aus zwei nebeneinander liegenden Fuzzy-Mengen.

Das würde bedeuten, dass man bei der Defuzzifizierung einen Wert erhält, dessen Zugehörigkeitsgrad zur Ausgangs-Fuzzy-Menge Null beträgt, was sicherlich nicht der Intuition entspricht. Oder stellen die beiden Dreiecke zwei alternative Ausgangswerte dar, von denen einer auszuwählen ist? So könnte die dargestellte Fuzzy-Menge die Ausgangs-Fuzzy-Menge eines Reglers sein, der ein Auto um Hindernisse steuern soll. Die Fuzzy-Menge besagt dann, dass man nach links oder nach recht ausweichen soll, aber nicht geradeaus weiter direkt auf das Hindernis zufahren sollte. Diese Interpretation steht im Widerspruch zum Mamdani-Regler als stückweise Definition einer unscharfen Funktion, da die Funktion in diesem Fall nicht wohldefiniert ist, weil einer Eingabe gleichzeitig zwei unscharfe Werte zugeordnet werden.

3.1.2 Defuzzifizierungsmethoden

In den letzten Jahren wurden zahlreiche Defuzzifizierungsmethoden vorgeschlagen, die mehr oder weniger intuitiv auf der Basis entwickelt wurden, dass eine Fuzzy-Menge und keine weitere Information gegeben ist. Ein systematischer Ansatz, der von der Interpretation der zu defuzzifizierenden Fuzzy-Menge ausgeht, fehlt allerdings noch.

Eine allgemeine Defuzzifizierung hat zwei Aufgaben gleichzeitig auszuführen. Zum Einen muss aus einer unscharfen Menge eine scharfe Menge errechnet werden, zum anderen muss aus einer Menge von (unscharfen) Werten ein Wert ausgewählt werden. Es ist keineswegs eindeutig, in welcher Reihenfolge dies zu geschehen hat. Beispielsweise könnte auch die Fuzzy-Menge aus Abb. 3.3 defuzzifiziert werden, indem man zuerst einen der beiden unscharfen Werte, d.h. eines der beiden Dreiecke auswählt und dann diese Fuzzy-Menge, die nur noch einen unscharfen Wert repräsentiert, geeignet defuzzifiziert. Umgekehrt könnte man zunächst aus der unscharfen Menge eine scharfe Menge erzeugen – nämlich die Menge, die die beiden Punkte unter den Spitzen der Dreiecke enthält – und dann einen der beiden Punkt auswählen. Diese Überlegungen fließen weder in den axiomatischen Ansatz für die Defuzzifizierung [166] noch in die meisten Defuzzifizierungsmethoden ein, die implizit davon ausgehen, dass die zu defuzzifizierende Fuzzy-Menge nur einen unscharfen Wert und nicht eine Menge unscharfer Werte darstellt.

Wesentlich für die Wahl der Defuzzifizierungsstrategie ist ebenso die Semantik des zugrunde liegenden Fuzzy-Reglers bzw. des Fuzzy-Systems. Wir werden im nächsten Abschnitt genauer erläutern, dass der Mamdani-Regler auf einer Interpolationsphilosophie beruht. Andere Ansätze teilen diese Philosophie nicht, wie wir im Abschnitt über konjunktive Regelsysteme sehen werden.

An dieser Stelle gehen wir noch auf einige Defuzzifizierungsstrategien und ihre Eigenschaften ein, um die Defuzzifizierungsproblematik etwas ausführlicher zu erläutern.

Mean-of-Maxima (MOM) ist eine sehr einfache Defuzzifizierungsstrategie, bei der als Ausgangswert der Mittelwert der Werte mit maximalem Zugehörigkeitsgrad zur Ausgangs-Fuzzy-Menge gewählt wird. Diese Methode wird in der Praxis nur sehr selten angewandt, da sie bei symmetrischen Fuzzy-Mengen zu einer sprunghaften Regelung führt. Der Ausgangswert bei der Mean-of-Maxima-Methode hängt bei vorgegebenen Eingangswerten allein von der Ausgangs-Fuzzy-Menge ab, die zu der Regel mit dem höchsten Erfüllungsgrad gehört – sofern nicht zufällig zwei oder mehr Regeln denselben maximalen Erfüllungsgrad aufweisen, deren zugeordnete Ausgangs-Fuzzy-Mengen auch noch verschieden sind. Werden Fuzzy-Mengen verwendet, die (als reellwertige Funktionen) achsensymmetrisch um einen ihrer Werte mit Zugehörigkeitsgrad 1 sind, so ergibt sich bei der Mean-of-Maxima-Methode dieser Wert für die Achsensymmetrie unabhängig vom Erfüllungsgrad der entsprechenden Regel. Das bedeutet, dass der Ausgangswert solange konstant bleibt, wie die zugehörige Regel den maximalen Erfüllungsgrad aufweist. Ändern sich die Eingangswerte so, dass eine andere Regel (mit einer anderen Ausgangs-Fuzzy-Menge) den maximalen Erfüllungsgrad liefert, ändert sich der Ausgangswert bei MOM sprunghaft. Genau wie die Center-of-Area-Methode ergibt sich auch bei MOM der eventuell unerwünschte Mittelwert in dem in Abb. 3.3 illustrierten Defuzzifizierungsproblem.

In [78] wird eine Methode zur Vermeidung dieses Effektes von COA und MOM vorgeschlagen. Es wird immer der am weitesten rechts (oder alternativ immer der am weitesten links) liegende Wert mit maximalem Zugehörigkeitsgrad gewählt. Diese Methode wurde laut [78] patentiert. Ähnlich wie MOM kann sie aber auch zu sprunghaften Änderungen des Ausgangswertes führen.

Die Schwerpunktsmethode ist relativ rechenaufwändig und besitzt nicht unbedingt die Interpolationseigenschaften, die man erwarten würde. Betrachten wir beispielsweise einen Mamdani-Regler mit der folgenden Regelbasis:

If x is 'ungefähr 0' then y is 'ungefähr 0'
If x is 'ungefähr 1' then y is 'ungefähr 1'
If x is 'ungefähr 2' then y is 'ungefähr 2'
If x is 'ungefähr 3' then y is 'ungefähr 3'
If x is 'ungefähr 4' then y is 'ungefähr 4'

Dabei werden die Terme 'ungefähr 0',..., 'ungefähr 4' jeweils durch Fuzzy-Mengen in Form symmetrischer Dreiecksfunktionen der Breite Drei, d.h. durch $\Lambda_{-1,0,1}$, $\Lambda_{0,1,2}$, $\Lambda_{1,2,3}$, $\Lambda_{2,3,4}$ bzw. $\Lambda_{3,4,5}$ dargestellt. Scheinbar beschreiben die Regeln die Gerade $y = x$. Bei der Anwendung der Schwerpunktsmethode ergibt sich aber als Funktion die nur bei den Werten 0, 0.5, 1, 1.5,...,

3.5 und 4 mit dieser Geraden übereinstimmt. An allen anderen Stellen ergeben sich leichte Abweichungen wie Abb. 3.4 zeigt.

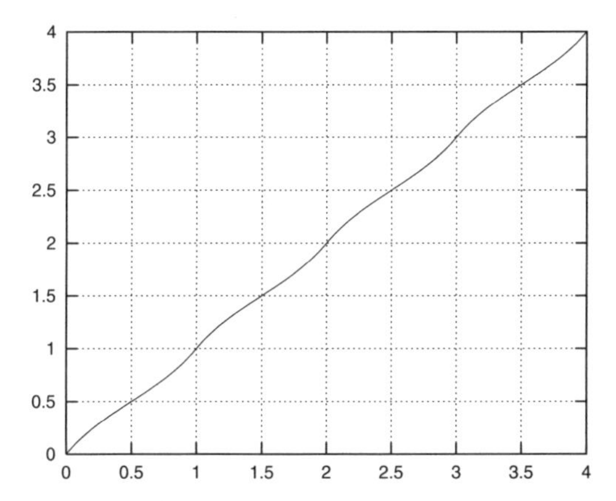

Abb. 3.4. Interpolation einer Geraden mittels Schwerpunktmethode

Diese und andere unerwünschte Effekte, wie sie etwa bei der Verwendung assymetrischer Zugehörigkeitsfunktionen in den Konklusionen auftreten können, lassen sich vermeiden, indem Regeln verwendet werden, deren Konklusion jeweils aus einem scharfen Wert besteht. Für die Beschreibung der Eingabewerte verwendet man weiterhin Fuzzy-Mengen, die Ausgaben werden in den Regeln aber scharf vorgegeben. Die Defuzzifizierung gestaltet sich in diesem Fall ebenfalls als sehr einfach: Man bildet den Mittelwert aus den mit den zugehörigen Erfüllungsgraden der Regeln gewichteten Ausgabewerten in den Regeln, d.h.

$$y = \frac{\sum_R \mu_{R,a_1,\ldots,a_n}^{\text{output}} \cdot y_R}{\sum_R \mu_{R,a_1,\ldots,a_n}^{\text{output}}}. \tag{3.7}$$

Dabei liegen die Regeln in der Form

$$R: \quad \text{If } x_1 \text{ is } \mu_R^{(1)} \text{ and } \ldots \text{ and } x_n \text{ is } \mu_R^{(n)} \text{ then } y \text{ is } y_R$$

mit den scharfen Ausgabewerten y_R vor. $a_1, \ldots, a_n$ sind die gemessenen Eingabewerte für die Eingangsgrößen $x_1, \ldots, x_n$ und $\mu_{R,a_1,\ldots,a_n}^{\text{output}}$ bezeichnet wie bisher den Erfüllungsgrad der Regel R bei diesen Eingabewerten.

3.2 Takagi-Sugeno-Kang-Regler

Takagi-Sugeno oder Takagi-Sugeno-Kang-Regler (TS- oder TSK-Modelle) [176, 179] verwenden Regeln der Form

$$R: \quad \text{If } x_1 \text{ is } \mu_R^{(1)} \text{ and } \ldots \text{ and } x_n \text{ is } \mu_R^{(n)} \text{ then } y = f_R(x_1, \ldots, x_n). \tag{3.8}$$

Wie bei den Mamdani-Reglern (3.1) werden die Eingangswerte in den Regeln unscharf beschrieben. Die Konklusion einer einzelnen Regel besteht bei den TSK-Modellen aber nicht mehr aus einer Fuzzy-Menge, sondern gibt eine von den Eingangsgrößen abhängige Funktion an. Die Grundidee besteht dabei darin, dass in dem unscharfen Bereich, der durch die Prämisse der Regel beschreiben wird, die Funktion in der Konklusion eine gute Beschreibung des Ausgangsgröße darstellt. Werden beispielsweise lineare Funktionen verwendet, so wird das gewünschte Ein-/Ausgabeverhalten lokal (in unscharfen Bereichen) durch lineare Modelle beschrieben. An den Übergängen der einzelnen Bereich muss geeignet zwischen den einzelnen Modellen interpoliert werden. Dies geschieht mittels

$$y = \frac{\sum_R \mu_{R,a_1,\ldots,a_n} \cdot f_R(x_1,\ldots,x_n)}{\sum_R \mu_{R,a_1,\ldots,a_n}}. \tag{3.9}$$

Hierbei sind $a_1,\ldots,a_n$ die gemessenen Eingabewerte für die Eingangsgrößen x_1, ..., x_n und $\mu_{R,a_1,\ldots,a_n}$ bezeichnet den Erfüllungsgrad der Regel R bei diesen Eingabewerten.

Einen Spezialfall des TSK-Modells stellt die Variante des Mamdani-Regler dar, bei dem wir die Fuzzy-Mengen in den Konklusionen der Regeln durch konstante Werte ersetzt werden und den Ausgabewert somit nach Gleichung (3.7) berechnen. Die Funktionen f_R sind in diesem Fall konstant.

Bei TSK-Modellen führt eine starke Überlappung der Regeln, d.h. der unscharfen Bereiche, in denen die lokalen Modelle f_R gelten sollen, dazu, dass die Interpolationsformel (3.9) die einzelnen Modelle völlig verwischen kann. Wir betrachten als Beispiel die folgenden Regeln:

If x is 'sehr klein' then $y = x$
If x is 'klein' then $y = 1$
If x is 'groß' then $y = x - 2$
If x is 'sehr groß' then $y = 3$

Zunächst sollen die Terme 'sehr klein', 'klein', 'groß' und 'sehr groß' durch die vier Fuzzy-Mengen in Abb. 3.5 modelliert werden. In diesem Fall werden die vier in den Regeln lokal definierten Funktionen $y = x$, $y = 1$, $y = x - 2$ und $y = 3$ wie in Abb. 3.5 zu sehen jeweils exakt wiedergegeben. Wählen wir leicht überlappende Fuzzy-Mengen, so berechnet das TSK-Modell die Funktion in Abb. 3.6. In Abb. 3.7 wird schließlich das Resultat des TSK-Modells dargestellt, das mit den noch stärker überlappenden Fuzzy-Mengen arbeitet.

Wir sehen somit, dass das TSK-Modell zu leichten Überschwingern führen kann (Abb. 3.6), selbst wenn die Fuzzy-Mengen nur eine geringfügige Überlappung aufweisen. Bei Fuzzy-Mengen mit einer Überschneidung wie sie bei Mamdani-Reglern durchaus üblich ist, erkennt man die einzelnen lokalen Funktionen überhaupt nicht mehr (Abb. 3.7).

Eine sinnvolle Strategie, diesen im Allgemeinen unerwünschten Effekt zu verhindern, besteht in der Vermeidung von Dreiecksfunktionen, die beim

TSK-Modell besser durch Trapezfunktionen ersetzt werden. Wählt man die Trapezfunktionen so, dass eine Überlappung nur an den Flanken der Trapezfunktionen auftritt, wird das jeweilige lokale Modell in den Bereichen mit Zugehörigkeitsgrad Eins exakt wiedergegeben.

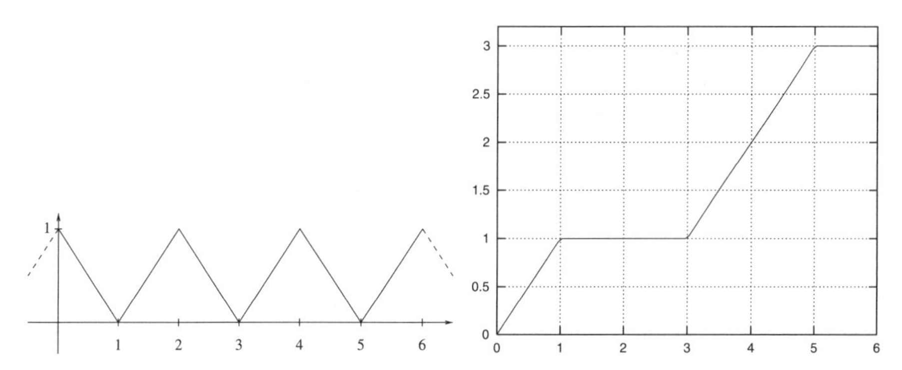

Abb. 3.5. Vier nicht überlappende Fuzzy-Menge: Exakte Wiedergabe der lokalen Modelle

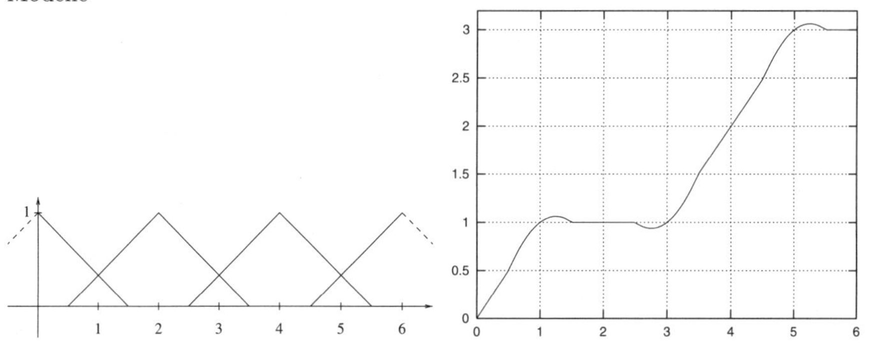

Abb. 3.6. Vier geringfügig überlappende Fuzzy-Mengen: Leichte Vermischung der lokalen Modelle

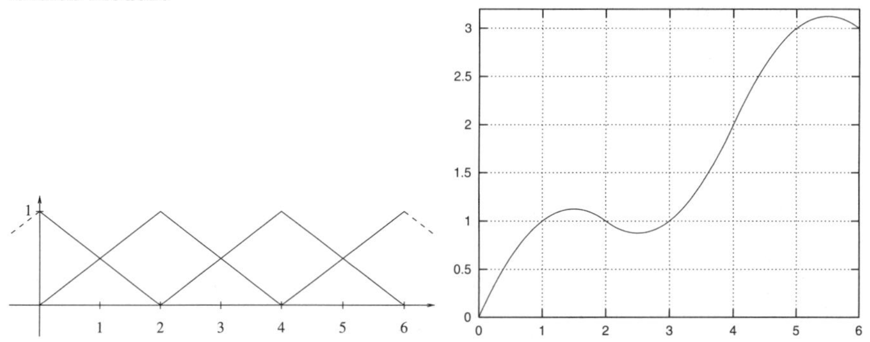

Abb. 3.7. Vier stark überlappende Fuzzy-Mengen: Nahezu völlige Vermischung der lokalen Modelle

3.3 Logikbasierte Regler

In diesem Abschnitt betrachten wir, welche Konsequenzen sich ergeben, wenn die Regeln eines Fuzzy-Reglers im Sinne von logischen Implikationen interpretiert werden. Wir haben bereits in Beispiel 1.23 gesehen, wie sich eine logische Inferenz mit Hilfe einer Fuzzy-Relation modellieren lässt. Dieses Konzept soll jetzt für die Fuzzy-Regelung verwendet werden. Zur Vereinfachung der Darstellung betrachten wir zunächst nur Fuzzy-Regler mit jeweils einer Eingangs- und einer Ausgangsgröße. Die Regeln haben die Form

$$\text{If } x \text{ is } \mu \text{ then } y \text{ is } \nu.$$

Bei einer einzelnen Regel dieser Form und einem vorgegebenen Eingangswert x erhalten wir eine Ausgabe-Fuzzy-Menge nach der Berechnungsvorschrift aus Beispiel 1.23. Genau wie bei dem Mamdani-Regler ergibt sich als Ausgabe-Fuzzy-Menge exakt die Fuzzy-Menge ν, wenn der Eingangswert x einen Zugehörigkeitsgrad von Eins zur Fuzzy-Menge μ aufweist. Im Gegensatz zum Mamdani-Regler wird die Ausgabe-Fuzzy-Menge umso größer, je schlechter der Prämisse zutrifft, d.h. je geringer der Wert $\mu(x)$ wird. Im Extremfall $\mu(x) = 0$ erhalten wir als Ausgabe die Fuzzy-Menge, die konstant Eins ist. Der Mamdani-Regler würde hier die Fuzzy-Menge, die konstant Null ist, liefern. Bei einem logikbasierten Regler sollte die Ausgabe-Fuzzy-Menge daher als Menge der noch möglichen Werte interpretiert werden. Wenn die Prämisse überhaupt nicht zutrifft ($\mu(x) = 0$) kann aufgrund der Regel nichts geschlossen werden und alle Ausgabewerte sind möglich. Trifft die Regel zu 100% zu ($\mu(x) = 1$), so sind nur noch die Werte aus der (unscharfen) Menge ν zulässig. Eine einzelne Regel liefert daher jeweils eine Einschränkung aller noch möglichen Werte. Da alle Regeln als korrekt (wahr) angesehen werden, müssen alle durch die Regeln vorgegebenen Einschränkungen erfüllt sein, d.h. die resultierenden Fuzzy-Mengen aus den Einzelregeln müssen im Gegensatz zum Mamdani-Regler miteinander geschnitten werden.

Sind r Regeln der Form

$$R_i\colon \quad \text{If } x \text{ is } \mu_{R_i} \text{ then } y \text{ is } \nu_{R_i}. \qquad (i = 1, \dots, r)$$

vorgegeben, ist die Ausgabe-Fuzzy-Menge bei einem logikbasierten Regler daher bei der Eingabe $x = a$

$$\mu_{\mathcal{R},a}^{\text{out, logic}} : Y \to [0,1], \qquad y \mapsto \min_{i \in \{1,\dots,r\}} \{[\![a \in \mu_{R_i} \to y \in \nu_{R_i}]\!]\}.$$

Hierbei muss noch die Wahrheitswertfunktion der Implikation $\to$ festgelegt werden. Mit der Gödel-Implikation erhalten wir

$$[\![a \in \mu_{R_i} \to y \in \nu_{R_i}]\!] = \begin{cases} \nu_{R_i}(y) & \text{falls } \nu_{R_i}(y) < \mu_{R_i}(a) \\ 1 & \text{sonst,} \end{cases}$$

während die Łukasiewicz-Implikation zu

$$[\![a \in \mu_{R_i} \to y \in \nu_{R_i}]\!] \;=\; \min\{1 - \nu_{R_i}(y) + \mu_{R_i}(a), 1\}$$

führt. Im Gegensatz zur Gödel-Implikation, bei der sich unstetige Ausgabe-Fuzzy-Mengen ergeben können, sind die Ausgabe-Fuzzy-Mengen bei der Łukasiewicz-Implikation immer stetig, sofern die beteiligten Fuzzy-Mengen (als reelwertige Funktionen) stetig sind.

Wird in den Regeln nicht nur eine Eingangsgröße sondern mehrere verwendet, d.h. es liegen Regeln der Form (3.1) vor, so muss der Wert $\mu_{R_i}(a)$ bei dem Eingangsvektor $(a_1, \ldots, a_n)$ lediglich durch

$$[\![a_1 \in \mu_{R_i}^{(1)} \wedge \ldots \wedge a_n \in \mu_{R_i}^{(n)}]\!]$$

ersetzt werden. Für die auftretende Konjunktion sollte als Wahrheitswertfunktion wiederum eine geeignete t-Norm gewählt werden, z.B. das Minimum, die Łukasiewicz-t-Norm oder das algebraische Produkt.

Im Falle des Mamdani-Reglers, wo die Regeln unscharfe Punkte repräsentieren, macht es keinen Sinn, Regeln der Art

$$\text{If } x_1 \text{ is } \mu_1 \text{ or } x_2 \text{ is } \mu_2 \text{ then } y \text{ is } \nu.$$

zu verwenden. Bei logikbasierten Reglern kann jedoch ein beliebiger logischer Ausdruck mit Prädikaten (Fuzzy-Mengen) über den Eingangsgrößen in der Prämisse stehen, so dass Regeln mit Disjunktionen oder auch Negationen bei logikbasierten Reglern durchaus auftreten dürfen [88]. Es müssen nur geeignete Wahrheitswertfunktionen für die Auswertung der verwendeten logischen Operationen spezifiziert werden.

Auf einen wesentlichen Unterschied zwischen Mamdani- und logikbasierten Reglern sollte noch hingewiesen werden. Da jede Regel bei einem logikbasierten Regler eine Einschränkung (Constraint) an die Übertragungsfunktion darstellt [91], kann die Wahl sehr schmaler Fuzzy-Mengen in der Ausgabe bei (stark) überlappenden Fuzzy-Mengen in der Eingabe dazu führen, dass die Einschränkungen einen Widerspruch ergeben und der Regler die leere Fuzzy-Menge (konstant Null) ausgibt. Bei der Spezifikation der Fuzzy-Mengen sollte diese Tatsache berücksichtigt werden, indem die Fuzzy-Mengen in den Eingangsgrößen eher schmaler, in der Ausgangsgröße eher breiter gewählt werden.

Beim Mamdani-Regler führt eine Erhöhung der Anzahl der Regeln, dadurch dass die Ausgabe-Fuzzy-Mengen der einzelnen Regeln vereinigt werden, im allgemeinen zu einer weniger scharfen Ausgabe. Im Extremfall bewirkt die triviale aber inhaltslose Regel

$$\text{If } x \text{ is } \textit{anything} \text{ then } y \text{ is } \textit{anything},$$

wobei *anything* durch eine Fuzzy-Menge die konstant Eins ist modelliert wird, dass die Ausgabe-Fuzzy-Menge ebenfalls immer konstant Eins ist. Dies ist unabhängig davon, welche weiteren Regeln in dem Mamdani-Regler noch verwendet werden. Bei einem logikbasierten Regler hat diese Regel keine Auswirkungen.

3.4 Mamdani-Regler und Ähnlichkeitsrelationen

Bei der Einführung der Mamdani-Regler haben wir bereits gesehen, dass die dabei verwendeten Fuzzy-Regeln unscharfe Punkte auf dem Graphen der zu beschreibenden Regelungs- oder Übertragungsfunktion repräsentieren. Mit Hilfe der Ähnlichkeitsrelationen aus dem Kapitel 1.7 lassen sich Fuzzy-Mengen, wie sie bei Mamdani-Reglern auftreten, als unscharfe Punkte interpretieren. Diese Interpretation des Mamdani-Reglers soll hier genauer untersucht werden.

3.4.1 Interpretation eines Reglers

Zunächst gehen wir davon aus, dass ein Mamdani-Regler vorgegeben ist. Wir setzen weiterhin voraus, dass die Fuzzy-Mengen, die auf den Wertebereichen der Eingangs- und Ausgangsgrößen definiert sind, die Voraussetzungen des Satzes 1.33 oder besser noch des Satzes 1.34 erfüllen. In diesem Fall können Ähnlichkeitsrelationen berechnet werden, so dass sich die Fuzzy-Mengen als extensionale Hüllen von einzelnen Punkten interpretieren lassen.

Beispiel 3.1 Für einen Mamdani-Regler mit zwei Eingangsgrößen x und y und einer Ausgangsgröße z wird für die Eingangsgrößen jeweils die linke Fuzzy-Partition aus Abb. 3.8 und für die Ausgangsgröße die rechte Fuzzy-Partition aus Abb. 3.8 verwendet. Die Regelbasis besteht aus den vier Regeln

R_1: If x is *klein* and y is *klein* then z is *positiv*
R_2: If x is *mittel* and y is *klein* then z is *null*
R_3: If x is *mittel* and y is *groß* then z is *null*
R_4: If x is *groß* and y is *groß* then z is *negativ*

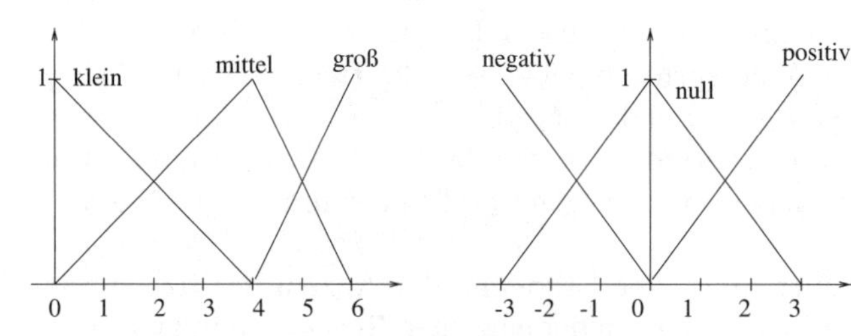

Abb. 3.8. Zwei Fuzzy-Partitionen

Die verwendeten Fuzzy-Partitionen erfüllen die Voraussetzungen von Satz 1.34, so dass sich geeignete Skalierungsfunktionen finden lassen. Für die linke Fuzzy-Partition in Abb. 3.8 lautet die Skalierungsfunktion

$$c_1 : [0,6] \to [0,\infty), \qquad x \mapsto \begin{cases} 0.25 & \text{falls } 0 \le x < 4 \\ 0.5 & \text{falls } 4 \le x \le 6, \end{cases}$$

für die rechte Fuzzy-Partition

$$c_2 : [-3, 3] \to [0, \infty), \qquad x \mapsto \frac{1}{3}.$$

Die Fuzzy-Mengen *klein, mittel, groß, negativ, null* und *positiv* entsprechen den extensionalen Hüllen der Punkte 0, 4, 6, −3, 0 bzw. 3, wenn die durch die angegebenen Skalierungsfunktionen induzierten Ähnlichkeitsrelationen zugrundegelegt werden.

Die vier Regeln besagen dann, dass der Graph der durch den Regler beschriebenen Funktion durch die Punkte (0,0,3), (4,0,0), (4,6,0) und (6,6,−3) gehen sollte. □

Die Interpretation auf der Basis der Ähnlichkeitsrelationen in dem obigen Beispiel liefert vier Punkte auf dem Graphen der gesuchten Funktion und zusätzlich die Information, die in den Ähnlichkeitsrelationen steckt. Die Berechnung der gesamten Funktion stellt somit eine Interpolationsaufgabe dar: Gesucht ist eine Funktion, die durch die vorgegebenen Punkte geht und im Sinne der Ähnlichkeitsrelationen ähnliche Werte wiederum auf ähnliche Werte abbildet.

Wenn wir beispielsweise den Ausgabewert für die Eingabe (1,1) berechnen wollen, so ist (1,1) am ähnlichsten zu der Eingabe (0,0), für die wir den Ausgabewert 3 auf Grund der Regeln kennen. Der Ähnlichkeitsgrad von 1 zu 0 ist nichts anderes als der Zugehörigkeitsgrad des Wertes 1 zur extensionalen Hülle von 0, d.h. zur Fuzzy-Menge *klein*, also 0.75. Eine gewisse, wenn auch etwas geringere Ähnlichkeit weist die Eingabe (1,1) noch zu der Eingabe (4,0) auf. Der Ähnlichkeitsgrad von 1 zu 4 beträgt 0.25, der von 1 zu 0 wiederum 0.75. Der Ausgabewert zu (1,1) sollte also vor allem ähnlich zum Ausgabewert 3 der Eingabe (0,0) und ein bisschen ähnlich zum Ausgabewert 0 zur Eingabe (4,0) sein.

Hierbei haben wir bisher offen gelassen, wie die beiden Ähnlichkeitsgrade, die man durch die beiden Komponenten der Eingangswerte erhält, zu aggregieren sind. Hier bietet sich eine t-Norm, zum Beispiel das Minimum an. Wie gut ist beispielsweise der Ausgabewert 2 für die Eingabe (1,1)? Hierzu berechnen wir den Ähnlichkeitsgrad des Punktes (1,1,2) zu den durch die vier Regeln vorgegebenen Punkten. Dabei werden die Ähnlichkeitsgrade zunächst komponentenweise in Form der Zugehörigkeitsgrade zu den entsprechenden Fuzzy-Mengen bestimmt.

Für den durch die Regel R_1 vorgegebenen Punkt ergibt sich so ein Ähnlichkeitsgrad von $2/3 = \min\{0.75, 0.75, 2/3\}$. Für R_2 erhalten wir $0.25 = \min\{0.25, 0.75, 2/3\}$. Für die beiden Regeln R_3 und R_4 ist der Ähnlichkeitsgrad 0, da schon die Eingabewerte nicht zu den Regeln passen. Der Ähnlichkeitsgrad bzgl. der vorgegebenen vier Punkte bzw. Regeln entspricht dem bestmöglichen Wert, d.h. 2/3. Auf diese Weise können wir zu jedem Ausgabewert z einen Ähnlichkeitsgrad bei vorgegebener Eingabe (1,1) bestimmen, indem wir die eben beschriebene Berechnung für den Punkt $(1, 1, z)$ durchführen. Damit erhalten wir bei vorgegebener Eingabe (1,1) eine Funktion

$$\mu : [-3, 3] \to [0, 1],$$

die wir als Fuzzy-Menge über dem Ausgabebereich interpretieren können. Vergleichen wir die Berechnung mit der Berechnungsvorschrift des Mamdani-Reglers, so erhalten wir exakt die Ausgabe-Fuzzy-Menge (3.5) des entsprechenden Mamdani-Reglers.

3.4.2 Konstruktion eines Reglers

Anstatt die Skalierungsfaktoren bzw. Ähnlichkeitsrelationen und die entsprechenden Interpolationspunkte indirekt aus einem Mamdani-Regler zu bestimmen, können diese auch direkt vorgegeben und der Mamdani-Regler daraus berechnet werden. Der Vorteil besteht zum einen darin, dass man nicht mehr beliebige Fuzzy-Mengen spezifizieren kann, sondern nur Fuzzy-Mengen, die eine gewisse Konsistenz aufweisen. Zum anderen ist die Interpretation der Skalierungsfaktoren und insbesondere der zu spezifizierenden Interpolationspunkte sehr einfach. Die Skalierungsfaktoren lassen sich im Sinne des Beispiels 1.31 deuten. In den Bereichen, wo es bei der Regelung auf sehr genaue Werte ankommt, sollte zwischen den einzelnen Werten auch sehr genau unterschieden werden, d.h. ein großer Skalierungsfaktor gewählt werden, während für Bereiche, in denen es auf die exakten Werte weniger ankommt, ein kleiner Skalierungsfaktor ausreicht. Dies führt dazu, dass in Bereichen, in denen genau geregelt werden muss, bzw. in denen die Reglerausgabe sehr sensitiv auf die Eingabe reagieren muss, bei dem zugehörigen Mamdani-Regler sehr schmale Fuzzy-Mengen verwendet werden, während die Fuzzy-Mengen in den unbedenklichen Bereichen breiter sein dürfen. Damit lässt sich auch erklären, warum die Fuzzy-Mengen in der Nähe des Arbeitspunktes eines Reglers im Gegensatz zu anderen Bereichen häufig sehr schmal gewählt werden: Im Arbeitspunkt ist meistens eine sehr genaue Regelung erforderlich. Dagegen muss, wenn der Prozess sich sehr weit vom Arbeitspunkt entfernt hat, in vielen Fällen vor allem erst einmal stark gegengeregelt werden, um den Prozess erst einmal wieder in die Nähe des Arbeitspunktes zu bringen.

Bei der Verwendung der Skalierungsfunktionen wird auch deutlich, welche impliziten Zusatzannahmen bei dem Entwurf eines Mamdani-Reglers gemacht werden. Die Fuzzy-Partitionen werden jeweils auf den einzelnen Bereichen definiert und dann in den Regeln verwendet. Im Sinne der Skalierungsfunktionen bedeutet dies, dass die Skalierungsfunktionen als unabhängig voneinander angenommen werden. Die Ähnlichkeit von Werten in einem Bereich hängt nicht von den konkreten Werten in anderen Bereichen ab. Um diesen Sachverhalt zu verdeutlichen, betrachten wir einen einfachen PD-Regler, der als Eingangsgrößen den Fehler – die Abweichung vom Sollwert – und die Änderung des Fehlers verwendet. Es ist offensichtlich, dass es bei einem kleinen Fehlerwert für den Regler sehr wichtig ist zu wissen, ob die Fehleränderung eher etwas größer oder eher etwas kleiner als Null ist. Man würde daher einen großen Skalierungsfaktor in der Nähe von Null des Grundbereichs der

Fehleränderung wählen, d.h. schmale Fuzzy-Mengen verwenden. Andererseits spielt es bei einem sehr großen Fehlerwert kaum eine Rolle, ob die Fehleränderung eher etwas in den positiven oder negativen Bereich tendiert. Dies spricht aber für einen kleinen Skalierungsfaktor in der Nähe von Null des Grundbereichs der Fehleränderung, also für breite Fuzzy-Mengen. Um dieses Problem zu lösen, gibt es drei Möglichkeiten:

1. Man spezifiziert eine Ähnlichkeitsrelation im Produktraum von Fehler und Fehleränderung, die die oben beschriebene Abhängigkeit modelliert. Dies erscheint allerdings äußerst schwierig, da sich die Ähnlichkeitsrelation im Produktraum nicht mehr über Skalierungsfunktionen angeben lässt.
2. Man wählt einen hohen Skalierungsfaktor in der Nähe von Null des Grundbereichs der Fehleränderung und muss dafür unter Umständen, wenn der Fehlerwert groß ist, viele fast identische Regeln haben, die sich nur bei der Fuzzy-Menge für die Fehleränderung unterscheiden, etwa

   If Fehler is *groß* and Änderung is *positiv klein* then y is *negativ*.
   If Fehler is *groß* and Änderung is *null* then y is *negativ*.
   If Fehler is *groß* and Änderung is *negativ klein* then y is *negativ*.

3. Man verwendet Regeln, in denen nicht alle Eingangsgrößen vorkommen, z.B.

   If Fehler is *groß* then y is *negativ*.

Die Interpretation des Mamdani-Reglers im Sinne der Ähnlichkeitsrelationen erklärt auch, warum es durchaus sinnvoll ist, dass sich benachbarte Fuzzy-Mengen einer Fuzzy-Partition auf der Höhe 0.5 schneiden. Eine Fuzzy-Menge stellt einen (unscharfen) Wert dar, der später bei den Interpolationspunkten verwendet wird. Wenn ein Wert spezifiziert wurde, lässt sich aufgrund der Ähnlichkeitsrelationen etwas über ähnliche Werte aussagen, so lange bis der Ähnlichkeitsgrad auf Null abgefallen ist. An dieser Stelle sollte spätestens ein neuer Wert für die Interpolation eingeführt werden. Dieses Konzept führt dazu, dass sich die Fuzzy-Mengen genau auf der Höhe 0.5 schneiden. Man könnte die Interpolationspunkte natürlich auch beliebig dicht setzen, sofern entsprechend detaillierte Kenntnisse über den zu regelnden Prozess vorhanden sind. Dies würde zu sehr stark überlappenden Fuzzy-Mengen führen. Im Sinne einer möglichst kompakten Repräsentation des Expertenwissens wird man dies aber nicht tun, sondern erst dann neue Interpolationspunkte einführen, wenn es nötig ist.

Selbst wenn ein Mamdani-Regler nicht die Voraussetzungen einer der Sätze 1.33 oder 1.34 erfüllt, kann es sinnvoll sein, die zugehörigen Ähnlichkeitsrelationen aus Satz 1.32 zu berechnen, die die Fuzzy-Mengen zumindest extensional machen, auch wenn sie nicht unbedingt als extensionale Hüllen von Punkten interpretierbar sind. In [90] wurde u.a. folgendes für diese Ähnlichkeitsrelationen gezeigt:

1. Die Ausgabe eines Mamdani-Reglers ändert sich nicht, wenn man anstelle eines scharfen Eingabewertes seine extensionale Hülle als Eingabe verwendet.
2. Die Ausgabe-Fuzzy-Menge eines Mamdani-Reglers ist immer extensional.

Dies bedeutet, dass die Ununterscheidbarkeit oder Unschärfe, die in den Fuzzy-Partitionen inhärent kodiert ist, nicht überwunden werden kann.

3.5 Fuzzy-Regelung versus klassische Regelung

In diesem Kapitel hat sich gezeigt, dass auch beim Fuzzy-Regler die nach der Defuzzifizierung gewonnenen Ausgangsgrößen wie bei einem klassischen Regler scharf und eindeutig von den Eingangsgrößen abhängig sind. Der Fuzzy-Regler stellt demnach ein nichtlineares Kennfeld ohne interne Dynamik dar. Man kann ihn auch als eine Art nichtlinearen Zustandsregler auffassen. Diesem Kennfeld sind dann im Regelkreis lineare, dynamische Übertragungsglieder zur Integration oder Differentiation vor- oder nachgeschaltet.

Als Kennfeld mit zusätzlichen vor- oder nachgeschalteten linearen Übertragungsgliedern lässt sich aber auch jeder klassisch entworfene Regler darstellen. Hinsichtlich des Verhaltens kann daher zwischen einem Fuzzy-Regler und einem klassischen Regler prinzipiell kein Unterschied bestehen. Der Unterschied zwischen beiden Reglern besteht ausschließlich in der Darstellung und der Entwurfsmethodik. Und ausschließlich hinsichtlich dieser beiden Gesichtspunkte macht es demnach Sinn, die Vor- oder Nachteile eines Fuzzy-Reglers gegenüber dem klassischen Reglerentwurf zu diskutieren.

Nach diesen grundsätzlichen Feststellungen können die Vor- und Nachteile und die daraus resultierenden Anwendungsbereiche von Fuzzy-Reglern diskutiert werden. Zunächst muss bemerkt werden, dass der klassische Reglerentwurf gewisse Vorteile aufweist. Sowohl die Modellbildung der Strecke als auch der darauf aufbauende Reglerentwurf können systematisch erfolgen. Stabilität und gegebenenfalls gewünschte Dämpfungseigenschaften beim Einschwingverhalten sind implizit gewährleistet. Modellunsicherheiten oder -ungenauigkeiten durch Linearisierung können mit Hilfe robuster, insbesondere normoptimaler Regler berücksichtigt werden, so dass auch in diesen Fällen die Stabilität des Regelkreises garantiert werden kann.

Im Gegensatz dazu erfolgt der Entwurf eines Fuzzy-Reglers im allgemeinen auf heuristischem Wege, was sich natürlich im benötigten Zeitaufwand niederschlägt und den Entwurf bei komplexen Strecken sogar unmöglich machen kann. Darüber hinaus kann zunächst einmal keine Gewähr für die Stabilität des entstehenden geschlossenen Kreises übernommen werden. Diese Aussagen sind allerdings insofern zu relativieren, als dass sowohl der systematische Entwurf als auch die Stabilitätsanalyse von Fuzzy-Reglern seit Ende der achtziger Jahre Gegenstand intensiver Forschungstätigkeit geworden sind und mittlerweile einige brauchbare Ansätze auf diesen Gebieten vorliegen (vgl. Kap. 4 und 5).

Teilweise entkräften lässt sich auch das gegen den Fuzzy-Regler sprechende Argument des großen Rechenzeitbedarfs. Grundsätzlich müssen beim Fuzzy-Regler in jedem Abtastschritt sämtliche Regeln abgearbeitet, die Ausgangs-Fuzzy-Menge gebildet und anschließend defuzzifiziert werden. Diese aufwändigen Berechnungen übersteigen aber meistens die Leistungsfähigkeit der zur Verfügung stehenden Prozessoren, insbesondere wenn das Abtastintervall wegen der Dynamik der Strecke klein sein muss. Zur Abhilfe bietet es sich an, für eine ausreichend große Anzahl an Eingangsgrößen die Ausgangsgrößen a priori zu berechnen und in einem Kennfeld abzuspeichern. Zwischen den Werten des Kennfeldes wird dann im laufenden Betrieb interpoliert. Damit entspricht zwar das Übertragungsverhalten eines so implementierten Fuzzy-Reglers normalerweise nicht exakt dem eigentlichen Entwurf, die Unterschiede können jedoch bei ausreichend hoher Auflösung des Kennfeldes vernachlässigt werden.

Ein weiteres zu diskutierendes Argument ist die Robustheit. Fuzzy-Reglern wird wegen der ihnen zu Grunde liegenden Unschärfe eine besonders große Robustheit nachgesagt. Wie oben aber schon erwähnt wurde, weist ein Fuzzy-Regler ein ebenso klar definiertes Übertragungsverhalten auf wie ein klassischer Regler. Daher ist seine Robustheit nichts Geheimnisvolles und lässt sich ebenso diskutieren wie die von klassischen Reglern. Hier ist aber zunächst folgendes klarzustellen: Wie schon in Kapitel 2.7.7 ausgeführt wurde, macht die Verwendung des Begriffes *Robustheit* nur dann Sinn, wenn man auch quantifizieren kann, wie groß die Abweichungen zwischen nominaler und realer Strecke denn sein dürfen, ohne dass der geschlossene Kreis instabil wird. Denn das unquantifizierte Attribut *robust* trifft praktisch auf jeden Regler zu und ist daher nicht aussagekräftig. Bei Fuzzy-Reglern, die für eine Strecke entworfen wurden, von der kein Modell existiert, ist eine Quantifizierung der Robustheit aber unmöglich. Und auch wenn ein solches Modell zur Verfügung steht, kann die Robustheit normalerweise nur in Form von Simulationsläufen mit veränderten Streckenparametern nachgewiesen werden, also lediglich anhand einiger ausgewählter Beispiele, was natürlich kein echter Beweis für die Robustheit ist. Dagegen existieren im Bereich der klassischen, linearen Regelungstechnik mittlerweile Verfahren (vgl. [129]), bei denen man für jeden beliebigen Streckenparameter den erwarteten Unsicherheitsbereich vorgeben kann und der mit diesen Verfahren berechnete Regler dann für jede damit mögliche Streckenkonstellation einen stabilen geschlossenen Kreis garantiert.

Schließlich bleibt die Übersichtlichkeit und Anschaulichkeit des Fuzzy-Reglers. Fraglos ist eine Fuzzy-Regel anschaulicher und insbesondere für Nicht-Regelungstechniker leichter zu verstehen als die Übertragungsfunktion eines PI-Reglers oder gar die Koeffizientenmatrix eines Zustandsreglers. Wenn die Strecke und damit der Regler aber eine gewisse Komplexität aufweisen, so besteht der Fuzzy-Regler nicht mehr nur aus einigen wenigen, sondern aus bis zu einigen hundert Regeln. Die Anschaulichkeit jeder einzelnen Regel bleibt dann zwar erhalten, das gesamte Regelwerk ist aber nicht mehr zu überblicken. Die Wirkung der Veränderung einer bestimmten Eingangsgröße kann nur noch vorhergesagt werden, indem man den gesamten Regler durchrechnet. Dagegen lässt sich beispielsweise anhand der Koeffizientenmatrix eines Zustandsreglers noch recht gut ablesen, wie sich die Ausgangsgrößen bei der Veränderung einer Eingangsgröße vergrößern oder verkleinern.

Zusammenfassend ist daher für den sinnvollen Einsatz eines Fuzzy-Reglers festzustellen: Wenn ein Modell der Strecke in Form von Differential- oder Differenzengleichungen vorliegt und es auch möglich ist, anhand dieses Modells (ggf. nach einer Linearisierung) mit klassischen Methoden einen Regler auszulegen, so sollte dies auch versucht werden. Der Einsatz eines Fuzzy-Reglers bietet sich jedoch an, wenn

- kein Streckenmodell in Form von Differenzen- oder Differentialgleichungen zur Verfügung steht.
- die Strecke aufgrund von Nichtlinearitäten eine Struktur aufweist, die den Einsatz klassischer Verfahren unmöglich macht.
- die Regelziele nur unscharf formuliert sind, wie z.B. die Forderung nach *weichem* Umschalten beim Automatikgetriebe eines Kraftfahrzeuges [171].
- die Strecke und damit die notwendige Regelstrategie so einfach zu überblicken sind, dass der Entwurf eines Fuzzy-Reglers weniger Zeit erfordert als die Modellbildung der Strecke und der Entwurf eines klassischen Reglers.

Daneben besteht auch noch die Möglichkeit, den Fuzzy-Regler nicht im geschlossenen Kreis als echten Regler zu betreiben, sondern auf einer übergeordneten Ebene, beispielsweise zur Vorgabe geeigneter Sollwerte (Bahnplanung), zur Adaption eines klassischen Reglers, zur Prozessüberwachung oder zur Fehlerdiagnose. In diesem Bereich sind der Phantasie des Anwenders keine Grenzen gesetzt. Da hier der Fuzzy-Regler nicht im geschlossenen Kreis arbeitet, existieren auch keine spezifisch regelungstechnischen Probleme wie beispielsweise das Stabilitätsproblem. Bei diesen Anwendungen sind eher sicherheitstechnische Fragen relevant, beispielsweise die Ausfallsicherheit oder ob durch den Fuzzy-Regler tatsächlich alle möglichen Fälle erfasst sind.

Obwohl gerade bei dieser Art von Anwendungen die Vorteile von Fuzzy-Methoden erst richtig zum Tragen kommen, sind sie nicht Gegenstand dieses Buches. Da es sich hierbei um dem Regelkreis übergeordnete Strukturen handelt, sind diese zwangsläufig sehr fachspezifisch, so daß ihre Darstellung den Rahmen dieses Buches sprengen würde. In den verschiedenen Fachzeitschriften finden sich jedoch vielfältige Anwendungsbeispiele aus allen Bereichen der Technik.

Abschließend sollen noch kurz einige praktische Aspekte des Einsatzes von Fuzzy-Reglern diskutiert werden. Einer dieser Aspekte ist die Bereitstellung der benötigten Eingangsgrößen für den Fuzzy-Regler. Sofern diese

Größen direkt messbar sind, gibt es kein Problem. Eine einfache Differenzbildung, um beispielsweise aus zwei aufeinander folgenden Messwerten des Fehlers e die Fehlerdifferenz $\Delta e(k) = e(k) - e(k-1)$ zu erhalten, ist ebenfalls unproblematisch. Kritisch wird dagegen schon eine zweifache Differenzbildung $\Delta^2 e(k) = \Delta e(k) - \Delta e(k-1) = e(k) - 2e(k-1) + e(k-2)$. Diese ist zwar leicht aus vergangenen Messwerten des Fehlers zu berechnen, wird aber im allgemeinen keine brauchbaren Ergebnisse liefern. Der Grund liegt darin, dass die Differenzbildung einer Hochpassfilterung erster Ordnung und die zweifache Differenzbildung soger einer Filterung zweiter Ordnung entspricht. Eine Hochpassfilterung bedeutet aber eine Verstärkung hochfrequenter Signalanteile, und damit insbesondere auch des Messrauschens. Daher kann eine zweifache Differenzbildung nur dann ein brauchbares Ergebnis liefern, wenn das Messsignal fast rauschfrei ist.

Erfolgversprechender ist hier sicherlich die Verwendung eines Beobachters, wie er in Kapitel 2.7.5 oder 2.8.11 beschrieben wurde. Dieser beinhaltet keine Differenzbildungen oder Differentiationen, sondern lediglich Integrationen, so dass hier keine Rauschsignalverstärkung erfolgen kann. Dafür erfordert ein Beobachter aber ein relativ präzises Streckenmodell in Form von Differenzen- oder Differentialgleichungen. Bei Vorliegen eines solchen Modells stellt sich aber wiederum die Frage, ob ein klassisches Entwurfsverfahren nicht sinnvoller wäre als der Entwurf eines Fuzzy-Reglers.

Die gleiche Frage stellt sich auch, wenn der Entwurf und die Optimierung eines Fuzzy-Reglers anhand von Simulationen erfolgen. Denn für eine Simulation, die brauchbare Rückschlüsse auf das zu erwartende reale Systemverhalten zulässt, wird ebenfalls ein präzises Streckenmodell benötigt.

4. Stabilitätsanalyse von Fuzzy-Reglern

Für die Stabilitätsanalyse von Fuzzy-Reglern kommen grundsätzlich alle Verfahren in Betracht, die für die Analyse nichtlinearer Systeme geeignet sind und von denen die bekanntesten in Kapitel 2.8 bereits vorgestellt wurden. Dabei kann man nicht sagen, dass irgendwelche Verfahren grundsätzlich besser oder schlechter sind als andere. Welches Verfahren im Einzelfall tatsächlich anzuwenden ist, hängt ausschließlich von den Voraussetzungen ab. Und zwar sind dies im wesentlichen die Struktur des Gesamtsystems und die Art der Information, die über die zu regelnde Strecke vorliegt. Von daher ist es notwendig, die einzelnen Verfahren hinsichtlich ihrer Voraussetzungen genau zu kennen, um im Anwendungsfall eine vernünftige Entscheidung über ihren Einsatz fällen zu können.

Bei den Verfahren, die schon in Kapitel 2.8 ausführlich behandelt wurden, soll in diesem Kapitel nur auf die Besonderheiten eingegangen werden, die sich aus ihrer Anwendung auf Systeme mit Fuzzy-Reglern ergeben. Der Einfachheit halber werden diese Verfahren dabei hier in derselben Reihenfolge behandelt, ergänzt durch das Kapitel 4.6 über normenbasierte Stabilitätsanalyse und zwei Änsätze zur direkten Analyse im Zustandsraum (4.9). Verzichtet wird dagegen auf die Behandlung von Methoden, die ein vollständig fuzzifiziertes System voraussetzen, d.h. bei denen das gesamte Systemverhalten in Form von Fuzzy-Relationalgleichungen gegeben ist (vgl. [22, 73, 80]), denn diese Ansätze sind eher von theoretischem als praktischem Interesse.

4.1 Voraussetzungen

4.1.1 Struktur des Regelkreises

Vor der Durchführung der Analyse muss man sich grundsätzlich darüber im klaren sein, dass der Regler nicht nur aus einer reinen Fuzzy-Komponente mit Fuzzifizierung, Regelbasis, Inferenzmechanismus und Defuzzifizierung besteht, sondern dass die Bereitstellung der Ein- und Ausgangsgrößen für diese Komponente ebenfalls Berechnungen erfordert. Abb. 4.1 zeigt als Beispiel einen Regler mit der Eingangsgröße e, der Ausgangsgröße u und der linearen Strecke $G(s)$. Eine der Fuzzy-Regeln könnte beispielsweise lauten:

$$\text{If } e = \ldots \text{ and } \dot{e} = \ldots \text{ and } \int e = \ldots \text{ then } \dot{u} = \ldots \tag{4.1}$$

Die Fuzzy-Komponente selbst benötigt also die Eingangsgrößen *Fehler* e, *Ableitung des Fehlers* $\dot{e}$ und *Integral des Fehlers* $\int e$ und liefert zudem nicht direkt die Stellgröße u, sondern nur ihre Ableitung $\dot{u}$. Damit beinhaltet der Regler offenbar zusätzlich zur Fuzzy-Komponente eine Differentiation (bzw. diskrete Differenzbildung) sowie zwei Integrationen (bzw. diskrete Summenbildungen). Für eine vereinfachte Namensgebung soll in Zukunft die reine Fuzzy-Komponente ohne interne Dynamik als Fuzzy-Regler und das diesen Fuzzy-Regler sowie Differentiationen und Integrationen beinhaltende, gesamte Übertragungsglied als Regler bezeichnet werden.

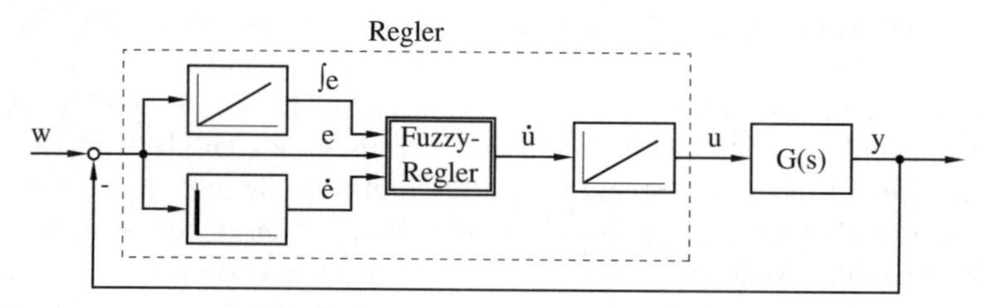

Abb. 4.1. Elemente eines Systems mit Fuzzy-Regler

Weiterhin ist die Systemstruktur in Abb. 4.1 für eine Stabilitätsanalyse nicht besonders gut geeignet. Zum einen entspricht die Aufteilung nicht der für einige Verfahren erforderlichen Standard-Aufteilung in einen linearen und einen nichtlinearen Systemteil (Abb. 2.79), zum anderen enthält das Blockschaltbild eine Differentiation. Differentiationsglieder sollten aber in einem Blockschaltbild grundsätzlich vermieden werden, da bei Ihnen Ursache und Wirkung vertauscht sind. Beispielsweise lässt sich der Zusammenhang zwischen Beschleunigung und Geschwindigkeit entweder durch ein Differentiationsglied mit der Geschwindigkeit als Eingangsgröße oder durch einen Integrator mit der Beschleunigung als Eingangsgröße angeben. Die Beschleunigung ist aber gerade proportional zur antreibenden Kraft, und die Kraft ist offenbar die Ursache der Bewegung. Der Integrator weist damit im Gegensatz zum Differentiationsglied die Ursache als Eingangsgröße auf und bildet deshalb sicherlich die bessere Darstellungsvariante.

Aus diesem Grund wird das Blockschaltbild gemäß Abb. 4.2 umstrukturiert. Der Integrator am Ausgang des Fuzzy-Reglers bleibt erhalten. Die hier als linear angenommene Strecke $G(s)$ wird dagegen zerlegt in einen Integrator und eine Rest-Übertragungsfunktion $G'(s)$. Durch diese Aufteilung gewinnt man die Ableitung der Ausgangsgröße $\dot{y}$ und damit auch die Ableitung der Fehlergröße $\dot{e}$, ohne dass ein Differentiationsglied notwendig ist. Stattdessen wird noch eine Differenzbildung mit der Ableitung des Sollwertes $\dot{w}$ benötigt. Da bei der Stabilitätsanalyse aber normalerweise eine Ruhelage untersucht wird, gilt $\dot{w} = 0$, womit diese Differenzbildung wieder entfällt.

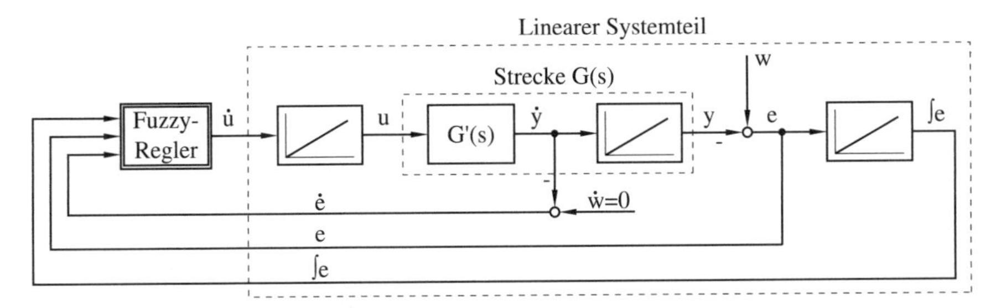

Abb. 4.2. Umstrukturiertes Blockschaltbild für die Stabilitätsanalyse

Neben der Vermeidung der Differentiation gelang durch diese Umstrukturierung auch die Aufteilung des Kreises in einen linearen und einen nichtlinearen Systemteil, wie sie für einige Analyseverfahren erforderlich ist. Bei Strecken mit nichtlinearen Anteilen ist diese Aufteilung natürlich nicht mehr so einfach. Hier kann man nur versuchen, die nichtlinearen Teile der Strecke ebenfalls dem Fuzzy-Regler zuzurechnen. Sollte dies nicht möglich sein, bleiben aber immer noch die Verfahren, die eine solche Aufteilung nicht erfordern.

4.1.2 Analytische Approximation eines Fuzzy-Reglers

Zusätzlich zu einer Umstrukturierung des Regelkreises ist es für die Anwendung einiger Stabilitätskriterien erforderlich, das Übertragungsverhalten des Fuzzy-Reglers in einer bestimmten, analytischen Form zu beschreiben. Um den Zusammenhang zwischen der herkömmlichen und der analytischen Darstellung zu verdeutlichen, soll die analytische Darstellung für einen einfachen Fuzzy-Regler aus der herkömmlichen Darstellung entwickelt werden.

Der Ausgangsvektor $\mathbf{u} = [u_1, ..., u_m]^T$ des Reglers sei durch Regeln der Form

$$\text{If ... then } u_1 = \mu_{\mathbf{u}_{i,1}} \text{ and } u_2 = \mu_{\mathbf{u}_{i,2}} \text{ and ...} \tag{4.2}$$

bzw.

$$\text{If ... then } \mathbf{u} = \mu_{\mathbf{u}_i} \tag{4.3}$$

definiert. Dabei ist $\mu_{\mathbf{u}_i} = [\mu_{\mathbf{u}_{i,1}}, ..., \mu_{\mathbf{u}_{i,m}}]^T$ ein Vektor aus Fuzzy-Mengen, und i ist die Nummer der Fuzzy-Regel.

Die Prämisse einer jeden Regel ordnet jeder möglichen Kombination von Eingangsgrößen einen Wahrheitswert zu. Mit diesem Wert wird die Regel dann aktiviert. Daher kann jede Prämisse auch äquivalent durch eine analytische Darstellung in Form einer mehrdimensionalen Wahrheitsfunktion ersetzt werden. Die Prämisse der i-ten Regel wird dabei durch die Funktion $k_i(\mathbf{z}) \in [0, 1]$ ersetzt, wobei $\mathbf{z}(t)$ der Vektor der Eingangsgrößen ist. Diese Eingangsgrößen müssen nicht zwangsläufig Zustandsgrößen sein. Allerdings wird dies in einigen Verfahren vorausgesetzt. $k_i(\mathbf{z}(t))$ gibt für einen Eingangsvektor $\mathbf{z}(t)$ den Wahrheitswert an, zu dem die Prämisse der Regel i erfüllt ist, d.h. den Wert, mit dem die Regel aktiviert wird.

Für die weitere Betrachtung sollen die Prämissen des Fuzzy-Reglers zwei Voraussetzungen erfüllen:

1. Die Summe der Wahrheitswerte aller Prämissen muss für jede beliebige Kombination von Eingangsgrößen des Reglers immer gleich Eins sein:

$$\sum_i k_i(\mathbf{z}(t)) = 1 \tag{4.4}$$

2. Es existiert zu jeder Regel mindestens ein Wert des Eingangsgrößenvektors $\mathbf{z}(t)$, für den der Wahrheitswert ihrer Prämisse den Wert Eins annimmt. Mit der ersten Forderung folgt daraus unmittelbar, dass für eine solche Eingangsgrößenkombination die Wahrheitswerte der Prämissen aller anderen Regeln gleich Null sind.

Diese Forderungen sind nicht restriktiv und werden von Fuzzy-Reglern in der Praxis gewöhnlich erfüllt. Sie stellen sicher, dass der Fuzzy-Regler vollständig definiert ist, d.h. dass für jede Kombination von Eingangsgrößen eine Ausgangsgröße berechnet werden kann. Und darüber hinaus müssen die Fuzzy-Mengen in den Prämissen normale Fuzzy-Mengen beschreiben, d.h. es muss mindestens ein Element mit dem Zugehörigkeitsgrad Eins existieren.

Nachdem die Prämissen durch eine analytische Darstellung in Form von Wahrheitsfunktionen $k_i(\mathbf{z}(t))$ ersetzt worden sind, soll ein ähnlicher Schritt auch für die Konklusionen und die Defuzzifizierung vollzogen werden. Während im Fall der Prämissen die analytische Darstellung allerdings äquivalent zur ursprünglichen Darstellung ist, können die Konklusionen in Verbindung mit der Defuzzifizierung nur approximiert werden.

Dazu ist für jede Regel ein geeigneter Ausgangsvektor $\mathbf{u}_i$ zu bestimmen, der den Vektor aus Fuzzy-Mengen $\mu_{\mathbf{u}_i}$ in der Konklusion ersetzt. Die Gesamt-Ausgangsgröße $\mathbf{u}$ des Reglers ergibt sich dann mit Hilfe der analytischen Wahrheitsfunktionen $k_i(\mathbf{z}(t))$ als Überlagerung dieser Vektoren $\mathbf{u}_i$ zu

$$\mathbf{u} = \sum_i k_i(\mathbf{z}(t))\mathbf{u}_i \tag{4.5}$$

An dieser Formel ist zu erkennen, dass die $\mathbf{u}_i$ in Abhängigkeit von der Form der Fuzzy-Mengen $\mu_{\mathbf{u}_{i,1}}$ und der Defuzzifizierungsstrategie bestimmt werden müssen, um eine gute Approximation des ursprünglichen Reglerverhaltens zu gewährleisten. Auf die notwendigen Berechnungsschritte soll an dieser Stelle aber nicht weiter eingegangen werden. Sie ergeben sich aus dem Vergleich der Ausgangsgröße des Original-Reglers (Gleichung (4.3)) mit der Ausgangsgröße der analytischen Darstellung in Gleichung (4.5) für eine bestimmte Menge relevanter Eingangsgrößen $\mathbf{z}(t)$. Damit ist der ursprüngliche Fuzzy-Regler durch einen analytischen Regler approximiert worden.

Diejenigen Vektoren $\mathbf{z}(t)$, für die eine Wahrheitsfunktion k_i den Wert Eins annimmt und alle anderen den Wert Null, werden im Folgenden als Stützstellen bezeichnet. Der Vektor $\mathbf{u}_i$ ist demnach der Ausgangsvektor des

Reglers an der i-ten Stützstelle, und allgemein ergibt sich mit dieser Definition der Ausgangsvektor des Reglers aus der gewichteten Mittelwertbildung der Ausgangsvektoren an den Stützstellen. Die Gewichtung $k_i(\mathbf{z}(t))$ ergibt sich wiederum aus dem Momentanwert der Eingangsgrößen.

Ein solcher Fuzzy-Regler ist damit ein echtes Kennfeld, wie es in Abb. 4.3 für einen Fuzzy-Regler mit zwei Eingangsgrößen z_1 und z_2 und einer Ausgangsgröße u dargestellt ist. In einem Kennfeld sind für bestimmte Stützstellen die Ausgangswerte vorgegeben. Liegt ein Eingangsvektor $(z_1, z_2)^T$ nicht exakt auf einer Stützstelle, so ist zwischen den benachbarten Stützstellen zu interpolieren. Wie dies zu geschehen hat, zeigt die rechte Zeichnung. Vorausgesetzt wird, dass die Abstände zwischen den Stützstellen jeweils Eins betragen, was durch eine geeignete Normierung der Eingangsgrößen leicht zu erreichen ist. Für den Eingangsvektor $\mathbf{z}$ berechnet sich dann die Ausgangsgröße nach

$$u(\mathbf{z}) = (1-a)[(1-b)u_1 + bu_2] + a[(1-b)u_3 + bu_4] \tag{4.6}$$

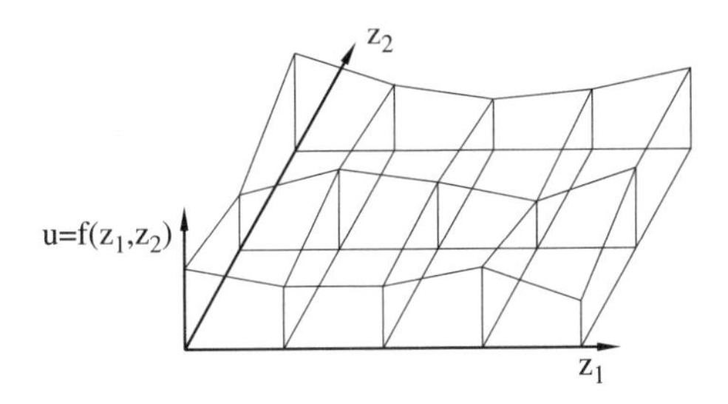

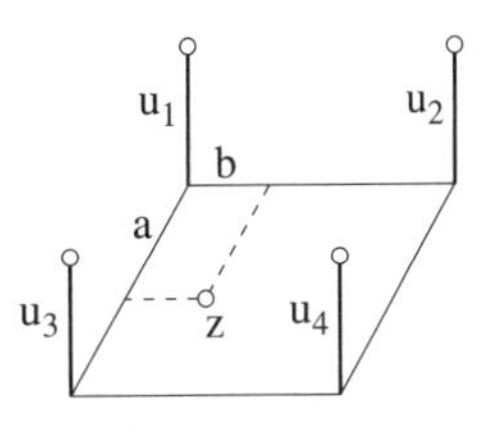

Abb. 4.3. Kennfeld-Fuzzy-Regler

4.1.3 Takagi-Sugeno-Kang-Systeme

Der Fuzzy-Regler kann auch von vornherein als *Takagi-Sugeno-Kang-Regler (TSK-Regler)* vorliegen (vgl. Kap. 3.2). Dieser zeichnet sich dadurch aus, dass die Ausgangsgröße einer Regel nicht durch Fuzzy-Mengen $\mu_{\mathbf{u}_i}$ festgelegt wird, sondern durch eine Funktion von beliebigen Systemgrößen $\mathbf{x}$ entsprechend Gleichung (3.8). Hier sollen im Zusammenhang mit der Stabilitätsanalyse aber nur diejenigen TSK-Regler betrachtet werden, bei denen diese Funktionen lineare Funktionen sind, da andernfalls keine praktikablen Kriterien ableitbar sind:

$$\text{If ... then } \mathbf{u} = \mathbf{F}_i \mathbf{x} \tag{4.7}$$

Dabei ist $\mathbf{F}_i$ eine konstante Koeffizientenmatrix. Beschreibt man auch hier die Prämissen durch entsprechende Wahrheitsfunktionen $k_i(\mathbf{z})$, so ergibt sich die Ausgangsgröße des TSK-Reglers aus der Überlagerung der Ausgangsgrößen der einzelnen Regeln zu

$$\mathbf{u} = \sum_i k_i(\mathbf{z})\mathbf{F}_i\mathbf{x} \tag{4.8}$$

An dieser Formel ist ersichtlich, dass die Regler-Eingangsgrößen $\mathbf{x}$ nicht unbedingt dieselben Größen sein müssen, die die Regler-Prämissen bestimmen ($\mathbf{z}$).

Auch hier lassen sich, sofern die Wahrheitsfunktionen normale Fuzzy-Mengen beschreiben und Bedingung (4.4) erfüllt ist, wieder Stützstellen angeben. Befindet sich das System an der i-ten Stützstelle, so ist das Übertragungsverhalten des TSK-Reglers durch den rein linearen Zusammenhang $\mathbf{u} = \mathbf{F}_i\mathbf{x}$ gegeben. Und da der Eingangsvektor $\mathbf{x}$ auch vergangene Werte von $\mathbf{u}$ enthalten kann, kann dieser lineare Zusammenhang sogar interne Dynamik darstellen, was beim vorher behandelten Kennfeld nicht möglich war.

An einer Stützstelle entspricht der TSK-Regler demnach einem linearen Übertragungsglied. Deshalb lässt sich ein TSK-Regler auch als Parallelschaltung linearer Übertragungsglieder auffassen, aus deren Ausgangsgrößen der je nach Eingangsgröße gewichtete Mittelwert gebildet wird. Damit entspricht ein TSK-Regler aber gerade einem Gain-Scheduling-Regler, wie er in Kapitel 2.8.2 beschrieben wurde.

Für den TSK-Regler mit den Eingangsgrößen $\mathbf{x} = [x_1, ..., x_n]^T$ lässt sich eine zusätzliche, künstliche Eingangsgröße x_{n+1} definieren, die immer den konstanten Wert Eins aufweist. Setzt man dann alle Elemente der Matrizen $\mathbf{F}_i$ gleich Null und nur die $(n+1)$-te Spalte von $\mathbf{F}_i$ jeweils gleich $\mathbf{u}_i$ aus Gleichung (4.5), so wird aus dem TSK-Regler gerade der Kennfeldregler aus (4.5):

$$\mathbf{F}_i = \begin{pmatrix} \mathbf{0} & \mathbf{u}_i \end{pmatrix} \qquad \text{und} \quad \mathbf{x}' = \begin{pmatrix} \mathbf{x} \\ 1 \end{pmatrix} \qquad \mathbf{u}_i = \mathbf{F}_i\mathbf{x}' \tag{4.9}$$

$\mathbf{0}$ ist hier die Nullmatrix der Dimension $n \times n$. Damit ist gezeigt, dass der Kennfeldregler lediglich ein Spezialfall des TSK-Reglers ist.

TSK-Systeme lassen sich auch zur Modellierung gegebener Strecken-Übertragungsglieder heranziehen. Mit Hilfe eines solchen TSK-Modelles lässt sich jedes beliebige lineare oder nichtlineare Übertragungsverhalten mit oder ohne interne Dynamik mit steigender Anzahl der Regeln bzw. Stützstellen beliebig genau approximieren, sofern es keine Hysterese oder Laufzeiten enthält. Das TSK-Modell besteht aus einzelnen linearen Modellen, deren Ausgangsgrößen mit wechselnden Gewichtsfaktoren je nach dem Momentanwert der Eingangsgrößen überlagert werden. Für das Zustandsmodell einer Strecke ergibt sich beispielsweise

$$\dot{\mathbf{x}}(t) = \sum_i k_i(\mathbf{z}(t))\,[\mathbf{A}_i\mathbf{x}(t) + \mathbf{B}_i\mathbf{u}(t)] \tag{4.10}$$

In der Praxis gewinnt man ein solches Modell, wenn man wie bei indirekten adaptiven Verfahren zunächst verschiedene Stützstellen als Arbeitspunkte auswählt und anschließend an jedem Arbeitspunkt eine klassische Identifikation der Strecke durchführt. Diese liefert ein lineares Modell des Strecken-Übertragungsverhaltens an diesem Arbeitspunkt bzw. an dieser Stützstelle.

Das gleiche wird für alle anderen Stützstellen durchgeführt. Damit ist das TSK-Modell der Strecke festgelegt. Es ist allerdings darauf zu achten, dass an jedem Arbeitspunkt dieselbe Systemstruktur vorausgesetzt wird, d.h. insbesondere dieselbe Anzahl an Zustands- und Eingangsgrößen, damit die Matrizen $\mathbf{A}_i$ und $\mathbf{B}_i$ an jedem Arbeitspunkt dieselbe Dimension aufweisen.

Sofern ein klassisches nichtlineares Modell der Strecke vorliegt, anhand dieses Modells aber wegen seiner Komplexität kein Reglerentwurf möglich ist, kann es auch durchaus Sinn machen, dieses Modell in ein TSK-Modell zu überführen und einen TSK-Regler auf Basis des TSK-Modells zu entwerfen. In [184] wird ein dazu geeigneter Ansatz vorgestellt. Bevor auf diesen Ansatz näher eingegangen wird, sollen aber zunächst einige grundlegende Überlegungen skizziert werden.

Ausgangspunkt der Überlegungen ist ein allgemeines nichtlineares Modell der Strecke:

$$\dot{\mathbf{x}} = \mathbf{f}(\mathbf{x}, \mathbf{u}) \tag{4.11}$$

Die Entwicklung der rechten Seite an einem gegebenen Arbeitspunkt $(\mathbf{x}_0, \mathbf{u}_0)$ in eine nach dem ersten Glied abgebrochene Taylor-Reihe liefert (vgl. Gleichung (2.215))

$$\dot{\mathbf{x}} = \mathbf{f}(\mathbf{x}_0, \mathbf{u}_0) + \frac{\partial \mathbf{f}}{\partial \mathbf{x}}(\mathbf{x}_0, \mathbf{u}_0)(\mathbf{x} - \mathbf{x}_0) + \frac{\partial \mathbf{f}}{\partial \mathbf{u}}(\mathbf{x}_0, \mathbf{u}_0)(\mathbf{u} - \mathbf{u}_0) \tag{4.12}$$

Offensichtlich weist diese Gleichung einen konstanten Anteil $\mathbf{f}(\mathbf{x}_0, \mathbf{u}_0)$ auf, der nicht zwangsläufig gleich Null sein muss, sondern im Gegenteil, wenn man eine solche Taylor-Entwicklung an verschiedenen Arbeitspunkten durchführt, sicherlich an den meisten Arbeitspunkten ungleich Null sein wird.

Die Taylor-Entwicklung der nichtlinearen Funktion an den einzelnen Arbeitspunkten führt demnach im allgemeinen nicht auf lineare Teilmodelle der Form $\dot{\mathbf{x}} = \mathbf{A}_i\mathbf{x} + \mathbf{B}_i\mathbf{u}$, sondern auf affine Teilmodelle der Form

$$\dot{\mathbf{x}} = \mathbf{A}_i\mathbf{x} + \mathbf{B}_i\mathbf{u} + \mathbf{a}_i \tag{4.13}$$

d.h. lineare Modelle mit konstanten Anteilen. Für den Reglerentwurf und auch die Stabilitätsbetrachtungen anhand von TSK-Modellen werden aber lineare Teilmodelle benötigt.

Abhilfe bietet hier der schon angesprochene Ansatz in [184], mit dem das allgemeine nichtlineare Modell an jedem Arbeitspunkt in ein lineares Modell überführt werden kann. Der Ansatz gilt zwar nur für Systeme ohne äußere Anregung, soll hier aber dennoch vorgestellt werden, um zumindest eine Vorstellung von den notwendigen Schritten zu geben. Ausgangspunkt ist die allgemeine Gleichung $\dot{\mathbf{x}} = \mathbf{f}(\mathbf{x})$, die an einem Arbeitspunkt $\mathbf{x}_0$ durch die lineare Gleichung $\dot{\mathbf{x}} = \mathbf{A}\mathbf{x}$ approximiert werden soll. In der Umgebung des Arbeitspunktes muss demnach gelten:

$$\mathbf{f}(\mathbf{x}) \approx \mathbf{A}\mathbf{x} \tag{4.14}$$

$$\mathbf{f}(\mathbf{x}_0) = \mathbf{A}\mathbf{x}_0 \tag{4.15}$$

Gesucht sind die Koeffizienten der Matrix $\mathbf{A}$. Für jede einzelne Zeile $\mathbf{a}_i^T$ von $\mathbf{A}$ folgt aus (4.14) und (4.15):

$$f_i(\mathbf{x}) \approx \mathbf{a}_i^T \mathbf{x} \tag{4.16}$$

$$f_i(\mathbf{x}_0) = \mathbf{a}_i^T \mathbf{x}_0 \tag{4.17}$$

Die Entwicklung der linken Seite von Gleichung (4.16) in eine Taylor-Reihe und Abbruch der Reihe nach dem ersten Glied liefert

$$f_i(\mathbf{x}_0) + (\frac{\partial f_i}{\partial \mathbf{x}}(\mathbf{x}_0))^T(\mathbf{x} - \mathbf{x}_0) \approx \mathbf{a}_i^T \mathbf{x} \tag{4.18}$$

Einsetzen von (4.17) in (4.18) ergibt

$$(\frac{\partial f_i}{\partial \mathbf{x}}(\mathbf{x}_0))^T(\mathbf{x} - \mathbf{x}_0) \approx \mathbf{a}_i^T(\mathbf{x} - \mathbf{x}_0) \tag{4.19}$$

Die Koeffizienten von $\mathbf{a}_i$ müssen demnach so bestimmt werden, dass $\mathbf{a}_i$ zum einen möglichst genau $\frac{\partial f_i}{\partial \mathbf{x}}(\mathbf{x}_0)$ entspricht, d.h.

$$\frac{1}{2}\int\limits_{-\infty}^{+\infty}(\frac{\partial f_i}{\partial \mathbf{x}}(\mathbf{x}_0) - \mathbf{a}_i)^T(\frac{\partial f_i}{\partial \mathbf{x}}(\mathbf{x}_0) - \mathbf{a}_i)dt \tag{4.20}$$

minimal wird, und zum anderen die Nebenbedingung $f_i(\mathbf{x}_0) = \mathbf{a}_i^T \mathbf{x}_0$ erfüllt ist. Entsprechend der Theorie der Variationsrechnung (vgl. [24]) wird zur Lösung des Problems zunächst die Lagrange-Funktion gebildet:

$$L = \frac{1}{2}(\frac{\partial f_i}{\partial \mathbf{x}}(\mathbf{x}_0) - \mathbf{a}_i)^T(\frac{\partial f_i}{\partial \mathbf{x}}(\mathbf{x}_0) - \mathbf{a}_i) + \lambda(\mathbf{a}_i^T \mathbf{x}_0 - f_i(\mathbf{x}_0)) \tag{4.21}$$

Die Euler-Lagrange-Gleichung liefert

$$0 = \frac{\partial L}{\partial \mathbf{a}_i} = \mathbf{a}_i - \frac{\partial f_i}{\partial \mathbf{x}}(\mathbf{x}_0) + \lambda \mathbf{x}_0 \tag{4.22}$$

Die Multiplikation dieser Gleichung mit $\mathbf{x}_0^T$, Einsetzen von Gleichung (4.17) und Auflösen nach λ führt auf

$$\lambda = \frac{\mathbf{x}_0^T \frac{\partial f_i}{\partial \mathbf{x}}(\mathbf{x}_0) - f_i(\mathbf{x}_0)}{||\mathbf{x}_0||^2} \tag{4.23}$$

Dabei sei $\mathbf{x}_0 \neq \mathbf{0}$ vorausgesetzt. Dieser Ausdruck für λ wird in (4.22) eingesetzt und liefert die gesuchte Berechnungsvorschrift für $\mathbf{a}_i$:

$$\mathbf{a}_i = \frac{\partial f_i}{\partial \mathbf{x}}(\mathbf{x}_0) - \frac{\mathbf{x}_0^T \frac{\partial f_i}{\partial \mathbf{x}}(\mathbf{x}_0) - f_i(\mathbf{x}_0)}{||\mathbf{x}_0||^2}\mathbf{x}_0 \tag{4.24}$$

Mit dieser Formel lassen sich für jeden Arbeitspunkt aus der nichtlinearen Funktion $\mathbf{f}(\mathbf{x})$ die Zeilen der an dem Arbeitspunkt gültigen Matrix $\mathbf{A}$ berechnen, und man erhält an jedem Arbeitspunkt ein lineares Streckenmodell.

Diese linearen Teilmodelle können dann zu einem TSK-Modell der Strecke vereinigt werden.

Es sei ausdrücklich davor gewarnt, TSK-Streckenmodelle für einen klassischen Reglerentwurf heranzuziehen. Denn durch die Überlagerung der einzelnen linearen Modelle entstehen Fehler bei höheren Ableitungen der Modelle wie z.B. negative Verstärkung, die verheerende Auswirkungen auf den Reglerentwurf haben können. In [138] wird ein solcher Fall anschaulich erläutert.

Geeignet ist allerdings der Entwurf eines linearen Zustandsreglers mit der Koeffizientenmatrix $\mathbf{F}_i$ für jedes einzelne lineare Teil-Streckenmodell $(\mathbf{A}_i, \mathbf{B}_i)$. Diese einzelnen Regler werden dann zu einem TSK-Regler zusammengefasst, der die gleichen Prämissen (Stützstellen) aufweist wie das TSK-Streckenmodell. Es ergibt sich ein TSK-Regler entsprechend Gleichung (4.8), wobei der Vektor $\mathbf{x}$ dort ein Vektor beliebiger Systemgrößen war, während er jetzt ausschließlich aus Zustandsgrößen besteht. Inwieweit ein so entworfener Regler das System dann tatsächlich stabilisiert, wird in Kapitel 4.2.2 behandelt.

Einsetzen der Gleichung (4.8) des TSK-Reglers in (4.10) liefert die Zustandsgleichung eines von außen nicht angeregten geschlossenen Kreises in Form eines TSK-Modelles

$$\dot{\mathbf{x}}(t) = \sum_i \sum_j k_i(\mathbf{z}(t)) k_j(\mathbf{z}(t)) \left[\mathbf{A}_i + \mathbf{B}_i \mathbf{F}_j\right] \mathbf{x}(t) \tag{4.25}$$

$$\dot{\mathbf{x}}(t) = \sum_i \sum_j k_i(\mathbf{z}(t)) k_j(\mathbf{z}(t)) \mathbf{G}_{ij} \mathbf{x}(t) \tag{4.26}$$

mit $\mathbf{G}_{ij} = \mathbf{A}_i + \mathbf{B}_i \mathbf{F}_j$, und nach einer Umindizierung und Zusammenfassung mit $\mathbf{A}_{g,l} = \mathbf{G}_{ij}$ und $k_l(\mathbf{z}(t)) = k_i(\mathbf{z}(t)) k_j(\mathbf{z}(t))$

$$\dot{\mathbf{x}}(t) = \sum_l k_l(\mathbf{z}(t)) \mathbf{A}_{g,l} \mathbf{x}(t) \tag{4.27}$$

Der Index g an der Systemmatrix soll verdeutlichen, dass es sich hierbei um ein Modell des geschlossenen Kreises handelt und nicht um ein Modell der Strecke.

Unter Berücksichtigung einer äußeren Anregung ergibt sich daraus die allgemeine Form des TSK-Modelles eines geschlossenen Kreises mit äußerer Anregung (vgl. [182]):

$$\dot{\mathbf{x}}(t) = \sum_i k_i(\mathbf{z}(t)) \left[\mathbf{A}_{g,i} \mathbf{x}(t) + \mathbf{B}_{g,i} \mathbf{w}(t)\right] \tag{4.28}$$

Weil Fuzzy-Regler im allgemeinen mit einem Mikroprozessor realisiert werden, ist gegebenenfalls auch die diskrete Form dieser Zustandsgleichung erforderlich:

$$\mathbf{x}(k+1) = \sum_i k_i(\mathbf{z}(k)) \left[\mathbf{A}_{g,i} \mathbf{x}(k) + \mathbf{B}_{g,i} \mathbf{w}(k)\right] \tag{4.29}$$

Dabei sind $\mathbf{x}(k)$ der Zustandsvektor des Systems und $\mathbf{w}(k)$ die Anregung zu einem Zeitpunkt $t = kT$, wobei T das Abtastintervall der Regelung darstellt. Zu beachten ist, dass die hier auftretenden Matrizen $\mathbf{A}_{g,i}$ und $\mathbf{B}_{g,i}$ nicht identisch sind mit denen in Gleichung (4.28).

Der TSK-Regler als Zustandsregler wirft allerdings die Frage auf, wie die Zustandsgrößen als Eingangsgrößen des Reglers bereitgestellt werden können, da Zustandsgrößen in vielen Fällen nicht direkt messbar sind. Wie schon bei klassischen Zustandsreglern ist daher auch hier ein Beobachter erforderlich. Und da sowohl das Streckenmodell als auch der Regler als TSK-Systeme vorliegen, bietet es sich an, auch den Beobachter als TSK-System auszuführen.

Dabei ist es naheliegend, für den Beobachter die gleichen Stützstellen zu wählen wie für Streckenmodell und Regler. Für jede Stützstelle wird dann zunächst ein linearer Beobachter entsprechend Abb. 2.53 definiert:

$$\dot{\hat{\mathbf{x}}}(t) = \mathbf{A}_i\hat{\mathbf{x}}(t) + \mathbf{B}_i\mathbf{u}(t) + \mathbf{H}_i(\mathbf{y}(t) - \hat{\mathbf{y}}(t)) \tag{4.30}$$

$\mathbf{A}_i$ und $\mathbf{B}_i$ entsprechen den Matrizen des Streckenmodells aus Gleichung (4.10). $\hat{\mathbf{x}}(t)$ ist der geschätzte Zustandsvektor und $\hat{\mathbf{y}}(t)$ der Ausgangsvektor des Beobachters, der einen Schätzwert für den realen Ausgangsvektor $\mathbf{y}(t)$ darstellt. $\mathbf{H}_i$ schließlich ist die Korrekturmatrix, mit der die Differenz zwischen realem und geschätztem Ausgangsvektor multipliziert und als Korrekturterm in den Beobachter zurückgeführt wird.

Diese einzelnen Beobachter werden dann zu einem TSK-Beobachter zusammengefügt:

$$\dot{\hat{\mathbf{x}}}(t) = \sum_i k_i(\mathbf{z}(t)) \left[\mathbf{A}_i\hat{\mathbf{x}}(t) + \mathbf{B}_i\mathbf{u}(t) + \mathbf{H}_i(\mathbf{y}(t) - \hat{\mathbf{y}}(t))\right] \tag{4.31}$$

Spezielle Beachtung verdienen bei einem derartigen Beobachter die Eingangsgrößen der Prämissen $\mathbf{z}$. Denn sofern Zustandsgrößen als Eingangsgrößen verwendet werden, kann es sich dabei auch nur um die geschätzten Zustandsgrößen handeln. Diese Tatsache muss in allen Verfahren, in denen es um TSK-Beobachter geht, geeignet berücksichtigt werden.

4.2 Direkte Methode von Ljapunov

Nach diesen Vorbetrachtungen können die einzelnen Verfahren zur Stabilitätsanalyse von Fuzzy-Reglern dargestellt werden, und zwar zunächst die direkte Methode von Ljapunov. Voraussetzung für diese Methode ist, dass die Zustandsgleichungen der Strecke bekannt und die Eingangsgrößen des Fuzzy-Reglers Zustandsgrößen sind. Eine Aufteilung des Systems in einen linearen und einen nichtlinearen Systemteil ist aber nicht erforderlich. Auch Mehrgrößensysteme können behandelt werden.

4.2.1 Anwendung auf gewöhnliche Fuzzy-Regler

Zunächst sei angenommen, dass ein Fuzzy-Regler mit Fuzzifizierung, Regelbasis und Defuzzifizierung vorliegt. Sein Übertragungsverhalten ist damit zwar gegeben, kann aber nicht oder nur mit sehr viel Aufwand analytisch beschrieben werden. Weiterhin wird vorausgesetzt, dass der Sollwert $\mathbf{w}$ des geschlossenen Kreises gleich Null ist, was durch eine Umdefinition des Systems nach Abb. 2.79 erreicht werden kann. Dann lässt sich für den Fuzzy-Regler eine zunächst unbekannte Funktion $\mathbf{u} = \mathbf{r}(\mathbf{x})$ ansetzen, wobei $\mathbf{x}$ der Zustandsvektor der Strecke ist. Dagegen müssen die Differentialgleichungen der Strecke als bekannt vorausgesetzt werden: $\dot{\mathbf{x}} = \mathbf{f}(\mathbf{x}, \mathbf{u})$. Für die Zustandsgleichung des geschlossenen Kreises folgt damit

$$\dot{\mathbf{x}} = \mathbf{f}(\mathbf{x}, \mathbf{r}(\mathbf{x})) \tag{4.32}$$

Nun ist eine positiv definite Ljapunov-Funktion $V(\mathbf{x})$ zu finden, deren Ableitung $\dot{V}(\mathbf{x})$ für alle Vektoren $\mathbf{x}$ innerhalb des interessierenden Zustandsraumbereiches negativ definit ist. Falls eine solche Funktion existiert, ist die betrachtete Ruhelage nach Satz 2.23 asymptotisch stabil und ein Gebiet innerhalb des untersuchten Bereiches, das von einer geschlossenen Höhenlinie von V begrenzt wird, der Einzugsbereich der Ruhelage.

Der einfachste Ansatz besteht darin, eine positiv definite Matrix $\mathbf{P}$ vorzugeben und die Ljapunov-Funktion gemäß $V = \mathbf{x}^T\mathbf{P}\mathbf{x}$ zu definieren. Wegen der positiven Definitheit von $\mathbf{P}$ ist diese Funktion sicherlich ebenfalls positiv definit. Für die Ableitung dieser Funktion gilt mit (4.32)

$$\begin{aligned} \dot{V}(\mathbf{x}) &= \dot{\mathbf{x}}^T\mathbf{P}\mathbf{x} + \mathbf{x}^T\mathbf{P}\dot{\mathbf{x}} \\ &= \mathbf{f}^T(\mathbf{x}, \mathbf{r}(\mathbf{x}))\mathbf{P}\mathbf{x} + \mathbf{x}^T\mathbf{P}\mathbf{f}(\mathbf{x}, \mathbf{r}(\mathbf{x})) \end{aligned} \tag{4.33}$$

Als Stabilitätsbedingung folgt daher

$$\mathbf{f}^T(\mathbf{x}, \mathbf{r}(\mathbf{x}))\mathbf{P}\mathbf{x} + \mathbf{x}^T\mathbf{P}\mathbf{f}(\mathbf{x}, \mathbf{r}(\mathbf{x})) < 0 \tag{4.34}$$

Dies ist eine Bedingung für die unbekannte Funktion $\mathbf{r}(\mathbf{x})$, d.h. für das Übertragungsverhalten des Fuzzy-Reglers. Nun ist lediglich noch zu überprüfen, ob dieses Übertragungsverhalten $\mathbf{r}(\mathbf{x})$ die Bedingung für alle Vektoren $\mathbf{x}$ des interessierenden Zustandsraumbereiches erfüllt. Da dies auf analytischem Wege nicht möglich ist, behilft man sich mit einer nummerischen Lösung, d.h. man muss für ausreichend viele Vektoren $\mathbf{x}$ den Ausgangsvektor $\mathbf{r}(\mathbf{x})$ des Fuzzy-Reglers bestimmen und ermitteln, ob jeweils die Ungleichung (4.34) erfüllt ist. In sehr einfachen Fällen ist es sogar möglich, die Ungleichung vorher nach $\mathbf{r}(\mathbf{x})$ aufzulösen. Wenn man dann das Ungleichheitszeichen durch ein Gleichheitszeichen ersetzt, so ergibt sich ein Grenz-Übertragungsverhalten, das unmittelbar mit dem Übertragungsverhalten $\mathbf{r}(\mathbf{x})$ des Fuzzy-Reglers verglichen werden kann [30].

Falls die Ungleichung (4.34) für einen oder mehrere Zustandsvektoren nicht erfüllt ist, kann keine Aussage über das Stabilitätsverhalten des Regelkreises gemacht werden. Man steht dann vor der Frage, ob die Ljapunov-Funktion, also insbesondere die Matrix $\mathbf{P}$, ungünstig gewählt war oder das System tatsächlich instabil ist. Um diese Situation zu vermeiden, ist man an Verfahren interessiert, die die Festlegung einer geeigneten Ljapunov-Funktion bzw. einer Matrix $\mathbf{P}$ unterstützen.

Das bekannteste dieser Verfahren ist die Methode nach Aisermann. Dazu muss die Zustandsgleichung (4.32) des Gesamtsystems zerlegt werden können in einen möglichst großen, linearen stabilen Anteil und einen nichtlinearen Anteil:

$$\dot{\mathbf{x}} = \mathbf{A}\mathbf{x} + \mathbf{n}(\mathbf{x}) \tag{4.35}$$

Eine positiv definite Matrix $\mathbf{P}$ ergibt sich dann aus der mit dem linearen Anteil aufgestellten Ljapunov-Gleichung (vgl. Satz A.6)

$$\mathbf{A}^T\mathbf{P} + \mathbf{P}\mathbf{A} = -\mathbf{I} \tag{4.36}$$

Mit dieser Matrix wird dann die Ljapunov-Funktion $V = \mathbf{x}^T\mathbf{P}\mathbf{x}$ gebildet. Die Wahrscheinlichkeit, dass mit dieser Funktion die Stabilität des Systems nachgewiesen werden kann (sofern es überhaupt stabil ist), ist umso größer, je kleiner der nichtlineare Anteil $\mathbf{n}(\mathbf{x})$ ausfällt. Ein Beispiel zu diesem Verfahren findet sich in [20].

4.2.2 Anwendung auf Takagi-Sugeno-Kang-Regler

Stabilitätskriterien. Eine andere Vorgehensweise ergibt sich, wenn der Fuzzy-Regler ein TSK-Regler ist oder zumindest als solcher aufgefasst wird. Wie in Kapitel 4.1 schon erläutert wurde, lassen sich auch die übrigen Systemteile und damit der gesamte geschlossene Kreis durch ein TSK-Modell approximieren. Die Stabilitätsanalyse kann dann basierend auf dem TSK-Modell des geschlossenen Kreises (4.28) bzw. der diskreten Version (4.29) durchgeführt werden.

Mit der diskreten Version soll begonnen werden. Hier gilt der Satz (vgl. [182]):

Satz 4.1 *Gegeben sei ein diskretes System in der Form*

$$\mathbf{x}(k+1) = \sum_i k_i(\mathbf{z}(k))\mathbf{A}_i\mathbf{x}(k) \tag{4.37}$$

Dieses System besitzt eine global asymptotisch stabile Ruhelage $\mathbf{x} = \mathbf{0}$, wenn eine gemeinsame, positiv definite Matrix $\mathbf{P}$ für alle Teilsysteme $\mathbf{A}_i$ existiert, so dass

$$\mathbf{M}_i = \mathbf{A}_i^T\mathbf{P}\mathbf{A}_i - \mathbf{P} \tag{4.38}$$

für alle i negativ definit ($\mathbf{M}_i < 0$) ist.

Für den Beweis sei angenommen, dass eine positiv definite Matrix $\mathbf{P}$ existiert. Mit dieser wird die Ljapunov-Funktion $V = \mathbf{x}^T(k)\mathbf{P}\mathbf{x}(k)$ angesetzt. Dann gilt:

$$\begin{aligned}
\Delta V(\mathbf{x}(k)) &= V(\mathbf{x}(k+1)) - V(\mathbf{x}(k)) \\
&= \mathbf{x}^T(k+1)\mathbf{P}\mathbf{x}(k+1) - \mathbf{x}^T(k)\mathbf{P}\mathbf{x}(k) \\
&= \left(\sum_i k_i \mathbf{A}_i \mathbf{x}(k)\right)^T \mathbf{P} \left(\sum_j k_j \mathbf{A}_j \mathbf{x}(k)\right) - \mathbf{x}^T(k)\mathbf{P}\mathbf{x}(k) \\
&= \mathbf{x}^T(k) \left[\left(\sum_i k_i \mathbf{A}_i^T\right) \mathbf{P} \left(\sum_j k_j \mathbf{A}_j\right) - \mathbf{P}\right] \mathbf{x}(k) \\
&= \sum_{i,j} k_i k_j \mathbf{x}^T(k)(\mathbf{A}_i^T \mathbf{P} \mathbf{A}_j - \mathbf{P})\mathbf{x}(k) \\
&= \sum_i k_i^2 \mathbf{x}^T(k)(\mathbf{A}_i^T \mathbf{P} \mathbf{A}_i - \mathbf{P})\mathbf{x}(k) \\
&\quad + \sum_{i<j} k_i k_j \mathbf{x}^T(k)(\mathbf{A}_i^T \mathbf{P} \mathbf{A}_j + \mathbf{A}_j^T \mathbf{P} \mathbf{A}_i - 2\mathbf{P})\mathbf{x}(k) < 0
\end{aligned} \tag{4.39}$$

Die Matrizen in der ersten Summe sind laut Voraussetzung negativ definit, so dass jeder einzelne Summand sicher kleiner als Null ist. Die Matrizen in der zweiten Summe lassen sich folgendermaßen umformen:

$$\begin{aligned}
\mathbf{A}_i^T \mathbf{P} \mathbf{A}_j + \mathbf{A}_j^T \mathbf{P} \mathbf{A}_i - 2\mathbf{P} &= -(\mathbf{A}_i - \mathbf{A}_j)^T \mathbf{P} (\mathbf{A}_i - \mathbf{A}_j) \\
&\quad + \mathbf{A}_i^T \mathbf{P} \mathbf{A}_i + \mathbf{A}_j^T \mathbf{P} \mathbf{A}_j - 2\mathbf{P} \\
&= -(\mathbf{A}_i - \mathbf{A}_j)^T \mathbf{P} (\mathbf{A}_i - \mathbf{A}_j) \\
&\quad + (\mathbf{A}_i^T \mathbf{P} \mathbf{A}_i - \mathbf{P}) + (\mathbf{A}_j^T \mathbf{P} \mathbf{A}_j - \mathbf{P})
\end{aligned} \tag{4.40}$$

Wegen der positiven Definitheit von $\mathbf{P}$ ist der erste Summand sicher negativ definit, während dies für die beiden anderen Summanden laut Voraussetzung gilt. Damit sind aber auch alle Matrizen in der zweiten Summe von Gleichung (4.39) negativ definit und demnach auch hier alle Summanden kleiner als Null. Die Ableitung bzw. Differenz der Ljapunov-Funktion ist deshalb sicher negativ definit, woraus die Stabilität des Systems folgt.

Für kontinuierliche TSK-Systeme nach (4.28) sind die Verhältnisse noch einfacher. Der Stabilitätssatz lautet hier:

Satz 4.2 *Gegeben sei ein kontinuierliches System in der Form*

$$\dot{\mathbf{x}} = \sum_i k_i(\mathbf{z}(t))\mathbf{A}_i \mathbf{x}(t) \tag{4.41}$$

Dieses System besitzt eine global asymptotisch stabile Ruhelage $\mathbf{x} = \mathbf{0}$, *wenn eine gemeinsame, positiv definite Matrix* $\mathbf{P}$ *für alle Teilsysteme* $\mathbf{A}_i$ *existiert, so dass*

$$\mathbf{M}_i = \mathbf{A}_i^T \mathbf{P} + \mathbf{P}\mathbf{A}_i \tag{4.42}$$

für alle i negativ definit ($\mathbf{M}_i < 0$) *ist.*

Für den Beweis wird wieder eine Ljapunov-Funktion $V = \mathbf{x}^T\mathbf{P}\mathbf{x}$ mit positiv definiter Matrix $\mathbf{P}$ gewählt. Für die Ableitung dieser Funktion nach der Zeit gilt:

$$\begin{aligned}\dot{V} &= \dot{\mathbf{x}}^T\mathbf{P}\mathbf{x} + \mathbf{x}^T\mathbf{P}\dot{\mathbf{x}} \\ &= \sum_i k_i \mathbf{x}^T\mathbf{A}_i^T\mathbf{P}\mathbf{x} + \sum_i k_i \mathbf{x}^T\mathbf{P}\mathbf{A}_i\mathbf{x} \\ &= \sum_i k_i \mathbf{x}^T(\mathbf{A}_i^T\mathbf{P} + \mathbf{P}\mathbf{A}_i)\mathbf{x} < 0 \end{aligned} \tag{4.43}$$

Nach Voraussetzung sind wieder alle Matrizen der Summe negativ definit und damit jeder einzelne Summand kleiner als Null. Das System ist demnach stabil.

Beide Sätze können direkt für die Stabilitätsanalyse eines TSK-Systems verwendet werden. Die Analyse gestaltet sich besonders einfach, wenn man die Frage nach der Existenz der Matrix $\mathbf{P}$ als LMI-Problem (Lineare Matrix-Ungleichung) formuliert. Im Anhang A.7 wird ausführlich beschrieben, wie ein System aus Ungleichungen

$$\mathbf{M}_i = \mathbf{A}_i^T \mathbf{P} + \mathbf{P}\mathbf{A}_i < \mathbf{0} \tag{4.44}$$

in die Form (A.44) gebracht werden kann. Auf diese Form lässt sich dann ein LMI–Lösungs-Algorithmus anwenden, der die Frage nach der Existenz einer Lösung $\mathbf{P}$ und damit die Frage nach der Stabilität des Systems beantwortet. Gegebenenfalls kann sogar eine Lösung für $\mathbf{P}$ berechnet werden, was bei der Auslegung eines Reglers mit Hilfe eines LMI-Algorithmus erforderlich ist, wie im Folgenden noch erläutert wird.

Erleichterung der Stabilitätsbedingungen. Zu beachten ist, dass die negative Definitheit aller $\mathbf{M}_i$ zwar ein hinreichendes, aber kein notwendiges Kriterium für die Stabilität des Systems ist. Die negative Definitheit aller $\mathbf{M}_i$ bewirkt doch, dass jeder Summand in den Gleichungen (4.39) bzw. (4.43) für beliebige $\mathbf{x}$ negativ ist, obwohl doch eigentlich nur die gesamte Summe negativ sein müsste, um Stabilität zu gewährleisten. Einzelne Summanden dürften also durchaus positiv sein, ohne dass das System instabil wäre. Eine entscheidende Abschwächung bzw. Vereinfachung der Stabilitätsbedingungen lässt sich daher erzielen, wenn die Koeffizienten k_i und ihre Abhängigkeit vom Eingangsvektor $\mathbf{z}$ in den Gleichungen (4.39) bzw. (4.43) für ein Stabilitätskriterium mit berücksichtigt werden. Derartige Ansätze existieren aber bisher nur für TSK-Systeme mit Reglern (vgl. (4.26)) und werden in Kapitel 4.2.2 noch vorgestellt.

Eine andere Möglichkeit besteht darin, auf nummerischem Wege für eine vorgegebene Matrix $\mathbf{P}$ und eine ausreichend große Anzahl an Vektoren $\mathbf{x}$

und $\mathbf{z}$ die Ungleichung (4.39) bzw. (4.43) direkt überprüfen. Dieser Ansatz weist aber gegenüber der Lösung mittels LMI-Algorithmen den entscheidenden Nachteil auf, dass er nur für eine einzelne, gegebene Matrix $\mathbf{P}$ die Stabilität untersucht. Ist das Ergebnis negativ, so wird eine mühsame, unstrukturierte und möglicherweise erfolglose Suche nach einer geeigneten Matrix $\mathbf{P}$ erforderlich, mit der sich die Stabilität des Systems nachweisen lässt, ohne zu wissen, ob eine solche Matrix überhaupt existiert.

Dagegen beantwortet ein LMI-Algorithmus gerade diese grundsätzliche Frage nach der Existenz einer Matrix $\mathbf{P}$, mit der das Ungleichungssystem (4.44) erfüllt ist. Von daher ist die Vorgehensweise mittels LMI-Algorithmen auf jeden Fall vorzuziehen, auch wenn es einzelne Systeme geben wird, deren Stabilität mit dieser Methode nicht nachgewiesen werden kann. Im weiteren Verlauf dieses Kapitels wird grundsätzlich von der Verwendung eines LMI-Algorithmus ausgegangen. Erst am Ende werden noch einmal kurz andere Ansätze skizziert.

Zur Abschwächung der Stabilitätsbedingungen (4.38) und (4.42) lässt sich in diesem Zusammenhang aber auch die Methode nach Aisermann einsetzen (vgl. Kap. 4.2.1 und [211]). Da der grundsätzliche Ansatz durch diese Methode nur leicht variiert wird, führt sie ebenfalls auf lineare Matrix-Ungleichungen, und die Lösung kann auch hier wieder mit einem LMI-Lösungsalgorithmus gewonnen werden. Im Folgenden soll die Methode für kontinuierliche Modelle demonstriert werden. Dazu ist in

$$\dot{\mathbf{x}}(t) = \sum_i k_i(\mathbf{z}(t))\mathbf{A}_i\mathbf{x}(t) \tag{4.45}$$

jedes Teilsystem $\mathbf{A}_i$ zu zerlegen in einen gemeinsamen, stabilen Anteil $\mathbf{A}$ und einen Rest $\Delta\mathbf{A}_i$, so dass sich als neue Systemdarstellung ergibt:

$$\dot{\mathbf{x}} = \left[\mathbf{A} + \sum_i k_i \Delta\mathbf{A}_i\right]\mathbf{x} \tag{4.46}$$

Mit der positiv definiten Lösung $\mathbf{P}$ der Ljapunov-Gleichung (vgl. Satz A.6)

$$\mathbf{PA} + \mathbf{A}^T\mathbf{P} = -\mathbf{I} \tag{4.47}$$

wird dann die positiv definite Ljapunov-Funktion $V = \mathbf{x}^T\mathbf{P}\mathbf{x}$ gebildet, für deren Ableitung gilt

$$\begin{aligned}\dot{V} &= \dot{\mathbf{x}}^T\mathbf{P}\mathbf{x} + \mathbf{x}^T\mathbf{P}\dot{\mathbf{x}}\\ &= \mathbf{x}^T\left[\mathbf{A} + \sum_i k_i\Delta\mathbf{A}_i\right]^T\mathbf{P}\mathbf{x} + \mathbf{x}^T\mathbf{P}\left[\mathbf{A} + \sum_i k_i\Delta\mathbf{A}_i\right]\mathbf{x}\\ &= \mathbf{x}^T\left[\mathbf{A}^T\mathbf{P} + (\sum_i k_i\Delta\mathbf{A}_i)^T\mathbf{P} + \mathbf{PA} + \mathbf{P}(\sum_i k_i\Delta\mathbf{A}_i)\right]\mathbf{x}\end{aligned} \tag{4.48}$$

Mit (4.47) wird daraus die Stabilitätsbedingung

$$\dot{V} = \mathbf{x}^T \left[-\mathbf{I} + \sum_i k_i(\mathbf{z})(\Delta\mathbf{A}_i^T\mathbf{P} + \mathbf{P}\Delta\mathbf{A}_i) \right] \mathbf{x} < 0 \tag{4.49}$$

und unter Berücksichtigung von $\sum_i k_i(\mathbf{z}) = 1$

$$\dot{V} = \mathbf{x}^T \left[\sum_i k_i(\mathbf{z})(\Delta\mathbf{A}_i^T\mathbf{P} + \mathbf{P}\Delta\mathbf{A}_i - \mathbf{I}) \right] \mathbf{x} < 0 \tag{4.50}$$

Damit lässt sich die Bedingung (4.42) durch die Forderung

$$\Delta\mathbf{A}_i^T\mathbf{P} + \mathbf{P}\Delta\mathbf{A}_i - \mathbf{I} < \mathbf{0} \tag{4.51}$$

ersetzen, die bei entsprechender Struktur des Systems, z.B. nur schwach ausgeprägten Nichtlinearitäten, sicherlich weniger konservative Ergebnisse liefern wird.

Robustheit. Mit Hilfe der obigen Sätze kann nicht nur die Stabilität, sondern auch die Robustheit eines Systems untersucht werden (vgl. [29]). Ausgangspunkt der Überlegungen ist die sehr allgemeine, zeitdiskrete Darstellung eines Systems mit zeitveränderlichen Systemparametern und von außen angreifenden Stör- und Eingangsgrößen

$$\begin{aligned} \mathbf{x}(k+1) &= \sum_i k_i \left[\tilde{\mathbf{A}}_{1i}\mathbf{x}(k) + \tilde{\mathbf{B}}_{1i}\mathbf{v}(k) + \tilde{\mathbf{B}}_{2i}\mathbf{u}(k) \right] \\ \mathbf{y}(k) &= \sum_i k_i \left[\tilde{\mathbf{C}}_{1i}\mathbf{x}(k) + \tilde{\mathbf{D}}_{1i}\mathbf{v}(k) + \tilde{\mathbf{D}}_{2i}\mathbf{u}(k) \right] \end{aligned} \tag{4.52}$$

mit dem zeitdiskreten Zustandsvektor $\mathbf{x}$, dem Vektor der Eingangsgrößen $\mathbf{u}$, einem von außen angreifenden Störgrößenvektor $\mathbf{v}$ und dem Ausgangsvektor $\mathbf{y}$. Dabei sind

$$\tilde{\mathbf{A}}_{1i} = \mathbf{A}_{1i} + \Delta\mathbf{A}_{1i}(k) \qquad \tilde{\mathbf{B}}_{1i} = \mathbf{B}_{1i} + \Delta\mathbf{B}_{1i}(k) \qquad \text{usw.} \tag{4.53}$$

die um einen zeitveränderlichen Anteil erweiterten Systemmatrizen. Die zeitveränderlichen Anteile sind wiederum definiert durch

$$\begin{pmatrix} \Delta\mathbf{A}_{1i}(k) & \Delta\mathbf{B}_{1i}(k) & \Delta\mathbf{B}_{2i}(k) \\ \Delta\mathbf{C}_{1i}(k) & \Delta\mathbf{D}_{1i}(k) & \Delta\mathbf{D}_{2i}(k) \end{pmatrix} = \begin{pmatrix} \mathbf{E}_{1i} \\ \mathbf{E}_{2i} \end{pmatrix} \mathbf{F}_i(k) \begin{pmatrix} \mathbf{H}_{1i} & \mathbf{H}_{2i} & \mathbf{H}_{3i} \end{pmatrix} \tag{4.54}$$

$\mathbf{E}_{1i}, \mathbf{E}_{2i}$ sowie $\mathbf{H}_{1i}, \mathbf{H}_{2i}, \mathbf{H}_{3i}$ sind konstante Matrizen geeigneter Dimension, während die Matrix $\mathbf{F}_i(k)$ die Zeitveränderlichkeit beinhaltet. All diese Matrizen sind frei wählbar, lediglich für $\mathbf{F}_i(k)$ muss die Bedingung

$$\mathbf{F}_i^T(k)\mathbf{F}_i(k) \le \mathbf{I} \tag{4.55}$$

erfüllt sein. Sinnvollerweise wählt man für $\mathbf{F}_i(k)$ eine Diagonalmatrix, deren einzelne Hauptdiagonalelemente zwischen -1 und 1 variieren. Die Gleichungen (4.54) und (4.55) erscheinen zunächst als sehr einschränkende Bedingungen hinsichtlich der Form der zulässigen Parameteränderungen. Reduziert man das System (4.52) aber auf ein von außen nicht angeregtes oder gestörtes System (alle Matrizen sind gleich Null außer $\tilde{\mathbf{A}}_{1i}$), so wird aus (4.54) die Bedingung

$$\Delta\mathbf{A}_{1i}(k) = \mathbf{E}_{1i}\mathbf{F}_i(k)\mathbf{H}_{1i} \tag{4.56}$$

Offensichtlich kann hier jede beliebige Parameteränderung $\Delta\mathbf{A}_{1i}(k)$ schon durch die Koeffizienten von $\mathbf{H}_{1i}$ detailliert dargestellt werden, wenn man $\mathbf{E}_{1i} = \mathbf{I}$ und

$$\mathbf{F}_i(k) = \begin{pmatrix} f_1 & 0 \\ 0 & f_2 \end{pmatrix} \qquad \text{mit} \qquad -1 < f_1(t), f_2(t) < 1 \tag{4.57}$$

wählt.

Für ein System des Typs (4.52) werden in [29] die Bedingungen angegeben, unter denen die Stabilität des Systems trotz variierender Parameter gewährleistet und die H_∞-Norm seiner Stör-Übertragungsfunktion kleiner als eine wählbare Schranke γ ist. Die Bedingungen sind in Matrix-Ungleichungen zusammengefasst, so dass auch hier zum Nachweis der Stabilität wieder ein LMI-Algorithmus zum Einsatz kommen kann. Da diese Ungleichungen aber sehr umfangreich sind, sollen sie hier nicht angegeben werden.

Stattdessen soll hier nur die Beweisidee skizziert werden. Ausgangspunkt des Beweises ist die H_∞-Norm der Stör-Übertragungsfunktion. Gemäß Gleichung (A.20) gilt für diese Norm

$$||\mathbf{G}||_{\infty,stoer} = \sup_{\mathbf{v}\neq\mathbf{0}} \frac{||\mathbf{y}||_2}{||\mathbf{v}||_2} \tag{4.58}$$

Damit diese Norm kleiner als γ ist, muss also für beliebige Störsignale $\mathbf{v}$ und die daraus entstehenden Ausgangssignale $\mathbf{y}$ die Ungleichung

$$||\mathbf{y}||_2 < \gamma||\mathbf{v}||_2 \tag{4.59}$$

erfüllt sein. Das mit γ multiplizierte Störsignal bildet also gewissermaßen die Obergrenze für das resultierende Ausgangssignal. Im vorliegenden zeitdiskreten Fall ergibt sich daraus (vgl. Gleichung (A.12) mit $p = 2$)

$$\sqrt{\sum_{k=0}^{N-1} \mathbf{y}^T(k)\mathbf{y}(k)} < \gamma\sqrt{\sum_{k=0}^{N-1} \mathbf{v}^T(k)\mathbf{v}(k)}$$

$$\sum_{k=0}^{N-1} \mathbf{y}^T(k)\mathbf{y}(k) < \gamma^2 \sum_{k=0}^{N-1} \mathbf{v}^T(k)\mathbf{v}(k)$$

$$\sum_{k=0}^{N-1} \left[\mathbf{y}^T(k)\mathbf{y}(k) - \gamma^2\mathbf{v}^T(k)\mathbf{v}(k)\right] < 0 \tag{4.60}$$

Wenn Ungleichung (4.60) erfüllt ist, dann ist die H_∞-Norm der Stör-Übertragungsfunktion kleiner als γ. Eine einfache additive Erweiterung der Ungleichung führt auf

$$\sum_{k=0}^{N-1} [\mathbf{y}^T(k)\mathbf{y}(k) + \mathbf{x}^T(k+1)\mathbf{P}\mathbf{x}(k+1) - \mathbf{x}^T(k)\mathbf{P}\mathbf{x}(k)$$
$$-\gamma^2\mathbf{v}^T(k)\mathbf{v}(k)] - \mathbf{x}^T(N)\mathbf{P}\mathbf{x}(N) < 0 \qquad \text{mit} \quad \mathbf{x}(0) = \mathbf{0} \qquad (4.61)$$

Dabei wird ohne Einschränkung der Allgemeingültigkeit $\mathbf{x}(0) = \mathbf{0}$ angenommen. Einsetzen von (4.52) in (4.61) und geeignetes Zusammenfassen verschiedener Größen führt dann auf die Bedingung

$$\sum_{k=0}^{N-1}\sum_i\sum_j k_i k_j \bar{\mathbf{x}}^T(k)[\bar{\mathbf{G}}_{ij}^T\mathbf{P}\bar{\mathbf{G}}_{ij} + \bar{\mathbf{C}}_{ij}^T\bar{\mathbf{C}}_{ij} - \bar{\mathbf{P}}]\bar{\mathbf{x}}^T(k) - \mathbf{x}^T(N)\mathbf{P}\mathbf{x}(N)$$
$$< 0 \qquad (4.62)$$

mit dem um die Störgrößen erweiterten Zustandsvektor $\bar{\mathbf{x}}^T(k)$ zum Zeitpunkt k. $\bar{\mathbf{G}}_{ij}$ ist eine erweiterte Systemmatrix, die die ursprüngliche Systemmatrix, die Rückkopplung durch einen Regler (vgl. (4.26)) und alle entsprechenden Parameterunsicherheiten enthält. $\bar{\mathbf{C}}_{ij}$ ist analog dazu eine erweiterte Ausgangsmatrix. Und schließlich ist $\bar{\mathbf{P}}$ definiert durch

$$\bar{\mathbf{P}} = \begin{pmatrix} \mathbf{P} & \mathbf{0} \\ \mathbf{0} & \gamma\mathbf{I} \end{pmatrix} \qquad (4.63)$$

und damit lediglich eine auf der Hauptdiagonalen erweiterte Matrix $\mathbf{P}$.

(4.62) ist sicher erfüllt und damit die H_∞-Norm der Stör-Übertragungsfunktion kleiner als γ, wenn alle

$$\bar{\mathbf{G}}_{ij}^T\mathbf{P}\bar{\mathbf{G}}_{ij} + \bar{\mathbf{C}}_{ij}^T\bar{\mathbf{C}}_{ij} - \bar{\mathbf{P}} < \mathbf{0} \qquad (4.64)$$

negativ definit sind. Quasi als Nebenprodukt des Beweises sind damit aber sicher auch alle $\bar{\mathbf{G}}_{ij}^T\mathbf{P}\bar{\mathbf{G}}_{ij} - \bar{\mathbf{P}}$ negativ definit und das System mit Satz 4.1 stabil auch bei variierenden Parametern. Einige weitere Umformungen und die Berücksichtigung von (4.55) führen dann auf die Stabilitätsbedingungen in Form eines LMI-Systems, die hier, weil sie zu umfangreich sind, nicht aufgeführt werden sollen.

Systeme mit variabler Laufzeit. In [28] wird gezeigt, dass man die Sätze 4.1 und 4.2 sogar für Systeme mit variabler Laufzeit erweitern kann. Für kontinuierliche Systeme ergibt sich dann beispielsweise der folgende Satz:

Satz 4.3 *Gegeben sei ein kontinuierliches System in der Form*

$$\dot{\mathbf{x}} = \sum_i k_i(\mathbf{z}(t))\,[\mathbf{A}_{1i}\mathbf{x}(t) + \mathbf{A}_{2i}\mathbf{x}(t-\tau(t))] \qquad (4.65)$$

mit der variablen Laufzeit τ*, die durch* $|\dot{\tau}(t)| \leq \beta < 1$ *begrenzt ist. Dieses System besitzt eine global asymptotisch stabile Ruhelage* $\mathbf{x} = \mathbf{0}$*, wenn gemeinsame, positiv definite Matrizen* $\mathbf{P}$ *und* $\mathbf{S}$ *für alle Teilsysteme* $(\mathbf{A}_{i1}, \mathbf{A}_{i2})$ *existieren, so dass die folgende Matrix-Ungleichung erfüllt ist:*

$$\mathbf{A}_{1i}^T \mathbf{P} + \mathbf{P}\mathbf{A}_{1i} + \mathbf{P}\mathbf{A}_{2i}\mathbf{S}^{-1}\mathbf{A}_{2i}^T\mathbf{P} + \frac{1}{1-\beta}\mathbf{S} < \mathbf{0} \tag{4.66}$$

d.h. die linke Seite der Ungleichung muss negativ definit sein.

Für den Beweis wird die Ljapunov-Funktion

$$V(\mathbf{x}(t)) = \mathbf{x}^T(t)\mathbf{P}\mathbf{x}(t) + \frac{1}{1-\beta} \int\limits_{t-\tau(t)}^{t} \mathbf{x}^T(\sigma)\mathbf{P}\mathbf{x}(\sigma) d\sigma \tag{4.67}$$

definiert und unter Verwendung von (4.66) gezeigt, dass Ihre Ableitung für alle $\mathbf{x}(t)$ negativ ist. Da der Grundgedanke des Beweises derselbe ist wie in den Beweisen der Sätze 4.1 und 4.2, soll hier auf eine Darstellung verzichtet werden.

Wichtiger ist eine Betrachtung der Matrix-Ungleichung (4.66), die für die unbekannten Matrizen $\mathbf{P}$ und $\mathbf{S}$ nicht linear ist. Ein LMI-Algorithmus kann daher auf Ungleichungen dieses Typs nicht angewendet werden. Mit Hilfe des Schur-Komplementes (A.45) lässt sich (4.66) aber umformen in

$$\begin{pmatrix} \mathbf{A}_{1i}^T\mathbf{P} + \mathbf{P}\mathbf{A}_{1i} + \frac{1}{1-\beta}\mathbf{S} & \mathbf{P}\mathbf{A}_{2i} \\ \mathbf{A}_{2i}^T\mathbf{P} & \mathbf{S} \end{pmatrix} < \mathbf{0} \tag{4.68}$$

Dies ist eine Matrix, deren einzelne Komponenten linear von den gesuchten Matrizen $\mathbf{P}$ und $\mathbf{S}$ abhängen. Wie im Anhang A.7 erläutert, lassen sich Ungleichungen mit Teilmatrizen dieses Typs problemlos zur Grundform (A.44) eines LMI-Problems zusammenfassen und mit einem LMI-Algorithmus behandeln.

Anzumerken bleibt, dass in [28] das Stabilitätskriterium für Systeme mit variabler Laufzeit nicht nur in der dargestellten Form(4.66), sondern darüber hinaus sowohl für kontinuierliche als auch für diskrete Systeme mit Reglern und sogar Beobachtern hergeleitet wird. Das Prinzip ist aber in allen Fällen gleich.

Systeme mit Reglern. In den meisten Anwendungsfällen wird das System nicht direkt in der Form (4.37) bzw. (4.41) vorliegen, sondern in der Form (4.26), denn die Stabilitätsanalyse erfolgt normalerweise zusammen mit oder direkt nach dem Reglerentwurf. Daher müsste $\mathbf{A}_i$ in Gleichung (4.42) durch $\mathbf{G}_{ij}$ ersetzt und die Bedingung dann für sämtliche Indexpaare (i, j) überprüft werden. Prinzipiell ist dies natürlich möglich, es führt aber wegen der großen Anzahl zu überprüfender Ungleichungen auf ein sehr umfangreiches

LMI-Problem. Eleganter ist dagegen sicherlich, die Darstellung (4.26) des Systems zunächst umzuformulieren und erst dann den Satz 4.2 auf das System anzuwenden (vgl. [181]).

Ausgangspunkt für den kontinuierlichen Fall ist die Gleichung (4.26), deren rechte Seite in zwei Teilsummen zerlegt wird:

$$\begin{aligned}\dot{\mathbf{x}}(t) &= \sum_i \sum_j k_i(\mathbf{z}(t)) k_j(\mathbf{z}(t)) \mathbf{G}_{ij} \mathbf{x}(t) \\ \dot{\mathbf{x}}(t) &= \sum_i k_i(\mathbf{z}(t)) k_i(\mathbf{z}(t)) \mathbf{G}_{ii} \mathbf{x}(t) \\ &\quad + 2 \sum_{i<j} k_i(\mathbf{z}(t)) k_j(\mathbf{z}(t)) \left[\frac{\mathbf{G}_{ij} + \mathbf{G}_{ji}}{2} \right] \mathbf{x}(t) \end{aligned} \tag{4.69}$$

Dieselbe Ljapunovfunktion und die gleiche Rechnung wie in (4.43) liefern dann

$$\begin{aligned}\dot{V} &= \dot{\mathbf{x}}^T \mathbf{P} \mathbf{x} + \mathbf{x}^T \mathbf{P} \dot{\mathbf{x}} \\ &= \sum_i k_i^2 \mathbf{x}^T \mathbf{G}_{ii}^T \mathbf{P} \mathbf{x} + 2 \sum_{i<j} k_i k_j \mathbf{x}^T \left[\frac{\mathbf{G}_{ij}^T + \mathbf{G}_{ji}^T}{2} \right] \mathbf{P} \mathbf{x} \\ &\quad + \sum_i k_i^2 \mathbf{x}^T \mathbf{P} \mathbf{G}_{ii} \mathbf{x} + 2 \sum_{i<j} k_i k_j \mathbf{x}^T \mathbf{P} \left[\frac{\mathbf{G}_{ij} + \mathbf{G}_{ji}}{2} \right] \mathbf{x} \qquad (4.70) \\ &= \sum_i k_i^2 \mathbf{x}^T \left(\mathbf{G}_{ii}^T \mathbf{P} + \mathbf{P} \mathbf{G}_{ii} \right) \mathbf{x} \\ &\quad + 2 \sum_{i<j} k_i k_j \mathbf{x}^T \left(\left[\frac{\mathbf{G}_{ij} + \mathbf{G}_{ji}}{2} \right]^T \mathbf{P} + \mathbf{P} \left[\frac{\mathbf{G}_{ij} + \mathbf{G}_{ji}}{2} \right] \right) \mathbf{x} \qquad (4.71) \\ &< 0 \end{aligned}$$

und damit die folgenden beiden Stabilitätsbedingungen, die beide für sämtliche i und $j > i$ erfüllt sein müssen:

$$\mathbf{G}_{ii}^T \mathbf{P} + \mathbf{P} \mathbf{G}_{ii} < \mathbf{0} \tag{4.72}$$

$$\left[\frac{\mathbf{G}_{ij} + \mathbf{G}_{ji}}{2} \right]^T \mathbf{P} + \mathbf{P} \left[\frac{\mathbf{G}_{ij} + \mathbf{G}_{ji}}{2} \right] < \mathbf{0} \qquad \text{für} \quad i < j \tag{4.73}$$

Offensichtlich hat sich durch diese Umformulierung die Anzahl der zu überprüfenden Ungleichungen von $i \times j$ auf rund die Hälfte reduziert. Die Schritte für den diskreten Fall sind analog.

Das LMI-Problem lässt sich noch weiter reduzieren, wenn man berücksichtigt, dass sowohl jedes Teilmodell der Strecke $(\mathbf{A}_i, \mathbf{B}_i)$ als auch jeder Teilregler F_j nur in der Umgebung der jeweiligen Stützstelle i bzw. j aktiv sind. Da die Indizes i und j dieselben Stützstellen beschreiben, folgt daraus, dass das Produkt $k_i(\mathbf{z}(t))k_j(\mathbf{z}(t))$ für weit voneinander entfernt liegende Indizes i und j immer Null ist. Damit müssen aber auch in Bedingung (4.73) nur diejenigen $\mathbf{G}_{ij}$ überprüft werden, deren Indizes zueinander benachbart sind.

Eine andere Abschwächung bzw. Vereinfachung der Stabilitätsbedingungen (4.72) und (4.73) lässt sich erzielen, wenn, wie in Kapitel 4.2.2 schon erwähnt, die Koeffizienten k_i für die Stabilitätsbedingung mit berücksichtigt werden und die Summe in (4.71) als Ganzes betrachtet wird. Bedingung (4.73) resultiert aus der Forderung, dass jeder Summand in (4.71) kleiner als Null sein muss. Dagegen wird im folgenden Ansatz berücksichtigt, dass die einzelnen Summanden durch die k_i gewichtet werden und positive Summanden durch negative Summanden durchaus kompensiert werden können. Denn entscheidend für die Stabilität des Systems ist nur, dass die gesamte Summe negativ ist, nicht jeder einzelne Summand.

Ausgangspunkt der Überlegungen ist Gleichung (4.71), die lediglich in Matrizenform darzustellen ist (vgl. [85]):

$$\dot{V} = \begin{pmatrix} k_1\mathbf{x} \\ k_2\mathbf{x} \\ \vdots \\ k_r\mathbf{x} \end{pmatrix}^T \mathbf{X} \begin{pmatrix} k_1\mathbf{x} \\ k_2\mathbf{x} \\ \vdots \\ k_r\mathbf{x} \end{pmatrix} < 0 \tag{4.74}$$

mit

$$\mathbf{X} = \begin{pmatrix} \mathbf{L}_{11}^T\mathbf{P} + \mathbf{P}\mathbf{L}_{11} & 2(\mathbf{L}_{12}^T\mathbf{P} + \mathbf{P}\mathbf{L}_{12}) & \cdots & 2(\mathbf{L}_{1r}^T\mathbf{P} + \mathbf{P}\mathbf{L}_{1r}) \\ \mathbf{0} & \mathbf{L}_{22}^T\mathbf{P} + \mathbf{P}\mathbf{L}_{22} & \cdots & 2(\mathbf{L}_{2r}^T\mathbf{P} + \mathbf{P}\mathbf{L}_{2r}) \\ \cdots & \cdots & \cdots & \cdots \\ \mathbf{0} & \mathbf{0} & \cdots & \mathbf{L}_{rr}^T\mathbf{P} + \mathbf{P}\mathbf{L}_{rr} \end{pmatrix} \tag{4.75}$$

und $\mathbf{L}_{ij} = \frac{\mathbf{G}_{ij}+\mathbf{G}_{ji}}{2}$. Offensichtlich ist diese Ungleichung immer erfüllt, wenn die Matrix $\mathbf{X}$ negativ definit ist. Da die Matrix linear von $\mathbf{P}$ abhängt, kann auch hier mit einem LMI-Algorithmus überprüft werden, ob überhaupt ein $\mathbf{P}$ existiert, für das die Matrix negativ definit und das System damit stabil ist.

Es stellt sich die Frage nach einem Vergleich zwischen dieser Stabilitätsbedingung und den beiden Bedingungen (4.72) und (4.73). Zunächst ist festzustellen, dass die negative Definitheit der hier entwickelten Matrix insbesondere erfordert, dass sämtliche Matrizen auf ihrer Hauptdiagonalen negativ definit sind, also die Bedingung $\mathbf{L}_{ii}^T\mathbf{P} + \mathbf{P}\mathbf{L}_{ii} < \mathbf{0}$ für alle i erfüllt sein muss. Dies entspricht aber gerade der Bedingung (4.72). Durch die Forderung nach negativer Definitheit der Matrix $\mathbf{X}$ entfällt also nur Bedingung (4.73), während Bedingung (4.72) implizit enthalten ist.

Da aber für die negative Definitheit der Matrix $\mathbf{X}$ nicht ihre sämtlichen Einträge außerhalb der Hauptdiagonalen negativ definit sein müssen, was gleichbedeutend mit Bedingung (4.73) wäre, ist die negative Definitheit dieser Matrix offenbar die weniger strenge Bedingung und demnach für den Stabilitätsnachweis günstiger.

Als weitere Option wird in [181] vorgeschlagen, eine weitere, positiv semidefinite Matrix $\mathbf{Q}$ einzuführen, um zusätzliche Freiheitsgrade bei der Suche nach einer gemeinsamen, positiv definiten Matrix $\mathbf{P}$ zu gewinnen. Aus (4.72) und (4.73) wird dann

$$\mathbf{G}_{ii}^T\mathbf{P} + \mathbf{P}\mathbf{G}_{ii} + (s-1)\mathbf{Q} < \mathbf{0} \tag{4.76}$$

$$\left[\frac{\mathbf{G}_{ij} + \mathbf{G}_{ji}}{2}\right]^T \mathbf{P} + \mathbf{P}\left[\frac{\mathbf{G}_{ij} + \mathbf{G}_{ji}}{2}\right] - \mathbf{Q} < \mathbf{0} \qquad \text{für} \quad i < j \tag{4.77}$$

Dabei ist s die maximale Anzahl an Fuzzy-Regeln, die gleichzeitig aktiv sind, bzw. bei einer Kennfelddarstellung die maximale Anzahl zueinander benachbarter Stützstellen, die in die Berechnung der Ausgangsgröße des TSK-Systems eingehen. $\mathbf{Q}$ geht wie $\mathbf{P}$ als Unbekannte in den LMI-Algorithmus ein, und dieser liefert dann als Resultat eine Antwort auf die Frage, ob Matrizen $\mathbf{P}$ und $\mathbf{Q}$ existieren, für die das System aus Ungleichungen (4.76) und (4.77) erfüllt ist.

Die untersuchte Lösungsmenge enthält auch die Lösungsmenge des Ungleichungssystems (4.72) und (4.73). Denn da $\mathbf{Q}$ nicht positiv definit, sondern nur positiv semidefinit sein muss, kann $\mathbf{Q}$ auch die Nullmatrix sein. Der Fall $\mathbf{Q} = \mathbf{0}$ und $\mathbf{P}$ beliebig ist demnach implizit in der Untersuchung enthalten. Dieser Fall entspricht aber gerade den Gleichungen (4.72) und (4.73).

Der Gedanke der Erweiterung des Ungleichungssystems zur Gewinnung zusätzlicher Freiheitsgrade wird auch in [76] aufgegriffen. Das Resultat ist ähnlich wie (4.76) und (4.77), so dass hier auf eine Darstellung verzichtet werden kann.

Statt der bisher beschriebenen Vorgehensweise, nämlich eine nachträgliche Stabilitätsanalyse eines bereits entworfenen TSK-Reglers durchzuführen, lässt sich der Reglerentwurf schon in die Formulierung des LMI-Problems integrieren [181]. Da es sich dabei aber nicht mehr um eine Stabilitätsanalyse, sondern um ein Entwurfsverfahren handelt, findet sich die Darstellung dieses Verfahrens in Kapitel 5.1.

Sämtliche hier vorgestellten Methoden sind auch auf Systeme mit Beobachtern anwendbar. Der Zustandsvektor eines solchen Gesamtsystems enthält dann nicht nur die Zustandsgrößen der Strecke, sondern auch die des Beobachters. Durch geeignetes Zusammenfassen der Zustandsgleichungen kann man das System dann wieder auf die Form (4.26) bringen und unmittelbar die Stabilitätsbedingungen angeben (vgl. [181, 87, 28]). Die Gleichungen werden dann allerdings sehr umfangreich.

Weitere Ansätze. Ein völlig anderer Ansatz, der sich aber ebenfalls die Vorteile der LMI-Algorithmen zu Nutze macht, findet sich in [3]. Das ursprüngliche System wird dort nicht wie in (4.41) als Überlagerung von verschiedenen Systemmatrizen $\mathbf{A}_i$ aufgefasst, sondern als System, dessen Systemmatrix stetig vom Vektor der Eingangsgrößen abhängt

$$\dot{\mathbf{x}}(t) = \mathbf{A}(\mathbf{z}(t))\mathbf{x}(t) \tag{4.78}$$

Für den Ansatz muss diese Klasse von Systemen dann allerdings eingeschränkt werden auf Systeme mit einer einzigen Eingangsgröße Θ:

$$\dot{\mathbf{x}}(t) = \mathbf{A}(\Theta(t))\mathbf{x}(t) \tag{4.79}$$

Weiterhin gelte, dass die Ableitung von Θ kleiner als eine vorgebbare Schranke v sein muss ($\dot{\Theta} \leq v$) und Θ ausschließlich Werte aus dem Intervall $[0, 1]$ annimmt, was aber bei geeigneter Normierung keine Einschränkung der Allgemeingültigkeit bedeutet.

Die Stabilitätsbedingungen für dieses System lassen sich wieder zu einer linearen Matrix-Ungleichung $\mathbf{F} < \mathbf{0}$ zusammenfassen und sind prinzipiell mit der Bedingung (4.44) vergleichbar. $\mathbf{F}$ enthält auch hier sowohl die Systemmatrix $\mathbf{A}$ als auch die positiv definite Matrix $\mathbf{P}$, und da $\mathbf{A}$ von Θ abhängig ist, gilt dasselbe auch für $\mathbf{P}$. Das LMI-System ist demnach nicht konstant, sondern von Θ abhängig:

$$\mathbf{F}(\mathbf{A}(\Theta), \mathbf{P}(\Theta)) < \mathbf{0} \tag{4.80}$$

Nun ist die Frage zu beantworten, ob eine Matrix $\mathbf{P}(\Theta)$ existiert, für die die Ungleichung (4.80) erfüllt ist, und das System demnach stabil ist. Diese Frage kann von einem LMI-Algorithmus aber leider nur für konstante Systeme beantwortet werden. Aus dem Grund soll das System durch eine Summe aus konstanten Systemen approximiert werden, auf die dann ein LMI-Algorithmus angewendet werden kann.

Zunächst werden $\mathbf{A}(\Theta)$ und $\mathbf{P}(\Theta)$ approximiert, die in $\mathbf{F}$ enthalten sind:

$$\mathbf{A}(\Theta) \approx \sum_{i=0}^{L_a} \Theta^i \mathbf{A}_i \qquad \text{und} \qquad \mathbf{P}(\Theta) \approx \sum_{i=0}^{L_p} \Theta^i \mathbf{P}_i \tag{4.81}$$

wobei die $\mathbf{P}_i$ symmetrisch sein müssen und zu einer gemeinsamen Matrix

$$\mathbf{P}_{ges} = (\mathbf{P}_0, ..., \mathbf{P}_{L_p}) \tag{4.82}$$

zusammengefasst werden. Es sei darauf hingewiesen, dass diese Approximation nur die Abhängigkeit von $\mathbf{P}$ bzw. $\mathbf{A}$ von Θ berührt, nicht aber die Zeitabhängigkeit von Θ selbst.

Mit (4.81) und (4.82) lässt sich dann auch $\mathbf{F}$ approximieren:

$$\mathbf{F}(\mathbf{A}(\Theta), \mathbf{P}(\Theta)) \approx \sum_{i=0}^{L_f} \Theta^i \mathbf{F}_i(\mathbf{P}_{ges}) < \mathbf{0} \qquad \text{mit} \quad L_f = L_p + L_a \tag{4.83}$$

Die Abhängigkeit der Koeffizienten der $\mathbf{F}_i$ von den Matrizen $\mathbf{A}_i$ ist dabei nicht mehr explizit dargestellt. Denn für die weiteren Betrachtungen ist nur die Abhängigkeit von $\mathbf{P}_{ges}$ relevant.

Die Ungleichung ist wegen $\Theta \in [0, 1]$ sicher erfüllt, wenn

$$\mathbf{F}_0(\mathbf{P}_{ges}) + \sum_{i=1}^{L_f} p_i \mathbf{F}_i(\mathbf{P}_{ges}) < \mathbf{0} \tag{4.84}$$

für beliebige $p_i \in \{0, 1\}$ erfüllt ist. Dies bedeutet, dass 2^{L_f} Ungleichungen zu überprüfen sind. Diese können aber, zumindest theoretisch, zu einer gemeinsamen linearen Matrix-Ungleichung zusammengefasst werden. Man erhält dann ein konstantes LMI-System, das affin von der symmetrischen Matrix $\mathbf{P}_{ges}$ abhängig ist. Somit kann mit Hilfe eines LMI-Algorithmus überprüft werden, ob eine Matrix $\mathbf{P}_{ges}$ existiert, die das Ungleichungssystem (4.84) erfüllt. Damit wäre dann die Stabilität des Systems (4.79) bewiesen.

Angesichts der sehr eleganten und exakten Vorgehensweise mittels LMI-Lösungs-Algorithmen verblassen andere Ansätze zum Stabilitätsnachweis basierend auf Satz 4.1 bzw. 4.2. Dennoch sollen hier einige von Ihnen kurz erwähnt werden, da sie teilweise interessante Ideen enthalten.

In [184] wird aus Gleichung (4.71) eine ähnliche Stabilitätsbedingung entwickelt wie (4.74). Zunächst werden dort die Summanden

$$\mathbf{x}^T \mathbf{Q}_{ij} \mathbf{x} = \mathbf{x}^T \left(\left[\frac{\mathbf{G}_{ij} + \mathbf{G}_{ji}}{2} \right]^T \mathbf{P} + \mathbf{P} \left[\frac{\mathbf{G}_{ij} + \mathbf{G}_{ji}}{2} \right] \right) \mathbf{x} \tag{4.85}$$

durch die maximalen Eigenwerte der Matrizen $\mathbf{Q}_{ij}$ abgeschätzt

$$\lambda_{max}(\mathbf{Q}_{ij}) ||\mathbf{x}||^2 \geq \mathbf{x}^T \mathbf{Q}_{ij} \mathbf{x} \qquad \text{für alle } \mathbf{x} \tag{4.86}$$

und anschließend statt der Matrix $\mathbf{X}$ in (4.74) eine analog strukturierte Matrix aus Eigenwerten gebildet, die dann auf negative Definitheit zu überprüfen ist. Der Vorteil dieser Vorgehensweise besteht darin, dass die Dimension der zu überprüfenden Matrix, da ihre Elemente reelle Zahlen und keine Matrizen sind, natürlich wesentlich geringer ist. Der entscheidende Nachteil besteht aber darin, dass mit dieser Vorgehensweise nur für eine gegebene Matrix $\mathbf{P}$ die negative Definitheit bzw. die Stabilität untersucht wird, während bei dem zu (4.74) gehörenden Verfahren mittels eines LMI-Algorithmus die grundsätzliche Frage nach der Existenz einer Matrix $\mathbf{P}$ und damit nach der Stabilität beantwortet werden kann.

Ein völlig anderer Ansatz wird in [87] vorgestellt. Ausgehend von einem TSK-Modell der Strecke (4.10) werden dort zunächst die Mittelwerte der Systemmatrizen bestimmt

$$\mathbf{A}_0 = \frac{1}{L} \sum_{i=1}^{L} \mathbf{A}_i \qquad \text{und} \quad \mathbf{B}_0 = \frac{1}{L} \sum_{i=1}^{L} \mathbf{B}_i \tag{4.87}$$

und anhand dieser Mittelwerte dann ein einziger, linearer Regler entworfen. Für diesen Regler werden dann Robustheitsgrenzen angegeben, innerhalb derer er das nichtlineare System stabilisieren kann. Mit einbezogen werden dabei sogar Modellunsicherheiten.

In [74] wird gezeigt, wie man zunächst für ein einzelnes diskretes Teilsystem, d.h. für einen bestimmten Wert i aus Gleichung (4.38) eine positiv definite Matrix $\mathbf{P}_i$ berechnet und dann durch Rückwärtseinsetzen eine allgemeine Matrix $\mathbf{P}$ erhält, die die Bedingung von Satz 4.1 erfüllt. Voraussetzung für diese Vorgehensweise ist aber, dass jeweils zwei Matrizen $(\mathbf{A}_i, \mathbf{A}_j)$ paarweise kommutativ sein müssen, was in der Praxis äußerst selten gegeben sein dürfte.

4.2.3 Anwendung auf Facettenfunktionen

Die letzte Variante der direkten Methode setzt wiederum eine andere Darstellung des Systems voraus, und zwar die Approximation des Systemverhaltens durch Facettenfunktionen [83, 84].

Eine Facettenfunktion liegt vor, wenn der Raum der Eingangsgrößen der Funktion in konvexe Polyeder zerlegt und in jedem Polyeder die Funktion durch eine affine Funktion gegeben ist. Für ein einfaches nichtlineares Übertragungsglied $\mathbf{u}(\mathbf{x})$ wie beispielsweise einen gewöhnlichen Fuzzy-Regler lautet eine solche Darstellung

$$\mathbf{u} = \mathbf{d}_i + \mathbf{K}_i^T \mathbf{x} \qquad \text{für } \mathbf{x} \in P_i \tag{4.88}$$

wobei P_i ein konvexes, nicht unbedingt beschränktes Polyeder im Raum der Eingangsgrößen $\mathbf{x}$ darstellt. $\mathbf{K}_i$ und $\mathbf{d}_i$ sind konstante Matrizen bzw. Vektoren. Soll ein gegebenes Übertragungsverhalten durch eine Facettenfunktion approximiert werden, so sind sie im allgemeinen nur auf nummerischem Wege zu bestimmen.

Offenbar kann eine Approximation durch Facettenfunktionen auch auf beliebige, dynamische Übertragungsglieder angewendet werden. Eine nichtlineare Zustandsgleichung $\dot{\mathbf{x}} = \mathbf{f}(\mathbf{x})$ lässt sich beispielsweise durch affine Funktionen

$$\dot{\mathbf{x}} = \mathbf{d}_i + \mathbf{K}_i \mathbf{x} \qquad \text{für } \mathbf{x} \in P_i \tag{4.89}$$

approximieren. Interessant ist ein kurzer Vergleich zwischen dieser Darstellung und einem Kennfeld bzw. einem TSK-Regler. Bei Facettenfunktionen wird der Raum der Eingangsgrößen in Gebiete (Polyeder) unterteilt, in denen das Übertragungsverhalten durch eine einheitliche, affine Funktion definiert ist. Dagegen wird bei Kennfeldern und TSK-Reglern das Übertragungsverhalten innerhalb eines Gebietes durch die Interpolation des an den benachbarten Stützstellen gültigen Verhaltens beschrieben.

Für die Stabilitätsanalyse muss nun das Verhalten des geschlossenen Kreises durch eine Facettenfunktion beschrieben werden. Dazu ist zunächst das Gesamtsystem entsprechend Abb. 2.79 so umzuformen, dass der konstante Sollvektor $\mathbf{w}$ des Systems gleich Null ist. Da damit keine Anregung von außen mehr auf das System trifft, sind die Ausgangsgrößen aller Übertragungsglieder ausschließlich von den Zustandsgrößen des Systems abhängig.

Jedes Übertragungsglied lässt sich demnach durch eine von den Zustandsgrößen abhängige Facettenfunktion approximieren, wobei die Aufteilung des Zustandsraumes in Polyeder für die einzelnen Übertragungsglieder durchaus verschieden sein kann. Anschließend kann man aber den Zustandsraum durch Bildung von Schnittmengen in kleinere Polyeder zerlegen, in denen das Verhalten jedes Übertragungsgliedes nur noch durch jeweils eine affine Funktion beschrieben wird. Die innerhalb eines solchen Polyeders gültigen affinen Funktionen aller Übertragungsglieder werden dann miteinander verknüpft, was auf eine neue affine Funktion führt, die das Verhalten des geschlossenen Kreises beschreibt. So wird das Verhalten des Gesamtsystems durch eine Facettenfunktion approximiert. Für den folgenden Stabilitätsbeweis ist dabei nicht einmal die Stetigkeit der Facettenfunktion erforderlich, so dass sogar schaltende Übertragungsglieder behandelt werden können.

Ausgangspunkt der folgenden Überlegungen ist damit die Darstellung des geschlossenen Kreises durch eine Facettenfunktion

$$\dot{\mathbf{x}} = (\dot{\mathbf{x}})_j = \mathbf{K}_j \mathbf{x} + \mathbf{d}_j \qquad \text{für } \mathbf{x} \in P_j \tag{4.90}$$

Dabei sind $\mathbf{K}_j$ und $\mathbf{d}_j$ jeweils in einem konvexen, nicht unbedingt beschränkten Polyeder P_j definiert, und $\mathbf{x}$ ist der Zustandsvektor des Systems. Alle Punkte mit $\dot{\mathbf{x}} = \mathbf{0}$ sind Ruhepunkte. Offenbar können ganze Polyeder aus Ruhepunkten bestehen, sofern dort $\mathbf{K}_j = \mathbf{0}$ und $\mathbf{d}_j = \mathbf{0}$ gilt. Die Vereinigungsmenge aller Ruhepunkte möge ein kompaktes, konvexes Polyeder E bilden. Beispiele für verschiedene Konstellationen zeigt Bild 4.4. Im ersten Fall ist der Ruhepunkt gerade der Eckpunkt aller vier benachbarten Polyeder, im zweiten Fall besteht die Grenzlinie der Polyeder P_2 und P_4 aus Ruhepunkten, und im letzten Fall bildet das mittlere, schwarz gezeichnete Polyeder die Menge aller Ruhepunkte.

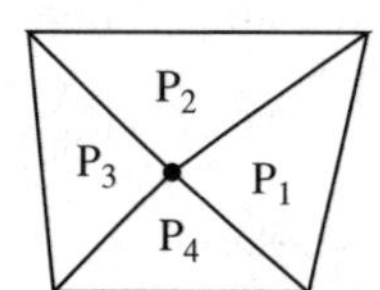

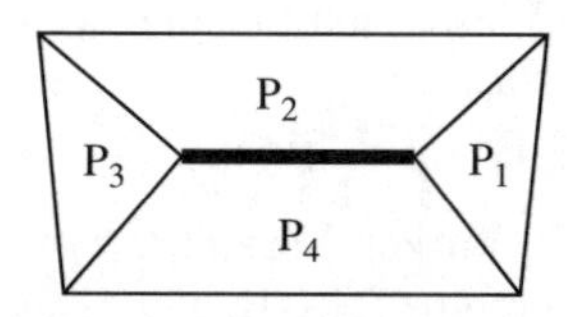

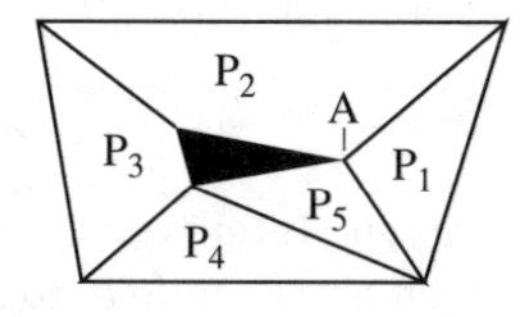

Abb. 4.4. Ruhepunkte bei einer Systemdarstellung durch Facettenfunktionen

Da die Facettenfunktion jetzt nicht mehr unbedingt stetig sein muss, ist es möglich, dass es an der Grenze mehrerer Polyeder zu einem Sliding Mode-Verhalten des Systems kommt, d.h. durch schnellen Wechsel des Zustandsvektors zwischen den einzelnen Polyedern bewegt sich das System immer auf dieser Grenze. Es lässt sich zeigen, dass in dem Fall die Zustandsgleichung des Systems durch

$$(\dot{\mathbf{x}})_{sm} = \sum_j \mu_j (\mathbf{K}_j \mathbf{x} + \mathbf{d}_j) \qquad \text{mit } \sum_j \mu_j = 1 \qquad \text{und } \mu_j \geq 0 \tag{4.91}$$

beschrieben wird, d.h. durch eine gewichtete Mittelwertbildung über die Zustandsgleichungen der benachbarten Polyeder.

Nun wird eine Ljapunov-Funktion in Form einer anderen, jetzt allerdings stetigen Facettenfunktion

$$V(\mathbf{x}) = V_j(\mathbf{x}) = \mathbf{h}_j^T\mathbf{x} + c_j \text{ für } \mathbf{x} \in P_j \text{ mit } V(\mathbf{x}) \begin{cases} = 0 : \mathbf{x} \in E \\ > 0 : \mathbf{x} \notin E \end{cases} \quad (4.92)$$

definiert, wobei die Polyeder P_j mit denen aus (4.90) identisch sein sollen. Darüber hinaus muss der durch V definierte Halbraum H mit $H := \{\mathbf{x} \mid V(\mathbf{x}) \leq c\}$ und einer positiven Konstanten c kompakt sein. Dieser Halbraum enthält die Menge der Ruhepunkte E.

Dann ist zu zeigen, dass für alle Eckpunkte $\mathbf{x}_i$ aller Polyeder $P_j \subset (H \cap \bar{E})$, d.h. aller Polyeder aus dem Halbraum außer den Ruhepunkten, die Bedingung

$$\dot{V}_\mu((\dot{\mathbf{x}}_i)_\eta) = \mathbf{h}_\mu^T(\mathbf{K}_\eta\mathbf{x}_i + \mathbf{d}_\eta) \begin{cases} \leq 0 : \mathbf{x}_i \in E \\ < 0 : \mathbf{x}_i \notin E \end{cases} \quad (4.93)$$

erfüllt ist. Dabei sind (μ, η) die Indizes der Polyeder, deren gemeinsame Grenze diesen Eckpunkt und noch mindestens einen weiteren Punkt umfasst. Dies schließt auch den Fall $\mu = \eta$ mit ein. Für den Eckpunkt $\mathbf{x} = A$ in Bild 4.4 sind demnach die Bedingungen

$$\begin{aligned}
\dot{V}_1((\dot{\mathbf{x}})_1) &= \mathbf{h}_1^T(\mathbf{K}_1\mathbf{x} + \mathbf{d}_1) \leq 0 \\
\dot{V}_2((\dot{\mathbf{x}})_2) &= \mathbf{h}_2^T(\mathbf{K}_2\mathbf{x} + \mathbf{d}_2) \leq 0 \\
\dot{V}_5((\dot{\mathbf{x}})_5) &= \mathbf{h}_5^T(\mathbf{K}_5\mathbf{x} + \mathbf{d}_5) \leq 0 \\
\dot{V}_1((\dot{\mathbf{x}})_2) &= \mathbf{h}_1^T(\mathbf{K}_2\mathbf{x} + \mathbf{d}_2) \leq 0 \\
\dot{V}_2((\dot{\mathbf{x}})_1) &= \mathbf{h}_2^T(\mathbf{K}_1\mathbf{x} + \mathbf{d}_1) \leq 0 \\
\dot{V}_1((\dot{\mathbf{x}})_5) &= \mathbf{h}_1^T(\mathbf{K}_5\mathbf{x} + \mathbf{d}_5) \leq 0 \\
\dot{V}_5((\dot{\mathbf{x}})_1) &= \mathbf{h}_5^T(\mathbf{K}_1\mathbf{x} + \mathbf{d}_1) \leq 0
\end{aligned} \quad (4.94)$$

zu überprüfen, nicht aber beispielsweise

$$\dot{V}_2((\dot{\mathbf{x}})_5) = \mathbf{h}_2^T(\mathbf{K}_5\mathbf{x} + \mathbf{d}_5) \leq 0 \quad (4.95)$$

denn P_2 und P_5 haben nur A als gemeinsamen Punkt.

Ist (4.93) erfüllt, so gilt: Die Menge E ist asymptotisch stabil, und H ist ihr Einzugsbereich.

Für den Beweis kann zunächst festgestellt werden: Eine affine Funktion, die über einem Polyeder P_j definiert ist, nimmt ihren Maximalwert in einem der Eckpunkte des Polyeders an. Weiterhin ist nicht nur die in einem Polyeder definierte Ljapunov-Funktion affin, sondern auch ihre Ableitung nach der Zeit:

$$\dot{V}_j(\mathbf{x}) = \mathbf{h}_j^T\dot{\mathbf{x}} = \mathbf{h}_j^T(\mathbf{K}_j\mathbf{x} + \mathbf{d}_j) \quad (4.96)$$

Wenn daher für alle Eckpunkte eines Polyeders gezeigt wird, dass $\dot{V} < 0$ ist, so ist $\dot{V}$ für alle Punkte innerhalb des Polyeders kleiner als Null. Besitzt das Polyeder dagegen eine gemeinsame Grenze mit E, so wird für die auf dieser Grenze liegenden Eckpunkte nur $\dot{V} \leq 0$ nachgewiesen. Zusammen mit der Tatsache, dass die Ableitung von V aber an den übrigen Eckpunkten negativ ist, folgt $\dot{V} < 0$ auch für alle Punkte innerhalb des Polyeders.

Kritisch sind die Ränder der Polyeder, da $\dot{V}$ dort wegen der Unstetigkeit der Systemdefinition ebenfalls einen unstetigen Verlauf aufweisen kann. Betrachtet sei der Fall, dass eine Zustandstrajektorie von Polyeder P_μ in Polyeder P_η hineinläuft. Da für die zugehörigen Eckpunkte $\mathbf{x}_i$ an der Grenze $\dot{V}_\mu((\dot{\mathbf{x}}_i)_\eta) < 0$, $\dot{V}_\mu((\dot{\mathbf{x}}_i)_\mu) < 0$, $\dot{V}_\eta((\dot{\mathbf{x}}_i)_\mu) < 0$ und $\dot{V}_\eta((\dot{\mathbf{x}}_i)_\eta) < 0$ nachgewiesen wurde, gelten diese Eigenschaften wegen der Affinität der Funktionen $\dot{V}_\mu$ und $\dot{V}_\eta$ auch für alle Punkte auf der Grenze. Damit ist aber sichergestellt, dass sich der Wert von V beim Überschreiten der Grenze verringert.

Übrig bleibt der Fall eines Sliding Mode-Verhaltens, d.h. dass eine Zustandstrajektorie entlang der Grenze zweier oder mehrerer Polyeder verläuft. Mit (4.91) ergibt sich für jedes der angrenzenden Polyeder P_j

$$\begin{aligned}\dot{V}_j((\dot{\mathbf{x}})_{sm}) &= \mathbf{h}_j^T \left(\sum_k \mu_k (\mathbf{K}_k \mathbf{x} + \mathbf{d}_k) \right) \\ &= \sum_k \mu_k \mathbf{h}_j^T (\mathbf{K}_k \mathbf{x} + \mathbf{d}_k) = \sum_k \mu_k \dot{V}_j((\dot{\mathbf{x}})_k) < 0 \end{aligned} \tag{4.97}$$

Da die Eigenschaften $\dot{V}_j((\dot{\mathbf{x}})_k) < 0$ für alle beteiligten Eckpunkte bereits nachgewiesen wurden, gilt dies wegen der Affinität von $\dot{V}$ auch für alle Punkte auf der Grenze. Damit nimmt auch für diesen Fall der Wert der Ljapunov-Funktion V ständig ab.

Insgesamt ist nach diesen Betrachtungen gewährleistet, dass im gesamten Bereich $H \cap \bar{E}$, und zwar sowohl innerhalb der Polyeder als auch an ihren Grenzen, die Ableitung der Ljapunov-Funktion unabhängig vom Verlauf der Trajektorien negativ ist. Daraus kann aber noch nicht direkt nach Satz 2.23 die asymptotische Stabilität des Systems gefolgert werden, da die hier verwendete Ljapunov-Funktion nicht stetig differenzierbar ist, was für den Satz aber vorausgesetzt wird. Die Stabilitätsbehauptungen sind in diesem Fall anders nachzuweisen.

Da innerhalb von H $V(\mathbf{x}) \leq c$ gilt und auf dem Rand von H gerade $V(\mathbf{x}) = c$, müssen die am Rand von H liegenden Polyeder eine konstante oder zum Rand hin ansteigende Ljapunov-Funktion aufweisen. Da weiterhin innerhalb von H aber $\dot{V} < 0$ gilt, kann der Halbraum H von keiner Trajektorie verlassen werden.

Nun soll die einfache Stabilität des Gebietes E gezeigt werden. Vorgegeben wird eine $\varepsilon-$Umgebung S_ε um E. Existieren muss dann eine δ-Umgebung, so dass für alle Startzustände, die in dieser δ-Umgebung liegen, die zugehörige Trajektorie das Gebiet S_ε nicht mehr verlässt. Um diese δ-Umgebung zu bestimmen, wird im kompakten Rest-Gebiet $H \cap \overline{(E \cup S_\varepsilon)}$ des Halbraumes H der kleinste vorkommende Wert V_ε der Ljapunov-Funktion bestimmt, der wegen (4.92) sicherlich positiv ist. Wegen der Stetigkeit von V und der Kompaktheit von E lässt sich damit wiederum eine $\delta-$Umgebung um E angeben mit $V(\mathbf{x}) < V_\varepsilon$ für alle Punkte innerhalb dieser Umgebung. Diese Umgebung ist vollständig in S_ε enthalten, weil V_ε sonst nicht der kleinste vorkommende Wert des Restgebietes wäre. Da die Ableitung von V immer negativ ist, kann eine Trajektorie, die innerhalb der $\delta-$Umgebung beginnt, nie einen Wert $V(\mathbf{x}) \geq V_\varepsilon$ aufweisen und daher auch nie das Gebiet S_ε verlassen. Damit ist die Stabilität von E nachgewiesen.

Die asymptotische Stabilität von E ergibt sich daraus, dass die Ableitung der Ljapunov-Funktion in allen Punkten von $H \cap \bar{E}$ immer negativ ist, und zwar auch beim Überschreiten oder entlang der Polyedergrenzen. Eine Trajektorie, die innerhalb des Halbraumes H beginnt, weist zunächst einen bestimmten Wert $V > 0$ auf. Da keine Trajektorie den Halbraum verlassen kann, wird dieser Wert so lange verringert, bis $\dot{V} = 0$ gilt. Dann ist aber E erreicht, womit die asymptotische Stabilität bewiesen ist.

Die Anwendung dieses Stabilitätskriteriums kann nur auf nummerischem Wege erfolgen. Zunächst ist, wie bereits skizziert, das Systemverhalten durch eine Facettenfunktion zu approximieren, was natürlich nur nummerisch möglich ist. Dann müssen die Parameter der Ljapunov-Funktion festgelegt werden, und zwar die Parameter $\mathbf{h}_j$ und c_j jedes einzelnen Polyeders. Dabei müssen die Randbedingungen (4.92) sowie die Stetigkeit von V beachtet werden. Zudem sollte der entstehende Halbraum H das Gebiet des Zustandsraumes beinhalten, das für eine technische Anwendung von Interesse ist. Auch dieser Schritt muss auf nummerischem Wege erfolgen. Diese Festlegung der Ljapunov-Funktion ist der Schwachpunkt des Verfahrens, da kein Algorithmus existiert, der immer eine für den Stabilitätsnachweis geeignete Ljapunov-Funktion liefert. Abschließend ist die Stabilitätsbedingung (4.93) zu überprüfen. Falls diese nicht erfüllt ist, muss eine andere Ljapunov-Funktion gewählt oder das Verfahren ergebnislos abgebrochen werden.

4.3 Harmonische Balance

Auf einem vollkommen anderen Grundgedanken basiert das Verfahren der harmonischen Balance, das bereits in Kapitel 2.8.6 ausführlich dargestellt wurde. Anwendbar ist das Verfahren auf Regelkreise mit einer Stell- und einer Regelgröße, wobei der Fuzzy-Regler aber mehrere Eingangsgrößen wie beispielsweise den Regelfehler e, dessen Ableitung $\dot{e}$ oder sein Integral $\int e$ aufweisen darf. Weiterhin ist vorauszusetzen, dass das Gesamtsystem in einen linearen Teil mit ausreichender Tiefpasswirkung und einen nichtlinearen Teil mit symmetrischem Übertragungsverhalten unterteilbar ist.

Der erste Schritt besteht in einer geeigneten Unterteilung des Regelkreises in einen linearen und einen nichtlinearen Teil, wie dies in Abb. 4.1 bzw. 4.2

vorgeführt wurde. Aus Abb. 4.2 ist ersichtlich, dass hier nur der Fuzzy-Regler selbst zum nichtlinearen Systemteil gehört, während alle anderen Elemente den linearen Systemteil bilden. Dies ist aber selbstverständlich nur der einfachste Fall. In der Praxis werden Nichtlinearitäten der Strecke zusammen mit dem Fuzzy-Regler den nichtlinearen Systemteil bilden.

Dann muss eine der Eingangsgrößen des nichtlinearen Teiles als seine Haupt-Eingangsgröße bzw. als Haupt-Ausgangsgröße des linearen Teiles definiert werden. Dies sollte grundsätzlich die Ausgangsgröße des letzten Integrators des linearen Teiles sein, in Abb. 4.2 also beispielsweise $e' = \int e$. Damit erhält man für die Übertragungsfunktion des linearen Systemteiles

$$G_l(s) = \frac{e'}{\dot{u}} = \frac{1}{s^3} G'(s) = \frac{1}{s^2} G(s) \tag{4.98}$$

Dann ist zu überprüfen, ob der lineare Systemteil eine ausreichende Tiefpasseigenschaft aufweist, d.h. es ist sicherzustellen, dass alle Eingangsgrößen des nichtlinearen Teiles mehr oder weniger reine Sinusschwingungen darstellen. Diese Eingangsgrößen sind in Abb. 4.2 beispielsweise $\int e$, e und $\dot{e}$, und die auf ausreichende Tiefpasswirkung zu überprüfenden Übertragungsfunktionen demnach $\frac{1}{s^2}G(s)$, $\frac{1}{s}G(s)$ und $G(s)$. Da ein Integrator die Tiefpasswirkung verstärkt, ist die Tiefpasswirkung aller Übertragungsfunktionen sicherlich ausreichend, wenn $G(s)$ eine ausreichende Tiefpasswirkung aufweist.

Der nächste Schritt besteht in der Berechnung der Beschreibungsfunktion des nichtlinearen Systemteiles. Am einfachsten ist sicherlich die nummerische Lösung. Dazu wird zunächst für das Haupt-Ausgangssignal $e' = \int e$ des linearen Systemteiles eine Sinusschwingung mit der Amplitude A und der Frequenz ω definiert. Entsprechend ergeben sich für e und $\dot{e}$ als Ableitungen dieses Signales ebenfalls harmonische Schwingungen. Damit stehen die Eingangssignale für den nichtlinearen Systemteil fest. Schaltet man sie an dessen Eingang auf, so wird sich an seinem Ausgang eine periodische Schwingung einstellen, die sich durch eine Sinusschwingung approximieren lässt. Der Vergleich der Sinusschwingung am Ausgang mit der Sinusschwingung e' liefert die Verstärkung und die Phasenverzögerung des nichtlinearen Teiles für das Wertepaar (A, ω) und damit den Wert der Beschreibungsfunktion $N(A, \omega)$. Auf diese Weise lässt sich die Beschreibungsfunktion punktweise ermitteln.

Möglich ist natürlich auch die analytische Berechnung der Beschreibungsfunktion, was aber die analytische Beschreibung des nichtlinearen Systemteiles voraussetzt. Da diese normalerweise bei einem Fuzzy-Regler nicht gegeben ist, muss sein Übertragungsverhalten zunächst durch eine einfache Funktion approximiert werden. Erst mit dieser kann dann die Beschreibungsfunktion berechnet werden. Sofern der nichtlineare Systemteil aber nicht nur den Fuzzy-Regler, sondern auch andere nichtlineare Übertragungsglieder umfasst, darf der Fuzzy-Regler nicht für sich allein approximiert werden. Stattdessen muss eine geschlossene Approximation des gesamten nichtlinearen Systemteiles erfolgen.

Um die für eine analytische Bestimmung der Beschreibungsfunktion erforderlichen Schritte zu zeigen, soll das Beispiel aus Abb. 4.2 fortgesetzt werden. Es sei angenommen, dass das Übertragungsverhalten des Fuzzy-Reglers durch eine analytische Funktion $f(\int e, e, \dot{e})$ approximiert werden kann. Mit $e' = \int e$ wird daraus $f(e', \dot{e}', \ddot{e}')$. Damit ergibt sich für die zur Berechnung der Beschreibungsfunktion notwendigen Koeffizienten A_1 und B_1 entsprechend Gleichung (2.262)

$$\begin{aligned}
A_1 &= \frac{2}{T} \int_0^T f(e', \dot{e}', \ddot{e}') \cos(\omega t) dt \\
&= \frac{2}{T} \int_0^T f(A \sin(\omega t), A\omega \cos(\omega t), -A\omega^2 \sin(\omega t)) \cos(\omega t) dt \\
B_1 &= \frac{2}{T} \int_0^T f(e', \dot{e}', \ddot{e}') \sin(\omega t) dt \\
&= \frac{2}{T} \int_0^T f(A \sin(\omega t), A\omega \cos(\omega t), -A\omega^2 \sin(\omega t)) \sin(\omega t) dt
\end{aligned} \tag{4.99}$$

mit $T = \frac{2\pi}{\omega}$. Mit $C_1 = \sqrt{A_1^2 + B_1^2}$ und $\varphi_1 = \arctan \frac{A_1}{B_1}$ erhält man dann die Beschreibungsfunktion

$$N(A, \omega) = \frac{C_1(A, \omega)}{A} e^{j\varphi(A,\omega)} \tag{4.100}$$

Damit kann vorausgesetzt werden, dass die Beschreibungsfunktion entweder punktweise auf nummerischem Wege oder auf analytischem Wege ermittelt wurde. Für die Stabilitätsanalyse lässt sich dann die von A und ω abhängige Funktion $-\frac{1}{N(A,\omega)}$ als Kurvenschar in der komplexen Ebene darstellen. Und zwar erhält man für jeden festen Wert ω_1 eine nur noch von der Amplitude A abhängige Kurve $-\frac{1}{N(A,\omega_1)}$. Ebenfalls einzuzeichnen ist die Ortskurve $G_l(j\omega)$ des linearen Teiles. Aus der Lage der Ortskurve zur Kurvenschar lassen sich anhand des Nyquist-Kriteriums Rückschlüsse auf das Stabilitätsverhalten des Systems ziehen, wie dies in Kapitel 2.8.6 ausführlich beschrieben ist. Konkrete Beispiele finden sich in [22] und [58].

Die Parameter A und ω einer möglichen Dauerschwingung ergeben sich aus der komplexen Gleichung

$$G_l(j\omega) = -\frac{1}{N(A, \omega)} \tag{4.101}$$

und lassen sich am besten auf nummerischem Wege bestimmen.

4.4 Popov-Kriterium

Eine Alternative zum Verfahren der harmonischen Balance stellt das Popov-Kriterium dar, dessen Voraussetzungen allerdings von den wenigsten Systemen mit Fuzzy-Reglern erfüllt werden. Zunächst ist das System wieder in einen linearen und einen nichtlinearen Teil zu zerlegen, wobei der nichtlineare Teil keine interne Dynamik aufweisen darf. Besitzen beide Teile jeweils nur eine Ein- und eine Ausgangsgröße, so kann Satz 2.25 direkt angewendet werden. Die Ortskurve des linearen Teiles wird durch eine Messung ermittelt, falls die Übertragungsfunktion nicht bekannt ist. Die Kennlinie des nichtlinearen Teiles kann anschließend ebenfalls sehr einfach aufgenommen werden, da dieser jedem Eingangswert unmittelbar einen Ausgangswert zuweist. Eine analytische Beschreibung ist dabei nicht einmal notwendig, da für das Popov-Kriterium sowieso nur die Sektorgrenzen k_1 und k_2 relevant sind (vgl. Abb. 2.87).

Anschließend kann die Analyse exakt so durchgeführt werden, wie es in Kapitel 2.8.7 beschrieben wurde. Nach einer eventuell notwendigen Sektortransformation und der daraus resultierenden Umdefinition der linearen Übertragungsfunktion gemäß (2.274) wird die Popov-Ortskurve des linearen Teiles in der komplexen Ebene gezeichnet (Abb. 2.88). Einzeichnen einer Grenzgeraden liefert die maximale obere Sektorgrenze, die dann nur noch mit der tatsächlichen Sektorgrenze der nichtlinearen Kennlinie zu vergleichen ist. Falls diese nicht größer als die maximale Sektorgrenze ist, ist das System absolut stabil. In [20] wird dazu ein konkretes Beispiel vorgeführt.

Prinzipiell kommt auch eine Anwendung des Popov-Kriteriums für Mehrgrößensysteme (Satz 2.26) auf Systeme mit Fuzzy-Reglern in Betracht. Schwer zu erfüllen ist allerdings die Bedingung, dass der Fuzzy-Regler (bzw. der nichtlineare Systemteil) die gleiche Anzahl an Ein- und Ausgangsgrößen aufweist und jede Ausgangsgröße u_i ausschließlich eine Funktion der entsprechenden Eingangsgröße ist: $u_i = f_i(e_i)$. Falls diese Forderung nicht erfüllt ist, kann man versuchen, durch eine Transformation der Eingangsgrößen die Abhängigkeiten der Funktionen f_i von anderen Eingangsgrößen außer dem jeweiligen e_i zu beseitigen. Im nächsten Kapitel zum Kreiskriterium wird eine solche Transformation vorgeführt. Und zwar wird dort gezeigt, wie sich für eine Funktion $f(e, \dot{e})$ im Nullpunkt $e = 0$ die Abhängigkeit der Funktion von $\dot{e}$ mit Hilfe einer Transformation der Eingangsgrößen e und $\dot{e}$ beseitigen lässt. Beim Mehrgrößen-Popov-Kriterium ist das Problem aber wesentlich schwieriger, denn es muss eine Transformation gefunden werden, die nicht nur für eine einzige Ausgangsgröße, sondern gleichzeitig für alle Ausgangsgrößen u_i sämtliche Abhängigkeiten von anderen Eingangsgrößen außer e_i beseitigt. Dies wird jedoch kaum möglich sein. Sinnvoller ist hier sicherlich die Anwendung eines anderen Kriteriums.

4.5 Kreiskriterium

Ebenso wie für das Verfahren der harmonischen Balance oder das Popov-Kriterium ist für das Kreiskriterium das System in einen linearen und einen nichtlinearen Systemteil zu zerlegen. Im Gegensatz zu den beiden anderen Verfahren sind jetzt aber von vornherein Nichtlinearitäten mit interner Dynamik und auch Mehrgrößensysteme zugelassen.

4.5.1 Regler mit einer Eingangsgröße

Zunächst soll jedoch auf Eingrößensysteme eingegangen werden, deren Nichtlinearität nur eine Eingangsgröße und auch keine interne Dynamik aufweist. Bei solchen Systemen kann das Kreiskriterium in seiner einfachsten Form angewendet werden. Erst ist die Ortskurve des linearen Teiles zu messen oder zu berechnen und in die komplexe Ebene einzuzeichnen. Dann muss die Kennlinie des nichtlinearen Teiles bestimmt werden, was ebenfalls nicht weiter schwer ist, da jedem Eingangswert direkt ein Ausgangswert zugeordnet ist. Aus der Kennlinie ergeben sich die Sektorgrenzen k_1 und k_2 und daraus wiederum das verbotene Gebiet in der komplexen Ebene.

Wie in Kapitel 2.8.8 schon erwähnt, lässt sich das Kreiskriterium für diesen einfachsten Fall direkt aus dem Popov-Kriterium ableiten, indem man den freien Parameter q in der Ungleichung (2.264) gleich Null setzt. Das Kreiskriterium stellt damit für solche Fälle nur eine spezielle Variante des Popov-Kriteriums dar. Aus dem Grund existieren Systeme, deren Stabilität zwar mit dem Popov-Kriterium, nicht aber mit dem Kreiskriterium nachgewiesen werden kann. Dafür lässt sich das Kreiskriterium einfacher anwenden, da durch den Wegfall von q statt der Popov-Ortskurve nur noch die gewöhnliche Ortskurve des linearen Teiles zu betrachten ist. Und auch die beim Popov-Kriterium oft erforderliche Sektortransformation ist im Kreiskriterium bereits enthalten.

4.5.2 Regler mit mehreren Eingangsgrößen

Interessanter ist der in der Praxis am häufigsten vorkommende Fall, nämlich ein Fuzzy-Regler mit mehreren Eingangsgrößen und einer Ausgangsgröße. Zunächst wird eine der Eingangsgrößen als Haupt-Eingangsgröße e definiert und das Übertragungsverhalten des nichtlinearen Systemteiles, das eigentlich von mehreren Eingangsgrößen abhängig ist, als eine nur von e abhängige, dafür aber zeitvariante Kennlinie $u(t) = f(e(t), t)$ aufgefasst. Dann müssen Sektorgrenzen k_1 und k_2 festgelegt werden, so dass für jeden Zeitpunkt t gilt

$$k_1 e(t) \leq u(t) \leq k_2 e(t) \tag{4.102}$$

Dies sind die im Kreiskriterium zu verwendenden Sektorgrenzen. Ob u neben e von weiteren Eingangsgrößen abhängt oder durch eine Differentialgleichung aus e hervorgeht, spielt keine Rolle mehr. Die Festlegung der Sektorgrenzen erfordert natürlich die Auswertung aller möglichen Kombinationen von Eingangsgrößen des nichtlinearen Teiles, damit Gleichung (4.102) tatsächlich immer erfüllt ist.

Schließlich muss noch die Übertragungsfunktion des linearen Systemteiles ermittelt werden, dessen Ortskurve für das Kreiskriterium ebenfalls benötigt wird. Dazu ist das Übertragungsverhalten von der Ausgangsgröße des nichtlinearen Systemteiles zu seiner Haupt-Eingangsgröße zu bestimmen. Definiert man beispielsweise in Abb. 4.2 die Größe e als Haupt-Eingangsgröße des nichtlinearen Systemteiles und $\dot{u}$ als seine Ausgangsgröße, so ergibt sich als Übertragungsfunktion des linearen Systemteiles $\frac{1}{s}G(s)$.

Ein Problem tritt hierbei jedoch auf: Aus Ungleichung (4.102) folgt doch, dass die Ausgangsgröße des nichtlinearen Teiles für $e = 0$ ebenfalls den Wert Null annehmen muss, und zwar unabhängig von allen anderen Eingangsgrößen. Es muss also $f(0, t) = 0$ gelten, was bei einem Fuzzy-Regler normalerweise nicht erfüllt ist. Gelöst werden kann dieses Problem aber durch eine Koordinatentransformation, wie sie in [25] vorgeschlagen wird. Als Beipiel dient der Kreis in Abb. 4.2. Der Einfachheit halber sollen jedoch die Abhängigkeit des Fuzzy-Reglers von $\int e$ sowie die Integration der Regler-Ausgangsgröße entfallen. Damit ist das Übertragungsverhalten des Fuzzy-Reglers durch eine Funktion $f(e, \dot{e})$ und die Übertragungsfunktion des linearen Systemteiles durch $G(s)$ gegeben. Eine Erweiterung des Verfahrens auf Fuzzy-Regler mit weiteren Eingangsgrößen ist aber prinzipiell möglich.

$\dot{e}$ \ e	NB	NM	ZO	PM	PB
PB	ZO	PS	PM	PB	PB
PM	NS	ZO	PS	PS	PB
ZO	NM	NS	ZO	PS	PM
NM	NB	NS	NS	ZO	PS
NB	NB	NB	NM	NS	ZO

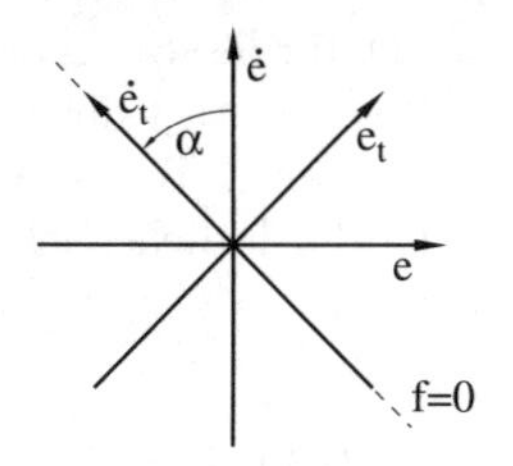

Abb. 4.5. Regelbasis

Die Regelbasis des Fuzzy-Reglers sei die in Abb. 4.5. Trägt man die Funktionswerte von f in einer $e - \dot{e}-$Ebene auf, so stellt man fest, dass auf einer gegenüber der $\dot{e}-$Achse um α verdrehten Geraden alle Funktionswerte den Wert Null aufweisen. Man kann ein $e_t - \dot{e}_t-$Koordinatensystem definieren, dessen $\dot{e}_t-$Achse genau mit dieser Geraden zusammenfällt und das somit gegenüber dem alten Koordinatensystem gerade um α verdreht ist. Hinsichtlich dieser Koordinaten lässt sich mit $f'(e_t, \dot{e}_t) = f(e, \dot{e})$ eine neue Abbildung definieren, die offenbar die Bedingung $f'(0, \dot{e}_t) = 0$ erfüllt.

Die Drehung eines Vektors um den Winkel α entspricht einer Multiplikation mit der Matrix

$$\mathbf{T} = \begin{pmatrix} \cos\alpha & -\sin\alpha \\ \sin\alpha & \cos\alpha \end{pmatrix} \tag{4.103}$$

Ein Vektor $[e, \dot{e}]^T$ in alten Koordinaten muss aber um $-\alpha$ verdreht werden, um seine Darstellung in neuen Koordinaten $[e_t, \dot{e}_t]^T$ zu erhalten. Die Drehung um $-\alpha$ entspricht aber gerade einer Multiplikation mit $\mathbf{T}^{-1}$.

Für die Stabilitätsanalyse werden nach Abb. 4.6 die Matrizen $\mathbf{T}^{-1}$ und $\mathbf{T}$ so in den geschlossenen Kreis eingefügt, dass sie sich in ihrer Wirkung gerade aufheben und das System nicht verändert wird. Aus dem Vektor $[e, \dot{e}]^T$ entsteht somit durch Drehen um $-\alpha$ zunächst der Vektor $[e_t, \dot{e}_t]^T$ und anschließend durch Drehen um α wieder $[e, \dot{e}]^T$. Rechnet man die Matrix $\mathbf{T}$ zum nichtlinearen und $\mathbf{T}^{-1}$ zum linearen Systemteil, so besteht der nichtlineare Systemteil aus der Abbildung $f'(e_t, \dot{e}_t)$, die offenbar die Voraussetzung $f'(0, \dot{e}_t) = 0$ erfüllt.

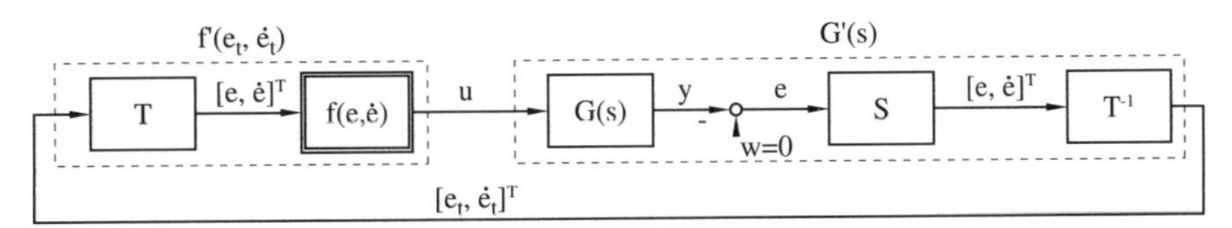

Abb. 4.6. Koordinatentransformation für die Anwendung des Kreiskriteriums

Die Multiplikation mit der Matrix $S = [1, s]^T$ dient nur der Umwandlung der skalaren Größe e zum Vektor $[e, \dot{e}]^T$. Sie wurde in das Blockschaltbild eingefügt, um eine saubere Darstellung zu erhalten, und bewirkt keine Veränderung des Systems.

Damit kann das Kreiskriterium auf das aus f' und G' bestehende System angewendet werden. Zunächst ist die lineare Übertragungsfunktion zu berechnen, also das Übertragungsverhalten von der Ausgangsgröße u des nichtlinearen Teiles zu seiner Haupt-Eingangsgröße e_t:

$$G'(s) = -\frac{e_t}{u}(s) \tag{4.104}$$

Für den Zusammenhang zwischen $[e_t, \dot{e}_t]^T$ und $[e, \dot{e}]^T$ gilt

$$\begin{pmatrix} e_t \\ \dot{e}_t \end{pmatrix} = T^{-1} \begin{pmatrix} e \\ \dot{e} \end{pmatrix} = \begin{pmatrix} \cos\alpha & \sin\alpha \\ -\sin\alpha & \cos\alpha \end{pmatrix} \begin{pmatrix} e \\ \dot{e} \end{pmatrix} \tag{4.105}$$

und mit $e = w - y = -y$

$$\begin{aligned} e_t &= \cos\alpha \, e + \sin\alpha \, \dot{e} \\ &= -\cos\alpha \, y - \sin\alpha \, \dot{y} \\ e_t(s) &= -(\cos\alpha \, G(s) + \sin\alpha \, sG(s))u(s) \end{aligned} \tag{4.106}$$

wegen $y(s) = G(s)u(s)$. Es folgt

$$G'(s) = \cos\alpha \, G(s) + \sin\alpha \, sG(s) \tag{4.107}$$

Dann ist der Sektor der Kennlinie des nichtlinearen Teiles zu ermitteln, was am einfachsten durch simples Einsetzen von verschiedenen Werten für e_t und $\dot{e}_t$ geschehen kann. Für jeden Wert von e_t werden sich je nach Wahl von $\dot{e}_t$ unterschiedliche Werte für u ergeben, so dass eine ganze Schar von Kennlinien möglich ist (Abb. 4.7). Die Sektorgrenzen sind so festzulegen, dass die gesamte Schar im Sektor enthalten ist. Mit den Sektorgrenzen und der linearen Übertragungsfunktion nach (4.107) kann dann unmittelbar eine Stabilitätsanalyse nach dem Kreiskriterium durchgeführt werden.

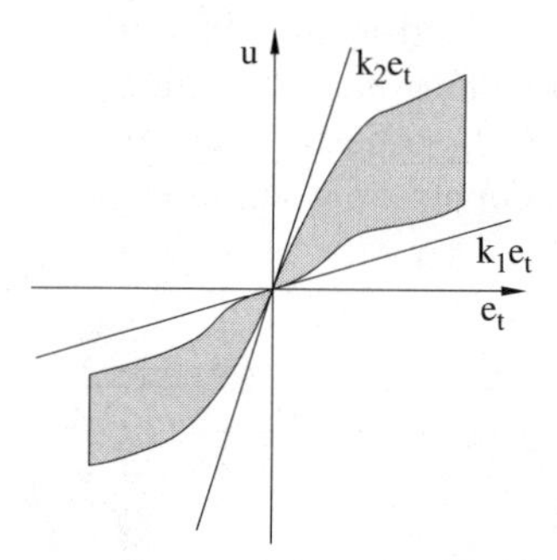

Abb. 4.7. Kennlinienschar nach der Transformation

4.5.3 Mehrgrößenregler

Die Behandlung echter Mehrgrößensysteme, bei denen alle Systemteile sowohl mehrere Ein- als auch Ausgangsgrößen aufweisen können, ist nur unter Verwendung von Normen praktikabel, wie auch das Kreiskriterium selbst auf dieser Basis hergeleitet wurde. Die Berechnung einer Norm erfordert aber eine analytische Beschreibung des Systemverhaltens. Der Fuzzy-Regler muss also durch (4.5) oder besser gleich als TSK-Regler (4.8) definiert oder approximiert werden. Wenn dies der Fall ist, kann aber auch das Gesamtsystem als TSK-Modell (4.28) bzw. (4.29) in einer geschlossenen Formel beschrieben werden.

Mit der direkten Betrachtung des Gesamtsystems wird aber wiederum der durch das Kreiskriterium gesteckte Rahmen, der durch die Unterteilung des Regelkreises in einen linearen und einen nichtlinearen Systemteil vorgegeben ist, verlassen. Aus dem Grund finden sich die Ansätze, die auf der Verwendung von Normen basieren, im folgenden Kapitel wieder.

4.6 Normenbasierte Stabilitätsanalyse

Die Verwendung von Normen zur Stabilitätsanalyse ist sowohl für kontinuierliche (Gl. (4.28)) als auch diskrete (Gl. (4.29)) Fuzzy-Systeme möglich. Den einfacheren Fall stellt dabei der diskrete Fall dar, der deshalb auch zuerst behandelt werden soll (vgl. [27]).

Ausgangspunkt ist das TSK-Modell eines diskreten Systems (4.29) ohne äußere Anregung

$$\mathbf{x}(k+1) = \sum_i k_i(\mathbf{x}(k))\mathbf{A}_i\mathbf{x}(k) \tag{4.108}$$

Der Übergang zu den Normen liefert

$$||\mathbf{x}(k+1)|| = ||\sum_i k_i(\mathbf{x}(k))\mathbf{A}_i\mathbf{x}(k)|| \leq \sum_i k_i(\mathbf{x}(k))\ ||\mathbf{A}_i||\ ||\mathbf{x}(k)|| \tag{4.109}$$

Das System ist stabil im Ljapunovschen Sinne, wenn der Zustandsvektor gegen Null konvergiert. Als Forderung für Stabilität ergibt sich daher

$$\sum_i k_i(\mathbf{x}(k))||\mathbf{A}_i|| < 1 \tag{4.110}$$

Wegen

$$\sum_i k_i(\mathbf{x}(k)) = 1 \tag{4.111}$$

ist die Ungleichung (4.110) erfüllt, wenn

$$||\mathbf{A}_i|| < 1 \qquad \text{für alle } i \tag{4.112}$$

gilt. Verwendet man beispielsweise die ∞-Norm, so gilt mit (A.23)

$$||\mathbf{A}_i||_\infty = \sqrt{\lambda_{max}\left\{\bar{\mathbf{A}_i}^T\mathbf{A}_i\right\}} = \bar{\sigma}\left\{\mathbf{A}_i\right\} \tag{4.113}$$

Dabei ist λ_{max} der maximale Eigenwert oder auch Spektralradius einer Matrix. Die Supremumbildung über ω in Gleichung (A.23) entfällt, da $\mathbf{A}_i$ nur konstante Koeffizienten besitzt. Damit ist mit (A.21) die ∞-Norm gleich der Spektralnorm $\bar{\sigma}\left\{\mathbf{A}_i\right\}$. Als Stabilitätsforderung erhält man

$$\bar{\sigma}\left\{\mathbf{A}_i\right\} < 1 \qquad \text{für alle } i \tag{4.114}$$

Da diese Bedingung sehr einfach mit einem entsprechenden Software-Paket zu überprüfen ist, besteht das einzige Problem bei diesem Analyseverfahren im Aufstellen des zu Grunde liegenden TSK-Modells des geschlossenen Kreises.

In [185] wird neben dieser Bedingung für die Spektralnorm auch eine Bedingung für den Spektralradius $\lambda_{max}\left\{\mathbf{A}_i\right\}$ entwickelt. Zunächst einmal ist wegen $\lambda_{max}\left\{\mathbf{A}_i\right\} \leq \bar{\sigma}\left\{\mathbf{A}_i\right\}$ die Bedingung

$$\lambda_{max}\left\{\mathbf{A}_i\right\} < 1 \qquad \text{für alle } i \tag{4.115}$$

offensichtlich eine notwendige Voraussetzung für die Stabilität des Systems. Hinreichend ist diese Bedingung aber erst dann, wenn eine gemeinsame Matrix $\mathbf{S}$ existiert, so dass $\mathbf{S}^{-1}\mathbf{A}_i\mathbf{S}$ für alle $\mathbf{A}_i$ normal ist. Eine Matrix $\mathbf{M}$ wird als normal bezeichnet, wenn $\mathbf{M}^T\mathbf{M} = \mathbf{M}\mathbf{M}^T$ gilt. In [185] werden Kriterien für die Existenz von $\mathbf{S}$ abgeleitet, auf deren Darstellung hier aber wegen doch eher geringer Praxisrelevanz verzichtet werden soll.

Interessanter ist dagegen ein Verfahren, das ein kontinuierliches TSK-Modell (4.28) des geschlossenen Kreises erfordert (vgl. [180]) und auf dem folgenden Satz basiert:

Satz 4.4 *Gegeben sei ein System*

$$\dot{\mathbf{x}} = (\mathbf{A} + \mathbf{D}\mathbf{F}(t)\mathbf{E})\mathbf{x} \tag{4.116}$$

mit den gegebenen, reellen Matrizen $\mathbf{A}$, $\mathbf{D}$ *und* $\mathbf{E}$ *und einer reellen, zeitvarianten Unsicherheit* $\mathbf{F}$, *von der nur bekannt ist, dass ihre Norm kleiner als Eins ist:* $||\mathbf{F}||_\infty \leq 1$. *Dieses System ist stabil, wenn* $\mathbf{A}$ *ausschließlich Eigenwerte mit negativem Realteil aufweist und darüber hinaus*

$$||\mathbf{E}(s\mathbf{I} - \mathbf{A})^{-1}\mathbf{D}||_\infty < 1 \tag{4.117}$$

gilt.

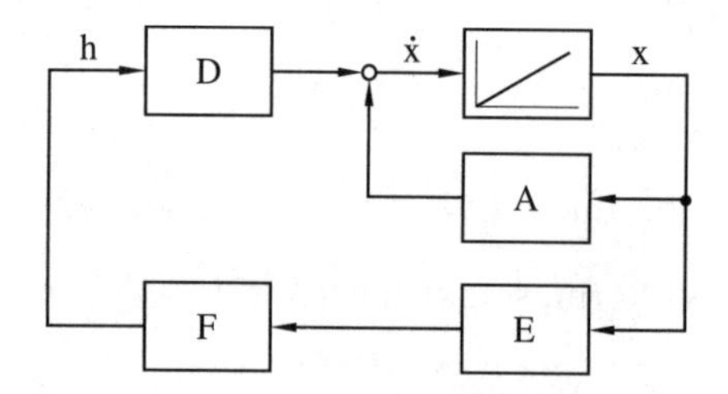

Abb. 4.8. Blockschaltbild des Systems

Der Beweis ist recht einfach anhand des Blockschaltbildes 4.8 des Systems durchzuführen. Der geschlossene Kreis wird bei der Größe $\mathbf{h}$ aufgetrennt. Für die Kreisübertragungsfunktion ergibt sich $\mathbf{FE}(s\mathbf{I}-\mathbf{A})^{-1}\mathbf{D}$ und für ihre Norm die Abschätzung

$$||\mathbf{FE}(s\mathbf{I} - \mathbf{A})^{-1}\mathbf{D}||_\infty \leq ||\mathbf{F}||_\infty \; ||\mathbf{E}(s\mathbf{I} - \mathbf{A})^{-1}\mathbf{D}||_\infty \tag{4.118}$$

Wegen $||\mathbf{F}||_\infty \leq 1$ und (4.117) ist die Norm der Kreisübertragungsfunktion demnach sicher kleiner als Eins. Daraus folgt aber mit dem small gain theorem sofort die Stabilität des Systems.

Die Ungleichung (4.117) ist nummerisch leicht zu überprüfen. Es stellt sich aber die Frage, wie das TSK-Modell (4.28)

$$\dot{\mathbf{x}}(t) = \sum_{i}^{r} k_i(\mathbf{x}(t))\mathbf{A}_i\mathbf{x}(t) \tag{4.119}$$

auf die Form (4.116) zu bringen ist. Zunächst ist jede Matrix $\mathbf{A}_i$ zu zerlegen in einen gemeinsamen Anteil $\mathbf{A}_g$, der ausschließlich Eigenwerte mit negativem Realteil besitzt, und einen möglichst kleinen Rest $\Delta\mathbf{A}_i$. Man erhält

$$\dot{\mathbf{x}}(t) = \left(\mathbf{A}_g + \sum_i^r k_i(\mathbf{x}(t)) \Delta \mathbf{A}_i \right) \mathbf{x}(t) \tag{4.120}$$

Dann lässt sich mit den Matrizen $\Delta\mathbf{A}_i$ eine Singulärwertzerlegung durchführen, d.h.

$$\Delta \mathbf{A}_i = \mathbf{U}_i \mathbf{S}_i \mathbf{V}_i^T \tag{4.121}$$

mit orthogonalen Matrizen $\mathbf{U}_i$ und $\mathbf{V}_i$ und einer Diagonalmatrix $\mathbf{S}_i$, die als Diagonalelemente die singulären Werte der Matrix $\Delta\mathbf{A}_i$ enthält. Eine solche Singulärwertzerlegung ist nummerisch unproblematisch. Aus (4.120) wird dann

$$\dot{\mathbf{x}} = (\mathbf{A}_g + \mathbf{U}\mathbf{S}(t)\mathbf{V})\mathbf{x} \tag{4.122}$$

mit

$$\begin{aligned} \mathbf{U} &= [\mathbf{U}_1, ..., \mathbf{U}_r] \\ \mathbf{V} &= [\mathbf{V}_1, ..., \mathbf{V}_r]^T \end{aligned} \tag{4.123}$$

und der Diagonalmatrix

$$\mathbf{S}(t) = \mathrm{diag}[k_1(t)\mathbf{S}_1 \; ... \; k_r(t)\mathbf{S}_r] \tag{4.124}$$

$\mathbf{S}$ enthält also die Matrizen $\mathbf{S}_i$, multipliziert mit $k_i(t)$, auf der Hauptdiagonalen.

Diese Form entspricht schon der im Satz geforderten Form (4.116). Allerdings ist noch nicht gewährleistet, dass $||\mathbf{S}(t)||_\infty \leq 1$ gilt. Aus dem Grund wird eine Normierungsmatrix eingeführt mit

$$\mathbf{N} = \frac{1}{2}\mathrm{diag}[\mathbf{S}_1 \; ... \; \mathbf{S}_r] \tag{4.125}$$

Gleichung (4.122) lässt sich damit umschreiben zu

$$\dot{\mathbf{x}} = (\mathbf{A}_g + \mathbf{U}\mathbf{N}\mathbf{V} + \mathbf{U}\mathbf{N}\mathbf{N}^{-1}(\mathbf{S}(t) - \mathbf{N})\mathbf{V})\mathbf{x} \tag{4.126}$$

Setzt man

$$\begin{aligned} \mathbf{A} &= \mathbf{A}_g + \mathbf{U}\mathbf{N}\mathbf{V} = \mathbf{A}_g + \sum_i^r \frac{1}{2}\mathbf{U}_i\mathbf{S}_i\mathbf{V}_i^T = \mathbf{A}_g + \frac{1}{2}\sum_i^r \Delta\mathbf{A}_i \\ \mathbf{D} &= \mathbf{U}\mathbf{N} \\ \mathbf{F}(t) &= \mathbf{N}^{-1}(\mathbf{S}(t) - \mathbf{N}) \\ \mathbf{E} &= \mathbf{V} \end{aligned} \tag{4.127}$$

so erhält man die geforderte Darstellung (4.116), wobei jetzt auch $||\mathbf{F}||_\infty \leq 1$ gesichert ist. Denn ein beliebiges Diagonalelement von $\mathbf{S}$ besteht doch aus dem Produkt eines singulären Wertes σ und einem Faktor $k_i(t)$, wobei $0 \leq k_i \leq 1$ gilt. Da singuläre Werte nicht negativ sein können, liegt das betrachtete Diagonalelement damit in einem Intervall $[0, \sigma]$. Durch die Subtraktion $\mathbf{S} - \mathbf{N}$ wird daraus $[-\frac{\sigma}{2}, \frac{\sigma}{2}]$ und durch die Multiplikation mit $\mathbf{N}^{-1}$ gerade $[-1, 1]$. Demnach weisen alle Elemente der Diagonalmatrix $\mathbf{F}(t)$ einen Betrag auf, der maximal gleich Eins ist. Aus dem Grund kann der Betrag des Ausgangsvektors von $\mathbf{F}$ nie größer sein als der Betrag des Eingangsvektors. Wegen (A.22) ist damit die ∞-Norm von $\mathbf{F}$ nicht größer als Eins.

Auf die in (4.127) aufgeführten Matrizen kann dann Satz 4.4 angewendet werden. Die Wahrscheinlichkeit, dass $\mathbf{A}$ nur Eigenwerte mit negativem Realteil aufweist, ist umso größer, je kleiner die Matrizen $\Delta\mathbf{A}_i$ gewählt wurden. $\mathbf{F}$ erfüllt sicher die geforderte Bedingung, womit dann noch Gleichung (4.117) zu überprüfen ist. Die dazu notwendige Berechnung der Norm lässt sich ebenso wie die Singulärwertzerlegung in (4.121) mit der entsprechenden Software ohne Probleme durchführen. Damit stellt die Verwendung von Normen eine sowohl für den diskreten als auch für den kontinuierlichen Fall einfache und elegante Möglichkeit der Stabilitätsanalyse dar. Voraussetzung ist aber die Darstellung bzw. Darstellbarkeit des geschlossenen Kreises als TSK-System.

4.7 Hyperstabilitätskriterium

Ein weiteres Verfahren basiert auf der Hyperstabilitätstheorie. Dabei sind für eine Anwendung dieses Verfahrens auf Fuzzy-Regler keine wesentlichen Erweiterungen gegenüber der in Kapitel 2.8.9 vorgestellten Form erforderlich.

Zunächst ist der geschlossene Kreis in einen linearen und einen nichtlinearen Teil aufzuteilen. Dann ist das System so zu strukturieren, dass beide Teile die gleiche Anzahl an Ein- und Ausgangsgrößen aufweisen. Als Beispiel soll wieder der Regelkreis in Abb. 4.2 dienen, wobei der Fuzzy-Regler mit der Ausgangsgröße $\dot{u}$ hier aber nur die Eingangsgrößen e und $\dot{e}$ besitzen soll, d.h. die Abhängigkeit von $\int e$ entfällt. Dieses System kann als Ein- oder Zweigrößensystem behandelt werden.

Bei einer Behandlung als Eingrößensystem sind dieselben Schritte notwendig wie beim Kreiskriterium. Zunächst ist festzulegen, welche der beiden Eingangsgrößen als Haupt-Eingangsgröße definiert werden soll. Ist dies beispielsweise e, so muss das Übertragungsverhalten des Fuzzy-Reglers $f(e, \dot{e})$ als zeitvariante Funktion $f(e, t)$ aufgefasst werden. Die Übertragungsfunktion des linearen Systemteiles ergibt sich aus dem Übertragungsverhalten vom Ausgang $\dot{u}$ des Fuzzy-Reglers zur Größe e. Man erhält hier demnach $\frac{1}{s}G(s)$. Mit $f(e, t)$ und $\frac{1}{s}G(s)$ kann dann das Verfahren so durchgeführt werden, wie es in Kapitel 2.8.9 beschrieben wurde. Dabei ist der erste Schritt, also das Einfügen der Matrizen $\mathbf{N}$ und $\mathbf{M}$, natürlich nicht mehr notwendig, weil beide Systemteile jeweils nur noch eine Ein- und Ausgangsgröße haben.

Soll das System dagegen als Zweigrößensystem behandelt werden, so gilt wegen

$$\mathbf{e} = \begin{pmatrix} e \\ \dot{e} \end{pmatrix} = \begin{pmatrix} \frac{1}{s}G(s) \\ G(s) \end{pmatrix} \dot{u} \tag{4.128}$$

zunächst

$$\mathbf{G}(s) = \begin{pmatrix} \frac{1}{s}G(s) \\ G(s) \end{pmatrix} \tag{4.129}$$

Der lineare Systemteil hat also zwei Ausgangsgrößen, während der nichtlineare Systemteil nur eine Ausgangsgröße aufweist. Daher ist für den Fuzzy-Regler eine zusätzliche, künstliche Ausgangsgröße mit dem konstanten Wert Null zu definieren. Es ergibt sich der Ausgangsvektor $\mathbf{u} = [u_1, u_2]^T = [\dot{u}, 0]^T$, und damit gilt für die Matrizen $\mathbf{N}$ und $\mathbf{M}$ wie in Kapitel 2.8.9

$$\mathbf{N} = \begin{pmatrix} 1 & 0 \end{pmatrix} \qquad \mathbf{M} = \begin{pmatrix} 1 \\ 0 \end{pmatrix} \tag{4.130}$$

Es folgt für die Übertragungsmatrix des linearen Systemteiles (vgl. (2.312))

$$\mathbf{G}(s)\mathbf{N} = \begin{pmatrix} \frac{1}{s}G(s) & 0 \\ G(s) & 0 \end{pmatrix} = \mathbf{G}_{neu} \tag{4.131}$$

Mit diesen Definitionen haben nun sowohl der lineare als auch der nichtlineare Systemteil jeweils zwei Ein- und zwei Ausgangsgrößen, womit die Grundvoraussetzung für die Hyperstabilitätsanalyse erfüllt ist.

Gegebenenfalls ist der geschlossene Kreis anschließend noch um die Matrizen $\mathbf{K}$ und $\mathbf{D}$ (vgl. Abb. 2.95) zu erweitern, um sicherzustellen, dass der lineare Teil stabil bzw. positiv reell ist. Die dazu notwendigen Schritte sind in Kapitel 2.8.9 ausführlich erläutert worden. Anschließend bleibt noch die Bedingung (2.318)

$$\int_0^T \mathbf{u}'^T \mathbf{e}' dt \geq -\beta_0^2 \tag{4.132}$$

für den erweiterten nichtlinearen Systemteil zu überprüfen. Dies kann näherungsweise dadurch geschehen, dass man für eine geeignete Menge an Vektoren $\mathbf{e}$ die Positivität des Integranden in (2.319) bzw. (2.325) nachweist.

4.8 Vergleich mit einem Sliding Mode-Regler

Wesentlich weniger Probleme bei der Anwendung bereitet die Stabilitätsanalyse durch den Vergleich eines Fuzzy-Reglers mit einem Sliding Mode-Regler [41, 148]. Dieses Verfahren erfordert keine Aufteilung des Systems in einen linearen und einen nichtlinearen Teil, ist dafür allerdings nur auf Eingrößensysteme anwendbar, wobei der Regler aber auch mehrere Eingangsgrößen besitzen darf. Die Strecke, oder genauer gesagt, das Gesamtsystem außer dem Fuzzy-Regler, muss durch die Zustandsgleichung (2.327)

$$x^{(n)}(t) = f(\mathbf{x}(t)) + u(t) + d(t) \tag{4.133}$$

beschrieben werden können. Eine solche Zustandsgleichung erhält man, wenn man das System entsprechend Abb. 4.2 umstrukturiert, wobei hier die Strecke aber durchaus Nichtlinearitäten enthalten darf.

Ausgangspunkt der Überlegungen ist dann das in Kapitel 2.8.10 ermittelte Regelgesetz (2.341) eines Sliding Mode-Reglers

$$u = -f_0(\mathbf{x}) + g_\lambda(\dot{\mathbf{e}}) + x_d^{(n)} + (F + D + \eta)\mathrm{sgn}(q) \tag{4.134}$$

Um die Formeln zu vereinfachen, sei angenommen, dass die $n-$te Ableitung des Sollwertes verschwindet ($x_d^{(n)} = 0$), was im Anwendungsfall keine wesentliche Einschränkung bedeutet. Außerdem soll davon ausgegangen werden, dass kein nominales Modell der Strecke vorliegt: $f_0 = 0$. F als Abschätzung für die Modellunsicherheit ist damit natürlich entsprechend größer zu wählen. Und schließlich soll die Signumfunktion, um einen stetigen Stellgrößenverlauf zu erzielen, durch die ebenfalls schon in Kapitel 2.8.10 eingeführte Funktion $h(q)$ ersetzt werden. Damit bleibt das Regelgesetz

$$u = g_\lambda(\dot{\mathbf{e}}) + (F + D + \eta)h(q) \tag{4.135}$$

Entsprechend der Herleitung in Kapitel 2.8.10 lässt sich zur Stabilität eines solchen Reglers aussagen, dass jedes Regelgesetz

$$u = g_\lambda(\dot{\mathbf{e}}) + Uh(q) \tag{4.136}$$

mit $U \geq F+D+\eta$ das System aus jedem Anfangszustand in eine Zone $|q| < \Phi$ (mit Φ aus Definition (2.344)) um die durch $q = 0$ definierte Hyperfläche überführt und in dieser Zone hält. Innerhalb dieser Zone nähert sich das System dann dem Zielpunkt $\mathbf{e} = \mathbf{0}$, kann ihn aber nicht exakt erreichen. Je größer Φ gewählt wird, desto größer ist der zu akzeptierende Toleranzbereich.

Um einen anschaulichen Bezug zwischen Sliding Mode- und Fuzzy-Regler herstellen zu können, soll das Regelgesetz (4.136) für ein System zweiter Ordnung etwas genauer betrachtet werden. Aus dem Regelgesetz wird zunächst

$$u = \lambda\dot{e} + Uh(q) \tag{4.137}$$

Dieses Regelgesetz lässt sich in der $e-\dot{e}-$Ebene als Kennfeld darstellen (Abb. 4.9, rechts). Auf einer Geraden nimmt die Stellgröße u den Wert Null an, oberhalb dieser Geraden positive und unterhalb negative Werte. Ohne den ersten Summanden würde diese Gerade wegen $h(0) = 0$ mit der durch $q = 0$ definierten Geraden zusammenfallen.

Vergleicht man dieses Kennfeld mit der Regelbasis eines typischen Fuzzy-Reglers, wie sie ebenfalls in Abb. 4.9 dargestellt ist, so fällt sofort die Ähnlichkeit der Ausgangsgrößen der beiden Regler auf. Es liegt daher nahe, für die Stabilitätsanalyse eines Fuzzy-Reglers einen vergleichbaren Sliding Mode-Regler zu entwerfen und daraus Stabilitätsbedingungen für den Fuzzy-Regler abzuleiten.

e →

ė ↑	NB	NM	ZO	PM	PB
PB	ZO	PS	PM	PB	PB
PM	NS	ZO	PS	PS	PB
ZO	NM	NS	ZO	PS	PM
NM	NB	NS	NS	ZO	PS
NB	NB	NB	NM	NS	ZO

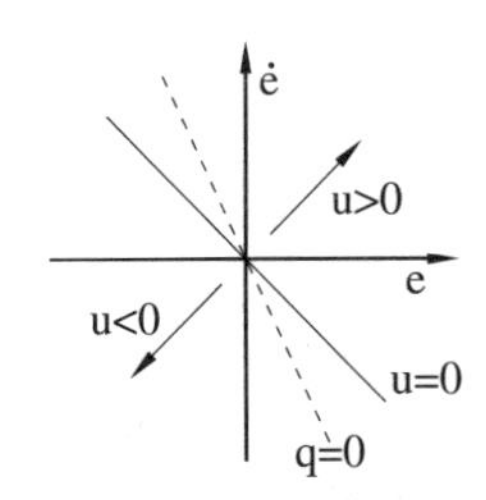

Abb. 4.9. Regelbasis eines Fuzzy-Reglers und Null-Linie eines Sliding Mode-Reglers

Für die Stabilitätsanalyse eines gegebenen Fuzzy-Reglers ergeben sich damit die folgenden Schritte: Abzuschätzen sind zunächst eine obere Grenze F für die Modellfunktion f und eine obere Grenze D für die Amplitude der Störung d. Da η nur ein Maß für die Annäherungsgeschwindigkeit des Systems an die Hyperfläche $q = 0$ darstellt und das System für jedes $\eta \geq 0$ stabil ist, wird der Einfachheit halber $\eta = 0$ gesetzt. Für die Funktion $h(q)$ ist der Parameter Φ vorzugeben, der gleichzeitig ein Maß für den zu akzeptierenden Toleranzbereich ist. Für Φ wird zunächst ein großer Wert gewählt, da dies auf weniger strenge Bedingungen für die Stellgröße des Fuzzy-Reglers führt. Damit ist der Sliding Mode-Regler (4.136) bis auf den Parameter λ festgelegt. In einer nummerischen Optimierung wird λ nun so bestimmt, dass die durch $u = 0$ gegebene Hyperebene des Sliding Mode-Reglers möglichst genau mit der Hyperebene des Fuzzy-Reglers übereinstimmt.

Dann ist nummerisch für eine ausreichend große Anzahl an Vektoren $\mathbf{e}$ zu überprüfen, ob die Stellgröße des Fuzzy-Reglers für alle Vektoren $\mathbf{e}$ auf der einen Seite der durch $u = 0$ gegebenen Hyperebene größer und auf der anderen Seite kleiner ist als die Stellgröße des Sliding Mode-Reglers. Falls dies gilt, so ist nach den Ausführungen zu (4.136) garantiert, dass das System vom Fuzzy-Regler aus jedem beliebigen Zustand in eine Zone $|q| < \Phi$ um die durch $q = 0$ definierte Hyperebene überführt wird und auch dort verbleibt. Innerhalb dieser Zone nähert es sich dann dem Zielpunkt $\mathbf{e} = \mathbf{0}$ und erreicht schließlich einen Toleranzbereich, der umso größer ist, je größer Φ gewählt wurde. Da Φ zunächst groß gewählt wurde, kann die Rechnung anschließend mit kleinerem Φ wiederholt werden, um nicht nur die Stabilität, sondern auch einen möglichst kleinen Toleranzbereich zu gewährleisten. Mit kleineren Werten von Φ werden sich aber strengere Anforderungen an den Fuzzy-Regler ergeben.

Oft kann es vorkommen, dass die durch $u = 0$ gegebene Hyperebene des Fuzzy-Reglers durch die entsprechende Hyperebene des Sliding Mode-Reglers nur unzureichend approximiert werden kann. Daher sind für die flexible Gestaltung der Hyperebene möglicherweise zusätzliche Freiheitsgrade notwendig. Diese können dadurch gewonnen werden, dass q nicht entsprechend Gleichung (2.328) durch

$$q(\mathbf{e}) = (\frac{\partial}{\partial t} + \lambda)^{n-1} e \tag{4.138}$$

sondern durch Gleichung (2.342) definiert wird. Durch entsprechende Wahl der c_i lässt sich die Hyperebene des Sliding Mode-Reglers nun auf jeden Fall so gestalten, dass sie der durch den Fuzzy-Regler vorgegebenen Hyperebene sehr genau entspricht. Die nummerische Optimierung wird durch die erhöhte Anzahl zu optimierender Parameter natürlich aufwändiger.

Entschärfen lässt sich die Bedingung für Stabilität noch, wenn ein Modell der Strecke bekannt ist. In (4.135) und (4.136) tritt dann auf der rechten Seite jeweils noch der Summand $-f_0(x)$ aus (4.134) hinzu, und F kann entsprechend kleiner gewählt werden. Natürlich werden sich dann für λ bzw. für die c_i andere Werte ergeben, die einzelnen Rechenschritte ändern sich aber nicht. Zusätzlich zur Entschärfung der Stabillitätsbedingung gewinnt man auf diese Art und Weise mit F auch ein Maß für die Robustheit des Fuzzy-Reglers, wie dies in Kap. 2.8.10 schon erläutert wurde.

Konkrete Beispiele für den Vergleich von Fuzzy-Reglern mit Sliding Mode-Reglern finden sich in [41] und [66]. Es wird dort allerdings keine Stabilitätsanalyse eines bereits existierenden Fuzzy-Reglers durchgeführt, sondern ein Fuzzy-Regler entsprechend den Anforderungen an einen Sliding Mode-Regler entworfen.

In Kapitel 5.2.2 wird gezeigt, wie ein auf einem Sliding Mode-Regler basierender Fuzzy-Regler sogar adaptiv laufend an die Strecke angepasst werden kann. Dieser Fuzzy-Regler ist dann allerdings nicht mehr durch Fuzzy-Regeln, sondern durch ein Kennfeld gegeben.

4.9 Direkte Analyse im Zustandsraum

Die bisher vorgestellten Verfahren haben gemeinsam, dass sie die direkte Berechnung von Trajektorien vermeiden. Stattdessen werden Bedingungen untersucht, die zwar einen bestimmten Verlauf der Trajektorien und damit ein bestimmtes Stabilitätsverhalten des Systems garantieren, ohne dass aber einzelne Trajektorien berechnet werden müssen. So werden beim Ljapunov-Kriterium die negative Definitheit der Ableitung der Ljapunov-Funktion untersucht, bei der harmonischen Balance die Schnittpunkte zwischen Beschreibungsfunktion und Ortskurve und bei den anderen Kriterien bestimmte Übertragungseigenschaften der einzelnen Systemteile.

Auf solche Kriterien wird bei den im Folgenden vorgestellten Verfahren verzichtet. Hier erfolgt eine direkte Analyse der möglichen Trajektorienverläufe im Zustandsraum.

4.9.1 Konvexe Zerlegung

Einen Ansatz in dieser Richtung bildet das Verfahren der konvexen Zerlegung, wie es in [82] dargestellt wird. Es basiert auf einer relativ einfachen

Grundidee. Vorausgesetzt wird ein System, also ein geschlossener Kreis, dessen zeitdiskretes Übertragungsverhalten durch eine Facettenfunktion (vgl. Kap. 4.2.3) gegeben ist, d.h. der Zustandsraum ist in konvexe Polyeder P_j aufgeteilt, in denen das dynamische Verhalten des Systems jeweils durch eine affine Funktion approximiert wird:

$$\mathbf{x}(k+1) = \mathbf{f}_j(\mathbf{x}(k)) = \mathbf{K}_j\mathbf{x}(k) + \mathbf{d}_j \qquad \text{für } \mathbf{x}(k) \in P_j \tag{4.139}$$

Dabei können die Parameter $\mathbf{K}_j$ und $\mathbf{d}_j$ auf nummerischem Wege ermittelt werden. Die Stetigkeit der Facettenfunktion ist für die nachfolgende Stabilitätsanalyse nicht erforderlich. Eine wesentliche Vereinfachung bedeutet es aber, wenn die Polyeder achsenparallele Hyperquader sind. Weiterhin muss ein Gebiet H um die zu untersuchende Ruhelage gegeben sein, von dem man sicher weiß, dass es zum Einzugsbereich der Ruhelage gehört. Der Einfachheit halber sollte H aus der Vereinigungsmenge einiger Polyeder bestehen, obwohl dies nicht unbedingt erforderlich ist.

Dann kann mit der Methode der konvexen Zerlegung untersucht werden, ob ein Gebiet G ebenfalls Teil dieses Einzugsbereiches ist. Dabei sei G ein durch seine Eckpunkte gegebenes Polyeder. Zunächst kann der Teil von G, der in H enthalten ist, für die weitere Untersuchung eliminiert werden, da man von ihm schon weiß, dass er zum Einzugsbereich der Ruhelage gehört. Der Rest von G wird dann in konvexe, beschränkte Teilgebiete G_j zerlegt, die jeweils vollständig in einem Polyeder P_j enthalten sind. Diese Zerlegung erfordert einigen nummerischen Berechnungsaufwand, ist aber prinzipiell möglich. Abb. 4.10 zeigt ein Beispiel für ein System zweiter Ordnung. Die Polyeder P_j sind hier rechteckförmig, und das Gebiet H besteht aus den inneren vier Rechtecken. Das Gebiet G erstreckt sich über vier Polyeder und muss in vier Teilgebiete zerlegt werden. G_4 ist vollständig in H enthalten und wird eliminiert.

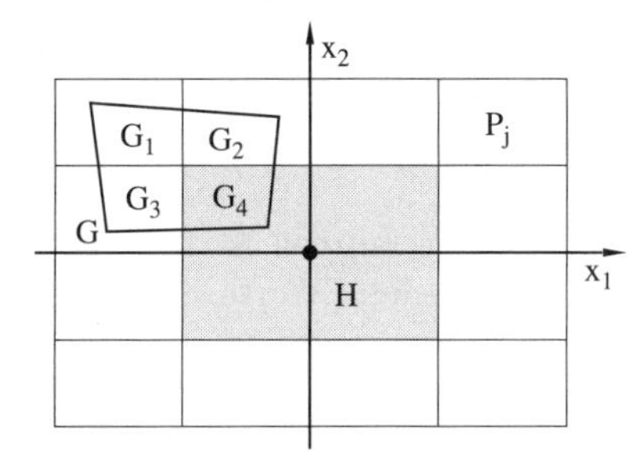

Abb. 4.10. Zur Methode der konvexen Zerlegung

Nach der Zerlegung in Teilgebiete wird auf jedes nicht eliminierte Teilgebiet G_j die in P_j gültige, affine Abbildung $\mathbf{f}_j$ angewendet, d.h. man berechnet die Bildpunkte $\mathbf{f}_j(\mathbf{x}_{j,i})$ der Eckpunkte $\mathbf{x}_{j,i}$ von G_j. Wegen der Affinität von $\mathbf{f}_j$ stellen diese Bildpunkte wiederum die Eckpunkte eines konvexen, beschränkten Gebietes $\mathbf{f}_j(G_j)$ dar, das allerdings nicht mehr unbedingt innerhalb eines

Polyeders P_k liegt, sondern sich über mehrere Polyeder erstrecken kann. Auf dieses Gebiet ist dann der gesamte Algorithmus erneut anzuwenden, d.h. es ist zu zerlegen, in H enthaltene Teile werden eliminiert, und auf die restlichen Teilgebiete wird die entsprechende affine Abbildung angewendet. Die wiederholte Durchführung dieser Schritte führt auf eine Baumstruktur, wie sie in Abb. 4.11 dargestellt ist. G gehört dann zum Einzugsbereich der Ruhelage, wenn alle Astenden dieses Baumes in H enthalten sind. Falls dies nicht gilt, ist keine Aussage möglich. Dieser Fall kann insbesondere dann eintreten, wenn man, wie in der Praxis üblich, das Verfahren nach einer vorgegebenen Maximalanzahl an Schritten abbricht.

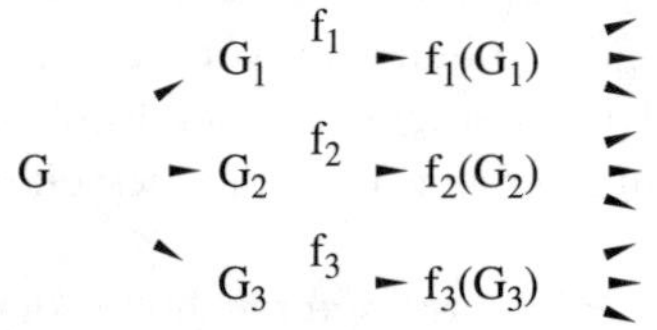

G
G_1 f_1 $f_1(G_1)$
G_2 f_2 $f_2(G_2)$
G_3 f_3 $f_3(G_3)$

Abb. 4.11. Resultierende Baumstruktur bei der Methode der konvexen Zerlegung

Offenbar wird bei diesem Verfahren direkt der Verlauf der Trajektorien im Zustandsraum ausgewertet, obwohl nicht einzelne Zustandspunkte, sondern immer gleich ganze Gebiete im Zustandsraum betrachtet werden.

4.9.2 Cell-to-Cell Mapping

Die konvexe Zerlegung enthält aber immer noch ein analytisches Element, nämlich die Beschreibung des Systemverhaltens innerhalb der Polyeder durch affine Funktionen. Vollständig nummerisch erfolgt dagegen die Stabilitätsanalyse, wenn sie auf dem sogenannten Cell-to-cell mapping basiert. Einige theoretische Aspekte dieses Verfahrens werden in [31, 63, 64] behandelt, während die in der Praxis auftretenden Probleme in [121, 122] und [132] erörtert werden. Mit diesem Verfahren kann das Stabilitätsverhalten einer gegebenen Ruhelage bestimmt werden.

Eine Umformung des Systems vor Beginn des Verfahrens ist hier nicht erforderlich. Der Sollvektor $\mathbf{w}$ darf von Null verschiedene Werte aufweisen, sofern er konstant ist. Und auch die für einige Verfahren erforderliche Unterteilung in einen linearen und einen nichtlinearen Systemteil ist nicht notwendig. Sowohl der Regler als auch die Strecke können nichtlinear sein und eine interne Dynamik aufweisen.

Das entscheidende Merkmal dieses Verfahrens ist aber, dass die über das System benötigte Information nicht in einer speziellen Form vorliegen muss, also beispielsweise als Facettenfunktion, Kennfeld oder TSK-Modell. Es müssen nur zeitdiskrete Abbildungen existieren, mit der die aktuellen Ausgangsgrößen des Reglers $\mathbf{u}(k)$ bzw. der Strecke $\mathbf{y}(k)$ aus bekannten, möglicherweise vergangenen Systemgrößen $z_i(k)$ oder $z_j(k-1)$ berechnet werden können. Damit kann aber der Regler für die Stabilitätsanalyse in genau der Form verwendet werden, wie er auch für die Anwendung programmiert wurde. Und das Übertragungsverhalten der Strecke kann sowohl durch ein klassisches, analytisches Modell als auch durch ein TSK-Modell oder eine Facettenfunktion beschrieben werden. Sogar eine qualitative Beschreibung durch eine Fuzzy-Relation oder ein Neuronales Netz ist möglich. Damit ist das Verfahren für die Anwendung besonders interessant, denn das bevorzugte Einsatzgebiet von Fuzzy-Reglern sind gerade die Strecken, deren Verhalten nur qualitativ beschrieben werden kann.

Wenn das Übertragungsverhalten von Regler und Strecke, in welcher Form auch immer, bekannt ist, müssen die Zustandsgrößen des geschlossenen Kreises festgelegt werden. Dies sind neben den Zustandsgrößen der Strecke auch mögliche Zustandsgrößen im Regler, die durch eine reglerinterne Integration oder Differentiation von Ein- oder Ausgangsgrößen des Fuzzy-Reglers entstehen. Diese Festlegung stellt in der Praxis normalerweise das größte Problem des Verfahrens dar, insbesondere wenn der Anwender nicht über ausreichende regelungstechnische Kenntnisse verfügt. Andererseits ist es aber kein spezifisches Problem des hier beschriebenen Verfahrens, sondern tritt grundsätzlich bei allen Verfahren auf, die auf einer Zustandsdarstellung des geschlossenen Kreises basieren.

Mit Kenntnis der Zustandsgrößen lassen sich dann die Abbildungen für den Regler und die Strecke zu einer zeitdiskreten Zustandsdarstellung des Systems zusammenfassen:

$$\mathbf{x}(k) = \mathbf{f}(\mathbf{x}(k-1)) \tag{4.140}$$

Die Abbildung $\mathbf{f}$ kann dabei durchaus als Kombination von Fuzzy-Relationen, Neuronalen Netzen und approximierenden, analytischen Funktionen gegeben sein.

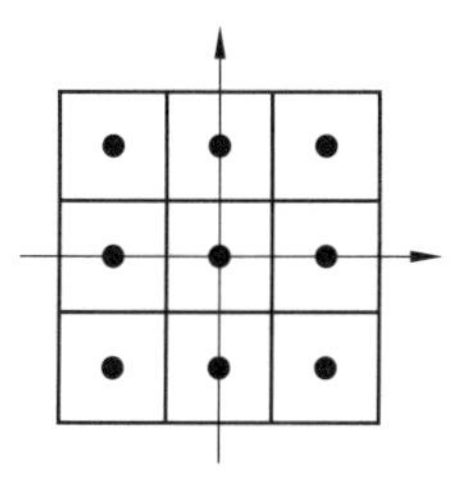

Abb. 4.12. Aufteilung des Zustandsraumes in Zellen

Für die Stabilitätsanalyse wird dann der Zustandsraum zunächst auf einen interessierenden Bereich um die Ruhelage beschränkt und in Zellen mit achsenparallelen Kanten aufgeteilt (Abb. 4.12). Jede Zelle wird durch ihren Mittelpunkt repräsentiert. Anschließend werden für jeden Zellenmittelpunkt mit Hilfe der Zustandsgleichung (4.140) so viele Nachfolgezustände berechnet, bis der erste dieser Zustände in einer anderen Zelle liegt. Diese andere Zelle wird dann als Nachfolgezelle der ersten vermerkt. Abb. 4.13 zeigt als Beispiel einen Ausschnitt des Zustandsraumes. Zunächst werden die Nachfolgezustände des linken oberen Zellenmittelpunktes berechnet. Der dritte dieser Zustände liegt in der mittleren oberen Zelle, so dass diese als Nachfolgezelle der linken oberen Zelle definiert wird. Entsprechend wird die rechte untere Zelle als Nachfolgezelle der mittleren oberen Zelle definiert.

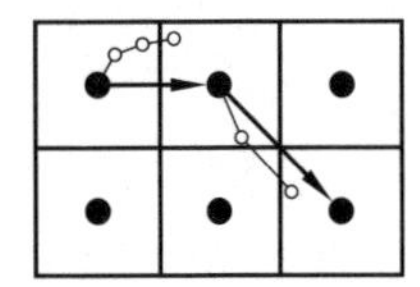

Abb. 4.13. Berechnung von Nachfolgezellen

Als Resultat dieses Schrittes erhält man schließlich zur Beschreibung des Systemverhaltens ein Cell-to-cell mapping, also eine Abbildung, die jeder Zelle eine Nachfolgezelle zuweist (Abb. 4.14). Diese Abbildung ersetzt die Zustandsgleichung, die für jeden Zustand einen Nachfolgezustand definiert. Mit ihrer Hilfe wird die Stabilitätsanalyse sehr einfach. Ausgehend von der Zelle, die durch die Ruhelage charakterisiert wird, werden zunächst alle Zellen ermittelt, die direkt auf diese Zelle abgebildet werden, danach die Vorgänger dieser Zellen, usw.. Alle Zellen, die durch ein- oder mehrmaliges Abbilden in die Ruhezelle überführt werden, bilden dann den Einzugsbereich der Ruhelage. In Abb. 4.14 liegt die zu untersuchende Ruhelage im Mittelpunkt des Koordinatensystems. Es ist zu erkennen, dass sämtliche innen liegenden Zellen zum Einzugsbereich dieser Ruhelage gehören.

In der Praxis können aber Probleme auftreten, auf die hier kurz eingegangen werden soll. Insbesondere, wenn das Modell der Strecke durch eine Identifikation gewonnen wurde, kann es Bereiche des Zustandsraumes geben, in denen keine Information über das Verhalten der Strecke und damit des Systems vorliegt. Damit kann aber auch für die entsprechenden Zellen keine Nachfolgezelle berechnet werden, was natürlich eine Stabilitätsaussage für diese Zellen unmöglich macht. Da eine Stabilitätsaussage im Zweifelsfall eher zu konservativ ausfallen muss, werden solche Zellen im Folgenden als instabile Zellen bezeichnet und zählen nicht zum Einzugsbereich der betrachteten Ruhelage. Ebenfalls als instabile Zellen zu behandeln sind diejenigen Zellen am Rand des untersuchten Gebietes, bei denen die Trajektorie ihrer Nachfolgezustände aus dem Gebiet herausführt. Und schließlich gelten auch alle Zellen als instabil, die direkt oder nach Zwischenschritten auf instabile Zellen abgebildet werden. Instabile Zellen sind in Abb. 4.14 mit I bezeichnet. Die Eckpunkte müssen als instabil angesehen werden, weil dort keine Information über das Systemverhalten vorliegt, während am oberen und unteren Rand jeweils eine instabile Zelle existiert, deren Nachfolgezelle außerhalb des untersuchten Gebietes liegen würde. Weitere instabile Zellen enstehen durch Abbildung auf die eben genannten Zellen.

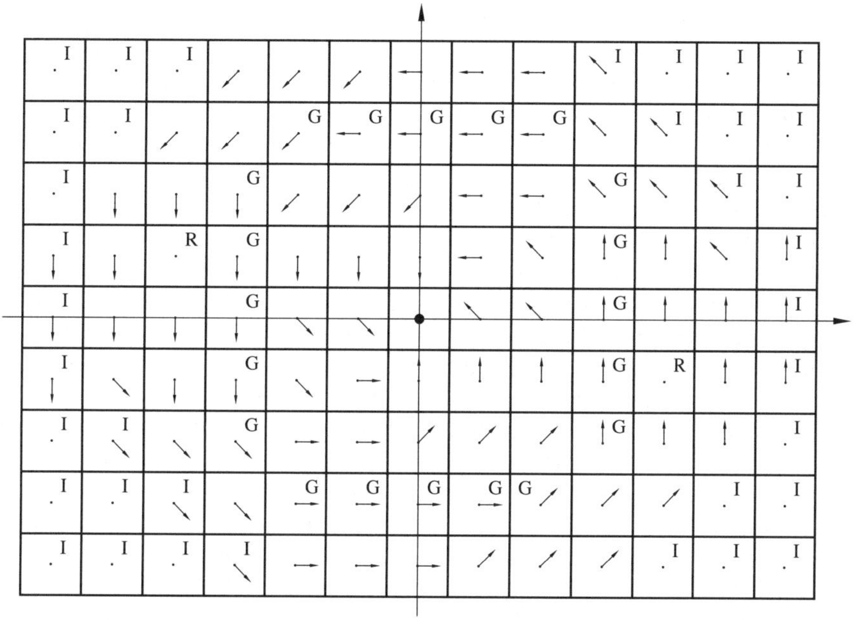

Abb. 4.14. Cell-to-cell mapping

Ebenfalls ein Problem verursachen zusätzliche Ruhelagen. Eine Ruhelage ist doch dadurch definiert, dass sich die Zustandstrajektorie von diesem Punkt des Zustandsraumes nicht mehr entfernt. Enthält daher eine Zelle eine Ruhelage, so wird die vom Zellenmittelpunkt aus berechnete Trajektorie möglicherweise in die Ruhelage hineinlaufen und dort enden. Andererseits versucht das Verfahren, so lange weitere Nachfolgezustände zu berechnen, bis einer außerhalb der Zelle liegt, damit für die Zelle eine Nachfolgezelle angegeben werden kann. Die Ruhelage in der Zelle wird also dazu führen, dass der Algorithmus nicht endlich ist. Um diesem Problem vorzubeugen, muss man eine untere Grenze für die minimale Veränderung des Zustandsvektors in einem Abtastschritt vorgeben. Wenn diese Grenze unterschritten wird, werden keine weiteren Nachfolgezustände berechnet und die Zelle wird als Ruhezelle definiert. Mit dieser Definition kann es dann aber auch vorkommen, dass Zellen, in denen sich der Systemzustand nur sehr langsam verändert, ebenfalls als Ruhezellen eingestuft werden. Vermeiden lässt sich dieses Problem nicht. Falls neben der eigentlich betrachteten Ruhezelle weitere Ruhezellen gefunden werden, muss der Anwender den entsprechenden Bereich des Zustandsraumes von Hand daraufhin überprüfen, ob die Ursache nur in einer zu langsamen Veränderung des Systemzustandes oder tatsächlich in einer bisher nicht erkannten Ruhelage besteht.

In Abb. 4.14 stellen die mit R bezeichneten Zellen zusätzliche Ruhezellen dar, auf die auch einige andere Zellen abgebildet werden. Sowohl die zusätzlichen Ruhezellen als auch die auf sie abgebildeten Zellen dürfen natürlich nicht zum Einzugsbereich der betrachteten Ruhelage gezählt werden.

Das letzte Problem entsteht durch Grenzzyklen. Ebenso wie bei Zustandsgleichungen können natürlich auch beim Cell-to-cell mapping Grenzzyklen auftreten, d.h. eine Zelle wird nach mehrfacher Abbildung wieder auf sich selbst abgebildet. Die Ermittlung von Grenzzyklen ist nicht schwierig, wenn man sich vergegenwärtigt, dass alle Zellen, die weder instabile Zellen noch Ruhezellen sind und auch nicht zu deren Einzugsbereichen gehören, Teil von Grenzzyklen oder deren Einzugsbereichen sein müssen. Daraus folgt, dass man zunächst alle Ruhezellen und instabilen Zellen samt ihren Einzugsbereichen detektieren muss. Anschließend wird aus den restlichen Zellen eine beliebige ausgewählt. Dann werden fortlaufend ihre Nachfolgezellen bestimmt, und zwar solange, bis eine Zelle zum zweitenmal erreicht wird. Damit lässt sich sofort der Grenzzyklus angeben. In Abb. 4.14 bilden die mit G bezeichneten Zellen einen Grenzzyklus. Zudem existieren Zellen, die auf den Grenzzyklus abgebildet werden, aber nicht Teil des Grenzzyklus sind.

Um den Wert der mit diesem Verfahren ermittelten Stabilitätsaussage abschätzen zu können, muss man sich darüber im klaren sein, dass es zwei Quellen von Ungenauigkeit gibt, die das Ergebnis verfälschen können. Zum einen ist die zu Grunde liegende Zustandsgleichung (4.140) selbst aus möglicherweise nur qualitativer Information über das Streckenverhalten entstanden und spiegelt deshalb die tatsächlichen Zusammenhänge nur ungenau wider. Wenn man daher auf der Basis dieses Modells eine Langzeitsimulation des Systems durchführen wollte, so würde das berechnete Systemverhalten wegen der Akkumulation der Fehler schon nach kurzer Zeit beträchtlich vom realen Systemverhalten abweichen. Eine solche Langzeitsimulation wird hier aber vermieden. Ausgehend vom jeweiligen Zellenmittelpunkt werden nur einige wenige Folgezustände berechnet, bis eine Nachbarzelle erreicht ist. Innerhalb dieser wenigen Simulationsschritte kann die Abweichung zwischen Modell und Realität aber auch bei ungenauem Modell nicht allzu groß werden. Dennoch beeinträchtigt die Ungenauigkeit der Zustandsgleichung natürlich die Güte des mit diesem Verfahren ermittelten Ergebnisses. Andererseits existiert eine solche oder ähnliche Fehlerquelle auch bei allen anderen Verfahren.

Die andere Ungenauigkeit ist dagegen spezifisch für dieses Verfahren und entsteht beim Übergang von der Zustandsgleichung auf ein Cell-to-cell mapping, also durch die Diskretisierung des Zustandsraumes. Beispielsweise gilt in Abb. 4.13 die Zelle rechts unten als zweiter Nachfolger der Zelle links oben. Würde man aber, ausgehend vom Zellenmittelpunkt links oben, mehr Nachfolgezustände berechnen, so würde die Trajektorie vom linken oberen Zellenmittelpunkt durch die mittlere Zelle wahrscheinlich zur rechten oberen Zelle verlaufen. Dann wäre aber die rechte obere der zweite Nachfolger der linken oberen Zelle. Durch die Diskretisierung kommt es also zu Fehlern, die aber relativ einfach dadurch behoben werden können, dass man die Stabilitätsanalyse mehrmals, mit verschiedenen Diskretisierungen, durchführt. Kommt es dann trotz unterschiedlicher Diskretisierungen immer zum selben Ergebnis, so kann man davon ausgehen, dass dieses Ergebnis dann auch korrekt ist.

4.10 Fazit

Festzustellen ist, dass alle Verfahren zur Stabilitätsanalyse verschiedene Stärken und Schwächen aufweisen, die vor allem in ihren unterschiedlichen Voraussetzungen begründet sind. Unter genau diesem Gesichtspunkt bietet sich daher ein Fazit am ehesten an.

Das Extrembeispiel stellt dabei sicherlich der Stabilitätsnachweis durch den Vergleich mit einem Sliding Mode-Regler dar: Ein klassischer (Sliding-Mode-)Regler muss entworfen werden, um die Stabilität eines Fuzzy-Reglers nachzuweisen. Wenn ein solcher klassischer Reglerentwurf aber möglich ist, stellt sich die Frage, warum überhaupt ein Fuzzy-Regler entworfen wurde. Ein Fuzzy-Regler, dessen Stabilität so nachzuweisen ist, macht nur Sinn, wenn er von vornherein als Modifikation des entsprechenden Sliding-Mode-Reglers aufgefasst und entworfen wird, um z.B. den Stellgrößenverlauf an praktische Randbedingungen anzupassen.

Auch das Verfahren der harmonischen Balance, das Popov-Kriterium, das Kreiskriterium sowie der Hyperstabilitätsbeweis weisen einen ganz wesentlichen Mangel auf. Sie erfordern die Aufteilung des geschlossenen Kreises in einen linearen und einen nichtlinearen Anteil. Da der Fuzzy-Regler schon nichtlinear ist, müssen sich die Nichtlinearitäten der Strecke direkt an ihrem Ein- oder Ausgang befinden, damit man sie vom linearen Rest der Strecke abspalten und mit dem Fuzzy-Regler zu einem nichtlinearen Systemteil zusammenfassen kann, um so die gewünschte Aufteilung in einen linearen und einen nichtlinearen Systemteil zu erhalten. Bei einer so einfachen Struktur der Strecke und dem Vorhandensein eines analytischen Streckenmodells lässt sich aber in der Regel relativ problemlos ein klassischer Regler entwerfen. Es sind daher nur wenige Fälle denkbar, in denen unter solchen Voraussetzungen der Entwurf eines Fuzzy-Reglers statt eines klassischen Reglers überhaupt Sinn macht. Und nur in diesen Fällen können die oben genannten Stabilitätskriterien zum Einsatz kommen.

Dagegen erfordert die direkte Methode von Ljapunov keine spezielle Struktur des Systems. Und wenn ihr ein System in TSK-Darstellung zu Grunde liegt, lässt sich die bei dieser Methode normalerweise kritische Frage nach der Existenz einer Ljapunov-Funktion und damit nach der Stabilität sogar auf Knopfdruck mit Hilfe von LMI-Algorithmen beantworten. Die TSK-Darstellung ist aber für alle Systeme ohne Hysterese, Sprungfunktionen und Laufzeiten problemlos möglich. Und auch diese drei Effekte können in der Regel recht gut durch TSK-Systeme approximiert werden. Damit hat diese Methode für die Praxis sicherlich ein sehr großes Potential, was auch die wachsende Anzahl an Veröffentlichungen zu diesem Thema in den letzten Jahren widerspiegelt.

Das gleiche Anwendungsspektrum ergibt sich für die normenbasierte Stabilitätsanalyse, da auch diesem Verfahren eine TSK-Darstellung des Systems zu Grunde liegt. Die normenbasierte Stabilitätsanalyse weist aber den grundsätzlichen Nachteil auf, dass die Kriterien auf dem small gain theorem basieren und die Analyse damit zu sehr konservativen Ergebnissen führt. Für ein TSK-System ist die direkte Methode von Ljapunov für einen Stabilitätsnachweis daher sicherlich erfolgversprechender.

Es bleiben die beiden zuletzt vorgestellten Verfahren zur direkten Analyse im Zustandsraum, die schon vom Ansatz her sicherlich eine Sonderstellung einnehmen. Sie unterscheiden sich von den übrigen Verfahren dadurch, dass hier eine direkte, nummerische Betrachtung der Trajektorienverläufe im Zustandsraum erfolgt, während bei den anderen Verfahren abgeleitete Kriterien untersucht werden, um einen analytischen Nachweis zu ermöglichen. Dies sind z.B. die negative Definitheit der Ableitung der Ljapunov-Funktion, die Schnittpunkte zwischen den Kurven der Beschreibungsfunktion und der Ortskurve (bei der harmonischen Balance) oder bestimmte Übertragungseigenschaften der einzelnen Systemteile. Die beiden Verfahren verzichten im Gegensatz zu allen anderen Verfahren also von vornherein auf einen (exakten) analytischen Stabilitätsnachweis.

Andererseits ist aber festzustellen, dass die Überprüfung eines analytischen Stabilitätskriteriums nur bei einer sehr einfachen Struktur des gegebenen Systems tatsächlich auf analytischem Wege erfolgen kann, wie dieses Kapitel deutlich gezeigt hat. Für die meisten Anwendungsfälle in der Praxis sind dagegen nummerische Berechnungen erforderlich, so dass auch hier die analytische Exaktheit des Stabilitätsnachweises nicht mehr vorhanden ist. Zudem täuscht ein analytischer Beweis die analytische Exaktheit oft nur vor. Denn er basiert auf einem Modell der Strecke, das insbesondere nach einer Linearisierung beträchtlich vom tatsächlichen Systemverhalten abweichen kann.

Von daher besteht also kein prinzipieller Nachteil der beiden Verfahren zur direkten Analyse im Zustandsraum gegenüber den anderen Verfahren. Und ihr entscheidender Vorteil besteht darin, dass bei ihnen keine Einschränkungen hinsichtlich der Struktur der Strecke oder der Art der Information über das Systemverhalten bestehen. Analytische Funktionen können ebenso verwendet werden wie Fuzzy-Modelle oder Neuronale Netze. Bei der konvexen Zerlegung werden diese durch Facettenfunktionen approximiert, und beim cell-to-cell mapping können sie sogar direkt in den Algorithmus integriert werden.

Die konvexe Zerlegung ist nummerisch wesentlich anspruchsvoller und beinhaltet damit auch mehr Möglichkeiten zu nummerischen Problemen. Dafür bietet das cell-to-cell mapping weniger Sicherheit hinsichtlich der mit ihm gewonnenen Stabilitätsaussage, da von jeder Zelle nur der Zellenmittelpunkt untersucht wird, während bei der konvexen Zerlegung alle Zustände innerhalb eines Polyeders berücksichtigt werden. Dieser Nachteil des cell-to-cell mapping lässt sich aber dadurch ausgleichen, dass die Stabilitätsanalyse mehrmals, mit unterschiedlichen Diskretisierungen des Zustandsraumes durchgeführt wird. Wenn die Ergebnisse in alle Fällen ähnlich sind, kann man Fehler, die durch die Diskretisierung des Zustandsraumes entstehen könnten, weitgehend ausschließen.

Abschließend bleibt zu sagen, dass die direkte Methode von Ljapunov für TSK-Systeme und die Verfahren zur direkten Analyse im Zustandsraum sicherlich den größten Anwendungsbereich von allen Verfahren haben und daher auch größere Beachtung als die übrigen Ansätze verdienen. Dies sollte aber nicht dazu verleiten, die anderen Ansätze von vornherein als nutzlos abzutun. Denn für jedes Verfahren existieren Systeme, für die gerade dieses Verfahren die optimale Lösung darstellt.

5. Einstellung und Optimierung von Fuzzy-Reglern

Immer wieder findet man als wichtiges Argument für den Einsatz von Fuzzy-Reglern, dass sie schnell und leicht zu entwickeln sind. Dies gilt aber nur bei sehr einfachen Strecken, während mit zunehmender Komplexität des Systems der Aufwand für die Entwicklung eines Fuzzy-Reglers dramatisch ansteigt. Die heuristische Vorgehensweise zur Festlegung der Zugehörigkeitsfunktionen und Regeln, die bei einfachen Strecken durchaus als Vorteil zu werten ist, wird dann zunehmend ein Zeit kostender Nachteil. Aus dem Grund sind seit dem Ende der achtziger Jahre verschiedene Ansätze entstanden, um den Entwurf und die Adaption eines Fuzzy-Reglers zu systematisieren. Die wichtigsten dieser Ansätze sollen in diesem Kapitel vorgestellt werden.

Vorher seien allerdings noch einige Verfahren aus der klassischen Regelungstechnik skizziert, die grundsätzlich den Reglerentwurf, also auch den Entwurf von Fuzzy-Reglern, wesentlich vereinfachen können und daher in diesem Zusammenhang Beachtung verdienen.

Die erste dieser Methoden ist das Prinzip der mehrschleifigen Regelung (vgl. Kap. 2.8.2). Sofern die Strecke als Hintereinanderschaltung einzelner Teile dargestellt werden kann und die Ausgangsgrößen dieser Teile auch messbar sind, bietet sich dieses Regelprinzip an. Jede Ausgangsgröße wird zurückgeführt und von einem eigenen Regler geregelt, so dass sich ein aus mehreren Schleifen bestehender Regelkreis gemäß Abb. 2.64 ergibt. Zunächst wird der Regler für den innersten Kreis ausgelegt. Danach kann der geschlossene innerste Kreis als einfaches Verzögerungsglied modelliert und unter dieser Voraussetzung der nächstäußere Regler ausgelegt werden. Auf diese Art und Weise werden die Regler fortlaufend von innen nach außen ausgelegt. Diese Vorgehensweise bietet auch den nicht zu unterschätzenden Vorteil in der Praxis, dass das Gesamtsystem stückweise von innen nach außen in Betrieb genommen werden kann, wodurch die Gefahr von Beschädigungen bei falsch ausgelegten Reglern minimiert wird.

Ein anderes, möglicherweise hilfreiches klassisches Verfahren bildet die Entkopplung. Sie wird eingesetzt, um Mehrgrößensysteme in Eingrößensysteme zu zerlegen, die dann unabhängig voneinander geregelt werden können. Wie eine Entkopplung unter gewissen Voraussetzungen für lineare Systeme vorzunehmen ist, wird in Kapitel 2.6.4 beschrieben. Für nichtlineare Systeme existiert leider weder ein Algorithmus zur Berechnung der Entkopplungsglieder, noch können die Voraussetzungen in einfacher Form angegeben werden, unter denen eine Entkopplung überhaupt möglich ist. Daher muss zunächst in einer genauen Untersuchung des Systems die Wechselwirkung zwischen den einzelnen Größen festgestellt und anschließend eine Strategie zu ihrer Eliminierung entwickelt werden. Einige Überlegungen zu diesem Thema im Hinblick auf Fuzzy-Systeme finden sich in [48, 49] und [198]. Diese Verfahren gehen allerdings von einem reinen Fuzzy-System aus, d.h. das Übertragungsverhalten sowohl des Reglers als auch der Strecke ist durch Fuzzy-Relationalgleichungen beschrieben. Damit sind diese Verfahren eher von mengentheoretischem als von praktischem Interesse, so dass hier auf ihre Darstellung verzichtet werden kann.

Aus der klassischen Regelungstechnik stammt auch das Prinzip des Gain Scheduling, dessen Grundgedanke bereits in Kapitel 2.8.2 vorgestellt wurde. Die Idee des Gain Scheduling ist, für verschiedene Arbeitspunkte einer nichtlinearen Strecke verschiedene Regler auszulegen und diese dann je nach Arbeitspunkt zu aktivieren. In [98] wird dazu ein Verfahren vorgestellt, bei dem die Nachführung der Koeffizienten von PID-Reglern durch ein Fuzzy-System erfolgt. Die Regeln des Fuzzy-Systems spiegeln dabei Erfahrungswissen wider, das üblicherweise für die Einstellung von PID-Reglern genutzt wird. Eine andere Variante des Gain Scheduling stellen die TSK-Regler dar, die in den Abschnitten 3.2, 4.1.3 und 4.2.2 bereits eingeführt wurden. In diesem Kapitel wird im Abschnitt 5.1 noch ein sehr elegantes Entwurfsverfahren für TSK-Regler vorgestellt.

Auch die in Kapitel 4 vorgestellten Verfahren zur Stabilitätsanalyse können für den Entwurf von Fuzzy-Reglern verwendet werden. Bei der Verwendung der direkten Methode für gewöhnliche Fuzzy-Regler wird beispielsweise erst eine Ljapunov-Funktion festgelegt, dann mit ihrer Hilfe ein Grenz-Übertragungsverhalten für den Regler berechnet (vgl. Kapitel 4.2.1) und schließlich ein Fuzzy-Regler so entworfen, dass er innerhalb der durch dieses Grenz-Übertragungsverhalten vorgegebenen Grenzen bleibt. Eine ähnliche Vorgehensweise wird in [164] für den Fall angegeben, dass das System in Form einer Facettenfunktion gegeben ist. In entsprechender Weise für den Reglerentwurf verwendbar sind das Popov-, Kreis- und Hyperstabilitätskriterium sowie die Konzeption eines Sliding Mode-Reglers. In allen Fällen sind anhand des Streckenmodells mit Hilfe des Stabilitätskriteriums diejenigen Bedingungen abzuleiten, die ein Regler zu erfüllen hat, damit das System stabil ist. Erst dann wird ein Regler entworfen, und zwar gerade so, dass er die Bedingungen erfüllt.

Einen Grenzfall zwischen klassischer Regelungstechnik und Fuzzy-Reglern bildet die Adaption von Kennfeldern. Fuzzy-Regler werden dabei von vornherein als Kennfelder beschrieben (vgl. Kap. 4.1.2) und im laufenden Betrieb immer weiter an die Strecke bzw. den jeweiligen Arbeitspunkt adaptiert. Da bei diesen Verfahren Fuzzy-Mengen explizit überhaupt nicht mehr auftreten, lässt sich darüber streiten, ob es sich eher um klassische oder Fuzzy-Verfahren handelt. Andererseits finden sich sehr interessante Ansätze zu diesem Thema gerade in Fuzzy-Fachzeitschriften, so dass hier auf eine Darstellung dieser Thematik nicht verzichtet werden konnte (Abschnitt 5.2).

Typisch für Fuzzy-Regler ist dagegen die automatische, auf heuristischen Regeln basierende Modifikation von Fuzzy-Regeln im laufenden Betrieb. Diese Vorgehensweise ist recht verbreitet und wird immer wieder in Veröffentlichungen behandelt, so dass sie auch in dieses Kapitel aufgenommen wurde. Die Darstellung konnte allerdings recht kurz ausfallen, da diese Methode einen eklatanten Mangel aufweist, wie in Abschnitt 5.3 erläutert wird. Wie dieser Mangel zu beheben ist, wird dann anschließend in Abschnitt 5.4 gezeigt.

Eine andere typische Anwendung für Fuzzy-Regler ist die Nachbildung eines gegebenen Übertragungsverhaltens durch einen Fuzzy-Regler. Diese Vorgehensweise tritt in der Praxis recht häufig auf, beispielsweise, wenn eine Strecke, die bisher von einem Menschen geregelt wurde, in Zukunft von einem Fuzzy-Regler geregelt werden soll. In dem Fall sind zunächst das Übertragungsverhalten des Menschen über einen längeren Zeitraum zu beobachten und die aufgezeichneten Messwerte abzuspeichern. Anschließend kann dann auf der Basis dieser Messwerte ein Übertragungselement berechnet werden, das in ähnlicher Weise auf den Prozess reagiert wie der Mensch. Die Berechnung kann auf klassischem Wege erfolgen, indem man ein Kennfeld ansetzt, dessen Parameter durch ein Regressionsverfahren gewonnen werden. Es kann aber auch ein Neuronales Netz mit Hilfe der Messwerte so lange trainiert werden, bis seine Reaktionen auf den Prozess denen des Menschen ausreichend ähneln. Wird dagegen auf eine linguistische Interpretierbarkeit des Übertragungsverhaltens Wert gelegt, bieten sich Fuzzy-Clustering-Methoden an, wie sie in Abschnitt 5.5 behandelt werden.

Ein weiteres, sehr interessantes Anwendungsgebiet für Fuzzy-Regler ist ihre Kombination mit Neuronalen Netzen, um die Vorteile eines Fuzzy-Reglers (linguistische Interpretierbarkeit) durch die Vorteile eines Neuronalen Netzes (Lernfähigkeit) zu ergänzen. Derartige Kombinationen existieren in den verschiedensten Ausprägungen und werden als Neuro Fuzzy-Regler bezeichnet. Neuro Fuzzy-Regler erfordern allerdings geeignete Möglichkeiten zum Training des Neuronalen Netzes, die in der Praxis nicht immer gegeben sind. In denjenigen Fällen, in denen der Regler ausreichend trainiert werden kann, stellen Neuro Fuzzy-Regler aber eine interessante Möglichkeit für den Reglerentwurf dar. Vorgestellt werden sie in Abschnitt 5.6.

Nicht zu vernachlässigen sind auch die Einsatzmöglichkeiten evolutionärer Algorithmen bei der Entwicklung von Reglern und insbesondere von Fuzzy-Reglern. Voraussetzung für solche Verfahren ist ein relativ präzises Streckenmodell. Dann wird zunächst eine Anzahl von möglichen Fuzzy-Reglern (Population) mehr oder weniger zufällig erzeugt. Mit jedem dieser möglichen Fuzzy-Regler werden dann verschiedene Simulationen anhand des Modells durchgeführt und anschließend die Simulationsergebnisse hinsichtlich eines vorher festzulegenden Kriteriums bewertet. Dieser Wert stellt ein Maß für die Güte (Fitness) des jeweiligen Reglers dar. Je nach Wahl der Parameter des evolutionären Algorithmus werden dann die Regler entsprechend ihrer Güte eliminiert, verändert oder miteinander kombiniert. Die so neu entstandenen Regler stellen dann die Population der nächsten Generation dar, die anschließend den gleichen Schritten unterworfen wird. Auf diese Art und Weise hofft man, nach einer gewissen Anzahl an Schritten mindestens einen möglichst guten Regler zu erhalten.

Zwei Gesichtspunkte sind bei diesem Verfahren allerdings zu beachten: Zum einen ist ein relativ präzises Modell der Strecke erforderlich. Wenn aber ein solches Modell existiert, sollte zunächst geprüft werden, ob nicht ein klassischer Reglerentwurf vorzuziehen ist. Der zweite Punkt besteht darin, dass ein in einigen Simulationsläufen erfolgreicher Regler noch lange nicht allen realen Situationen gewachsen sein muss. Die Stabilität als Grundvoraussetzung für jede Regelung ist durch dieses Verfahren nicht gewährleistet. Dennoch bildet der Einsatz evolutionärer Algorithmen eine interessante Alternative für den Reglerentwurf, sofern er angesichts der genannten Kritikpunkte mit Augenmaß betrieben wird (vgl. Abschnitt 5.7).

5.1 Entwurf von TSK-Reglern

Voraussetzung für den Entwurf eines TSK-Reglers ist, dass auch die Strecke als TSK-System (vgl. Kap. 4.1.3) vorliegt. Dann kann, analog zu den Verfahren in Kapitel 4.2.2, der Entwurf des TSK-Reglers als LMI-Problem formuliert und das Problem mit LMI-Algorithmen (vgl. Anhang A.7) gelöst werden ([181]).

Ausgangspunkt sind die Gleichungen (4.72) und (4.73), für die lediglich in geeigneter Weise einige Zwischengrößen zu definieren sind. Mit $\mathbf{G}_{ij} = \mathbf{A}_i + \mathbf{B}_i\mathbf{F}_j$ wird aus (4.72) und (4.73) zunächst

$$\mathbf{A}_i^T\mathbf{P} + (\mathbf{B}_i\mathbf{F}_i)^T\mathbf{P} + \mathbf{P}\mathbf{A}_i + \mathbf{P}\mathbf{B}_i\mathbf{F}_i < \mathbf{0} \tag{5.1}$$

$$\begin{aligned}\mathbf{A}_i^T\mathbf{P} + (\mathbf{B}_i\mathbf{F}_j)^T\mathbf{P} + \mathbf{A}_j^T\mathbf{P} + (\mathbf{B}_j\mathbf{F}_i)^T\mathbf{P} \\ +\mathbf{P}\mathbf{A}_i + \mathbf{P}\mathbf{B}_i\mathbf{F}_j + \mathbf{P}\mathbf{A}_j + \mathbf{P}\mathbf{B}_j\mathbf{F}_i < \mathbf{0} \quad \text{für} \quad i<j\end{aligned} \tag{5.2}$$

Dann werden beide Ungleichungen sowohl von links als auch von rechts mit $\mathbf{P}^{-1}$ multipliziert:

$$\mathbf{P}^{-1}\mathbf{A}_i^T + \mathbf{P}^{-1}\mathbf{F}_i^T\mathbf{B}_i^T + \mathbf{A}_i\mathbf{P}^{-1} + \mathbf{B}_i\mathbf{F}_i\mathbf{P}^{-1} < \mathbf{0} \tag{5.3}$$

$$\begin{aligned}\mathbf{P}^{-1}\mathbf{A}_i^T + \mathbf{P}^{-1}\mathbf{F}_j^T\mathbf{B}_i^T + \mathbf{P}^{-1}\mathbf{A}_j^T + \mathbf{P}^{-1}\mathbf{F}_i^T\mathbf{B}_j^T \\ +\mathbf{A}_i\mathbf{P}^{-1} + \mathbf{B}_i\mathbf{F}_j\mathbf{P}^{-1} + \mathbf{A}_j\mathbf{P}^{-1} + \mathbf{B}_j\mathbf{F}_i\mathbf{P}^{-1} < \mathbf{0} \quad \text{für} \quad i<j\end{aligned} \tag{5.4}$$

Und schließlich ergibt sich mit den Definitionen $\mathbf{X} = \mathbf{P}^{-1}$ und $\mathbf{H}_i = \mathbf{F}_i\mathbf{P}^{-1}$ sowie unter Berücksichtigung der Symmetrie von $\mathbf{P}$ und $\mathbf{X}$

$$\mathbf{X}\mathbf{A}_i^T + \mathbf{H}_i^T\mathbf{B}_i^T + \mathbf{A}_i\mathbf{X} + \mathbf{B}_i\mathbf{H}_i < \mathbf{0} \tag{5.5}$$

$$\begin{aligned}\mathbf{X}\mathbf{A}_i^T + \mathbf{H}_j^T\mathbf{B}_i^T + \mathbf{X}\mathbf{A}_j^T + \mathbf{H}_i^T\mathbf{B}_j^T& \\ +\mathbf{A}_i\mathbf{X} + \mathbf{B}_i\mathbf{H}_j + \mathbf{A}_j\mathbf{X} + \mathbf{B}_j\mathbf{H}_i < \mathbf{0} \qquad &\text{für} \quad i < j\end{aligned} \tag{5.6}$$

Dieses Gleichungssystem ist offensichtlich linear für die unbekannten Matrizen $\mathbf{X}$ und $\mathbf{H}_i$ und kann daher entsprechend Anhang A.7 in die Grundform (A.44) eines LMI-Problems überführt werden. Die Anwendung eines LMI-Lösungs-Algorithmus liefert dann nicht nur eine Aussage über die Existenz einer Lösung, sondern auch eine mögliche Lösung für $\mathbf{X}$ und $\mathbf{H}_i$. Daraus ergeben sich dann die Regler-Matrizen an den einzelnen Stützstellen zu $\mathbf{F}_i = \mathbf{H}_i\mathbf{X}^{-1}$. Da diese Regler-Matrizen direkt aus den Stabilitätsbedingungen gewonnen wurden, ist der Gesamt-Regler sicher stabil.

Anzumerken ist abschließend, dass in [29] das soeben vorgestellte Verfahren sogar für Systeme mit Parameterunsicherheiten des Typs (4.52) angegeben wird.

Zusätzlich zur Stabilität lassen sich sogar noch andere Kriterien in den LMI-Reglerentwurf einarbeiten. Beispielsweise kann man die Forderung nach einer ausreichend hohen Regelgeschwindigkeit dadurch ausdrücken, dass die Ljapunov-Funktion eine bestimmte Änderungsgeschwindigkeit aufweisen muss, die umso höher ist, je weiter der Zustand vom Ursprung des Zustandsraumes entfernt ist (vgl. [181]):

$$\dot{V}(\mathbf{x}(t)) \leq -\alpha V(\mathbf{x}(t)) \tag{5.7}$$

Dabei ist $\alpha > 0$ ein frei wählbarer Parameter, der umso größer ist, je größer die Regelgeschwindigkeit sein soll. Als vereinfachte Variante zu (5.7) lässt sich auch die Bedingung der *quadratischen Stabilität* verwenden:

$$\dot{V}(\mathbf{x}(t)) \leq -\alpha ||(\mathbf{x}(t))||^2 \tag{5.8}$$

Aus Gleichung (4.43) wird mit (5.7)

$$\dot{V} = \sum_i k_i \mathbf{x}^T(\mathbf{A}_i^T\mathbf{P} + \mathbf{P}\mathbf{A}_i)\mathbf{x} < -\alpha V(\mathbf{x}) = -\alpha\mathbf{x}^T\mathbf{P}\mathbf{x}$$

$$\sum_i k_i \mathbf{x}^T(\mathbf{A}_i^T\mathbf{P} + \mathbf{P}\mathbf{A}_i)\mathbf{x} + \alpha\mathbf{x}^T\mathbf{P}\mathbf{x} < 0$$

$$\sum_i k_i \mathbf{x}^T(\mathbf{A}_i^T\mathbf{P} + \mathbf{P}\mathbf{A}_i + \alpha\mathbf{P})\mathbf{x} < 0 \qquad \text{mit} \quad \sum_i k_i = 1 \tag{5.9}$$

und aus der Stabilitätsbedingung (4.42)

$$\mathbf{A}_i^T\mathbf{P} + \mathbf{P}\mathbf{A}_i + \alpha\mathbf{P} < \mathbf{0} \tag{5.10}$$

Sämtlichen Ungleichungen ist also lediglich der Summand $\alpha\mathbf{P}$ hinzuzufügen. Das Ungleichungssystem bleibt weiterhin linear in $\mathbf{P}$, so dass auch die LMI-Lösungs-Algorithmen weiterhin anwendbar sind.

5.2 Adaption von Kennfeldern

Kernpunkt dieser Algorithmen ist ein Fuzzy-Regler in Form eines Kennfeldes (vgl. Kap. 4.1.2)

$$u = \sum_i k_i(\mathbf{x}) u_i = \mathbf{u}^T \mathbf{k}(\mathbf{x}) \tag{5.11}$$

wobei $\mathbf{k} = (k_1, k_2, ...)^T$ der vom Momentanzustand abhängige Vektor der Gewichtungsfaktoren ist. $\mathbf{u} = (u_1, u_2, ...)^T$ stellt den normalerweise konstanten Koeffizientenvektor des Kennfeldes dar, der im Rahmen der im Folgenden vorgestellten Verfahren laufend adaptiert wird, um ein stabiles Regelverhalten zu gewährleisten.

5.2.1 Adaptiver Kompensationsregler

Die erste hier vorgestellte Klasse solcher Regler bilden die adaptiven Kompensationsregler, von denen der in [194] vorgestellte Ansatz näher erläutert werden soll. Anwendbar ist er auf Eingrößenstrecken der Form

$$x^{(n)} = f(\mathbf{x}) + bu \qquad\qquad y = x \tag{5.12}$$

mit $b > 0$, dem Zustandsvektor $\mathbf{x} = [x, \dot{x}, ..., x^{(n-1)}]^T$ und der Ausgangsgröße y. Nach Definition eines Fehlervektors $\mathbf{e} = [e, \dot{e}, ..., e^{(n-1)}]^T$ mit $e = y_s - y$ und dem Sollwert y_s sowie geeigneter Festlegung eines Parametervektors $\mathbf{r} = [r_0, ..., r_{n-1}]^T$ lässt sich ein ideales Regelgesetz

$$u^* = \frac{1}{b}\left[-f(\mathbf{x}) + y_s^{(n)} + \mathbf{r}^T \mathbf{e}\right] \tag{5.13}$$

angeben, mit dem sich, eingesetzt in (5.12), für den Fehler und seine Ableitungen die Differentialgleichung

$$e^{(n)} + \mathbf{r}^T \mathbf{e} = e^{(n)} + r_{n-1} e^{(n-1)} + ... + r_1 \dot{e} + r_0 e = 0 \tag{5.14}$$

ergibt. Durch dieses Regelgesetz erfolgt also offenbar eine Kompensation der nichtlinearen Funktion $f(\mathbf{x})$, so dass eine lineare Differentialgleichung übrig bleibt. Wählt man $\mathbf{r}$ so, dass alle Nullstellen des charakteristischen Polynoms dieser Differentialgleichung einen negativen Realteil aufweisen, so werden der Fehler und seine Ableitungen auch bei zeitveränderlichem Sollwert gegen Null konvergieren.

Ein solches Regelgesetz ist aber im allgemeinen nicht realisierbar, da die Funktion f nicht exakt bekannt ist. Aus dem Grund wird hier ein aus zwei Anteilen bestehendes Regelgesetz definiert:

$$u = u_c(t, \mathbf{x}) + u_s(\mathbf{x}) \tag{5.15}$$

Dabei ist u_c die Ausgangsgröße des Fuzzy-Reglers (5.11), der mit der Zeit so adaptiert werden soll, dass sie möglichst genau der idealen Stellgröße u^*

entspricht. Die Adaption setzt aber voraus, dass der Fehler- bzw. der Zustandsvektor beschränkt ist. Um dies sicherzustellen, wird ein zweiter Regler mit der Ausgangsgröße u_s parallelgeschaltet, der nur dann eingreift, wenn die Beschränkung verletzt wird.

Mit diesem Regelgesetz ändert sich die Differentialgleichung für den Regelfehler. Ausgehend von Gleichung (5.12)

$$x^{(n)} = f(\mathbf{x}) + b(u_c + u_s) \tag{5.16}$$

liefert die Subtraktion von bu^* mit (5.13)

$$x^{(n)} - \left[-f(\mathbf{x}) + y_s^{(n)} + \mathbf{r}^T \mathbf{e} \right] = f(\mathbf{x}) + b(u_c + u_s - u^*) \tag{5.17}$$

Daraus folgt für den Fehler

$$e^{(n)} = y_s^{(n)} - x^{(n)} = -\mathbf{r}^T \mathbf{e} + b(u^* - u_c - u_s) \tag{5.18}$$

und in vektorieller Schreibweise

$$\dot{\mathbf{e}} = \mathbf{R}\mathbf{e} + \mathbf{b}(u^* - u_c - u_s) \tag{5.19}$$

mit $\mathbf{b} = [0, ..., 0, b]^T$ und der Matrix

$$\mathbf{R} = \begin{pmatrix} 0 & 1 & 0 & \cdots & 0 \\ 0 & 0 & 1 & \cdots & 0 \\ \cdots & \cdots & \cdots & \cdots & \cdots \\ 0 & 0 & 0 & \cdots & 1 \\ -r_0 & -r_1 & -r_2 & \cdots & -r_{n-1} \end{pmatrix} \tag{5.20}$$

die ein stabiles System beschreibt. Nun soll zunächst das Regelgesetz für die Stellgröße u_s entwickelt werden. Mit einer vorzugebenden, positiv definiten Matrix $\mathbf{Q}$ ergibt sich aus der Ljapunov-Gleichung (vgl. Satz A.6)

$$\mathbf{R}^T \mathbf{P} + \mathbf{P}\mathbf{R} = -\mathbf{Q} \tag{5.21}$$

eine symmetrische, positiv definite Matrix $\mathbf{P}$. Mit dieser wird wiederum eine später als Ljapunov-Funktion verwendete Funktion

$$V_e = \frac{1}{2} \mathbf{e}^T \mathbf{P} \mathbf{e} \tag{5.22}$$

definiert. Weiterhin sind eine obere Schranke $F > f$ und eine untere Schranke $0 < B \leq b$ für die Streckenparameter zu ermitteln sowie eine Grenze V_0 für die Funktion V_e vorzugeben. Damit lässt sich das Regelgesetz angeben:

$$u_s(\mathbf{x}) = \begin{cases} \operatorname{sgn}(\mathbf{e}^T \mathbf{P} \mathbf{b}) \left[|u_c| + \frac{1}{B}(F + |y_s^{(n)}| + |\mathbf{r}^T \mathbf{e}|) \right] & \text{für } V_e \geq V_0 \\ 0 & \text{sonst} \end{cases} \tag{5.23}$$

u_s ist also nur dann von Null verschieden, wenn der Term $\frac{1}{2}\mathbf{e}^T\mathbf{Pe}$ größer als die Schranke V_0 ist.

Für den Fall soll gezeigt werden, dass die Ableitung der Ljapunov-Funktion V_e aus (5.22) immer kleiner als Null ist. Für diese gilt zunächst

$$\dot{V}_e = \frac{1}{2}\dot{\mathbf{e}}^T\mathbf{Pe} + \frac{1}{2}\mathbf{e}^T\mathbf{P}\dot{\mathbf{e}} \tag{5.24}$$

Einsetzen von (5.19) ergibt

$$\begin{aligned}\dot{V}_e &= \frac{1}{2}(\mathbf{Re} + \mathbf{b}(u^* - u_c - u_s))^T\mathbf{Pe} + \frac{1}{2}\mathbf{e}^T\mathbf{P}(\mathbf{Re} + \mathbf{b}(u^* - u_c - u_s)) \\ &= \frac{1}{2}\mathbf{e}^T(\mathbf{R}^T\mathbf{P} + \mathbf{PR})\mathbf{e} + \frac{1}{2}(u^* - u_c - u_s)(\mathbf{b}^T\mathbf{Pe} + \mathbf{e}^T\mathbf{Pb})\end{aligned} \tag{5.25}$$

Da $\mathbf{b}^T\mathbf{Pe}$ ein Skalar und $\mathbf{P}$ symmetrisch ist, gilt

$$\mathbf{b}^T\mathbf{Pe} = (\mathbf{b}^T\mathbf{Pe})^T = \mathbf{e}^T\mathbf{P}^T\mathbf{b} = \mathbf{e}^T\mathbf{Pb} \tag{5.26}$$

und daher mit (5.21)

$$\dot{V}_e = -\frac{1}{2}\mathbf{e}^T\mathbf{Qe} + \mathbf{e}^T\mathbf{Pb}(u^* - u_c - u_s) \tag{5.27}$$

Unter Verwendung des Regelgesetzes (5.23) für $V_e \geq V_0$ wird daraus

$$\begin{aligned}\dot{V}_e = &-\frac{1}{2}\mathbf{e}^T\mathbf{Qe} + \mathbf{e}^T\mathbf{Pb}(u^* - u_c) \\ &-|\mathbf{e}^T\mathbf{Pb}|\left[|u_c| + \frac{1}{B}(F + |y_s^{(n)}| + |\mathbf{r}^T\mathbf{e}|)\right]\end{aligned} \tag{5.28}$$

Abschätzen des zweiten Summanden mit (5.13) liefert

$$\begin{aligned}\dot{V}_e &\leq -\frac{1}{2}\mathbf{e}^T\mathbf{Qe} + |\mathbf{e}^T\mathbf{Pb}|\left[\frac{1}{b}(|f(\mathbf{x})| + |y_s^{(n)}| + |\mathbf{r}^T\mathbf{e}|) + |u_c|\right] \\ &\quad -|\mathbf{e}^T\mathbf{Pb}|\left[|u_c| + \frac{1}{B}(F + |y_s^{(n)}| + |\mathbf{r}^T\mathbf{e}|)\right] \\ &\leq -\frac{1}{2}\mathbf{e}^T\mathbf{Qe} < 0 \qquad \text{für } \mathbf{e} \neq \mathbf{0}\end{aligned} \tag{5.29}$$

Damit ist die negative Definitheit der Ljapunov-Funktion bewiesen. Daraus folgt mit (5.22), dass durch u_s der Ausdruck $\frac{1}{2}\mathbf{e}^T\mathbf{Pe}$ so lange verkleinert wird, bis er kleiner als die Grenze V_0 ist. Das bedeutet aber wiederum, dass mit Hilfe von u_s der Fehlervektor aus jedem beliebigen Anfangszustand in den durch $V_e = \frac{1}{2}\mathbf{e}^T\mathbf{Pe} \leq V_0$ gegebenen Bereich überführt und dort gehalten wird. Würde man die Grenze $V_0 = 0$ setzen und auf den Anteil u_c in (5.15) verzichten, so wäre wegen der fortwährenden Verringerung von V_e sogar garantiert, dass der Fehlervektor gegen Null konvergiert. Eine solche Regelung würde allerdings wie ein Sliding Mode-Regler den Nachteil aufweisen, dass bei jedem Vorzeichenwechsel des Terms $\mathbf{e}^T\mathbf{Pb}$ wegen der Signumfunktion in (5.23) die Stellgröße einen relativ großen Sprung aufweist, was natürlich negative Auswirkungen auf das Stellglied hat. Solange sich das System daher innerhalb des durch $V_e \leq V_0$ gegebenen Bereiches befindet, ist der adaptive Fuzzy-Regler vorzuziehen, der im Folgenden beschrieben wird.

Dieser Fuzzy-Regler soll durch ein Kennfeld entsprechend Gleichung (5.11) beschrieben werden. Mit einer Konstanten $\gamma > 0$, einer geeignet zu wählenden Schranke $U > 0$ und der n-ten Spalte $\mathbf{p}_n$ der Matrix $\mathbf{P}$ aus (5.21) wird dann das folgende Adaptionsgesetz für den Koeffizientenvektor definiert:

$$\dot{\mathbf{u}} = \begin{cases} \gamma \left[\mathbf{e}^T\mathbf{p}_n\right] \mathbf{k}(\mathbf{x}) & \text{falls } |\mathbf{u}| < U \text{ oder} \\ & (|\mathbf{u}| \geq U \text{ und } \mathbf{e}^T\mathbf{p}_n\mathbf{u}^T\mathbf{k}(\mathbf{x}) \leq 0) \\ \mathbf{0} \text{ sonst} & \end{cases} \tag{5.30}$$

Für den Beweis, dass durch dieses Adaptionsgesetz tatsächlich ein stabiler Regler entsteht, ist zunächst die Beschränktheit des Koeffizientenvektors $|\mathbf{u}| \leq U$ nachzuweisen. Zu diesem Zweck wird eine Ljapunov-Funktion $V_u = \frac{1}{2}|\mathbf{u}|^2 = \frac{1}{2}\mathbf{u}^T\mathbf{u}$ definiert. Für ihre Ableitung gilt mit (5.30)

$$\dot{V}_u = \mathbf{u}^T\dot{\mathbf{u}} = \begin{cases} \gamma\mathbf{e}^T\mathbf{p}_n\mathbf{u}^T\mathbf{k}(\mathbf{x}) & \text{falls } |\mathbf{u}| < U \text{ oder } (|\mathbf{u}| \geq U \text{ und} \\ & \mathbf{e}^T\mathbf{p}_n\mathbf{u}^T\mathbf{k}(\mathbf{x}) \leq 0) \\ 0 & \text{sonst} \end{cases} \tag{5.31}$$

Daraus folgt: Solange $|\mathbf{u}| < U$ ist, kann sich der Wert der Ljapunov-Funktion und damit der Betrag des Koeffizientenvektors beliebig verändern. Falls aber $|\mathbf{u}| \geq U$ gilt, erfolgt eine Veränderung der Ljapunov-Funktion bzw. des Betrages nur dann, wenn $\mathbf{e}^T\mathbf{p}_n\mathbf{u}^T\mathbf{k}(\mathbf{x}) \leq 0$ ist, und zwar um eben genau diesen Wert $\mathbf{e}^T\mathbf{p}_n\mathbf{u}^T\mathbf{k}(\mathbf{x})$, multipliziert mit der positiven Konstanten γ. Damit ist gewährleistet, dass die Ljapunov-Funktion für $|\mathbf{u}| \geq U$ immer negativ semidefinit und der Betrag $|\mathbf{u}|$ monoton abnehmend ist. Der Koeffizientenvektor $\mathbf{u}$ wird daher durch das Adaptionsgesetz (5.30) in den Bereich $|\mathbf{u}| < U$ überführt und dann dort gehalten. Es lässt sich also ein Zeitpunkt definieren, von dem ab der Betrag des Koeffizientenvektors $|\mathbf{u}|$ immer kleiner als die Schranke U ist.

Ebenfalls beschränkt ist der Zustandsvektor, und zwar aus folgendem Grund: Durch u_s wird doch die negative Definitheit der Ljapunov-Funktion $V_e = \frac{1}{2}\mathbf{e}^T\mathbf{Pe}$ garantiert, sofern ihr Wert größer als die vorgegebene Schranke V_0 ist. Mit Hilfe von u_s wird, wie oben schon angemerkt, der Fehlervektor $\mathbf{e}$ in den durch $V_e = \frac{1}{2}\mathbf{e}^T\mathbf{Pe} \leq V_0$ gegebenen Bereich überführt und dort gehalten. Damit folgt aber auch die Beschränktheit von $|\mathbf{e}|$. Und daraus resultiert wiederum, sofern der Betrag des Sollvektors beschränkt ist, wegen $e = y_s - y$ und $y = x$ auch die Beschränktheit des Zustandsvektors $\mathbf{x}$ durch einen Wert $X \geq |\mathbf{x}|$.

Nachdem die Existenz von Schranken für Zustands- und Koeffizientenvektor sichergestellt ist, kann innerhalb des durch die Beschränkungen vorgegebenen Bereiches ein optimaler Parametervektor definiert werden:

$$\mathbf{u}^* = \left\{ \mathbf{u} \mid \min_{|\mathbf{u}| \leq U} \sup_{|\mathbf{x}| \leq X} |u_c(\mathbf{x}, \mathbf{u}) - u^*(\mathbf{x})| \right\} \tag{5.32}$$

$\mathbf{u}^*$ kennzeichnet also denjenigen Parametervektor aus dem Bereich $|\mathbf{u}| \leq U$, für den die Ausgangsgröße u_c des Fuzzy-Reglers für alle $|\mathbf{x}| \leq X$ die geringsten Abweichungen von der theoretisch optimalen Stellgröße u^* aufweist. Dabei wird aber normalerweise ein von Null verschiedener Restfehler

$$w(\mathbf{x}) = u^*(\mathbf{x}) - u_c(\mathbf{x}, \mathbf{u}^*) \tag{5.33}$$

zurückbleiben, der jedoch umso kleiner wird, je mehr Stützstellen das Kennfeld besitzt. Mit diesem Restfehler wird aus der Differentialgleichung für den Regelfehler (5.19) mit $u_c = \mathbf{u}^T \mathbf{k}$

$$\begin{aligned} \dot{\mathbf{e}} &= \mathbf{Re} + \mathbf{b}(u_c(\mathbf{x}, \mathbf{u}^*) + w - u_c - u_s) \\ &= \mathbf{Re} + \mathbf{b} \Delta \mathbf{u}^T \mathbf{k}(\mathbf{x}) + \mathbf{b}(w - u_s) \end{aligned} \tag{5.34}$$

mit einem Modellfehler $\Delta \mathbf{u} = \mathbf{u}^* - \mathbf{u}$.

Nun soll eine neue Ljapunov-Funktion

$$V = \frac{1}{2} \mathbf{e}^T \mathbf{P} \mathbf{e} + \frac{b}{2\gamma} \Delta \mathbf{u}^T \Delta \mathbf{u} \tag{5.35}$$

definiert werden. Wenn gezeigt werden kann, dass ihre Ableitung negativ definit ist, so bedeutet dies eine ständige Abnahme sowohl des Regel- als auch des Modellfehlers. Daraus folgt letztendlich sowohl die asymptotische Stabilität des Systems als auch das Erreichen eines optimalen Koeffizientenvektors.

Zunächst gilt für die Ableitung der Ljapunov-Funktion

$$\dot{V} = \frac{1}{2} \dot{\mathbf{e}}^T \mathbf{P} \mathbf{e} + \frac{1}{2} \mathbf{e}^T \mathbf{P} \dot{\mathbf{e}} + \frac{b}{\gamma} \Delta \mathbf{u}^T \Delta \dot{\mathbf{u}} \tag{5.36}$$

Einsetzen von (5.34) liefert

$$\begin{aligned} \dot{V} = & \frac{1}{2} (\mathbf{Re} + \mathbf{b} \Delta \mathbf{u}^T \mathbf{k} + \mathbf{b}(w - u_s))^T \mathbf{P} \mathbf{e} + \\ & \frac{1}{2} \mathbf{e}^T \mathbf{P} (\mathbf{Re} + \mathbf{b} \Delta \mathbf{u}^T \mathbf{k} + \mathbf{b}(w - u_s)) + \frac{b}{\gamma} \Delta \mathbf{u}^T \Delta \dot{\mathbf{u}} \end{aligned} \tag{5.37}$$

und unter der Ausnutzung der Tatsache, dass das Produkt $\Delta \mathbf{u}^T \mathbf{k}$ einen Skalar darstellt und demnach innerhalb eines Vektorproduktes beliebig verschoben werden kann und auch durch eine Transposition unverändert bleibt

$$\begin{aligned} \dot{V} = & \frac{1}{2} \mathbf{e}^T (\mathbf{R}^T \mathbf{P} + \mathbf{P} \mathbf{R}) \mathbf{e} + \frac{1}{2} \mathbf{b}^T \mathbf{P} \mathbf{e} (\Delta \mathbf{u}^T \mathbf{k} + w - u_s) + \\ & \frac{1}{2} \mathbf{e}^T \mathbf{P} \mathbf{b} (\Delta \mathbf{u}^T \mathbf{k} + w - u_s) + \frac{b}{\gamma} \Delta \mathbf{u}^T \Delta \dot{\mathbf{u}} \end{aligned} \tag{5.38}$$

Die Verwendung von (5.21) und (5.26) ergibt

$$\dot{V} = -\frac{1}{2}\mathbf{e}^T\mathbf{Q}\mathbf{e} + \mathbf{e}^T\mathbf{P}\mathbf{b}(\Delta\mathbf{u}^T\mathbf{k} + w - u_s) + \frac{b}{\gamma}\Delta\mathbf{u}^T\Delta\dot{\mathbf{u}} \tag{5.39}$$

Mit $\Delta\dot{\mathbf{u}} = -\dot{\mathbf{u}}$ und dem Adaptionsgesetz (5.30) wird daraus

$$\dot{V} = -\frac{1}{2}\mathbf{e}^T\mathbf{Q}\mathbf{e} + \mathbf{e}^T\mathbf{P}\mathbf{b}(\Delta\mathbf{u}^T\mathbf{k} + w - u_s) - b\Delta\mathbf{u}^T\left[\mathbf{e}^T\mathbf{p}_n\right]\mathbf{k} \tag{5.40}$$

Da $\mathbf{b}$ nur in der letzten Komponente von Null verschieden ist, gilt $\mathbf{e}^T\mathbf{P}\mathbf{b} = b\mathbf{e}^T\mathbf{p}_n$. Dieser Skalar kann innerhalb des letzten Vektorproduktes an den Anfang verschoben werden. Damit heben sich der erste Summand in der Klammer und der letzte Summand der Gleichung heraus. Zudem ist wegen der Signumfunktion in (5.23) der Term $-\mathbf{e}^T\mathbf{P}\mathbf{b}u_s$ sicherlich negativ. Damit ergibt sich die Abschätzung

$$\dot{V} \le -\frac{1}{2}\mathbf{e}^T\mathbf{Q}\mathbf{e} + \mathbf{e}^T\mathbf{P}\mathbf{b}w \tag{5.41}$$

Wenn der Restfehler w so klein ist, dass der Betrag des zweiten Summanden kleiner ist als der des ersten, ist die Ableitung der Ljapunov-Funktion negativ, und sowohl der Fehlervektor $\mathbf{e}$ als auch die Abweichung des Koeffizientenvektors $\Delta\mathbf{u}$ gehen gegen Null. w kann durch eine ausreichend hohe Anzahl an Stützstellen des Fuzzy-Kennfeldes beliebig klein gemacht werden, doch es wird immer sehr kleine Werte von $\mathbf{e}$ geben, für die der Betrag des ersten Summanden kleiner ist als der des zweiten. Demnach kann man für sehr kleine Fehlervektoren $\mathbf{e}$ nicht garantieren, dass die Ableitung der Ljapunov-Funktion immer negativ ist. Und damit kann auch nicht garantiert werden, dass $\mathbf{e}$ und $\Delta\mathbf{u}$ gegen Null gehen. Damit wäre der Regler dann aber auch bei konstantem Sollwert nicht stationär genau.

Andererseits muss aber Folgendes berücksichtigt werden: Der Parametervektor $\mathbf{u}$ wird durch das Verfahren so adaptiert, dass die Ausgangsgröße des Reglers innerhalb eines gegebenen Bereiches möglichst genau dem idealen Regelgesetz u^* entspricht. Wenn sich nun, bei stationärem Sollwert, die Ausgangsgröße des Systems diesem Sollwert angenähert hat, dann wird sich auch der Parametervektor immer mehr demjenigen Parametervektor annähern, mit dem die Ausgangsgröße des Reglers der idealen Regelgröße für diesen kleinen Bereich um den Sollwert entspricht. Der Parametervektor wird also durch die Adaption mit der Zeit perfekt an genau diesen einen Arbeitspunkt angepasst. Dadurch wird dann aber auch die stationäre Regelabweichung verschwinden.

Nach dieser aufwändigen Rechnung sollte vielleicht noch einmal kurz zusammengefasst werden. Das Regelgesetz ist bei diesem Verfahren durch (5.15) gegeben, wobei sich u_s aus (5.23) und u_c aus (5.11) ergibt. Dabei wird der Koeffizientenvektor $\mathbf{u}$ laufend nach (5.30) adaptiert. $\mathbf{k}$ ist der vom Momentanzustand abhängige Vektor der Gewichtungsfaktoren.

Die notwendigen Parameter in den Gleichungen erhält man folgendermaßen: Zunächst werden die Koeffizienten r_i für die Fehlerdifferentialgleichung (5.14) so festgelegt, dass der Fehler gegen Null konvergiert, d.h. dass das charakteristische Polynom ausschließlich Nullstellen mit negativem Realteil besitzt. Damit ist dann auch die Matrix $\mathbf{R}$ nach (5.20) definiert. Anschließend muss eine positiv definite Matrix $\mathbf{Q}$ gewählt werden, im einfachsten Fall also $\mathbf{Q} = \mathbf{I}$. Mit $\mathbf{R}$ und $\mathbf{Q}$ lässt sich dann auch $\mathbf{P}$ als Lösung der Ljapunov-Gleichung (5.21) berechnen. Der dazu notwendige Algorithmus ist Bestandteil jeder modernen regelungstechnischen Software.

Dann wird eine beliebige positive Konstante γ gewählt. Sie stellt eine Art Beschleunigungsfaktor für die Adaption des Koeffizientenvektors $\mathbf{u}$ dar. Bei großem γ erfolgt die Adaption schnell, dafür muss aber auch mit - wenn auch stabilen - Schwingungen gerechnet werden. Bei kleinem γ kann es dafür länger dauern, bis der richtige Koeffizientenvektor gefunden ist und die Regelung zufriedenstellend arbeitet.

Außerdem muss eine obere Schranke U für den Betrag des Koeffizientenvektors festgelegt werden. Sie stellt gewissermaßen eine obere Schranke für den Betrag der Stellgröße dar.

Da sich der Gewichtungsvektor $\mathbf{k}$ aus dem Momentanzustand des Systems ergibt, der Fehlervektor $\mathbf{e}$ gemessen wird und $\mathbf{p}_n$ die letzte Spalte der oben berechneten Matrix $\mathbf{P}$ ist, ist das Adaptionsgesetz (5.30) für $\dot{\mathbf{u}}$ und damit u_c vollständig definiert.

Für die Berechnung von u_s fehlen nun noch Abschätzungen für die Modellparameter f und b aus (5.12), und zwar eine obere Schranke F für f und eine untere Schranke B für b. Ebenso muss eine obere Schranke V_0 für V_e aus (5.22) angegeben werden. Diese stellt ein Maß für den maximal zulässigen Fehler dar. Solange der Fehler klein ist, arbeitet der Fuzzy-Regler, bei größeren Fehlern wird dagegen u_s wirksam. In dem Fall muss dann aber eine starke Beanspruchung des Stellgliedes in Kauf genommen werden. Die Kenntnis des Vektors $\mathbf{b}$ ist nicht erforderlich, denn es gilt $\mathrm{sgn}(\mathbf{e}^T\mathbf{P}\mathbf{b}) = \mathrm{sgn}(\mathbf{e}^T\mathbf{P}\mathbf{i})$ mit dem Einheitsvektor $\mathbf{i} = (0, .., 0, 1)^T$.

Damit ist die Regelung vollständig definiert. Inwieweit sie in der Lage ist, die Ausgangsgröße y des Systems immer nahe genug am Sollwert y_s zu halten, hängt aber ganz wesentlich davon ab, dass die Anzahl der Stützstellen des Fuzzy-Kennfeldes (5.11) hoch genug ist, so dass die Abweichung w aus (5.33) zwischen bestmöglicher und idealer Stellgröße ausreichend klein wird. Beliebig hoch sollte man die Anzahl der Stützstellen aber auch nicht wählen, da jede weitere Stützstelle eine zusätzliche Komponente des Koeffizientenvektors $\mathbf{u}$ und damit einen zusätzlichen, vom Verfahren zu optimierenden Parameter bedeutet. Und dies wirkt sich wiederum negativ auf die Konvergenz des Adaptionsverfahrens aus.

Kritisch anzumerken ist darüber hinaus, dass sowohl zur Berechnung von u_s gemäß (5.23) als auch für die Adaption des Fuzzy-Kennfeldes nach (5.30) die Kenntnis des Fehlervektors $\mathbf{e}$ erforderlich ist, und damit insbesondere auch der $(n-1)$ten Ableitung des Fehlers e. Diese kann in der Praxis aber unmöglich direkt aus e gewonnen werden, da sich das unvermeidliche Messrauschen auf der gemessenen Größe e spätestens mit der zweiten Ableitung so stark auswirken würde, dass an eine Verwendung des Signales nicht mehr zu denken ist. Abhilfe kann hier nur die Verwendung eines Beobachters schaffen. Dieser setzt jedoch die Existenz eines relativ genauen Modells der Strecke voraus. Damit stellt sich aber die Frage nach dem Sinn des Verfahrens, denn die Adaption dient doch letztendlich gerade dazu, das Streckenmodell zu approximieren.

In [130] wird die diskrete Variante dieses Verfahrens auf eine Beispielstrecke angewendet.

Eine Erweiterung dieses Verfahrens auf Strecken der Form

$$x^{(n)} = f(\mathbf{x}) + g(\mathbf{x})u \qquad\qquad y = x \tag{5.42}$$

findet sich in [42, 175] und [195]. Dabei darf g aber nicht beliebig, sondern muss entweder immer positiv oder immer negativ sein. Die Struktur der Regelung unterscheidet sich nicht vom hier vorgestellten Algorithmus. Allerdings wird dort nicht nur f, sondern auch g durch ein Kennfeld in einer Adaption approximiert. Das Beweisschema bleibt jedoch gleich und führt letztendlich auf eine ähnliche Stabilitätsaussage wie (5.41). Die Darstellung in [42] ist darüber hinaus reizvoll, weil das Prinzip des Kompensationsreglers und auch das Verfahren selber auf der Basis von Lie-Ableitungen entwickelt werden.

Aufgegriffen wird das oben beschriebene Verfahren auch in [101]. Hier wird vorgeschlagen, das Regelgesetz (5.15) um einen von $\dot{e}$ abhängigen Anteil

$$u_d = \mathrm{sgn}(\mathbf{e}^T \mathbf{p}_n b \dot{e}) k_d \dot{e} \tag{5.43}$$

mit $k_d > 0$ zu erweitern. Dadurch soll das Regelverhalten verbessert werden, ähnlich wie durch das Hinzufügen eines Differentialanteiles zum PI-Regler. Die Stabilitätsaussage ändert sich nicht, auch hier führt der Beweis letztendlich auf Gleichung (5.41).

Ein anderes Verfahren für die Adaption eines Kompensationsreglers wird in [174] vorgestellt. Es ist ebenfalls für Strecken der Form (5.42) geeignet, garantiert im Gegensatz zu den obigen Verfahren aber die asymptotische Stabilität, d.h. es kann eine Ljapunov-Funktion entsprechend (5.35) angegeben werden, deren Ableitung immer negativ definit ist. Dafür erfordert dieses Verfahren aber die Angabe von Intervallgrenzen für jeden einzelnen Koeffizienten des g approximierenden Kennfeldes. So soll sichergestellt werden, dass der für g geschätzte Wert immer positiv ist.

In [147] wird das Verfahren sogar auf Systeme der Form

$$\dot{\mathbf{x}} = \mathbf{A}(\mathbf{x}) + \mathbf{B}(\mathbf{x})\mathbf{u} \qquad\qquad \mathbf{y} = \mathbf{h}(\mathbf{x}) \tag{5.44}$$

erweitert. Bedingung ist aber, dass die Elemente der Matrix $\mathbf{B}$ außerhalb der Hauptdiagonalen nur sehr kleine Werte im Verhältnis zu den Werten der

Hauptdiagonalen aufweisen, was einem weitgehend entkoppelten System entspricht. Zudem weist der Regler, um die Stabilität zu gewährleisten, einen sehr großen schaltenden Anteil auf, was in der Praxis zu erheblichen Problemen führen dürfte.

5.2.2 Adaptiver Sliding Mode-Regler

Ein anderer Ansatz wird dagegen in [186] verfolgt. Auch hier wird ein Kennfeld adaptiert, doch dient diese Adaption der Verbesserung eines Sliding Mode-Reglers (vgl. Kap. 2.8.10). Ausgangspunkt der Überlegungen ist das Stellgesetz (2.337) des Sliding Mode-Reglers

$$u = -f_0(\mathbf{x}) + g_\lambda(\dot{\mathbf{e}}) + x_d^{(n)} + U\mathrm{sgn}(q) \tag{5.45}$$

mit

$$U \geq F + D + \eta \tag{5.46}$$

nach (2.340). Der wesentliche Nachteil dieses Reglers besteht darin, dass auf der durch $q = 0$ gegebenen Hyperebene die Stellgröße einen unstetigen Verlauf aufweist. Der zugehörige Sprung ist dabei offenbar umso größer, je größer U ist.

F ist eine obere Grenze für die Abweichung zwischen realer Strecke und nominalem Modell:

$$F \geq |\Delta f(\mathbf{x})| = |f(\mathbf{x}) - f_0(\mathbf{x})| \tag{5.47}$$

Normalerweise wird für diesen Wert eine Konstante angesetzt, weil man die Funktion $\Delta f(\mathbf{x})$ nicht einmal näherungsweise kennt. Wäre diese Funktion aber bekannt, so könnte man den konstanten Wert U in (5.45) durch eine zustandsabhängige Funktion

$$U^*(\mathbf{x}) = |\Delta f(\mathbf{x})| + D + \eta \tag{5.48}$$

ersetzen, mit der die asymptotische Stabilität des Systems ebenfalls gewährleistet wäre. Die Unstetigkeiten im Verlauf der Stellgröße könnten dadurch zwar nicht vermieden werden, würden aber im allgemeinen doch wesentlich kleiner ausfallen, als dies bei einem konstanten F bzw. U der Fall wäre.

Die Idee ist nun, U^* durch ein Kennfeld (5.11) zu approximieren und dieses durch das Adaptionsgesetz

$$\dot{\mathbf{u}} = \gamma |q| \mathbf{k}(\mathbf{x}) \tag{5.49}$$

so zu adaptieren, dass $U(\mathbf{x})$ möglichst genau $U^*(\mathbf{x})$ entspricht. Dabei ist $\mathbf{u}$ der Parametervektor, $\mathbf{k}$ der Gewichtungsvektor, γ eine positive Konstante und q die in (2.328) definierte Variable. Aufgrund der diskreten Struktur eines Kennfeldes kann U^* aber nur näherungsweise approximiert werden. Die beste und damit kleinstmögliche Approximation sei

$$U_{opt}(\mathbf{x}) = U^*(\mathbf{x}) + \varepsilon \tag{5.50}$$

mit einer positiven Konstanten ε. Entsprechend existiert ein optimaler Parametervektor $\mathbf{u}_{opt}$ mit

$$U_{opt}(\mathbf{x}) = \mathbf{u}_{opt}^T \mathbf{k}(\mathbf{x}) \tag{5.51}$$

und ein Parameterfehler $\Delta\mathbf{u} = \mathbf{u}_{opt} - \mathbf{u}$. Damit gilt der im Folgenden noch verwendete Zusammenhang

$$U = U^* - \Delta\mathbf{u}^T \mathbf{k} + \varepsilon \tag{5.52}$$

Um zu zeigen, dass auch bei der Approximation von $U^*(\mathbf{x})$ durch ein Kennfeld mit dem Adaptionsgesetz (5.49) noch ein asymptotisch stabiles Gesamtsystem vorliegt, wird die Ljapunov-Funktion

$$V = \frac{1}{2}(q^2 + \frac{1}{\gamma}\Delta\mathbf{u}^T \Delta\mathbf{u}) \tag{5.53}$$

definiert und gezeigt, dass sie gegen Null konvergiert. Für ihre Ableitung nach der Zeit gilt

$$\dot{V} = q\dot{q} - \frac{1}{\gamma}\Delta\mathbf{u}^T \dot{\mathbf{u}} \tag{5.54}$$

wegen $\Delta\dot{\mathbf{u}} = -\dot{\mathbf{u}}$. Einsetzen von (2.334) und (5.45) liefert

$$\begin{aligned} \dot{V} &= q(-\Delta f(\mathbf{x}) - d - U\mathrm{sgn}(q)) - \frac{1}{\gamma}\Delta\mathbf{u}^T \dot{\mathbf{u}} \\ &= q(-\Delta f(\mathbf{x}) - d) - |q|U - \frac{1}{\gamma}\Delta\mathbf{u}^T \dot{\mathbf{u}} \end{aligned} \tag{5.55}$$

und mit (5.48) und (5.52)

$$\begin{aligned} \dot{V} &= q(-\Delta f(\mathbf{x}) - d) - |q|(|\Delta f(\mathbf{x})| + D + \eta - \Delta\mathbf{u}^T \mathbf{k} + \varepsilon) \\ &\quad - \frac{1}{\gamma}\Delta\mathbf{u}^T \dot{\mathbf{u}} \end{aligned} \tag{5.56}$$

Wegen $-q\Delta f(\mathbf{x}) - |q||\Delta f(\mathbf{x})| \leq 0$ und $-qd - |q|D \leq 0$ lässt sich abschätzen

$$\dot{V} \leq -|q|(\eta + \varepsilon) - \frac{1}{\gamma}\Delta\mathbf{u}^T(\dot{\mathbf{u}} - \gamma|q|\mathbf{k}) \tag{5.57}$$

Der erste Summand ist sicher negativ und der zweite wegen des Adaptionsgesetzes (5.49) Null. Damit ist die Ableitung der Ljapunov-Funktion für $q \neq 0$ negativ definit, d.h. q und der Fehlervektor $\Delta\mathbf{u}$ konvergieren gegen Null. Die Konvergenz von q gegen Null ist aber nach Kapitel 2.8.10 gleichbedeutend mit der asymptotischen Stabilität des Systems. Und ein verschwindender Fehlervektor $\Delta\mathbf{u}$ bedeutet, dass sich die Ausgangsgröße $\mathbf{u}$ des Kennfeldes so dicht wie möglich dem optimalen Wert U^* annähert. Daraus folgt wiederum nach dem anfangs Gesagten, dass die Stellgrößensprünge minimal geworden sind.

In [10, 11, 12] wird der gesamte Ansatz noch einmal sehr detailliert analysiert und ein anschauliches Beispiel vorgeführt.

In [199] wird ein Adaptiver Sliding Mode-Regler für Systeme der Form

$$x^{(n)} = f(\mathbf{x}) + b(\mathbf{x})u + d(t) \tag{5.58}$$

entwickelt. Dabei wird nicht die Stellgröße direkt adaptiert, sondern Fuzzy-Modelle für f und b. Die entsprechenden Adaptionsgesetze sowie der Stabilitätsbeweis unterscheiden sich aber nicht wesentlich vom hier vorgestellten Verfahren, so dass auf eine explizite Darstellung verzichtet werden kann.

Wie schon bei den adaptiven Kompensationsreglern besteht auch hier ein wesentlicher Kritikpunkt am Verfahren darin, dass in die Berechnung der Stellgröße laut (5.45) die $(n-1)$-te Ableitung des Fehlers e eingeht. Diese kann ohne einen nichtlinearen Beobachter nicht berechnet werden, der aber wiederum ein relativ präzises Modell der Strecke voraussetzt. Bei Existenz eines solchen Modells stellt sich aber die Frage nach dem Sinn des ganzen Verfahrens, denn die Adaption dient doch letztendlich dazu, genau dieses Modell zu approximieren.

Am Ende dieses Kapitels muss festgestellt werden, dass bei der Adaption von Kennfeldern, wie sie hier erläutert wurde, die Fuzzy-Mengen überhaupt nicht mehr auftauchen. Von daher stellt sich die Frage, ob dieses Thema nicht eher zum Bereich der klassischen Regelungstechnik zu zählen ist. Andererseits muss man aber die Tatsache akzeptieren, dass ein Fuzzy-Regler nichts anderes ist als ein Kennfeldregler. Er unterscheidet sich von einem klassischen Kennfeldregler nicht in seiner Wirkung, sondern nur in der Art und Weise, wie er entwickelt wird. Die in diesem Kapitel vorgestellten Verfahren bilden damit die Grenze zwischen klassischer Regelungstechnik und Fuzzy-Reglern und durften deshalb nicht vernachlässigt werden. Im Folgenden soll aber wieder zu Fuzzy-Reglern, die auf Fuzzy-Mengen basieren, zurückgekehrt werden.

5.3 Modifikation der Fuzzy-Regeln

Bei diesem Verfahren handelt es sich um einen Ansatz, der auf den ersten Blick äußerst plausibel erscheint. Erst bei genauerer Betrachtung stellt man fest, dass dieser Ansatz die Gefahr der Instabilität in sich birgt und daher in der Praxis bei Strecken höherer Ordnung unbedingt vermieden werden sollte.

Vorgestellt werden soll der einfachste Ansatz, z.B. nach [158, 173, 178, 183]. Die Erläuterung dieses Ansatzes erfolgt hier für Eingrößensyteme. Das Verfahren ist aber auch auf Mehrgrößensysteme erweiterbar.

Voraussetzung ist ein existierender Fuzzy-Regler, der im geschlossenen Kreis bereits arbeitet. Diesem wird eine Adaptionseinheit (vgl. Abb. 5.1) zugeordnet, die als Eingangsgröße wie der Fuzzy-Regler zu jedem Zeitpunkt $t = kT$ einen Messwert $e(k)$ erhält. Dabei ist T die Abtastzeit der Regelung. Intern lässt sich daraus leicht die Differenz zweier aufeinanderfolgender

Messwerte $\Delta e(k) = e(k) - e(k-1)$ berechnen. Anhand der Werte $e(k)$ und $\Delta e(k)$ wird dann die Adaption nach folgender Strategie durchgeführt: Wenn sowohl der Fehler als auch die Differenz Null sind, arbeitet der Fuzzy-Regler offenbar zufriedenstellend. Ist der Fehler beispielsweise positiv, die Differenz aber negativ, so besteht ebenfalls kein Handlungsbedarf, weil der Fehler gerade kleiner wird. Wenn aber sowohl der Fehler als auch die Differenz beide positiv oder beide negativ sind, d.h. wenn der Absolutwert des Fehlers wächst, greift die Adaption ein. Und zwar wird davon ausgegangen, dass die Ursache für das Anwachsen des Fehlers im Zeitintervall $(k-1)T < t \leq kT$ durch eine fehlerhafte Stellgröße $u(k-1)$ zum Zeitpunkt $t = (k-1)T$ hervorgerufen wurde. Dann wird rekonstruiert, welche Fuzzy-Regel für das Zustandekommen dieser Stellgröße maßgeblich verantwortlich ist. Die Ausgangsgröße dieser Regel wird anschließend entsprechend der Regelbasis in Abb. 5.1 verändert. Bei dieser Regelbasis handelt es sich also nicht um die Regelbasis des Fuzzy-Reglers, sondern um das Adaptionsgesetz.

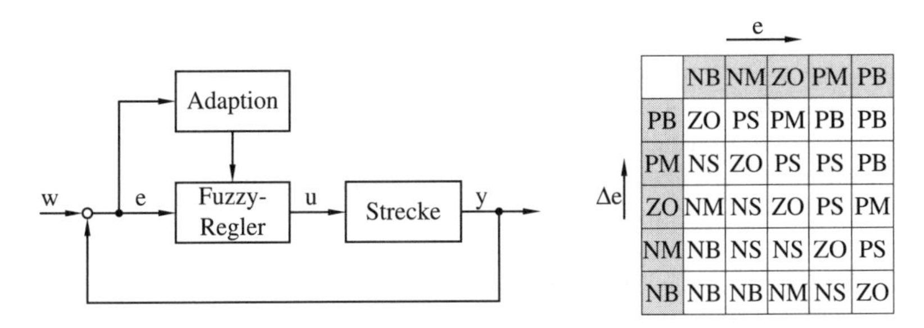

Δe \ e	NB	NM	ZO	PM	PB
PB	ZO	PS	PM	PB	PB
PM	NS	ZO	PS	PS	PB
ZO	NM	NS	ZO	PS	PM
NM	NB	NS	NS	ZO	PS
NB	NB	NB	NM	NS	ZO

Abb. 5.1. Einfache Adaption eines Fuzzy-Reglers

Wenn beispielsweise sowohl $e(k)$ als auch die Differenz $\Delta e(k)$ positiv sind, so bedeutet dies doch, dass die Ausgangsgröße y nicht nur kleiner ist als der Sollwert w, sondern dass sich der Abstand zwischen w und y auch noch immer weiter vergrößert. Die Stellgröße des Fuzzy-Reglers zum Zeitpunkt $t = (k-1)T$ war also offenbar zu klein, weshalb die Ausgangsgröße der zugehörigen Regel durch das Adaptionsgesetz vergrößert wird.

Diese Strategie wirkt auf den ersten Blick durchaus vernünftig, weshalb sie auch immer wieder, vor allem von Nicht-Regelungstechnikern, aufgegriffen wird. Sie ist aber nur bei Strecken erster Ordnung sicher erfolgreich. In anderen Fällen kann sie dagegen ernsthafte Probleme verursachen.

Dies kann man sich leicht verdeutlichen anhand eines Fuzzy-Reglers mit den Eingangsgrößen e und Δe und der Ausgangsgröße Δu, die anschließend zur Stellgröße $u = \sum \Delta u$ aufsummiert wird (vgl. Abb. 4.1). Dadurch entsteht ein Gesamt-Regler, der einem PI-Regler vergleichbar ist. Die Regelbasis des Fuzzy-Reglers möge der in Abb. 4.5 entsprechen. Dieser Regler regelt beispielsweise eine aus 3 Verzögerungsgliedern bestehende, lineare Strecke 3. Ordnung.

Es sei angenommen, dass die Stellgrößen des Fuzzy-Reglers vom Betrag her zu groß sind und sich das System dicht an der Stabilitätsgrenze befindet. Im linearen Fall würde dies bedeuten, dass die Ortskurve der Kreisübertragungsfunktion dicht am Punkt -1 vorbeiläuft, ihn aber noch nicht umschlingt (vgl. Kap. 2.5.5). Nach einer Anregung führt das System daher starke und kaum abklingende Schwingungen aus.

Nun soll ein Zeitpunkt $t = kT$ während einer Schwingung betrachtet werden, in dem die Regeldifferenz gerade wieder positiv wird, d.h. sowohl $e(k)$ als auch $\Delta e(k)$ sind positiv. Der Fuzzy-Regler wird eine positive Stellgröße $\Delta u(k)$ ausgeben. Im nächsten Abtastschritt ist $e(k+1)$, da die Regeldifferenz gerade erst wieder positiv geworden war, noch etwas größer geworden. Das Adaptionsgesetz wird deshalb in diesem darauffolgenden Abtastschritt aber laut Regelbasis in Abb. 5.1 die Ausgangsgröße derjenigen Regel vergrößern, die für $\Delta u(k)$ hauptverantwortlich ist. Durch die Adaption werden die Stellgrößen des Reglers in diesem Fall also noch weiter vergrößert.

Damit wird die Reglerverstärkung vergrößert. Wäre der Fuzzy-Regler ein linearer Regler, so würde nun die Ortskurve der Kreisübertragungsfunktion gedehnt werden und möglicherweise den Punkt -1 umschlingen. Das Nyquistkriterium wäre verletzt und das System instabil.

Damit ist offensichtlich, dass dieser Ansatz nicht nur erfolglos, sondern bei nicht-trivialen Strecken sogar gefährlich ist. Eine sinnvolle Adaption erfordert Rücksichtnahme auf die Struktur der Strecke und nicht nur auf die Entwicklung der Regelabweichung in einem bestimmten Zeitintervall. Aus dem Grund basieren die im folgenden Kapitel vorgestellten Verfahren auf einem Modell der Strecke.

5.4 Modellbasierte Regelung

5.4.1 Modellstruktur

Das bei diesem Ansatz verwendete Streckenmodell muss es ermöglichen, mit den Messwerten, die zu einem bestimmten Zeitpunkt $t = kT$ vorliegen (also auch vergangene Messwerte), den Ausgangsgrößenvektor $\mathbf{y}(k+1)$ bzw. den Zustandsvektor $\mathbf{x}(k+1)$ zum Zeitpunkt $t = (k+1)T$ vorherzusagen. Ein Zustandsmodell beschreibt beispielsweise den Zusammenhang zwischen aktuellem Zustandsvektor $\mathbf{x}(k)$, aktuellem Stellgrößenvektor $\mathbf{u}(k)$ und der daraus resultierenden Änderung des Zustandsvektors im nächsten Abtastschritt $\Delta\mathbf{x}(k+1)$. Die Differenzengleichung eines solchen Modells lautet

$$\Delta\mathbf{x}(k+1) = \mathbf{x}(k+1) - \mathbf{x}(k) = \mathbf{f}(\mathbf{x}(k), \mathbf{u}(k)) \qquad (5.59)$$

Die Alternative zum Zustandsmodell bildet ein Modell, das direkt den Zusammenhang zwischen Ein- und Ausgangsgrößen der Strecke beschreibt und insofern mit einer Übertragungsfunktion zu vergleichen ist:

$$\mathbf{y}(k+1) = \mathbf{f}[\mathbf{u}(k-n), ..., \mathbf{u}(k), \mathbf{y}(k-n), ..., \mathbf{y}(k)] \tag{5.60}$$

Beide Modellvarianten können für die nachfolgend beschriebenen Algorithmen verwendet werden, wobei sich aber, wie sich noch zeigen wird, die einfacheren Lösungen bei einem Zustandsmodell ergeben.

Im allgemeinen wird das Modell der Strecke aber nicht als Differenzengleichung vorliegen, zumal in dem Fall sowieso meistens die Auslegung eines klassischen Reglers vorzuziehen ist. Hier muss stattdessen davon ausgegangen werden, dass die Information über die Strecke nur in Form eines Kennfeldes, eines Neuronalen Netzes oder als Fuzzy-Modell zur Verfügung steht. Kennfelder und Neuronale Netze sollen an dieser Stelle nicht explizit behandelt werden, da sie bereits in Kapitel 4.1 bzw. 5.6 beschrieben sind. Aber auch ein Fuzzy-Modell muss hier wohl nicht mehr ausführlich erläutert werden. Einerseits kann es in Form von Regeln der Art

$$\begin{aligned} R: \quad & \text{If } x_1 \text{ is } \mu_R^{(1)} \text{ and } \dots \text{ and } x_n \text{ is } \mu_R^{(n)} \\ & \quad \text{and } u_1 \text{ is } \mu_R^{(n+1)} \text{ and } \dots \text{ and } u_m \text{ is } \mu_R^{(n+m)} \\ & \text{then } \Delta x_1 \text{ is } \nu_R^{(1)} \text{ and } \dots \text{ and } \Delta x_n \text{ is } \mu_R^{(n)}. \end{aligned} \tag{5.61}$$

mit dem Zustandsvektor $\mathbf{x} = [x_1, ..., x_n]^T$ und dem Stellgrößenvektor $\mathbf{u} = [u_1, ..., u_m]^T$ vorliegen, oder aber auch als Fuzzy-Relation.

Modellbildung. Es stellt sich noch die Frage, wie man überhaupt ein Modell der Strecke erhalten kann. Ein Modell in Form von Differenzengleichungen lässt sich direkt auf analytischem Wege aufstellen, sofern ausreichendes Wissen über die der Strecke zu Grunde liegenden physikalischen Gesetze existiert. Stehen dagegen nur Messwerte der Strecke zur Verfügung, so bieten sich statistische Verfahren an, wie sie in der Literatur ausführlich beschrieben sind [69, 70, 105, 113, 192].

Kennfelder und Neuronale Netze werden auf der Basis gemessener Werte erstellt. Die Berechnung von Kennfeldern kann ebenso wie die nummerische Ermittlung der Koeffizienten von Differenzengleichungen mit Hilfe klassischer statistischer Verfahren erfolgen, und Hinweise zur Konfiguration und zum Trainieren von Neuronalen Netzen finden sich in Abschnitt 5.6.

Bei Fuzzy-Modellen sind wiederum mehrere Arten der Modellbildung möglich. Einerseits kann das Streckenverhalten auf der Basis des vorhandenen Wissens über die Strecke direkt linguistisch in Form von Fuzzy-Regeln beschrieben werden. Man kann aber auch anhand von gemessenen Werten mit Hilfe von Fuzzy Clustering-Algorithmen ein Fuzzy-Modell erhalten (vgl. Abschnitt 5.5). Sowohl die linguistische Modellbildung als auch die Modellbildung mit Hilfe von Clustering-Algorithmen führen auf ein linguistisch interpretierbares Modell, das sowohl in Form von Fuzzy-Regeln als auch als Fuzzy-Relation abgespeichert werden kann.

Fuzzy-Modelle. Schließlich bleibt noch die Möglichkeit, jedem während der Identifikation angefallenen Messwerttupel direkt eine eigene Fuzzy-Relation zuzuordnen und diese Relationen dann disjunktiv zu verknüpfen [120]. Das so entstandene Modell ist natürlich nicht mehr linguistisch interpretierbar, weist aber für eine modellbasierte Regelung einige Vorteile auf, weshalb das Verfahren im Folgenden näher beschrieben werden soll.

Der Einfachheit halber soll der Algorithmus anhand einer statischen Eingrößenstrecke ohne interne Dynamik erklärt werden. Bei einer solchen Strecke fällt während der Identifikationsphase zu jedem Zeitpunkt $t = kT$ ein Messwertpaar $(u(k), y(k))$ an. Damit besteht also ein Zusammenhang zwischen dem Stellgrößenwert $u(k)$ und dem Ausgangsgrößenwert $y(k)$, den man durch eine zunächst scharfe Relation $R_k = \{(u(k), y(k))\}$ beschreiben kann, d.h. man speichert lediglich das Messwertpaar $(u(k), y(k))$ ab.

Nun kann man aber doch davon ausgehen, dass, wenn das Wertepaar $(u(k), y(k))$ auftreten kann, auch ähnliche Wertepaare auftreten können. Unter Verwendung der Ähnlichkeitsrelation

$$\begin{aligned} E : (\mathbb{R} \times \mathbb{R})^2 &\to [0,1]\,, \\ ((u_1, x_1), (u_2, x_2)) &\to \\ &\min\{1 - \min(|u_1 - u_2|, 1)\,, 1 - \min(|x_1 - x_2|, 1)\} \end{aligned} \tag{5.62}$$

lässt sich R_k daher durch eine Fuzzy-Relation, und zwar die extensionale Hülle von R_k

$$\begin{aligned} \mu_{R_k} : \mathbb{R} \times \mathbb{R} &\to [0,1]\,, \\ (u, y) &\to \\ &\min\{1 - \min(|u(k) - u|, 1)\,, 1 - \min(|y(k) - y|, 1)\} \end{aligned} \tag{5.63}$$

ersetzen. Aus dem Punkt $(u(k), y(k))$ in der $u - y-$Ebene wird dadurch die Fuzzy-Menge μ_{R_k} (vgl. Abb. 5.2). Aus mengentheoretischer Sicht ist μ_{R_k} die Menge aller zu $(u(k), y(k))$ ähnlichen Punkte, wobei die Ähnlichkeit durch (5.63) definiert ist.

Man kann diese Fuzzy-Relation auch als Menge aller Wertepaare (u, y) der Strecke ansehen, die überhaupt möglich sind. Das Wertepaar $(u(k), y(k))$ als gemessenes Wertepaar ist sicherlich möglich und hat daher zu dieser Menge den Zugehörigkeitsgrad Eins, während der Zugehörigkeitsgrad für andere Wertepaare mit zunehmendem Abstand zum Punkt $(u(k), y(k))$ sinkt. Man unterstellt also, dass Wertepaare, die in der Nähe eines gemessenen Wertepaares liegen, ebenfalls möglich sind, und zwar umso mehr, je kleiner der Abstand ist. Angemerkt sei, dass sich mit einer anderen Ähnlichkeitsrelation natürlich eine andere Fuzzy-Relation μ_{R_k} ergeben würde. Es bietet sich aber im Hinblick auf die Rechenzeit an, für die Modellbildung eine möglichst einfache Relation zu verwenden.

Die disjunktive Verknüpfung aller während der Identifikation entstandenen Fuzzy-Relationen μ_{R_k} ergibt dann das Fuzzy-Modell der Strecke:

$$\mu_R = \bigcup_k \mu_{R_k} \tag{5.64}$$

Abb. 5.2 zeigt ein solches Modell, das aus zwei Messwertpaaren $(u(1), y(1))$ und $(u(2), y(2))$ entstanden ist.

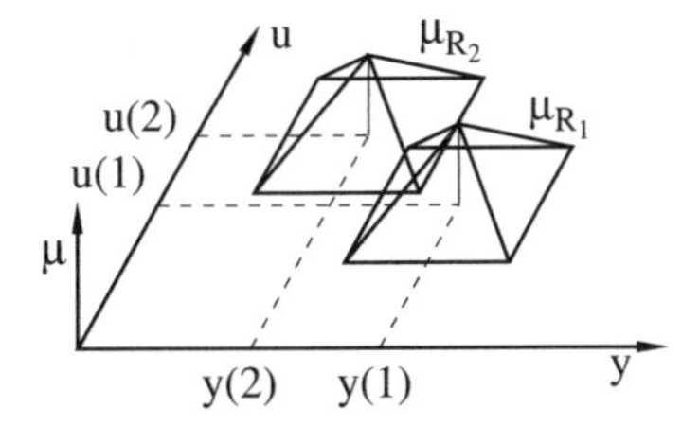

Abb. 5.2. Fuzzy-Modell einer Strecke

Anstelle disjunktiv verknüpfter Ähnlichkeitsrelationen sind natürlich auch konjunktiv verknüpfte Implikationen für die Modellbildung denkbar. Aus theoretischer Sicht wäre dies sogar besser, weil dann mit jedem neuen Messwertpaar die Modellrelation, also die das Übertragungsverhalten charakterisierende Fuzzy-Menge kleiner, d.h. schärfer und damit präziser werden würde. Und dies ist doch eigentlich auch beabsichtigt, wenn man dem Modell neue Information hinzufügt. Im Gegensatz dazu wird bei disjunktiver Verknüpfung der einzelnen Relationen die Gesamtrelation mit jedem neuen Messwertpaar und jeder neuen Teilrelation μ_{R_k} immer größer und unschärfer.

Allerdings gibt es bei der konjunktiven Verknüpfung ein nicht zu unterschätzendes praktisches Problem. Wenn nämlich Messrauschen vorliegt, können sich für denselben Wert der Eingangsgröße während der Identifikation durchaus unterschiedliche Werte der Ausgangsgröße ergeben. Dies führt dann aber zu einer totalen Eliminierung sämtlicher Information in dem betreffenden Bereich des Modells, so dass es letztendlich völlig unbrauchbar ist. Aus dem Grund ist die disjunktive Verknüpfung von Ähnlichkeitsrelationen vorzuziehen.

Zur Vervollständigung der Erläuterungen soll nun noch beschrieben werden, wie man anhand dieses Modells für eine gegebene Eingangsgröße $u(k)$ die zu erwartende Ausgangsgröße $y_m(k)$ berechnet. Dazu definiert man zunächst eine Eingangs-Fuzzy-Menge (Singleton)

$$\mu_u : \mathbb{R} \to [0,1]\,,\; u \to \begin{cases} 1 & : \quad u = u(k) \\ 0 & : \quad \text{sonst} \end{cases} \tag{5.65}$$

und berechnet mit dieser und der gegebenen Modellrelation μ_R die Relationalgleichung $\mu_y = \mu_u \circ \mu_R$. Man erhält die Ausgangs-Fuzzy-Menge

$$\begin{aligned} \mu_y &: \mathbb{R} \to [0,1], \\ & y \to \sup\{\min[\mu_u(u), \mu_R(u,y)] \mid u \in U\} \\ & \quad = \mu_R(u(k), y) = \mu_y(y) \end{aligned} \tag{5.66}$$

Diese Vorgehensweise entspricht einem Schnitt parallel zur y-Achse durch die Relation μ_R an der Stelle $u = u(k)$, der auf die Ausgangsvariable y projiziert wird (Abb. 5.3). Durch anschließende Defuzzifizierung erhält man dann den zu erwartenden Wert der Ausgangsgröße $y_m(k)$. Offenbar sind dies dieselben Schritte, die auch bei der Berechnung der Ausgangsgröße eines gewöhnlichen Fuzzy-Reglers erforderlich sind, wenn dieser als Fuzzy-Relation abgespeichert ist.

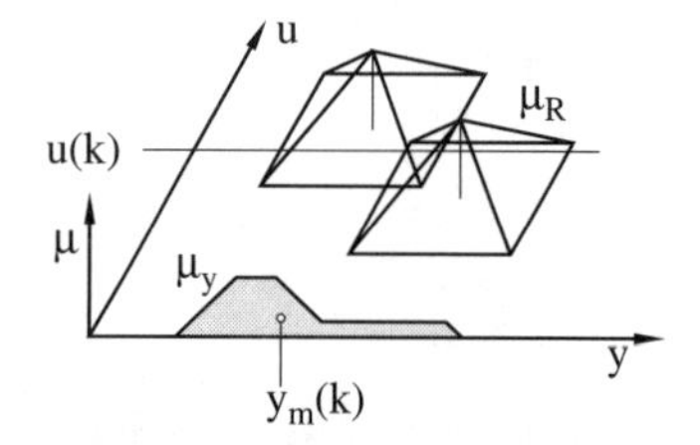

Abb. 5.3. Berechnung der Ausgangsgröße bei einem Fuzzy-Modell

Die gesamte Vorgehensweise ist ohne Probleme auf Mehrgrößenstrecken höherer Ordnung übertragbar. Eine Strecke erster Ordnung lässt sich beispielsweise durch Messwerttripel $(u(k), x(k), \Delta x(k+1))$ (Stellgröße, Zustandsgröße, resultierende Änderung der Zustandsgröße) beschreiben, wobei Stell- und Zustandsgröße die Eingangsgrößen des Modells sind und die Änderung der Zustandsgröße die Ausgangsgröße. Das Fuzzy-Modell muss also eine zusätzliche Dimension erhalten. Allgemein können sich für beliebige Strecken somit multidimensionale Fuzzy-Modelle ergeben. Offenbar lassen sich aber sämtliche Gleichungen leicht auf mehrere Dimensionen erweitern, so dass sich am gesamten Verfahren durch die Erweiterung auf mehrere Dimensionen nichts ändert.

Abschließend zu diskutieren ist noch die Abspeicherung eines solchen Modells. Hier bietet es sich an, den gesamten Raum, der durch die beteiligten Größen aufgespannt wird, zu diskretisieren. An jeder der so entstandenen Stützstellen wird anschließend der dort gültige Zugehörigkeitsgrad eingetragen (Abb. 5.4). Die Modellrelation ist dann durch die Interpolation zwischen diesen abgespeicherten Zugehörigkeitsgraden definiert. Dies führt natürlich zu einer Differenz zwischen Originalrelation und abgespeicherter Relation, doch kann man die Differenz bei ausreichend feiner Rasterung beliebig klein machen.

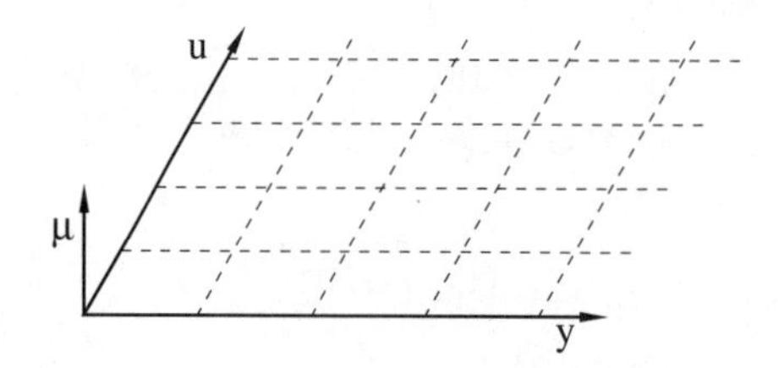

Abb. 5.4. Zur Abspeicherung eines Fuzzy-Modells

5.4.2 Einschritt-Regelung

Den Kern der Einschritt-Regelung nach Abb. 5.5 bildet kein gewöhnliches, sondern ein invertiertes Streckenmodell. Ein solches Modell stellt zwar wie ein gewöhnliches Modell den Zusammenhang zwischen Ein- und Ausgangsgröße dar, besitzt allerdings vertauschte Ein- und Ausgangsgrößen. In dieses invertierte Modell wird dann beispielsweise eine gewünschte Änderung des Zustandsvektors $\Delta\mathbf{x}(k+1)$ oder ein gewünschter Wert für den Ausgangsvektor $\mathbf{y}(k+1)$ im nächsten Abtastschritt eingegeben, und man erhält als Ausgangsgröße diejenige Stellgröße $\mathbf{u}(k)$, die dazu zum aktuellen Zeitpunkt erforderlich ist.

Nun könnte man im einfachsten Fall den Sollwert $\mathbf{w}$ als gewünschten Ausgangsvektor $\mathbf{y}(k+1)$ im nächsten Abtastschritt vorgeben, doch stellt sich dabei ein Problem. Falls nämlich, wie es normalerweise der Fall sein wird, der Sollwert nicht innerhalb eines Abtastschrittes erreicht werden kann, kann das invertierte Modell auch keine Stellgröße liefern. Daher ist eine weitere Einheit notwendig, in der anhand der Werte von $\mathbf{w}$ und $\mathbf{y}(k)$ für den folgenden Abtastschritt zunächst ein geeignetes Zwischenziel $\mathbf{z}$ berechnet wird, das dann auch tatsächlich innerhalb eines Abtastschrittes erreicht werden kann. Dieses Zwischenziel bildet dann die Eingangsgröße für das invertierte Streckenmodell.

Die Stellgrößenberechnung auf der Basis des Streckenmodells verursacht aber noch ein weiteres Problem. Solange das Streckenmodell ein exaktes Abbild der Strecke darstellt, führt die damit berechnete Stellgröße auch exakt auf das gewünschte (Zwischen-)Ziel. Existieren aber Differenzen zwischen Modell und Strecke aufgrund von Modellungenauigkeiten oder Veränderungen innerhalb der Strecke, so ist dies nicht mehr der Fall, und der Regler arbeitet nicht mehr stationär genau. Zu lösen ist dieses Problem nur dadurch, dass das Streckenmodell ständig an eine sich möglicherweise verändernde Strecke angepasst wird. Dazu müssen die Messwerte aus der Strecke in jedem Abtastschritt in das Modell zurückgeführt werden, wie dies auch in Abb. 5.5 eingezeichnet ist.

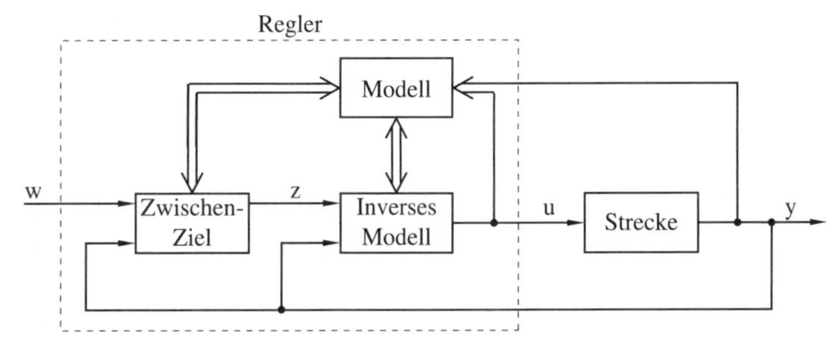

Abb. 5.5. Einschritt-Regelung mit invertiertem Modell

Im Folgenden sollen nun die Modellinversion, die -adaption und die Berechnung von Zwischenzielen für die verschiedenen Modellvarianten diskutiert werden, und zwar zunächst die Inversion, dann die Adaption und zum Schluss die Berechnung von Zwischenzielen.

Modellinversion. Am einfachsten ist die Inversion von Fuzzy-Relationen (Abb. 5.2). Wegen der Symmmetrie des Fuzzy-Modells hinsichtlich seiner Ein- und Ausgangsgrößen kann die Modellinversion hier nämlich durch schlichtes Vertauschen der Größen erfolgen. Beim statischen Eingrößensystem wird der gewünschte Wert $z = y(k)$ zur Eingangsgröße und die zugehörige Stellgröße $u_m(k)$ zur Ausgangsgröße des Modells. Der Schnitt durch die Relation (vgl. Abb. 5.3) erfolgt dann parallel zur u-Achse an der Stelle $y = y(k)$. Man erhält eine Fuzzy-Menge μ_u und nach einer Defuzzifizierung schließlich die Stellgröße u (vgl. [111, 120]). Da Fuzzy-Relationen auch ohne weiteres für mehrdimensionale Systeme aufgestellt werden können, ist die Modellinversion auch für Strecken höherer Ordnung und Mehrgrößensysteme unproblematisch. Die Modelle werden wie gewohnt erstellt und anschließend lediglich invers benutzt.

Man kann für die Modellinversion bei Fuzzy-Relationen theoretisch auch einen anderen Weg [149, 188] beschreiten, der auf den Ergebnissen von *Sanchez* [167] basiert. Anhand dieser Ergebnisse ist es möglich, für gegebene Mengen μ_y und μ_R die größtmögliche Fuzzy-Menge μ_u zu berechnen, mit der die Relationalgleichung $\mu_y = \mu_u \circ \mu_R$ erfüllt ist. Dies entspricht aber doch gerade der vorliegenden Aufgabenstellung. Gegeben sind $\mathbf{y}$ und $\mathbf{R}$, während $\mathbf{u}$ gesucht ist. Allerdings existiert dabei ein Problem. Die Lösung μ_u ist nämlich nur dann eine nicht-leere Menge, wenn μ_y ausreichend groß gewählt wird. Wenn man also, wie es am einfachsten ist, die gewünschte Ausgangs-Fuzzy-Menge μ_y als Singleton vorgibt, so wird normalerweise keine Lösung μ_u für die Relationalgleichung existieren. Damit kann aber für den Regler in den meisten Abtastschritten auch keine Stellgröße ermittelt werden. Außerdem ist der Algorithmus sehr rechenaufwändig, so dass insgesamt der vorher vorgestellte Lösungsweg vorzuziehen ist.

Ein völlig anderer Weg für die Modellinversion ist einzuschlagen, wenn das Modell in Form von Fuzzy-Regeln, als Kennfeld oder als Neuronales Netz vorliegt. Während man ein Kennfeld durch Interpolation zwischen den Werten an den Stützstellen zumindest prinzipiell auch invers benutzen kann, ist dies bei Fuzzy-Regeln und Neuronalen Netzen vollkommen unmöglich. Abhilfe bietet hier der Vorschlag in [150], das Modell von vornherein invers aufzubauen, d.h. mit vertauschten Ein- und Ausgangsgrößen. Schon beim Erzeugen des Modells werden also $\mathbf{y}$ und $\mathbf{x}$ als Eingangs- und die Stellgröße $\mathbf{u}$ als Ausgangsgröße behandelt.

Keiner langen Erklärungen bedarf es, wenn das Streckenmodell als Differenzengleichung vorliegt, denn für die Inversion gibt es hier nur zwei Alternativen. Entweder lässt sich die Funktion $\mathbf{f}$ in den Differenzengleichungen (5.59) oder (5.60) nach der gesuchten Größe $\mathbf{u}(k)$ auflösen oder nicht. Falls ja, so kann aus diesen Gleichungen auf analytischem Wege ein inverses Modell mit $\mathbf{u}(k)$ als Ausgangsgröße bestimmt werden. Andernfalls kann dagegen für eine gegebene Ausgangsgröße die entsprechende Stellgröße anhand der Differenzengleichungen nur nummerisch berechnet werden. Deshalb wird beispielsweise in [75] die analytische Auflösbarkeit einfach vorausgesetzt.

Grundsätzlich existiert für alle Arten von Modellen ein sehr einfacher, dafür aber rechenaufwändiger Weg, um die Inversion zu vermeiden. Und zwar wird eine ausreichend große Anzahl verschiedener Werte für $\mathbf{u}$ jeweils als Eingangsgröße in das nicht invertierte Modell eingespeist. Derjenige Wert von $\mathbf{u}$, bei dem die Ausgangsgröße $\mathbf{y}(k+1)$ dem Zwischen-Ziel $\mathbf{z}$ am nächsten kommt, wird dann als Stellgröße auf die Strecke gegeben [109, 157].

Modelladaption. Damit sollen die Ausführungen zur Modellinversion abgeschlossen werden. Der nächste zu diskutierende Punkt ist die Adaption des Modells. Bei einer Fuzzy-Relation kann diese Modell-Adaption relativ einfach erfolgen, wie wieder anhand der statischen Eingrößenstrecke erläutert werden soll. Und zwar wird in jedem Abtastschritt die Stellgröße $\mathbf{u}(k)$, die an die Strecke ausgegeben wird, auch in das nicht-invertierte Streckenmodell eingegeben. Man erhält die zu erwartende Ausgangsgröße $\mathbf{y}_m(k)$. Diese wird dann mit der sich tatsächlich einstellenden, gemessenen Ausgangsgröße $\mathbf{y}(k)$ verglichen. Im Falle einer Differenz muss der entsprechende Teil der Modell-Relation μ_R in y-Richtung verschoben werden, so dass die veränderte Relation die aktuellen Verhältnisse in der Strecke widerspiegelt (Abb. 5.6). Das Modell wird also in jedem Abtastschritt sowohl invers für die Berechnung der Stellgröße, als auch nicht-invers für die Adaption verwendet.

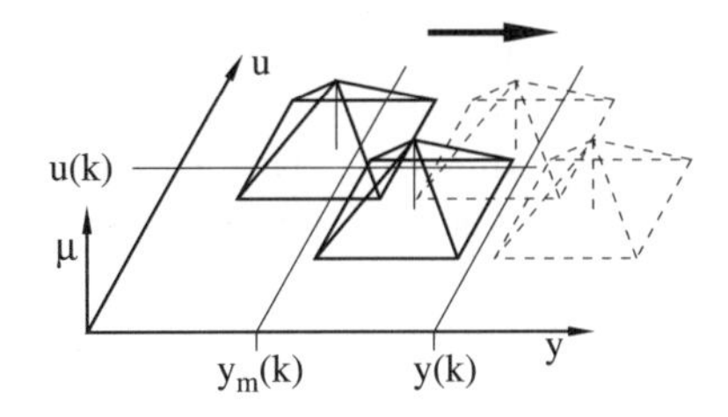

Abb. 5.6. Adaption einer Fuzzy-Relation

Nach demselben Prinzip hat die Adaption zu erfolgen, wenn das Fuzzy-Modell in Form von Fuzzy-Regeln oder als Kennfeld vorliegt. In jedem Abtastschritt ist die Ausgangsgröße des Modells mit der gemessenen Ausgangsgröße der Strecke zu vergleichen, und im Falle einer Abweichung ist das Modell zu verändern. Bei einer Fuzzy-Regel verändert man die Ausgangs-Fuzzy-Menge und bei einem Kennfeld die an den entsprechenden Stützstellen abgespeicherten Werte. Noch einfacher ist die Adaption bei einem Neuronalen Netz. Sofern es sich im Trainingsmodus befindet, wird es sich automatisch an Veränderungen innerhalb der Strecke anpassen.

Liegt das Modell dagegen als Differenzengleichung vor, so muss auf ein klassisches Identifikationsverfahren zurückgegriffen werden. Dazu werden über ein längeres Zeitintervall ausreichend viele Messwerte der Strecke gesammelt und anschließend durch Regression auf nummerischem Wege ein neues, aktuelles Streckenmodell berechnet. Hier kann die Aktualisierung des Modells also nicht in jedem Abtastschritt, sondern nur in größerem zeitlichen Abstand erfolgen. Zudem ist eine solche Neuberechnung nummerisch nicht unproblematisch, wenn die neu gesammelten Messwerte nicht genügend Information enthalten. Im Hinblick auf die Adaption sind die anderen Modelle also sicherlich einer Differenzengleichung vorzuziehen.

Berechnung von Zwischenschritten. Schließlich bleibt die Berechnung von Zwischenschritten anzusprechen, die das entscheidende Problem der Einschritt-Regelung offenbaren wird. Eine sehr elegante Lösung für Modelle in Form von Fuzzy-Relationen wird dazu in [53] vorgeschlagen. Die Tatsache, dass der Sollwert $\mathbf{w}$ möglicherweise nicht in einem Abtastschritt erreicht werden kann, wird dadurch berücksichtigt, dass als gewünschter Ausgangswert $\mathbf{y}(k+1)$ nicht nur ein Singleton, sondern eine Fuzzy-Menge μ_y vorgegeben wird. Die Zugehörigkeitsfunktion dieser Fuzzy-Menge weist für $\mathbf{y} = \mathbf{y}(k)$ den Wert Null auf und steigt mit zunehmender Nähe zum Wert $\mathbf{y} = \mathbf{w}$ an. Abb. 5.7 zeigt eine solche Funktion für ein System erster Ordnung. Diese Fuzzy-Menge bildet dann die Eingangsgröße der Relationalgleichung $\mu_u = \mu_y \circ \mu_R$. Die Zugehörigkeitsfunktion der Ausgangsgröße μ_u wird damit für genau die Werte von $\mathbf{u}$ von Null verschieden sein, die im folgenden Abtastschritt eine Ausgangsgröße $\mathbf{y}(k+1)$ zwischen $\mathbf{y}(k)$ und $\mathbf{w}$ hervorrufen können. Dabei hängt der Zugehörigkeitsgrad sowohl vom Abstand zwischen zu erwartender Ausgangsgröße und $\mathbf{w}$, als auch von den entsprechenden Werten der Modellrelation ab. Je näher eine Stellgröße das System an den Sollwert $\mathbf{w}$ heranführen kann, desto größer ist ihr Zugehörigkeitsgrad zur Menge μ_u. Durch Defuzzifizierung von μ_u wird sich dann sicherlich eine geeignete Stellgröße ergeben.

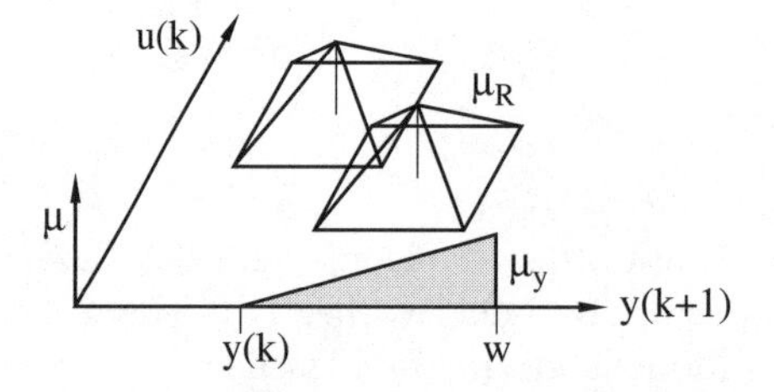

Abb. 5.7. Erweiterte Eingangsgröße für das inverse Modell

Bei Modellen in Form von Fuzzy-Regeln, Kennfeldern, Neuronalen Netzen oder Differenzengleichungen ist dieser Algorithmus natürlich nicht verwendbar. Für diesen Fall wird in [75] zur Berechnung der Zwischenziele ein einfacher I-Regler mit der Eingangsgröße $\mathbf{e} = \mathbf{w} - \mathbf{y}$ vorgeschlagen. Die Ausgangsgröße dieses Reglers, also das Zwischenziel $\mathbf{z}$, entspricht im stationären Zustand gerade der Regelgröße $\mathbf{y}$. Denn zwischen $\mathbf{z}$ und $\mathbf{y}$ befinden sich nur das inverse Modell und die Strecke, die sich beide, sofern das Modell annähernd exakt ist, in ihrer Wirkung kompensieren. Außerdem muss $\mathbf{y}$ im stationären Zustand gleich $\mathbf{w}$ sein, da sonst die Eingangsgröße $\mathbf{w} - \mathbf{y}$ des Integrators von Null verschieden wäre und sich die Ausgangsgröße des Integrators verändern würde. Damit wäre dann aber noch kein stationärer Zustand erreicht.

Im stationären Zustand gilt also $\mathbf{w} = \mathbf{z} = \mathbf{y}$. Nach einer Änderung des Sollwertes $\mathbf{w}$ wird sich $\mathbf{z}$ als Ausgangsgröße des I-Reglers solange stetig verändern, bis $\mathbf{y}$ gleich $\mathbf{w}$ und die Regelabweichung $\mathbf{e}$ verschwunden ist. In dem dann erreichten, neuen stationären Zustand gilt wieder $\mathbf{w} = \mathbf{z} = \mathbf{y}$. $\mathbf{z}$ und damit die Folge der Zwischenziele ändert sich also stetig und bei entsprechender Auslegung des I-Reglers auch langsam vom alten zum neuen Sollwert. So soll gewährleistet werden, dass zu jedem Zwischenziel auch tatsächlich eine Stellgröße existiert, die die Strecke innerhalb von einem Abtastschritt zum Zwischenziel hinführen kann.

Offenbar wird bei beiden soeben vorgestellten Verfahren vorausgesetzt, dass eine Stellgröße existiert, mit der sich der Ausgangsvektor $\mathbf{y}$, wenn der Sollwert $\mathbf{w}$ nicht im nachfolgenden Abtastschritt erreicht werden kann, zumindest in Richtung des Sollwertes verändern lässt. Ausgehend von einem Vektor $\mathbf{y}(k)$ zum aktuellen Zeitpunkt muss also für die Komponenten des Ausgangsvektors zum nachfolgenden Zeitpunkt immer

$$\begin{aligned} y_i(k) \leq y_i(k+1) \leq w_i \qquad & \text{falls } w_i \geq y_i(k) \\ y_i(k) \geq y_i(k+1) \geq w_i \qquad & \text{falls } w_i \leq y_i(k) \end{aligned} \tag{5.67}$$

gelten. Im zweidimensionalen Fall (Abb. 5.8) bedeutet dies, dass das System ausgehend von einem Vektor $\mathbf{y}(k)$ so in den Zielzustand $\mathbf{w}$ hineingeführt werden kann, dass alle $\mathbf{y}(k)$ nachfolgenden Ausgangsgrößen $\mathbf{y}(k+j)$ in einem Rechteck mit den Eckpunkten $\mathbf{y}(k)$ und $\mathbf{w}$ liegen.

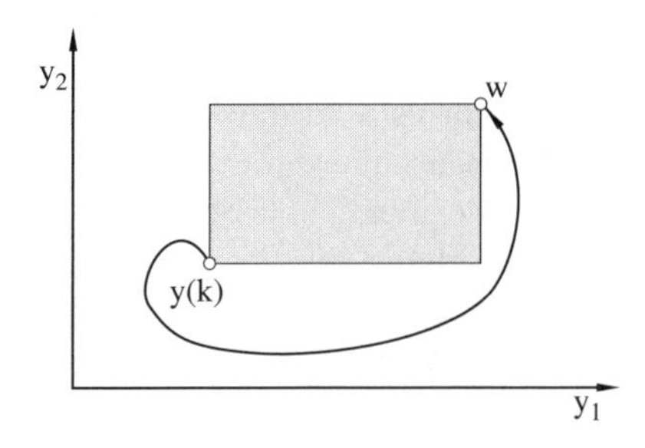

Abb. 5.8. Zulässiges Gebiet für nachfolgende Ausgangsvektoren und mögliche Trajektorie eines Nicht-Minimalphasensystems

Diese Voraussetzung ist jedoch nur für Minimalphasensysteme immer erfüllt (vgl. Anhang A.2). Bei Systemen mit nicht-minimaler Phase, die insbesondere unter den Mehrgrößensystemen häufig anzutreffen sind, kann es vorkommen, dass das System von $\mathbf{y}(k)$ nach $\mathbf{w}$ nur auf einer Trajektorie überführt werden kann, die dieses Gebiet verlässt oder sogar vollständig außerhalb verläuft (Abb. 5.8). Auf solche Systeme kann die Einschritt-Regelung daher nicht angewendet werden.

Noch eingeschränkter ist der Anwendungsbereich sogar, wenn ein Zustandsmodell nach (5.59) verwendet wird, und zwar unabhängig davon, ob es in Form von Differentialgleichungen oder als Fuzzy-Modell vorliegt. Hier würde die Einschritt-Regelung bei jedem System versagen, dessen Ordnung größer als Eins ist. Als Beispiel sei eine Beschleunigungsstrecke angenommen, die durch die Differentialgleichung $F = m\ddot{l}$ mit den Zustandsgrößen l und v gegeben ist (vgl. Kap. 2.7.1). Das System soll von einem Startzustand $(l_0, v_0) = (0, 0)$ in den Endzustand $(l_1, v_1) = (w, 0)$ überführt werden. Die dazu notwendige Trajektorie im Zustandsraum ist in Abb. 2.48 dargestellt. Offensichtlich ist zwischenzeitlich eine von Null verschiedene Geschwindigkeit v erforderlich, damit sich der Körper in den Endzustand bewegt. Andererseits ist aber die Geschwindigkeit sowohl im Anfangs- als auch im Endzustand Null. Demnach ist hier das Gebiet möglicher Zwischenzustände (Abb. 5.8) von einem Rechteck zu einer Verbindungslinie zwischen Anfangs- und Endzustand auf der l-Achse degeneriert, auf der die Geschwindigkeit für alle Zustände gleich Null ist. Beide Verfahren würden damit nur Zwischenziele erzeugen, die auf der l-Achse liegen, bei denen die Geschwindigkeit also Null ist. Der Körper soll seine Position von $l = 0$ nach $l = w$ verändern, ohne dass seine Geschwindigkeit jemals von Null verschieden wird. Dies ist offensichtlich unmöglich.

Wegen dieses eklatanten Mangels des Einschritt-Verfahrens wird in [4] vorgeschlagen, das Streckenmodell für eine Vorhersage über mehrere Abtastschritte zu nutzen. Dazu werden zunächst im Hinblick auf die Gegebenheiten der Strecke obere und untere Grenzen für die Stellgrößen sowie die maximal mögliche Änderung einer Stellgröße innerhalb eines Abtastschrittes festgelegt. Weiterhin wird der Stellgrößenraum diskretisiert, d.h. es werden nur endlich viele verschiedene Werte für die Stellgrößen in Betracht gezogen. Schließlich wird noch eine feste Anzahl r an vorherzusagenden Abtastschritten vorgegeben. Unter diesen Voraussetzungen gibt es innerhalb des Vorhersageintervalls nur endlich viele mögliche Stellgrößensequenzen.

Zu einem Zeitpunkt $t = kT$ werden dann alle möglichen Stellgrößensequenzen für das Zeitintervall $kT \leq t \leq (k+r)T$ anhand des Streckenmodells simuliert und der resultierende Verlauf der Regelgröße bewertet. Von derjenigen Sequenz, deren Bewertung am besten ausfällt, wird dann der erste Wert zum Zeitpunkt $t = kT$ als Stellgröße an die Strecke ausgegeben. Die gesamte Rechnung wird im nachfolgenden Abtastzeitpunkt $t = (k+1)T$ mit dem um einen Schritt verschobenen Vorhersageintervall wiederholt. Ähnliche, im Detail aber schlechtere Vorschläge finden sich auch in [35, 40] und [168].

Das grundsätzliche Problem bei diesem Ansatz besteht darin, die Anzahl r an vorherzusagenden Abtastschritten sowie die Bewertungsfunktion für die Regelgröße geeignet festzulegen. Wenn r zu klein gewählt wird und die Regelgröße innerhalb des Vorhersageintervalls noch nicht den Sollwert erreicht, kann für Systeme mit nicht-minimaler Phase der Erfolg oder Misserfolg der Stellgrößensequenz überhaupt noch nicht abgeschätzt werden. Damit wird aber auch die Auswahl einer geeigneten Bewertungsfunktion unmöglich. Andererseits muss man natürlich wegen des Rechenaufwandes daran interessiert sein, r so klein wie möglich zu halten. Letztendlich müssen r und die Bewertungsfunktion also an die Strecke angepasst werden, was bei vorher unbekannten Strecken nur in mehreren Iterationen möglich ist.

5.4.3 Optimale Regelung

Bei der optimalen Regelung nach [120] wird dagegen eine Strategie zur Berechnung der Zwischenziele verfolgt, die einen optimalen Verlauf der Regelgröße und das Erreichen des Sollwertes von vornherein gewährleistet. Ansonsten entspricht die Gesamtstruktur der Regelung der Einschritt-Regelung aus Abb. 5.5. Den Kern bildet ein Zustandsmodell der Strecke in Form einer Fuzzy-Relation, das für die Berechnung der Stellgröße invers benutzt wird. Auch die Modelladaption zur Gewährleistung stationärer Genauigkeit erfolgt hier genauso wie bei der Einschritt-Regelung. Der Unterschied zur Einschritt-Regelung besteht demnach nur in der Berechnung der Zwischenziele.

Die Strategie zur Berechnung der Zwischenziele beruht darauf, bei einem Wechsel des Sollwertes zunächst mögliche Zustandstrajektorien zum Zielpunkt zu ermitteln und das System dann in den folgenden Abtastschritten auf einer dieser Trajektorien in den Zielpunkt zu führen. Wegen des Rechenaufwandes zur Berechnung der Trajektorien eignet sich dieses Verfahren insbesondere für Systeme mit unveränderlichem Sollwert, während bei einem sich fortwährend verändernden Sollwert der Rechenaufwand möglicherweise zu groß ist. Erklärt werden soll dieser Algorithmus anhand eines Systems zweiter Ordnung mit einer Stellgröße und einem festen Sollwert bzw. Zielzustand. Die Modellrelation μ_R weist als Eingangsgrößen die beiden Zustandsgrößen $x_1(k)$ und $x_2(k)$ sowie die Stellgröße $u(k)$ auf, während die Ausgangsgrößen die aus den Eingangsgrößen resultierenden Änderungen der Zustandsgrößen im nachfolgenden Abtastschritt $\Delta x_1(k+1)$ und $\Delta x_2(k+1)$ sind. Damit ist die Relation μ_R fünf-dimensional.

Im ersten Schritt wird ein Arbeitsbereich um den Zielzustand festgelegt, von dem man sicher weiß, dass er vom System nicht verlassen wird. Dieser begrenzte Zustandsraum wird diskretisiert, so dass innerhalb der Grenzen eine endliche Anzahl diskreter Zustände existiert. Aus Abb. 5.11 ist eine solche Diskretisierung für ein System zweiter Ordnung ersichtlich. Dabei ist der Ursprung des Koordinatensystems der Zielzustand.

Im zweiten Schritt wird für jeden dieser Zustände ermittelt, wie groß die Möglichkeit ist, ihn mit einer geeigneten Stellgröße innerhalb eines Abtastschrittes in einen seiner Nachbarzustände zu überführen. Abb. 5.9 verdeutlicht dies für einen Zustand des Beispielsystems. In der Mitte ist der betrachtete Zustand, der von acht Nachbarzuständen umgeben ist. Gesucht ist jetzt beispielsweise die Möglichkeit, den mittleren Zustand innerhalb eines Abtastschrittes in den rechten oberen Zustand zu überführen. Gegeben sind dabei die Koordinaten des mittleren Zustandes (x_{1m}, x_{2m}) und des rechten oberen Zustandes (x_{1r}, x_{2r}). Dann wird der mittlere Zustand als aktueller Zustand $(x_1(k), x_2(k)) = (x_{1m}, x_{2m})$ definiert, und die Differenz zwischen mittlerem und rechtem oberen Zustand als die im folgenden Abtastschritt gewünschte Zustandsdifferenz $(\Delta x_1(k+1), \Delta x_2(k+1)) = (x_{1r} - x_{1m}, x_{2r} - x_{2m})$.

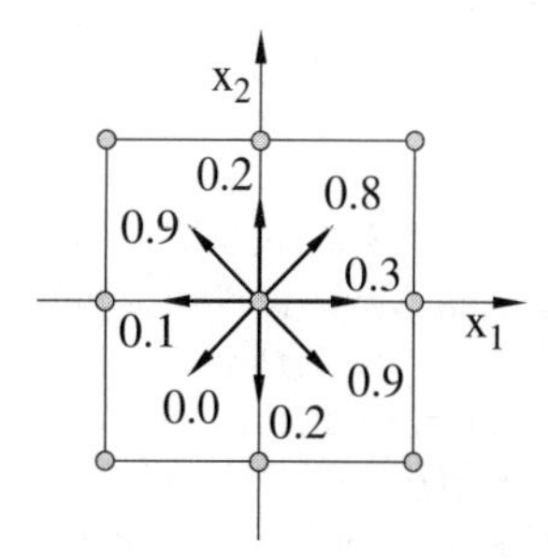

Abb. 5.9. Möglichkeiten für den Übergang von einem Zustand in seine Nachbarzustände

Anschließend werden für x_1 und x_2 Zugehörigkeitsfunktionen (Singletons) entsprechend (5.65) definiert. Für Δx_1 und Δx_2 als gewünschte Ausgangsgrößen werden dagegen Zugehörigkeitsfunktionen entsprechend Abb. 5.7 gewählt, die für $\Delta x_i = 0$ den Wert Null, und für $\Delta x_i = x_{ir} - x_{im}$ den Wert Eins aufweisen. Mit den durch diese Zugehörigkeitsfunktionen definierten Fuzzy-Mengen und der Modellrelation μ_R kann dann die Relationalgleichung

$$\mu_u = \mu_{x_1} \circ \mu_{x_2} \circ \mu_{\Delta x_1} \circ \mu_{\Delta x_2} \circ \mu_R \tag{5.68}$$

berechnet werden, und man erhält eine Fuzzy-Menge μ_u für die Stellgröße. Diese Fuzzy-Menge kennzeichnet all diejenigen Stellgrößen, die das System vom mittleren Zustand aus dem rechten oberen Zustand näher bringen können. Sie wird jetzt allerdings nicht defuzzifiziert, da man nur an einem Maß für die Möglichkeit des Zustandsüberganges, nicht aber an der dazu notwendigen Stellgröße interessiert ist. Dieses Maß ist der größte vorkommende Zugehörigkeitsgrad

$$P = \sup_u \{\mu_u(u)\} \tag{5.69}$$

in der Fuzzy-Menge μ_u, in unserem Fall also 0.8. Die Verwendung eines anderen Maßes, beispielsweise $\int \mu_u(u)du$ würde wenig Sinn machen, da man nicht an der Mächtigkeit der Menge interessiert ist, sondern nur daran, ob überhaupt irgendeine Stellgröße existiert, mit der der betrachtete Zustandsübergang erzwungen werden kann.

Als Resultat dieses Schrittes ist für jeden Zustand des beschränkten, diskretisierten Zustandsraumes bekannt, wie groß die Möglichkeit ist, ihn innerhalb eines Abtastschrittes in seine Nachbarzustände zu überführen. Zwischen je zwei benachbarten Zuständen kann man sich damit zwei mit einer Maßzahl versehene Verbindungslinien in beide Richtungen denken, die die Möglichkeit für den entsprechenden Zustandsübergang angeben. In Abb. 5.9 sind nur die vom mittleren Zustand ausgehenden Verbindungslinien eingezeichnet.

Nun soll von jedem Punkt des diskretisierten Zustandsraumes aus eine Trajektorie über verschiedene andere diskrete Zustände in den Zielpunkt gefunden werden. Diese soll einerseits möglichst kurz sein, andererseits aber nur Zustandsübergänge beinhalten, die einen großen Möglichkeitswert aufweisen. Denn umso größer ist dann auch die Möglichkeit, dass die Trajektorie vom realen System nachvollzogen werden kann. Um diese Aufgabenstellung in geschlossener Form als Optimierungsproblem formulieren zu können, werden die Möglichkeitswerte aller Zustandsübergänge zunächst transformiert, und zwar gemäß

$$P' = 1.0 - P^a \qquad \text{mit } a > 0 \tag{5.70}$$

Der Wert P' ist also umso kleiner, je größer die Möglichkeit des zugehörigen Zustandsüberganges ist. Mit a kann das Verhältnis der P'-Werte großer und kleiner Möglichkeitswerte zueinander beeinflusst werden. Dies hat wiederum Auswirkungen auf die Wahrscheinlichkeit, mit der in den berechneten Trajektorien Zustandsübergänge mit großen oder kleinen Möglichkeitswerten auftreten.

Nachdem alle Möglichkeitswerte transformiert worden sind, kann das Gewicht einer Trajektorie als Summe aller Werte P' der beteiligten Zustandsübergänge definiert werden. Offensichtlich ist dieses Gewicht umso kleiner, je weniger Zustandsübergänge die Trajektorie enthält und je kleiner die Werte P' der beteiligten Zustandsübergänge sind. Dies bedeutet aber doch gerade, dass die Trajektorie kurz ist und Zustandsübergänge mit großen Möglichkeitswerten enthält. Die Aufgabe lautet daher, von jedem Punkt des Zustandsraumes die Trajektorie zum Zielpunkt mit dem kleinstmöglichen Gewicht zu finden.

Diese Aufgabe löst der Algorithmus von *Dijkstra*, der im Folgenden erläutert werden soll. Dieser Algorithmus ist rekursiv definiert. Deshalb wird für die Erklärung zunächst ein zusammenhängendes Gebiet des diskretisierten Zustandsraumes vorausgesetzt, in dem für alle Zustände die optimalen Trajektorien, die innerhalb des Gebietes zum Zielpunkt verlaufen, bereits bekannt sind. Diesem Gebiet soll nun ein weiterer, benachbarter Zustand hinzugefügt werden, d.h. auch für ihn ist die optimale Trajektorie innerhalb des Gebietes zu berechnen. Da der Zustand dem Gebiet benachbart ist, werden einige Zustandsübergänge mit entsprechenden Gewichten P' zwischen diesem Zustand und Zuständen innerhalb des Gebietes existieren.

Da die optimale Trajektorie von jedem dieser alten Zustände aus bereits bekannt ist, muss nur überprüft werden, über welchen dieser Zustände die optimale Trajektorie des neuen Zustandes verläuft. Dazu ist jeweils das Gewicht des Zustandsüberganges vom neuen zum alten Zustand zum Gewicht der optimalen Trajektorie des alten Zustandes zu addieren. Über denjenigen alten Zustand, bei dem die Addition den kleinsten Wert ergeben hat, verläuft dann die optimale Trajektorie des neuen Zustandes. Für den neuen Zustand wird daher dieser alte Zustand als Nachfolger innerhalb der Trajektorie abgespeichert.

Anschließend muss aber auch noch überprüft werden, ob sich durch das Hinzufügen des neuen Zustandes die optimale Trajektorie für einen alten Zustand verändert, d.h. ob es von diesem alten Zustand aus möglicherweise günstiger ist, über den neuen Zustand in den Zielpunkt zu laufen. Nachdem auch dies überprüft ist und für diejenigen Zustände, deren Trajektorie in Zukunft über den neuen Zustand verläuft, eben dieser neue Zustand als Nachfolger eingetragen ist, ist der Rekursionsschritt beendet. Das Gebiet wird um den neuen Zustand erweitert, und der Algorithmus beginnt mit dem nächsten neuen Zustand von vorn.

Anhand des einfachen Beispiels in Abb. 5.10 soll der Algorithmus nun verdeutlicht werden. Der Zielpunkt ist S, und das Gebiet, in dem die optimalen Trajektorien bereits berechnet sind, besteht aus A, B und S. Diesem Gebiet soll der neue Zustand N hinzugefügt werden. Die Gewichte der Zustandsübergänge von N zu seinen Nachbarn A und B in beiden Richtungen sind bekannt. Die Trajektorie $N - A - S$ hat das Gewicht $0.3 + 0.4 = 0.7$, während die Trajektorie $N - B - S$ das Gewicht $0.1 + 0.9 = 1.0$ aufweist. Die optimale Trajektorie von N nach S verläuft demnach über A. Anschließend kann aber festgestellt werden, dass das Gewicht der Trajektorie $B - N - A - S$ mit 0.8 geringer ist als das Gewicht der ursprünglich optimalen Trajektorie von B nach S mit 0.9. Daher muss auch für B eine neue optimale Trajektorie definiert werden, die jetzt über N und A verläuft. Am Ende dieses Rekursionsschrittes wird dann für N der Nachfolger A und für B der Nachfolger N eingetragen.

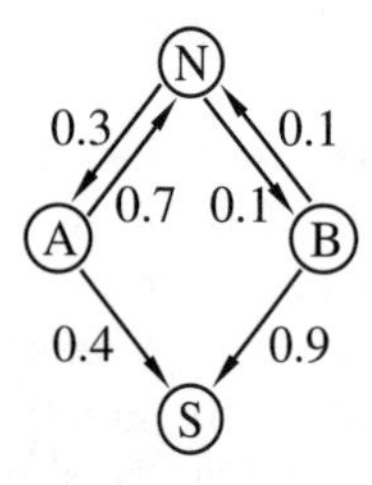

Abb. 5.10. Beispiel zum Algorithmus von Dijkstra

Mit Dijkstra's Algorithmus kann man nun, ausgehend vom Zielzustand, für alle diskreten Zustände des begrenzten Zustandsraumes die optimalen Trajektorien zum Zielzustand berechnen (Abb. 5.11). Mit Hilfe dieser Trajektorien lässt sich für die Regelung immer das geeignete Zwischenziel angeben.

Die Berechnung sieht für jeden Abtastschritt folgendermaßen aus: Der aktuelle Zustand der Strecke wird gemessen und der nächstliegende diskrete Zustand bestimmt. Dessen Nachfolgezustand innerhalb der berechneten

Trajektorie wird dann als Zwischenziel an das inverse Modell ausgegeben. Das inverse Modell liefert wiederum die notwendige Stellgröße, um das System zumindest näherungsweise innerhalb des nächsten Abtastschrittes in das Zwischenziel zu überführen. Von dem Zustand aus, der am Ende dieses Abtastschrittes erreicht ist, erfolgt dann die gesamte Berechnung von neuem.

Die Frage ist natürlich, inwieweit sich das nur näherungsweise Erreichen eines Zwischenzieles innerhalb eines Abtastschrittes auf dieses Regelverfahren auswirkt. Denn es ist anzunehmen, dass dieser Fall sogar der Normalfall ist. Durch Akkumulation dieser Fehler in mehreren Abtastschritten kann es dann im schlimmsten Fall vorkommen, dass sich das System immer weiter von der ursprünglich berechneten Trajektorie entfernt und schließlich einen Zustand annimmt, der näher an einer anderen berechneten Trajektorie liegt. Von diesem Zeitpunkt an wird es dann auf der anderen Trajektorie weitergeführt. Am Endresultat ändert sich dadurch nichts, da auch diese Trajektorie im Zielpunkt endet.

Wegen dieser Redundanz müssen die Trajektorien also nur näherungsweise richtig sein. Von daher reicht es auch bei langsam zeitveränderlichen Strecken aus, die Trajektorien nur in größeren zeitlichen Abständen neu zu berechnen. Das System kann auch dann noch auf der Basis dieser Trajektorien in die Nähe des Zielpunktes überführt werden. Dort spielen dann die Trajektorien, die der Berechnung von Zwischenzielen dienen, sowieso keine Rolle mehr, weil das System den Zielpunkt nun innerhalb eines Abtastschrittes erreichen kann. Die dazu notwendige Stellgröße wird aber anhand des (invertierten) Fuzzy-Modells berechnet, das wegen der fortwährenden Adaption im Gegensatz zu den Trajektorien die aktuellen Verhältnisse in der Strecke widerspiegelt. Somit wird diese Stellgröße das System exakt in den Zielpunkt überführen, und die stationäre Genauigkeit der Regelung ist gewährleistet.

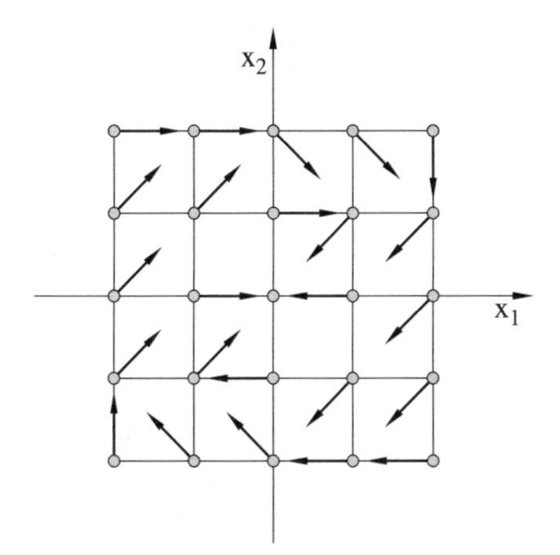

Abb. 5.11. Trajektorien in einem diskretisierten, begrenzten Zustandsraum

5.5 Fuzzy-Regler und Fuzzy-Clustering

Auf den ersten Blick scheinen Fuzzy-Regelung und Fuzzy-Clusteranalyse wenig Gemeinsamkeiten aufzuweisen. Bei der Clusteranalyse wird versucht, Cluster, d.h. Gruppierungen oder einzelne Anhäufungen von Daten in einem Datensatz zu finden. Eines der einfachsten und elementarsten Fuzzy-Clusteringverfahren sucht nach etwa kugelförmigen Punktwolken (Clustern) in Datensätzen und repräsentiert jede einzelne Punktwolke durch einen typischen Vertreter, den (gewichteten) Schwerpunkt (Clusterzentrum) der jeweiligen Punktwolke. Für die Datenpunkte werden Zugehörigkeitsgrade zu den einzelnen Clustern berechnet. Dabei beträgt der Zugehörigkeitsgrad eines Datums im Clusterzentrum eins und wird im Wesentlichen mit zunehmendem Abstand zum Clusterzentrum kleiner.

Betrachtet man Mamdani-Regler in dem Sinne, dass jede Regel einen unscharfen Punkt im Produktraum aus Ein- und Ausgangsgrößen repräsentiert, so wird der Zusammenhang zur Fuzzy-Clusteranalyse deutlich: Eine Regel charakterisiert einen typischen Punkt auf dem Graphen der Übertragungsfunktion und mit zunehmendem Abstand zu diesem Punkt wird der Erfüllungs-/Zugehörigkeitsgrad zu der Regel geringer. Eine Regel kann auf diese Weise als ein Cluster gedeutet werden. Das Clusterzentrum ist der durch die Regel charakterisierte Punkt auf dem Graphen der Übertragungsfunktion, im Falle von Dreiecksfunktionen in der Regel der Punkt, an dem alle Dreiecksfunktionen den Wert Eins annehmen.

Hat man Daten über das Regelverhalten eines (menschlichen) Reglers gesammelt, bietet die Fuzzy-Clusteranalyse eine Möglichkeit, aus diesen Daten Fuzzy-Regeln zu erzeugen. Das Ergebnis einer Clusteranalyse muss nur unter Verwendung der eben beschriebenen Analogie zwischen Fuzzy-Clustern und Fuzzy-Regeln in eine Regelbasis umgewandelt werden. Dabei erzeugt jedes Cluster eine Regel. Bevor wir auf dieses Verfahren genauer eingehen, sollen zunächst einige grundlegende Verfahren der Fuzzy-Clusteranalyse vorgestellt werden. Wir führen diese Verfahren hier nur insoweit ein, wie sie für das elementare Verständnis in Verbindung mit Fuzzy-Reglern notwendig sind. Eine detaillierte Darstellung verschiedener Fuzzy-Clustering-Verfahren sowie weiterführende Techniken zur Regelerzeugung mittels Fuzzy-Clusteranalyse finden sich in [60, 61].

5.5.1 Fuzzy-Clusteranalyse

Bei der Fuzzy-Clusteranalyse ist ein Datensatz $X = \{\mathbf{x}_1, \ldots, \mathbf{x}_k\} \subseteq \mathbb{R}^p$ aus k jeweils p-dimensionalen Datentupeln/Vektoren gegeben, der in eine vorher festgelegte Anzahl c von Clustern eingeteilt werden soll. Wie die Anzahl c der Cluster automatisch bestimmt wird, werden wir später noch sehen. Jedes der c Cluster wird durch einen Satz von Parametern, dem Clusterprototyp $\mathbf{w}_i$, gekennzeichnet. Im einfachsten Fall könnte $\mathbf{w}_i$ das jeweilige Clusterzentrum sein, d.h. $\mathbf{w}_i \in \mathbb{R}^p$. Neben den Clusterparametern $\mathbf{w}_i$ soll außerdem für jedes

Datum $\mathbf{x}_j$ zu jedem Cluster $\mathbf{w}_i$ ein Zugehörigkeitsgrad $u_{ij} \in [0,1]$ berechnet werden. Die Clusterparameter $\mathbf{w}_i$ und die Zugehörigkeitsgrade u_{ij} sollten so bestimmt werden, dass die Daten möglichst nah an dem Cluster liegen, dem sie zugeordnet sind. Formal soll dies durch die Minimierung der folgenden Zielfunktion erreicht werden:

$$F(\mathbf{U}, \mathbf{W}; X) = \sum_{i=1}^{c} \sum_{j=1}^{k} u_{ij}^m d(\mathbf{w}_i, \mathbf{x}_j) \tag{5.71}$$

Dabei ist $\mathbf{U} = (u_{ij})$ die Matrix aus den Zugehörigkeitsgraden und $\mathbf{W} = (\mathbf{w}_1, \ldots, \mathbf{w}_c)$ die Matrix der Clusterprototypen. $d(\mathbf{w}_i, \mathbf{x}_j)$ ist der noch näher zu definierende Abstand des Datums $\mathbf{x}_j$ zum Cluster $\mathbf{w}_i$. In der Zielfunktion F werden die mit den Zugehörigkeitsgraden gewichteten Abstände der Daten zu den Clustern aufsummiert. Auf die Bedeutung des vorher zu wählenden Parameters m werden wir später eingehen. Soll die Funktion F ohne weitere Einschränkungen minimiert werden, so ist die Lösung offensichtlich: Man wähle einfach $u_{ij} = 0$ für alle $i = 1, \ldots, c$, $j = 1, \ldots, k$, d.h., kein Datum wird irgend einem Cluster zugeordnet. Um diese triviale, aber unerwünschte Lösung auszuschließen, wird die Nebenbedingung

$$\sum_{i=1}^{c} u_{ij} = 1 \qquad (j = 1, \ldots, k) \tag{5.72}$$

eingeführt. Diese Nebenbedingung verlangt, dass jedes Datum $\mathbf{x}_j$ mit einem Gesamtzugehörigkeitsgrad von Eins zugeordnet werden muss. Dieser Gesamtzugehörigkeitsgrad kann aber auf die einzelnen Cluster aufgeteilt werden. Die Nebenbedingung (5.72) erlaubt es, die Zugehörigkeitsgrade auch als Wahrscheinlichkeiten zu interpretieren, weshalb man auch von probabilistischer Clusteranalyse spricht.

Der einfachste Fuzzy-Clustering-Algorithmus auf dieser Grundlage ist der Fuzzy-c-Means-Algorithmus (FCM). Beim FCM sollen die Prototypen die Clusterzentren repräsentieren, d.h. $\mathbf{w}_i \in \mathbb{R}^p$. Als Abstandsmaß

$$d(\mathbf{w}_i, \mathbf{x}_j) = \| \mathbf{w}_i - \mathbf{x}_j \|^2$$

wird der quadratische euklidische Abstand verwendet.

Für die Zielfunktion (5.71) unter der Nebenbedingung (5.72) ergeben sich dann die folgenden notwendigen Bedingungen für das Vorhandensein eines Minimums:

$$\mathbf{w}_i = \frac{\sum_{j=1}^{k} u_{ik}^m \cdot \mathbf{x}_j}{\sum_{j=1}^{k} u_{ik}^m} \tag{5.73}$$

$$u_{ij} = \frac{1}{\sum_{\ell=1}^{c} \left(\frac{d(\mathbf{w}_i, \mathbf{x}_j)}{d(\mathbf{w}_\ell, \mathbf{x}_j)} \right)^{\frac{1}{m-1}}} \tag{5.74}$$

Wären die Zugehörigkeitsgrade u_{ij} scharf, d.h. $u_{ij} \in \{0, 1\}$, dann entspräche in der Formel (5.73) $\mathbf{w}_i$ genau dem Schwerpunkt der Vektoren, die dem i-ten Cluster zugeordnet sind: Im Zähler bewirken die u_{ij}, dass nur die Daten aufaddiert werden, die dem Cluster zugeordnet sind, der Nenner ergibt genau die Anzahl der dem Cluster zugeordneten Daten. Bei Zugehörigkeitsgraden $u_{ij} \in [0, 1]$ ergibt sich ein mit den Zugehörigkeitsgraden gewichteter Schwerpunkt.

Die Formel (5.74) besagt, dass sich die Zugehörigkeitsgrade aus den relativen Distanzen der Daten zu den Clustern ergeben. Damit erhält man für ein Datum den größten Zugehörigkeitsgrad für das Cluster, zu dem es den geringsten Abstand hat.

An dieser Formel läßt sich auch der Einfluss des Parameters m – Fuzzifier genannt – erklären. Für $m \to \infty$ folgt $u_{ij} \to \frac{1}{c}$, d.h., jedes Datum wird jedem Cluster mit (nahezu) demselben Zugehörigkeitsgrad zugeordnet. Für $m \to 1$ gehen die Zugehörigkeitsgrade gegen die (scharfen) Werte 0 oder 1. Je kleiner m (mit $m > 1$) gewählt wird, desto „weniger fuzzy" wird die Clustereinteilung. In vielen Fällen wird $m = 2$ gesetzt.

Leider führt die Minimierung der Zielfunktion (5.71) auf ein nichtlineares Problem. In den beiden Gleichungen (5.73) und (5.74) treten auf der rechten Seite jeweils noch zu optimierende Parameter auf: Bei den Prototypen $\mathbf{w}_i$ die Zugehörigkeitsgrade u_{ij} und umgekehrt. Aus diesem Grund wendet man die Strategie der alternierenden Optimierung an. Zu Beginn werden die Clusterzentren $\mathbf{w}_i$ zufällig gewählt und mit diesen Werten die Zugehörigkeitsgrade u_{ik} mit Hilfe der Formel (5.74) berechnet. Danach hält man die Zugehörigkeitsgrade fest und bestimmt die Clusterzentren mittels Gleichung (5.73). Mit den neuen Clusterzentren werden so wiederum die neuen Zugehörigkeitsgrade berechnet und dieses alternierende Schema wird bis zur Konvergenz fortgesetzt, d.h., bis die Änderung der Prototypen oder der Zugehörigkeitsgrade eine vorgegebene kleine Schranke unterschreitet.

Bei diesem Verfahren ist noch ein Sonderfall bei der Anwendung der Formel (5.74) zu betrachten. Ist der Abstand eines Datums zu einem der Cluster null, so wird der Nenner in der Formel (5.74) ebenfalls null. In diesem Fall sollte der Zugehörigkeitsgrad des Datums zu dem Cluster mit Abstand null auf eins, der Zugehörigkeitsgrad zu allen anderen Clustern auf null gesetzt werden. Sollte die Distanz eines Datums zu mehreren Clustern null sein, was beim FCM den pathologischen Fall bedeuten würde, dass zwei Clusterzentren zusammenfallen, so werden die Zugehörigkeitsgrade des Datums gleichmäßig auf die Cluster mit Abstand null aufgeteilt.

Neben dem FCM werden noch einige weitere Fuzzy-Clustering-Verfahren für die Erzeugung von Fuzzy-Reglern aus Daten eingesetzt. An dieser Stelle soll exemplarisch nur noch eine weitere Technik und eine Mischform mit dem

FCM vorgestellt werden. Weitere Fuzzy-Clustering-Verfahren und ihr Bezug zu Fuzzy-Reglern sind in [60, 61] zusammengefaßt. Wir betrachten eine für unsere Zwecke etwas vereinfachte Variante des Fuzzy-c-Varieties-Algorithmus (FCV) [15, 17]. Bei diesem Algorithmus werden nicht wie beim FCM haufenförmige Cluster gesucht, sondern Cluster in Form von Hyperebenen, d.h., bei zweidimensionalen Daten Cluster in Form von Geraden, bei dreidimensionalen Daten in Form von Ebenen. Auf diese Weise kann ein Datensatz lokal durch lineare Beschreibungen angenähert werden, die sich für die Verwendung von TSK-Modellen eignen.

Der FCV basiert auf derselben Zielfunktion (5.71) wie der FCM, wobei die Distanzfunktion modifiziert wird. Allerdings wird ein Cluster beim FCV durch eine Hyperebene beschrieben, d.h. durch einen Ortsvektor $\mathbf{v}_i$ und einen normalisierten Normalenvektor $\mathbf{e}_i$, der senkrecht auf der dem Cluster zugeordneten (Hyper-)Ebene steht. Als Distanz wird in der Formel (5.71) der quadratische Abstand des Datums zu der dem Cluster zugeordneten Hyperebene verwendet:

$$d((\mathbf{v}_i, \mathbf{e}_i), \mathbf{x}_j) = \left((\mathbf{x}_j - \mathbf{v}_i)^\top \mathbf{e}_i\right)^2 \tag{5.75}$$

Dabei ist $(\mathbf{x}_j - \mathbf{v}_i)^\top \mathbf{e}_i$ das Skalarprodukt der Vektoren $(\mathbf{x}_j - \mathbf{v}_i)$ und $\mathbf{e}_i$.

Die Zugehörigkeitsgrade werden beim FCV nach derselben Formel (5.74) wie beim FCM berechnet, wobei die Distanzfunktion (5.75) zu verwenden ist. Die Ortsvektoren beim FCV werden genauso wie die Clusterzentren (5.73) beim FCM bestimmt. Der Normalenvektor $\mathbf{e}_i$ eines Clusters ist der normalisierte Eigenvektor der Matrix

$$\mathbf{C}_i = \frac{\sum_{j=1}^{k} u_{ij}^m (\mathbf{x}_j - \mathbf{v}_i)(\mathbf{x}_j - \mathbf{v}_i)^\top}{\sum_{j=1}^{k} u_{ij}^m}$$

zum kleinsten Eigenwert.

Ein Nachteil des FCV besteht darin, dass die Geradencluster (oder allgemeiner: die Hyperebenencluster) unendliche Ausdehnung haben. Aus diesem Grund kann ein Cluster zwei Geradenstücke abdecken, zwischen denen eine Lücke liegt, sofern die beiden Cluster annähernd auf einer Geraden liegen. Deswegen wird an Stelle des reinen FCV eine Kombination mit dem FCM bevorzugt, bei der die Distanzfunktion eine Konvexkombination aus der FCV- und der FCM-Distanz ist:

$$d((\mathbf{v}_i, \mathbf{e}_i), \mathbf{x}_j) = \alpha \cdot \left((\mathbf{x}_j - \mathbf{v}_i)^\top \mathbf{e}_i\right)^2 + (1-\alpha) \cdot \parallel \mathbf{x}_j - \mathbf{v}_i \parallel$$

Für $\alpha = 0$ ergibt sich der FCM, für $\alpha = 1$ der FCV. Die modifizierte Distanzfunktion wirkt sich direkt nur bei der Berechnung der Zugehörigkeitsgrade u_{ij} aus. Man spricht bei der Verwendung dieser Distanzfunktion auch von

Elliptotype-Clustering, da die Cluster – je nach Wahl des Parameters α – eher die Form langgestreckter Ellipsen haben [15].

Das probabilistische Clustern mit der Nebenbedingung (5.72) hat den Nachteil, dass die Zugehörigkeitsgrade allein aufgrund der relativen Distanzen berechnet werden. Das hat zur Folge, das die Zugehörigkeitsfunktionen zu den Clustern zum Teil unerwünschte Eigenschaften aufweisen. Im Clusterzentrum ist der Zugehörigkeitsgrad eins und mit steigendem Abstand fällt der Zugehörigkeitsgrad zunächst ab. Trotzdem kann der Zugehörigkeitsgrad später wieder ansteigen. Beispielsweise ergibt sich für Ausreisserdaten, die sehr weit von allen Clustern entfernt sind, ein Zugehörigkeitsgrad von ca. $1/c$ zu allen Clustern.

Das Noise-Clustern [34] vermeidet diesen Effekt indem zwar die probabilistische Nebenbedingung (5.72) beibehalten wird, aber ein zusätzliches Rausch(Noise)-Cluster eingeführt wird, dem die Ausreisserdaten mit hohem Zugehörigkeitsgrad zugeordnet werden sollen. Alle Daten haben eine vorher festgelegte und im Verlauf der Clusteranalyse unveränderte (große) Distanz zum Rausch-Cluster. Auf diese Weise erhalten Daten, die sehr weit von allen anderen Clustern entfernt liegen, einen hohen Zugehörigkeitsgrad zum Rausch-Cluster.

Das possibilistische Clustern [96] läßt die probabilistische Nebenbedingung gänzlich fallen und führt zusätzlich einen Term in die Zielfunktion ein, der Zugehörigkeitsgrade nahe Null bestraft. Nachteil des possibilistischen Clustern ist, dass jedes Cluster unabhängig von den anderen berechnet wird, so dass eine gute Initialisierung (z.B. mit dem Ergebnis einer probabilistischen Clusteranalyse) erforderlich ist.

Bisher sind wir davon ausgegangen, dass die Anzahl c der Cluster bei der Clusteranalyse vorher festgelegt wird. Soll die Anzahl der Cluster automatisch bestimmt werden, gibt es zwei prinzipelle Ansätze:

1. Man verwendet ein globales Gütemaß, das das Gesamtergebnis der Clusteranalyse bewertet. Eines von vielen solcher Gütemaße ist die Separation [197]

$$S = \frac{\sum_{i=1}^{c}\sum_{j=1}^{k} u_{ij}^m d(\mathbf{w}_i - \mathbf{x}_j)}{c \cdot \min_{i \neq t}\{\| \mathbf{v}_i - \mathbf{v}_t\} \|^2\}},$$

   die den mittleren Abstand der Daten zu den ihnen zugeordneten Clustern im Verhältnis zum kleinsten Abstand zweier Clusterzentren betrachtet. Umso kleiner der Wert von S, desto besser ist die Clustereinteilung. Man beginnt die Clusteranalyse mit zwei Clustern bis hin zu einer Maximalzahl von gewünschten Clustern und bestimmt jeweils den Wert S. Man wählt am Ende die Clusteranzahl und -einteilung, für die S den kleinsten Wert ergeben hat.

2. Bei der Verwendung von lokalen Gütemaßen beginnt man mit einer eher zu großen Anzahl von Clustern und wendet das Compatible Cluster Merging (CCM) an [95]. Sehr kleine Cluster werden gelöscht, Cluster, die sehr nahe beieinander liegen, verschmolzen, was zu einer verringerten Anzahl der Cluster führt. Die Clusteranalyse wird dann wiederum mit der verringerten Anzahl von Clustern durchgeführt. Dabei wird als Initialisierung das Ergebnis verwendet, das man aus dem Löschungs- und Verschmelzungsprozess erhalten hat.

Einen genaueren Überblick über weitere Gütemaße und ihre Verwendung bei der Bestimmung der Clusteranzahl gibt [60, 61].

5.5.2 Erzeugung von Mamdani-Reglern

Eine einfache Möglichkeit, aus gemessenen Daten mittels Fuzzy-Clusteranalyse einen Mamdani-Regler zu generieren, besteht darin, den gesamten Datensatz mit dem FCM zu clustern und jedes Cluster als eine Regel zu interpretieren. Dazu werden die Cluster auf die einzelnen Eingangsgrößen und die Ausgangsgröße projiziert und anschließend durch geeignete Fuzzy-Mengen (z.B. Dreiecks- oder Trapezfunktionen) angenähert. Abb. 5.12 zeigt eine typische Projektion eines Fuzzy-Clusters auf die Variable x. Dazu wird die x-Koordinate jedes Datums auf der x-Achse aufgetragen. Die Höhe der einzelnen Striche gibt den jeweiligen Zugehörigkeitsgrad des entsprechenden Datums zum betrachteten Cluster an. Die Approximation einer solchen diskreten Fuzzy-Menge mittels einer Dreiecks- oder Trapezfunktion erfolgt üblicherweise durch ein heuristisches Optimierungsverfahren. Dazu werden Daten mit kleinen Zugehörigkeiten gar nicht betrachtet und für die restlichen zum Beispiel die Summe der quadratischen Fehler der Zugehörigkeitsgrade minimiert. Ein mögliches iteratives Verfahren wird in [177] beschrieben. Die durch Approximation der Clusterprojektionen erhaltenen Fuzzy-Mengen erfüllen im allgemeinen nicht die Voraussetzungen, die man üblicherweise an die Fuzzy-Partitionen stellt. Die Fuzzy-Mengen können zum Beispiel sehr unterschiedliche Überlappungsgrade aufweisen. In der Regel werden daher projizierte Fuzzy-Mengen, die sich sehr ähnlich sind, durch eine Fuzzy-Menge ersetzt. Außerdem nimmt man durch das Projizieren und die Approximation einen Informationsverlust in Kauf. Die Fuzzy-Regeln, die sich aus einer Fuzzy-Clusteranalyse ergeben, werden daher häufig verwendet, um einen Überblick über mögliche sinnvolle Regeln zu erhalten oder zur Initialisierung beispielsweise eines Neuro Fuzzy-Systems [134] (siehe hierzu auch Abschnitt 5.6).

Alternativ werden zum Teil auch nur die Eingangsgrößen oder die Ausgangsgröße [177] separat geclustert, um geeignete Fuzzy-Mengen zu erhalten.

5.5.3 Erzeugung von TSK-Modellen

Das Elliptotype-Clustering eignet sich zur Bestimmung eines TSK-Modells aus Daten. Wie schon bei den Mamdani-Reglern induziert jedes Cluster eine

Abb. 5.12. Projektion eines Fuzzy-Clusters und Approximation mit einer Dreiecksfunktion

Regel. Ebenso werden wie bei den Mamdani-Reglern mittels Projektionen geeignete Fuzzy-Mengen für die Eingangsgrößen berechnet. Für die Funktionen in den Konklusionsteilen der Regeln werden Funktionen der Form

$$f(x_1, \ldots, x_n) = a_0 + a_1 x_1 + \ldots + a_n x_n$$

verwendet, die den Geraden, Ebenen bzw. Hyperebenen entsprechen, die den jeweiligen Clustern zugeordnet sind. Dazu muss die bei der Clusteranalyse durch Orts- und Normalenvektor beschriebene Gerade oder (Hyper-)Ebene nur entsprechend als Funktion in den Eingangsgrößen ausgedrückt werden.

5.6 Neuro Fuzzy-Regelung

Als vielversprechender Ansatz zur Optimierung einer bekannten Regelbasis oder auch zum vollständigen Erlernen eines Fuzzy-Systems haben sich Ansätze erwiesen, die durch die Kopplung von Fuzzy-Systemen mit Lernverfahren künstlicher Neuronaler Netze motiviert sind. Diese Methoden werden im Allgemeinen unter dem Begriff Neuronale Fuzzy-Systeme oder Neuro Fuzzy-Systeme zusammengefasst. Mittlerweile gibt es eine Vielzahl von spezialisierten Modellen. Neben Modellen für regelungstechnische Anwendungen wurden insbesondere Systeme zur Klassifikation und allgemeinere Modelle zur Funktionsapproximation entwickelt. Eine ausführliche Einführung in dieses Gebiet findet sich z.B. in [110, 135]. Ein Überblick über aktuelle Anwendungen kann z.B. [21, 213] entnommen werden.

Wir werden uns in diesem Abschnitt auf eine Einführung in die Methodik beschränken und einige ausgewählte Ansätze diskutieren. Des Weiteren geben wir im Folgenden eine kurze Einführung in die Grundprinzipien Neuronaler Netze insoweit sie für die nachfolgend diskutierten regelungstechnischen Modelle notwendig sind. Eine ausführliche Einführung in die Grundlagen künstlicher Neuronaler Netze wird z.B. in [23, 162, 210] gegeben.

5.6.1 Neuronale Netze

Die Motivation zur Entwicklung künstlicher Neuronaler Netze entsprang der Erforschung der biologischen Nervenzellen. Diese sind trotz ihrer im Vergleich zu Mikroprozessoren langsamen Schaltzeiten in der Lage durch massive und hierarchische Vernetzung und die damit erzielte hochgradige Parallelität komplexe Aufgaben effizient zu lösen. Ein Neuronales Netz entsteht hierbei aus der Zusammenschaltung mehrerer Neuronen (Nervenzellen bzw. Verarbeitungseinheiten) zu einem komplexen Netzwerk. Die einzelnen Neuronen übernehmen hierbei die Funktion einfacher Automaten oder Prozessoren, die aus ihrer aktuellen Eingabe und ihrem Zustand (Aktivierung) ihren neuen Zustand und ihre Ausgabe berechnen. Bei künstlichen Neuronalen Netzen versucht man dieses Verhalten durch eine Menge von Abbildungen nachzubilden. Während die Verschaltung biologischer Neuronaler Netze sehr komplex sein kann, beschränkt man sich bei der Betrachtung künstlicher Neuronaler Netze meist auf Netzwerke mit einem hierarchischen Aufbau. Hierbei werden die Neuronen in Schichten zusammengefasst. Die Neuronen einer Schichten können nur von Neuronen benachbarter Schichten beeinflusst werden, d.h. die Neuronen einer Schicht sind untereinander nicht verbunden. Die äußeren beiden Schichten dienen zur Kommunikation des Netzes mit seiner Umgebung und werden als Ein- und Ausgabeschicht bezeichnet (siehe auch Abb. 5.13). Ein Netz dieser Struktur wird auch als vorwärtsbetriebenes (*feed-forward*) Netz bezeichnet. Lässt man auch Rückkopplungen zwischen den Schichten bzw. einzelnen Neuronen zu, so spricht man von einem rückgekoppelten oder auch rekurrentem (*recurrent*) Netz.

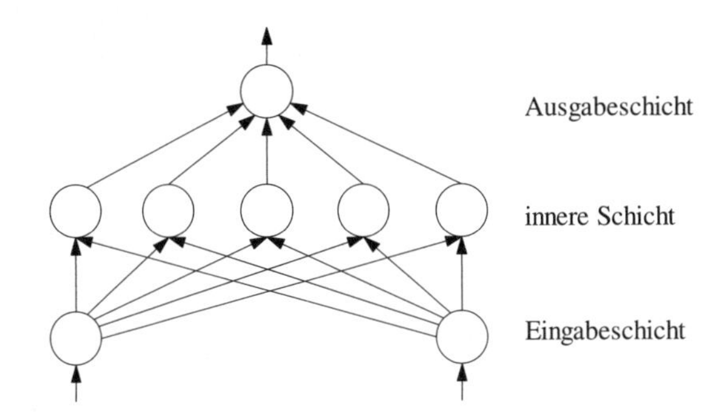

Abb. 5.13. Ein zweischichtiges Neuronales Netz bestehend aus zwei Eingangsneuronen, fünf inneren Neuronen und einem Ausgabeneuron

Die meisten Modelle künstlicher Neuronaler Netze lassen sich durch folgende allgemeine Definition beschreiben (nach [135]).

Definition 5.1 *Ein Neuronales Netz ist ein Tupel* $(U, W, A, O, \mathrm{NET})$*, wobei gilt:*

1. *U ist eine endliche Menge von Verarbeitungseinheiten (Neuronen),*

2. *W, die Netzwerkstruktur, ist eine Matrix die die Abbildung vom kartesischen Produkt $U \times U$ in $\mathbb{R}$ definiert,*
3. *A ist eine Abbildung, die jedem $u \in U$ eine* Aktivierungsfunktion $A_u : \mathbb{R}^3 \to \mathbb{R}$ *zuordnet,*
4. *O ist eine Abbildung, die jedem $u \in U$ eine* Ausgabefunktion $O_u : \mathbb{R} \to \mathbb{R}$ *zuordnet und*
5. NET *ist eine Abbildung, die jedem $u \in U$ eine* Netzeingabefunktion $\mathrm{NET}_u : (\mathbb{R} \times \mathbb{R})^U \to \mathbb{R}$ *zuordnet.*

Die Bestimmung der Ausgabe des Netzes erfolgt in einem vorwärtsbetriebenen, schichtweise aufgebauten Netz durch aufeinander folgende Berechnung der Ausgaben von der untersten zur obersten Schicht. Dieser Vorgang wird auch als Propagation bezeichnet.

Bei der Propagation berechnet jedes Neuron u_i basierend auf den Ausgaben der vorhergehenden Schicht seine eigene Aktivierung und Ausgabe. Hierzu wird zunächst aus den anliegenden Eingaben o_j (dies sind die Ausgaben der vorherigen Schicht oder die Eingaben in das Netz) mit der Netzeingabefunktion NET_i die Netzeingabe

$$\mathrm{net}_i = \mathrm{NET}_i(o_1, \dots, o_n) \tag{5.76}$$

berechnet. In den meisten Netzmodellen wird mittels der Netzgewichte w_{ji} die gewichtete Summe über die Eingabewerte des Neurons u_i gebildet, d.h.

$$\mathrm{net}_i = \sum_j w_{ji} \cdot o_j. \tag{5.77}$$

Mittels der Aktivierungsfunktion A_i wird anschließend die aktuelle Aktivierung a_i berechnet:

$$a_i = A_i(\mathrm{net}_i, a_i^{(alt)}, e_i), \tag{5.78}$$

wobei $a_i^{(alt)}$ der bisherige Zustand des Neurons und e_i eine externe Eingabe ist. Die externe Eingabe wird im allgemeinen nur bei den Eingabeeinheiten in der Eingabeschicht verwendet. Ebenso wird die alte Aktivierung $a_i^{(alt)}$ in (vorwärtsbetriebenen) Netzmodellen meist nicht verwendet. Somit vereinfacht sich die Berechnung der Aktivierung zu $a_i = A_i(\mathrm{net}_i)$. Als Aktivierungsfunktion werden hierbei meist sigmoide Funktionen verwendet (siehe auch Abb. 5.14):

$$a_i = \frac{1}{1 + e^x}. \tag{5.79}$$

Die Berechnung der Ausgabe o_i erfolgt schließlich durch die Ausgabefunktion O_i. Diese kann zur Skalierung der Ausgabe verwendet werden, wird aber in den meisten Netzmodellen durch die Identität realisiert, d.h.

$$o_i = O_i(a_i) = id(a_i) = a_i. \tag{5.80}$$

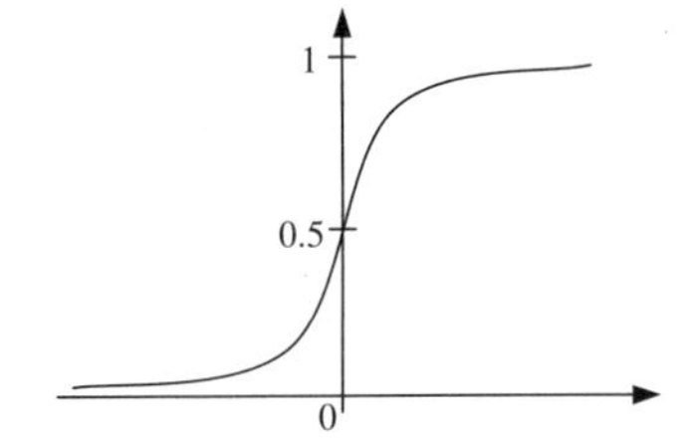

Abb. 5.14. Eine sigmoide Aktivierungsfunktion

Eine schematische Darstellung der Arbeitsweise eines Neurons wird in Abb. 5.15 gegeben.

Das wohl bekannteste Netzmodell ist das Multilayer-Perzeptron. Ein Netz dieses Typs besteht aus beliebig vielen Neuronen, die analog Abb. 5.13 in Form eines gerichteten Graphen bestehend aus einer Eingabeschicht, einer Ausgabeschicht und beliebig vielen verdeckten Schichten angeordnet werden können. Hierbei sind keine Rückkopplungen zwischen den Neuronen erlaubt, d.h. die Ausgabe des Netzes kann basierend auf den aktuellen Eingaben durch einmalige Propagation von der Eingabe- zur Ausgabeschicht berechnet werden. Die Eingabeschicht reicht bei diesem Modell die Eingaben an die folgende – die erste verdeckte Schicht – weiter, ohne eine Transformation der Eingabewerte durchzuführen, d.h. die Aktivierungsfunktion wird durch die Identität ersetzt. Hierdurch ist es möglich eine Eingabe an mehrere Neuronen weiterzuleiten. Für das Multilayer-Perzeptron wurde gezeigt, dass es ein universeller Approximator ist, d.h. es kann prinzipiell jede stetige Funktion beliebig gut approximiert werden (siehe z.B. [47, 62]).

Das Lernen in einem Neuronalen Netz erfolgt durch Veränderung der Netzgewichte. Das Ziel des Lernvorgangs ist es das Netz so zu trainieren, dass es auf bestimmte Netzeingaben mit einer bestimmten Ausgabe reagiert. Auf diese Weise ist es dann auch in der Lage auf neue unbekannte Eingaben,

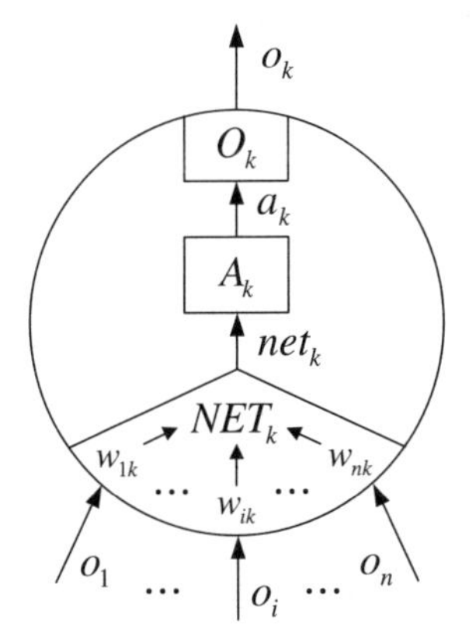

Abb. 5.15. Schematisches Darstellung eines Neurons

d.h. Eingaben die nicht zum Training des Netzes verwendet wurden, mit einer geeigneten Ausgabe zu antworten (Generalisierungsfähigkeit).

Die existierenden Lernverfahren lassen sich in überwachte und nicht-überwachte Lernverfahren unterscheiden. Bei den nicht-überwachten Lernverfahren sind lediglich die Eingaben in das Netz bekannt. Nach Abschluss des Lernvorgangs soll das Netz ähnliche Eingaben auf ähnliche Ausgaben abbilden. Hierbei werden meist Verfahren zum Wettbewerbslernen eingesetzt. Ein bekanntes Netzmodell das ein solches Verfahren einsetzt sind die selbstorganisierenden Karten, auch nach ihrem Entwickler Kohonen-Netze genannt [92].

Bei den überwachten Lernaufgaben sind sowohl die Eingaben in das Netz, als auch die zugehörigen Ausgaben bekannt. Das Prinzip der zugehörigen Lernverfahren basiert darauf, zunächst eine Eingabe durch das Netz zu propagieren, und diese dann mit der gewünschten Ausgabe zu vergleichen. Anschließend werden die Gewichte und Schwellenwerte so verändert, dass das Netz bei nochmaliger Eingabe des selben Musters der gewünschten Ausgabe näher kommt. Dieser Prozess wird mit den verügbaren Trainingsdaten so lange wiederholt, bis das Netz eine gewünschte Genauigkeit erreicht hat. Das wohl bekannteste Lernverfahren das dieses Prinzip verwendet ist das Backpropagation Verfahren für das Multilayer-Perzeptron [165]. Die Grundidee des Verfahrens besteht in einer iterativen Verkleinerung des Ausgabefehlers entlang der Gradienten einer Fehlerfunktion. Der Ausgabefehler E wird hierbei nach jeder Propagation basierend auf den Fehlern an den einzelnen Ausgabeeinheiten A_i berechnet:

$$E = \sum_{A_i} (p_i - o_i)^2, \tag{5.81}$$

wobei p_i die gewünschte Ausgabe und o_i die tatsächliche Ausgabe der Einheit A_i beschreibt. Nach jedem Lernschritt werden die Netzgewichte dann proportional zu den negativen Fehlergradienten verändert, d.h.

$$\Delta w_{uv} \propto -\frac{\partial E}{\partial w_{uv}}. \tag{5.82}$$

Eine ausführliche Beschreibung des Verfahrens sowie diverser Varianten, die die Konvergenz des Verfahrens beschleunigen sollen (wie z.B. Quickprop [39] und resilient backpropagation (RPROP) [160]), kann den zu Beginn des Kapitels genannten Büchern entnommen werden. Das Grundprinzip dieses Lernverfahrens wird auch in den im Folgenden vorgestellten Neuro Fuzzy-Modellen eingesetzt.

Regelungstechnische Anwendungen. Neuronale Netze können sowohl als Regler als auch zur Modellierung bzw. Identifikation der Strecke eingesetzt werden. Grundlegende Voraussetzungen hierfür sind, dass genügend Daten vorhanden sind die zum Trainieren des Netzes verwendet werden können.

Weiterhin müssen diese Daten auch den gesamten Zustandsraum der Strecke abdecken.

Falls Paare $(\mathbf{x}(k), \mathbf{u}(k))$ von Messgrößen (im Allgemeinen die Ausgangs- und Zustandsgrößen der Strecke oder die von einem bestehenden Regler verwendeten Eingangsgrößen) $\mathbf{x}(k) = [x_1(k), ..., x_n(k)]^T$ und zugehörigen Stellgrößen $\mathbf{u}(k) = [u_1(k), ..., u_m(k)]^T$ bekannt sind, kann ein Neuronales Netz, z.B. ein Multilayer-Perzeptron, direkt mit diesen Werten trainiert werden. Das verwendete Netz muss in diesem Fall aus n Eingabeneuronen und m Ausgabeneuronen bestehen. Die Wertepaare können z.B. durch Messungen an einem bestehenden Regler – wobei das Netz in diesem Fall lediglich den Regler ersetzen würde – oder durch Protokollierung der Stellgrößen eines menschlichen Bedieners ermittelt werden. Das Neuronale Netz sollte nach dem Training aufgrund seiner Generalisierungeigenschaft in der Lage sein auch für Zwischenwerte die nicht in den Trainingsdaten enthalten waren geeignete Stellgrößen zu ermitteln.

Ebenso kann ein Neuronales Netz auch zur Modellierung der Strecke (auch invers) verwendet werden. Dazu müssen ausreichend viele Zustandsvektoren $\mathbf{x}(k) = [x_1(k), ..., x_n(k)]^T$ und Ausgangsgrößen $\mathbf{y}(k) = [y_1(k), ..., y_{n'}(k)]^T$ der Strecke sowie die zugehörigen Stellgrößen $\mathbf{u}(k) = [u_1(k), ..., u_m(k)]^T$ bekannt sein. Basierend auf diesen Werten kann dann ein Neuronales Netz zur Modellierung der Strecke entworfen werden. Hierbei werden die Vektoren $\mathbf{x}(k)$ und $\mathbf{u}(k)$ als Eingangsgrößen und $\mathbf{y}(k+1)$ als Ausgangsgrößen zum Training des Netzes verwendet. Ein inverses Streckenmodell erhält man durch einfaches Vertauschen der Ein- und Ausgangsgrößen. Zu beachten ist hierbei, dass vorwärtsbetriebende Neuronale Netze ein statisches Ein-/Ausgabeverhalten haben, da sie lediglich eine Abbildung von den Eingabewerten auf die Ausgabewerte durchführen. Somit müssen die für das Trainieren des Netzes gewählten Eingangsgrößen des Netzes eindeutig die Abbildung auf die Ausgangsgrößen beschreiben. Ein vorwärtsbetriebenes Netz ist nicht in der Lage ein dynamisches Verhalten zu Lernen.

Detaillierte Diskussionen zu regelungstechnischen Anwendungen Neuronaler Netze finden sich z.B. in [110, 123, 159].

5.6.2 Kombination Neuronaler Netze und Fuzzy-Regler

Die Kombination von Neuronalen Netzen und Fuzzy-Systemen in sogenannten Neuro Fuzzy-Systemen soll die Vorteile beider Strukturen vereinen. Von den Fuzzy-Reglern soll im wesentlichen die Möglichkeit zur Interpretation des Reglers und des Einbringens von Vorwissen übernommen werden. Neuronale Netze sollen die Lernfähigkeit und somit die Möglichkeit zur automatischen Optimierung oder auch der automatischen Generierung des gesamten Reglers beitragen.

Durch die Möglichkeit a priori Wissen in Form von Fuzzy-Regeln in das System einbringen zu können, erhofft man die Zeit und die Anzahl an Trainingsdaten die zum Training des Systems benötigt wird im Vergleich zu reinen

Neuronalen Reglern deutlich zu reduzieren. Falls nur sehr wenig Traingsdaten vorhanden sind, kann das Einbringen von Vorwissen unter Umständen sogar notwendig sein, um einen Regler überhaupt erstellen zu können. Weiterhin hat man mit Neuro Fuzzy-Systemen prinzipiell die Möglichkeit einen Regler zu erlernen und dessen Regelstrategie anschließend durch Analyse der gelernten Fuzzy-Regeln und Fuzzy-Mengen zu interpretieren und ggf. manuell – auch im Hinblick auf die im vorherigen Kapitel diskutierten Stabilitätskriterien – zu überarbeiten.

Im wesentlichen werden bei den Neuronalen Fuzzy-Reglern kooperative und hybride Modelle unterschieden. Bei den kooperativen Modellen arbeiten das Neuronale Netz und der Fuzzy-Regler getrennt. Das Neuronale Netz dient hierbei dazu, einige Parameter des Fuzzy-Reglers (offline) zu erzeugen oder (online) während des Einsatzes zu optimieren (siehe z.B. [93, 141, 153]). Hybride Modelle versuchen, die Strukturen Neuronaler Netze und Fuzzy-Regler zu vereinigen. Ein Fuzzy-Regler kann somit als Neuronales Netz interpretiert oder sogar mittels eines Neuronalen Netzes implementiert werden. Hybride Modelle haben den Vorteil einer einheitlichen Struktur, die keine Kommunikation zwischen den beiden unterschiedlichen Modellen erfordert. Somit ist das System prinzipiell in der Lage sowohl online als auch offline zu Lernen. Diese Ansätze haben sich mittlerweile gegenüber den kooperativen Modellen durchgesetzt (siehe z.B. [9, 55, 72, 136, 189]).

Die Grundgedanke der hybriden Verfahren besteht darin, die Fuzzy-Mengen und Fuzzy-Regeln in eine Neuronale Struktur abzubilden. Dieses Prinzip soll im Folgenden verdeutlicht werden. Betrachten wir hierzu die Fuzzy-Regeln R_i eines Mamdani-Reglers

$$\begin{aligned} R_i: \quad & \text{If } x_1 \text{ is } \mu_i^{(1)} \text{ and } \dots \text{ and } x_n \text{ is } \mu_i^{(n)} \\ & \text{then } y \text{ is } \mu_i, \end{aligned} \tag{5.83}$$

bzw. R'_i eines TSK-Reglers

$$\begin{aligned} R'_i: \quad & \text{If } x_1 \text{ is } \mu_i^{(1)} \text{ and } \dots \text{ and } x_n \text{ is } \mu_i^{(n)} \\ & \text{then } y = f_i(x_1, \dots, x_n). \end{aligned} \tag{5.84}$$

Die Aktivierung $\tilde{a}_i$ dieser Regeln kann wie in Abschnitt 3.1 bzw. 3.2 beschrieben durch eine t-Norm berechnet werden. Bei gegebenen Eingabewerten $x_1, \dots, x_n$ erhalten wir für $\tilde{a}_i$ mit der t-Norm min somit:

$$\tilde{a}_i(x_1, \dots, x_n) = \min\{\mu_i^{(1)}(x_1), \dots, \mu_i^{(n)}(x_n)\}. \tag{5.85}$$

Eine Möglichkeit eine solche Regel mit Hilfe eines Neuronalen Netzes darzustellen besteht darin, die reellwertigen Verbindungsgewichte w_{ji} von einem Eingabeneuron u_j zu einem inneren Neuron u_i jeweils durch die Fuzzy-Menge $\mu_i^{(j)}$ zu ersetzen. Das innere Neuron repräsentiert somit eine Regel und die Verbindung von den Eingabeinheiten repräsentieren die Fuzzy-Mengen in den

Prämissen der Regeln. Um mit dem inneren Neuron die Regelaktivierung berechnen zu können müssen wir lediglich seine Netzeingabefunktion modifizieren. Wählen wir z.B. als t-norm das Minimum, so definieren wir als Netzeingabe (vgl. (5.76) und (5.77)):

$$\mathrm{net}_i = \mathrm{NET}_j(x_1, \ldots, x_n) = \min\{\mu_i^{(1)}(x_1), \ldots, \mu_i^{(n)}(x_n)\}. \qquad (5.86)$$

Ersetzen wir schließlich noch die Aktivierungsfunktion des Neurons durch die Identität, entspricht die Aktivierung des Neurons der Regelaktivierung in (5.85) und das Neuron kann somit unmittelbar zur Berechnung der Regelaktivierung einer beliebigen Fuzzy-Regel verwendet werden. Eine grafische Darstellung dieser Struktur für eine Regel mit zwei Eingaben ist in Abb. 5.16 (links) gegeben.

Eine alternative Darstellungsmöglichkeit ergibt sich, wenn die Fuzzy-Mengen der Prämisse als eigenständige Neuronen modelliert werden. Hierzu wird die Netzeingabefunktion durch die Identität und die Aktivierungsfunktion des Neurons durch die charakteristische Funktion der Fuzzy-Menge ersetzt. Das Neuron berechnet somit für jede Eingabe den Zugehörigkeitsgrad zu der durch die Aktivierungsfunktion repräsentierten Fuzzy-Menge. In dieser Darstellung benötigt man zwei Neuronenschichten um die Prämisse eine Fuzzy-Regel zu modellieren (siehe Abb. 5.16 (rechts)). Hierbei ergibt sich der Vorteil, dass die Fuzzy-Mengen unmittelbar in mehreren Regeln verwendet werden können, um somit die Interpretierbarkeit der gesamten Regelbasis sicherzustellen. Die Netzgewichte w_{ij} in den Verbindungen von den Fuzzy-Mengen zum Regelneuron werden in dieser Darstellung mit 1 initialisiert und als konstant betrachtet. Die Gewichte von den Eingabewerten zu den Fuzzy-Mengen können zur Skalierung der Eingabegrößen verwendet werden.

Soll auch die Auswertung einer gesamten Regelbasis modelliert werden, muss unterschieden werden, ob ein Mamdani oder eine TSK-Regler verwendet wird. Für den TSK-Regler sind verschiedene Realisierungen möglich. Prinzipiell wird aber für jede Regel eine weitere Einheit zur Auswertung der Ausgabefunktion f_i – die dann als Netzeingabefunktion implementiert wird – angelegt und mit allen Eingabeeinheiten $(x_1, \ldots, x_n)$ verbunden. Die Ausgaben dieser Einheiten werden dann mit den von den Regelneuronen berechneten Regelaktivierungen $\tilde{a}_i$ in einem Ausgabeneuron u_{out} zusammengeführt, welches schließlich mittels der Netzeingabefunktion die Ausgabe des TSK-Reglers berechnet (siehe auch 3.9):

$$\mathrm{NET}_{out} := \frac{\sum_i (\tilde{a}_i \cdot f_i)}{\sum_i \tilde{a}_i} = \frac{\sum_i (\tilde{a}_i \cdot f_i(x_1, \ldots, x_n))}{\sum_i \tilde{a}_i}. \qquad (5.87)$$

Die Verbindungsgewichte zwischen den angelegten Neuronen sind dabei wieder konstant 1 und als Aktivierungsfunktion wird die Identität verwendet.

Für den Mamdani-Regler hängt die konkrete Implementierung von der gewählten t-Conorm und der Defuzzifizierungsmethode ab (siehe hierzu auch Abschnitt 3.1). In jedem Fall fasst aber ein gemeinsames Ausgabeneuron die

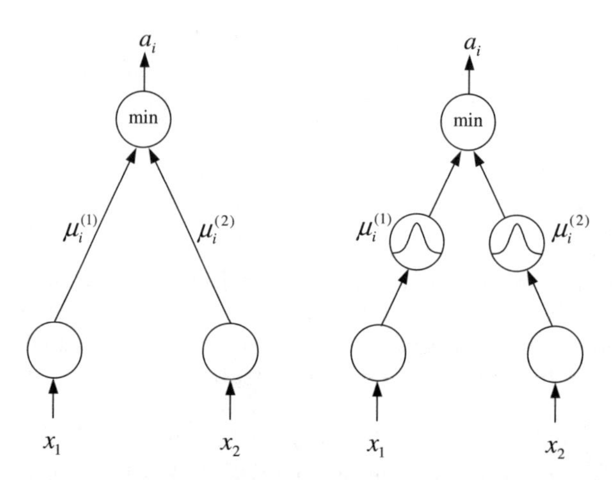

Abb. 5.16. Beispiel eines Neuronales Netz zur Berechnung der Aktivierung einer Fuzzy-Regel (If x_1 is $\mu_i^{(1)}$ and x_2 is $\mu_i^{(2)}$then ...): Modellierung der Fuzzy-Mengen als Gewichte (links) und als Aktivierungsfunktionen eines Neurons (rechts)

Aktivierungen der einzelnen Regelneuronen zusammen und berechnet mittels einer modifizierten Netzeingabefunktion basierend auf den jeweiligen Fuzzy-Mengen in den Konklusionen der Regeln einen scharfen Ausgabewert.

Die Überführung einer Fuzzy-Regelbasis in eine Netzstruktur lässt sich somit auch in folgenden Vorschriften zusammenfassen:

1. Für jede Eingangsgröße x_i wird ein Neuron gleicher Bezeichnung in der Eingabeschicht angelegt.
2. Für jede Fuzzy-Menge $\mu_i^{(j)}$ wird ein Neuron gleicher Bezeichnung angelegt und mit dem entsprechenden Eingabeneuron x_i verbunden.
3. Für jede Ausgabegröße y_i wird ein Neuron gleicher Bezeichnung angelegt.
4. Für jede Fuzzy-Regel R_r wird ein inneres (Regel-)Neuron gleicher Bezeichnung angelegt und eine t-Norm zur Berechnung der Aktivierung festgelegt.
5. Jedes Regelneuron R_r wird gemäß ihrer korrespondierenden Fuzzy-Regel mit den entsprechenden Neuronen, die die Fuzzy-Mengen der Prämissen repräsentieren, verbunden.
6. *Mamdani-Regler:* Jedes Regelneuron wird gemäß der Konklusion ihrer korrespondierenden Fuzzy-Regel mit dem Ausgabeneuron verbunden. Als Verbindungsgewicht ist jeweils die Fuzzy-Menge der Konklusion zu wählen. Weiterhin ist eine t-Conorm und das Defuzzifizierungs-Verfahren in den Ausgabeneuronen geeignet zu integrieren.

   TSK-Regler: Für jede Regeleinheit wird ein weiteres Neuron zur Berechnung der Ausgabefunktion angelegt und mit dem entsprechenden Ausgabeneuron verbunden. Weiterhin werden alle Eingabeeinheiten mit den Neuronen zur Berechnung der Ausgabefunktionen und alle Regeln mit dem Ausgabeneuron verbunden.

Nach der Überführung einer Regelbasis in die oben beschriebene Darstellung, können anschließend Lernverfahren Neuronaler Netze auf diese Struktur übertragen werden. Die Lernverfahren müssen jedoch aufgrund der geänderten Netzeingabe- und Aktivierungsfunktionen, und da nicht mehr reellwertige Netzgewichte, sondern die Parameter der Fuzzy-Mengen gelernt werden sollen, modifiziert werden.

Mit der Abbildung auf eine Neuronale Netzstruktur ist man somit – insoweit geeignete Lerndaten verfügbar sind – in der Lage die Parameter der Fuzzy-Mengen zu optimieren. Bestehen bleibt allerdings das Problem eine initiale Regelbasis aufstellen zu müssen, die dann in eine Netzwerkstruktur überführt werden kann. Diese muss entweder manuell erstellt werden oder es müssen andere Verfahren, z.B. die im vorherigen Abschnitt beschrieben Fuzzy-Clustering Verfahren, Heuristiken oder evolutionäre Algorithmen (siehe Abschnitt 5.7), herangezogen werden.

In den folgenden Abschnitten diskutieren wir zwei hybride Neuro Fuzzy-Systeme, anhand derer wir die Prinzipien und Probleme von Neuro Fuzzy-Architekturen insbesondere im Hinblick auf den Einsatz in regelungstechnischen Anwendungen näher erläutern.

5.6.3 Modelle mit überwachten Lernverfahren

Neuro Fuzzy-Modelle mit überwachten Lernverfahren versuchen die Fuzzy-Mengen und – für ein TSK-Modell – die Parameter der Ausgabefunktionen einer gegebenen Regelbasis mit Hilfe von bekannten Ein- und Ausgabegrößen zu optimieren.

Die überwachten Modelle bieten sich somit an, wenn z.B. bereits eine Beschreibung der Strecke mit Fuzzy-Regeln vorhanden ist, die Regelbasis aber noch nicht die gewünschte Genauigkeit erreicht. Stehen Messdaten der zu approximierenden Strecke zur Verfügung (Tupel von Zustands-, Ausgangs- und Stellgrößen) so können diese zum nachtrainieren der Systems verwendet werden. Dies ist sowohl für das normale als auch das inverse Streckenmodell möglich. Der Vorteil gegenüber dem Einsatz eines Neuronalen Netzes liegt darin, dass das Fuzzy-Modell bereits eine Approximation der Strecke beschreibt und somit das Training meist wesentlich schneller geht und auch weniger Daten benötigt werden, als es beim Training eines Neuronalen Netzes der Fall ist. Dieses muss die Übertragungsfunktion der Strecke vollständig aus den Daten lernen. Hierbei tritt immer das Problem auf, dass der Lernvorgang in einem lokalen Minimum enden kann, oder dass in Teilbereichen, z.B. weil für diese nicht ausreichend oder sogar gar keine Messdaten vorhanden waren, nicht das wirkliche Streckenverhalten approximiert wird.

Neuro Fuzzy-Modelle mit überwachten Lernverfahren bieten sich auch dann an, wenn ein bestehender Regler durch einen Fuzzy-Regler ersetzt werden soll, d.h. ebenfalls Messdaten des Regelverhaltens des realen Reglers verfügbar sind. Auch hier wird eine bestehende Regelbasis vorausgesetzt. Die

Lernverfahren können dann genutzt werden, um die Approximation des ursprünglichen Reglers zu verbessern.

Ist keine initiale Fuzzy-Regelbasis vorhanden, die das zu approximierende System, d.h. den Regler oder die Strecke, beschreibt und kann diese auch nicht näherungsweise manuell aufgestellt werden, bietet sich die Kombination mit denen im vorherigen Abschnitt beschriebenen Fuzzy-Clustering Verfahren oder den im letzten Abschnitt beschriebenen evolutionären Algorithmen an. Diese können genutzt werden um basierend auf den Messdaten eine initiale Fuzzy-Regelbasis zu erstellen.

Im Folgenden diskutieren wir als typisches Beispiel für ein Neuro Fuzzy-System mit überwachtem Lernen das ANFIS-Modell. Neben diesem gibt es eine Reihe weiterer Ansatze, die jedoch auf ähnlichen Prinzipien beruhen. Ein Überblick über weitere Modell findet sich z.B. in [21, 110, 135].

Das ANFIS-Modell. In [72] wurde das Neuro Fuzzy-System ANFIS[1] (Adaptiv-Network-based Fuzzy Inference System) vorgestellt, das mittlerweile in einer Vielzahl von Entwicklungs- bzw. Simulationswerkzeugen integriert wurde.

Das ANFIS-Modell basiert auf einer hybriden Struktur, d.h. es ist sowohl als Neuronales Netz als auch als Fuzzy-System interpretierbar. Das Modell verwendet die Fuzzy-Regeln eines TSK-Reglers (siehe auch Abschnitt 3.2). In Abb. 5.17 ist ein Beispiel eines Modells mit den drei Fuzzy-Regeln

$$\begin{aligned} R_1: &\quad \text{If } x_1 \text{ is } A_1 \text{ and } x_2 \text{ is } B_1 \text{ then } y = f_1(x_1, x_2) \\ R_2: &\quad \text{If } x_1 \text{ is } A_1 \text{ and } x_2 \text{ is } B_2 \text{ then } y = f_2(x_1, x_2) \\ R_3: &\quad \text{If } x_1 \text{ is } A_2 \text{ and } x_2 \text{ is } B_2 \text{ then } y = f_3(x_1, x_2) \end{aligned}$$

wobei A_1, A_2, B_1 und B_2 linguistische Ausdrücke sind, die den jeweiligen Fuzzy-Mengen $\mu_j^{(i)}$ in den Prämissen zugeordnet sind, dargestellt. Die Funktionen f_i in den Konklusionen sind beim ANFIS-Modell durch eine Linearkombination der Eingangsgrößen definiert, d.h. im obigen Beispiel mit zwei Eingangsgrößen durch

$$f_i = p_i x_1 + q_i x_2 + r_i. \tag{5.88}$$

Die Struktur des Modells zur Berechnung der Regelaktivierung entspricht der im vorherigen Abschnitt diskutierten (Schicht 1 und 2 in Abb. 5.17). Als t-Norm zur Auswerung der Prämisse wird hier aber das Produkt verwendet, d.h. die Neuronen der Schicht 2 berechnen die Aktivierung $\tilde{a}_i$ einer Regel i durch

[1] In [72] wird das im Folgenden diskutierte TSK-Regler basierte Modell genauer als *type-3* ANFIS bezeichnet. Die Autoren verwenden den Typ hierbei um Regelbasen mit unterschiedlichen Konklusionen zu unterscheiden. Mit *type-1* werden Modelle mit monotonen Fuzzy-Mengen in den Konklusionen und mit *type-2* Mamdani-Regel basierte Modelle bezeichnet. Da die Autoren nur für *type-3* Modelle explizit ein Lernverfahren vorschlagen, bezeichnet man mit ANFIS im Allgemeinen das *type-3* ANFIS-Modell.

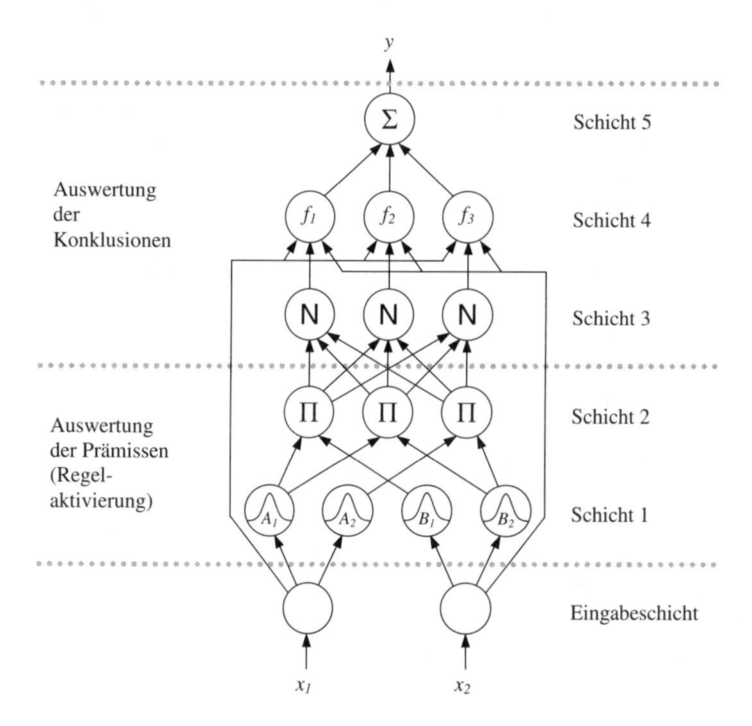

Abb. 5.17. Struktur eines ANFIS Netzes mit drei Regeln

$$\tilde{a}_i = \prod_j \mu_i^{(j)}(x_j). \tag{5.89}$$

Die Auswertung der Konklusionen und die Berechnung eines Ausgabewertes ist im ANFIS-Modell auf die Schichten 3 bis 5 verteilt. Schicht 3 berechnet den relativen Anteil $\bar{a}_i$ jeder Regel an der Gesamtausgabe basierend auf den Regelaktivierungen $\tilde{a}_i$. Die Neuronen der Schicht 3 berechnen somit

$$\bar{a}_i = a_i = net_i = \frac{\tilde{a}_i}{\sum_j \tilde{a}_j}. \tag{5.90}$$

Die Neuronen der Schicht 4 berechnen anschließend die gewichteten Regelausgaben basierend auf den Eingabegrößen x_k und den relativen Regelaktivierungen $\bar{a}_i$ der vorherigen Schicht:

$$\bar{y}_i = a_i = net_i = \bar{a}_i f_i(x_1, \ldots, x_n). \tag{5.91}$$

Das Ausgabeneuron u_{out} in Schicht 5 berechnet schließlich die Gesamtausgabe des Netzes bzw. des Fuzzy-Systems:

$$y = a_{out} = net_{out} = \sum_i \bar{y}_i = \frac{\sum_i \tilde{a}_i f_i(x_1, \ldots, x_n)}{\sum_i \tilde{a}_i}. \tag{5.92}$$

Das ANFIS-Modell benötigt zum Lernen eine feste Lernaufgabe. Es müssen somit eine ausreichende Anzahl von Paaren von Ein- und Ausgabegrößen zum Trainieren vorhanden sein. Basierend auf diesen Lerndaten werden dann die Modellparameter, d.h. die Parameter der Fuzzy-Mengen und die Parameter der Ausgabefunktionen f_i, bestimmt.

Als Lernverfahren werden in [72] unterschiedliche Ansätze vorgeschlagen. Neben einem reinen Gradientenabstiegsverfahren analog dem Backpropagation Verfahren für Neuronale Netze (siehe hierzu auch Abschnitt 5.6.1) werden auch Kombinationen mit Verfahren zum Lösen überbestimmter Linearer Gleichungssystem (z.B. der Methode der kleinsten (Fehler-) Quadrate bzw. least square estimate (LSE) [24]) vorgeschlagen. Hierbei werden die Parameter der Prämissen (Fuzzy-Mengen) mit einem Gradientenabstiegsverfahren und die Parameter der Konklusionen (Linearkombination der Eingangsgrößen) mit einem LSE Verfahren bestimmt. Das Lernen erfolgt hierbei in mehreren getrennten Schritten, wobei jeweils die Parameter der Prämissen bzw. der Konklusionen als konstant angenommen werden.

Im ersten Schritt werden alle Eingabevektoren durch das Netz bis zu Schicht 3 propagiert und für jeden Eingabevektor die Regelaktivierungen gespeichert. Basierend auf diesen Werten wird für die Parameter der Funktionen f_i in den Konklusionen ein überbestimmtes Gleichungssystem aufgestellt.

Seien r_{ij} die Parameter der Ausgabefunktionen f_i, $x_i(k)$ die Eingabegrößen und $y(k)$ die Ausgabegröße des k-ten Trainingspaares, sowie $\bar{a}_i(k)$ die relativen Regelaktivierung so erhält man

$$y(k) = \sum_i \bar{a}_i(k) y_i(k) = \sum_i \bar{a}_i(k) (\sum_{j=1}^{n} r_{ij} x_j(k) + r_{i0}), \forall i, k. \tag{5.93}$$

Mit $\hat{x}_i(k) := [1, x_1(k), \ldots, x_n(k)]^T$ erhält man somit für eine genügend große Anzahl m an Trainingsdaten ($m > (n+1) \cdot r$, wobei r die Anzahl der Regeln und n die Anzahl der Eingangsgrößen ist) das überbestimmte lineare Gleichungssystem

$$\mathbf{y} = \bar{\mathbf{a}} \mathbf{R} \mathbf{X}. \tag{5.94}$$

Die Parameter des so aufgestellten linearen Gleichungssystems – die Parameter der Ausgabefunktionen f_i in der Matrix $\mathbf{R}$ – lassen sich somit nach Propagation aller Trainingspaare mit einem LSE Verfahren bestimmen. Anschließend wird der Fehler an den Ausgabeeinheiten basierend auf den neu berechneten Ausgabefunktionen bestimmt und mittels eines Gradientabstiegsverfahren die Parameter der Fuzzy-Mengen optimiert. Die Kombination beider Verfahren führt zu einer verbesserten Konvergenz, da die Lösung des LSE bereits eine (im Sinne der kleinsten Fehlerquadrate) optimale Lösung für die Parameter der Ausgabefunktion bzgl. der initialen Fuzzy-Mengen liefert.

Leider sieht das ANFIS-Modell für die Optimierung der Fuzzy-Mengen in den Prämissen keine Restriktionen vor, d.h. es ist nicht sichergestellt, dass der Eingabebereich nach der Optimierung noch vollständig mit Fuzzy-Mengen überdeckt ist. Somit können ggf. Definitionslücken nach der Optimierung auftreten. Dies ist nach dem Lernen eines Modells unbedingt zu prüfen. Ebenso können sich Fuzzy-Mengen unabhängig voneinander verändern und auch ihre Reihenfolge und somit ihre Bedeutung vertauschen. Dies sollte insbesondere dann beachtet werden, wenn eine initiale Regelbasis manuell aufgestellt wurde und der Regler anschließend interpretiert werden soll.

5.6.4 Modelle mit verstärkendem Lernen

Die Grundidee der Modelle mit verstärkendem Lernen (reinforcement learning) [7] besteht darin, einen Regler möglichst ohne Kenntnis der Strecke zu bestimmen. Der Lernprozess soll dabei mit einer minimalen Menge von Informationen über das Regelziel auskommen. Im Extremfall erhält das Lernverfahren lediglich die Information ob die Strecke noch stabil ist oder der Regler versagt hat (im Fall der Regelung eines inversen Pendels kann dies z.B. dann der Fall sein wenn das Pendel umgefallen ist oder der Wagen, der das Pendel hält, an eine Begrenzung gestoßen ist).

Das Hauptproblem dieser Ansätze besteht darin, die Bewertung der Regelaktion geeignet aufzubereiten, so dass sie zum Lernen bzw. zur Optimierung des Reglers genutzt werden kann. Wie schon in Abschnitt 5.3 gezeigt, kann es bei der direkten Nutzung eines Fehlersignals zur Optimierung sogar im Extremfall zu einer Divergenz des Lernvorgangs kommen. Dies liegt an dem prinzipiellen Problem, dass der aktuelle Zustand der Strecke nicht nur von der letzten Regelungsaktion, sondern von allen vorhergehenden Zuständen beeinflußt ist. Wir können im Allgemeinen somit auch nicht davon ausgehen, dass die letzte Regelaktion den grössten Einfluss auf den aktuellen Systemzustand hat. Dieses Problem wird auch als *credit assignment problem* bezeichnet [7], d.h. das Problem einer Regelaktion die (langfristige) Auswirkung auf die Strecke zuzuordnen.

Mittlerweile wurden im Bereich des verstärkenden Lernens eine Vielzahl von Modellen vorgeschlagen. Alle Modelle basieren im wesentlichen auf dem Prinzip das Lernproblem auf zwei Systeme aufzuteilen: Ein Bewertungssystem (Kritiker) und ein System, dass eine Beschreibung der Regelungsstrategie speichert und diese auf die Strecke anwendet (Aktor). Die Aufgabe des Bewertungssystems ist es, den aktuellen Zustand unter Berücksichtigung der vorherigen Zustände und Regelaktionen zu beurteilen und basierend auf diesen Informationen die Ausgabe des Aktors zu bewerten und dessen Regelungsstrategie ggf. zu adaptieren. Eine Integration eines solchen Ansatzes in einen Regelkreis kann Abb. 5.18 entnommen werden.

Die bisher vorgeschlagenen Verfahren die Prinzipien des verstärkenden Lernens verwenden basieren meist auf einer Kopplung mit Neuronalen Netzen (siehe z.B. [6, 77]). Als sehr erfolgversprechend haben sich dabei Verfahren erwiesen, die Methoden der dynamischen Programmierung [8, 13, 14] verwenden, um eine optimale Regelstrategie zu bestimmen. Eine ausführliche Diskussion dieser Thematik kann z.B. in [159] gefunden werden.

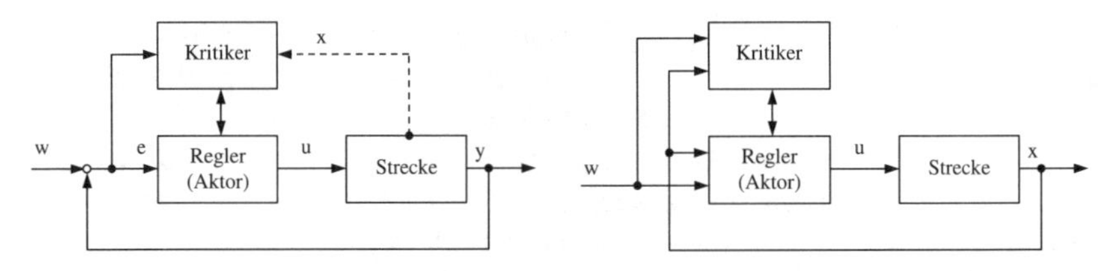

Abb. 5.18. Regleradaption mittels eines Kritikers: Basierend auf der Regelabweichung (links) und als Zustandsregler (rechts)

Im Bereich der Neuro Fuzzy-Systeme gibt es mittlerweile ebenfalls eine Vielzahl von Ansätzen, die allerdings bis heute leider nicht die Güte der Systeme, die basierend auf Neuronalen Netzen entwickelt wurden, erreicht haben. Beispiele solche Ansätze sind GARIC [9], FYNESSE [161] und das NEFCON-Modell [133, 142], das wir im Folgenden kurz vorstellen werden.

Das NEFCON-Modell. Das Hauptziel des NEFCON-Modells (NEeural Fuzzy CONntroller) ist es online mit einer möglichst geringen Anzahl von Trainingszyklen eine geeignete und interpretierbare Regelbasis zu ermitteln. Weiterhin soll es möglich sein, möglichst einfach Vorwissen in den Traningprozess einzubeziehen um den Lernvorgang zu beschleunigen. Dieses unterscheidet es von den meisten reinforcement learning Ansätzen, die versuchen einen möglichst optimalen Regler zu erzeugen und hierfür auch sehr lange Lernphasen in Kauf nehmen. Des Weiteren sind im NEFCON-Modell auch heuristische Ansätze zum Erlernen einer Regelbasis vorgesehen, wodurch es sich von den meisten anderen Neuro Fuzzy-Systemen unterscheidet, die im Allgemeinen nur zur Optimierung einer Regelbasis eingesetzt werden können.

Das NEFCON-Modell ist ein hybrides Modell eines Neuronalen Fuzzy-Reglers. Ausgehend von der Definition eines Mamdani-Reglers, erhält man die Netzstruktur, wenn man – analog der Beschreibung in Abschnitt 5.6.2 – die Fuzzy-Mengen als Gewichte und die Mess- und Stellgrößen sowie die Regeln als Verarbeitungseinheiten interpretiert. Das Netz hat dann die Struktur eines Multilayer-Perzeptrons und kann als dreischichtiges Fuzzy-Perzeptron [137] interpretiert werden. Das Fuzzy-Perzeptron entsteht hierbei aus einem Perzeptron (siehe Abb. 5.13), durch Modellierung der Gewichte, der Netzeingabe und der Aktivierung der Ausgabeeinheit als Fuzzy-Mengen. Ein Beispiel für einen Fuzzy-Regler mit 5 Regeleinheiten, 2 Messgrößen und einer Stellgröße ist in Abb. 5.19 gegeben.

Die inneren Einheiten $R_1, \ldots, R_5$ repräsentieren hierbei die Regeln, die Einheiten x_1, x_2 und y die Meß- bzw. Stellgrößen und $\mu_r^{(i)}$ und ν_r die Fuzzy-Mengen für die Prämissen bzw. Konklusionen. Die Verbindungen mit gemeinsamen Gewichten kennzeichnen gleiche Fuzzy-Mengen. Bei einer Veränderung dieser Gewichte müssen somit alle Verbindungen mit diesem Gewicht angepasst werden, um sicherzustellen, dass gleiche Fuzzy-Mengen weiterhin durch gleiche Gewichte repräsentiert werden. Somit läßt sich die durch die Netz-

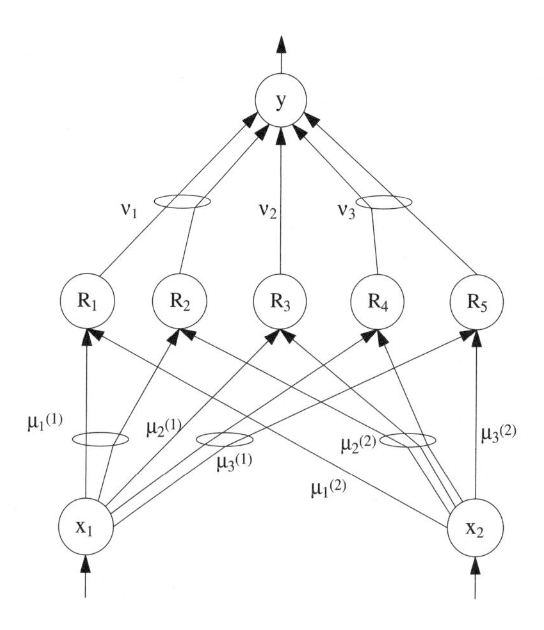

Abb. 5.19. Ein NEFCON System mit 2 Eingangsgrössen und 5 Regeln

struktur definierte Regelbasis auch in Form der in Tabelle 5.1 aufgelisteten Fuzzy-Regeln formulieren.

$$
\begin{array}{l}
R_1: \text{ if } x_1 \text{ is } A_1^{(1)} \text{ and } x_2 \text{ is } A_1^{(2)} \text{ then } y \text{ is } B_1 \\
R_2: \text{ if } x_1 \text{ is } A_1^{(1)} \text{ and } x_2 \text{ is } A_2^{(2)} \text{ then } y \text{ is } B_1 \\
R_3: \text{ if } x_1 \text{ is } A_2^{(1)} \text{ and } x_2 \text{ is } A_2^{(2)} \text{ then } y \text{ is } B_2 \\
R_4: \text{ if } x_1 \text{ is } A_3^{(1)} \text{ and } x_2 \text{ is } A_2^{(2)} \text{ then } y \text{ is } B_3 \\
R_5: \text{ if } x_1 \text{ is } A_3^{(1)} \text{ and } x_2 \text{ is } A_3^{(2)} \text{ then } y \text{ is } B_3
\end{array}
$$

Tabelle 5.1. Die Regelbasis des in Abb. 5.19 gezeigten NEFCON-Systems

Das Lernverfahren des NEFCON-Modells läßt sich im Wesentlichen in zwei voneinander unabhängige Phasen aufteilen. In der ersten Phase wird eine Regelbasis für das dynamische System erlernt, oder – falls a priori Wissen vorhanden ist – manuell aufgestellt. Diese Regelbasis wird im Allgemeinen das System noch nicht ausreichend genau steuern und somit ist eine Optimierung der Fuzzy-Mengen notwendig. Diese Anpassung erfolgt in der zweiten Phase durch den eigentlichen NEFCON-Lernalgorithmus.

Beide Phasen erfordern die Definition eines System-Fehlers zur Bestimmung bzw. Anpassung der Kontrollregeln. Der System-Fehler übernimmt hierbei die Aufgabe eines Kritikers, der den aktuellen Systemzustand bewertet.

Neben dem Fehler e muß weiterhin bekannt sein, ob die optimale Stellgröße y_{opt} für einen gegebenen Zustand positiv oder negativ ist. Zusammen ergibt sich somit der erweiterte Fehler $E \in [-1, 1]$:

$$E(x_1, ..., x_n) = sgn(y_{opt}) \cdot e(x_1, ..., x_n),$$

mit der Eingabe $(x_1, ..., x_n)$. Einige Möglichkeiten zur Beschreibung des System-Fehlers werden am Ende dieses Abschnittes beschrieben.

Lernen einer Regelbasis. Falls für das zu steuernde System noch keine ausreichende Regelbasis existiert, bzw. aufgestellt werden kann, muss sie durch ein geeignetes Regellernverfahren erzeugt werden. Die im Folgenden vorgestellten Algorithmen zum Erlernen einer Regelbasis kommen ohne eine vorgegebene feste Lernaufgabe aus, sondern versuchen basierend auf dem System-Fehler eine geeignete Regelbasis zu bestimmen (siehe auch [142]). Beide Verfahren setzen geeignete Fuzzy-Partitionierung der Mess- und Stellgrößenbereiche vorraus (siehe hierzu auch die Diskussionen in Abschnitt 3.4.2).

Ein Eliminationsverfahren zum Lernen einer Regelbasis Das Eliminationsverfahren beginnt mit einer vollständigen überbestimmten Regelbasis, d.h. die Regelbasis besteht aus allen Regeln die durch Kombination der Fuzzy-Mengen in den initialen Fuzzy-Partitionierungen der Mess- und Stellgrößen aufgestellt werden können.

Der Lernvorgang teilt sich im Wesentlichen in zwei Phasen auf. In der ersten Phase werden die Regeleinheiten entfernt, deren Ausgaben ein unterschiedliches Vorzeichen zur optimalen Stellgröße aufweisen. In der zweiten Phase wird bei allen Regeln basierend auf ihrem Anteil an der Regelausgabe (Regelaktivierung) die Fehler über mehrere Regelungszyklen akkumuliert. Aus den Mengen von Regeln mit identischen Prämissen wird bei jeder Stellgrößenberechnung jeweils eine Regel zufällig ausgewählt. Nach einer festgelegten Anzahl von Zyklen werden aus den verbliebenen Mengen der Regeln mit gleichen Prämissen jeweils die Regeln ausgewählt, die in mehreren Regelungszyklen den geringsten Fehler akkumuliert haben. Die restlichen Regeln und solche Regeln, die sehr selten oder überhaupt nicht aktiv waren, werden eliminiert.

Ein Nachteil des Eliminationsverfahrens ist, dass es mit einer sehr grossen Regelbasis beginnt und somit bei Systemen mit vielen Messwerten oder sehr vielen Fuzzy-Mengen zur Beschreibung der Mess- und Stellgrößen sehr speicherplatz- und rechenzeitaufwendig ist. Dieses Problem versucht man mit einem inkrementellen Lernverfahren zu lösen.

Inkrementelles Lernen der Regelbasis. Dieses Verfahren beginnt mit einer leeren Regelbasis und versucht – ausgehend von einer vorgegebenen Fuzzy-Partitionierung der der Mess- und Stellgrößen – eine Regelbasis iterativ zu konstruieren. Dieses Lernverfahren besteht aus zwei Phasen. In der ersten Phase werden die Messwerte mit Hilfe der vorhandenen Partitionierung klassifiziert, d.h. für jeden Messwert wird die Fuzzy-Menge mit dem höchsten Zugehörigkeitsgrad ausgewählt. Die zugehörige Stellgrößen wird mittels einer Heuristik direkt aus dem Fehler bestimmt und anschließend analog den Messwerten klassifiziert. Die so gefundene Regel wird in die Regelbasis aufgenommen. Dabei geht man davon aus, dass Messwerttupel mit ähnlichen Fehlerwerten auch ähnliche Stellgrößen erfordern. In der zweiten Phase wird versucht, die Regelkonklusionen zu optimieren in dem die gelernte Regelbasis auf die Strecke angewendet und basierend auf den so ermittelt Fehlerwerten die Fuzzy-Mengen in den Konklusionen ggf. getauscht werden.

Die verwendete Heuristik bildet den erweiterten Fehler E lediglich linear auf das Intervall der Stellgröße ab. Es wird dabei von einer direkten Abhängigkeit zwischen dem Fehler und der Stellgröße ausgegangen. Dies ist insbesondere für Strecken problematisch, die einen Integralanteil zur Regelung benötigen, d.h. die eine Stellgröße ungleich Null benötigen um das Regelziel zu erreichen bzw. zu halten. Diese Heuristik setzt ebenfalls voraus, dass der Fehler nicht nur aus der Regelabweichung bestimmt wird, sondern dass versucht wird, auch die folgenden Zustände der Strecke zu berücksichtigen (siehe hierzu die Diskussion im Abschnitt über die Bestimmung des Systemfehlers sowie die Betrachtungen in Abschnitt 5.3).

Das inkrementelle Lernverfahren ermöglicht es sehr gut, Vorwissen in die Regelbasis einfließen zu lassen. Fehlende Regeln werden dann durch das Verfahren hinzugefügt. Beide vorgestellten Heuristiken können aufgrund der bereits diskutierten Probleme jedoch nicht für alle Strecken eine sinnvolle Regelbasis liefern.

Die mit den oben vorgestellten Verfahren gelernten Regelbasen sollten – zumindest dann, wenn das im Folgenden diskutierte Optimierungsverfahren keine zufriendenstellende Lösung erzielen kann – noch einmal manuell auf ihre Konsistenz geprüft werden. In jedem Fall sollte die Möglichkeit zur Einbeziehung von Vorwissen genutzt werden, d.h. bekannte Regeln sollten vor dem Lernen in die Regelbasis aufgenommen werden. Die Regellernverfahren sollten die manuell definierten Regeln anschließend nicht mehr verändern.

Optimierung einer Regelbasis. Der NEFCON-Lernalgorithmus zum Optimieren einer Regelbasis basiert auf dem Prinzip des Backpropagation-Algorithmus für das mehrschichtige Perzeptron. Der Fehler wird, beginnend bei der Ausgabeeinheit, rückwärts durch das Netzwerk propagiert und lokal zur Adaption der Fuzzy-Mengen genutzt.

Das Optimieren der Regelbasis erfolgt durch Veränderung der Fuzzy-Mengen in den Prämissen und Konklusionen. Die Fuzzy-Mengen einer Regel werden in Abhängigkeit von ihrem Beitrag zu einer Regelaktion und dem daraus resultierenden Fehler entweder 'belohnt' oder 'bestraft'. Es wird somit das Prinzip des verstärkenden Lernens verwendet. Eine 'Belohnung' oder 'Bestrafung' kann hierbei durch Verschieben oder Verkleinern/Vergrößern des *Trägers* der Fuzzy-Mengen erfolgen. Diese Anpassungen werden iterativ vorgenommen, d.h. der Regler wird während des Lernvorgangs zur Regelung der

Strecke eingesetzt und nach jeder Regelaktion erfolgt eine Beurteilung des neuen Zustandes und eine inkrementelle Adaption des Reglers.

Das prinzipielle Problem dieses Ansatzes besteht darin, dass die Bestimmung des System-Fehlers sehr sorgfältig durchgeführt werden muss, um die zu Beginn dieses Abschnittes diskutierten Probleme der Bewertung einer Regelaktion zu vermeiden. Dies kann in vielen Fällen sehr aufwendig oder sogar unmöglich sein. Dennoch können die vorgeschlagenen Verfahren bei einfachen Strecken eingesetzt werden und auch bei komplexeren Strecken bei der Entwicklung eines Fuzzy-Reglers durchaus hilfreich sein. Zu beachten ist, dass der so ermittelt Regler sehr sorgfältig auf seine Stabilität hin untersucht werden sollte.

Bestimmung eines Systemfehlers. Der System-Fehler übernimmt im NEFCON-Modell die Aufgabe des Kritikers, d.h. er ist unmittelbar für den Erfolg oder Misserfolg des Lernvorgangs verantwortlich. Eine gute Definition des System-Fehlers ist für die vorgeschlagenen Lernverfahren somit eine unabdingbare Voraussetzung.

Im Prinzip ergeben sich für die Definition des System-Fehlers eine Vielzahl von Möglichkeiten, die auch die Verwendung von Streckenmodellen mit einschließt Ist ein solches (inverses) Modell vorhanden kann es genutzt werden, um die Regelaktion des Fuzzy-Reglers zu bewerten. (siehe hierzu die Diskussionen zur Modellbasierten Regelung in Abschnitt 5.4). Dieser Ansatz stellt sozusagen den 'perfekten' Kritiker dar.

Ziel der verstärkenden Lernverfahren ist es aber, möglichst auch unbekannte Systeme regeln zu können und somit ohne ein Modell der Strecke auszukommen. Für das NEFCON-Modell wurden deshalb Ansätze vorgeschlagen, die mit möglichst wenig Informationen über die Strecke auskommen sollen.

Ein sehr einfacher Ansatz zur Beurteilung der Güte eines Systemzustands besteht darin für 'gute' Zustände im wesentlichen zwei Fälle zu unterscheiden:

- Die Messwerte entsprechen in etwa den optimalen bzw. den gewünschten Werten.
- Die Messwerte weichen vom Optimum ab, streben aber dem optimalen Zustand entgegen (kompensatorische Situation).

Diese Zustände erhalten die Güte $G = 1$. 'Schlechte' Zustände (z.B. große Abweichung von den optimalen Werten und Tendenz zur Vergrößerung der Abweichung vom Optimum) werden mit $G = 0$ bewertet. Basierend auf der Güte $G \in [0, 1]$ des aktuellen Systemzustands lässt sich dann unmittelbar der System-Fehler E bestimmen:

$$E(x_1, ..., x_n) = 1 - G(x_1, \ldots, x_n).$$

Dieser sehr einfache Ansatz kann jedoch – analog dem Beispiel in Abschnitt 5.3 – dazu führen, dass die Stellgröße bei einem leicht schwingenden System mit dem Ziel des Gegensteuerns immer weiter vergrößert und das Schwingen somit verstärkt wird. Bei dem Entwurf der Gütefunktion muss deshalb versucht werden, auch solche Zustandsänderungen, die durch zu starke Regelaktionen verursacht wurden, geeignet zu beurteilen.

In [135] wurde deshalb ein alternativer Ansatz vorgeschlagen, bei dem man versucht, den System-Fehler direkt mit Fuzzy-Regeln zu beschreiben. Dies hat den Vorteil, dass man bei Verwendung von Zustandgrößen der Strecke mit der Fehlerbeschreibung implizit eine Regelungsstrategie vorschlagen kann, die vom Regler dann zur Optimierung genutzt wird. Die Aufstellung einer Regelbasis setzt natürlich ein Verständis für die Strecke voraus und ist für komplexe Systeme meist zu aufwändig. Wie in [135] am Beispiel des inversen Pendels gezeigt, kann dieser Ansatz jedoch durchaus erfolgreich zum Lernen eines Fuzzy-Reglers eingesetzt werden.

5.6.5 Diskussion

Wir wir in diesem Abschnitt gezeigt haben, können Neuro Fuzzy-Systeme genutzt werden, um einen Fuzzy-Regler oder das Fuzzy-Modell einer Strecke mit Hilfe von Messdaten zu optimieren. Insbesondere die Verfahren die auf überwachten Lernverfahren basieren können hierfür auch bei komplexen Strecken eingesetzt werden.

Die bisher entwickelten Neuro Fuzzy-Systeme, die auf verstärkenden Lernverfahren beruhen, können (bisher) leider nur zum Lernen von Reglern für sehr einfache Strecken erfolgreich genutzt werden. Allerdings ist zu erwarten, dass auch hier in näherer Zukunft Verfahren vorgeschlagen werden, die – analog den Modellen, die basierend auf Neuronalen Netze entwickelt wurden – erfolgreich zum Lernen von Regelungsstrategien eingesetzt werden können.

5.7 Fuzzy-Regler und evolutionäre Algorithmen

Unter dem Begriff evolutionäre Algorithmen werden Optimierungsstrategien zusammengefasst, die sich am Vorbild der biologischen Evolution orientieren. Evolutionäre Algorithmen versuchen durch die Anwendung einiger Grundprinzipien natürlicher Evolutionsprozesse auf eine Population von Lösungsalternativen schrittweise über mehrerer Generationen bessere Lösungen zu finden. Hierzu ist es notwendig sowohl die Zielfunktion, die das (Optimierungs-) Problem definiert als auch notwendige Bewertungskriterien geeignet zu kodieren. Die den evolutionären Algorithmen zugrunde liegenden Grundprinzipien und Möglichkeiten der Problemkodierung werden im Folgenden näher beschrieben.

Um eine vorgegebene Zielfunktion zu optimieren, d.h. die freien Parameter der Zielfunktion so zu wählen, dass sie einen möglichst kleinen (Minimierung) oder möglichst großen (Maximierung) Wert annimmt, wird zunächst eine *Population* von zufälligen Lösungen (*Chromosomen*) erzeugt. Diese Familie von zufälligen Anfangslösungen wird im Allgemeinen noch sehr weit von einem Optimum der Zielfunktion entfernt sein. Aus dieser Anfangspopulation werden neue Lösungen durch die Anwendung genetischer Operatoren bestimmt. Die wichtigsten genetischen Operatoren sind *Mutation* und *Crossover*. Bei der Mutation werden zufällige, nach Möglichkeit kleine Änderungen an den Parametern (*Genen*) eines *Individuums* (einer Lösung innerhalb einer Population) vorgenommen. Beim Crossover werden die Parametersätze zweier Individuen vermischt. Man lässt dann einen Teil dieser erweiterten Population aussterben, so dass man wieder eine Population in derselben Größe wie die Anfangspopulation erhält. Mit dieser neuen *Generation* und den Folgegenerationen fährt man wie mit der Anfangspopulation fort. Das Aussterben wird über die *Selektion* gesteuert, bei der Individuen mit einer höheren *Fitness* eine größere Überlebens- oder Vermehrungschance erhalten. Die Fitness eines Individuums ist umso größer, je besser es die Zielfunktion optimiert. Diesen Auswahlvorgang nennt man *Selektion*. Beendet wird dieser Evolutionsprozess wenn eine genügend gute Lösung gefunden wurde oder sich über mehrere Generationen keine bessere als die bisher gefundene beste Lösung ergeben hat. Es gibt eine Reihe von evolutionären Algorithmen, die auf diesen Grundprinzipien basieren [5, 51, 119, 139].

Für die Zwecke der Fuzzy-Regelung werden wir uns an dieser Stelle auf die elementaren Grundlagen der zwei Hauptrichtungen evolutionäre Algorithmen, die Evolutionsstrategien und die genetischen, Algorithmen konzentrieren.

5.7.1 Evolutionsstrategien

Evolutionsstrategien eignen sich für die Optimierung von Zielfunktionen mit reellwertigen Parametern. Eine potenzielle Lösung des Optimierungsproblems, d.h. ein Individuum innerhalb einer Population, wird als reeller Vektor fester Dimension definiert. Will man beispielsweise gemessene Daten $\{(x_i, y_i, z_i) \mid i = 1, \ldots, n\}$ durch eine Ebene $f(z) = a + bx + cy$ annähern, die die Summe der absoluten Fehler in z-Richtung minimiert, würde man als Zielfunktion

$$Z(a, b, c) = \sum_{i=1}^{n} |a + b \cdot x_i + c \cdot y_i - z_i|$$

verwenden. Ein Individuum, d.h. eine mögliche Lösung, besteht aus einem dreidimensionalen Vektor (a, b, c).

Die Populationsgröße – die Anzahl der Individuen in einer Generation – wird bei den Evolutionsstrategien üblicherweise mit μ bezeichnet (wobei damit hier keine Fuzzy-Menge gemeint ist!). Aus einer Anfangspopulation von μ zufälligen Lösungen $(a_1, b_1, c_1), \ldots, (a_\mu, b_\mu, c_\mu)$ werden durch Mutation ν Nachkommen erzeugt. Die Mutation erfolgt, indem auf eine Lösung (a_j, b_j, c_j) drei unabhängige normalverteilte Zufallswerte $\varepsilon_1, \varepsilon_2, \varepsilon_3$ jeweils mit Erwartungswert Null und festegelgter kleiner Varianz addiert werden, so dass man als Nachkomme $(a_j + \varepsilon_1, b_j + \varepsilon_2, c_j + \varepsilon_3)$ erhält. Insgesamt werden so von jeder Population ν Nachkommen erzeugt.

Die Selektion erfolgt bei den Evolutionsstrategien nach dem *Eliteprinzip*, bei dem die μ besten Individuen in die Folgegeneration übernommen werden. Hierbei werden zwei unterschiedliche Vorgehensweisen unterschieden:

- Es werden die μ besten Individuen aus den $\mu + \nu$ Eltern und Kindern ausgewählt. In diesem Fall spricht man von einer $(\mu + \nu)$-Strategie oder einfach Plus-Strategie.
- Die μ Nachfolger werden nur aus den ν Kindern gewählt. Diesen Ansatz bezeichnet man als (μ, ν)-Strategie oder einfach als Komma-Strategie.

Der Vorteil der Plus-Strategie besteht darin, dass sich die beste Lösung in einer Population niemals verschlechtern kann. Dafür neigt eine Plus-Strategie eher dazu, in einem lokalen Optimum stecken zu bleiben. Komma-Strategien können sich einfacher aus einem lokalen Minimum befreien, allerdings kann sich auch eine Verschlechterung von einer Generation auf die nächste ergeben. Bei der Verwendung einer Komma-Strategie sollte in jedem Fall die bisher beste gefundene Lösung gesondert gespeichert werden.

Auch wenn diese einfache Form der Evolutionsstrategie häufig schon recht zufriedenstellende Lösungen liefert, empfiehlt sich eine Schrittweitenadaption. Das bedeutet, dass der Parametervektor jedes Individuums noch um eine weitere Komponente ergänzt wird. Die zusätzliche Komponente gibt die Varianz der Normalverteilung bei der Mutation an. Führen Mutationen häufig zu Verbesserungen, so kann die Schrittweite, d.h. die Varianz, vergrößert werden. Sind die Nachkommen fast alle schlechter als die Eltern, so sollte die Schrittweite verkleinert werden. Eine Faustregel besagt hier, dass die Schrittweite (Varianz) gut gewählt ist, wenn etwa ein Fünftel der Nachkommen erfolgreich sind. Bei einer größeren Anzahl erfolgreicher Nachkommen kann die Schrittweite erhöht, bei weniger als ein Fünftel erfolgreichen Mutationen verringert werden.

5.7.2 Genetische Algorithmen

Im Gegensatz zu den Evolutionsstrategien verwenden die genetischen Algorithmen in der ursprünglichen Form eine rein binäre Kodierung, in etwas allgemeinerer Form eine beliebige diskrete Kodierung der Lösung. Anstelle der reellen Parametervektoren der Evolutionsstrategien arbeiten genetische Algorithmen mit binären Vektoren oder Vektoren, deren Komponenten jeweils nur endlich viele Werte annehmen können. Ein typisches Problem wäre beispielsweise die Verteilung einer Anzahl von Fertigungsaufträgen. Dies könnten zum Beispiel Kopien in verschiedenen Stückzahlen sein, die auf zwei verschiedenen Produktionsmaschinen erstellt werden sollen, so dass die Zeit zur Erledigung aller Aufträge möglichst kurz ist. Sollen n Aufträge bearbeitet werden, würde man einen binären Vektor mit n Komponenten verwenden. Eine Eins an der

i-ten Stelle würde bedeuten, dass der i-te Auftrag auf der Maschine Eins bearbeitet wird, bei einer Null würde er auf der anderen Maschine produziert werden.

Mutation werden bei genetischen Algorithmen mit einer sehr kleinen Wahrscheinlichkeit für jede Variable durchgeführt. Bei einer binären Kodierung wird im Falle einer Mutation eine Eins in eine Null umgewandelt und umgekehrt. Kann eine Variable mehr als nur zwei Werte annehmen, so wird der mutierte Wert oft nach einer Gleichverteilung über alle möglichen Werte zufällig ausgewählt. Günstiger ist es in diesem Fall jedoch – sofern die Problemstellung dies ermöglicht – nur Mutationen zu ähnlichen oder benachbarten Werten zuzulassen.

Eine wesentliche Rolle spielt bei den genetischen Algorithmen das Crossover. Dabei werden zufällig zwei Individuen (Chromosomen) aus einer Population ausgewählt und zufällig ein Kreuzungspunkt für die beiden Parametervektoren bestimmt. An den Teil vor dem Kreuzungspunkt des ersten Chromosoms wird der Teil nach dem Kreuzungspunkt des zweiten Chromosoms angehängt und umgekehrt. Auf diese Weise erhält man zwei neue Individuen. Soll zum Beispiel Crossover nach der vierten Stelle auf die beiden Chromosomen 110011101 und 000010101 angewendet werden, so erhält man als Ergebnis die beiden Chromosomen 110010101 und 000011101. Das Crossover soll dazu dienen, zwei Lösungen zu einer insgesamt verbesserten Lösung zu vereinigen, wenn die eine Lösung für die ersten Parameter eine recht gute Konfiguration gefunden hat und die andere Lösung für die hinteren Parameter eine gute Kombination liefert. Dieser Effekt kann nur auftreten, wenn die einzelnen Parameter nicht zu stark voneinander abhängen. Ansonsten entspricht Crossover eher einer massiven Mutation. Der hier beschriebene Crossover-Operator wird auch One-Point-Crossover genannt, da die Chromosomen an einer Stelle gekreuzt werden. Günstiger ist meistens das Two-Point-Crossover, bei dem zwei Kreuzungspunkte ausgewählt werden und der Abschnitt zwischen diesen beiden Punkten ausgetauscht wird.

Die Selektion involviert bei den genetischen Algorithmen immer einen Zufallsmechanismus im Gegensatz zu der reinen Bestenauswahl bei den Evolutionsstrategien. In der ursprünglichen Version der genetischen Algorithmen wird die Roulettradselektion angewendet. Dabei erhält jedes Chromosom eine individuelle Selektionswahrscheinlichkeit, die proportional zu seiner Fitness gewählt wird. Es gibt zahlreiche Varianten dieses Selektionsverfahrens. Üblicherweise wird zumindest das beste Chromosom in die nächste Generation übernommen, auch wenn es trotz seiner größten Selektionswahrscheinlichkeit zufällig nicht überlebt hätte.

Die sich aus den oben beschriebenen Operatoren ergebende Grundstruktur genetischer Algorithmen ist in Abb. 5.20 dargestellt.

Prinzipiell lassen sich genetische Algorithmen immer auf eine binäre Kodierung reduzieren. Endlich viele Werte können durch eine geeignete Anzahl von Bits dargestellt werden, was lediglich zu längeren Chromosomen

```
begin
    t:=0;
    initialize(P(t));        // Bestimme Anfangspopulation
    evaluate(P(t));          // Bewerte die Population
    while (not Abbruchkriterium(P(t),t)) do
        t:=t+1;
        select P(t) from P(t-1);
        crossover(P(t));
        mutate(P(t));
        evaluate(P(t));
    end;
end;
```

Abb. 5.20. Grundstruktur genetischer Algorithmen

führt. Allerdings kann dadurch ein zusätzlicher unerwünschter Mutationseffekt beim Crossover auftreten. Wird eine Variable, die acht Werte annehmen kann, durch drei Bit kodiert, so kann Crossover nun auch innerhalb dieser Variablen stattfinden, so dass nach der Kreuzung die Kodierung der Variablen mehr oder weniger zufällig ist. Neben der eigentlichen Parameterkombination wird dadurch beim Crossover außerdem ein Variablenwert geändert.

Genetische Algorithmen lassen sich auch auf Probleme mit reellwertigen Parametervektoren anwenden. Man verwendet dazu für jeden reellen Parameter eine genügend große Anzahl von Bits, so dass sich die reelle Zahl mit der gewünschten Genauigkeit darstellen lässt. Dies unterscheidet die Genetische Algorithmen zunächst nicht von den Evolutionsstrategien, da auch dort die reellen Parameter im Rechner lediglich binär repräsentiert werden. Allerdings gewinnt die Mutation eine völlig andere Bedeutung. Wird ein höherwertiges Bit mutiert, ändert sich der kodierte reelle Wert extrem, während eine Veränderung eines niederwertigen Bits eher der Mutation in kleinen Schritten im Sinne der Evolutionsstrategien entspricht. In diesem Sinne empfiehlt es sich, unterschiedliche Mutationswahrscheinlichkeiten für die einzelnen Bits vorzugeben. Höherwertige Bits sollten im Gegensatz zu den niederwertigen Bits eine sehr geringe Mutationswahrscheinlichkeit erhalten.

5.7.3 Evolutionäre Algorithmen zur Optimierung von Fuzzy-Reglern

Soll ein Fuzzy-Regler mit Hilfe evolutionärer Algorithmen automatisch erstellt werden, so muss zunächst die vom evolutionären Algorithmus zu optimierende Zielfunktion festgelegt werden. Liegen Messdaten eines Reglers vor – dies können z.B. Messdaten die durch Beobachtung eines menschlichen Bedieners gewonnen wurden sein –, so sollte der Fuzzy-Regler die so definierte Regelfunktion möglichst gut annähern. Als zu minimierende Fehlerfunktion bieten sich die mittlere quadratische oder absolute Abweichung sowie die maximale Abweichung der Reglerfunktion von den Messdaten an. Wenn die Messdaten von verschiedenen Personen stammen, kann eine Approximation zu einem sehr schlechten Gesamtverhalten des Reglers führen. Wenn die einzelnen Personen jeweils durchaus erfolgreiche, aber unterschiedliche Regelungsstrategien verfolgen, und der Regler gezwungen wird, die Daten möglichst gut anzunähern, wird sich an jeder Stelle eine Mittelung der Einzelstrategien ergeben, die als Gesamtstrategie im schlimmsten Fall überhaupt nicht funktioniert. Sollen beispielsweise Hindernisse umfahren werden, und in den Daten wurde in jeweils der Hälfte der Fälle links und rechts ausgewichen, ergibt die Mittelung weiter gerade aus auf das Hindernis zuzufahren. Die verwendeten Daten sind soweit möglich immer auf ihre Konsistenz hin zu überprüfen.

Steht ein Simulationsmodell der zu regelnden Strecke zur Verfügung, so lassen sich diverse sinnvolle Gütekriterien definieren, z.B. die Zeit oder die Energie, die der Regler braucht, um den Prozess aus verschiedenen Anfangszuständen auf den Sollwert zu bringen, eine Bewertung des Überschwingverhaltens etc. Verwenden die evolutionären Algorithmen ein Simulationsmodell mit einer derartigen Zielfunktion, ist es im Allgemeinen günstiger, die Zielfunktion langsam zu verschärfen. In einer zufälligen Anfangspopulation wird wahrscheinlich überhaupt kein Individuum (Regler) in der Lage sein, den Prozess sehr nahe an den Arbeitspunkt zu bringen. Man könnte daher zunächst als Zielfunktion die Zeit nehmen, die der Regler den Prozess in einer sehr großzügigen Umgebung das Arbeitspunktes halten kann [59]. Mit zunehmender Generationszahl wird die Zielfunktion immer weiter verschärft, bis sie schließlich die eigentlich gewünschten Kriterien enthält.

Die Parameter eines Fuzzy-Reglers, die mit einem evolutionären Algorithmus erlernt werden können, teilen sich in drei Gruppen auf, die im Folgenden näher beschrieben werden.

Die Regelbasis. Wir gehen hierbei zunächst davon aus, dass die Fuzzy-Mengen fest vorgegeben sind oder auch gleichzeitig mit einem anderen Verfahren optimiert werden. Hat der Regler zum Beispiel zwei Eingangsgrößen, für die n_1 bzw. n_2 Fuzzy-Mengen definiert sind, so kann für jede der möglichen $n_1 \cdot n_2$ Kombinationen eine Ausgabe definiert werden. Bei einem Mamdani-Regler mit n_o Fuzzy-Mengen für die Ausgangsgröße würde sich daher ein Chromosom mit $n_1 \cdot n_2$ Parametern (Genen) anbieten, wobei jedes dieser Gene einen von n_o Werten annehmen kann. Die für den genetischen Algorithmus erforderliche Kodierung der Regeltabelle als linearer Vektor mit $n_1 \cdot n_2$ Komponenten kann jedoch beim Crossover zu Problemen führen. Das Crossover sollte bei einem genetischen Algorithmus dafür sorgen, dass zwei Lösungen, die jeweils einen anderen Teil der Parameter bereits gut optimiert haben, zu einer besseren Gesamtlösung verschmolzen werden.

Bei der Optimierung einer Regelbasis eines Fuzzy-Reglers liegen die günstigen Voraussetzungen vor, dass die Parameter eine gewisse Unabhängigkeit aufweisen. Zwar wirken benachbarte Regeln auf überlappende Bereiche, aber nicht-benachbarte Regeln interagieren nicht. Wenn zwei Fuzzy-Regler vorliegen, die jeweils in einem anderen Teil der Regeltabelle günstige Einträge für die Ausgaben der Regeln gefunden haben, ergibt sich aus dem Zusammensetzen der beiden Teiltabellen ein insgesamt besserer Regler. Ein Bereich entspricht in einer Tabelle allerdings nicht einem linearen Teilstück, sondern eher einem rechteckigen oder quadratischen Ausschnitt. Ein genetischer Algorithmus in Reinform würde beim Crossover nur lineare Teilstücke austauschen. Hier ist es daher vorteilhaft, wenn man bei der Tabellen-förmigen Kodieriung bleibt und einen modifizierten Crossover-Operator einführt, der Teiltabellen austauscht [86]. Wir haben hier zwar nur den Fall von zwei Eingangsgrößen diskutiert, die Übertragung auf Regler mir mehreren Eingangsgrößen erfolgt jedoch analog.

Um bei der Mutation nur kleine Veränderungen vorzunehmen, sollte eine Ausgabe-Fuzzy-Menge nicht durch eine beliebige zufällige andere, sondern durch eine der beiden benachbarten ersetzt werden.

Bei einem TSK-Modell müssen für die Regelbasis anstelle der Ausgabe-Fuzzy-Mengen Ausgabefunktionen bestimmt werden. Üblicherweise werden diese Funktionen in parametrisierter Form angegeben, z.B.

$$f(x, y; a_R, b_R, c_R) = a_R + b_R x + c_R y$$

bei den Eingangsgrößen x und y sowie den in Regel R zu bestimmenden drei Parametern a_R, b_R und c_R. Bei einer Regeltabelle mit – wie oben – $n_1 \cdot n_2$ Einträgen müssten hier insgesamt $3 \cdot n_1 \cdot n_2$ reelle Parameter für die Regeltabelle bestimmt werden. In diesem Fall sollte wegen der reellen Parameter eine Evolutionsstrategie gewählt werden.

Soll nicht die gesamte Regeltabelle ausgefüllt werden, sondern nur eine beschränkte Anzahl von Regeln erzeugt werden, kann jeder Regel ein zusätzliches binäres Gen zugeordnet werden, das besagt, ob die Regel des Reglers überhaupt verwendet wird. Bei einem TSK-Modell hätte man in diesem Fall einen echten evolutionären Algorithmus, da sowohl reelle als auch diskrete Parameter verwendet werden. Die Anzahl der aktiven Regeln kann fest vorgegeben werden, wobei aber sichergestellt werden muss, dass sich diese Anzahl bei Mutation und Crossover nicht verändert. Bei der Mutation könnte zum Beispiel eine Regel zufällig aktiviert und dafür eine andere deaktiviert werden. Beim Crossover müsste somit anschließend ein Reparaturalgorithmus angewendet werden. Bei zu vielen aktiven Regeln würden beispielsweise zufällig so viele Regeln deaktiviert, bis die gewünschte Anzahl erreicht ist.

Eine bessere Strategie besteht darin, die Anzahl der aktiven Regeln nicht festzulegen. Da Fuzzy-Regler mit einer kleineren Anzahl von Regeln vorzuziehen sind, ist es sinnvoll, in die Zielfunktion einen Zusatzterm aufzunehmen, der mit ansteigender Regelzahl den Wert der Zielfunktion zunehmend verschlechtert. Dieser Zusatzterm sollte mit einem geeigneten Gewicht eingehen. Wird das Gewicht zu groß gewählt, wird primär eine kleine Anzahl von Regeln belohnt, nahezu unabhängig davon, wie gut oder schlecht das Regelverhalten ist. Bei einem zu kleinen Gewicht spielt der Term eine zu geringe Rolle und bewirkt keine Verringerung der Anzahl der Regeln.

Die Fuzzy-Mengen. Die Fuzzy-Mengen werden üblicherweise in parametrisierter Form wie bei Dreiecks-, Trapez- oder Gaußfunktionen angegeben. Diese rellen Parameter sind wiederum für eine Evolutionsstrategie geeignet. Allerdings führt das bloße Optimieren derartiger parametrisierter Fuzzy-Mengen nur selten zu vernünftigen Ergebnissen. Der optimierte Fuzzy-Regler kann zwar durchaus ein sehr gutes Regelverhalten aufweisen, die Fuzzy-Mengen überlappen sich aber völlig beliebig, so dass es kaum möglich ist, ihnen sinnvolle linguistische Terme zuzuordnen und interpretierbare Regeln zu formulieren. Der Fuzzy-Regler entspricht dann eher einer Black Box, wie bei Neuronalen Netzen, bei der zwar interne Parameter so eingestellt wurden, dass ein gewünschtes Verhalten gezeigt wird, die Parameterwahl aber keine Interpretation zulässt.

Günstiger ist es, den Parametersatz so zu wählen, dass die Interpretierbarkeit des Fuzzy-Reglers immer gewährleistet ist. Eine Möglichkeit wäre die Einschränkung auf Dreiecksfunktionen, die jeweils so gewählt sind, dass der linke und rechte Nachbar einer Fuzzy-Menge an der Stelle den Wert Eins annehmen, an der die mittlere Fuzzy-Menge gerade auf null gefallen ist. Die Evolutionsstrategie würde in diesem Fall pro Eingangs- oder Ausgangsgröße genauso viele reelle Parameter haben, wie Fuzzy-Mengen erwünscht sind. Der jeweilige reelle Parameter gibt an, wo die entsprechende Dreiecksfunktion den Wert Eins annimmt.

Selbst bei dieser Parametrisierung können noch unerwünschte Effekte auftreten, etwa wenn die Fuzzy-Menge *etwa null* durch Mutationen irgendwann die Fuzzy-Menge *positiv klein* überholt. Eine einfache Änderung der Parametrisierung würden diesen Effekt vermeiden: Der Betrag des k-ten Parameters gibt nicht mehr die Lage der Spitze der Dreiecksfunktion absolut an, sondern wie weit sie von der Spitze der vorhergehenden Dreiecksfunktion entfernt ist. Der Nachteil dieser Kodierung besteht darin, dass eine Änderung (Mutation) des ersten Wertes eine Verschiebung aller Fuzzy-Mengen zur Folge hat und damit eine recht große Änderung im Gesamtverhalten des Reglers bewirken kann. Werden die Dreiecksspitzen direkt parametrisiert, wirkt sich eine Mutation nur lokal aus. Daher sollte man bei der direkten Parametrisierung bleiben, allerdings Mutationen, die zum Überholen von Fuzzy-Mengen führen, verbieten. Auf diese Weise bewirken Mutationen kleine Veränderungen und die Interpretierbarkeit des Fuzzy-Reglers bleibt erhalten.

Zusätzliche Parameter. Mit evolutionären Algorithmen lassen sich – insofern dies gewünscht ist – auch weitere Parameter eines Fuzzy-Reglers einstellen. Man kann beispielsweise eine parametrisierte t-Norm für die Aggregation der Regelprämissen verwenden und für jede Regel den Parameter der t-Norm individuell einstellen. Derselbe Ansatz bietet sich auch für eine parametrisierte Defuzzifizierungsstrategie an. Derartige Parameter haben auf die Interpretierbarkeit eines Fuzzy-Reglers meist nachteilige Effekte und sollen daher an dieser Stelle nicht weiter verfolgt werden.

Eine offene Frage bleibt, ob die Regelbasis und die Fuzzy-Mengen gleichzeitig oder nacheinder optimiert werden sollten. So lange sich die Regelbasis noch massiv ändern kann, erscheint es wenig sinnvoll, eine Feinoptimierung der Fuzzy-Mengen vorzunehmen. Die Regelbasis stellt eher das Grundgerüst des Fuzzy-Reglers dar, während die konkrete Wahl der Fuzzy-Mengen mehr für die Feinjustierung verantwortlich ist. Um den evolutionären Algorithmus nicht mit einer zu großen Parameterzahl zu überfrachten, empfiehlt es sich, zuerst die Regelbasis auf der Grundlage von Standard-Fuzzy-Partitionen zu erlernen und danach die Fuzzy-Mengen bei festgehaltener Regelbasis zu optimieren.

5.7.4 Ein Genetischer Algorithmus zum Erlernen eines TSK-Reglers

Um das Prinzip der Parameterkodierung zu verdeutlichen stellen wir im Folgenden einen Genetischer Algorithmus zum Erlernen eines TSK-Reglers vor, der in [102] vorgeschlagen wurde. Der Algorithmus versucht alle Parameter des Reglers, d.h. die Regelbasis, die Form der Fuzzy-Mengen und die Parameter der Konklusionen, gleichzeitig zu optimieren.

Um die Regeln

$$R_r : \text{If } x_1 \text{ is } \mu_R^{(1)} \text{ and } \ldots \text{ and } x_n \text{ is } \mu_R^{(n)} \text{ then } y = f_r(x_1, \ldots, x_n),$$

mit

$$f_r(x_1, \ldots, x_n) = p_0^r + x_1 \cdot p_1^r + \ldots + x_n \cdot p_n^r$$

eines Takagi-Sugeno-Reglers erlernen zu können, müssen die Fuzzy-Mengen der Eingabegrößen und die Parameter $p_0, \ldots, p_n$ jeder Regel kodiert werden.

Eine dreiecksförmige Fuzzy-Menge wird in diesem Ansatz durch drei binär kodierte Parameter beschrieben (*membership function chromosom MFC*):

leftbase	center	rightbase
10010011	10011000	11101001

Die Parameter *leftbase*, *rightbase* und *center* sind dabei keine absoluten Größen, sondern bezeichnen die Abstände zu einem Bezugspunkt. *leftbase* und *rightbase* beziehen sich auf den Mittelpunkt (*center*) einer Fuzzy-Menge und *center* bezieht sich auf den Abstand zum *center* des linken Nachbarn der Fuzzy-Menge. Wählt man diese Parameter positiv, werden Überholungseffekte und anormale Fuzzy-Mengen vermieden.

Die Parameter $p_0, \ldots, p_n$ einer Regel werden direkt durch Binärzahlen kodiert und ergeben das *rule-consequent parameters chromosome* (RPC):

p_0	$\ldots$	p_n
10010011	...	11101001

Die komplette Regelbasis eines TSK-Reglers wird basierend auf diesen Parameterkodierungen dann in Form eines Bit-Strings kodiert:

Größe 1	...	Größe n	Parameter der Konklusionen
$MFC_{1...m_1}$	...	$MFC_{1...m_n}$	$RPC_{1...(m_1\cdot...\cdot m_n)}$

Neben der Parameteroptimierung wird versucht, die Anzahl der Fuzzy-Mengen einer Größe und damit auch die Anzahl der Regeln in der Regelbasis zu minimieren. Dabei wird von einer maximalen Anzahl von Fuzzy-Mengen ausgegangen. Es werden diejenigen eleminiert, die nicht mehr im zulässigen Wertebereich einer Größe liegen. Des Weiteren werden Regler mit weniger Regeln bei der Selektion gegenüber anderen mit gleicher Leistung bevorzugt.

In [102] wurde dieser Ansatz mit einem invertierten Pendel (Stabbalance-Problem) getestet. Für eine Regelbasis mit 5 Fuzzy-Mengen je Eingabegröße (2) und 8-Bit Binärzahlen ergibt sich eine Chromosomenlänge von $2\cdot(5\cdot3\cdot8)+(5\cdot5)\cdot(3\cdot8) = 840$. Zur Bewertung wurden die Regler mit 8 Startbedingungen getestet und die Zeit gemessen, die der Regler benötigt, um das Pendel in die Senkrechte zu bringen. Dabei ist zwischen drei Fällen zu unterscheiden:

1. Gelingt es dem Regler, das Pendel innerhalb einer festgelegten Zeitspanne in die Senkrechte zu bringen, erhält er um so mehr Punkte je schneller ihm dies gelang.
2. Gelingt es dem Regler in dieser Zeitspanne nicht, das Pendel senkrecht zu halten, erhält er eine festgesetzte Anzahl von Punkten, die in jedem Fall geringer ist als im ersten Fall.
3. Fällt das Pendel während der Simulationszeit um, erhält der entsprechende Regler um so mehr Punkte, je länger das Pendel aufrecht blieb, jedoch weniger als in den beiden ersten Fällen.

Für das Erlernen eines 'brauchbaren' Reglers wurden über 1000 Generationen benötigt. Diese recht hohe Anzahl an Generationen ergibt sich aus der großen Chromosomenlänge und den daraus enstehenden großen Schemata. Bei der Kodierung werden außerdem kaum Nachbarschaftsbeziehungen ausgenutzt. So kann es sein, dass die Prämisse einer Regel durch die am Anfang des Chromsomoms kodierte Fuzzy-Menge bestimmt wird, die zugehörige Konklusion sich jedoch am Ende des Chromosoms befindet. Somit ist die Wahrscheinlichkeit, dass eine gute Regel bei einem Crossover wieder zerstört wird recht hoch.

Interessant ist die Fähigkeit dieses Ansatzes, die Anzahl der benötigten Regeln zu minimieren. Im Vordergrund steht dabei nicht alleine das Regelungsverhalten des Reglers zu optimieren, sondern die für die Regelung wichtigen Regeln zu bestimmen.

5.7.5 Diskussion

Wir haben verschiedene Ansätzen diskutiert, wie Fuzzy-Regler mit Hilfe von evolutionären Algorithmen erlernt oder optimiert werden können. Eine wesentliche Rolle spielt dabei die Kodierung des Fuzzy-Reglers für den evolutionären Algorithmus. Die Kodierung sollte zum einen so gewählt werden, dass

– wie sich auch immer die Parameter im Rahmen der zugelassenen Möglichkeiten durch den evolutionären Algorithmus ergeben – die Interpretierbarkeit des Fuzzy-Reglers gewährleistet wird. Zum anderen sollte die Kodierung sicherstellen, dass der evolutionäre Algorithmus seine Stärken ausspielen kann. Mutation zum Beispiel sollte nicht nur eine kleine Veränderung der kodierten Parameter zur Folge haben, sondern auch nur eine kleine Änderung im Gesamtverhalten des Reglers bewirken.

Insgesamt sollte man versuchen, günstige Heuristiken zu verwenden, die sowohl die Interpretierbarkeit des Ergebnisses erleichtern als auch den evolutionären Algorithmus bei seiner Optimierungsstrategie unterstützen. Einen Überblick über die enorm große Anzahl von Publikationen im Bereich Fuzzy-Systeme und evolutionäre Algorithmen geben [32, 56, 57, 152].

A. Anhang

A.1 Korrespondenztafel zur Laplace-Transformation

$f(t)$ mit $f(t<0)=0$	$f(s)=\mathcal{L}\{f(t)\}$
Impuls $\delta(t)$	1
Sprung $s(t)$	$\frac{1}{s}$
$\frac{t^n}{n!}$	$\frac{1}{s^{n+1}}$
$\sin\omega_0 t$	$\frac{\omega_0}{s^2+\omega_0^2}$
$\cos\omega_0 t$	$\frac{s}{s^2+\omega_0^2}$
$h(t)e^{-at}$	$h(s+a)$

A.2 Systeme mit nicht-minimaler Phase

Systeme mit nicht-minimaler Phase haben einige sehr unangenehme Eigenschaften, die dazu führen, dass einige regelungstechnische Verfahren, wie beispielsweise viele adaptive Fuzzy-Regler, bei solchen Strecken versagen. Deshalb ist es wichtig, sich mit diesen Systemen näher zu beschäftigen.

Um derartige Systeme besser definieren zu können, soll zunächst ein spezieller Typ rationaler Übertragungsfunktionen eingeführt werden, der *Allpass*. Dieser ist dadurch charakterisiert, dass der Betrag seines Frequenzganges für alle Frequenzen gleich ist. Ein Laufzeitglied wäre damit ein besonders einfaches Beispiel für einen Allpass, doch werden normalerweise nur rein rationale, stabile Übertragungsfunktionen, deren Frequenzgang den konstanten Betrag Eins hat, als Allpässe bezeichnet. Im Folgenden sollen nun die Eigenschaften dieser Übertragungsglieder näher betrachtet werden. Schreibt man den Frequenzgang einer allgemeinen, rationalen Übertragungsfunktion in der Form

$$G(j\omega) = \frac{b_m}{a_n} \frac{\prod_{\mu=1}^{m} (j\omega - n_\mu)}{\prod_{\nu=1}^{n} (j\omega - p_\nu)} \tag{A.1}$$

so lassen sich Zähler- und Nennerpolynom als Produkt von komplexen Vektoren auffassen. Offensichtlich kann der Betrag des Frequenzganges nur dann für alle Frequenzen konstant Eins sein, wenn Zähler- und Nennerpolynom vom selben Grad sind und zu jedem Vektor im Nenner ein Vektor gleichen Betrages im Zähler existiert. Setzt man teilerfremde Polynome voraus, so ist dies nur erfüllt für $n_\nu = -\bar{p_\nu}$, wenn also Pole und Nullstellen spiegelbildlich zur imaginären Achse angeordnet sind (Abb. A.1). Wegen der vorausgesetzten Stabilität der Übertragungsfunktion müssen dabei die Pole auf der linken Seite der imaginären Achse liegen.

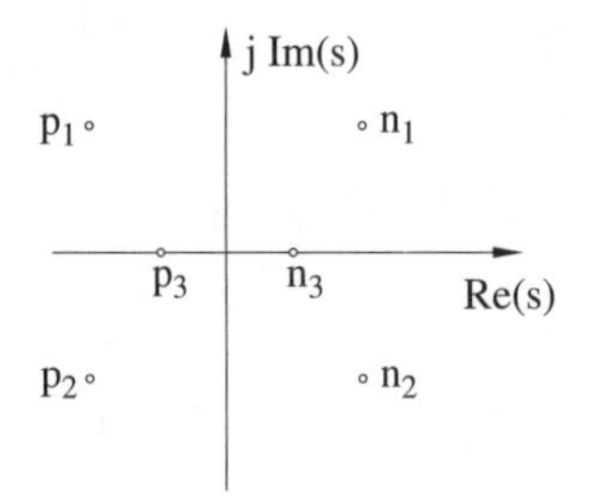

Abb. A.1. Pole und Nullstellen bei einem Allpass

Als Beispiel sei ein *Allpass erster Ordnung* betrachtet:

$$G(s) = -\frac{s - p_1}{s + p_1} \tag{A.2}$$

bzw. sein Frequenzgang

$$G(j\omega) = -\frac{j\omega - p_1}{j\omega + p_1} = e^{-j2\arctan\frac{\omega}{p_1}} \tag{A.3}$$

Die zugehörige Ortskurve zeigt Abb. A.2. Ebenfalls abgebildet ist die Sprungantwort, bei der der Anfangswert ein dem Endwert entgegengesetztes Vorzeichen hat. Dieses Verhalten ist typisch für einen Allpass und macht ihn so schwer zu regeln. Man muss sich nur einen Menschen vorstellen, der als Regler für einen Allpass fungieren soll. Wenn er in der Anfangsphase der Sprungantwort feststellt, dass seine Stellgröße anscheinend genau die falsche Reaktion der Strecke hervorruft, wird er vermutlich die Stellgröße in die entgegengesetzte Richtung verändern, obwohl er doch eigentlich nur hätte abwarten müssen. Daran sieht man schon, dass ein primitiver Regler nicht in der Lage sein wird, einen Allpass zu regeln.

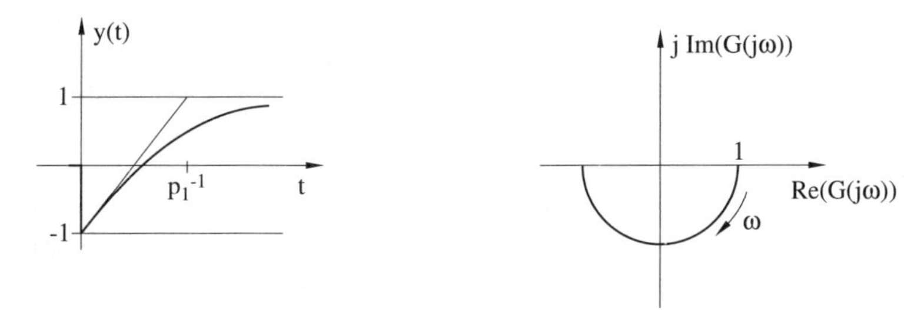

Abb. A.2. Sprungantwort und Ortskurve eines Allpass erster Ordnung

Anhand des Frequenzganges wird klar, dass ein Allpass die Stabilität eines Systems gefährdet. Fügt man beispielsweise zu einer gegebenen Kreisübertragungsfunktion einen Allpass hinzu, so wird der Absolutwert der Phase des Frequenzganges mit zunehmendem ω vergrößert, ohne dass der Betrag verändert wird. Die Ortskurve wird dadurch in Abhängigkeit von ω verdreht. Offenbar steigt damit auch die Gefahr, dass der kritische Punkt -1 des Nyquist-Kriteriums umlaufen wird, womit der geschlossene Kreis instabil wäre.

Abb. A.3 zeigt, wie die Ortskurve eines PT_1−Gliedes durch Hinzufügen eines Allpass so verdreht wird, dass die Kurve den Punkt -1 umschlingt. Aus der Kreisübertragungsfunktion

$$G(s)K(s) = -\frac{V}{Ts+1}\frac{s-p_1}{s+p_1} \tag{A.4}$$

ist aber ersichtlich, dass die Anzahl der Polstellen auf und rechts von der imaginären Achse Null ist und die erlaubte Phasendrehung bezüglich -1 laut Nyquistkriterium daher ebenfalls Null beträgt. Dies ist aber bei der rechten Ortskurve nicht der Fall. Die Phasendrehung beträgt -2π, und der geschlossene Regelkreis wäre instabil.

Folgendes lässt sich feststellen: Durch das Hinzufügen des Allpasses wird nicht der Betragsverlauf, wohl aber der Phasenverlauf des Frequenzganges

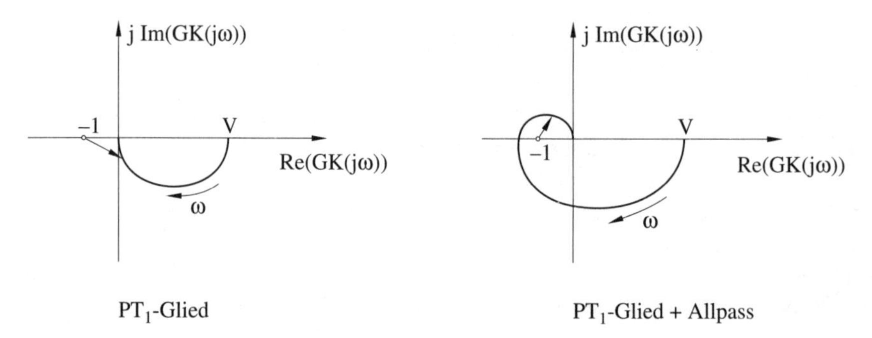

Abb. A.3. PT_1−Glied mit Allpass

verändert, und zwar wird der Absolutwert der Phase vergrößert. Das PT_1-Glied ohne Allpass weist also bei gleichem Betragsverlauf des Frequenzganges kleinere Absolutwerte der Phase auf. Diese Vergrößerung der Absolutwerte der Phase bei Hinzufügen eines Allpasses gilt offenbar für jedes stabile, rationale Übertragungsglied. Andererseits lässt sich zeigen, dass ein rationales Übertragungsglied ohne Allpass die für einen gegebenen Betragsverlauf kleinstmöglichen Absolutwerte der Phase aufweist. Ein solches Übertragungsglied bezeichnet man daher als *Minimalphasenglied*, während ein Übertragungsglied mit Allpass als *Nicht-Minimalphasenglied* bezeichnet wird.

Offenbar können nur Übertragungsglieder, die weder Null- noch Polstellen mit positivem Realteil enthalten, Minimalphasenglieder sein. Denn von jeder anderen, stabilen, rationalen Übertragungsfunktion lässt sich noch ein Allpass abspalten, wie das folgende, einfache Beispiel zeigt:

$$G(s) = \frac{s-2}{s+1} = \frac{s+2}{s+1}\,\frac{s-2}{s+2} = G_{min}(s)G_{all}(s) \tag{A.5}$$

Eine rationale Übertragungsfunktion, die Nullstellen mit positivem Realteil aufweist, enthält also einen Allpass und ist demnach ein Nicht-Minimalphasenglied.

In der Praxis treten allpasshaltige Strecken wesentlich häufiger auf, als man zunächst annimmt. Ein Beispiel für eine allpasshaltige Strecke ist ein Motorradfahrer, der eine Linkskurve fahren will. Er muss zunächst eine kleine Bewegung nach rechts machen, um die erforderliche Schräglage nach links zu bekommen. Ein anderes Beispiel ist das Heck eines Flugzeuges, das beim Übergang vom Horizontal- in den Steigflug zunächst nach unten absackt, bevor es sich dann schließlich nach oben bewegt.

A.3 Normen

Mit den hier angegebenen Definitionen soll lediglich das Grundgerüst vermittelt werden, das zum Verständnis der Normen von Übertragungsgliedern notwendig ist. Eine wesentlich ausführlichere Darstellung findet sich z.B. im Anhang von [18].

Definition A.1 *Eine Menge X heisst* Linearer Raum, *wenn eine Addition und eine Skalarmultiplikation definiert sind, für die folgende Eigenschaften gelten (dabei sind $x, y, z \epsilon X$ und a, b komplexe Zahlen):*

$$\begin{aligned}
x + y &= y + x && \textit{(Kommutativität)} \\
x + (y + z) &= (x + y) + z && \textit{(Assoziativität)} \\
0 + x &= x && \textit{(Existenz eines Nullelementes)} \\
x + \hat{x} &= x + (-x) = 0 && \textit{(Existenz eines inversen Elementes)} \\
a(x + y) &= ax + ay && \textit{(Distributivität)} \\
(a + b)x &= ax + bx && \textit{(Distributivität)} \\
(ab)x &= a(bx) && \textit{(Assoziativität)} \\
1x &= x && \textit{(Neutrales Element)}
\end{aligned} \tag{A.6}$$

Definition A.2 *Ein linearer Raum X heisst normiert, wenn eine reellwertige Norm $||\bullet||$ mit den folgenden Eigenschaften definiert ist (dabei sind $x, y \epsilon X$ und a eine komplexe Zahl):*

$$\begin{aligned}
||x|| &> 0 && \textit{für } x \neq 0 \\
||x|| &= 0 && \textit{für } x = 0 \\
||x + y|| &\leq ||x|| + ||y|| && \textit{(Dreiecksungleichung)} \\
||ax|| &= |a| \, ||x||
\end{aligned} \tag{A.7}$$

Die Menge der für $-\infty < t < \infty$ in der p-ten Potenz $1 \leq p < \infty$ absolut integrierbaren Funktionen $f(t)$ bilden offenbar einen linearen Raum, und zwar den Raum L_p. Normiert wird dieser Raum durch die sogenannte *p-Norm* einer zeitveränderlichen Funktion:

$$||f||_p := \left(\int_{-\infty}^{\infty} |f(t)|^p dt \right)^{\frac{1}{p}} \tag{A.8}$$

Für $p = \infty$ erhält man den Raum L_∞ der beschränkten Funktionen mit der Norm

$$||f||_\infty := \sup_t |f(t)| \tag{A.9}$$

Falls $f(t)$ ein Signal am Ein- oder Ausgang eines Systems ist, so lässt sich für $p = 2$ die sogenannte *2-Norm* als ein Maß für den Energieinhalt des Signales deuten, also für die Energie, die in das System hinein- oder aus ihm herausgeführt wird. Als Beispiel sei $f(t) = u(t)$ die Spannung an einem elektrischen Widerstand R. Dann ergibt sich für die 2-Norm

$$||f||_2 = ||u||_2 = \sqrt{\int_{-\infty}^{\infty} |u(t)|^2 dt} = \sqrt{R \int_{-\infty}^{\infty} \frac{1}{R} u^2(t) dt}$$

$$= \sqrt{R \int_{-\infty}^{\infty} P(t) dt} = \sqrt{RW} \tag{A.10}$$

mit der im Widerstand umgesetzten elektrischen Leistung P und der Energie W. Die 2-Norm ist hier demnach proportional zur Wurzel aus der elektrischen Energie.

Die Vektorfunktionen

$$\mathbf{f} = [f_1(t), ..., f_n(t)]^T \tag{A.11}$$

mit $f_i \epsilon L_p$ bilden den Raum L_p^n. Für $1 \leq p < \infty$ lautet eine mögliche Norm für diesen Raum:

$$||\mathbf{f}||_p := \left(\sum_{i=1}^{n} (||f_i||_p)^p \right)^{\frac{1}{p}} = \left(\sum_{i=1}^{n} \int_{-\infty}^{\infty} |f_i(t)|^p dt \right)^{\frac{1}{p}} \tag{A.12}$$

und entsprechend für $p = \infty$

$$||\mathbf{f}||_\infty := \max_{i=1,...,n} ||f_i||_\infty \tag{A.13}$$

Nicht zu verwechseln mit den Funktionennormen sind die Normen gewöhnlicher komplexwertiger Vektoren, wie z.B.:

$$||\mathbf{x}||_k := \left(\sum_{i=1}^{n} |x_i|^k \right)^{\frac{1}{k}} \tag{A.14}$$

Für $k = 2$ ergibt sich die *euklidische Vektornorm*, die, um der Verwechslungsgefahr vorzubeugen, mit einfachen Betragsstrichen gekennzeichnet werden soll:

$$|\mathbf{x}| := \sqrt{\sum_{i=1}^{n} |x_i|^2} \tag{A.15}$$

Definition A.3 *Ein Operator T auf einem linearen Raum X heisst linear, wenn für beliebige $x, y \epsilon X$ und komplexe Zahlen a, b gilt:*

$$T(ax + by) = a\,Tx \;+\; b\,Ty \tag{A.16}$$

Dabei ist $Tx := T(x)$.

Definition A.4 *Ein Operator T auf einem normierten Raum X heisst beschränkt, wenn eine reelle Zahl c existiert, so dass für alle $x \epsilon X$ gilt:*

$$||Tx|| \leq c\,||x|| \tag{A.17}$$

Die kleinste derartige Schranke heisst Operatornorm und wird mit $||T||$ bezeichnet:

$$||Tx|| \leq ||T||\;||x|| \tag{A.18}$$

Für $T\,0 = 0$ lässt sich die Operatornorm offensichtlich nach

$$||T|| = \sup_{x \neq 0} \frac{||Tx||}{||x||} \tag{A.19}$$

bestimmen.

Mit den jetzt bekannten Definitionen soll nun noch ein spezieller und für die Praxis besonders wichtiger Fall behandelt werden. Gegeben sei der Raum L_2^n der Vektorfunktionen gemäß (A.11) mit der zugehörigen Norm für $p = 2$ nach Gleichung (A.12). Interpretiert man eine solche Vektorfunktion als Signalvektor am Ein- oder Ausgang eines Systems, so stellt die 2-Norm ein Maß für den Energieinhalt des Signalvektors dar. Der Operator, der einen Signalvektor auf einen anderen abbildet, ist bei linearen Systemen die Übertragungsmatrix $\mathbf{G}(j\omega)$. Die Abbildung eines Eingangsvektors $\mathbf{x}$ auf einen Ausgangsvektor $\mathbf{y}$ erfolgt im Frequenzbereich durch Multiplikation des Eingangsvektors mit der Übertragungsmatrix: $\mathbf{y} = \mathbf{G}\mathbf{x}$. Es lässt sich zeigen, dass auf dem durch die 2-Norm normierten Raum L_2^n die zum Operator $\mathbf{G}$ gehörende Operatornorm nach Definition A.4 die ∞-Norm der Übertragungsmatrix $||\mathbf{G}(j\omega)||_\infty$ ist. Für diese Norm kann man wiederum die folgenden Zusammenhänge herleiten:

$$||\mathbf{G}(j\omega)||_\infty = \sup_{\mathbf{x} \neq \mathbf{0}} \frac{||\mathbf{y}||_2}{||\mathbf{x}||_2} \tag{A.20}$$

$$= \sup_{\omega} \bar{\sigma}\left\{\mathbf{G}(j\omega)\right\} \tag{A.21}$$

$$= \sup_{\omega} \sup_{\mathbf{x} \neq \mathbf{0}} \frac{|\mathbf{G}(j\omega)\mathbf{x}|}{|\mathbf{x}|} \tag{A.22}$$

$$= \sup_{\omega} \sqrt{\lambda_{max}\left\{\bar{\mathbf{G}}(j\omega)^T \mathbf{G}(j\omega)\right\}} \tag{A.23}$$

Gleichung (A.20) spiegelt das schon gesagte wider: $\mathbf{x}$ ist die Vektorfunktion am Eingang des Systems, $\mathbf{y}$ die Vektorfunktion am Ausgang und $\mathbf{G}$ der zugehörige Operator. Gleichung (A.20) entspricht damit gerade Gleichung (A.19). Die ∞-Norm einer Übertragungsmatrix kennzeichnet demnach das maximal mögliche Übertragungsverhältnis von Eingangs- zu Ausgangsenergie des Systems. $\bar{\sigma}\{\mathbf{G}(j\omega)\}$ in Gleichung (A.21) ist der maximale *singuläre Wert* der Matrix $\mathbf{G}(j\omega)$, der auch als *Spektralnorm* bezeichnet wird. Die ∞-Norm ist damit die maximal mögliche Spektralnorm über alle Frequenzen ω. Die Spektralnorm einer Matrix kennzeichnet laut (A.22) wiederum das maximal mögliche Betrags-Übertragungsverhältnis zwischen Ein- und Ausgangsvektor der Matrix $\mathbf{G}(j\omega)$ bei einer festen Frequenz ω. Damit ist die Spektralnorm wegen (A.19) aber gerade die Operatornorm des Operators $\mathbf{G}$ auf dem durch die euklidische Vektornorm normierten gewöhnlichen Vektorraum. Der Unterschied zwischen Gleichung (A.20) und (A.22) ist, dass in die 2-Norm der gesamte integrierte Signalverlauf eingeht, während in (A.22) nur der Betrag des zu einem einzigen Zeitpunkt anliegenden Vektors gebildet wird. Da die Spektralnorm das maximale Betrags-Übertragungsverhältnis für eine ganz bestimmte Frequenz ω ist und andererseits für die ∞-Norm das Maximum über alle Frequenzen gebildet werden muss, folgt aus Gleichung (A.22) weiterhin, dass die ∞-Norm hinsichtlich der euklidischen Vektornorm den größtmöglichen Übertragungsfaktor darstellt, der bei dem gegebenen System überhaupt auftreten kann. Berechnen lässt sich die Spektralnorm und damit auch die ∞-Norm gemäß (A.23) aus dem maximalen Eigenwert λ_{max} des Produktes aus der Matrix mit ihrer konjugiert komplex Transponierten.

Aus Gleichung (A.22) lässt sich für Eingrößenstrecken sofort der einfache Zusammenhang

$$||G(j\omega)||_\infty = \sup_\omega |G(j\omega)| < \infty \tag{A.24}$$

ableiten. Hier ist die ∞-Norm also gerade der maximale Abstand der Ortskurve vom Ursprung. Da dieser Wert nach Definition A.4 endlich sein muss, darf die Übertragungsfunktion keine Pole auf der imaginären Achse besitzen.

Bei nichtlinearen Systemen ist zu berücksichtigen, dass der Ausgangsvektor $\mathbf{y}$ nicht mehr wie bei linearen Systemen durch eine Multiplikation des Eingangsvektors mit einer Übertragungsmatrix gebildet wird, sondern eine nichtlineare Funktion des Eingangsvektors und gegebenenfalls seiner Ableitungen ist: $\mathbf{y} = \mathbf{f}(\mathbf{x}, \dot{\mathbf{x}}, ...)$. Die Gleichungen (A.21) und (A.23) sind daher auf nichtlineare Systeme nicht übertragbar, so dass sich für die ∞-Norm nur die folgenden Zusammenhänge ergeben:

$$||\mathbf{f}||_\infty = \sup_{\mathbf{x}\neq\mathbf{0}} \frac{|\mathbf{y}|}{|\mathbf{x}|} = \sup_{\mathbf{x}\neq\mathbf{0}} \frac{||\mathbf{y}||_2}{||\mathbf{x}||_2} \tag{A.25}$$

Die Supremumbildung beinhaltet dabei nicht nur die Supremumbildung über alle $\mathbf{x} \neq 0$, sondern auch über alle Ableitungen von $\mathbf{x}$.

Interessant ist, dass sich nun auch eine verallgemeinerte Fassung der Übertragungsstabilität (BIBO-Stabilität) angeben lässt:

Definition A.5 *Ein System mit der Eingangsgröße x und der Ausgangsgröße y heisst L_p-stabil, wenn die p-Norm der Ausgangsgröße durch die p-Norm der Eingangsgröße beschränkt ist ($0 \leq c < \infty$):*

$$||y||_p \leq c \, ||x||_p \qquad \textit{für alle } x \tag{A.26}$$

Dabei ist diese Definition strenger als die der BIBO-Stabilität. Dort musste bei einem beschränkten Eingangssignal das Ausgangssignal lediglich ebenfalls beschränkt sein. Bei einem L_p-stabilen System muss darüber hinaus bei verschwindendem Eingangssignal das Ausgangssignal ebenfalls verschwinden. Offensichtlich ist Def. A.5 gleichbedeutend mit der Forderung, dass die Norm des das System charakterisierenden Operators beschränkt ist:

$$||T|| \leq c < \infty \qquad \text{mit } y = Tx \tag{A.27}$$

$|| \bullet ||$ ist dabei die zur obigen p-Norm gehörende Operatornorm.

Demnach garantiert ein endlicher Wert für die ∞-Norm bei linearen Systemen nach Gleichung (A.20) L_2-Stabilität und nach Gleichung (A.22) auch die einfache BIBO-Stabilität. Dasselbe gilt für nichtlineare Systeme nach Gleichung (A.25).

A.4 Die Ljapunov-Gleichung

Satz A.6 *Es sei* $\mathbf{Q}$ *eine symmetrische, positiv definite Matrix. Dann ist die Lösung* $\mathbf{P}$ *der Ljapunov-Gleichung*

$$\mathbf{A}^T\mathbf{P} + \mathbf{P}\mathbf{A} = -\mathbf{Q} \tag{A.28}$$

genau dann positiv definit, wenn die Matrix $\mathbf{A}$ *ausschließlich Eigenwerte mit negativem Realteil aufweist.*

Beweis (vgl. [81]): Zunächst soll vorausgesetzt werden, dass $\mathbf{A}$ ausschließlich Eigenwerte mit negativem Realteil aufweist. Daraus ist die positive Definitheit von $\mathbf{P}$ zu folgern. $\mathbf{x}$ sei ein Zustandsvektor des Systems

$$\dot{\mathbf{x}} = \mathbf{A}\mathbf{x} \tag{A.29}$$

Weiterhin gilt unter Verwendung von (A.28):

$$\begin{aligned}\frac{\partial}{\partial t}(\mathbf{x}^T\mathbf{P}\mathbf{x}) &= \dot{\mathbf{x}}^T\mathbf{P}\mathbf{x} + \mathbf{x}^T\mathbf{P}\dot{\mathbf{x}} \\ &= \mathbf{x}^T\mathbf{A}^T\mathbf{P}\mathbf{x} + \mathbf{x}^T\mathbf{P}\mathbf{A}\mathbf{x} = -\mathbf{x}^T\mathbf{Q}\mathbf{x}\end{aligned} \tag{A.30}$$

Die Integration dieser Gleichung liefert

$$\mathbf{x}^T(\infty)\mathbf{P}\mathbf{x}(\infty) - \mathbf{x}^T(0)\mathbf{P}\mathbf{x}(0) = -\int_0^\infty \mathbf{x}^T(t)\mathbf{Q}\mathbf{x}(t)dt \tag{A.31}$$

Da $\mathbf{A}$ ausschließlich Eigenwerte mit negativem Realteil aufweist, ist das System (A.29) stabil im Ljapunovschen Sinne, d.h. der Zustandsvektor $\mathbf{x}$ konvergiert aus jedem Anfangszustand gegen Null: $\mathbf{x}(\infty) = \mathbf{0}$. Zudem gilt wegen der positiven Definitheit von $\mathbf{Q}$

$$\mathbf{x}^T\mathbf{Q}\mathbf{x} > 0 \tag{A.32}$$

für alle $\mathbf{x}$. Insgesamt wird damit aus (A.31)

$$\mathbf{x}^T(0)\mathbf{P}\mathbf{x}(0) = \int_0^\infty \mathbf{x}^T(t)\mathbf{Q}\mathbf{x}(t)dt > 0 \tag{A.33}$$

Da diese Ungleichung für jeden Anfangszustand $\mathbf{x}(0)$ erfüllt ist, muss auch $\mathbf{P}$ positiv definit sein.

In anderer Richtung wird nun die positive Definitheit von $\mathbf{P}$ vorausgesetzt. Daraus ist zu folgern, dass $\mathbf{A}$ ausschließlich Eigenwerte mit negativem Realteil besitzt. Zunächst lässt sich für das System (A.29) eine Ljapunov-Funktion

$$V(\mathbf{x}) = \mathbf{x}^T\mathbf{P}\mathbf{x} \tag{A.34}$$

angeben, die wegen der positiven Definitheit von $\mathbf{P}$ sicher ebenfalls positiv definit ist. Für die Ableitung dieser Ljapunov-Funktion gilt mit (A.30)

$$\dot{V}(\mathbf{x}) = -\mathbf{x}^T \mathbf{Q} \mathbf{x} \tag{A.35}$$

Diese Ableitung ist wegen der positiven Definitheit von $\mathbf{Q}$ sicherlich negativ definit. Daraus folgt die Stabilität des Systems (A.29) und damit wiederum die Tatsache, dass $\mathbf{A}$ ausschließlich Eigenwerte mit negativem Realteil aufweist.

A.5 Die Lie-Ableitung

Definition A.7 *Gegeben sei die skalarwertige Funktion* $\lambda(\mathbf{x})$ *des Vektors* $\mathbf{x} = [x_1, ..., x_n]^T$ *sowie die Vektorfunktion* $\mathbf{f}(\mathbf{x}) = [f_1(\mathbf{x}), ..., f_n(\mathbf{x})]^T$. *Die Lie-Ableitung von* $\lambda(\mathbf{x})$ *entlang* $\mathbf{f}(\mathbf{x})$ *ist definiert als die skalarwertige Funktion*

$$L_{\mathbf{f}}\lambda(\mathbf{x}) = \sum_{i=1}^{n} \frac{\partial \lambda(\mathbf{x})}{\partial x_i} f_i(\mathbf{x}) \tag{A.36}$$

Definition A.8 *Die wiederholte Lie-Ableitung zunächst entlang* $\mathbf{f}(\mathbf{x})$ *und dann entlang* $\mathbf{g}(\mathbf{x})$ *ist definiert zu*

$$\begin{aligned} L_{\mathbf{g}}L_{\mathbf{f}}\lambda(\mathbf{x}) &= \frac{\partial (L_{\mathbf{f}}\lambda(\mathbf{x}))}{\partial \mathbf{x}} \mathbf{g}(\mathbf{x}) \\ &= \left(\frac{\partial}{\partial \mathbf{x}} \sum_{i=1}^{n} \frac{\partial \lambda(\mathbf{x})}{\partial x_i} f_i(\mathbf{x}) \right) \mathbf{g}(\mathbf{x}) \\ &= \sum_{i=1}^{n} \left\{ \frac{\partial}{\partial x_i} \left[\sum_{i=1}^{n} \frac{\partial \lambda(\mathbf{x})}{\partial x_i} f_i(\mathbf{x}) \right] \right\} g_i(\mathbf{x}) \end{aligned} \tag{A.37}$$

Definition A.9 *Die* k*-fache Lie-Ableitung von* $\lambda(\mathbf{x})$ *entlang* $\mathbf{f}(\mathbf{x})$ *ist die skalarwertige Funktion* $L_{\mathbf{f}}^k\lambda(\mathbf{x})$, *die als Rekursionsbeziehung definiert ist durch*

$$L_{\mathbf{f}}^k\lambda(\mathbf{x}) = L_{\mathbf{f}}L_{\mathbf{f}}^{k-1}\lambda(\mathbf{x}) \tag{A.38}$$

mit $L_{\mathbf{f}}^0\lambda(\mathbf{x}) = \lambda(\mathbf{x})$.

A.6 Positiv reelle Systeme

Je nach Dimension und Beschreibungsform des Systems kann einer der folgenden Sätze herangezogen werden, um zu bestimmen, ob das vorliegende System (streng) positiv reell ist. Auf den Beweis der Sätze soll hier verzichtet werden.

Satz A.10 *Ein lineares Eingrößensystem ist genau dann streng positiv reell, wenn seine Übertragungsfunktion nur Pole mit negativem Realteil aufweist und* $Re(G(j\omega)) > 0$ *für* $\omega \geq 0$ *gilt.*

Ein Mehrgrößensystem mit quadratischer Übertragungsmatrix $\mathbf{G}(s)$ *ist genau dann streng positiv reell, wenn die Elemente* $G_{ij}(s)$ *der Matrix ausschließlich Polstellen mit negativem Realteil aufweisen und außerdem die hermitesche Matrix*

$$\mathbf{H}(j\omega) = \frac{1}{2}(\mathbf{G}(j\omega) + \bar{\mathbf{G}}^T(j\omega)) \tag{A.39}$$

für alle $\omega \geq 0$ *positiv definit ist, d.h. ausschließlich positive Eigenwerte aufweist.*

Wegen der negativen Realteile der Pole aller Teilübertragungsfunktionen ist jede einzelne Übertragungsfunktion und damit das gesamte System stabil. Die Stabilität eines Systems ist demnach eine Voraussetzung dafür, dass es auch streng positiv reell ist.

Satz A.11 *Ein durch*

$$\begin{aligned} \dot{\mathbf{x}} &= \mathbf{A}\mathbf{x} + \mathbf{B}\mathbf{u} \\ \mathbf{y} &= \mathbf{C}\mathbf{x} + \mathbf{D}\mathbf{u} \end{aligned} \tag{A.40}$$

gegebenes lineares System ist genau dann streng positiv reell, wenn die folgenden Bedingungen erfüllt sind:

- *Das lineare System muss vollständig steuer- und beobachtbar sein.*
- *Es muss Matrizen* $\mathbf{L}$, $\mathbf{P}$ *und* $\mathbf{V}$ *geeigneter Dimension geben mit*

$$\mathbf{A}^T\mathbf{P} + \mathbf{P}\mathbf{A} = -\mathbf{L}\mathbf{L}^T \tag{A.41}$$

$$\mathbf{L}\mathbf{V} = \mathbf{C}^T - \mathbf{P}\mathbf{B} \tag{A.42}$$

$$\mathbf{D} + \mathbf{D}^T = \mathbf{V}^T\mathbf{V} \tag{A.43}$$

- $grad(\mathbf{L}) = grad(\mathbf{A}) = n$
- $\mathbf{P}$ *ist symmetrisch und positiv definit:* $\mathbf{P} = \mathbf{P}^T$ *und* $\mathbf{P} > 0$

Anmerkung: Aus $grad(\mathbf{L}) = n$ folgt hier, dass $\mathbf{L}\mathbf{L}^T$ eine symmetrische, positiv definite Matrix ist. Weiterhin ist $\mathbf{P}$ nach Voraussetzung ebenfalls positiv definit. Damit folgt aus (A.41) und Satz A.6, dass $\mathbf{A}$ nur Eigenwerte mit negativem Realteil aufweist. Auch aus diesem Satz lässt sich also ableiten, dass die Stabilität eine Voraussetzung dafür ist, dass das System positiv reell ist.

A.7 Lineare Matrixungleichungen

Die Darstellung in diesem Abschnitt folgt im wesentlichen der Darstellung in [169].

Das Grundproblem in der Theorie der linearen Matrixungleichungen (linear matrix inequalities, LMI's) kann folgendermaßen formuliert werden: Gegeben sei eine symmetrische Matrix, deren Koeffizienten affin von gewissen freien Parametern abhängen. Kann man diese freien Parameter dann so wählen, dass die symmetrische Matrix negativ definit wird, d.h. ausschließlich negative Eigenwerte besitzt?

Dabei ist eine affine Funktion eines Parameters α definiert durch $f(\alpha) = a\alpha + b$, wobei a und b Konstanten sind. Eine affine Funktion ist demnach eine lineare Funktion, erweitert um einen konstanten Anteil.

Mit $\mathbf{x}$ als Vektor der freien Parameter und $\mathbf{F}(\mathbf{x})$ als symmetrische Matrix, deren Koeffizienten affin von den freien Parametern abhängen, lässt sich das Grundproblem auch anders definieren: Existiert ein Vektor $\mathbf{x}$, für den

$$\mathbf{F}(\mathbf{x}) < 0 \tag{A.44}$$

gilt?

Wegen der Affinität der Matrixfunktion $\mathbf{F}(\mathbf{x})$ ist die Lösungsmenge für $\mathbf{x}$ immer konvex. Und dies ist der entscheidende Grund dafür, dass die Lösbarkeitsfrage mittels passender nummerischer Algorithmen vollständig behandelt werden kann. Ein Beispiel dafür ist die Matlab LMI-Toolbox, mit deren Hilfe zum einen die Frage beantwortet werden kann, ob überhaupt eine Lösung $\mathbf{x}$ des Problems existiert, und die dann, sofern eine Lösung existiert, eine solche Lösung auch berechnet.

Die Aufgabe reduziert sich mit einem derartigen Tool darauf, ein vorhandenes Problem in die Form der Gleichung (A.44) zu bringen. Dabei sollen die folgenden Bemerkungen helfen:

- Eine LMI der Form $\mathbf{G}(\mathbf{x}) > 0$ ist zu (A.44) mit $\mathbf{G} = -\mathbf{F}$ äquivalent.
- Bei der Matrixungleichung $\mathbf{A}^T\mathbf{P} + \mathbf{P}\mathbf{A} + \mathbf{Q} < 0$ mit der gesuchten Matrix $\mathbf{P}$ lässt sich $\mathbf{F}(\mathbf{x}) = \mathbf{A}^T\mathbf{P} + \mathbf{P}\mathbf{A} + \mathbf{Q}$ setzen. Die Koeffizienten von $\mathbf{P}$ bilden dabei den Vektor $\mathbf{x}$ der gesuchten Paramter. Offensichtlich sind die Koeffizienten von $\mathbf{F}$ affin von diesen Parametern abhängig. Um die Symmetrie von $\mathbf{F}$ zu gewährleisten, müssen aber $\mathbf{P}$ und $\mathbf{Q}$ symmetrisch sein.
- Die Negativität einer Blockmatrix lässt sich mittels der Negativität ihrer Blöcke charakterisieren:

$$\begin{aligned} \begin{pmatrix} \mathbf{A} & \mathbf{C} \\ \mathbf{C}^T & \mathbf{B} \end{pmatrix} < 0 &\Leftrightarrow \mathbf{A} < 0 \quad \text{und} \quad \mathbf{B} - \mathbf{C}^T\mathbf{A}^{-1}\mathbf{B} < 0 \\ &\Leftrightarrow \mathbf{B} < 0 \quad \text{und} \quad \mathbf{A} - \mathbf{C}\mathbf{B}^{-1}\mathbf{C}^T < 0 \end{aligned} \tag{A.45}$$

  Die Ausdrücke $\mathbf{B} - \mathbf{C}^T\mathbf{A}^{-1}\mathbf{B}$ und $\mathbf{A} - \mathbf{C}\mathbf{B}^{-1}\mathbf{C}^T$ werden als *Schur-Komplemente* der Blockmatrix bezüglich der Blöcke $\mathbf{A}$ und $\mathbf{B}$ bezeichnet.

Mit Hilfe der Schur-Komplemente lässt sich beispielsweise die *Riccati-Ungleichung*

$$\mathbf{A}^T\mathbf{P} + \mathbf{PA} - \mathbf{PBB}^T\mathbf{P} + \mathbf{Q} < \mathbf{0}, \tag{A.46}$$

die keine affine, sondern wegen des dritten Summanden eine quadratische Ungleichung für die gesuchte Matrix $\mathbf{P}$ darstellt und damit zunächst nicht als lineare Matrixungleichung behandelt werden kann, in eine (A.44) entsprechende Form bringen:

$$\begin{pmatrix} \mathbf{A}^T\mathbf{P} + \mathbf{PA} + \mathbf{Q} & \mathbf{PB} \\ \mathbf{B}^T\mathbf{P} & -\mathbf{I} \end{pmatrix} < \mathbf{0} \tag{A.47}$$

Bei dieser Form hängen die einzelnen Koeffizienten der Matrix offensichtlich nur noch affin von den Koeffizienten von $\mathbf{P}$ ab.

Setzt man in Gleichung (A.45) $\mathbf{C} = \mathbf{0}$, so folgt daraus, dass eine blockdiagonale Matrix genau dann negativ definit ist, wenn dies für jeden einzelnen Ihrer Blöcke zutrifft.

Damit lässt sich wiederum das System endlich vieler linearer Matrixungleichungen

$$\mathbf{F}_1(\mathbf{x}) < \mathbf{0} \quad ,..., \quad \mathbf{F}_n(\mathbf{x}) < \mathbf{0} \tag{A.48}$$

mit $\mathbf{F}(\mathbf{x}) = \text{diag}(\mathbf{F}_1(\mathbf{x}), ..., \mathbf{F}_n(\mathbf{x}))$ auf die Form (A.44) bringen.

Insbesondere das System aus Ungleichungen

$$\mathbf{A}_i^T\mathbf{P} + \mathbf{PA}_i < \mathbf{0} \qquad \text{mit} \quad i = 1, ..., n \tag{A.49}$$

für eine gesuchte Matrix $\mathbf{P}$ lässt sich sehr einfach auf die Form (A.44) bringen:

$$\begin{pmatrix} \mathbf{A}_1^T\mathbf{P} + \mathbf{PA}_1 & & \\ & \cdots & \\ & & \mathbf{A}_n^T\mathbf{P} + \mathbf{PA}_n \end{pmatrix} < \mathbf{0} \tag{A.50}$$

Die Lösungsmengen von (A.49) und (A.50) sind nach dem vorher gesagten offensichtlich äquivalent.

Literaturverzeichnis

1. J. Ackermann. *Abtastregelung, Band I: Analyse und Synthese.* Springer-Verlag, Berlin, 1983.
2. M. A. Aisermann und F. R. Gantmacher. *Die absolute Stabilität von Regelsystemen.* Oldenbourg-Verlag, München, 1965.
3. T. Azuma, R. Watanabe, K. Uchida und M. Fujita. A New LMI Approach to Analysis of Linear Systems Depending on Scheduling Parameter in Polynomial Forms. *Automatisierungstechnik*, 48:199–204, 2000.
4. R. Babuska und H. B. Verbruggen. Fuzzy Modeling and Model-Based Control for Nonlinear Systems. In M. Jamshidi, A. Titli, S. Boverie und L. A. Zadeh, Hrsg., *Applications of Fuzzy Logic: Towards High Machine Intelligence Quotient Systems*, pages 49–74. Prentice Hall, New Jersey, 1997.
5. T. Bäck. *Evolutionary Algorithms in Theory and Practice.* Oxford University Press, New York, 1996.
6. A. G. Barto. Reinforcement Learning and Adaptive Critic Methods. In D. A. White und D. A. Sofge, Hrsg., *Handbook of Intelligent Control. Neural, Fuzzy, and Adaptive Approaches*, pages 469–491. Van Nostrand Reinhold, New York, 1992.
7. A. G. Barto, R. S. Sutton und C. W. Anderson. Neuronlike Adaptive Elements That Can Solve Difficult Learning Control Problems. *IEEE Transactions on Systems, Man, and Cybernetics*, 13:834–846, 1983.
8. R. E. Bellmann. *Dynamic Programming.* Princeton University Press, Princeton, NJ, 1957.
9. H. R. Berenji und P. Khedkar. Learning and Tuning Fuzzy Logic Controllers through Reinforcements. *IEEE Transactions on Neural Networks*, 3:724–740, 1992.
10. R. Berstecher, R. Palm und H. Unbehauen. Entwurf eines adaptiven robusten Fuzzy sliding-mode-Reglers, Teil 1. *Automatisierungstechnik*, 47:549–555, 1999.
11. R. Berstecher, R. Palm und H. Unbehauen. Entwurf eines adaptiven robusten Fuzzy sliding-mode-Reglers, Teil 2. *Automatisierungstechnik*, 47:600–605, 1999.
12. R. Berstecher, R. Palm und H. Unbehauen. Entwurf eines adaptiven robusten Fuzzy sliding-mode-Reglers, Teil 3. *Automatisierungstechnik*, 48:35–41, 2000.
13. D. P. Bertsekas. *Dynamic Programming.* Prentice-Hall, Englewood Cliffs, NJ, 1987.
14. D. P. Bertsekas. *Dynamic Programming and Optimal Control.* Athena Scientific, Belmont, MA, 1995.
15. J. C. Bezdek. *Pattern Recognition with Fuzzy Objective Function Algorithms.* Plenum Press, New York, 1981.
16. J. C. Bezdek. Fuzzy Models - What Are They, and Why? *IEEE Transactions on Fuzzy Systems*, 1:1–5, 1993.

17. H. H. Bock. Clusteranalyse mit unscharfen Partitionen. In H. H. Bock, Hrsg., *Klassifikation und Erkenntnis: Vol. III: Numerische Klassifikation*, pages 137–163. INDEKS, Frankfurt, 1979.
18. J. Böcker, I. Hartmann und C. Zwanzig. *Nichtlineare und adaptive Regelungssyteme.* Springer-Verlag, Berlin, 1986.
19. H. W. Bode. *Network Analysis and Feedback Amplifier Design.* D. van Nostrand, Princeton/New Jersey, 1945.
20. R. Böhm und V. Krebs. Ein Ansatz zur Stabilitätsanalyse und Synthese von Fuzzy-Regelungen. *Automatisierungstechnik*, 41:288–293, 1993.
21. H.-H. Bothe. *Neuro-Fuzzy-Methoden.* Springer-Verlag, Berlin, 1997.
22. M. Braae und D. L. Rutherford. Theoretical and Linguistic Aspects of the Fuzzy Logic Controller. *Automatica*, 15:553–577, 1979.
23. R. Brause. *Neuronale Netze, 2. überarbeitete und erweiterte Auflage.* Teubner-Verlag, Stuttgart, 1995.
24. I. N. Bronstein und K. A. Semendjajew. *Taschenbuch der Mathematik.* Verlag Harri Deutsch, Frankfurt/Main, 1983.
25. H. Bühler. Stabilitätsuntersuchung von Fuzzy-Reglern. In *VDI-Berichte 1113*, pages 309–318. VDI-Verlag GmbH, Düsseldorf, 1994.
26. D. Butnariu und E.-P. Klement. *Triangular Norm-Based Measures and Games with Fuzzy Coalitions.* Kluwer Academic Publishers, Dordrecht, Netherlands, 1993.
27. S. G. Cao, N. W. Rees und G. Feng. Stability Analysis of Fuzzy Control Systems. *IEEE Transactions on Systems, Man, and Cybernetics - Part B: Cybernetics*, 26:201–204, 1996.
28. Y.-Y. Cao und P. M. Frank. Analysis and Synthesis of Nonlinear Time-Delay Systems via Fuzzy Control Approach. *IEEE Transactions on Fuzzy Systems*, 8:200–211, 2000.
29. Y.-Y. Cao und P. M. Frank. Robust H_∞ Disturbance Attenuation for a Class of Uncertain Discrete-Time Fuzzy Systems. *IEEE Transactions on Fuzzy Systems*, 8:406–415, 2000.
30. Y. Chen. Stability Analysis of Fuzzy Control - A Lyapunov Approach. *IEEE*, 1987.
31. Y. Y. Chen und T. C. Tsao. A Description of the Dynamical Behavior of Fuzzy Systems. *IEEE Transactions on Systems, Man, and Cybernetics*, 19:745–755, 1989.
32. O. Cordon, F. Herrera, F. Hoffmann und L. Magdalena. *Genetic Fuzzy Systems: Evolutionary Tuning and Learning of Fuzzy Knowledge Bases.* Advances in Fuzzy Systems. World Scientific Publishing, Singapore, 2001.
33. L. Cremer. Ein neues Verfahren zur Beurteilung der Stabilität linearer Regelsysteme. *Zeitschrift für angewandte Mathematik und Mechanik*, 25(27):161, 1947.
34. R. N. Davé. Characterization and Detection of Noise in Clustering. *Pattern Recognition Letters*, 12:406–414, 1991.
35. J. V. de Oliveira und J. M. Lemos. Long-range predictive adaptive fuzzy relational control. *Fuzzy Sets and Systems*, 70:337–357, 1995.
36. J. C. Doyle, B. A. Francis und A. R. Tannenbaum. *Feedback Control Theory.* Macmillan, New York, 1992.
37. J. C. Doyle, K. Glover, P. Khargonekar und B. A. Francis. State-Space Solutions to Standard H_2 and H_∞ Control Problems. *IEEE Transactions on Automatic Control*, 34:831–847, 1989.
38. D. Driankov, H. Hellendoorn und M. Reinfrank. *An Introduction to Fuzzy Control.* Springer-Verlag, Berlin, 1993.

39. S. E. Fahlmann. *An empirical study of learning speed in back-propagation networks, Technical Report CMU-CS-88-162.* Carnegie Mellon University, Pittsburgh, PA, 1988.
40. D. P. Filev und P. Angelov. Fuzzy optimal control. *Fuzzy Sets and Systems*, 47:151–156, 1992.
41. D. P. Filev und R. R. Yager. On the analysis of fuzzy logic controllers. *Fuzzy Sets and Systems*, 68:39–66, 1994.
42. K. Fischle und D. Schröder. An Improved Stable Adaptive Fuzzy Control Method. *IEEE Transactions on Fuzzy Systems*, 7:27–40, 1999.
43. O. Föllinger. *Laplace- und Fourier-Transformation.* Elitera-Verlag, Berlin, 1977.
44. O. Föllinger. *Regelungstechnik.* Hüthig-Verlag, Heidelberg, 1992.
45. O. Föllinger. *Nichtlineare Regelungen, Band I.* Oldenbourg-Verlag, München, 1993.
46. O. Föllinger. *Nichtlineare Regelungen, Band II.* Oldenbourg-Verlag, München, 1993.
47. K. Funahashi. On the Approximate Realization of Continuous Mappings by Neural Networks. *Neural Networks*, 2:183–192, 1989.
48. A. E. Gegov und P. M. Frank. Decomposition of multivariable systems for distributed fuzzy control. *Fuzzy Sets and Systems*, 73:329–340, 1995.
49. A. E. Gegov und P. M. Frank. Hierarchical fuzzy control of multivariable systems. *Fuzzy Sets and Systems*, 72:299–310, 1995.
50. A. Gelb und W. E. V. Velde. *Multiple-Input Describing Functions and Nonlinear System Design.* McGraw-Hill, New York, 1968.
51. D. E. Goldberg. *Genetic Algorithms in Search, Optimization and Machine Learning.* Addison-Wesley, Reading, 1989.
52. K. Göldner und S. Kubik. *Mathematische Grundlagen der Systemanalyse.* Verlag Harri Deutsch, Frankfurt/Main, 1983.
53. M. B. Gorzalczany. Interval-valued fuzzy controller based on verbal model of object. *Fuzzy Sets and Systems*, 28:45–53, 1988.
54. W. Hahn. *Stability of Motion.* Springer-Verlag, Berlin, 1967.
55. S. K. Halgamuge und M. Glesner. Neural Networks in Designing Fuzzy Systems for Real World Applications. *Fuzzy Sets and Systems*, 65:1–12, 1994.
56. F. Herrera und L. Magdalena. Genetic Fuzzy Systems. *Tatra Mountains Mathematical Publications*, 13:93–121, 1997.
57. F. Herrera und J. L. Verdegay. *Genetic Algorithms and Soft Computing.* Physica-Verlag, Heidelberg, 1996.
58. T. Hojo, T. Terano und S. Masui. Stability analysis of fuzzy control systems based on phase space analysis. *Japanese Journal of Fuzzy Theory and Systems*, 4:639–654, 1992.
59. J. Hopf und F. Klawonn. Learning the Rule Base of a Fuzzy Controller by a Genetic Algorithm. In R. Kruse, J. Gebhardt und R. Palm, Hrsg., *Fuzzy Systems in Computer Science*, pages 63–74. Vieweg-Verlag, Braunschweig, 1994.
60. F. Höppner, F. Klawonn und R. Kruse. *Fuzzy-Clusteranalyse: Verfahren für die Bilderkennung, Klassifikation und Datenanalyse.* Vieweg-Verlag, Braunschweig, 1997.
61. F. Höppner, F. Klawonn, R. Kruse und T. Runkler. *Fuzzy Cluster Analysis.* Wiley, Chichester, 1999.
62. M. Hornik, M. Stinchcombe und H. White. Multilayer Feedforward Networks Are Universal Approximators. *Neural Networks*, 2:359–366, 1989.
63. C. S. Hsu. A Theory of Cell-to-Cell Mapping Dynamical Systems. *Journal of Applied Mechanics*, 47:931–939, 1980.

64. C. S. Hsu und R. S. Guttalu. An Unravelling Algorithm for Global Analysis of Dynamical Systems: An Application of Cell-to-Cell Mappings. *Journal of Applied Mechanics*, 47:940–948, 1980.
65. A. Hurwitz. Über die Bedingungen, unter welchen eine Gleichung nur Wurzeln mit negativen reellen Teilen besitzt. *Math. Annalen*, 46:273, 1895.
66. G.-C. Hwang und S.-C. Lin. A stability approach to fuzzy control design for nonlinear systems. *Fuzzy Sets and Systems*, 48:279–287, 1992.
67. R. Isermann. *Digitale Regelsysteme, Band I.* Springer-Verlag, Berlin, 1988.
68. R. Isermann. *Digitale Regelsysteme, Band II.* Springer-Verlag, Berlin, 1988.
69. R. Isermann. *Identifikation dynamischer Systeme, Band I.* Springer-Verlag, Berlin, 1992.
70. R. Isermann. *Identifikation dynamischer Systeme, Band II.* Springer-Verlag, Berlin, 1992.
71. A. Isidori. *Nonlinear Control Systems.* Springer-Verlag, Berlin, 1995.
72. J.-S. R. Jang. ANFIS: Adaptive-Network-Based Fuzzy Inference Systems. *IEEE Transactions on Systems, Man, and Cybernetics*, 23:665–685, 1993.
73. C. Jianqin und C. Laijiu. Study on stability of fuzzy closed-loop control systems. *Fuzzy Sets and Systems*, 57:159–168, 1993.
74. J. Joh, Y.-H. Chen und R. Langari. On the Stability Issues of Linear Takagi-Sugeno Fuzzy-Models. *IEEE Transactions on Fuzzy Systems*, 6:402–410, 1998.
75. T. A. Johansen. Fuzzy Model Based Control: Stability, Robustness, and Performance Issues. *IEEE Transactions on Fuzzy Systems*, 2:221–234, 1994.
76. M. Johansson, A. Rantzer und K.-E. Arzen. Piecewise Quadratic Stability of Fuzzy Systems. *IEEE Transactions on Fuzzy Systems*, 7:713–723, 1999.
77. L. P. Kaelbling, M. H. Littman und A. W. Moore. Reinforcement Learning: A Survey. *J. Artificial Intelligence Research*, 4:237–285, 1996.
78. J. Kahlert und H. Frank. *Fuzzy-Logik und Fuzzy-Control (2.Auflage).* Friedr. Vieweg & Sohn Verlagsgesellschaft mbH, Braunschweig, Wiesbaden, 1994.
79. R. E. Kalman. On the General Theory of Control Systems. In *Proc. 1st International Congress on Automatic Control 1960, Bd. 1*, pages 481–492, London. Butterworths, 1961.
80. H. Kang. Stability and Control of Fuzzy Dynamic Systems via Cell-State Transitions in Fuzzy Hypercubes. *IEEE Transactions on Fuzzy Systems*, 1:267–279, 1993.
81. H. Kiendl. Totale Stabilität von linearen Regelungssystemen bei ungenau bekannten Parametern der Regelstrecke. *Automatisierungstechnik*, 33:379–386, 1985.
82. H. Kiendl. Robustheitsanalyse von Regelungssystemen mit der Methode der konvexen Zerlegung. *Automatisierungstechnik*, 35:192–202, 1987.
83. H. Kiendl und J. Rüger. Verfahren zum Entwurf und Stabilitätsnachweis von Regelungssystemen mit Fuzzy-Reglern. *Automatisierungstechnik*, 41:138–144, 1993.
84. H. Kiendl und J. Rüger. Stability analysis of fuzzy control systems using facet functions. *Fuzzy Sets and Systems*, 70:275–285, 1995.
85. E. Kim und H. Lee. New Approaches to Relaxed Quadratic Stability Condition of Fuzzy Control Systems. *IEEE Transactions on Fuzzy Systems*, 8:523–534, 2000.
86. J. Kinzel, F. Klawonn und R. Kruse. Modifications of Genetic Algorithms for Designing and Optimizing Fuzzy Controllers. In *Proc. IEEE Conference on Evolutionary Computation*, pages 28–33, Orlando, FL. 1994.
87. K. Kiriakidis. Fuzzy Model-Based Control of Complex Plants. *IEEE Transactions on Fuzzy Systems*, 6:517–530, 1998.

88. F. Klawonn. On a Lukasiewicz Logic Based Controller. In *MEPP'92 International Seminar on Fuzzy Control through Neural Interpretations of Fuzzy Sets, Reports on Computer Science & Mathematics, Ser. B No 14*, pages 53–56, Turku. Åbo Akademi, 1992.
89. F. Klawonn. Fuzzy sets and vague environments. *Fuzzy Sets and Systems*, 66:207–221, 1994.
90. F. Klawonn und J. L. Castro. Similarity in Fuzzy Reasoning. *Mathware and Soft Computing*, 2:197–228, 1995.
91. F. Klawonn und V. Novák. The Relation between Inference and Interpolation in the Framework of Fuzzy Systems. *Fuzzy Sets and Systems*, 81:331–354, 1996.
92. T. Kohonen. Self-Organized Formation of Topologically Correct Feature Maps. *Biological Cybernetics*, 43:59–69, 1982.
93. B. Kosko, Hrsg. *Neural Networks for Signal Processing*. Prentice Hall, Englewood Cliffs, NJ, 1992.
94. H.-J. Kowalsky und G. O. Michler. *Lineare Algebra, 10. Auflage*. de Gruyter, Berlin, 1995.
95. R. Krishnapuram. Fitting an Unknown Number of Lines and Planes to Image Data Through Compatible Cluster Merging. *Pattern Recognition*, 25:385–400, 1992.
96. R. Krishnapuram. A Possibilistic Approach to Clustering. *IEEE Transactions on Fuzzy Systems*, 1:98–110, 1993.
97. R. Kruse, J. Gebhardt und F. Klawonn. *Fuzzy-Systeme, 2. erweiterte Auflage*. Teubner-Verlag, Stuttgart, 1995.
98. T. Kuhn und J. Wernstedt. Ein Beitrag zur Lösung von Adaptionsproblemen klassischer Regler mittels optimaler Fuzzy-Logik. *Automatisierungstechnik*, 44:160–170, 1996.
99. J. LaSalle und S. Lefschetz. *Die Stabilitätstheorie von Ljapunow*. Bibliographisches Institut, Mannheim, 1967.
100. A. J. Laub. A Schur Method for Solving Algebraic Riccati Equation. *IEEE Transactions on Automatic Control*, 24:913–921, 1979.
101. C.-H. Lee und S.-D. Wang. A self-organizing adaptive fuzzy controller. *Fuzzy Sets and Systems*, 80:295–313, 1996.
102. M. Lee und H. Takagi. Integrating Design Stages of Fuzzy Systems Using Genetic Algorithms. In *Proc. IEEE Int. Conf. on Fuzzy Systems 1993*, pages 612–617, San Francisco. 1993.
103. S. Lefschetz. *Stability of Nonlinear Control Systems*. Academic Press, New York, 1965.
104. A. Leonhard. Ein neues Verfahren zur Stabilitätsuntersuchung. *Archiv für Elektrotechnik*, 38:17, 1944.
105. W. Leonhard. *Statistische Analyse linearer Regelsysteme*. Teubner-Verlag, Stuttgart, 1973.
106. W. Leonhard. *Einführung in die Regelungstechnik*. Vieweg-Verlag, Braunschweig, 1985.
107. W. Leonhard. *Digitale Signalverarbeitung in der Meß- und Regelungstechnik*. Teubner-Verlag, Stuttgart, 1989.
108. W. Leonhard. *Control of Electrical Drives*. Springer-Verlag, Berlin, 1996.
109. C.-T. Lin. A neural fuzzy control system with structure and parameter learning. *Fuzzy Sets and Systems*, 70:183–212, 1995.
110. C.-T. Lin und C.-C. Lee. *Neural Fuzzy Systems. A Neuro-Fuzzy Synergism to Intelligent Systems*. Prentice Hall, New York, 1996.
111. S. Liu und S. Hu. A method of generating control rule model and its application. *Fuzzy Sets and Systems*, 52:33–37, 1992.

112. M. A. Ljapunov. Problème général de la stabilité du mouvement (Übersetzung aus dem Russischen). *Ann. Fac. Sci.*, 9:203, 1907.
113. L. Ljung. *System Identification - Theory for the User.* Prentice Hall, Englewood Cliffs, New Jersey, 1987.
114. D. G. Luenberger. Observing the State of a Linear System. *IEEE Transactions on Military Electronics*, 8:74–80, 1964.
115. D. G. Luenberger. An Introduction to Observers. *IEEE Transactions on Automatic Control*, 16:596–602, 1971.
116. E. H. Mamdani und S. Assilian. An Experiment in Linguistic Synthesis with a Fuzzy Logic Controller. *International Journal of Man Machine Studies*, 7:1–13, 1975.
117. A. Mayer, B. Mechler, A. Schlindwein und R. Wolke. *Fuzzy Logic.* Addison-Wesley, Bonn, 1993.
118. A. W. Michailow. Die Methode der harmonischen Analyse in der Regelungstheorie (russ.). *Automat. Telemek.*, 3:27, 1938.
119. Z. Michalewicz. *Genetic Algorithms + Data Structures = Evolution Programs.* Springer-Verlag, Berlin, 1996.
120. K. Michels. A model-based fuzzy controller. *Fuzzy Sets and Systems*, 85(2):223–232, 1997.
121. K. Michels. Numerical stability analysis for a fuzzy or neural network controller. *Fuzzy Sets and Systems*, 89(3):335–350, 1997.
122. K. Michels und R. Kruse. Numerical stability analysis for fuzzy control. *International Journal of Approximate Reasoning*, 16(1):3–24, 1997.
123. W. T. Miller, R. S. Sutton und P. J. Werbos, Hrsg. *Neural Networks for Control.* MIT Press, Cambridge, MA, 1990.
124. R. R. Mohler. *Nonlinear Systems, Vol. I, Dynamics and Control.* Prentice Hall, New Jersey, 1991.
125. R. R. Mohler. *Nonlinear Systems, Vol. II, Applications to Bilinear Control.* Prentice Hall, New Jersey, 1991.
126. R. E. Moore. *Interval Analysis.* Prentice Hall, Englewood Cliffs, 1966.
127. R. E. Moore. *Methods and Applications of Interval Analysis.* SIAM, Philadelphia, 1979.
128. K. Müller. *Ein Entwurfsverfahren für selbsteinstellende robuste Regelungen.* Dissertation, Institut für Regelungstechnik, TU Braunschweig, 1991.
129. K. Müller. *Entwurf robuster Regelungen.* Teubner-Verlag, Stuttgart, 1996.
130. N. Muskinja, B. Tovornik und D. Donlagic. How to Design a Discrete Supervisory Controller for Real-Time Fuzzy Control Systems. *IEEE Transactions on Fuzzy Systems*, 5:161–166, 1997.
131. N. N. IEEE Transactions on Automatic Control: Special Issue on Linear-Quadratic-Gaussian Estimation and Control Problem. *IEEE Transactions on Automatic Control*, 16:527–869, 1971.
132. N. N. *FSM - Fuzzy Stability Manager, Handbook.* Transfertech GmbH, Braunschweig, 1996.
133. D. Nauck. NEFCON-I: Eine Simulationsumgebung für Neuronale Fuzzy-Regler. In *1. GI-Workshop Fuzzy-Systeme '93*, Braunschweig. 1993.
134. D. Nauck und F. Klawonn. Neuro-Fuzzy Classification Initialized by Fuzzy Clustering. In *Proc. 4th European Congress on Intelligent Techniques and Soft Computing (EUFIT'96)*, pages 1551–1555, Aachen. 1996.
135. D. Nauck, F. Klawonn und R. Kruse. *Neuronale Netze und Fuzzy-Systeme, 2. erweiterte Auflage.* Vieweg-Verlag, Wiesbaden, 1996.

136. D. Nauck und R. Kruse. A Fuzzy Neural Network Learning Fuzzy Control Rules and Membership Functions by Fuzzy Error Backpropagation. In *Proc. IEEE Int. Conf. on Neural Networks 1993*, pages 1022–1027, San Francisco. 1993.
137. D. Nauck und R. Kruse. NEFCON-I: An X-Window Based Simulator for Neural Fuzzy Controllers. In *Proc. IEEE Int. Conf. Neural Networks 1994 at IEEE WCCI'94*, pages 1638–1643, Orlando, FL. 1994.
138. O. Nelles und M. Fischer. Lokale Linearisierung von Fuzzy-Modellen. *Automatisierungstechnik*, 47:217–223, 1999.
139. V. Nissen. *Einführung in Evolutionäre Algorithmen.* Vieweg-Verlag, Braunschweig, 1997.
140. R. Noisser und E. Bodenstorfer. Zur Stabilitätsanalyse von Fuzzy-Regelungen mit Hilfe der Hyperstabilitätstheorie. *Automatisierungstechnik*, 45:76–83, 1997.
141. H. Nomura, I. Hayashi und N. Wakami. A Learning Method of Fuzzy Inference Rules by Descent Method. In *Proc. IEEE Int. Conf. on Fuzzy Systems 1992*, pages 203–210, San Diego, CA. 1992.
142. A. Nürnberger, D. Nauck und R. Kruse. Neuro-Fuzzy Control Based on the NEFCON-Model. *Soft Computing*, 2(4):182–186, 1999.
143. H. Nyquist. Regeneration Theory. *Bell System Technical Journal*, 11:126, 1932.
144. H.-P. Opitz. *Entwurf robuster, strukturvariabler Regelungssysteme mit der Hyperstabilitätstheorie.* VDI-Verlag GmbH, Düsseldorf, 1984.
145. H.-P. Opitz. Die Hyperstabilitätstheorie - Eine systematische Methode zur Analyse und Synthese nichtlinearer Systeme. *Automatisierungstechnik*, 34:221–230, 1986.
146. H.-P. Opitz. Fuzzy Control. *Automatisierungstechnik*, 41:A21–A24, 1993.
147. R. Ordonez und K. M. Passino. Stable Multi-Input Multi-Output Adaptive Fuzzy/Neural Control. *IEEE Transactions on Fuzzy Systems*, 7:345–353, 1999.
148. R. Palm. Sliding Mode Fuzzy Control. In *Proc. of IEEE International Conference on Fuzzy Systems*, San Diego, CA. IEEE, 1992.
149. C. P. Pappis und G. I. Adamopoulos. A computer algorithm for the solution of the inverse problem of fuzzy systems. *Fuzzy Sets and Systems*, 39:279–290, 1991.
150. Y.-M. Park, U.-C. Moon und K. Y. Lee. A Self-Organizing Fuzzy Controller for Dynamic Systems Using a Fuzzy Auto-Regressive Moving Average (FARMA) Model. *IEEE Transactions on Fuzzy Systems*, 3:75–82, 1995.
151. P. C. Parks und V. Hahn. *Stabilitätstheorie.* Springer-Verlag, Berlin, 1981.
152. W. Pedrycz, Hrsg. *Fuzzy Evolutionary Computation.* Kluwer Academic Publishers, Boston, 1997.
153. W. Pedrycz und H. C. Card. Linguistic Interpretation of Self-Organizing Maps. In *Proc. IEEE Int. Conf. on Fuzzy Systems 1992*, pages 371–378, San Diego, CA. 1992.
154. V. M. Popov. The Solution of a New Stability Problem for Controlled Systems. *Automatic and Remote Control*, 24:1–23, 1963.
155. V. M. Popov. *Hyperstability of Control Systems.* Springer-Verlag, Berlin, 1973.
156. E. P. Popow. *Dynamik automatischer Regelsysteme.* Akademie-Verlag, Berlin, 1958.
157. B. E. Postlethwaite. Building a model-based fuzzy controller. *Fuzzy Sets and Systems*, 79:3–13, 1996.

158. T. J. Procyk und E. H. Mamdani. A Linguistic Self-Organizing Process Controller. *Automatica*, 15:15–30, 1979.
159. M. Riedmiller. *Selbständig lernende neuronale Steuerungen.* VDI-Verlag GmbH, Düsseldorf, 1997.
160. M. Riedmiller und H. Braun. A direct adaptive methode for faster backpropagation learning: The RPROP algorithm. In *Proc. of IEEE Int. Conf. on Neural Networks (ICNN-93)*, pages 586–591, San Francisco CA. 1993.
161. M. Riedmiller, M. Spott und J. Weisbrod. FYNESSE: A hybrid architecture for selflearning control. In I. Cloete und J. Zurada, Hrsg., *Knowledge-Based Neurocomputing*, pages 291–323. MIT Press, Cambridge, 1999.
162. R. Rojas. *Theorie der Neuronalen Netze: Eine systematische Einführung.* Springer-Verlag, Berlin, 1993.
163. E. J. Routh. *Stability of a Given State of Motion.* Adams Prize Essay, London, 1877.
164. J.-J. Rüger. Weiterentwicklung des Konzeptes der Facettenfunktionen zum Reglerentwurf und zur Stabilitätsanalyse. *Automatisierungstechnik*, 44:391–398, 1996.
165. D. E. Rumelhart, G. E. Hinton und R. J. Williams. Learning Internal Representations by Error Propagation. In D. E. Rumelhart und J. L. McClelland, Hrsg., *Parallel Distributed Processing: Explorations in the Microstructures of Cognition. Foundations*, Band 1, pages 318–362. MIT Press, Cambridge, MA, 1986.
166. T. Runkler und M. Glesner. A set of axioms for defuzzification strategies - towards a theory of rational defuzzification operators. In *IEEE International Conference on Fuzzy Systems*, pages 1161–1166, San Francisco. IEEE, 1993.
167. E. Sanchez. Resolution of composite relation equations. *Information and Control*, 30:38–48, 1976.
168. V. N. Sastry, R. N. Tiwari und K. S. Sastri. Dynamic programming approach to multiple objective control problem having deterministic or fuzzy goals. *Fuzzy Sets and Systems*, 57:195–202, 1993.
169. C. W. Scherer. Lineare Matrixungleichungen in der Theorie der robusten Regelung. *Automatisierungstechnik*, 45:306–318, 1997.
170. G. Schmitt und S. Günther. Das Hyperstabilitätskurven-Verfahren als graphisches Frequenzbereichskriterium zur Stabilitätsprüfung nichtlinearer Mehrgrößenregelkreise. *Automatisierungstechnik*, 44:281–288, 1996.
171. M. Schroeder, R. Petersen, F. Klawonn und R. Kruse. Two Paradigms of Automotive Fuzzy Logic Applications. In M. Jamshidi, A. Titli, L. A. Zadeh und S. Boverie, Hrsg., *Applications of Fuzzy Logic - Towards High Machine Intelligence Quotient Systems.* Prentice Hall, Upper Saddle River, 1997.
172. H. Schwarz. *Nichtlineare Regelungssysteme.* Oldenbourg-Verlag, München, 1991.
173. S. Shao. Fuzzy self-organizing controller and its application for dynamic processes. *Fuzzy Sets and Systems*, 26:151–164, 1988.
174. J. T. Spooner und K. M. Passino. Stable Adaptive Control Using Fuzzy Systems and Neural Networks. *IEEE Transactions on Fuzzy Systems*, 4:339–359, 1996.
175. C.-Y. Su und Y. Stepanenko. Adaptive control of a class of nonlinear systems with fuzzy logic. *IEEE Transactions on Fuzzy Systems*, 2:285–294, 1994.
176. M. Sugeno. An Introductory Survey of Fuzzy Control. *Information Sciences*, 36:59–83, 1985.
177. M. Sugeno und T. Yasukawa. A Fuzzy Logic-Based Approach to Qualitative Modelling. *IEEE Transactions on Fuzzy Systems*, 1:7–31, 1993.

178. R. Sutton und I. M. Jess. A design study of a self-organizing fuzzy autopilot for ship control. *Proceedings of the Institution of Mechanical Engineers*, 205:35–47, 1991.
179. T. Takagi und M. Sugeno. Fuzzy Identification of Systems And Its Applications to Modeling and Control. *IEEE Transactions on Systems, Man, and Cybernetics*, 15:116–132, 1985.
180. K. Tanaka, T. Ikeda und H. O. Wang. Robust Stabilization of a Class of Uncertain Nonlinear Systems via Fuzzy Control: Quadratic Stabilizability, H_∞ Control, and Linear Matrix Inequalities. *IEEE Transactions on Fuzzy Systems*, 4:1–13, 1996.
181. K. Tanaka, T. Ikeda und H. O. Wang. Fuzzy Regulators and Fuzzy Observers: Relaxed Stability Conditions and LMI-Based Designs. *IEEE Transactions on Fuzzy Systems*, 6:250–265, 1998.
182. K. Tanaka und M. Sugeno. Stability analysis and design of fuzzy control systems. *Fuzzy Sets and Systems*, 45:135–156, 1992.
183. R. Tanscheit und E. M. Scharf. Experiments with the use of a rule-based self-organising controller for robotics applications. *Fuzzy Sets and Systems*, 26:195–214, 1988.
184. M. C. M. Teixeira und S. H. Zak. Stabilizing Controller Design for Uncertain Nonlinear Systems Using Fuzzy Models. *IEEE Transactions on Fuzzy Systems*, 7:133–142, 1999.
185. M. A. L. Thathachar und P. Viswanath. On the Stability of Fuzzy Systems. *IEEE Transactions on Fuzzy Systems*, 5:145–151, 1997.
186. C.-S. Ting, T.-H. S. Li und F.-C. Kung. An approach to systematic design of the fuzzy control system. *Fuzzy Sets and Systems*, 77:151–166, 1996.
187. H. Tolle. *Mehrgrößen-Regelkreissynthese, Band I: Grundlagen und Frequenzbereichsverfahren.* Oldenbourg-Verlag, München, 1983.
188. G. M. Trojan, J. B. Kiszka, M. M. Gupta und P. N. Nikiforuk. Solution of multivariable fuzzy equations. *Fuzzy Sets and Systems*, 23:271–279, 1987.
189. N. Tschichold-Gürman. Generation and Improvement of Fuzzy Classifiers with Incremental Learning Using Fuzzy RuleNet. In K. M. George, J. H. Carrol, E. Deaton, D. Oppenheim und J. Hightower, Hrsg., *Applied Computing 1995. Proc. 1995 ACM Symposium on Applied Computing, Nashville, Feb. 26-28*, pages 466–470. ACM Press, New York, 1995.
190. H. Unbehauen. *Regelungstechnik I, Lineare Kontinuierliche Systeme.* Vieweg-Verlag, Braunschweig, 1992.
191. H. Unbehauen. *Regelungstechnik II, Zustandsregelungen, digitale und nichtlineare Systeme.* Vieweg-Verlag, Braunschweig, 1993.
192. H. Unbehauen. *Regelungstechnik III, Identifikation, Adaption, Optimierung.* Vieweg-Verlag, Braunschweig, 1993.
193. R. Unbehauen. *Systemtheorie.* Oldenbourg-Verlag, München, 1971.
194. L.-X. Wang. Stable Adaptive Fuzzy Control of Nonlinear Systems. *IEEE Transactions on Fuzzy Systems*, 1:146–155, 1993.
195. L.-X. Wang. Stable Adaptive Fuzzy Controllers with Application to Inverted Pendulum Tracking. *IEEE Transactions on Systems, Man, and Cybernetics - Part B: Cybernetics*, 26:677–691, 1996.
196. A. Weinmann. *Regelungen - Analyse und technischer Entwurf, Band 2.* Springer-Verlag, Wien, 1987.
197. X. L. Xi und G. Beni. A Validity Measure for Fuzzy Clustering. *IEEE Transactions on Pattern Analysis and Machine Intelligence*, 13:69–78, 1991.
198. C.-W. Xu. Linguistic decoupling control of fuzzy multivariable processes. *Fuzzy Sets and Systems*, 44:209–217, 1991.

199. B. Yoo und W. Ham. Adaptive Sliding Mode Control of Nonlinear System. *IEEE Transactions on Fuzzy Systems*, 6:315–320, 1998.
200. D. C. Youla, H. A. Jabr und J. J. J. Bongiorno. Modern Wiener-Hopf Design of Optimal Controllers - Part I: The Single Input-Output Case. *IEEE Transactions on Automatic Control*, 21:3–13, 1976.
201. D. C. Youla, H. A. Jabr und J. J. J. Bongiorno. Modern Wiener-Hopf Design of Optimal Controllers - Part II: The Multivariable Case. *IEEE Transactions on Automatic Control*, 21:319–338, 1976.
202. L. A. Zadeh. Fuzzy Sets. *Information and Control*, 8:338–353, 1965.
203. L. A. Zadeh. Towards a Theory of Fuzzy Systems. In R. E. Kalman und N. de Claris, Hrsg., *Aspects of Networks and System Theory*, pages 469–490. Rinehart and Winston, New York, 1971.
204. L. A. Zadeh. A Rationale for Fuzzy Control. *J. Dynamic Systems, Measurement and Control, Series 6*, 94:3–4, 1972.
205. L. A. Zadeh. Outline of a New Approach to the Analysis of Complex Systems and Decision Processes. *IEEE Transactions on Systems, Man, and Cybernetics*, 3(1):28–44, 1973.
206. L. A. Zadeh. The Concept of a Lingustic Variable and its Application to Approximate Reasoning, Part I. *Information Sciences*, 8:199–249, 1975.
207. L. A. Zadeh. The Concept of a Lingustic Variable and its Application to Approximate Reasoning, Part II. *Information Sciences*, 8:301–357, 1975.
208. L. A. Zadeh. The Concept of a Lingustic Variable and its Application to Approximate Reasoning, Part III. *Information Sciences*, 9:43–80, 1975.
209. L. A. Zadeh und C. A. Desoer. *Linear System Theory: The State Space Approach.* McGraw Hill, New York, 1963.
210. A. Zell. *Simulation Neuronaler Netze.* Addision-Wesley, Bonn, 1994.
211. K. Zhou und P. P. Khargonekar. Stability Robustness Bounds for Linear State-Space Models with Structured Uncertainty. *IEEE Transactions on Automatic Control*, 32:621–623, 1987.
212. H.-J. Zimmermann, Hrsg. *Fuzzy Technologien.* VDI-Verlag GmbH, Düsseldorf, 1993.
213. H.-J. Zimmermann, Hrsg. *Neuro + Fuzzy Technologien.* VDI-Verlag GmbH, Düsseldorf, 1995.
214. H.-J. Zimmermann und P. Zysno. Latent Connectives in Human Decision Making and Expert Systems. *Fuzzy Sets and Systems*, 4:37–51, 1980.

Sachverzeichnis

Druck und Bindung: Strauss Offsetdruck GmbH